高等学校规划教材

GAODENG XUEXIAO GUIHUA JIAOCAI

桩 基 工 程

（第二版）

张乾青　张忠苗　主编

张广兴　副主编

中国建筑工业出版社

图书在版编目(CIP)数据

桩基工程/张乾青等主编.—2版.—北京：中国建筑工
业出版社，2018.2（2023.3重印）
高等学校规划教材
ISBN 978-7-112-21604-8

Ⅰ.①桩… Ⅱ.①张… Ⅲ.①桩基础-高等学校-
教材 Ⅳ.①TU473.1

中国版本图书馆CIP数据核字(2017)第297181号

　　本书是按照教育部颁布的高等学校土木工程专业本科与研究生教育培养目标、培养方案和课程教学大纲要求，注册土木工程师（岩土）考试内容要求及最新国家标准《建筑地基基础设计规范》、《建筑桩基技术规范》、《岩土工程勘察规范》等要求编写的桩基工程学教材。内容上以工业民用建筑桩基工程为主，兼顾交通、港口、桥梁、水利、电力等领域桩基工程。本书在阐明桩基工程学基本原理和计算方法、施工方法、检测方法的同时，尽可能介绍一些新成果、新理论、新技术、新方法。写作方式上简明、易懂，强调学生对基本概念的掌握，并结合工程实例分析培养学生的学习兴趣和动手能力。

　　全书共分为10章，内容主要包括：绪论、桩基工程勘察、竖向抗压荷载下桩基受力性状、竖向抗拔荷载下桩基受力性状、水平荷载下桩基受力性状、桩基础设计、桩基工程施工、桩基工程后注浆技术及其工程应用、桩基工程检测、桩基工程事故实例分析。

　　本书结构严谨，内容翔实，配有大量图表，使读者能够快速深入理解桩基工程中的相关问题。通过桩基工程具体案例分析，旨在帮助读者掌握桩基工程问题的计算理论与分析方法，培养读者解决桩基工程问题的基本能力和创新能力。

　　本书可作为高等学校土木工程、水利工程、港口工程、道路工程、桥梁工程等专业高年级本科生和研究生的专业教材，也可作为广大注册土木工程师（岩土）资格考试相关内容的复习教材，同时可供土木工程、水利工程、港口工程、道路工程、桥梁工程等专业技术人员和研究人员使用。

　　本书制作有教学PPT，有教学需要者可向作者索取（zjuzqq@163.com）。

责任编辑：杨　允　王　梅　吉万旺
责任校对：刘梦然

高等学校规划教材
桩基工程 （第二版）
张乾青　张忠苗　主编
张广兴　副主编

*

中国建筑工业出版社出版、发行（北京海淀三里河路9号）
各地新华书店、建筑书店经销
北京红光制版公司制版
北京建筑工业印刷厂印刷

*

开本：787×1092毫米　1/16　印张：33¾　字数：818千字
2018年5月第二版　　2023年3月第十一次印刷
定价：**69.00**元
ISBN 978-7-112-21604-8
(31228)

桩基础高层建筑

钻孔灌注桩开挖后

钻孔桩机械 扩底钻头

钻孔桩普通钻头

钻孔桩施工

旋挖取土钻机

冲击灌注桩

钻孔桩气举反循环清孔

螺旋取土钻

SMW 工法

抓斗式成槽机

旋转式成槽机

地下连续墙钢筋笼

人工挖孔桩灌注前

振动式沉管灌注桩桩架

锤击式打桩机

抱压式静力压桩机

顶压式静力压桩机

水泥搅拌桩

抗拔锚杆桩

基坑围护桩

沙包堆载法抗压静载试验

水泥块堆载法抗压静载试验

锚桩法抗压静载试验

第 二 版 前 言

随着城市建设规模的日益扩大，土地资源越来越有限，加之施工、设计和建造水平的不断提高，高层建筑和大型工业建筑物不断涌现。中国已成为世界高层建筑建造大国，200米以上竣工高层建筑连续10年世界第一。高层建筑的大量修建给广大土木工作者提供了机遇，同时也提出了挑战。桩基础具有整体性好，竖向承载力高，基础沉降小，调节不均匀沉降能力强，抗倾覆能力强等优点，是高层和超高层建筑的主要基础形式。桩是促进我国经济发展的地下推手，在我国成为世界第二大经济体的伟大事业中发挥了重要作用。

桩基工程是一门实践性和理论性很强的学科，其设计指导思想是在确保长久安全的前提下，充分发挥桩土体系力学性能，做到既经济合理，又施工方便、快速、环保。这就要求桩基工程从业人员以相关规范为依据，从桩基工程的基本原理出发，综合考虑结构形式、场地条件、施工条件和经济条件等，确保建筑物的长久安全。桩基础虽已被广泛使用，但桩基承载特性存在理论研究与工程实践间的矛盾，桩基工程实践中出现了不少问题。因此，对桩基工程相关理论知识、桩基事故的原因分析和相关处理措施的成功经验进行系统介绍具有重要的意义。

本书强调学生对桩基工程学基本概念、基本原理和基本方法的掌握，内容上按照教育部颁布的高等学校土木工程专业本科与研究生教育培养目标、培养方案和课程教学大纲要求，注册土木工程师（岩土）考试内容要求及最新相关规范和标准等要求编写，以理论研究、现场测试和工程实践相结合的方法对桩基工程中的相关问题进行了系统阐述。本书在第一版的基础上对内容进行了整合和完善，全书共分为10章，主要内容包括：绪论、桩基工程勘察、竖向抗压荷载下桩基受力性状、竖向抗拔荷载下桩基受力性状、水平荷载下桩基受力性状、桩基础设计、桩基工程施工、桩基工程后注浆技术及其工程应用、桩基工程检测、桩基工程事故实例分析。

本书结构严谨，内容翔实，通俗易懂，配有大量图表，使读者能够快速深入理解桩基工程中的相关问题。通过桩基工程具体案例分析，旨在帮助读者掌握桩基工程问题的计算理论与分析方法，培养读者解决桩基工程问题的基本能力和创新能力。本书可作为高等学校土木工程、水利工程、港口工程、道路工程、桥梁工程等专业高年级本科生和研究生的专业教材，也可作为广大注册土木工程师（岩土）资格考试相关内容的复习教材，同时可供土木工程、水利工程、港口工程、道路工程、桥梁工程等专业技术人员和研究人员使用。

本书得到了国家自然科学基金（51778345，51408338），山东省自然科学杰出青年基金（JQ 201811），山东大学青年学者未来计划科研基金（2017WLJH32）的资助，在此表示感谢。感谢课题组成员在理论研究及现场试验中给予的帮助和指导，感谢山东高速工程检测有限公司辛公锋教授级高工和徐嵩基高工、浙江理工大学俞峰教授、浙江大学城市学院张世民教授和孙苗苗副教授、青岛理工大学刘俊伟副教授、山东科技大学房凯副教授、青岛绿城建筑设计有限公司王华强高工、中国地质大学吴文兵教授和梁荣柱副教授、山东大学崔伟副教授、张健、刘善伟、冯若峰、李晓密、郑晓、吕高航等研究生为本书所提的宝贵建议和意见。对于为本研究提供现场试验条件和配合的工程技术人员和合作单位，在此一并表示衷心的感谢。

本书在编写过程中主要参考并依据《建筑地基基础设计规范》《建筑桩基技术规范》《岩土工程勘察规范》《混凝土结构设计规范》《公路桥涵设计通用规范》《港口工程桩基规范》等，同时也参考了相关桩基工程、基础工程等岩土工程专业书籍，谨此向书中引用内容的作者表示深深的谢意。

由于作者水平和能力有限，书中难免存在不当之处和引用不规范之处。作者将以感激的心情诚恳接受旨在帮助改进本书的所有读者任何批评和建议。本书制作有教学 PPT，有教学需要者可向作者索取（zjuzqq@163.com）。

张乾青

2017 年 12 月于山东大学千佛山校区

第 一 版 前 言

万丈高楼平地起，基础必须要牢固。桩基础是建筑工程、桥梁工程、港口工程和海洋工程中的主要基础形式之一，在我国有着广泛的应用。桩基工程是一门实践性和理论性都很强的学科。但目前桩基础的工程实践和理论研究还存在一些脱节，导致桩基础在应用中出现了不少问题。如某些房屋基础由于设计和施工不当出现沉降过大或不均匀沉降，给国家和人民造成了巨大的经济损失。所以，加强专业人员的培训培养教育是一项崇高而艰巨的事业。本书将介绍成功的经验与失败的教训及桩基设计施工的正确理念。桩基设计的指导思想是，在确保长久安全的前提下，充分发挥桩土体系力学性能，做到既经济合理，又施工方便、快速、环保。要求设计施工人员依据规范又不僵硬地套用规范，从桩基工程的基本原理出发，考虑上部结构荷载、地质条件、施工技术、经济条件来正确地设计与施工桩基础，目的是保证建（构）筑物的长久运行安全。

诚然，基础工程等各类手册不少，土力学与工程地质学教科书也不少，但到目前为止，我国还没有真正意义上的《桩基工程》教科书，这是笔者编写本书的主要理由之一。理由之二是笔者从事桩基工程实践和研究 20 多年，十年磨一剑，参与了浙江省包括最高建筑在内的几百项重大重点工程的桩基础设计咨询和试验工作，并积累建立了 6500 根试桩的试验数据库，有必要将这些工程经验贡献出来。理由之三是笔者在浙江大学为研究生和高年级本科生开设《桩基工程》课程 10 多年，指导从事桩基工程科学研究的研究生已毕业 20 多名，在教学工作中也急需一本《桩基工程》教材。本书强调学生对桩基工程学基本概念、基本原理和基本方法的掌握，在内容上按照国家《建筑地基基础设计规范》、《建筑桩基技术规范》和国家注册土木工程师、注册结构工程师要求及教育部最新教学大纲要求来编写。全书共分十章，内容包括绪论、桩基工程勘察、抗压桩受力性状、桩基沉降计算、抗拔桩受力性状、水平桩受力性状、桩基础设计、桩基工程施工、支护桩设计、桩基工程试验与检测。

本书从现场测试、理论研究与工程实践相结合的角度出发，在写作方式上从桩基静载试验入手，先直观的介绍抗压桩、抗拔桩、水平受荷桩在试验时反映出的承载力与变形特性，以便让学生掌握桩受力的感性知识。同时通过工程实例，对各种桩基的受力机理、计算理论和方法、施工工艺、勘察检测、事故处理等一系列问题进行了系统阐述。在版式上突出了每章开始时，提出带启发性的在学完本章后应掌握的关键内容，做到有的放矢，事半功倍。在教学方式上本书针对现代多媒体电脑教学的要求制作了教学 PPT。在与国际接轨上全书桩基工程学关键词都附有中英文对照。本书是主编者及课题组 20 多年教学、科研和工程实践相结合经验的一个总结，旨在培养学生掌握桩基工程问题的分析方法和解决桩基工程问题的基本能力及创新能力。

本书由国家重点学科浙江大学岩土工程研究所、浙江大学软弱土与环境土工教育部重点实验室博士生导师张忠苗教授主编。张忠苗教授、张广兴讲师主要编写并统稿。山东省交通研究所辛公锋博士参加第 4 章编写；浙江省地震局周新民博士、浙江大学施茂飞参加第 10 章部分编写；北京航空航天大学朱建明副教授参加第 2 章编写；浙江大学岩土工程研究所韩同春副研究员参加第 9 章部分编写；浙江省地矿工程公司周洪川、浙江大学张功奖参加第 8 章部分编写。此外，浙江省建筑设计研究院副院长李志飚博士，浙江大学建筑设计研究院总工程师干刚博士，浙江省城乡规划设计研究院方鸿强教授级高工，温州市建筑设计院副院长李朝晖教授级高工，浙江大学城市学院张世民副教授，浙江省工程物探勘察院魏玉轮教授级高工、李建华高工，浙江绿城建筑设计院宋仁乾工程师、包风工程师、任光勇工程师和浙江大学曾国熙教授、吴世明教授、陈云敏教授、龚晓南教授、陈仁朋教授、丁浩江教授、王立忠教授、夏唐代教授、张我华教授、唐晓武教授、蔡袁强教授、凌道盛教授、施雪飞、张宇、骆剑敏、陈建平、鲍远成、张先永、潘月赟、张锡焰、章国强、章丽斌、骆剑华、陈志祥、张云飞及学生喻君、邹健、竺松、沈慧勇、王华强、张乾青、贺静漪、林巍等都提出了宝贵意见。感谢建筑工业出版社王梅编辑等为本书的出版付出的辛勤工作。本书承蒙北京市建筑工程研究院沈保汉教授、国家重点学科同济大学岩土工程研究所周健教授、中国土木工程学会秘书长张雁教授主审。由于桩基工程学学科不断发展，新问题层出不穷，新方法不断出现，而人类重在继承与发扬，让学生掌握必须的基本知识，因此，本书在编写过程中主要参考并依据国家《建筑地基基础设计规范》、《建筑桩基技术规范》、《教育部教学大纲》、《岩土工程勘察规范》、《注册岩土工程师考试大纲要求》、《注册结构工程师考试大纲要求》、《注册建筑师考试大纲要求》、《混凝土结构设计规范》、《公路桥涵设计规范》、《港口工程桩基规范》。同时也参考了相关桩基工程、基础工程与岩土工程的专业书籍，谨此向书中引用内容的作者表示深深的谢意。本书得到了国家自然科学基金资助（基金编号：50478080），在此表示感谢。

由于编者水平和能力的限制，书中难免存在许多不当之处。编者将以感激的心情诚恳接受旨在改进本书的所有读者的任何批评和建议。

张忠苗

2007 年 07 月于浙江大学求是园

目　录

第1章 绪 论

1.1 概 述

随着城市建设规模的日益扩大，土地资源越来越有限，加之施工、设计和建造水平的不断提高，高层建筑和大型工业建（构）筑物不断涌现。截止至 2017 年底，我国 200m 以上竣工高层建筑连续 10 年居世界第一，2016 年更是以 84 座的数量占全球竣工总量的 67%。方兴未艾的超高层竞赛仍在全国各地开展，待修建的超高层建筑高度不断被刷新。桩基础具有整体性好，竖向承载力高，基础沉降小，调节不均匀沉降能力强，可承受风荷载或地震荷载引起的巨大水平力，抗倾覆能力强等优点，是高层和超高层建筑的主要基础型式。桩基础也被广泛应用于高速铁路、高速公路、桥梁、港口码头和大型构筑物等工程中。桩是促进我国经济发展的地下推手，在我国成为世界第二大经济体的伟大事业中发挥了重要作用。合理使用桩基础既能有效控制建（构）筑物沉降变形，又能提高建（构）筑物的抗震性能，从而确保建（构）筑物的长期安全使用。

桩基础虽已被广泛使用，但桩基承载特性存在理论研究与工程实践间的矛盾。由于设计、施工和地质条件等各方面的原因，桩基工程实践中出现了不少问题。如何在确保建（构）筑物长久安全的前提下，充分发挥桩土体系力学性能，做到所设计桩型既经济合理，又施工方便快速、环保是目前桩基设计中的关键问题。这就要求桩基工程从业人员以相关规范为依据，从桩基工程的基本原理出发，综合考虑结构形式、场地条件、施工条件和经济条件等，确保建（构）筑物的长久安全。因此，有必要通过专业系统学习掌握桩基础的基本理论和设计施工方法。

1.2 地基基础问题

如何解决建（构）筑物地基基础承载力不足和变形过大的问题？建（构）筑物为何使用桩基础？什么条件下使用桩基础？如何解决桩基工程中遇到的各种问题？本书将介绍桩基工程的基本原理，桩基设计、施工、检测的各类方法及各种桩基工程问题的处理措施。首先本节将介绍几个典型地基基础问题。

1.2.1 比萨斜塔倾斜事故

比萨斜塔是意大利比萨大教堂的一座钟楼，塔高 55m。该钟楼于 1173 年 9 月 8 日破土动工，建到第 4 层时出现倾斜，1178 年被迫停工，1272 年重新开工，1278 年又停工，1360 年再次复工，直到 1370 年全塔竣工，建塔前后历时近两百年。

该钟楼呈圆柱形，塔身 1 至 6 层由优质大理石砌成，塔顶 7 至 8 层由轻石料和砖砌成，全塔总荷重为 145MN，地基承受接触压力高达 500kPa。塔身自北向南倾斜，倾角约

5.5°，塔顶偏离竖向中心线的水平距离多达 5m，倾斜已达极危险状态（见图 1-1）。

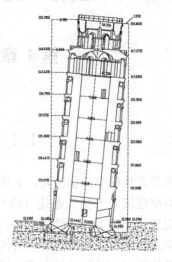

图 1-1 比萨斜塔

经分析发现，造成比萨塔倾斜的主要原因是塔身基础面积较小，上部荷载大于淤泥质黏土和砂土组成地基的承载力，且土层厚度不均，形成塔身偏心荷载，导致塔身倾斜，地基的后期塑性变形使倾斜不断加剧。需要说明的是，比萨斜塔旁边还建造有主教堂（始建于 1063 年，1092 年建成）和洗礼堂（始建于 1153 年，13 世纪末建成），地质条件相似，但由于主教堂和洗礼堂基础底面积大，总高度相对较低，地基的单位面积荷载相对较小，所以主教堂和洗礼堂虽有沉降，但沉降基本均匀，未影响正常使用。该工程如果使用桩基础，则不会出现倾斜现象，也就不会存在现在的比萨斜塔了。

1.2.2 强夯法处理地基承载力不足事故

浙西某工业园区 1 号厂房为单层钢结构厂房，场地地貌为山前残坡积相，地面西北低东南高，场地统一使用填土进行了回填整平（原始地面耕植土淤泥等填前未处理）。回填后勘探结果表明该场地内填土层厚度不均，在 0.40～6.40m 之间。1 号厂房采用独立承台浅基础形式，并对厂房采用强夯法处理，设计要求处理后的地基竖向承载力特征值达到 150 kPa。独立承台基础施作在强夯处理后的地面上，承台与承台间采用简单条形地梁连接。强夯采用重 20t 的外包钢板钢筋混凝土夯锤，夯锤底面直径 2m，夯锤落高 8.5m，夯击能量为 1700kN·m。采用跳夯施工，分两遍进行。强夯法完成后进行了荷载板试验，其结果表明强夯法处理后的地基竖向承载力特征值为 230kPa，满足设计要求。然而，单层钢架厂房钢架柱施工 15 天时（屋顶尚未施工）发现 1 号厂房独立承台基础有不同程度的沉降，且西北处沉降大，东南处沉降小，不均匀沉降差较大。

由图 1-2 实测沉降结果可知，1 号厂房地基强夯处理后不满足相关规范对沉降差的要求，且独立基础的沉降有持续发展的趋势。

根据独立承台沉降等值线图 1-2 和填土层厚度等值线图 1-3 可知，独立承台沉降较大处位于填土层厚度等值线图中一"簸箕形"斜坡处（1-4 轴和 J-M 轴之间区域），"簸箕"尾端沉降量最大（K-4 轴相交处的柱子）。总的来说，填土层厚度大的区域独立基础沉降量较大，填土厚度小的区域独立基础沉降量较小。1 号厂房处耕土层厚度（图 1-4）和

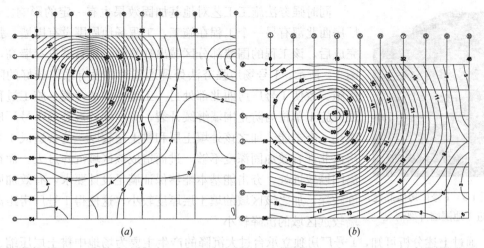

图 1-2 1 号厂房处独立承台沉降等值线图（沉降：mm；厂房尺寸：m）
(a) 记录时间：2008 年 10 月 24 日；(b) 记录时间：2008 年 11 月 12 日

图 1-2 中独立承台沉降量的大小对应得较好，即在耕土层厚度最大处恰好对应 1 号厂房处的最大沉降量。

由于填土和耕土的压缩模量相对较低（该场地填土的压缩模量为 3.8MPa，耕土的压缩模量为 2.9MPa），且填土不是分层碾压填筑，而是用填土对场地进行回填且一次填好，填土密实度无法保证。实际施工过程中验槽时发现下部有较大石块，填土层的压密程度无法保障，这也给填土层后期发生沉降留下了隐患。同时耕土位于场地较深处且为相对软弱下卧层，强夯法的加固深度有限，加固效果不能保证。1 号厂房独立承台过大沉降的产生主要为耕土层压缩、上部填土层压缩及填土层密实度不均匀综合作用的结果。因此，独立承台沉降量较大的区域发生在场地填土层和耕土层厚度较大的区域。对于填土层厚度严重不均匀且场地深处有相对软弱下卧层的场地，采用强夯法处理地基无法保证后期沉降。也就是说，对于同一土层厚度差异较大且场地深处有相对软弱下卧层的场地 1 号厂房场地，单独采用强夯法处理地基是不恰当的。

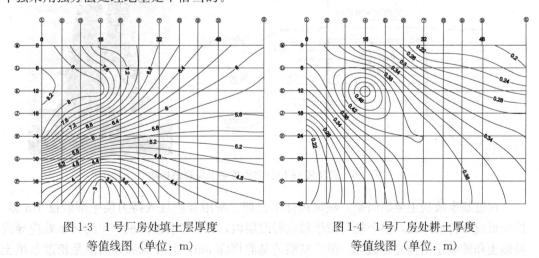

图 1-3 1 号厂房处填土层厚度
等值线图（单位：m）

图 1-4 1 号厂房处耕土厚度
等值线图（单位：m）

图1-5 1号厂房西北处
临近工地围墙开裂情况

同时强夯法施工工艺对地基加固效果也有一定的影响。1号厂房西北部有另一个工程在施工，工程场地周围设有围墙，强夯完成后，该工程的围墙部分区域出现裂缝，且长度贯穿墙高，如图1-5所示。1号场地强夯法处理地基时并没有采取较好的隔振措施，致使1号厂房西北部处另一工地的围墙开裂。施工过程中强夯施工单位为防止围墙继续开裂，离围墙较近处的1号厂房处减小了夯击能，加之该处填土层和耕土层较厚，这会造成1号厂房西北部有效加固深度不够，进而造成该区域沉降过大。而在距离围墙较远处，夯击能基本能够保证满足设计要求，有效加固深度较深，加之该区域的填土层厚度较小，这使得1号厂房距离围墙较远区域的沉降较小。

通过上述分析可知，1号厂房独立承台过大沉降的产生主要为场地中耕土层压缩、上部填土层压缩及填土层密实度不均匀综合作用的结果。同时，1号厂房西北处夯击能不足也是造成1号厂房西北处独立承台沉降过大的原因。针对深部耕土层压缩、上部填土层压缩及填土层密实度不均匀的情况，可采用独立承台和地面的加固方案，独立承台采用桩基础进行加固。由于现场地表填土中混有大小不一的石块，宜采用冲击灌注桩加固该场地独立承台。鉴于1号厂房内部场地地面日后需堆重物，为防止地面较厚填土层发生较大工后沉降，对现地面采用灌水泥浆加固。灌浆后水泥浆液可充填填土中的空隙，固化填土，使填土的压缩性显著降低，从而达到提高填土强度加固地面的目的。

1.2.3 某高层建筑夯扩桩基础沉降过大事故

武汉某18层住宅所处场地为深湖区沉积地层，上部0~4m为近期填筑的杂填土，4~20m左右为高灵敏度的淤泥层，20m以下为中细砂层（中密以上），且中细砂层的顶界面呈坡状（图1-6）。该建筑物群桩基础设计采用直径426mm的夯扩桩，桩端进入持力砂层的深度仅1~1.5m，共布桩336根，设计单桩竖向极限承载力要求为2200kN。当该建筑施工至结构结顶时沉降过大且不均匀沉降严重，最终被迫爆破拆除。

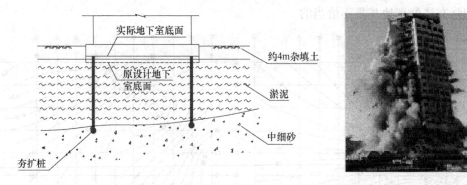

图1-6 武汉某18层住宅因桩基事故爆破拆除

该桩基事故的主要原因是：桩型选择不合理。所用夯扩桩入持力层中细砂仅1m多，扩底形成可转动球铰，整个桩身位于稀软淤泥层内，300多根桩打桩产生的挤土效应导致桩侧土和桩端土结构完全破坏。虽然基础的基底埋深3m，但埋深部分周围是松散杂填土层且其下为淤泥层。一旦承受水平向外力，336根夯扩桩几乎可自由绕其底端铰转动。同时，该楼西南侧另一栋高层建筑半个多月内打入 60 余根夯扩桩（长 21.5m，直径 426mm），邻近建筑物群桩的打桩挤土效应造成该建筑物处挤土位移和淤泥层扰动破坏，使桩侧土体抗剪强度骤降至 10kPa 以下，底部夯扩桩振动使砂土液化。加之下述原因，造成将要结顶的该 18 层建筑物桩基础整体失稳，最终被迫爆破拆除（图 1-6）。

(1) 本工程桩型选用夯扩桩错误，夯扩桩承载力设计过高。

(2) 基坑支护不合理，甚至大部分坑侧无支护措施，造成桩基偏位。

(3) 施工速度超常规（从打桩到结顶仅 11 个月）。

(4) 基坑开挖无序，边打桩边开挖。

(5) 应急处理不当，部分桩偏位采用歪桩正接，使其受力恶化。

(6) 检测监测不力，无基坑深层土体水平位移资料。

(7) 邻楼打桩，增加不利因素（侧挤位移、振动、扰动土）。

(8) 桩基偏位和厚层淤泥扰动情况下浅部快速注浆加重了扰动。

1.2.4　某商厦 X 形预制桩基础沉降过大事故

温州某商厦位于温州车站大道，该工程原设计为 9 层，共布设 186 根 X 形预制桩，桩截面尺寸为 500mm×500mm，施工时加层 3 层，增补 5 根钻孔桩，共 12 层。采用桩筏基础，筏板厚 2m，基础平面尺寸为 33.2m×17.8m，基础埋深 5m。桩侧土为高含水量、高灵敏度的淤泥和淤泥质土，桩端设计为粉质黏土。

X 形预制桩于 1995 年采用 260t 压桩机施工。最初压桩施工以压桩力主控，桩长辅控，设计桩长为 37m。1996 年商厦竣工时运行正常。2003 年 12 月 21 日该商厦突然发生沉降，沉降速率最大为 7mm/d，累计沉降最大达 131mm，且发生倾斜达 8.6‰，如图 1-7 所示。

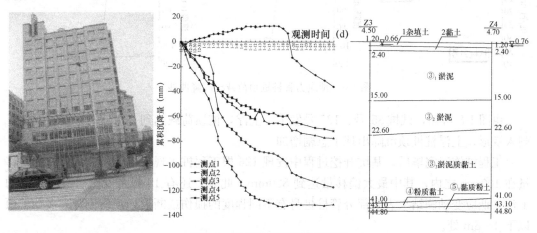

图 1-7　温州某商厦沉降实测值

经分析该事故原因主要为：

(1) 建筑物使用期间，二次装修增加了上部荷载，且荷载分布不均匀。

(2) 设计时布桩选型和布置不合理，楼房的重心与基础反力中心有一定量的偏离，结构选型不合理，侧向刚度弱，设计安全度低，加层后布桩不合理。

(3) 桩基实际施工时桩端可能未达到持力层，预制桩打桩挤土效应严重，使桩成为摩擦桩，在外因作用下因侧阻软化造成刺入破坏。

（4）周围立交桥、车站大道等汽车振动使土体产生振动蠕变而引发沉降，同时，较大的振动荷载导致桩侧摩阻力和桩端阻力下降。

该工程后采用静压锚杆桩加固措施，成功控制了房屋基础后续沉降。

1.2.5 某大厦全套管干取土灌注桩事故

温州某大厦高 20 层，原设计采用全套管干取土混凝土灌注桩，桩径为 1000mm，桩长约为 40～45m，持力层为中风化凝灰岩，共布桩约 200 多根，单桩竖向极限承载力设计值为 12000kN。施工过程中在套管内取土并进入基岩，鉴于该地承压水位较高，桩基灌注混凝土时未使用导管而直接在钢套管内浇灌。单桩静载试验发现单桩极限承载力只有 4000～5000kN。桩身混凝土取芯结果表明距桩顶约 35～40m 段混凝土严重离析，其原因是浇灌混凝土时承压水从套管底部进入套管内造成混凝土离析，导致约 200 多根工程桩全部报废的严重工程事故。后重新补打约 200 多根桩并采用桩底注浆技术措施处理该工程事故。

1.2.6 预应力管桩偏位和上浮事故

浙江某商住楼基础采用预应力管桩，总桩数为 136 根，桩径为 0.4～0.5m，桩长为 15～21m，桩身采用 C60 混凝土，设计要求单桩竖向承载力特征值为 700～930 kN。场地属于山前冲积—湖积平原地貌，地形平坦。本工程大面积工程桩施工完成后对 3 根预应力管桩（桩号分别为 21 号、85 号和 125 号）进行了单桩竖向抗压静载试验。3 根预应力管桩的桩顶荷载—沉降曲线见图 1-8。

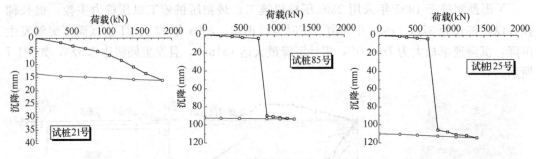

图 1-8 预应力管桩桩顶荷载—沉降曲线

由图 1-8 可知，试桩 85 号、125 号发生了上浮，桩顶荷载达到一定值时，桩端发生了刺入变形，上浮桩桩顶沉降出现了急剧增加。

工程桩施工完毕后，基坑开挖过程中发现 126 根工程桩出现了偏位，大部分桩的偏移量在 100mm 之内，其中最大偏移量达到 820mm。此外，还有 19 根桩发生了不同程度的上浮。低应变动测结果表明部分管桩桩身有不同程度的损伤或断裂，损伤位置大多在桩顶以下 4～8m 处。

针对现场桩位偏移情况及低应变动测情况，分析事故发生的原因主要有以下方面：

（1）本工程场地距离地表约 3.5m 以下有一层厚约 3.3～5.0m 的淤泥，该层土体强度低，含水量高，稳定性较低。预应力管桩施工过程中，引起基坑周围土体一定程度的扰动。因淤泥灵敏度较高，受扰动后强度明显下降；同时由于淤泥本身的流动性较大，基坑开挖造成淤泥向基坑区域滑动产生巨大的推挤作用；在主动土压力产生的侧向推力作用下，预应力管桩极易产生侧向位移，引起预应力管桩的偏位。预应力管桩低应变动测发现大部分偏斜基桩的裂缝均在距离桩顶以下 5～8m 处，此处恰为淤泥（见图 1-9），这正是基坑土体侧向力作用下桩身产生最大弯矩的相对位置，这是桩位偏移的一个重要原因。

（2）本工程未设地下室，基坑开挖较浅，约2m，未采取任何支护措施。开挖过程中直接将土堆放在基坑北面，造成基坑失稳，北面边坡滑移，这也是导致预应力管桩产生侧向位移的一个重要原因。基坑开挖过程中，由于施工人员的施工不当，造成挖土机械对已打管桩的碰撞，也会造成预应力混凝土管桩的偏位。

（3）打桩过程中的挤土效应以及压桩机移动过程中长短腿对地压力差引起的土体挤压也是导致已打桩产生偏位的原因。打桩挤土效应还会造成先打桩产生上浮，工程桩越密集的位置挤土效应越显著，越易出现浮桩。本场地出现浮桩的位置集中在南部桩基较稠密地区。

（4）管桩的焊缝要有足够的冷却时间，避免遭遇地下水冷却收缩，产生脆断。若焊接不能满足上述要求，就容易产生焊接不良的现象。

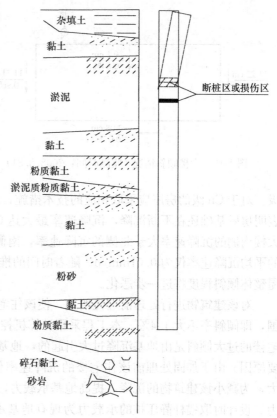

图1-9 地质剖面图及预应力管桩损伤位置

为保证后期建筑物的使用安全，针对预应力管桩偏位损伤、上浮的情况，采取有针对性的处理措施。对上浮桩采用复打或复压处理；对严重偏位且断裂的桩进行补桩处理；对偏位超过规范值但桩身质量完好的桩进行扶正处理；对于偏位较大且桩身有损伤的桩进行先纠偏扶正，并在管桩内芯放置筋笼灌混凝土芯加固处理；对群桩大面积偏位损伤部分因处理后承载力达不到设计要求需要采用补打预应力管桩处理措施。

1.2.7 建筑物沉降差过大问题

杭州某四层建筑物总高为15.6m，基础长41.7m，主体部分宽12m，局部宽17.1m和10.5m。采用直径426mm的沉管灌注桩，桩端持力层为⑥₂层砾砂混黏性土，该层顶板埋深在31～33m，层厚在3.50～6.50m之间。黏性土呈薄层状分布，含砾石均匀，在30％～60％不等，该层组成不一，层内结构较复杂。沉管灌注桩平均桩长约30m，总桩数135根。

该建筑物建成6年后监测发现大楼已整体向南北向倾斜，屋面女儿墙东南角高差明显。2007年11月至2009年3月的沉降监测表明，南侧沉降量最大，平均23.6mm，沉降速率最大值为0.06mm/d，北侧沉降量和沉降速率较小，平均沉降量4.6mm，沉降速率0.01mm/d。2008年8月31日倾斜测量显示（图1-10），大楼地坪呈北高南低状，南北向的倾斜量最大值达115mm，相应的倾斜率为9.6‰，东西向略有倾斜，但倾斜量不大，相应的倾斜率为0.5‰。

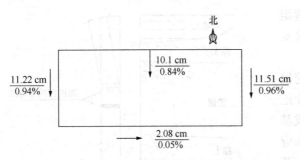

北

$\dfrac{10.1\ \mathrm{cm}}{0.84\%}$

$\dfrac{11.22\ \mathrm{cm}}{0.94\%}$

$\dfrac{11.51\ \mathrm{cm}}{0.96\%}$

$\dfrac{2.08\ \mathrm{cm}}{0.05\%}$

图 1-10 大楼倾斜情况（监测时间：2008.8.31）

鉴于该楼上部结构刚度较大，上部结构至今未发现有明显的影响结构安全和正常使用的结构性裂缝。该住宅楼发生的工程质量主要问题是大楼呈北高南低的倾斜，这种由地基不均匀沉降引起的倾斜率已达 9.6‰，超过了国家规范《民用建筑可靠性鉴定标准》GB 50292 的标准。根据房屋安全性鉴定标准对照，应评定为 Cu 级。对于 Cu 级的房屋应采取相应的技术措施，以确保房屋的安全和正常使用。监测数据表明房屋基础还在不断沉降，沉降速率最大达 0.06mm/d。同时，大楼沉降速率不均匀，大楼南侧的沉降速率大于北侧的沉降速率，南侧的平均沉降速率为 0.053mm/d，而北侧的平均沉降速率仅为 0.01mm/d。随着时间的推移，南北侧沉降速率的差异将会加剧，房屋整体倾斜程度将进一步恶化。

对该建筑物进行处理前应先纠偏，使该住宅楼由目前的过大倾斜扶正到规范规定的范围，即倾斜率不大于 4‰。本工程采用计算机控制的油压顶升纠倾方案。同时，鉴于该住宅楼的过大倾斜是由地基沉降过大引起的，地基承载力不足是造成该住宅楼沉降过大的主要原因。由于加固处理前该住宅楼的沉降速率仍在增大，且南北两侧的沉降速率差异较大，为减小该建筑物的沉降，提高地基承载力，采用锚杆静压桩技术来提高该基础的承载力。设计时取锚杆静压桩的承载力为现有地基承载力的 45%，以该控制值作为布置锚杆静压桩数量的依据。

锚杆静压桩为钢筋混凝土预制桩，桩身截面尺寸为 250mm×250mm，桩的平均入土深度为 34m，以⑥₂砂砾层作为桩端持力层，单桩承载力特征值取 300kN。考虑该建筑物沉降呈南大北小的分布形态，布桩时采取南密北疏的原则，共补锚杆静压桩 108 根。

1.3 大型工程成功基础形式

1.3.1 超高层建筑基础

金茂大厦（图 1-11）位于上海浦东新区陆家嘴金融贸易区黄金地段，与著名的外滩风景区隔江相望。金茂大厦占地面积 2.4 万 m²，高 420.5m，主楼为 88 层，裙楼为 6 层，地下室 3 层，总建筑面积 29 万 m²。金茂大厦地下室开挖面积近 2 万 m²，基坑周长 570m，开挖深度 19.65m。主楼基础采用大承载力的钢管桩，桩长为 83m，桩径为 914.4mm，壁厚为 20mm，桩尖标高 −78.5m，主楼桩持力层为细砂加中粗砂，设计单桩竖向承载力特征值为 7500kN，共布桩 430 根。裙楼桩长为 48m，桩径为 609.6mm，壁厚为 14mm，桩尖标高 −43.0m，设计单桩竖向承载力特征值为 3500kN，共布

图 1-11 上海金茂大厦

桩 638 根。桩基工程采用直接打入法沉至设计标高。金茂大厦已成为中国标志性建筑之一。

1.3.2 大型桥梁基础

东海大桥（图 1-12）是上海国际航运中心洋山深水港（一期）工程的重要配套工程，为洋山深水港区集装箱陆路集疏运和供水、供电、通信等需求提供服务。东海大桥全长约 32.5km，海上段长 25.5km，全桥桩基 8712 根，墩 822 个，使用抗弯能力强、承载能力高的直径为 1500mm 钢管桩约 5000 余根。桥址位置地层主要为黏土层和砂层，分布较为稳定。上部黏土层土质较软，呈饱和、流塑状态；下部砂层坚硬密实，厚度大，标贯击数较大。主墩桩基础均为直径 2500mm 的钻孔灌注桩，每个主墩桩数 38 根，桩长达 110m。东海大桥已于 2005 年 5 月全线贯通。

1.3.3 港口码头基础

洋山深水港（图 1-13）位于杭州湾口、长江口外，上海芦潮港的东南，是我国港口建设史上规模最大、建设周期最长的工程，填海形成 1.5km² 的陆域。深水港泊位的水深达 15m 以上，设计年吞吐能力 220 万标准箱。

图 1-12　东海大桥　　　　　　　　　图 1-13　洋山深水港码头

洋山深水港码头一期全长 1600m、宽 42m，为高桩梁板结构，共打桩 2800 多根，其中在海上打了 104 根直径 2200mm 的嵌岩桩，其余为 2700 多根直径 1200mm、1700mm，长 45～62m 的钢管桩。其中嵌岩桩入岩 4～5m，最深处在海面以下 40m。洋山深水港码头已于 2005 年 12 月开港使用。

1.3.4 大型深埋地下结构基础

500kV 上海世博变电站（图 1-14）是一个圆筒状的地下结构，分为四层，直径 130m，埋置深度约 34m，面积 5.3 万 m²，顶部距离地面在 2m 以上，是城市建设中典型的深埋地下结构。其开挖面积之大，开挖深度之深在上海乃至全国的城市地下工程中尚属首例。

此工程地质地貌类型属滨海平原，场地

图 1-14　上海世博地下变电站采用的超深桩基础

内 30m 以上普遍分布有多个软黏土层，且地下水埋深较浅。基础采用桩筏基础，设有 80 幅地下连续墙，共打设 886 根超深灌注桩，抗压桩桩径 950mm，埋深达 89.5m，有效桩长为 55.8m，并使用了桩端后注浆技术，设计极限承载力为 15200kN。由于正常使用阶段较大的地下水浮力，工程设置了抗拔桩，桩径 800mm，总桩长 82.6m，有效桩长 48.6m，且一部分采用了扩底桩，一部分采用了桩侧后注浆技术以增加其抗拔承载力。

上述工程实例表明，桩基础在地基基础中有着广泛应用，且起着十分重要的作用。桩基础设计成功与否，关系到整个建（构）筑物的长久安全。

1.4 桩基的定义和分类

桩是深入土层的构件，其将上部结构荷载通过桩身传递到深部较坚硬的、压缩性小的土层或岩层中，从而起到满足建（构）筑物的荷载和变形要求，确保建筑物长久安全的作用。

桩基通常是由基桩和连接于桩顶的承台共同组成，承台与承台之间一般用连梁相互连接。若桩身全部埋入土中，承台底面与土体接触，则称为低承台桩基。当桩身上部露出地面而承台底面位于地面以上，则称为高承台桩基。单桩基础为用一根桩来承受和传递上部结构荷载的基础。群桩基础为由 2 根或 2 根以上基桩来共同承受和传递上部结构荷载的基础。

墩一般是指直径较大桩长较短的桩，长径比一般小于 20，桥梁桥墩直径可达 20 多米。桥墩的深度视地质条件而定，持力层一般选择坚硬的岩土层。墩一般只计端承力而不计侧阻力。

根据不同的分类标准可对桩进行分类，可按制桩材料、桩身制作方法、直径、桩端形状、挤土情况、竖向受力情况、受力方向、用途等方面对桩进行分类。

（1）按桩身材料可分为：木桩、钢桩、混凝土桩、水泥土桩、碎石土桩、石灰土桩等。

（2）按桩身制作方法可分为：预制桩、灌注桩、就地搅拌桩等。

（3）按桩直径可分为：小直径桩（桩径≤250mm）、中直径桩（250mm＜桩径＜800mm）、大直径桩（桩径≥800mm）。

（4）按桩端形式可分为：闭口桩、开口桩、尖底桩、平底桩、扩底桩、夯扩桩等。

（5）按横截面形状可分为：圆桩、管桩、方桩、三角形桩、H 形桩、X 形桩、Y 形桩、T 形桩、十字形桩、长方形桩等。

（6）按挤土情况可分为：大量挤土桩（预制方桩、沉管灌注桩、闭口预应力管桩）、少量挤土桩（开口钢管桩、H 型钢桩）、非挤土桩（钻孔桩、挖孔桩）、非置换而少量挤土桩（水泥搅拌桩）。

（7）按承台设置形式可分为：高承台桩、低承台桩等。

（8）按桩竖向受力可分为：

摩擦型桩，极限侧摩阻力 Q_{su}＞50%极限承载力 Q_u；

◇ 纯摩擦桩，极限侧摩阻力 Q_{su}≈极限承载力 Q_u，桩竖向承载力完全由侧阻提供，如底部悬空的摩擦桩；

◇ 端承摩擦桩，竖向承载力主要由侧阻提供；

端承型桩，极限侧摩阻力 $Q_{su}<50\%$ 极限承载力 Q_u；

◇ 完全端承桩，极限承载力 $Q_u≈$ 极限端阻力 Q_{pu}，如桩长很短且持力层为硬中风化岩的人工挖孔桩；

◇ 摩擦端承桩，竖向承载力主要由端阻力提供。

（9）按受力方向可分为：抗压桩、抗拔桩、抗水平桩。

（10）按桩的用途可分为：基础桩、围护桩、试锚桩、抗滑桩等。

1.5 桩基的作用

在一般建筑物基础工程中，桩基础以承受竖直轴向荷载为主。在港航、桥梁、高耸塔型建筑、近海钻采平台、支挡建筑及抗震建筑等工程中，桩还需承受来自侧向的风力、波浪力、土压力等水平荷载。此外，大型地下室等工程中桩基还需承受抗拔力。因此，桩的作用主要是将荷载传递到深部土层中，满足建（构）筑物的荷载和变形要求，确保建（构）筑物的长期安全使用。

通过桩端的端承力和桩侧的摩阻力来支承上部抗压轴向荷载的能力，称之为桩的竖向抗压承载力。通过桩侧摩阻力来支承上部抗拔轴向荷载的能力，称之为桩的竖向抗拔承载力。通过桩侧摩阻力支承横向水平荷载，称之为桩的抗水平承载力。

根据不同工程地质条件、荷载特点和施工方法及工程用途，桩基的作用主要有：

（1）通过桩侧表面与桩周土的接触，将荷载传递给桩周土体获得桩侧摩阻力。随着上部荷载的增大通过桩将荷载传递给深层桩端岩土层获得桩端阻力，从而根据设计需要承担上部建（构）筑物荷载。

（2）液化地基中的桩穿过液化土层将荷载传递给下部稳定的不液化土层，以确保地震时建（构）筑物安全。一般桩基础都具有良好的抗震性能。

（3）桩基可具有较大的竖向刚度和较高的竖向承载力，地基承载力不满足浅基础设计需要时可采用桩基础。同时，采用桩基础后可显著减少建筑物的沉降和变形，且沉降较均匀，可满足对沉降要求特别高的上部结构的安全和使用要求。

（4）桩基可具有较大的竖向抗拔承载力，可满足高地下水位大型地下室等大型浅埋地下工程的抗浮要求。

（5）桩基可具有较大的抗水平承载力，可满足建（构）筑物抵抗风荷载和地震作用引起的巨大水平力和倾覆力矩，从而确保高耸构筑物和高层建筑的安全。

（6）桩基可改善地基基础的动力特性，提高地基基础的自振频率，减小振幅，保证机械设备的正常运转。

（7）桩作为支护桩使用时可保证基坑开挖时围护结构的安全性。

（8）桩作为边坡抗滑桩使用时可降低滑坡危害。

（9）某些特殊用途的桩，如标志桩、试锚桩、塔吊桩、锚杆桩等，可根据不同需求设计。

1.6 桩基设计思想

桩基的设计思想就是在确保长久安全的前提下，充分发挥桩土体系力学性能，做到所设计桩型既经济合理，又施工方便、快速、环保。

桩基用途和类型很多，对任一用途或类型的桩基，设计时须同时满足以下三方面要求：其一是桩基必须能保证建（构）筑物的长期使用安全；其二是桩基设计必须合理且施工方便；其三是桩基设计必须考虑经济性。

桩基设计的安全性要求包括三方面，一是满足结构承载力要求，即将上部结构荷载通过桩承台分摊到各桩且各桩均应满足承载力要求；二是满足结构变形要求，即群桩沉降须控制在允许范围内且满足使用要求；三是满足稳定性要求，即桩基与土体间相互作用是稳定的，且桩端、桩身混凝土结构强度和桩身挠度应保证稳定。同时，单桩和群桩基础必须要有一定的安全储备，以满足耐久性要求和各种附加荷载及地震等不可预见荷载的要求，保证建（构）筑物的长久安全。

桩基设计的合理性要求包括桩型的合理选择、桩端持力层的合理选择、桩型和桩布置形式的合理选择、施工方式的合理选择等。合理的桩基设计应尽可能使各桩充分发挥各自的承载能力，且选择合理的桩身混凝土强度等级和配筋率。无论是群桩基础整体设计还是单桩设计，既要满足承载力要求又需满足群桩承台抗压、抗冲切、抗剪等构造要求，且设计方案施工可行。

桩基设计的经济性要求是指桩基设计中需充分把握地质条件和桩基的力学特性，通过多方案优选，寻求最佳桩基设计方案，最大限度发挥桩基的承载能力，在确保建（构）筑物长久安全的前提下力求使设计的桩基造价最低。

1.7 桩 的 发 展 过 程

1.7.1 桩在国外的发展过程

1.7.1.1 桩基技术的初级阶段

从人类有记载历史以前至19世纪中、末期，主要桩型为木桩。人类最早使用的木桩，主要是攀折大自然中的树木枝干打入土中成桩，后来逐渐借助石器工具砍树伐木打入土中成桩。

1981年1月美国肯塔基大学的考古学家在太平洋东南沿岸智利的蒙特维尔德附近的杉树林内发现了一所支承于木桩上的木屋，放射性^{14}C测定结果表明，该批木桩距今已有12000～14000年历史。这可能是全球迄今所发现的人类最古老的建筑物和木桩遗存之一。

自有桩以来直至公元19世纪末，木桩经历了一段漫长的时期。考古研究表明，世界许多国家都存在着不同年代利用木桩支承房屋、桥梁、高塔、码头、海塘或城墙的遗址。

古罗马应用木桩的历史悠久。16世纪一位意大利建筑工程师曾根据公元前55年凯撒大帝的一段文字叙述，绘制了一幅老木桥的结构图，提供了2000多年前古罗马帝国用木桩造桥的珍贵佐证。

英国修建的桥梁和住宅中有许多木桩的例证。中世纪在东安格里沼泽地区修建的大修道院采用了橡木和赤杨木桩。

瑞典应用木桩的历史也很悠久。1981 年瑞典曾对奥斯陆市始建于公元 12~14 世纪的若干座著名大教堂进行了整修,发现教堂的木桩基础完好无损。大约在中世纪,瑞典打桩的工具已由手工木槌、石槌渐渐发展至由绞盘提升锤头,然后让其自由坠落冲击桩顶,这就是今日落锤法施工的雏形。随着打桩数量的增加和深度的加深,自由落锤式打桩机已渐渐不能满足使用要求。1782 年,即瓦特发明改良蒸汽机后约 13 年,蒸汽打桩锤应运而生;1911 年,即狄塞尔发明内燃机后约 18 年,导杆式柴油机打桩锤问世;1930 年前后,高效筒式柴油打桩锤问世。图 1-15 是 19 世纪末期至 20 世纪 30 年代瑞典建筑物基础的典型做法及其演进过程,当时所用木桩长度一般不超过 12m。20 世纪 40 年代后期,瑞典木桩的长度达到了 20m。

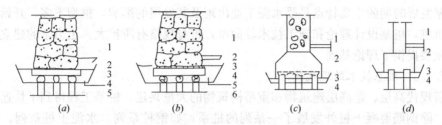

图 1-15　瑞典历史上建筑物的木桩基础
(a) 1900 年以前;(b) 1880 年至 1930 年;(c) 1910 年至 1950 年;(d) 1950 年以后

木桩突出优点是:强度与质量比值大,易于搬运和施工操作,当全部处于稳定地下水位以下时,因木桩能抵抗真菌的腐蚀,木桩几乎具有无限长寿命。然而,木桩处于水位变化或干湿交替的环境中时极易腐烂,即使做防腐处理,其耐久性较差。木桩直接取材于天然资源,其长度、直径和强度均受到一定的限制。由于上部结构荷载增大及良好持力层埋藏深度加深,木桩缺点逐渐暴露。随着工程建设规模不断扩大,某些地区出现了木材短缺供不应求的现象。

1.7.1.2　桩基技术的发展阶段

19 世纪初期以前主要使用木桩。19 世纪 20 年代,开始使用铸铁板桩修筑围堰和码头。19 世纪后期,钢、水泥和混凝土相继问世,出现了钢筋混凝土,并被成功应用于桥梁、房屋建筑等的上部结构和制桩材料。19 世纪末,美国、瑞典等国分别出现了世界历史上最早的钢管桩和钢筋混凝土预制桩。

1871 年美国芝加哥市发生的一场大火,产生了至今一直被世界许多国家和地区广泛应用的人工挖孔桩。当时芝加哥市区约 2 万幢建筑物被烧毁。灾后城市重建过程中,为提高土地利用率,兴起了一股建造高层建筑的热潮。鉴于芝加哥城市地表以下存在着厚度很大的软土,若高层建筑建造时仍沿用当时盛行的摩擦桩,必然会产生很大的沉降。为满足承载力和变形要求,工程师不得不考虑把桩端设置在很深的持力层且桩截面尺寸要设计得很大。该种设计桩型不能采用木桩,因当时打桩设备的限制,钢管桩、型钢桩或钢筋混凝土预制桩难以施工至相应的深度。借鉴掘井技术,人工挖孔桩应运而生,这种桩后来就被称作"芝加哥式挖孔桩"。

1899 年俄国工程师斯特拉乌斯首创了沉管灌注桩新桩型。1900 年美国工程师雷蒙特也独自制成了沉管灌注桩,命名为"雷蒙特桩"。

人工挖孔桩和沉管灌注桩都是人类应用混凝土后对桩型的重大突破，至今已应用百余年，仍在世界各地被广泛应用，并有了新的改进。

20世纪初，美国出现了各种型式的型钢。美国密西西比河上的钢桥大量采用钢桩基础，20世纪30年代钢桩基础在欧洲也被广泛采用。随着冶炼技术的发展，各种直径的无缝钢管逐渐被用作钢桩基础。

20世纪初钢筋混凝土预制构件问世后，出现了厂制和现场预制钢筋混凝土桩。1949年美国雷蒙德混凝土桩公司最早采用离心机生产了中空预应力钢筋混凝土管桩。

随着桩基的大量使用，桩基的理论研究也应运而生。俄国格尔谢万诺夫于1917年发表了著名的打桩动力公式。1948年，瑞典学者Bjerrum等对钢筋混凝土预制桩和木桩的极限承载力作了比较研究。

桩基发展时期的主要特点是受水泥工业出现及其发展的影响，桩型不多，开始使用打桩机械沉桩，桩基设计理论和施工技术较简单，桩身规格有所扩大。土力学的建立为桩基技术的发展提供了理论基础。

1.7.1.3 桩基技术的现代化阶段

随着现代高层、超高层建筑物和重型构筑物的大量兴建，桩基工程得到了快速大规模的发展。除钢筋混凝土桩外发展了一系列的桩系，如钢桩系列、水泥土桩系列、特种桩（超高强度、超大直径、变截面等）系列及天然材料的砂桩、灰土桩和石灰桩等。另外，还出现了大量的新桩型、桩基施工新工艺和新技术等。

随着大功率钻孔机具研制成功，20世纪40年代钻孔灌注桩首先在美国问世。20世纪70~80年代，钻孔灌注桩在世界范围蓬勃发展，其用量逐年上升。

20世纪50年代后期，美国德克萨斯州率先成功应用小直径钻扩桩。此后，印度、苏联、英国等也将小直径钻扩桩成功应用于工程实践。

20世纪前叶，建（构）筑物的纠偏技术、托底技术及增层加载时的地基基础加固技术逐渐得到应用。例如，20世纪30年代意大利发明了树根桩技术，专门用于纠偏、托底。另外，基于老城区改造、老基础托换加固、建筑物纠偏加固、建筑物增层以及补桩等需要，小桩及锚杆静压桩技术得以广泛应用。

随着对打入式预制桩的要求越来越高，如高承载力、穿透硬夹层、承受较高的打击应力及快速交货等要求，PHC管桩在欧美、日本、苏联及东南亚诸地区大量采用。1970~1992年间，日本管桩的年产量在520~830万吨之间。20世纪80年代，日本大量采用"钻孔植桩、灌浆固根"的成桩工艺。该工法单桩承载力比常用的静力压桩和锤击打桩高得多，并减少了锤击和抱压对管桩损伤和强度的损失。该类工法的机械设备先进但价格昂贵。

20世纪90年代以来，钢管混凝土管桩在日本、美国、加拿大、新西兰等国家得到了广泛应用。钢管混凝土桩具有更高的承载力和抗弯性能且抗震性能好，便于运输和安装，对某些需要采用高轴向承载力的超高强混凝土管桩的工程，采用钢管混凝土管桩具有更好的技术经济指标。

近年大直径钻（挖）孔扩底桩由于具有承载力高、成孔后出土量少、承台面积小等显著优点，在国内外得到了广泛应用，扩孔的成型工艺也发展为爆扩、冲扩、夯扩、振扩、锤扩、压扩、注扩、挤扩和挖扩等众多种类。

为提高单桩承载力，国内外发展了多种横向截面异化桩和纵向截面异化桩。横向截面从圆截面和方形截面异化后的桩型有三角形桩、六角形桩、八角形桩、外方内圆空心桩、外方内异形空心桩、十字形桩、X形桩、T形桩及壁板桩等。纵向截面从棱柱桩和圆柱桩异化后的桩型有楔形桩（圆锥形桩和角锥形桩）、梯形桩、菱形桩、根形桩、扩底桩、多节桩（多节灌注桩和多节预制桩）、桩身扩大桩、波纹柱形桩、波纹锥形桩、带张开叶片的桩、螺旋桩、从一面削尖的成对预制斜桩、多分支承力盘桩、DX桩以及凹凸桩等。

随着岩土工程技术的发展，桩基技术日趋成熟，特别是随着计算机技术的应用，桩基设计、施工、监控技术朝着信息化方向发展。同时，高层建筑的兴起和工程地质条件的日趋复杂化，桩基技术面临新的挑战。为满足工程质量高、施工速度快、造价低等需求，桩基新技术不断出现，先后设计出各种提高桩承载力和满足各种工程建设需要的异形桩，如结节桩、扩底桩、多级扩径桩或变截面桩等。桩型、尺寸和工艺的发展给桩基承载性能、设计理论和方法的研究提出了新的课题。

1.7.2　桩在我国的发展过程

1.7.2.1　1949年新中国成立之前

桩在中国应用起源于距今6000~7000年的新石器时代。中国考古学家于1973年和1978年相继在长江下游以南浙江省东部余姚市的河姆渡村发掘了新石器时代的文化遗址，出土了占地约4万平方米的木桩和木结构遗存，如图1-16所示。经测定，其浅层第二、第三文化层大约距今6000年，深层第四文化层大约距今7000年。这是太平洋西岸迄今发现的时间最早的一处文化遗址，也是环太平洋地区迄今发现的规模最大、最具典型意义的一处文化遗址和木桩遗存。

(a)　　　　　　　　　　　　　　(b)

图1-16　河姆渡木桩遗址

1996年10月~1997年1月，中国考古学家又在浙江余姚市的鲻山（东距河姆渡约10km）等地发掘了木桩遗迹，其时代与河姆渡遗址相同。2005年在浙江萧山湘湖也发现了同时代的大量木桩。河姆渡出土文物表明，人类在新石器时代，已具备了制桩和打桩的成套工具，其中包括带有木柄且用榫卯结合的石斧、石凿、石槌、木槌，以及用动物骨制成的锐利刀具等。

考古研究表明，中国历史上有许多地方存在着利用木桩支承房屋、桥梁、高塔、码头、海塘或城墙的遗址。同时，也可从一些出土的墓砖、随葬品或古画、古籍等历史文物中领略数千年以前的木桩建构物的风貌。

20 世纪 20 年代或稍晚一些，上海即使是三四层的房屋，对地基强度有疑问时也常用木桩，木桩长度一般不超过 15m，木桩大头直径约 300mm，小头直径约 50mm。20 世纪 30 年代初，由于上部荷载需要和打桩机具的改进，多层和高层建筑及重型结构物中开始采用长达 30m 的木桩，其直径也相应增大。20 世纪 50 年代以前中国铁路桥梁和码头船坞大多采用木桩基础。

随着钢、水泥和混凝土的使用，20 世纪 20 年代我国开始采用钢筋混凝土预制桩和灌注桩，出现了木桩、混凝土桩和钢桩三者同时使用的时期，视具体工程条件分别选用。例如著名杭州钱塘江大桥（建成于 1937 年）同时采用了木桩和钢筋混凝土预制桩。

由于天然资源的匮乏，20 世纪 50 年代后，除极个别盛产木材的地区外，中国基本上不再使用木桩。

1.7.2.2　1949～1979 年起步阶段

新中国成立以后到改革开放前，我国的桩基发展处于起步阶段。该阶段沉管灌注桩、钻孔灌注桩、人工挖孔桩以及预制桩等成为主要应用的桩型。

20 世纪 20～30 年代出现了沉管灌注混凝土桩。20 世纪 30 年代上海修建的一些高层建筑的基础曾采用沉管灌注混凝土桩。

20 世纪 50 年代，随着大型钻孔机械的发展，出现了钻孔灌注混凝土或钢筋混凝土桩。20 世纪 50～60 年代，我国铁路和公路桥梁曾大量采用钻孔灌注混凝土桩和挖孔灌注桩。

20 世纪 50 年代开始生产预制钢筋混凝土桩，多为方桩。我国铁路系统于 20 世纪 50 年代末开始生产使用预应力钢筋混凝土桩。

20 世纪 50～70 年代，我国的高层建筑采用钻孔桩基础或预制方桩基础，但建设规模有限。

1.7.2.3　1979 年改革开放至今

1979 年以来，随着国民经济的持续高速增长，中国出现了空前的大规模用桩时期。采用桩基础的高层、超高层建筑超过了数万幢。如上海金茂大厦，采用钢管桩基础，共布桩 1061 根，桩长为 83m。

我国长江、黄河、珠江、黄浦江、钱塘江等先后兴建的数百座举世瞩目的大桥、特大桥都采用了桩基础。城市中的高架路、立交桥亦多采用桩基础。

目前工程建设中主要采用钻孔灌注桩、人工挖孔桩、预应力管桩、沉管灌注桩等桩型，且桩的直径和长度不断增大。

目前，中国的各种桩型具有不同的制桩材料并存，不同的制桩工艺（预制、灌注与搅拌）并存，大中小直径（截面）并存，锤击、振动与静压施工方法并存，机械成孔与人工挖孔并存，最新的、接近国际先进水平的工艺与最古老的传统工艺并存等特色。凡世界各地在桩发展的历史过程中出现的各种有代表性的桩型乃至现代最先进的桩型，几乎都在中国各地有所应用，或者有所改进、推陈出新。

从成桩工艺发展过程看，最早采用的桩基施工方法是打入法。打入的工艺从手锤到自由落锤，然后发展出蒸汽驱动、柴油驱动和压缩空气为动力的各种打桩机。另外，出现了电动的振动打桩机和静力压桩机。

随着就地灌注桩，特别是钻孔灌注桩的出现，钻孔机械也在不断改进。如适用于地下水位以上的长、短螺旋钻孔机，适用于不同地层的各种正、反循环钻孔机，旋转套管机等。为提高灌注桩的承载力，出现了扩大桩端直径的各种扩孔机，产生了孔底或周边压浆的新工艺。目前，桩基的成桩工艺还在不断发展中。

近年来，除广泛应用的现场灌注钢筋混凝土桩、工厂化预应力管桩和钢桩以外，一些新理论、新桩型、新工艺、新技术得到了研发和应用，如出现了现场灌注的挤扩支盘灌注桩、DX挤扩桩、工厂化生产的预应力竹节管桩、桩端（侧）后注浆桩、大直径筒桩、载体桩、螺旋桩、高压旋喷桩及刚柔复合桩、长短桩组合桩等桩基新技术。

桩基工程应用及研究也得到了快速发展，1995年《桩基工程手册》的出版对桩基工程的发展起到了推动和规范作用。目前经过多年施工技术的发展和新规范的修编，出现了许多桩基新技术。通过众科研机构研究人员、高校教师、设计单位、施工单位等共同努力，我国桩基工程研究和设计施工水平迈上了一个新的台阶。

1.8 桩基工程新技术

目前我国广泛应用的桩型有钻孔灌注桩、预应力管桩、钢桩、人工挖孔桩等，不同的桩型并存，不同的制桩工艺并存，不同的制桩材料并存，不同的施工方法并存。由于我国建设事业的快速发展和国际交流的日益广泛，新桩型、新技术不断涌现，形成了我国特色的桩基新技术系列。近年来，为适应工程中对桩基高承载力和低成本的要求，一些新的桩型和施工工艺得到了应用和推广，促进了桩基工程的发展。同时，在桩基工程应用及研究方面也得到了快速发展。

1.8.1 大直径超长桩

超高层建筑的建设使得基底荷载越来越大，往往要求桩基穿越深厚的土层进入相对较好的持力层以获得较高的承载力并控制变形，大直径超长桩的应用成为一种趋势，部分超高层建筑布置的桩长甚至超过100m。如温州世贸中心采用了桩长80～120m不等的钻孔灌注桩，温州鹿场广场塔楼中钻孔灌注桩的最大施工桩长达到110m，上海中心大厦采用了88m的超长灌注桩，杭州钱塘江六桥采用的钻孔灌注桩长达130m。一般认为直径 $d \geqslant$ 800mm，桩长 $L \geqslant 50m$ 且长径比 $L/d \geqslant 50$ 的桩称为大直径超长桩。由于超长桩的长径比较大，导致桩土相对刚度变小，其受力性状与中、短桩存在着较大区别，以往根据中、短桩形成的一些认识对超长桩来说已不再合理科学，这也给桩基理论研究这一传统课题提出了新的挑战。工程实测发现，由于大直径超长桩的长径比较大，高荷载水平作用下，超长桩承载变形性状与一般水平荷载作用下的中短桩有较大差异。对于超长桩来说，当上部土层侧阻达到峰值后，随着荷载水平的增加，桩土相对位移会进一步增大，桩土界面出现滑移，出现侧阻软化现象，桩侧阻力完全发挥后跌落为残余强度。

1.8.2 后注浆桩

钻孔灌注桩施工过程中存在着桩端沉渣、桩端持力层扰动、桩身质量、桩侧泥皮以及钻孔应力松弛等而导致同一场地钻孔灌注桩承载力离散的问题，为有针对性地解决上述问题，钻孔灌注桩后注浆技术应运而生。桩端后注浆技术不仅可以成功克服钻孔灌注桩存在的上述问题，还可在桩端人为创造一个较好持力层，固化整个建筑物下及周围的桩端持力层并使其强度提高，从而使得主裙楼一体的建筑物沉降均匀且沉降量小。

钻孔灌注桩后注浆技术包括桩端后注浆、桩侧后注浆及桩端桩侧联合注浆技术。桩端（侧）后注浆技术是指钻孔灌注桩成桩后，由预埋的注浆通道用高压注浆泵将一定压力的水泥浆压入桩端土层和桩侧土层，通过浆液对桩端沉渣和桩端持力层及桩周泥皮起到渗透、填充、压密、劈裂、固结等作用来增强桩端土和桩侧土的强度，从而达到提高桩基极限承载力、减少群桩沉降量的一项技术措施。后注浆技术不仅应用于泥浆护壁钻孔灌注桩，应用于干作业灌注桩效果也很好。大量工程实践表明，该技术具有提高桩承载力、适用范围广、施工方法灵活、效益显著和便于普及的特点。实践经验发现，在不同桩端持力层中注浆效果也往往不同。另外，桩径、桩长、桩周土层性质、充盈系数、龄期等对注浆效果也有重要的影响。

桩侧后注浆桩通过注浆改变桩身与桩周土的接触界面特性，从而可以大大提高承载力。上海 500kV 世博地下变电站工程开展了桩侧后注浆抗拔桩的尝试，注浆后抗拔桩承载力有了很大的提高。桩侧注浆提高侧阻力的机理比较明确，但需要结合试验对注浆后桩土界面的物理形态、桩侧摩阻力的提高比例及力学指标做进一步的研究。

杭州凤起路某高层建筑钻孔灌注桩（桩端入砾石层 1.5m，桩长 42.8m，桩径 800mm，桩身为 C25 混凝土，配筋为 12ϕ16mm，注浆前桩试验龄期为 43 天，注浆 60 天后进行试桩静载试验）注浆前后的荷载—沉降曲线如图 1-17 所示。

由图 1-17 注浆前后的静载试验结果可知，注浆前荷载为 6100kN 时，桩顶沉降和桩端沉降分别为 21mm 和 13mm，且荷载-沉降曲线为陡降型。注浆后荷载为 9100kN 时，桩顶沉降仅 12mm，而桩端沉降不到 1mm，且荷载-沉降为缓变型。可见，采用桩端后注浆技术可显著提高单桩的承载能力，降低单桩的沉降。

1.8.3 挤扩支盘灌注桩（DX桩）

挤扩支盘灌注桩（DX桩）是近几年开发并得到广泛应用的一种新桩型。挤扩支盘灌注桩施工时先用普通钻机钻成等截面钻孔，然后采用专用液压挤扩设备在设计需要的某些深度挤扩支盘从而形成如图 1-18 所示的挤扩支盘灌注桩。在某一断面上挤扩设备一般挤 1 次形成一个支，挤 6～8 次形成一个盘。根据地质情况和设计要求，可在不同的适宜土层中挤扩成分支及承力盘。

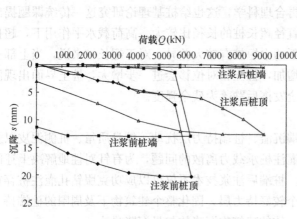

图 1-17 钻孔灌注桩注浆前后荷载-沉降曲线

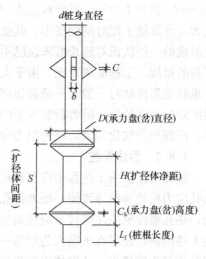

图 1-18 挤扩支盘灌注桩构造

挤扩支盘灌注桩由桩身、底盘、中盘、上盘及数个分支组成。根据土质情况，在硬土层中设置分支或承力盘。分支和承力盘是在普通圆形钻孔中用专用设备通过液压挤扩而形成的。在支、盘挤成空腔同时也把周围的土挤密。经过挤密的周围土体与腔内灌注的钢筋混凝土桩身、支盘紧密的结合为一体，发挥了桩土共同承力的作用，从而使桩承载力大幅度增加。挤扩支盘桩基础设计时既要满足承载力和变形要求，也要满足稳定性和耐久性要求。

需要说明的是，挤扩支盘灌注桩施工时间相对较长、挤扩过程中孔壁泥皮较厚、护壁泥浆质量控制不当时较易塌孔、桩端沉渣较厚，如果清渣不干净，反而会影响桩承载力发挥。

挤扩支盘灌注桩施工包括钻进成孔、钻机成孔后移位、设计深度机械下放钢筋笼并清孔、灌注混凝土成桩等几道工序。施工工艺简单，仅在普通灌注桩施工的基础上增加了挤扩支盘以及二次清孔的过程。

对杭州某花园城的 4 根持力层为圆砾层的普通灌注桩、桩底后注浆桩和挤扩支盘桩的承载能力进行了试验研究。其中试桩 S1 为桩长 46m，桩径 800mm，桩身 C30 混凝土的注浆桩；试桩 S2 和 S3 是桩长分别为 48.7m 和 48.6m，桩径 800mm，桩身 C40 混凝土的挤扩三支盘灌注桩，承力盘直径 1.6m，分别设置在粉质黏土层、黏土层和粉质黏土层中；S4 为桩长 48.7m，桩径 800mm，桩身 C30 混凝土的普通桩。4 根试桩的荷载-沉降曲线见图 1-19。

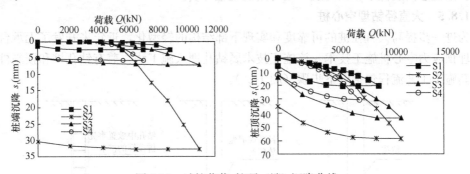

图 1-19　试桩荷载-桩顶（端）沉降曲线

由图 1-19 可知，和普通桩 S4 相比，注浆桩 S1 与挤扩支盘灌注桩 S3 的单桩承载力均有所提高，表现为在相同荷载水平下桩顶沉降较小，尤其是在高荷载水平下，承载力提高幅度更大。挤扩支盘桩 S2 桩端沉降较大，说明挤扩支盘桩挤扩过程中容易扰动圆砾层，降低端阻，挤扩支盘桩不能很好的解决桩端沉渣问题。注浆桩 S1 解决了上述问题，不但改善了桩端土性状，且浆液沿泥浆壁扩散改善了桩侧土性状，提高了桩端阻力和桩侧土摩阻力，使得相同荷载作用下桩端沉降和桩顶沉降都较小。

1.8.4　大直径薄壁筒（管）桩

大直径现浇混凝土薄壁筒桩属部分挤土桩，是在沉管灌注桩的基础上加以改进发展而成的一种新桩型。大直径现浇混凝土薄壁筒桩吸收了预应力混凝土管桩、振动沉管桩和振动沉模薄壁防渗墙等技术的优点。与相同外桩径的钻孔桩或沉管灌注桩相比，大直径现浇混凝土薄壁筒桩可节省混凝土方量，且具有较高的水平承载能力。然而，现浇混凝土薄壁筒桩桩身质量容易存在问题且单桩竖向承载力相对较低，常应用于单桩竖向荷载不高的堤防工程中。这种桩型适合于软土地基中使用，在很硬地层中沉管时会存在困难。

大直径现浇薄壁筒桩施工时利用高频液压振动锤将双层钢护筒沉入地下，向夹层中灌入混凝土，启动振动锤拔出双层钢护筒，形成一根现浇薄壁筒桩。大直径现浇混凝土薄壁筒桩的施工步骤如下：

（1）筒桩打桩机就位，把桩管对准预先埋设在桩位上的预制桩靴，放松卷扬机钢丝绳，利用桩机和桩管自重，把桩靴竖直地压入土中。

（2）开动卷扬机，将桩管吊起，用钢丝绳把钢筋笼吊起，套入桩管内。

（3）将桩管放下，钢筋笼套入桩管内，将桩管和桩靴连接，用胶泥或石膏水泥密封防水。

（4）开动振动锤，同时放松滑轮组，使桩管逐渐下沉，当桩管下沉达到要求后停止振动锤振动。

（5）利用上料斗向桩管内灌入混凝土。

（6）当混凝土灌满后，再次开动振动锤和卷扬机，一面振动，一面拔管，在拔管过程中继续向桩管内加灌混凝土，以满足灌注量的要求。

（7）拔管完毕后将挤出地面以上的内芯土外运。

（8）待混凝土达到设计强度后，将桩顶原地面以上凿平，挖出部分土芯，浇注混凝土盖板。如土芯高度低于地面高度，则可用混凝土补实。

1.8.5 大直径钻埋空心桩

为进一步提高大直径桩的可靠度和实现下部结构的轻型化，近年来开发了无承台大直径钻埋预应力空心桩施工技术。该施工技术属钻孔埋入施工法，兼有钻孔桩和预制桩的优点，其施工工艺流程包括以下步骤（图1-20）：

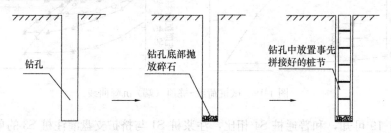

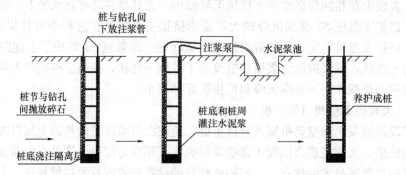

图1-20 大直径钻埋空心桩施工工艺流程图

（1）根据实际工程需要利用钻机施工一钻孔。

（2）在桩孔底部铺设碎石。

（3）将预制好的桩节进行拼接，并校正其垂直度。依次完成其余桩节的拼接，直至达到要求的控制标高。

（4）待所有拼接的桩节达到要求的控制标高且对其垂直度进行校正后，灌注水下沉落床，并在桩底浇注隔离层。

（5）在拼接好的桩节周围下放注浆管，并在桩周抛放碎石。

（6）通过桩周注浆管对桩底和桩周进行注浆。

（7）养护一定龄期后成桩。

大直径钻埋桩施工技术可有效防止钻孔成桩过程塌孔而引起的基桩质量事故和沉入桩沉不下去或沉桩偏差过大的质量事故。桩身经过预制空心桩节分段拼装、分段设置预应力或整体组拼施加预应力值后，整根吊装入孔成桩，基桩工程可平行作业，部分实现了工厂化施工，还为桩基采用高强混凝土开辟了道路。

1.8.6 预应力竹节管桩

预应力竹节管桩是在普通管桩基础上发展起来的一种新桩型，它适用于软土层，最先在日本使用。预应力竹节管桩的构造是在普通预应力管桩桩身上每隔 2m 设计一条宽 5cm 凸出的混凝土肋环，用于增加侧表面积并增大侧阻力。预应力竹节管桩接桩时应采用端头板焊接以满足耐久性要求。同普通管桩施工方法一样，预应力竹节管桩采用打入或压入式的施工方法。

温州市设计院首先在普通管桩的闭口或开口桩尖上，加焊宽度 10～12cm、厚度 1cm 的钢质扩大头，并在各节管桩端板接合处和管桩中间适当位置加焊宽度 8～10cm、厚度 6mm 的环形钢质翼板，或在管桩成型时浇注出宽度为 10～12cm 的混凝土肋（用钢板作肋称翼板或肋板），沉桩时扩大头和肋（翼板）形成的桩侧空隙用砂充填，最终形成桩头扩大桩侧灌砂的预应力管桩（见图 1-21）。预应力竹节管桩填砂后可缩短排水通道，加快超孔隙水压力消散和外侧淤泥质软土层的固结，提高软土侧阻力值。填砂置换原桩侧土体后，填砂处的侧阻力值会有所提高。同时，由于肋（翼板）的约束作用，填砂在某种程度上与桩整体工作，相应的增大了桩径及侧表面积，增大桩侧阻力。试验表明，带肋预应力竹节管桩比同直径的普通管桩竖向抗压极限承载力提高约 20％～30％，该桩型适用于淤质土等软土地层。

1.8.7 静钻根植预应力竹节管桩

静钻根植预应力竹节管桩采用特殊的单轴螺旋钻机，按照设定深度进行钻孔，桩端部按照设定的尺寸（直径与高度）进行扩孔，扩孔完成后，注入桩端水泥浆和桩周水泥浆，边注浆边提钻，钻孔完成后依靠桩的自重将桩植入设计底标高，通过桩端及桩周水泥浆液硬化，使高强管桩与桩端和桩周土体形成一体，从而形成由预制桩身、桩端水泥浆和土体共同承载的新型静钻根植桩基

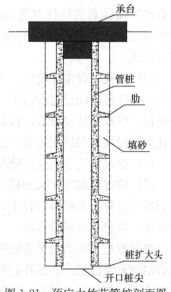

图 1-21 预应力竹节管桩剖面图

础。该种桩型属非挤土桩，避免了管桩的挤土效应和钻孔灌注桩的侧阻软化和端阻弱化效应。

　　静钻根植预应力竹节管桩施工工法集钻孔、注浆、深层搅拌、挤压、扩孔、预制技术于一身，有效解决了挤土、废弃泥浆及水平抗荷载能力等方面的问题。该工法施工流程共分为4步：钻孔→扩底→喷浆→植桩（图1-22），详述如下：

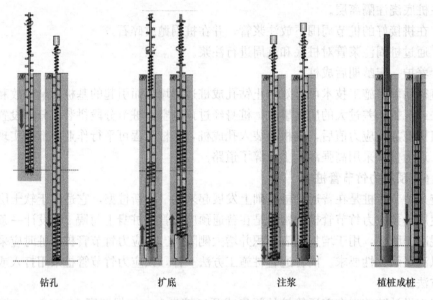

钻孔　　　　扩底　　　　注浆　　　　植桩成桩

图1-22　静钻根植预应力竹节管桩施工流程示意图

　　（1）将钻头定位于桩心位置，用定位尺进行桩平面位置的确认，并确保钻杆垂直度在许可范围内。钻进过程中，随时检测钻杆垂直度和平面位置，发现超差，及时进行调整。

　　（2）钻头在钻进过程中，根据地质情况进行边喷水（或者是膨润土混合液）边利用带有特殊搅拌翼的钻杆对孔体进行修整及护壁。当钻孔深度深于桩机所能悬挂钻杆长度的时候，必须进行钻杆的接长。接钻杆的长度根据钻孔深度和桩机、钻机设备性能进行确认。

　　（3）钻孔至设定深度后，上下反复提升和下降钻杆进行桩孔的修整。钻杆具有螺旋推进翼与搅拌翼相间设置的特点，随着钻掘和搅拌反复进行，可使水泥系强化剂与土得到充分搅拌。桩孔修整完成后，打开钻头部位扩大翼，按照设定的扩大直径分数次进行扩孔，扩孔的同时注入根固水泥浆并进行反复搅拌。

　　（4）桩端固定水泥浆液喷送完成后，收拢扩大翼并进行提升，同时注入水泥浆。

　　（5）将带有端部扩大和桩身变径的预制高性能混凝土桩先插入桩孔内、上接加强型预应力竹节管桩，在植桩过程中，对桩身垂直度进行调整，利用桩的自重或使用钻机对桩进行回旋，将桩植入设计标高。

　　静钻根植预应力竹节管桩施工工法是一种环保的新型工法，在环保方面明显优于传统的预制桩和灌注桩。在钻孔过程中，部分泥土通过钻杆的一些特殊构造挤入钻孔周围，部分泥土通过螺旋钻杆排出，泥浆排放量约是钻孔直径的体积，远远少于钻孔灌注桩的泥浆排放量。根据地质条件的不同，静钻根植预应力竹节管桩施工工法的泥浆排放量仅为钻孔灌注桩泥浆排放量的1/3～1/4。同时，静钻根植预应力竹节管桩施工工法完成的单桩具有承载力高的优点。该种桩型可通过桩端扩大部分及桩内外水泥浆液硬化，使桩与桩端及桩周土体形成一体，从而提高土体与桩身的摩擦和桩端承载力，进而产生较高的竖向承载能力。同时，桩身上部采用加强型管桩，桩基的抗水平荷载能力得到大幅改善，具有良好的抗弯和抗剪性能。

静钻根植预应力竹节管桩施工工法具有广泛的适用性，可用于黏性土、粉土、砂土、砂砾土、桩径小于100mm的卵石及单轴抗压强度60MPa以下岩层等地质条件。该施工工法具有环保节能、施工速度快、承载力高、桩身质量有保证、技术含量高、安全性能好等特点。

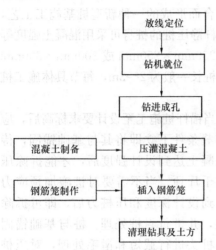

图1-23 长螺旋钻孔压灌桩施工工艺

1.8.8 长螺旋钻孔压灌桩

长螺旋钻孔压灌桩利用长螺旋钻机钻孔至设计深度，在提钻的同时利用混凝土泵通过钻杆中心通道，以一定压力将混凝土压至桩孔中，混凝土灌注到设定标高后，再借助钢筋笼自重或专用振动设备将钢筋笼插入混凝土中至设计标高后形成的。长螺旋钻孔压灌桩施工工艺见图1-23。

长螺旋钻孔压灌桩适用于地下水位较高，易塌孔，且长螺旋钻孔机可以钻进的填土、粉质黏土、黏质粉土、粉细砂、砂卵石层等地层，当卵石粒径较大或卵石层较厚时，应分析长螺旋钻孔机钻进成孔的可能性。

需要注意的是，长螺旋钻孔压灌桩常出现导管堵塞、桩位偏差、断桩、桩身混凝土强度不足、桩身混凝土收缩、桩头质量问题、钢筋笼下沉、钢筋笼无法沉入、钢筋笼上浮等问题。

1.8.9 刚柔复合桩基

深厚软土地区，对于荷载不大的多层和小高层住宅多采用单桩承载力较低的普通中小直径桩基础。由于其单桩承载力较低，实际工程中采用该种桩型时布桩数量多，桩间距较小，且易产生打桩挤土问题，从而破坏软土的结构性造成桩承载力下降和灌注桩缩径、断桩、偏位等桩身质量问题。为克服上述问题，刚性桩与柔性桩相结合的设计思路应运而生。刚性桩与柔性桩在平面上间隔交叉布置，见图1-24。

用刚性桩（混凝土长桩）打到低

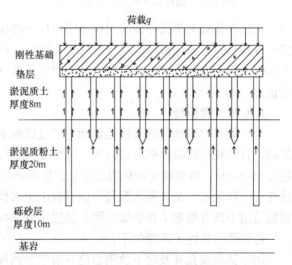

图1-24 刚柔复合桩布置图

压缩性的持力层来控制沉降,用柔性桩(水泥搅拌桩短桩)来协调变形。刚柔复合桩基也叫长短桩复合地基。刚柔复合桩中刚性桩不与刚性基础直接接触,而是通过碎石混凝土混合垫层和混凝土垫层直接接触并协调变形,并通过地下室刚性基础起到应力平衡作用。因此,刚柔复合桩基对于多层和小高层主楼基础与地下车库基础一体的建筑较适用且经济性好。刚柔复合桩基适用的地质条件一般上部为深厚软土层,软土层下为一定厚度的低压缩土层,可以作为桩端持力层,桩持力层下没有软弱下卧层。

在刚柔复合桩基中,通过刚性桩、柔性桩和基底土体的变形协调来共同承担上部荷载。刚性桩的刚度远大于柔性桩和基底土体的刚度基础底板应力集中现象明显,在设置基础底板下设置褥垫层,可调节基础底板的应力分布。

1.8.10　锚杆静压桩

锚杆静压桩是将锚杆和静力压桩二项技术巧妙结合而形成的一种新型桩基施工工艺,适用于既有建筑和新建建筑地基处理和基础加固。锚杆静压桩的桩身可采用混凝土强度等级为 C30 混凝土以上的,截面为 200mm×200mm 或 250mm×250mm 或 300mm×300mm 的预制钢筋混凝土方桩,也可选用钢管做桩身,每节桩长一般为 2～3m,每节具体施工桩长可由静压龙门架施工净空高度确定。

桩节接头一般采用角钢焊接或硫磺胶泥锚固等。当锚杆桩施工至设计要求标高后,应在不卸载条件下立即将其与基础锚固,待封桩混凝土达到设计强度后,才能拆除压力架和千斤顶。当不需要对桩施加预应力时,达到设计深度和压桩力后,即可拆除压桩架,并进行封桩处理。桩与基础锚固前应将桩头进行截短和凿毛处理,对压桩孔的孔壁应预凿毛并清除杂物,再浇筑 C30 微膨胀早强混凝土。锚杆静压桩施工装置见图 1-25。

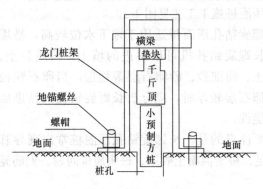

图 1-25　锚杆静压桩施工装置

锚杆静压桩沉桩方法如下:

在原有基础上凿孔并预埋四颗地锚螺杆→将压桩龙门架固定在地锚螺杆上形成整体→将一节预制短桩放入桩孔中→桩上放千斤顶→千斤顶与龙门架之间放横梁→千斤顶向下施力压桩→压至地面后接第二节桩→继续向下压桩→……→直至达到设计桩长和设计压桩力为止。

1.8.11　微型桩

为在既有建筑物基础或桥梁基础下增设桩而不受拟增设桩基础上方建筑物、桥梁等的限制,直径较小的微型桩应运而生。微型桩的直径较小,从数厘米到十厘米不等(一般不超过 250mm),微型桩又被称为迷你桩。微型桩可以是垂直的,也可以是倾斜的,或成排或交叉网状配置。交叉网状配置的微型桩由于其桩群形如树根状,故亦被称为树根桩。微型桩适用于既有桩基工程事故加固、低层房屋基础及增加边坡的稳定性等。

传统微型桩施工步骤如下:

用小钻机成孔并及时下放钢套筒→清空并预埋注浆管和钢筋笼→通过压浆管以压力灌注水泥(砂)浆或细石混凝土,边灌边拔钢套管直至成桩;或向钢套管内灌注一定级配的碎石，然后向桩底注入水泥浆或水泥砂浆并使水泥浆上冒至孔口→成桩。注浆宜分两次进行，并应在第一次注的浆液达到初凝后终凝前进行第二次注浆。

当需要更高承载力时，可通过压入的钢管进行桩端挤密注浆形成扩大头，当采用高压喷射注浆法并在其形成的柱体中插入钢管或型钢时，可获得更大的承载力。微型桩穿过既有建筑物基础时，应凿开基础，将主钢筋与微型桩主筋焊接，并将基础顶面的混凝土凿毛，浇筑一层大于原基础强度的混凝土。采用斜向微型桩时，应采取防止钢筋笼端部插入孔壁土体的措施。

1.8.12 钻孔扩底桩

钻孔扩底灌注桩是在等直径钻孔桩的基础上对成桩施工工艺进一步改进的新桩型。施工时采用能形成直孔的等直径钻头钻进至设计持力层后，再换上专用的扩底钻头，通过加压撑开钻头的扩孔刀刃使之旋转切削地层，对柱状钻孔底部进行扩大，在达到设计要求的直径后放入钢筋笼，清孔和灌注混凝土形成扩底桩以获得较大的承载力。

随着扩底设备的发展，扩底能力大大加强，不仅能在一般土层和强风化岩层中扩底，且能在中风化和微风化岩层中扩底。

反循环钻成孔扩底灌注桩施工工艺流程为：

放线定位→钻机成孔→第一次清孔→换扩底钻头→扩底成孔→第二次清孔→成孔检测→吊放钢筋笼→下导管→第三次清孔→浇注混凝土成桩。

旋挖钻成孔扩底灌注桩施工工艺流程为：

放线定位→钻机成孔→底部扩大→完成扩孔→第一次清孔→安装钢筋笼→下导管→第二次清孔→浇注混凝土成桩。

螺旋钻成孔扩底灌注桩施工工艺流程为：

放线定位→钻机成孔→扩孔→清孔→安装钢筋笼→下导管→浇注混凝土成桩。

1.8.13 钻孔咬合桩

钻孔咬合桩技术是一种新开发的技术，与支撑相结合的围护体系可用于中等深度基坑的支护结构，目前已成为一项较成熟的支护结构施工技术，具有防渗能力强、无需泥浆护壁、低配筋率、小扩孔（充盈）系数、止水效果好、工程造价低、施工速度快，施工质量有保证等优点。钻孔咬合桩采用全套管钻机钻孔施工，在平面布置的排桩间相邻桩相互咬合而形成的一种基坑支护结构。钻孔咬合桩在地铁、道路下穿线、高层建筑物等城市构筑物的深基坑工程中已广泛推广，特别适用于有淤泥、流砂、地下水富集等不良条件的地层。

钻孔咬合桩的混凝土终凝出现在桩的咬合以后。桩的排列方式一般为素混凝土桩 A 和钢筋混凝土桩 B 间隔布置，施工时先施工 A 桩后施工 B 桩，A 桩混凝土采用超缓凝混凝土，要求必须在 A 桩混凝土初凝前完成 B 桩的施工。B 桩施工时采用全套管钻机切割掉相邻 A 桩相交部分的混凝土，实现咬合。

咬合桩排桩施工工艺流程（图 1-26）为：
A1→A2→B1→A3→B2→A4→B3······An→B
(n-1)。

钻孔咬合桩施工工序如下：

平整场地→测放桩位→施工混凝土导墙→套管钻机就位→吊装安放第一节套管→测

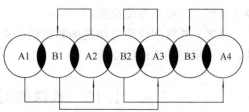

图 1-26 钻孔咬合桩施工工艺

控垂直度→压入第一节套管→校对垂直度→抓斗取土→测量孔深→清除虚土，检查→B桩吊放钢筋笼→放入混凝土灌注导管→灌注混凝土逐次拔套→测定混凝土面→桩机移位。

钻孔咬合桩因其应用及施工上的特点，在施工过程中可能会出现一些问题，如邻桩混凝土"塌落"，地下障碍物对钻孔咬合桩施工的影响，钢筋笼上浮，钻孔咬合桩施工过程中因A桩超缓混凝土质量不稳定出现早凝现象或机械设备故障等原因造成钻孔咬合桩的施工未能按正常要求进行而形成事故桩等。

1.9 桩基工程学的研究方法

桩基工程是一门实践性很强的学科，桩基工程问题的研究涉及数学、物理学、化学、土力学、工程地质学、岩石力学、材料力学、结构力学等学科。桩基工程问题研究时应将理论研究、现场测试和工程实践三者有机结合起来。

1.9.1 理论研究

桩基工程的理论研究包括各种类型桩在荷载作用下的受力机理，各种类型桩的沉降计算方法，各类桩基设计理论等。理论研究随工程实践而发展，又为工程实践提供了可靠的基础。桩基设计理论吸取了其他学科先进的成果，建立和形成了复合桩基理论、疏桩基础理论、桩基与上部建筑物协同作用理论等。理论研究对于工程优化设计起到了重要的作用。

理论研究的方法很多，包括解析分析、数值分析、试验分析及工程实测分析等，随着计算机、数值计算方法、高分子化学等学科的快速发展，尤其是岩土工程领域研究的快速发展，为桩基工程理论的研究提供了更好的平台。

1.9.2 现场测试

桩基工程现场测试是桩基分析研究中不可缺少的重要一环，桩基现场测试包括承载力静力测试、动力检测、位移监测等方法，分别针对桩基础不同方面的特性进行测试，涉及静力学、动力学、声学、测量学等诸多学科。随着测试仪器设备的不断发展，现场测试可获得大量理论研究所需的数据。现场测试对验证理论分析的结果有着至关重要的作用。

现场测试的研究依赖于各种测试技术的发展，如桩端沉降测量技术、桩身应力测量技术等都为桩的受力特性和荷载传递规律的研究提供了可靠的依据。

1.9.3 工程实践

桩基工程是一门实践性非常强的学科，许多规律、原理都是基于对工程实践中问题的发现和提出开始的，最终理论研究和现场测试也要服务于工程实践。因此，工程实践是必不可少的，应该在工程实践中不断总结和创新，以达到在保证桩基长久安全的前提下，既经济合理，又施工方便快速。

总之，要将理论研究和现场测试的研究成果应用于工程实践，通过工程实践中的反馈，进一步推动理论的发展。

1.10 本课程对学生的学习要求

桩基工程学是专业性学科，本书是为土木工程专业研究生、高年级本科生和大土木专业技术人员编写的桩基工程学教材，内容上以《建筑地基基础设计规范》GB 50007 和《建筑桩基技术规范》JGJ 94 为主，兼顾道路、港口、桥梁、水利等领域的桩基工程，目的是使读者在学习专业课的同时，培养读者的应用能力和创新能力。

本书旨在帮助读者在学习中掌握桩基工程的基本概念、基本原理、计算方法、施工工艺、勘察检测及事故处理等。主要包括以下内容：

1.10.1 桩基工程勘察

包括桩基勘察目的、岩土工程勘察分级、岩土工程勘察点线距布置方法、岩土工程勘察方法、勘探点平面和深度设置原则、岩土的工程分类、岩土参数的物理意义、工程勘察报告编写及内容、勘察报告的阅读及桩基设计应考虑的因素等。

1.10.2 竖向抗压荷载下桩基受力性状

包括竖向抗压单桩静载试验、桩土体系的荷载传递、桩侧阻力、桩端阻力、竖向抗压荷载下单桩极限承载力的计算方法、竖向抗压荷载下单桩沉降计算方法、竖向抗压荷载下群桩受力性状、竖向抗压荷载下群桩极限承载力计算方法、竖向抗压荷载下群桩沉降计算方法、桩基负摩阻力等内容。

1.10.3 竖向抗拔荷载下桩基受力性状

包括竖向抗拔单桩静荷载试验、抗拔桩的受力机理、抗拔桩与抗压桩承载特性的异同、竖向抗拔桩极限承载力的确定、竖向抗拔单桩变形计算、竖向抗拔群桩变形计算等。

1.10.4 水平荷载下桩基受力性状

包括水平荷载下单桩静载试验、水平受荷桩受力机理、水平荷载作用下单桩变形计算方法、水平荷载作用下群桩变形计算方法、水平受荷桩的设计、提高桩基抗水平力的技术措施等内容。

1.10.5 桩基础设计

包含地基基础的设计原则、桩基础的设计思想、原则与内容、按变形控制的桩基设计、桩型的选择与优化、桩的平面布置、桩基持力层的选择、桩长与桩径的选择、承台中桩基的承载力计算与平面布置、承台的结构设计与计算、桩基础抗震设计、特殊条件下桩基的设计原则、后注浆桩设计、桩土复合地基设计、刚柔复合桩基设计等内容。

1.10.6 桩基工程施工

包含桩基工程施工前的调查与准备、预应力管桩的施工、预制混凝土方桩的施工、钢桩的施工、沉管灌注桩的施工、钻孔灌注桩的施工、人工挖孔灌注桩的施工、挤扩支盘灌注桩的施工、大直径薄壁筒桩的施工、静钻根植桩的施工、水泥搅拌桩的施工、钻孔咬合桩的施工、碎石桩的施工、静压锚杆桩的施工、树根桩的施工等内容。

1.10.7 桩基工程后注浆技术及其工程应用

包含钻孔灌注桩施工存在的问题、后注浆技术的定义及作用、后注浆技术的分类、后注浆技术理论、后注浆技术设计、后注浆桩承载力计算方法、后注浆桩承载特性计算方法、竖向抗压后注浆桩承载特性计算方法、竖向抗拔后注浆桩承载特性计算方法、常见注浆事故及处理措施、后注浆桩工程实例分析等内容。

1.10.8 桩基工程检测

包含基桩现场成孔质量检测、桩身完整性检测、基桩承载力检测、基桩钢筋笼长度检测等内容。

1.10.9　桩基工程事故实例分析

包含预应力管桩偏位事故实例分析、基桩承载力不足事故实例分析、同一建筑刚性桩与柔性桩沉降差过大事故实例分析、钻孔灌注桩预埋注浆管无法打开事故实例分析、基桩桩身质量事故实例分析等内容。

思 考 题

1-1　桩基础在地基基础中有着怎样的重要地位？

1-2　桩的定义是什么？桩在改善地基土性能方面有哪些作用？

1-3　桩如何进行分类？

1-4　桩的发展有什么趋势？

1-5　桩基的设计思想是什么？

1-6　桩基工程学的研究分析方法有哪些？

第2章 桩基工程勘察

工程建设的基本流程可归纳为勘察—设计—施工—监理—反馈设计（信息化施工）。桩基工程勘察是桩基工程设计与施工的前提。

2.1 概　述

采用桩基础的相关工程，必须根据上部结构荷载要求和桩基受力性状做好场地勘察工作。桩基工程勘察应围绕工程受力特点制定勘察方案，为桩基持力层和桩型的选择、桩侧摩阻力和桩端阻力标准值（特征值）的选择、沉桩可能性评估和桩基设计与施工建议等提供参考。

本章将重点介绍桩基工程勘察的目的、岩土工程勘察分级及相应的勘察方法、勘探点平面和深度设置原则、岩土的工程分类、岩土参数的物理意义、工程勘察报告编写及内容、勘察报告的阅读及桩基设计应考虑的因素、桩型选择和桩基优化等方面内容。

2.2 桩基勘察目的

除按常规要求弄清场地工程地质和水文地质条件外，桩基勘察时尚需注意以下问题：

(1) 查明场地各层岩土的类型、深度、分布特征和变化规律

查清各土（岩）层的深度分布，以便桩型的比选、软弱下卧层的变形验算及持力层选择等。

(2) 合理选择桩端持力层并绘制持力层等高线变化图

桩端持力层指地层中能对桩起主要支承作用的土（岩）层。任何桩型均涉及合理选择桩端持力层的问题。桩基设计时除要考虑合理持力层选择问题外，还要求按成因类型和岩性分层细致做好力学分层。当选择基岩作为桩持力层时，应查明岩性、构造、岩面变化、风化程度、碎石带、洞穴等情况。桩端持力层应根据地质条件、上部结构荷载特点、施工工艺、施工安全性和经济性等综合确定。

(3) 查明水文地质条件，评价地下水对桩基施工的影响以及对混凝土的侵蚀性

地下水是否丰富、是否有对桩基施工影响较大的承压水，地下水水质情况对钢筋混凝土的腐蚀性需要进行综合评价，并在设计中采取相应措施。

(4) 查明不良地质条件（如滑坡、崩塌、泥石流及液化等）

当地下土层具有软弱夹层或桩端持力层高差起伏很大时，需要在设计时考虑桩基的稳定性。

(5) 提供合理的桩侧单位阻力和桩端单位阻力特征值

桩侧单位阻力和桩端单位阻力是桩基设计的关键参数。目前，国内主要根据土的状态

（黏性土）和密实度（砂土、碎石土）等按有关规范查表确定，这些表格是根据工程实践经验建立的，实际工程中应避免盲目选用。理论和工程实践表明，桩侧阻力和桩端阻力不仅取决于土的状态和密度，还与桩的长径比、桩侧阻力、桩端阻力的发挥程度密切相关，同时桩的嵌入深度、施工方法、沉渣厚度等对桩承载力亦有很大影响。勘察单位提供桩侧单位摩阻力和桩端单位阻力标准值时应考虑上述因素，设计单位设计时也应综合考虑上述因素。

（6）评估沉桩可能性

根据地质条件、土层情况和上部结构荷载特点确定桩端持力层后，还应充分考虑桩是否能顺利施工至所选择的持力层。对于预制桩，若上部存在较厚且较密实的砂层时，必须充分研究和判断打入或压入桩的可能性。一般可根据土的标贯击数、静力触探比贯入阻力和已有地区经验进行判断，必要时还需进行试打或试压试验。对于钻孔灌注桩，当持力层上有淤泥层时，应充分评估钻孔灌注桩钻进和水下浇灌混凝土过程中有无缩颈和断桩的可能性。当上部存在可液化的砂土层时应避免采用锤击式夯扩灌注桩等桩型。

（7）提供单桩竖向承载力特征值和桩型选择的建议

岩土工程勘察报告除提供各岩土层物理力学性质等参数、桩侧单位阻力和桩端单位阻力特征值的建议值外，尚需提供本场地宜选择的桩基类型及各种规格的单桩竖向承载力特征值，供设计单位参考。设计单位选定桩型时应综合考虑上部结构的荷载特点、建（构）筑物的沉降要求、桩土力学性能、布桩形式、施工难易程度、经济性、安全性等方面，并至少选择三种方案相互比较优选，确定最终方案。

2.3 岩土工程勘察分级

岩土工程勘察等级划分应根据工程重要性、场地复杂程度及地基复杂程度等方面确定。

2.3.1 岩土工程重要性等级划分

根据工程规模和特征及工程破坏或影响正常使用所产生的后果，《岩土工程勘察规范》GB 50021 中将岩土工程分为三个重要性等级，如表 2-1 所示。

岩土工程重要性等级划分   表 2-1

岩土工程重要性等级	工程性质	破坏后引起的后果
一级工程	重要工程	很严重
二级工程	一般工程	严重
三级工程	次要工程	不严重

从工程勘察的角度，岩土工程重要性等级划分时主要考虑工程规模大小、特点及由于岩土工程问题而造成破坏或影响正常使用时所引起后果的严重程度。由于《岩土工程勘察规范》GB 50021 中涉及房屋建筑、地下洞室、线路、电厂等工业或民用建筑、废弃物处理工程及核电工程等不同工程类型，因此很难给出一个统一的划分标准。

2.3.2 场地等级划分

根据场地的复杂程度，《岩土工程勘察规范》GB 50021 中将场地划分为三个等级，见

表 2-2。

场地的复杂程度分级　　表 2-2

场地等级	特 征 条 件	条件满足方式
一级场地 （复杂场地）	对建筑抗震危险的地段	满足其中一条 及以上者
	不良地质作用强烈发育	
	地质环境已经或可能受到强烈破坏	
	地形地貌复杂	
	有影响工程的多层地下水、岩溶裂隙水或其他复杂的水文地质条件，需专门研究的场地	
二级场地 （中等复杂场地）	对建筑抗震不利的地段	满足其中一条 及以上者
	不良地质作用一般发育	
	地质环境已经或可能受到一般破坏	
	地形地貌较复杂	
	基础位于地下水位以下的场地	
三级场地 （简单场地）	抗震设防烈度等于或小于 6 度，或对建筑抗震有利的地段	满足全部条件
	不良地质作用不发育	
	地质环境基本未受破坏	
	地形地貌简单	
	地下水对工程无影响	

表 2-2 中的"不良地质作用强烈发育"，是指存在泥石流、沟谷、崩塌、滑坡、土洞、塌陷、岸边冲刷、地下水强烈潜蚀等极不稳定的场地，这些不良地质作用将直接威胁工程安全；而"不良地质作用一般发育"是指虽有上述不良地质作用，但并不十分强烈，对工程安全影响不严重；"地质环境受到强烈破坏"是指人为因素引起的地下采空、地面沉降、地裂缝、化学污染、水位上升等因素已对工程安全或其正常使用构成直接威胁，如出现地下浅层采空、横跨地裂缝、地下水位上升以至发生沼泽化等情况；"地质环境受到一般破坏"是指虽有上述情况存在，但并不会直接影响工程安全及正常使用。

2.3.3　地基复杂程度划分

《岩土工程勘察规范》GB 50021 中将地基复杂程度划分为三个等级，见表 2-3。

地基（复杂程度）等级划分表　　表 2-3

场地等级	特 征 条 件	条件满足方式
一级地基 （复杂地基）	岩土种类多，很不均匀，性质变化大，需特殊处理	满足其中一条 及以上者
	严重湿陷、膨胀、盐渍、污染的特殊性岩土，以及其他情况复杂，需作专门处理的岩土	
二级地基 （中等复杂地基）	岩土种类较多，不均匀，性质变化较大	满足其中一条 及以上者
	除一级地基中规定的其他特殊性岩土	
三级地基 （简单地基）	岩土种类单一，均匀，性质变化不大	满足全部条件
	无特殊性岩土	

表 2-3 中"严重湿陷、膨胀、盐渍、污染的特殊性岩土"是指自重湿陷性土、三级非自重湿陷性土、三级膨胀性土等。

需要说明的是，对于场地复杂程度及地基复杂程度的等级划分，应从第一级开始，向第二、三级推定，以最先满足者为准。此外，场地复杂程度划分中对建筑物抗震有利、不利和危险地段的区分标准，应按国家标准《建筑抗震设计规范》GB 50011 中的有关规定执行。

2.3.4 岩土工程勘察等级划分

按照上述标准确定工程的重要性等级、场地复杂程度等级及地基复杂程度等级后，可根据表 2-4 进行岩土工程勘察等级的划分。

岩土工程勘察等级划分表　　　　　　　　　　　　　　　　　表 2-4

岩土工程勘察等级	划 分 标 准
甲级	在工程重要性、场地复杂程度和地基复杂程度等级中，有一项或多项为一级
乙级	除勘察等级为甲级和丙级以外的勘察项目
丙级	工程重要性、场地复杂程度和地基复杂程度等级均为三级

注：建筑在岩质地基上的一级工程，当场地复杂程度及地基复杂程度均为三级时，岩土工程勘察等级可定为乙级。

2.4　岩土工程勘察点线距布置方法

可行性研究勘察阶段，应对拟建场地的稳定性和适宜性作出评价，并通过踏勘了解场地的地层、构造、岩石和土的性质、不良地质现象及地下水等工程地质条件。对工程地质条件复杂、已有资料不能符合要求、但其他方面条件较好且倾向于选取的场地，应根据具体情况进行工程地质测绘及必要的勘探工作。

初步勘察勘探线、勘探点间距可按表 2-5 确定，局部异常地段应予以加密。

初步勘察勘探线、勘探点间距　　　　　　　　　　　　　　　表 2-5

地基复杂程度等级	勘探线间距（m）	勘探点间距（m）
一级（复杂）	50～100	30～50
二级（中等复杂）	75～150	40～100
三级（简单）	150～300	75～200

注：1. 表中间距不适用于地球物理勘探；
　　2. 控制性勘探点宜占勘探点总数的 1/5～1/3，且每个地貌单元均应有控制性勘探点。

详细勘探点的间距可按表 2-6 确定。

详细勘察勘探点的间距　　　　　　　　　　　　　　　　　　表 2-6

地基复杂程度等级	勘探点间距（m）	地基复杂程度等级	勘探点间距（m）
一级（复杂）	10～15	三级（简单）	30～50
二级（中等复杂）	15～30		

桩基工程详细勘察的勘探点间距除满足上述要求外，还应满足下列要求：

（1）对于端承型桩（含嵌岩桩）：主要根据桩端持力层顶面坡度决定，宜为 12～24m。

当相邻两个勘探点揭露出的层面坡度大于10％时，勘探点应根据具体工程条件适当加密。

（2）对于摩擦型桩：宜按20～35m布置勘探点，但土层的性质或状态在水平方向分布变化较大或存在可能影响成桩的土层时，应适当加密勘探点。

（3）复杂地质条件下的柱下单桩基础应按桩列线布置勘探点，并宜每桩设一勘探点。

由于桩基的初步勘察是整个建筑场地勘察的一部分，其勘探点间距可按《岩土工程勘察规范》GB 500211布设。

国内有关规范对桩基详细勘察时勘探点间距的规定见表2-7。

国内规范桩基详细勘察勘探点间距的规定　　　　　　　　表2-7

规 范 名 称	勘探点间距（m）	加 密 原 则
《岩土工程勘察规范》GB 50021	10～30	相邻勘探点的持力层面高差不应超过1～2m，当层面高差或岩土性质变化较大时，应适当加密
《建筑桩基技术规范》JGJ 94	端承桩和嵌岩桩 12～24	当相邻两个勘探点揭露出的层面坡度大于10％时，应根据工程条件适当加密勘探点
	摩擦桩 20～35	遇土层性质状态在水平方向变化较大，或存在有可能影响成桩的土层时，应适当加密

2.5　岩土工程勘察方法

可行性勘察阶段的勘察方法主要采用现场踏勘和资料搜集、小比例尺的工程地质测绘、静力触探、少量的钻探取样综合分析等。

初步勘察阶段勘察方法主要采用中、小比例尺的工程地质测绘、钻探和室内土工试验、静力触探、动力触探及其他原位测试方法。

详细勘察阶段勘察方法主要采用大比例尺工程地质测绘、钻探和室内土工试验、静力触探、动力触探及标贯试验、波速测试、载荷试验等方法。

大的工程往往是可行性勘察、初步勘察、详细勘察分开进行，但一般工程往往直接采用详细的岩土工程勘察。

岩土工程的主要勘察方法见表2-8。

各种勘察方法原理及勘察指标　　　　　　　　表2-8

勘察方法	勘察原理	勘 察 指 标		
工程地质测绘	用测量的办法绘制一定比例尺的地形地质图	可行性研究勘察可选用1∶5000～1∶50000；初步勘察可选用1∶2000～1∶10000；详细勘察可选用1∶500～1∶2000		
工程地质钻探	用钻探的办法对土层分层鉴定并取样做试验，适用于各种岩土层	Ⅰ类试样	不扰动	土类定名、含水量、密度、强度试验、固结试验
		Ⅱ类试样	轻微扰动	土类定名、含水量、密度
		Ⅲ类试样	显著扰动	土类定名、含水量
		Ⅳ类试样	完全扰动	土类定名

勘察方法	勘察原理	勘察指标
静力触探	用触探头压入土中来做土层分层和土工参数评定，主要适合于软土、一般黏性土、粉土、砂土和含少量碎石土地层	单桥探头静力触探得到各土层比贯入阻力 P_s－深度 h 曲线；双桥探头静力触探得到各土层单位侧阻 q_s－深度 h 曲线及单位端阻 q_p－深度 h 曲线
圆锥动力触探	用一定重量的重锤将触探头打入土中并以贯入度来评价砂土碎石土的密实度	轻型触探 N_{10} 表示锤重 10kg，落距 50cm，打入砂土中 30cm 的锤击数，适用于浅部填土、砂土、粉土和黏性土；重型触探 $N_{63.5}$ 表示锤重 63.5kg，落距 76cm，打入碎石土中 10cm 的锤击数，适用于砂土、中密以下的碎石土、极软岩；超重型触探 N_{120} 表示锤重 120kg，落距 100cm，打入碎石土中 10cm 的锤击数，适用于密实和很密的碎石土、软岩、极软岩
标贯试验	用锤重 63.5kg 的重锤将两个半开型组成的贯入器打入钻孔土中以评价土的性状	标贯击数 N 表示锤重 63.5kg，落距 76cm，打入钻孔砂土中 30cm 的锤击数，适用于砂土、粉土和一般黏性土
载荷试验	通过对置于土中的荷载板逐级施加荷载来观测其沉降情况	试验得到原状地基土的荷载 P-沉降 s 曲线并确定地基土的临塑荷载和极限荷载及变形模量，适用于评价各种岩土层的承载力和变形特性
扁铲侧胀试验	将扁铲侧胀仪插入土体中，通过对探头侧面的钢膜片向外扩张来测定土的侧胀指标	可测定土的静止土压力系数、不排水抗剪强度及划分土类，适用于软土、一般黏性土、粉土、黄土和松散—中密的砂土
旁压试验	用可侧向膨胀的旁压器，对钻孔壁周围的土体施加径向压力的原位测试，使土体产生变形，由此测得土体的应力应变关系，即旁压曲线	可测定土的旁压模量、地基承载力及静止侧压力系数，适用于黏性土、粉土、砂土、碎石土、残积土和极软岩
十字板剪切试验	用插入土中的标准十字板探头以一定的速率扭转，量测破坏时的抵抗力矩，测求土的不排水抗剪强度	可用于测定饱和软黏土（$\varphi\approx0°$）的不排水抗剪强度和灵敏度
波速测试	通过对岩土体中弹性波传播速度的测试，间接测定岩土体在小应变条件下（$10^{-6}\sim10^{-4}$）动弹模量	单孔及跨孔波速测试可测定岩土的纵波波速 v_p、横波波速 v_s 并求得动剪切模量和卓越周期，可用于测定各类岩土体的动模量
室内土工试验	对岩土试样进行物理性质试验、压缩固结试验、抗剪强度试验和动力特性试验	砂土：颗粒级配、相对密度（比重）、天然含水量、天然密度、最大和最小干密度及固结系数抗剪强度、动模量指标；粉土：颗粒级配、液限、塑限、相对密度、天然含水量、天然密度和有机质含量及固结系数抗剪强度、动模量指标；黏性土：液限、塑限、相对密度、天然含水量、天然密度和有机质含量及固结系数抗剪强度、动模量指标

2.6 勘探点平面和深度设置原则

2.6.1 勘探点平面布置原则

为查明场地断裂构造和抗震稳定性的勘探点，宜垂直于构造线和场地地貌单元布置。勘探点的平面布置原则见表 2-9。

勘探点平面布置原则 表 2-9

基础类型	勘探点布设方法
独立柱基和条形基础	勘探点宜按柱列线和承重墙布设；当建筑物平面为矩形时宜按双排布设；为不规则形状，宜按突出部位角点和中心点布设；单幢一级高层建筑不宜少于 6 个；二级高层建筑不宜少于 4 个
桩—箱（筏）基础	宜按方格网布置；若勘察分初勘、详勘两阶段进行，或根据场地已掌握资料的情况，详勘时宜在地层变异、不同地貌单元或微地貌变异处，加密或减少勘探点
大直径桩	对于桩顶荷载很大的一柱一桩的大直径桩基础，宜按每个桩位布设一个勘探点
沉井基础	宜按沉井周边和中心布置勘探点
端承型桩	以查明桩端持力层的层面和厚度为原则
摩擦型桩	以查明承台下地基土的均匀性为原则，同时查明桩持力层分布

为查明水文地质条件和获得有关水文地质参数，宜根据地下水类型、含水层特性布置专门勘探点，亦可与建筑物勘探点相结合。

为查明岩溶发育情况的勘探点，应在工程地质测绘和物探基础上布设；勘探点间距可加密至数米，或按一柱一孔布设。

为查明滑坡或边坡稳定性的勘探点，宜平行于滑坡滑动方向布设，对于高边坡宜垂直于边坡走向方向布设。

2.6.2 勘探点深度设计原则

为查明断层构造稳定性的钻孔，其深度应在工程地质测绘调查和已有资料的基础上根据实际情况布设；若不存在稳定性问题，可仅按地基不均匀性考虑钻孔深度，但应穿过破碎带进入完整岩体 3～5m；为考虑抗震稳定性，确定场地覆盖层厚度，钻孔深度应钻至稳定岩层。各类桩的勘探点深度设计原则见表 2-10。

各类桩的勘探点深度设计原则 表 2-10

端承型桩和嵌岩桩	一般性钻孔应深入持力层以下一定深度。控制性钻孔则需更深，具体深度国内各规范有不同规定；嵌岩桩的钻孔深度则按数倍桩径考虑。《建筑桩基技术规范》JGJ 94 规定嵌岩桩勘探点深入持力岩层不小于 3～5 倍桩径
摩擦型桩	勘探深度应超过预定桩长一定深度，勘察时应寻求相对较好的持力层，勘探深度进入该持力层一定深度，且应有一定数量的控制性钻孔

群桩	勘探深度应超过桩群端部以下压缩层底面一定深度，压缩层深度按附加压力小于土自重压力20%计算（软土地区压缩层深度按附加压力小于土自重压力10%计算）；勘察阶段也可按超过假想实体基础宽度（1~1.5）B(B为假想实体基础宽度）考虑；应有一定数量的控制性钻孔

国内规范对桩基详勘阶段勘探深度的规定见表2-11。

国内规范对桩基详勘阶段勘探深度的规定　　　　　　　　　　　表 2-11

规 范 名 称	对勘探深度的要求
《岩土工程勘察规范》GB 50021	当需要计算沉降时，应取勘探总数的1/3~1/2作为控制性孔，其深度应达到压缩层计算深度或在桩尖下取基础底面宽度的1.0~1.5倍，当该深度范围内遇到坚硬岩土层时，可终止勘探； 一般性勘探孔深度宜进入持力层3~5m； 大口径桩或墩，其勘探孔深度应深入持力岩层不小于3倍桩径
《建筑桩基技术规范》JGJ 94	布置1/3~1/2的勘探孔为控制性孔，且设计等级为甲级的建筑桩基，场地至少应布置3个控制性孔，设计等级为乙级的建筑桩基应布置不少于2个控制性孔。控制性孔应穿透桩端平面以下压缩层厚度，一般性勘探孔应深入桩端平面以下3~5倍桩径； 嵌岩桩的控制性钻孔应深入预计嵌岩面以下不小于3~5m，一般性钻孔应深入预计嵌岩面以下不小于1~3倍桩径。当持力层较薄时，应有部分钻孔钻穿持力岩层。在岩溶、断层破碎带地区，应查明溶洞、溶沟、溶槽、石笋等的分布情况，钻孔应钻穿溶洞或断层破碎带进入稳定土层，进入厚度应满足上述控制性钻孔和一般性钻孔要求

需要注意的是，当所选择的桩端持力层下有软弱下卧层时，控制性钻孔深度应穿过软弱下卧层达到下部坚硬岩土层；当桩端持力层下有残、坡积的滚石，钻孔时须打穿残、坡积的滚石；当桩端持力层下有灰岩溶洞时，钻孔时须打穿至下部致密岩层；当桩端持力层起伏较大时，须加密勘探孔并绘制持力层顶板等高线图，供设计参考。

2.7　岩土的工程分类

地基岩土的好坏直接影响到建筑物的安全性和基础的使用形式，必须弄清岩土工程性状。岩石是天然产出的由一种或多种矿物按一定规律组成的自然集合体。土是岩石在风化作用后经搬运作用或在各种环境下形成的堆积物。土的工程性质随土的类型、所在区域、埋深、成因等不同而有所变化。土的物质组成由作为原生矿物的固体颗粒、土中气体和土中水组成。在工程建设中有必要对岩石和土进行工程分类，以便在工程建设和理论研究中对不同区域的不同土合理选择不同基础形式。

2.7.1　岩石的分类

《岩土工程勘察规范》GB 50021 和《建筑地基基础设计规范》GB 50007 中对岩石与土的工程分类标准如下。

2.7.1.1　按照坚硬程度分类

按照坚硬程度岩石可分为硬质岩石和软质岩石，见表2-12。

岩石坚硬程度的划分
表 2-12

类别	亚类	饱和单轴抗压强度（MPa）	代 表 性 岩 石
硬质岩石	坚硬岩	＞60	花岗岩、花岗片麻岩、闪长岩、玄武岩、石灰岩、石英砂岩、石英岩、大理岩、硅质、钙质砾岩、砂岩、熔结凝灰岩等
硬质岩石	较硬岩	30～60	花岗岩、花岗片麻岩、闪长岩、玄武岩、石灰岩、石英砂岩、石英岩、大理岩、硅质、钙质砾岩、砂岩、熔结凝灰岩等
软质岩石	较软岩	15～30	黏土岩、页岩、千枚岩、绿泥石片岩、云母片岩、泥质砾岩、泥质砂岩、风化凝灰岩等
软质岩石	软岩	5～15	黏土岩、页岩、千枚岩、绿泥石片岩、云母片岩、泥质砾岩、泥质砂岩、风化凝灰岩等
软质岩石	极软岩	≤5	黏土岩、页岩、千枚岩、绿泥石片岩、云母片岩、泥质砾岩、泥质砂岩、风化凝灰岩等

根据完整性指数，岩体完整程度可划分为完整、较完整、较破碎、破碎和极破碎，见表 2-13。

岩体完整程度划分
表 2-13

完整程度等级	完整	较完整	较破碎	破碎	极破碎
完整性指数	＞0.75	0.75～0.55	0.55～0.35	0.35～0.15	＜0.15

注：完整性指数为岩体纵波波速与岩块纵波波速之比的平方。选定岩体、岩块测定波速时应有代表性。

2.7.1.2 按照岩石风化壳的垂直分带分类

按照岩石风化壳的垂直分带可将风化岩分为未风化岩、微风化岩、中风化岩、强风化岩、全风化岩五类，见表 2-14。

岩石按风化程度分类
表 2-14

岩石类别	风化程度	野 外 特 征	风化程度参考指标 纵波波速 v_p (m/s)	波速比 K_v	风化系数 K_j
硬质岩石	未风化	岩质新鲜，未见风化痕迹	＞5000	0.9～1.0	0.9～1.0
硬质岩石	微风化	组织结构基本未变，仅节理面有铁锰质渲染或矿物略有变色，有少量风化裂隙	4000～5000	0.8～0.9	0.8～0.9
硬质岩石	中风化	组织结构部分破坏，矿物成分基本未变化，仅沿节理面出现次生矿物。风化裂隙发育。岩体被切割成 20～50cm 的岩块。锤击声脆，且不易击碎，不能用镐挖掘，岩芯钻方可钻进	2000～4000	0.6～0.8	0.4～0.8
硬质岩石	强风化	组织结构已大部分破坏，矿物成分已显著变化。长石、云母已风化成次生矿物。裂隙很发育，岩体破碎。岩体被切割成 2～20cm 的岩块，可用手折断。用镐可挖掘。干钻不易钻进	1000～2000	0.4～0.6	＜0.4
硬质岩石	全风化	组织结构已基本破坏，但尚可辨认，并且有微弱的残余结构强度，可用镐挖，干钻可钻进	500～1000	0.2～0.4	

37

岩石类别	风化程度	野外特征	风化程度参考指标		
			纵波波速 v_p (m/s)	波速比 K_v	风化系数 K_j
	残积土	组织结构已全部破坏。矿物成分除石英外,大部分已风化成土状,锹镐易挖掘,干钻易钻进,具可塑性	<500	<0.2	
软质岩石	未风化	岩质新鲜,未见风化痕迹	>4000	0.9~1.0	0.9~1.0
	微风化	组织结构基本未变,仅节理面有铁锰质渲染或矿物略有变色,有少量风化裂隙	3000~4000	0.8~0.9	0.8~0.9
	中风化	组织结构部分破坏。矿物成分发生变化,节理面附近的矿物已风化成土状。风化裂隙发育,岩体被切割成 20~50cm 的岩块,锤击易碎,用镐难挖掘,岩芯钻方可钻进	1500~3000	0.5~0.8	0.3~0.8
	强风化	组织结构已大部分破坏,矿物成分已显著变化,含大量黏土质黏土矿物。风化裂隙很发育,岩体破碎。岩体被切割成碎块,干时可用手折断或捏碎,浸水或干湿交替时可较迅速地软化或崩解。用镐或锹可挖掘,干钻可钻进	700~1500	0.3~0.5	<0.3
	全风化	组织结构已基本破坏,但尚可辨认并具有微弱残余结构强度,可用镐挖,干钻可钻进	300~700	0.1~0.3	
	残积土	组织结构已全部破坏,矿物成分已全部改变并已风化成土状,锹镐易挖掘,干钻易钻进,具可塑性	<300	<0.1	

注:表 2-14 中 K_v 为风化岩纵波速度与新鲜岩石纵波速度比;K_j 为风化岩石与新鲜岩石饱和单轴抗压强度比。

2.7.2 土的分类

土可按堆积年代、地质成因、颗粒级配或塑性指数、有机质含量等进行分类。

2.7.2.1 按堆积年代分类

按堆积年代土可分为老黏性土、一般黏性土和新近堆积的黏性土。

(1) 老黏性土

老黏性土是指第四纪晚更新世 (Q_3) 及其以前堆积的土,主要包括广泛分布于长江中下游的晚更新世下属系黏土 (Q_3)、湖南湘江两岸的网纹状黏性土 (Q_3) 和内蒙古包头地区的下亚层土 (Q_3)。老黏性土是一种堆积年代久、工程性质较好的土,一般具有较高强度和较低压缩性。

(2) 一般黏性土

一般黏性土是指第四纪全新世 (Q_4 文化期以前) 堆积的黏性土,其分布面积广,工程性质变化很大,是经常遇见的岩土工程勘察对象。一般黏性土压缩模量多小于 15MPa,标准贯入锤击数多小于 15 击,多属于中等压缩性,其他物理力学性质指标则变化较大。一般黏性土中黏粒 (d_s<0.005mm) 含量达 15% 以上,透水性低,灵敏度高,作为建筑物天然地基时可能会产生不均匀沉降。

（3）新近堆积的黏性土

新近堆积的黏性土是指文化期以来堆积的黏性土，一般为欠固结且强度较低。

2.7.2.2　按地质成因分类

按地质成因分类可分为残积土、坡积土、洪积土、冲积土、淤积土、冰积土和风积土。

2.7.2.3　按颗粒级配或塑性指数分类

《岩土工程勘察规范》GB 50021 和《建筑地基基础设计规范》GB 50007 中土按颗粒级配或塑性指数划分为碎石土、砂土、粉土和黏性土。

（1）碎石土

碎石土是指粒径大于 2mm 的颗粒质量超过总质量 50％的土。根据颗粒级配和颗粒形状碎石土又可分为漂石、块石、卵石、碎石、圆砾和角砾，如表 2-15 所示。

碎石土分类　　　　　　　　　　　　　　表 2-15

土的名称	颗粒形状	颗粒级配
漂石 块石	圆形及亚圆形为主 棱角形为主	粒径大于 200mm 的颗粒超过总质量的 50％
卵石 碎石	圆形及亚圆形为主 棱角形为主	粒径大于 20mm 的颗粒超过总质量的 50％
圆砾 角砾	圆形及亚圆形为主 棱角形为主	粒径大于 2mm 的颗粒超过总质量的 50％

注：分类时应根据粒组含量栏从上到下以最先符合者确定。

（2）砂土

砂土是指粒径大于 2mm 的颗粒质量不超过总质量的 50％、粒径大于 0.075mm 的颗粒质量超过总质量的 50％的土。根据颗粒级配砂土可分为砾砂、粗砂、中砂、细砂和粉砂，如表 2-16 所示。

砂土的分类　　　　　　　　　　　　　　表 2-16

土的名称	颗 粒 级 配
砾砂	粒径大于 2mm 的颗粒质量占总质量 25％～50％
粗砂	粒径大于 0.5mm 的颗粒质量超过总质量 50％
中砂	粒径大于 0.25mm 的颗粒质量超过总质量 50％
细砂	粒径大于 0.075mm 的颗粒质量超过总质量 85％
粉砂	粒径大于 0.075mm 的颗粒质量超过总质量 50％

注：1. 定名时应根据颗粒级配由大到小以最先符合者确定。
　　2. 当砂土中，小于 0.075mm 的土的塑性指数大于 10 时，应冠以"含黏性土"定名，如含黏性土粗砂等。

（3）粉土

粉土是指粒径大于 0.075mm 的颗粒质量不超过总质量 50％，且塑性指数小于或等于 10 的土。根据颗粒级配粉土又可细分为砂质粉土和黏质粉土，见表 2-17。

粉 土 分 类

表 2-17

土的名称	颗 粒 级 配
砂质粉土	粒径小于 0.005mm 的颗粒含量不超过全重 10%
黏质粉土	粒径小于 0.005mm 的颗粒含量超过全重 10%

（4）黏性土

塑性指数 I_P 大于 10 的土。根据塑性指数分为粉质黏土（$10<I_P\leqslant17$）和黏土（$I_p>17$）。

2.7.2.4 按有机质含量分类

按照土中有机质的含量，可将土分为无机质土、有机质土、泥炭质土和泥炭，见表2-18。

土按有机质含量分类

表 2-18

分类名称	有机质含量 W_u （%）	现场鉴别特征	说 明
无机质土	$W_u<5\%$		
有机质土	$5\%\leqslant W_u\leqslant10\%$	深灰色，有光泽，味臭。除腐殖质外尚含少量未完全分解的动植物体，浸水后水面出现气泡，干燥后体积有收缩	如现场鉴别或有地区经验时，可不做有机质含量测定；当 $w>w_L$，$1.0\leqslant e<1.5$ 时，称淤泥质土；当 $w>w_L$，$e\geqslant1.5$ 时，称淤泥
泥炭质土	$10\%<W_u\leqslant60\%$	深灰或黑色，有腥臭味。能看到未完全分解的植物结构，浸水体胀，易崩解，有植物残渣浮于水中。干缩现象明显	根据地区特点和需要按 W_u 细分为：弱泥炭质土（$10\%<W_u\leqslant25\%$）；中泥炭质土（$25\%<W_u\leqslant40\%$）；强泥炭质土（$40\%<W_u\leqslant60\%$）
泥炭	$W_u>60\%$	除有泥炭质土特征外，结构松散，土质很轻，暗无光泽。干缩现象极为明显	泥炭土含水量可能大于 100%

注：表中有机质含量 W_u 可根据灼失量试验确定，w 为土中含水量，w_L 为液限，e 为孔隙比。

2.8 岩土参数的物理意义

土的常见参数有天然含水量、孔隙比、孔隙率、饱和度、土重度、液限、塑限、液性指数、塑性指数、压缩系数、黏聚力、内摩擦角、压缩模量、桩侧阻特征值、桩端承载力特征值等。

2.8.1 土的基本物理性质指标

土的基本物理性质指标，包括土的颗粒相对密度（比重）、重度、含水量、饱和度、孔隙比和孔隙率等。各种指标的物理意义见表2-19。

表 2-19 土的指标中土粒相对密度（比重）d、含水量 w 和重度 γ 三个指标是通过试验测定的。在测定这三个基本指标后，可推导获得其余各个指标。

参数名称	符号	物 理 意 义
土的颗粒相对密度（比重）	d	土粒重量与同体积的 4℃时水的重量之比
土的重度	γ	单位体积土的重量
土的干重度	γ_d	土单位体积中固体颗粒部分的重量
土的饱和重度	γ_{sat}	土孔隙中充满水时的单位体积重量
土的浮重度	γ'	在地下水位以下，单位土体积中土粒的重量扣除浮力后，即为单位土体积中土粒的有效重量
土的含水量	w	土中水的重量与土粒重量之比
土的饱和度	S_r	土中被水充满的孔隙体积与孔隙总体积之比
土的孔隙比	e	土中孔隙体积与土粒体积之比
土的孔隙率	n	土中孔隙所占体积与总体积之比

土的指标换算关系见表 2-20。

名称	符号	三相比例表达式	常用换算公式	单位	常见的数值范围
颗粒相对密度	d	$d=\dfrac{W_s}{V_s\gamma_{w1}}$	$d=\dfrac{S_r e}{w}$		一般黏性土：2.72～2.76 粉土、砂土：2.65～2.71
含水量	w	$w=\dfrac{W_w}{W_s}\times100\%$	$w=\dfrac{S_r e}{d}$ $w=\dfrac{\gamma}{\gamma_d}-1$	%	一般黏性土：20～40 粉土、砂土：10～35
重度	γ	$\gamma=\dfrac{W}{V}$	$\gamma=\gamma_d(1+w)$ $\gamma=\dfrac{d+S_r e}{1+e}$	kN/m³	18～20
干重度	γ_d	$\gamma_d=\dfrac{W_s}{V}$	$\gamma_d=\dfrac{\gamma}{1+w}$ $\gamma_d=\dfrac{d}{1+e}$	kN/m³	14～17
饱和重度	γ_{sat}	$\gamma'=\dfrac{W_s-V_s\gamma_w}{V}$	$\gamma_{sat}=\dfrac{d+e}{1+e}$	kN/m³	18～23
浮重度	γ'	$\gamma_{sat}=\dfrac{W_s+V_v\gamma_w}{V}$	$\gamma'=\gamma_{sat}-\gamma_w$ $\gamma'=\dfrac{d-1}{1+e}$	kN/m³	8～13
孔隙比	e	$e=\dfrac{V_v}{V_s}$	$e=\dfrac{d}{\gamma_d}-1$ $e=\dfrac{wd}{S_r}$ $e=\dfrac{d(1+w)}{\gamma}-1$		一般黏性土：0.60～1.20 粉土、砂土：0.5～0.90

名称	符号	三相比例表达式	常用换算公式	单位	常见的数值范围
孔隙率	n	$n=\dfrac{V_v}{V}\times100\%$	$n=\dfrac{e}{1+e}$ $n=1-\dfrac{\gamma_d}{d_s}$	%	一般黏性土：40~45 粉土、砂土：30~45
饱和度	S_r	$S_r=\dfrac{V_w}{V_v}\times100\%$	$S_r=\dfrac{wd_s}{e}$ $S_r=\dfrac{w\gamma_d}{n}$	%	8~95

注：W_s—土粒重量；W_w—土中水重量；W—土的总重量；V_s—土粒体积；V_w—土中水体积；V_a—土中气体积；V_v—土中孔隙体积；V—土的总体积。

2.8.2 黏性土的塑数和液性指数

随含水量的变化同一种黏性土可分别处于固态、半固态、可塑状态及流动状态。土由可塑状态过渡到流动状态的界限含水量称为液限，用 w_L 表示；土由半固态过渡到可塑状态的界限含水量叫做塑限，用 w_p 表示；土由半固体状态不断蒸发水分，体积逐渐缩小，直到体积不再缩小时土的界限含水量称为缩限，用 w_s 表示。黏性土的物理状态与含水量的关系见图 2-1。

图 2-1　黏性土的物理状态与含水量的关系

塑性指数 I_P 是指液限和塑限的差值，即土处在可塑状态的含水量变化范围。即：

$$I_P=w_L-w_P \tag{2-1}$$

塑性指数越大，土处于可塑状态的含水量范围也越大。由于塑性指数在一定程度上综合反映了影响黏性土特征的各种重要因素，因此，工程上常按塑性指数对黏性土进行分类。

《建筑地基基础设计规范》GB 50007 中根据塑性指数 I_P 值将黏性土划分为黏土、粉质黏土、粉土和粉砂，如表 2-21 所示。

黏性土按塑性指数分类　　　　　　　　　　表 2-21

土的名称	粉土、粉砂	粉质黏土	黏土
塑性指数	$I_P\leqslant10$	$10<I_P\leqslant17$	$I_P>17$

液性指数是指黏性土天然含水量和塑限的差值与塑性指数之比，用 I_L 表示。即：

$$I_L=\frac{w-w_P}{w_L-w_P}=\frac{w-w_P}{I_P} \tag{2-2}$$

由式（2-2）可知，当 $w<w_P$ 时，$I_L<0$，天然土处于坚硬状态；当 $w>w_P$ 时，$I_L>1$，天然土处于流动状态；当 $w_P<w<w_L$ 时，天然地基处于可塑状态。因此可利用液性指数 I_L 表示黏性土所处的软硬状态，I_L 越大，土质越软，I_L 越小，土质越硬。

《建筑地基基础设计规范》GB 50007 中根据液性指数将黏性土划分坚硬、硬塑、可塑、软塑和流塑状态，见表 2-22。

黏性土软硬状态的划分 表 2-22

状态	坚硬	硬塑	可塑	软塑	流塑
液性指数	$I_L \leqslant 0$	$0 < I_L \leqslant 0.25$	$0.25 < I_L \leqslant 0.75$	$0.75 < I_L \leqslant 1.0$	$I_L > 1.0$

2.8.3 压缩系数与压缩模量

土的压缩性可用 e-p 曲线（图 2-2）反映，压缩性不同的土，其 e-p 曲线的形状是不同的。e-p 曲线越陡，说明随着压力的增加，土孔隙比的减小越显著，土的压缩性越高。e-p 曲线上任一点的切线斜率 a 代表了相应于压力 p 作用下土的压缩性。即：

$$a = \frac{e_1 - e_2}{p_2 - p_1} = -\frac{de}{dp} \tag{2-3}$$

式中，a 为土的压缩系数。

根据 e-p 曲线，可估算另一个压缩性指标—压缩模量 E_s（定义为土在完全侧限条件下的竖向附加应力与相应应变增量之比值），其值可表示为：

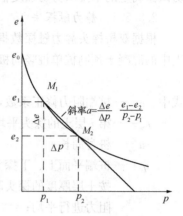

图 2-2 以 e-p 曲线确定
压缩系数 a

$$E_s = \frac{1 + e_1}{a} \tag{2-4}$$

式中，p_1 一般指地基某深度处土中竖向自重应力之和；e_1 为相应于压力 p_1 作用下压缩稳定后的孔隙比。

由式（2-4）可知，压缩系数 a 越大，压缩模量 E_s 越小，则土的压缩性越高，土性越差；反之压缩系数 a 越小，压缩模量 E_s 越大，则土的压缩性越低，土性越好。

2.8.4 黏聚力与内摩擦角

土的抗剪强度是指土体抵抗剪切破坏的极限能力，是土的重要力学性质之一。建筑物地基在外荷载作用下将产生剪应力和剪切变形，土具有抵抗剪应力的潜在能力，且随着剪应力的增加而逐渐发挥直至达到剪切破坏的极限状态，此时剪应力达到了极限值。该极限值即为土的抗剪强度。如果土体内某一部分的剪应力达到土的抗剪强度，在该部分就开始出现剪切破坏。随着荷载的增加，剪切破坏的范围逐渐扩大，最终在土体中形成连续的滑动面，地基发生整体剪切破坏而丧失稳定性。决定无黏性土强度的主要因素是其颗粒间的紧密状态，决定黏性土强度的主要因素是其软硬程度。

砂土等粗粒土的抗剪强度曲线为一通过坐标原点的直线，其值可表示为：

$$\tau_f = \sigma \tan\varphi \tag{2-5}$$

黏性土等细粒土的抗剪强度曲线，是一条不通过坐标原点，且与纵坐标有一截距 c 的近似直线，其值可表示为：

$$\tau_f = \sigma \tan\varphi + c \tag{2-6}$$

式中，τ_f 为土的抗剪强度；σ 为剪切面上的法向应力；φ 为土的内摩擦角；c 为土的黏聚力。

2.8.5 单位面积桩侧摩阻力特征值与端阻力特征值计算

地质报告中要提供建议的极限端阻力特征值 q_{pa} 和桩侧各土层的极限侧阻力特征值

q_{sia}，或极限端阻力标准值 q_{pk} 和桩侧各土层的极限侧阻力标准值 q_{sik}。

极限端阻力标准值 q_{pk} 和桩侧各土层的极限侧阻力标准值 q_{sik} 及单桩竖向极限承载力标准值，最好通过埋设有桩身钢筋应力计的单桩静载试验确定。对于二级以下建筑可通过原位测试的结果进行估算，常用方法主要有双桥探头静力触探，软土地区也可通过十字板剪切试验确定的不排水剪切强度估算桩侧摩阻力和桩端阻力。

2.8.5.1 静力触探法

根据双桥探头静力触探数据，如无当地经验时可按式（2-7）确定黏性土、粉土和砂土中的混凝土预制桩单桩竖向极限承载力标准值 Q_{uk}：

$$Q_{uk} = u \sum l_i \beta_i f_{si} + \alpha q_c A_p \tag{2-7}$$

式中：α——桩端阻力修正系数，对黏性土、粉土取 $\alpha = 2/3$，饱和砂土取 $\alpha = 1/2$；

f_{si}——第 i 层土的探头平均侧阻力；

u——桩身周长；

q_c——桩端平面上、下探头阻力，取桩端平面以上 $4d$（d 为桩直径或边长）范围内按土层厚度的探头阻力加权平均值，然后再和桩端平面以下 $1d$ 范围内的探头阻力进行平均；

β_i——第 i 层土桩侧阻力综合修正系数，其值可分别按式（2-8）和式（2-9）计算。

黏性土、粉土：

$$\beta_i = 10.04 \, (f_{si})^{-0.55} \tag{2-8}$$

砂土：

$$\beta_i = 5.05 \, (f_{si})^{-0.45} \tag{2-9}$$

2.8.5.2 十字板剪切试验法

受荷后桩土之间产生相对位移，继而产生桩侧摩阻力，当桩土相对位移达到某一极限状态时桩侧摩阻力完全发挥，此时桩侧周围土体并未预先受竖向荷载而产生固结。考虑实际工程加荷速率较快，桩侧摩阻力极限值宜采用三轴不固结不排水剪切试验或直接剪切试验中的快剪试验确定。由于桩基工程取土深度较深，一般加载方法中第一级压力（甚至第二级压力）往往过小，强度包线各点不处于同一压密状态，因此直剪或三轴压缩的第一个试样（有时甚至第二个试样）所施加的垂直压力或周围压力应接近土的自重压力。对于饱和软黏土等取土过程中易于扰动的土，进行三轴不固结、不排水剪或直剪试验时均宜恢复其自重压力，即在自重压力预固结后再进行剪切。

根据十字板剪切试验法获得的数据，可用式（2-10）近似估算单桩极限承载力：

$$Q_u = q_p A + u \sum_{i=1}^{n} q_s L \tag{2-10}$$

式中，A 为桩身横截面积；L 为桩身入土深度；Q_u 为单桩极限承载力；q_p 为桩端阻力，$q_p = N_c c_u$，c_u 为土的不排水抗剪强度，N_c 为承载力系数，均质饱和软黏土土体可取 $N_c = 9$；q_s 为桩侧阻力，$q_s = \alpha c_u$，与桩类型、土类、土层顺序等有关。

根据国内外经验可知，桩侧极限摩阻力大致相当于土的不排水抗剪强度 c_u 值，c_u 值可取土的无侧限抗压强度 q_u 值的一半，即 $c_u = q_u/2$。因此，现场未作十字板剪切试验时，亦可用无侧限抗压试验估算 c_u 值。

采用不固结不排水强度估算桩侧极限摩阻力时，可按式（2-11）计算：

$$Q_{sik} = \tau_{ik} = \left(\sum_{i=1}^{m} \gamma_i h_i \right) \tan\varphi_{uu} + c_{uu} \qquad (2\text{-}11)$$

式中，Q_{sik} 为第 i 层土极限侧阻力标准值；h_i 为第 i 层土的厚度；m 为计算土层的层数；C_{uu} 为用三轴不固结、不排水试验或直接快剪试验测得的黏聚力；τ_{ik} 为第 i 层土抗剪强度标准值；γ_i 为第 i 层土的重度，地下水位以下用有效重度；φ_{uu} 为三轴不固结不排水试验或直剪快剪试验测得的内摩擦角。

2.8.5.3 现场原状地基土载荷试验法

现场原状地基土载荷试验法包括浅层载荷试验、深层载荷试验及桩端岩基载荷试验等。

通过平板荷载试验可获得地基的变形过程。发生整体剪切破坏的地基，从开始承受荷载到破坏，其变形发展的过程可分成三个阶段：

（1）直线变形阶段。相应于图 2-3（a）中 p-s 曲线上的 oa 段。此阶段地基中各点的剪应力小于地基土的抗剪强度，地基处于稳定状态。地基压缩变形较小（图 2-3b），主要是土颗粒互相挤紧、土体压缩的结果。此变形阶段又称为压密阶段。

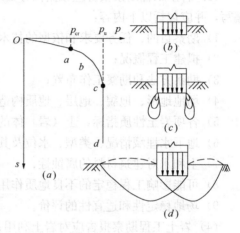

图 2-3　地基变形三阶段与 p-s 曲线
（a）p-s 关系线；（b）直线变形（压密）阶段；
（c）局部塑性变形阶段；（d）破坏阶段

（2）局部塑性变形阶段。相应于图 2-3（a）中 p-s 曲线上的 abc 段。此阶段中，地基变形增加率随荷载的增加而增大，p-s 关系线是下弯的曲线。其原因是在地基的局部区域内，发生了剪切破坏（图 2-3c）。该区域称为塑性变形区。随着荷载的增加，地基中塑性变形区的范围逐渐向整体剪切破坏扩展。这一阶段是地基由稳定状态向不稳定状态发展的过渡性阶段。

（3）破坏阶段。相应于图 2-3（a）中 p-s 曲线上的 cd 段。当荷载增加到某一极限值时，地基变形突然增大。地基中的塑性变形区，已经发展到形成与地面贯通的连续滑动面。地基土向荷载板的一侧或两侧挤出，地面隆起，地基整体失稳，荷载板随之突然下陷破坏（图 2-3d）。

根据图 2-3（a）中 p-s 曲线陡降段的起点可得到地基土的极限承载力 p_u。根据变形量 $s=$（0.01～0.015）b（b 为荷载板宽度）所对应的荷载值定为临塑荷载 p_{cr}，临塑荷载变异系数不大的三个地基点以上试验所得的平均值即为地基土的承载力特征值 f_k。

2.9　工程勘察报告编写及内容

工程勘察报告必须配合相应的勘察阶段，针对建筑场地的地质条件、建筑物的规模、性质及设计和施工要求，对场地的适宜性、稳定性进行定性和定量的评价，提出选择建筑物地基基础方案的依据和设计计算的参数，指出存在的问题及解决问题的途径和办法。工程勘察报告包括文字报告和图表。

2.9.1 文字报告基本要求

（1）工程勘察报告所依据的原始资料，应进行整理、检查、分析，确认无误后方可使用。

（2）工程勘察报告应资料完整、真实准确、数据无误、图表清晰、结论有据、建议合理，并应因地制宜，重点突出，工程针对性强。

（3）岩土工程勘察报告应根据任务要求、勘察阶段、工程特点和地质条件等具体情况编写，并应包括以下内容：

1）勘察目的、任务要求和依据的技术标准；

2）拟建工程概况；

3）勘察方法和勘察工作布置；

4）场地地形、地貌、地层、地质构造、岩土性质及其均匀性；

5）各项岩土性质指标，土（岩）体的强度参数、变形参数、地基承载力的建议值；

6）地下水埋藏情况、类型、水位及其变化；

7）土和水对建筑材料的腐蚀性；

8）可能影响工程稳定的不良地质作用的描述和对工程危害程度的评价；

9）场地稳定性和适宜性的评价。

（4）岩土工程勘察报告应对岩土利用、整治和改造的方案进行分析论证，提出建议；对工程施工和使用期间可能发生的岩土工程问题进行预测，提出监控和预防措施的建议。

（5）对岩土的利用、整治和改造的建议，宜进行不同方案的技术经济论证，并提出对设计、施工和现场监测要求的建议。

（6）任务需要时，可提交下列专题报告：

1）岩土工程测试报告；

2）岩土工程检验或监测报告；

3）岩土工程事故调查与分析报告；

4）岩土利用、整治或改造方案报告；

5）专门岩土工程问题的技术咨询报告。

（7）勘察报告的文字、术语、代号、符号、数字、计量单位、标点，应符合国家有关标准规定。

（8）对丙级岩土工程勘察的成果报告内容适当简化，采用以图表为主，辅以必要的文字说明；对甲级岩土工程勘察的成果报告除应符合本节规定外，尚可对专门性的岩土工程问题提交专门的试验报告、研究报告或监测报告。

2.9.2 图表要求

《岩土工程勘察规范》GB 50021 中规定成果报告应附下列图件：

（1）勘探点平面布置图；

（2）工程地质柱状图；

（3）工程地质剖面图；

（4）原位测试成果图表；

（5）室内试验成果图表；

（6）桩持力层等高线图。

此外，可根据工程需要附综合工程地质图、综合地质柱状图、地下水等水位线图、素描、照片、综合分析的图表以及岩土利用、整治和改造方案的有关图表、岩土工程计算简图及计算成果图表等。

2.9.3 工程勘察报告提供的参数

针对桩基工程，工程勘察报告应提供如下参数，见表2-23。

工程勘察报告参数表 表 2-23

主要指标	天然含水量	天然重度	颗粒分析	孔隙比	液限	塑限	塑性指数	液性指数	压缩模量	压缩系数	抗剪强度指标		桩周土摩擦力特征值	桩端土承载力特征值
											黏聚力	内摩擦角		
符号	w	γ		e	w_L	w_P	I_P	I_L	E_s	a_{1-2}	c_k	φ_k	q_{sia}	q_{pa}
单位	%	kN/m³			%				MPa	MPa⁻¹	kPa	(°)	kPa	kPa

2.10　勘察报告的阅读及桩基设计应考虑的因素

为充分发挥勘察报告在设计和施工中的作用，必须重视对勘察报告的阅读和使用。阅读时应先熟悉勘察报告的主要内容，了解勘察结论和计算指标的可靠程度，综合分析场地的工程地质条件与拟建建筑物具体情况和要求，判断报告中的建议对该项工程的适用性，做到正确使用勘察报告。工程设计与施工，既要从场地和地基的工程地质条件出发，也要充分利用有利的工程地质条件。

2.10.1 场地稳定性评价

地质条件复杂的地区，综合分析的首要任务是评价场地的稳定性，其次才是地基的强度和变形问题。

场地的地质构造（断层、褶皱等）、不良地质现象（泥石流、滑坡、崩塌、岩溶、塌陷等）、地层成层条件和地震等都会影响场地的稳定性。勘察中必须查明其分布规律、具体条件、危害程度。

在断层、向斜、背斜等构造地带和地震区修建建筑物，对于宜避开的危险场地，不宜进行建筑。已经判明为相对稳定的构造断裂地带可以选作建筑场地。实际上，有的厂房大直径钻孔桩直接支承在断层带岩层上。

在不良地质现象发育且对场地稳定性有直接危害或潜在威胁的地区，若不得不在其中较为稳定的地段进行建筑，须事先采取有力措施，以免中途改变场地或花费较高的处理费用。桩基设计要考虑稳定性问题，例如对于桩端高差起伏的硬持力层，为防止滑移，桩基全断面入持力层须达到一定深度。

2.10.2 桩基持力层的选择

对不存在可能威胁场地稳定性的不良地质现象的地段，地基基础设计应在满足地基承载力和沉降要求的前提下，尽量采用较经济的浅基础，地基持力层的选择应从地基、基础和上部结构的整体性出发，综合考虑场地的土层分布情况、土层的物理力学性质、建筑物的体型、结构类型、荷载的性质与大小等情况。当天然地基承载力不能满足上部结构荷载需求时，需要采用桩基础，通过桩基将上部结构荷载传递到下部坚硬地层中，该地层就是桩基的持力层。桩基持力层选择时应综合考虑桩土体系性能的发挥、施工安全性、经济性和方便性等方面。桩基持力层选择首先应考虑桩基础的承载力和变形要求。如杭州钱塘江北岸地层上部 0～3m 为杂填土；3～5m 为淤泥质地层；5～21m 为粉砂土及粉质黏土地层；21～25m 为淤泥质地层；25～36m 为粉砂层和粉质黏土层；36～45m 为圆砾层；45m 以下为含砾泥质粉砂岩。针对上述地层，一般 6 层以下的多层建筑可采用短桩基础，桩长约 10m 左右，持力层为粉砂层；18 层的高层建筑可采用中长桩，桩长 30m 左右，持力层为圆砾层（可辅以桩底注浆工艺）；30 层以上的超高层建筑采用长桩，桩长 40m 以上，持力层为圆砾层采用桩底注浆或将桩直接施工至中风化基岩（桩长约 50m）。

总之，桩基持力层的选择既要满足建（构）筑物的安全需要，又要做到施工方便快速，经济合理。

2.10.3 桩基选择的环境因素

桩基础在成桩过程中将对周围环境产生影响，不同桩型、不同桩长、不同施工工艺对环境的影响大小不同。所选桩型要在满足房屋安全需要条件下，尽可能减少对周边环境的影响。

（1）打入式桩和振动桩施工时会产生较大的振动，易造成邻近浅基础的建筑物产生裂缝、倾斜等或影响精密仪器的正常使用，影响周围建筑物的安全。

（2）在预应力桩施工中，如施工方法不当或未采取有效处理措施会产生不同程度的挤土效应，引起地面隆起和侧移，威胁周围建筑物的安全。同时，后打桩也会影响已沉桩，造成已沉桩的上浮、脱节或偏位倾斜。因此，打桩施工前应根据土质条件、场地情况和布桩方式选取合理的桩型、沉桩方法和打桩顺序，尽量减少上述影响。如采取取土植桩、重锤轻击、预钻应力释放孔、合理调整打桩顺序和打桩节奏，同时加强监测反馈指导打桩。

（3）钻孔桩施工中泥浆是护壁的重要手段，但泥浆对环境影响很大，选择桩型时必须要有泥浆循环通道和排放的空间，有条件的工地最好选用箱式内循环装置以防止泥浆外溢。

（4）城市场地地下往往有老基础、老堤坝、老管线、老桩基等障碍物，选择桩型时必须考虑如何排除避开上述障碍物。

（5）桩型选择前须了解场地周边环境条件，如周边既有建筑结构基础形式和安全性、周边道路管线分布、周边河道情况、周边地下水位情况等，有针对性地选择最优桩型和施工工艺。

2.11 桩型选择和桩基优化

根据上部结构类型、荷载特点、地质情况和周边环境条件及施工可行性选择最优桩型和施工工艺，并做经济合理性判断。

2.11.1 桩端持力层确定原则

桩基础设计时应先根据场地勘察报告中地质土层剖面情况，结合建筑物结构类型、荷载情况、施工方便等因素，选择桩端持力层。桩应尽量支承在承载力相对较高的坚实土层上。

（1）钻孔灌注桩：一般直径较大且单桩竖向承载力较高，上部结构荷载相对较大，其桩端持力层一般应至少选择为砂性土，以粗颗粒的砾石、卵石、漂石做持力层且采用桩端后注浆为好。若上部荷载很大，桩端持力层一般应选择为中风化基岩（若强风化基岩特别厚且性能好也可以强风化岩做为桩持力层）。钻孔灌注桩一般不宜选择软弱土层做桩端持力层。人工挖孔桩一般为短桩且一般只计算桩端阻力，其桩端持力层应选择较硬的基岩。

（2）预应力管桩或预制方桩：属于挤土型桩，施工方式有锤击打入式和压入式两种。桩端持力层选择时应根据上部结构的荷载特点、分配到各桩的单桩竖向承载力和地质条件及施工难易程度等综合确定。荷载不大时可采用本地区的第一层持力层（至少为黏土层）做桩的持力层同时进行下卧层的变形验算，一般不应采用软弱土层做桩持力层。对于高层建筑一般应至少选择砂性土地层为桩端持力层，若能选择砾石层或全风化、强风化岩层作为持力层更好。选择很硬的岩层做为持力层时，要控制单桩的总锤击数和最后贯入度，以免造成打桩过程中桩身损伤。预应力管桩或预制方桩等挤土型桩打桩时要预先采取防挤土的措施。

（3）沉管灌注桩：属于挤土桩，施工方式有锤击打入式、振动打入式和静压振入式三种。挤土问题和混凝土灌注质量问题是沉管灌注桩施工中的主要问题，但由于沉管灌注桩桩径较小，单桩竖向承载力不高，桩长不长，其桩基持力层往往根据地质条件确定。若没有好的持力层则只能采用摩擦桩，设计时要注意控制整体沉降量。

（4）桩端持力层下有软弱下卧层时，必须验算群桩基础的沉降量。

（5）当桩端持力层起伏时，应绘制桩端持力层顶板等高线图并据此设计桩长。

2.11.2　桩基优化建议

根据上部结构荷载、环境条件、场地地质条件、施工条件对不同桩型、不同桩基持力层的桩基方案进行安全性、经济合理性、施工可行性综合分析，提出拟建建筑物在现地质条件下的桩基优选方案及设计参数。

思　考　题

2-1　桩基勘察的目的是什么？主要用来解决哪些问题？

2-2　岩土工程勘察等级如何划分？桩基工程勘察的点线间距如何确定？

2-3　桩基工程勘探点平面和深度设置有哪些原则？

2-4　岩石如何分类？土按堆积年代、地质成因、颗粒级配、塑性指数以及有机质含量各分为哪几类？

2-5　工程勘察报告中，土的基本物理性质指标有哪些？常见土的物理力学参数有哪些？各种指标的物理意义是什么？土的三相比例关系指标包括哪些？各自的定义是什么？各指标间如何进行换算？

2-6　工程勘察报告中极限侧阻力和端阻力标准值如何确定？

2-7　工程勘察报告如何编写？报告中包括哪些内容？

2-8　怎样阅读工程勘察报告？桩基设计应考虑哪些主要因素？

2-9　如何进行桩型选择？

第3章 竖向抗压荷载下桩基受力性状

3.1 概 述

竖向抗压荷载下桩基受力性状是桩基工程学研究的重点内容，竖向荷载作用下单桩和群桩承载力和变形研究是桩基设计和施工的基础。由于桩型不同、桩基尺寸各异、桩的施工方式和场地地质条件千差万别，桩基受力性状也不相同。当竖向荷载施加于桩顶时，桩顶荷载通过桩侧摩阻力传递到桩周土层，致使桩身轴力和桩身压缩变形随深度递减。

竖向抗压荷载下单桩受力性状可通过现场静载试验获得。单桩静载抗压试验是目前使用最广泛的一种原位试验，该试验接近桩体实际受力情况，其结果可为竖向抗压单桩受力性状研究提供较好的途径。本章从单桩竖向抗压静荷载试验入手，主要介绍了竖向抗压桩荷载传递机理、桩侧阻力和桩端阻力的影响因素、竖向抗压荷载下单桩极限承载力计算方法、竖向抗压荷载下群桩受力性状、竖向抗压荷载下群桩极限承载力计算方法、竖向抗压荷载下群桩沉降计算方法、桩基负摩阻力等方面的内容。

3.2 竖向抗压单桩静载试验

单桩竖向抗压静载试验采用接近于竖向抗压桩实际工作条件，分级加载、分级进行沉降观测，并记录单桩桩顶荷载与桩顶沉降关系，最终确定单桩竖向抗压极限承载力及特征值，判定竖向抗压承载力是否满足设计要求。当桩端埋设有桩端沉降管时，还可获得不同荷载水平下的桩端位移，进而可以判断桩身混凝土的压缩量；当桩身埋设量测元件时，还可获得桩周各土层的桩侧阻力和桩端阻力，进而可分析不同深度处桩身轴力和桩端阻力的发挥特性。

单桩竖向抗压静载试验适用于所有桩型的单桩竖向极限承载力的确定。一个工程中应选取多少根桩进行静载试验，很多规范都有相应的规定。《建筑地基基础设计规范》GB 50007 规定：同一条件下的试桩数量不宜少于总桩数的 1%，且不少于 3 根；《建筑基桩检测技术规范》JGJ 106 规定：同一条件下的试桩数量不宜少于总桩数的 1%，且不应少于 3 根，总桩数在 50 根以内时，不应少于 2 根。实际进行单桩竖向抗压静载试验时，应根据实际工程情况参考相关规范进行。

3.2.1 加载装置

试验加载宜采用油压千斤顶分级加载。当采用两台及两台以上千斤顶加载时应并联同步工作，采用的千斤顶型号、规格应相同，千斤顶的合力中心应与桩轴线重合。

单桩竖向抗压静载试验加载装置可根据现场条件选择锚桩横梁反力装置、压重平台反力装置、锚桩压重联合反力装置和 Osterberg 法试验装置（自平衡法试验装置）四种形式。锚桩横梁反力装置、压重平台反力装置和锚桩压重联合反力装置是单桩竖向抗压静载试验传统试验装置。静载试验法是确定单桩极限承载力最直观、最可靠的方法。然而，采用传统静载试验方法对超大吨位桩进行静载试验时，费用较高且需占用较大的试验场地，试验时也会存在一定困难。为克服传统静载荷试验存在的抽样困难、费时费力的不足，美国西北大学 Osterberg 于 20 世纪 80 年代研发了一种新型静载试桩法——Osterberg 法。竖向受荷单桩静载试验反力装置的优缺点见表 3-1。

竖向受荷单桩静载试验反力装置　　　　　　　　　　　表 3-1

反力装置	优　点	缺　点
锚桩横梁反力装置	使用试桩邻近的工程桩或预先设置的锚桩提供反力，安装较快捷，特别对于大吨位的试桩来讲，比较节约成本且准确性相对较高	锚桩在试验过程中受到上拔力的作用，其桩周土的扰动会影响试桩。对于桩身承载力较大的钻孔灌注桩无法进行随机抽样检测
堆重平台反力装置	承重平台搭建简单，一套装置可选做不同荷载量的试验，能对工程桩进行随机抽样检测，适合于不配筋或少配筋的桩	试验开始前堆重物的重量由支撑墩传递到地面上，桩周土受到一定的影响，试验时需观测支墩和基准梁沉降，且大吨位试验时有一定的危险性
桩架自重作荷重反力架装置	就地取材，简便易行，成本较低	局限性较大，对于灌注桩等大吨位试验不适用
锚桩压重联合反力装置	锚桩上拔受拉，采用适当的堆重，有利于控制桩体混凝裂缝的开展	由于桁架或梁上挂重堆重，桩的突发性破坏所引起的振动、反弹对安全不利
Osterberg 法试验装置	该试验加压装置简单，不需压重平台或锚桩反力架，可方便获得荷载箱上部桩侧土的极限侧摩阻力值	最大加载量为荷载箱上部土层的桩侧摩阻力，不能直接测定整根单桩的极限荷载，与常规的破坏性静载试验还有一定的误差。自平衡测试完毕，试桩作为工程桩，要用水泥浆灌注荷载箱的腔体以保证桩身完整

3.2.1.1 锚桩横梁反力装置

锚桩横梁反力装置利用主梁与次梁组成反力架，将千斤顶的反力传给锚桩从而对试桩达到竖向抗压试验的目的（图 3-1 和图 3-2）。锚桩横梁反力装置通常采用 4 根锚桩进行竖

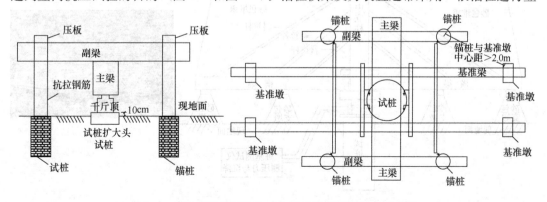

图 3-1　单桩竖向抗压静载试验锚桩横梁反力装置示意图

图 3-2 单桩竖向抗压静载试验锚桩横梁反力装置现场图（海上桥桩静载试验）

向抗压静载试验。锚桩横梁反力装置提供的反力不应小于预估最大试验荷载的 1.2～1.5 倍。用灌注桩作为锚桩时，其钢筋笼要沿桩身通长配置。当用预制桩作为锚桩时，要加强接头的连接，锚桩的设计参数应按照抗拔桩的规定计算确定，试验过程中应对锚桩上拔量进行监测。试验前应对钢梁进行强度和刚度验算，并对锚桩的受拉钢筋进行强度验算，要求钢梁组合刚度大于预估最大试验荷载，锚桩钢筋抗拉承载力应大于预估最大荷载的 1.2 倍。当桩身承载力较大时，横梁自重有时很大，此时横梁需放置在其他工程桩上。同时，为防止地面下沉对基准梁的影响，应将基准梁放置在独立的工程桩上或单独设立的基准桩上。除工程桩兼作锚桩外，也可用地锚的办法。

采用锚桩横梁反力装置时利用试桩邻近的工程桩或预先设置的锚桩提供反力，安装较快捷，特别对于大吨位的试桩来说，比较节约成本且准确性相对较高。该方法的不足之处是进行大吨位钻孔灌注桩试验时无法随机抽样。

同时，在静载试验过程中锚桩会受到上拔力的作用，锚桩受上拔荷载作用后会通过锚桩侧阻引起桩周土体产生位移，进而影响试桩的受力性状。当试桩和锚桩间距较小时，两者之间的应力场相互耦合作用较明显，锚桩对试桩受力性状的影响较显著。

3.2.1.2 堆重平台反力装置

堆重平台反力装置如图 3-3 和图 3-4 所示，堆载材料一般为钢锭、混凝土块、袋装砂

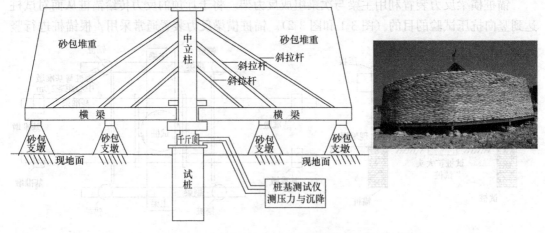

图 3-3 砂包堆重—反力架装置静载试验示意图

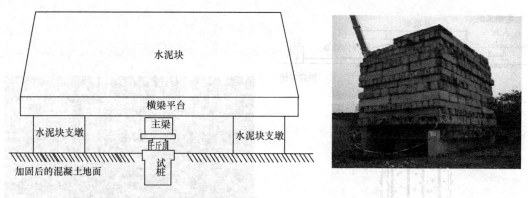

图 3-4　水泥块堆重－反力架装置静载试验示意图

或水箱等。堆载材料不得小于预估试桩极限承载能力的 1.2 倍，且压重应一次性均匀稳固放置于压重平台上，压重施加于地基的压应力不宜大于地基承载力特征值的 1.5 倍（如地基承载力达不到该要求应对压重支墩的表层地基进行加固处理）。在用袋装砂或袋装土、碎石等作为堆重物时，安装过程应防止鼓凸倒塌。高吨位试桩时，要注意大量堆载可能引起的地面下沉，基准梁要支撑在其他工程桩上并远离沉降影响范围。作为基准梁的工字钢应尽量长些，但其高跨比宜大于 1/40。除对钢梁进行强度和刚度计算外，还应对堆载的支承面进行验算，以防止堆载平台出现较大不均匀沉降。

采用堆重平台反力装置进行单桩竖向抗压静载试验时承重平台搭建简单，一套装置可选做不同荷载量的试验，能对工程桩进行随机抽样检测，且适合于不配筋或少配筋的桩。该方法不足之处是测试费用较高，压重材料运输吊装费时费力，且堆载可能带来地面沉降。

3.2.1.3　锚桩压重联合反力装置

当试桩最大加载重量超过锚桩的抗拔能力时，可在锚桩上或主次梁上预加配重，由锚桩与堆重共同承受反力。千斤顶应平放于试桩中心，且应严格进行物理对中。当采用多台千斤顶加载时，应将千斤顶并联同步工作，且千斤顶的型号、规格应相同。当采用两个以上千斤顶并联加载时，其上下部尚需设置有足够刚度的钢垫箱，并使千斤顶的合力通过试桩轴线。

锚桩压重联合反力装置的优点是有利于控制桩顶浅部混凝土裂缝的开展。该方法的不足之处是桁架或梁上挂重或堆重不方便，成本高且安全性低，当桩产生突然下沉或压碎时有可能发生堆重不平衡而倒塌的事故。

3.2.1.4　Osterberg 法试验装置（自平衡法试验装置）

Osterberg 法试验装置（自平衡法试验装置）如图 3-5 所示，该法的核心装置为与钢筋笼连接且安装在桩身下部的荷载箱。该荷载箱是经过特别设计的液压千斤顶式荷载箱，荷载箱上安装有高压油管和位移测量仪器。试验时，通过高压油管对荷载箱内腔施加油压。在高压油压的作用下，将产生一向上的力和对桩端土层等值反向的压力，箱顶和箱底会被逐渐推开，从而使桩端土和桩侧阻力逐步发挥，直至破坏。根据一定的等效转化方法，可将荷载箱上部桩侧土的摩阻力与桩端阻力迭加，继而可得到试桩的极限承载力。测试完毕，若是要用作工程桩，可用水泥浆灌注荷载箱的腔体。

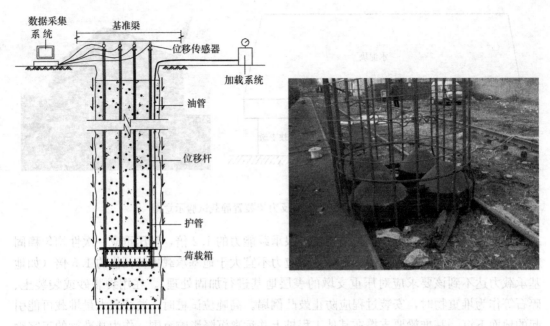

图 3-5 单桩竖向抗压静载试验 Osterberg 法（自平衡法）试验装置示意图

采用 Osterberg 法试验装置（自平衡法试验装置）进行单桩竖向抗压静载试验时不需要压重平台和锚桩反力架，不占用试验场地，试验方便，费用低廉，节省时间，且可直接测出试桩的桩侧阻力和桩端阻力。荷载箱的位置对自平衡试验结果的准确性有着重要的影响。理论上讲，只有将荷载箱放置在可同时使桩侧土和桩端土达到极限状态的位置，才有可能得到单桩极限承载力的精确值。显然，这在实际试验时是很难确定的。即使可以准确确定荷载箱的放置位置，也不可能得到精确的试桩荷载—沉降受力性状。在荷载箱对桩侧土施加荷载时相当于施加了一个上拔荷载。众所周知，上拔荷载作用下桩侧极限侧阻一般小于受压荷载作用下的桩侧极限侧阻，用桩侧土的上拔极限承载力进行转化时可能会低估桩的极限承载能力。目前，《建筑基桩检测技术规范》JGJ 106 并未将自平衡试验方法列入其中。

采用传统静载试验装置进行单桩竖向抗压静载试验时，试桩、锚桩和基准桩间的中心距离应符合表 3-2 的规定。

试桩、锚桩（或压重平台支墩边）和基准桩间的中心距离　　　　　　　表 3-2

反力装置 距离	试桩中心与锚桩中心（或压重平台支墩边）	试桩中心与基准桩中心	基准桩中心与锚桩中心（或压重平台支墩边）
锚桩横梁	≥4（3）d 且>2.0m	≥4（3）d 且>2.0m	≥4（3）d 且>2.0m
压重平台	≥4（3）d 且>2.0m	≥4（3）d 且>2.0m	≥4（3）d 且>2.0m
地锚装置	≥4d 且>2.0m	≥4（3）d 且>2.0m	≥4d 且>2.0m

注：1. d 为试桩、锚桩或地锚的设计直径或边宽，取其较大者。
　　2. 如试桩或锚桩为扩底桩或多支盘桩时，试桩与锚桩的中心距不应小于 2 倍的扩大端直径。
　　3. 括号内数值可用于工程桩验收检测时多排桩设计桩中心距离小于 4d 或压重平台支墩下 2～3 倍宽影响范围内的地基土已进行加固处理的情况。
　　4. 软土场地堆载重量较大时，宜增加支墩边与基准桩中心和试桩中心间的距离，并在试验过程中观测基准桩的竖向位移。

3.2.2 加载方法

3.2.2.1 试桩要求

为保证单桩竖向抗压静载试验能最真实模拟基桩的实际工作条件，使得试验结果更准确、更具有代表性，进行竖向抗压静载试验的单桩须满足以下要求：

（1）试桩的成桩工艺和桩身质量控制标准应与工程桩一致。

（2）混凝土桩应凿除桩顶部的浮浆，并应保证桩头顶面平整。

（3）试桩顶部应予以加强（图 3-6）。对于灌注桩，可在桩顶配置加密钢筋网 2～3 层，或以薄钢板圆筒做成加劲箍与桩顶混凝土浇成一体，用高强度等级砂浆将桩顶抹平，桩头中轴线应与桩身上部的中轴线重合。对于预制桩，若桩顶未破损可不另作处理；若桩头出现破损，其顶部要外加封闭箍后浇捣高强细石混凝土予以加强。

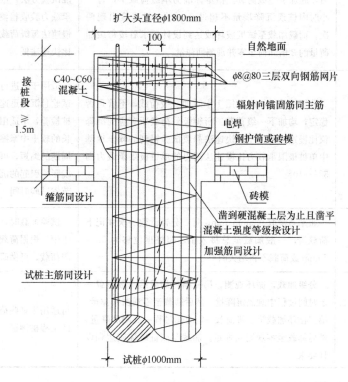

图 3-6 试桩桩头制作示意图

（4）桩头混凝土强度等级宜比桩身混凝土提高 1～2 级，且不得低于 C30。

（5）预制桩成桩到开始试验的间歇时间：对于砂类土，不应少于 10 天；对于粉土和黏性土，不应少于 15 天；对于淤泥或淤泥质土，不应少于 25 天。对于灌注混凝土桩，成桩到开始试验的间歇时间原则上不应少于 28 天。

（6）在试桩间歇期内，试桩区周围 30m 范围内尽量不要产生能造成桩间土中孔隙水压力上升的干扰，如打桩等。

3.2.2.2 加载总量要求

进行单桩竖向抗压静载试验时，试桩的加载量应满足以下要求：

（1）对于以桩身承载力控制极限承载力的工程桩试验，加载至设计承载力的 1.5～

2.0倍。

(2) 对于嵌岩桩，当桩身沉降量很小时，最大加载量应不小于设计承载力的2倍。

(3) 当以堆载为反力时，堆载重量不应小于试桩预估极限承载力的1.2倍。

3.2.2.3 加载方式及要求

目前单桩竖向抗压静载试验方法主要有慢速维持荷载法、快速维持荷载法、等速率贯入法、循环加卸载法等，其各自特点见表3-3。

静载试验加荷方法

表3-3

静载试验加荷方法	特 点	优 缺 点
慢速维持荷载法	逐级加载，每级加载后观测沉降量。达到相对稳定后，施加下一级荷载。稳定标准为本级荷载下，每一小时内桩顶沉降增量不超过0.1mm，且连续出现两次。荷载加载至试桩破坏或达到设计要求后按每级加荷量的2倍卸荷至零并观测回弹量	慢速维持荷载法是我国公认的标准试验方法，也是工程桩竖向抗压承载力验收检测方法的规范标准。慢速法每级荷载得出的极限承载力比快速法低
快速维持荷载法	分级加载，一般采用1小时加一级荷载，不管是否稳定，均加下一级荷载。所得极限荷载所对应的沉降值比慢速法的偏小，快速法静载试验得到的软土地基中单桩极限承载力比慢速法测得的单桩极限承载力高5%～10%	适用于已进行过慢速维持荷载法试验且沉降迅速稳定的嵌岩类工程桩检验，不适用于沉降稳定时间较长的软土中摩擦桩。快速法因试验周期的缩短，可减少昼夜温差等环境影响引起的沉降观测误差，同时节省试验时间
等速率贯入法	速率通常取0.5mm/min，每2分钟读数一次并记下荷载值，一般加载至总贯入量，即桩顶位移为50～70mm或荷载不再增大时终止	试验加载时，保持桩等速率贯入土中，根据荷载－贯入曲线确定极限荷载，可做研究性试验
多循环加、卸载法	分级加载，循环观测。第一循环加载第一级荷载一定时间过程中观测沉降量，然后卸载至零观测回弹量。第二循环加载第二级荷载一定时间过程中观测沉降量，然后卸载至零观测回弹量。加载至试桩破坏或达到设计要求	可适用于某些荷载特征为循环荷载的工程桩测试

(1) 慢速维持荷载法

慢速维持荷载法是我国公认的标准试验方法，可为设计提供依据，施工后的工程桩验收检测宜采用慢速维持荷载法。慢速维持荷载法简称慢速法，即先逐级加载，每级加载后观测沉降量，待该级荷载达到相对稳定后，再施加下一级荷载，直至达到试桩破坏或达到设计加载量要求，然后按照加载量的2倍卸载至零。慢速法静载试验时一般按照试桩的最大预估极限承载力将荷载分成10～12级逐级加载。实际试验过程中，也可将开始阶段沉降变化较小的第一、二级荷载合并，将试验最后一级荷载分成两级施加。卸载应分级进行，每级卸载值一般取加载时分级荷载的2倍，逐级等量卸载。加、卸载时应使荷载传递均匀、连续、无冲击，每级荷载在维持过程中的变化幅度不得超过分级荷载的±10%。若试桩的预估极限承载力为10000kN，则每级荷载可取1000kN。第一级可按每级加载值的2倍进行加载，即2000kN，最后两级可按每级加载值的1/2倍进行加载，即500kN。卸载时，每级卸载值可按每级加载值的 2 倍进行卸载，即 2000kN。对事故桩采用慢速法进行静载试验时，加载分级应适当加密。

慢速法静载试验沉降测读应满足以下要求：

1）每级荷载施加后按第 5、15、30、45、60min 测读桩顶沉降量，以后每隔 30min 测读一次。

2）试桩沉降相对稳定标准：本级荷载下，每一小时内桩顶沉降增量不超过 0.1mm，且连续出现两次（从分级荷载施加后第 30min 开始，按 1.5h 连续三次每 30min 的沉降观测值计算）。

3）当桩顶沉降速率达到相对稳定标准时，再施加下一级荷载。

慢速法进行单桩竖向抗压静载试验过程中出现下列条件之一时可终止加载：

1）某级荷载作用下，桩顶沉降量大于前一级荷载作用下沉降量的 5 倍（当桩顶沉降能相对稳定且总沉降量小于 40mm 时，宜加载至桩顶总沉降量超过 40mm）。

2）某级荷载作用下，桩顶沉降量大于前一级荷载作用下沉降量的 2 倍，且经 24h 尚未达到相对稳定标准。

3）已达设计要求的最大加载量。

4）当工程桩作锚桩时，锚桩上拔量已达到允许值。

5）当荷载-沉降曲线呈缓变型时，可加载至桩顶总沉降量 60～80mm；在特殊情况下，可根据具体要求加载至桩顶累计沉降量超过 80mm。

慢速法进行单桩竖向抗压静载试验卸载时，每级荷载维持 1h，按第 15、30、60min 测读桩顶沉降量后，即可卸载下一级荷载。卸载至零后，应测读桩顶残余沉降量，维持时间为 3h，测读时间为第 15、30min，以后每隔 30min 测读一次。

（2）快速维持荷载法

快速维持荷载法简称快速法，即分级加载，但一般采用 1h 加一级荷载，不管是否稳定，均施加下一级荷载。因此，快速法所得试桩的极限荷载对应的沉降值比慢速法所得极限承载力对应的沉降量偏小（图 3-7）。一般来说，桩端土性越差时，两者相差越大。

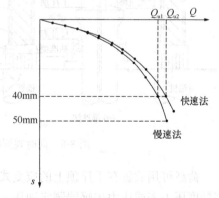

图 3-7 快速法与慢速法的 Q-s 曲线对比

1）对于嵌岩端承桩，桩沉降很小，沉降稳定很快，快速法和慢速法所测得的单桩承载力基本一致。

2）对于桩端土性较好的端承桩，桩沉降较小，快速法测得的桩极限承载力比慢速法略大。

3）对于桩端土性较差的摩擦桩，桩沉降较大，快速法测得的桩极限承载力要比慢速法大。

4）对于以桩侧阻力为主的纯摩擦桩，桩沉降很大，快速法测得的桩极限承载力一般要比慢速法高约 10%。

快速法试验周期较短，可减少昼夜温差等环境影响引起的沉降观测误差。实际工程中，对于设计试桩和工程桩检验一般采用慢速维持荷载法进行静载试验。只有当桩端土层很好且桩端清理干净或设计要求与单桩竖向极限承载力之比安全度很大的工程桩检验可采用快速法进行静载试验。

(3) 等速率贯入法

等速率贯入法试验时，保持桩按等速率贯入土中，通常取 0.5mm/min，每 2 分钟读数一次并记下荷载值，一般加载至总贯入量，即桩顶位移为 50～70mm，或荷载不再增大时终止。根据荷载一贯入曲线确定极限荷载。

(4) 多循环加、卸载法

多循环加、卸载法试验即分级加载，循环观测。第一循环加载第一级荷载一定时间过程中观测沉降量，然后卸载至零观测回弹量；第二循环加载第二级荷载一定时间过程中观测沉降量，然后卸载至零观测回弹量，直至加载至试桩破坏或达到设计要求加载量。该试验方法可适用于某些荷载特征为循环荷载的工程桩测试。

3.2.3 桩顶和桩端位移观测方法

当竖向荷载施加于桩顶时，桩身混凝土由于受力而产生从上而下的压缩。实测桩顶位移包括桩身压缩量和桩端位移。只测读桩顶沉降的常规静载试验无法区分桩身压缩量和桩端位移量，无法对桩身压缩量进行单独研究。桩身压缩量是一个重要的参数，直接关系到桩身混凝土的弹塑性变化规律和桩的破坏方式。因此，单桩竖向抗压静载试验中需同时观测桩顶桩端沉降，其静载荷试验装置见图 3-8。

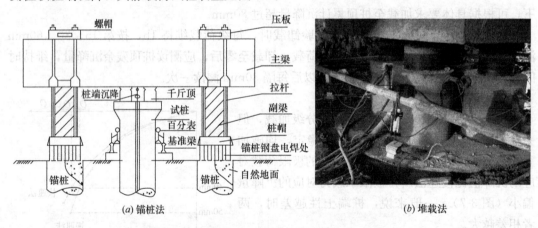

图 3-8　同时观测桩顶和桩端沉降静载试验示意图

荷载可用放置在千斤顶上的应变式压力传感器直接测定，或采用并联于千斤顶油路的高精度压力表或压力传感器测定油压，并根据千斤顶的率定曲线换算成荷载。传感器的测量误差不应大于 1%，压力表精度等级应优于或等于 0.4 级。重要的基桩试验尚须在千斤顶上放置应力环或压力传感器，实行双控校正。

桩顶沉降一般采用位移传感器或大量程百分表，测量误差不应大于 0.1%FS，分辨力优于或等于 0.01mm。对于直径或边宽大于 500mm 的桩，应在桩的两个正交方向对称安装 4 个位移测试仪表；直径或边宽小于等于 500mm 的桩可对称安装 2 个位移测量仪表。基准梁应具有一定的刚度，梁的一端应固定于基桩梁上，另一端简支于基准桩上。固定和支承百分表的夹具和横梁应确保不受气温、振动及其他外界因素的影响而发生竖向位移。当采用堆载反力装置时，为防止堆载引起的地面下沉影响测读精度，应采用水准仪对基准梁进行监控。

桩端沉降的测试方法为：下放钢筋笼前在钢筋笼内侧绑扎一直径较大的钢管→灌注成桩养护一定龄期进行静载试验时在直径较大的钢管内下放直径略小的钢管→在直径较大的钢管桩顶位置处设测点来测量桩端沉降。

3.2.4　桩身应力应变测试及分析方法

为较准确了解桩顶荷载作用下桩侧阻力和桩端阻力的变化情况，需在土层变化部位和桩端埋设量测元件。量测元件主要有振弦式钢筋应力计、电阻应变片和测杆式应变计。实际工程中多采用振弦式钢筋应力计测定桩身应力。振弦式钢筋应力计应直接焊接在桩身钢筋中，并代替这一段钢筋工作。为保证钢筋应力计和桩身变形一致，沿桩身长度方向钢筋应力计的横断面不应有急剧增加或减少。加工过程中应尽量使钢筋应力计的强度和桩身钢筋的强度、弹性模量相等。根据钢筋应力计实测钢弦振动频率来确定任一级荷载下的桩侧摩阻力和桩端阻力的方法简述如下。

某一级荷载作用下 i 断面钢筋应力 σ_{rbi} 可表示为：

$$\sigma_{rbi} = K_c(F_i^2 - F_0^2) + B \tag{3-1}$$

式中，K_c 为标定系数；F_i 为某一级荷载作用下 i 断面钢弦振动频率；F_0 为钢弦初始振动频率；B 为计算修正值（由仪器标定书提供）。

钢筋和混凝土浇筑在一起，假定二者变形一致，则 i 断面的桩身轴力 P_i 可表示为：

$$P_i = [E_c(A_p - nA_{rb}) + E_{rb}nA_{rb}]\varepsilon = [E_c(A_p - nA_{rb}) + E_{rb}nA_{rb}]\frac{\sigma_{rbi}}{E_{rb}} \tag{3-2}$$

式中，A_c 为混凝土的横截面积；E_c 为混凝土的弹性模量；A_{rb} 为单根钢筋的横截面积；E_{rb} 为钢筋的弹性模量；n 为钢筋的根数。

需要说明的是，由于试桩中最深位置处钢筋应力计距离桩端很近，该处的桩身轴力可近似认为等于桩端阻力。

计算过程中假定每一分层土桩侧摩阻力相同，各分层土体的桩侧平均摩阻力 τ_{avgi} 可按式（3-3）进行计算。即：

$$\tau_{avgi} = \frac{P_i - P_{i+1}}{A_i} \tag{3-3}$$

式中，P_i、P_{i+1} 为第 i、$i+1$ 断面轴力；A_i 为第 i 分层桩侧面积。

第 i 桩段的桩土相对位移量 s_{rsi} 可由式（3-4）进行计算：

$$s_{rsi} = s_t - \sum_{j=1}^{i} \frac{L_j}{2}(\varepsilon_j + \varepsilon_{j+1}) \tag{3-4}$$

式中，L_j 为第 j 桩段长度；s_t 为桩顶沉降；ε_j、ε_{j+1} 为第 j、$j+1$ 断面钢筋应变。

3.2.5　试验成果整理

为较准确描述静载试验过程中的现象，便于实际应用和分析，单桩竖向抗压静载试验成果宜整理成图表的形式，并对试验过程中出现的异常现象作必要的补充说明。表 3-4 为单桩竖向抗压静载试验概况表，表 3-5 为单桩竖向抗压静载试验记录表。

为确定单桩竖向抗压极限承载力，一般应绘制竖向荷载-沉降曲线、沉降-时间对数曲线、沉降-荷载对数曲线及其他进行辅助分析所需要的曲线。当单桩竖向抗压静载试验同时进行桩身应力、应变和桩端阻力测定时，尚应整理出有关数据的记录表和绘制不同荷载水平下桩身轴力分布随深度变化关系图、桩侧阻力分布随深度变化关系图、桩土相对位移随深度变化关系图以及桩端阻力与桩端位移变化关系图。

单桩竖向抗压静载试验概况表　　　　　　　　表3-4

工程名称			地点			试验单位	
试验桩号			桩型			试验起止时间	
成桩工艺			桩截面尺寸			桩长	
混凝土强度等级	设计		灌注桩沉渣厚度			配筋规格	
	实际		灌注桩充盈系数			配筋率	
		综合柱状图				试验平面布置示意图	
层次	土层名称	土层描述	相对标高	桩身剖面			
1							
2							
3							
4							
5							
6							

单桩竖向抗压静载试验记录表　　　　　　　　表3-5

工程名称			桩号				日期			
加载级	油压 (MPa)	荷载 (kN)	测读时间	桩顶位移计（百分表）读数				本级桩顶沉降 (mm)	累计桩顶沉降 (mm)	本级桩端沉降 (mm)	累计桩端沉降 (mm)
				1号	2号	3号	4号				

检测单位：　　　　　　校核：　　　　　记录：

3.2.6 典型 Q-s 曲线

不同情况下单桩竖向抗压静载试验典型的荷载 Q 与桩顶沉降 s_t 和桩端沉降 s_b 的关系曲线见图3-9～图3-13。

（1）桩身质量完好，沉渣清理干净，持力层为中风化基岩的试桩桩顶与桩端沉降曲线见图3-9。该情况下桩顶与桩端沉降均不大，两者沉降差小于20mm。

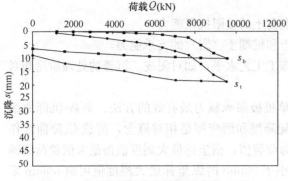

图 3-9　典型的桩顶与桩端沉降曲线（Ⅰ）

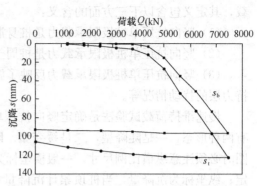

图 3-10　典型的桩顶与桩端沉降曲线（Ⅱ）

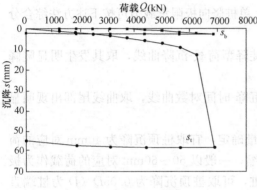

图 3-11　典型的桩顶与桩端沉降曲线（Ⅲ）

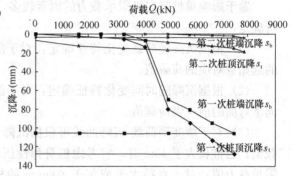

图 3-12　典型的桩顶与桩端沉降曲线（Ⅳ）

（2）桩身质量完好，沉渣厚，持力层为中风化基岩的试桩桩顶与桩端沉降曲线见图3-10。该情况下试桩克服桩侧摩阻力后桩顶与桩端同步沉降，两者沉降差小于20mm。

（3）沉渣干净，桩身压碎，持力层为中风化基岩的试桩桩顶与桩端沉降曲线如图3-11所示。该情况下试桩的桩顶沉降大，桩端沉降小，两者沉降差大于30mm。

（4）桩身质量完好，沉渣厚，持力层为砂砾石层的试桩桩顶与桩端沉降曲线如图3-12所示。该情况下试桩克服桩侧摩阻力后桩顶与桩端同步沉降，但桩端沉渣压实后第二次循环复压桩端沉降小。

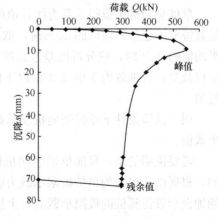

图 3-13　典型桩侧土摩阻力软化 Q-s 曲线

（5）纯摩擦桩的桩侧土摩阻力软化 Q-s 曲线如图3-13所示。荷载水平较小时 Q-s 曲线为直线弹性段；荷载增大时 Q-s 曲线为弹塑性段；桩顶荷载达到最大峰值后沉降急剧加大，同时压力下跌，静阻力转变为动阻力，桩侧摩阻力出现软化现象，桩顶荷载最后维持在残余强度值。

3.2.7　竖向抗压单桩极限承载力的确定

竖向抗压单桩极限承载力为竖向抗压荷载作用下桩土体系所能长期稳定承受的最大荷

载，其定义包含以下三方面的含义：

（1）竖向抗压单桩极限承载力是桩身混凝土的极限抗压能力；

（2）竖向抗压单桩极限承载力是桩周土和桩端土（岩）的支承能力；

（3）竖向抗压单桩极限承载力反映了施工工艺水平，如对泥皮、沉渣的处理质量和对持力层的扰动情况等。

慢速维持荷载试验法是确定竖向抗压单桩极限承载力最有效的方法。荷载-沉降曲线有两种形态，一是陡降型，二是缓变型。陡降型和缓变型是相对概念，荷载-沉降曲线作图时必须注意纵横比例尺寸，一般横坐标为荷载值，横坐标最大刻度值按最大试验荷载确定；纵坐标为沉降量，当桩顶累计沉降量小于 50mm 时纵坐标最大刻度值可取 60mm 来绘图，当桩顶累计沉降量大于 50mm 时纵坐标最大刻度值按沉降量加 10mm 作为最大刻度值来绘图。上述绘图方法有利于表现荷载-沉降曲线的真实性。

鉴于影响单桩竖向极限承载力的因素较多，单桩竖向极限承载力可按下述方法综合分析确定：

（1）根据沉降随荷载变化特征确定：对于陡降型荷载-沉降曲线，取其发生明显陡降的起始点对应的荷载值。

（2）根据沉降随时间变化特征确定：对于沉降-时间对数曲线，取曲线尾部出现明显向下弯曲的前一级荷载值。

（3）对于缓变型荷载-沉降曲线可根据沉降量确定，宜取桩顶沉降为 40mm 对应的荷载值；当桩长大于 40m 时，宜考虑桩身弹性压缩，一般以 50～60mm 对应的荷载作为极限承载力值；对于直径大于或等于 800mm 的桩，可取桩顶沉降为 $0.05D$（D 为桩端直径）对应的荷载值。

按上述方法判定桩的竖向抗压承载力未达到极限时，桩的竖向抗压极限承载力应取最大试验荷载值。此时，单桩竖向极限承载力不小于最大试验荷载值，可表述为单桩极限承载力至少可取最大试验荷载值。

单桩竖向抗压极限承载力统计值的确定应符合下述规定：参加统计的试桩结果，当满足其极差不超过平均值的 30% 时，取其平均值为单桩竖向抗压极限承载力；当极差超过平均值的 30% 时，应分析极差过大的原因，结合工程具体情况综合确定，必要时可增加试桩数量；对桩数为 3 根或 3 根以下的柱下承台，或工程桩抽检数量少于 3 根时，应取低值。

同一试验条件下单桩竖向抗压承载力特征值应按单桩竖向抗压极限承载力统计值的一半取值。

需要说明的是，目前单桩竖向抗压静载试验一般是在基坑开挖前的地面桩顶处进行的，根据试验得到的单桩极限承载力应扣除开挖面以上桩侧阻力，或在开挖深度范围内桩侧加设套管得到桩的极限承载力。上述处理方法未考虑基坑开挖对单桩竖向承载性能的影响。实际上，基坑开挖对基桩的影响不容忽视。基坑开挖可导致坑底土回弹，使得桩身上部产生上拔作用而产生摩阻力，而桩身下部则会出现向下的摩擦力以平衡坑内土回弹对桩身上部产生的上拔力，桩身全长处于受拉状态。基坑开挖后，桩顶施加荷载后桩的荷载传递性状与地面施加荷载的单桩荷载传递性状不同。同时，基坑开挖完成后，上覆土体的移除使得工程桩桩侧的法向土压力大幅减少，这将会造成桩侧摩阻力、桩承载力和竖向刚度不同程度的减小。实际工程中若不考虑基坑开挖对单桩承载特性的影响，可能会高估桩的实际承载力。

已有研究表明，一般桩的竖向极限承载力随时间缓慢增长。软黏土中挤土摩擦桩承载力随时间增长而增加，初期增长较快，后逐渐减缓，最后趋于某极限值。桩打（压）入黏性土中，一是破坏了地基土的天然结构，二是使桩周土受到急剧挤压，造成孔隙水压力骤升，有效应力减小。上述作用会降低土体的强度。因而，在桩打（压）入土中的初期，桩侧摩阻力和桩端阻力均处于最低值。随着时间的推移，土体中超孔压逐渐消散，有效应力随之增大，土体因受扰动损失的强度得以逐渐恢复，基桩承载力随之增长。非挤土灌注桩不引起超孔隙水压力，土的扰动范围较小，桩承载力的时间效应相对于挤土桩要小。黏性土中非挤土灌注桩承载力随时间的变化，主要是由于成孔过程孔壁土受到扰动，由于土的触变作用，损失的强度随时间逐步恢复。在泥浆护壁成桩的情况下，附着于孔壁的泥浆也有触变硬化的过程。因此，泥浆护壁法单桩承载力的时间效应较干作业法的单桩明显。干作业成桩的情况下，孔壁土扰动范围小，单桩承载力的时间效应一般可以忽略。

如何评价基坑开挖效应和时间效应对基桩承载特性的影响有待深入研究，以期得到更符合实际情况的单桩极限承载能力。

3.2.8 竖向抗压单桩静荷载试验实例分析

（1）场地地质情况与试桩基本情况

温州鹿城广场塔楼高 350m，主楼 75 层，裙楼 4 层，地下室 4 层，落地面积为 14595.6m²，建筑面积为 196413m²。该工程场地各土层主要力学参数见表 3-6。

温州鹿城广场塔楼场地各土层的力学参数　　　　表 3-6

层次	岩土名称	含水量（%）	重度（kN/m³）	黏聚力（kPa）	内摩擦角（°）	地基承载力特征值（kPa）	压缩模量（MPa）	侧阻特征值（kPa）	端阻特征值（kPa）
②	黏土	38.6	18.2	28	14.1	65	3.65	9	
③₁	淤泥质黏土	51.3	17.1	16	8.6	45	2.17	5	
③₂	淤泥夹粉砂	45.2	17.2	16	8.5	55	2.64	6	
③′₂	粉砂夹淤泥	27.6	19.0	9	29.7	100	11.96	11	
③₃	粉砂夹淤泥	28.5	19.0	10	30.4	120	10.97	13	
④₁	淤泥	56.1	16.6	17	8.9	55	2.55	6	
④₂	淤泥质黏土	48.5	17.1	19	9.5	70	2.94	10	
⑤₁	粉砂	27.5	18.7	8	29.8	130	7.17	20	400
⑤₂	淤泥质黏土	44.2	17.3	21	10.5	80	3.22	13	
⑥	卵石					500	38	45	1400
⑦	黏土	29.7	18.9	37	18.0	150	5.53	27	400
⑧	卵石					500	40	45	1400
⑨₁	粉质黏土					160	6.75	29	480
⑨₂	含黏性土碎石					400		45	1300
⑩₁	全风化闪长岩	26.1	19.0	33	15.1	230	4.42	30	600
⑩₂	强风化闪长岩					500		45	1400
⑩₃	中风化闪长岩					1800		80	4000

该工程设计采用钻孔灌注桩，桩身采用 C50 混凝土，桩径为 1.1m，桩长约为 99～110m，设计要求单桩竖向抗压承载力特征值为 12000 kN。由于该场地第⑥卵石层下有第⑦黏土层和第⑨粉质黏土层（相对软弱层），为避免该高层建成后由于下卧黏土及粉质黏土层的压缩而产生较大的沉降，超高层塔楼桩基持力层没有选在厚达 30 多米的第 6 卵石层中，而是以⑩₃中风化闪长岩层作为持力层，桩入中风化岩 0.5m。超长桩施工时要穿越 40m 的巨厚卵石层，施工难度较大。

笔者对温州鹿城广场塔楼中的 4 根试桩进行了静载试验，4 根试桩的编号分别为 S1、S2、S3 和 S4。为节省篇幅，仅以试桩 S1 和 S3 处的场地地质情况为代表来说明试桩处各土层分布情况，见图 3-14。

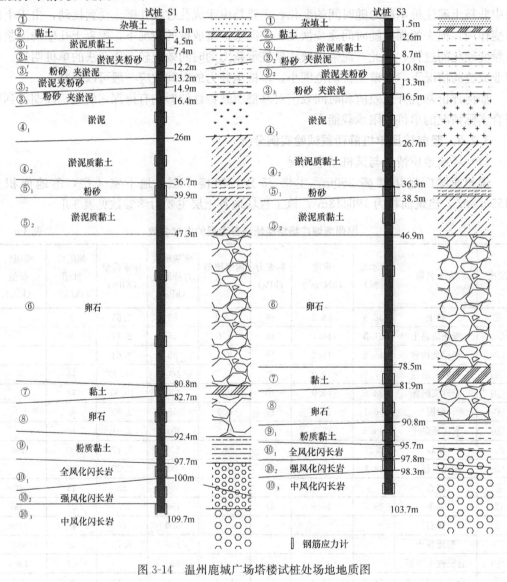

图 3-14　温州鹿城广场塔楼试桩处场地地质图

（2）试桩静载试验方案选择

温州鹿城广场塔楼场地地表黏土承载力特征值仅为 65kPa（表 3-6），若采用常规的堆载承台—反力架试验方案，试桩每侧承台面积将达 230m² 以上（按每侧承台承重 15000 kN 计算），这不仅要求较大的试验场地和承台面积，承台沉降也不易保证，同时后期测试和施工也存在诸多困难。因此，需选择另外一种大吨位试桩静载试验方案。最终，经过方案优化设计决定采用桩梁式堆载支墩—反力架装置来完成静载试验。该方案在避开工程桩桩位的空地处每边另打 4 根桩径 800mm 的钻孔桩（以⑥卵石层为持力层，工程桩在试桩试验之前还未施工）且桩顶用混凝土梁浇在一起作为支撑堆载重量的桩梁式堆载承台（图 3-15a）。此方案施工方便、快速、经济合理且可保证试验过程中堆载承台沉降较小。

温州鹿城广场塔楼静载试验采用桩梁式堆载支墩—反力架装置，在场地现地面承载力较低的地区成功实现了大直径超长嵌岩桩 2800 吨的静载试验。该方案具体施工顺序及要求如下：

1）在每个副梁支墩下打设 4 根桩径为 0.8m 的钻孔灌注桩作为支撑堆载重量的桩。支撑桩长约为 48m（根据地质资料可知，支撑单桩极限承载力可取 4500kN，支撑桩施工时注意避开原工程桩的桩位），要求桩端进入卵石层 3d（d 为桩径），桩身采用 C30 混凝土，混凝土浇至地面，桩身上部 25m 配主筋 12φ16mm，桩身下部 23m 配主筋 6φ16mm，配加强筋 φ16mm@2000mm，配箍筋 φ8mm @250mm。

2）沿主梁方向开挖一条长约 14m，宽约 3m，深约 1.2m 的基槽沟并制作主梁支墩，主梁支墩采用 C30 混凝土，长约 2m，宽约 2m，高约 0.85m，布置三层 φ16mm @250mm 的钢筋网片。

3）平整副梁支墩处场地并制作副梁支墩。副梁支墩宽为 0.8m，高为 1.68m（地面以上部分高 1.48m，地面以下部分为 0.2m），长为 14m，试桩与其中心距为 3.9m，并要求灌注桩钢筋锚入副梁支墩不小于 0.8m，具体布置见图 3-16。

4）试桩头做法：试桩混凝土要求灌至现自然地面（钢筋笼也通到现地面），试桩成桩七天后，在试桩外面套一个直径为 2.0m 厚 5.0mm 的钢护筒，钢护筒的长度大于凿桩段 0.3m，然后进行接桩制作试桩扩大头。试桩扩大头直径 2.0m 并采用 C60 混凝土浇制而成。试桩头的具体制作方法见图 3-17。

5）为保持试桩开挖坑壁的稳定，副梁支墩与试桩坑之间高差边坡采用喷射钢筋混凝土面层加固，面层采用 C20 混凝土，钢筋网片为 φ8mm@150mm，喷射钢筋混凝土面层的厚度为 100mm。

6）独立基准梁是保证试桩沉降测量准确性的关键。本次静载试验利用长 6m 的 36 号工字钢插入地下作为基准桩（工字钢插入地下的长度为 5.7mm，即工字钢的顶部比地面高出 0.3m，基准桩远离主梁及副梁堆载承台）并用钢性长梁焊接成整体作为独立的基准梁系统，具体布置位置见图 3-15（b）。在试验过程中，应严格限制场地附近的交通、振动，并采取措施防止基准梁受温度、天气变化等的影响。

（3）超长嵌岩桩施工难点及处理措施

温州鹿城广场塔楼超长试桩最大长度达到 110m 且钻孔施工时要穿越约 40m 的巨厚卵石层，施工难度极大。穿越卵石层施工时存在着容易漏浆、塌孔且漂石层中不易钻进等诸多困难。如何稳定、快速地穿越约 40m 的巨厚⑥层和⑧层卵石层是本工程的重点和难点。其难点在于：如何防止漏浆；如何防止卵石层中钻进时塌孔；如何提高卵石层中的钻进效率；如何解决漂石层中的钻进困难。

(a)

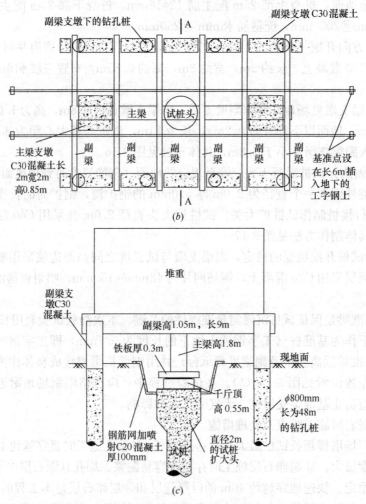

图 3-15　温州鹿城广场塔楼试桩静载试验布置图

(a) 静载试验主、副梁支墩布置图；(b) 试验装置平面图；(c) 试验装置 A—A 剖面图

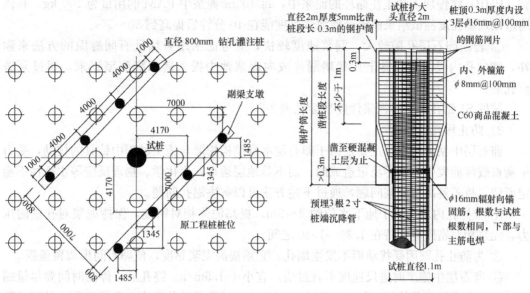

图 3-16　副梁支墩和钻孔灌注桩布置图（单位：mm）　　　　图 3-17　试桩头做法

该工程中大直径超长嵌岩钻孔穿越约 40m 的巨厚卵石层时，成孔时间长，孔底沉渣不易控制。为确保钻孔的顺利进行，需对泥浆性能进行研究。本场地地层中②层为黏土层，该地层具有造浆能力，即自然造浆。在钻进非卵石层时，自然造浆可满足施工要求，但钻进卵石层时须对泥浆进行改良，即辅助造浆，来改变孔内循环泥浆的性状，以达到增强泥浆护壁，防止塌孔、漏浆的目的。本工程超长桩实际施工时可通过调节泥浆性能解决卵石层中的漏浆和塌孔问题，通过选择合理钻进设备和施工工艺解决漂石层中的钻进困难，提高卵石层中的钻进效率。具体施工方法如下：

1）防止漏浆的措施

漏浆是泥浆因压力差而渗入卵石孔隙中的现象。少量漏浆现象是正常的也是难以避免的，故应在储浆池中储备一定体积泥浆作为应急之用。现场成功防止漏浆的经验方法为：降低泥浆失水量，提高泥浆黏度与封堵卵石裂缝相结合。具体做法如下：

① 降低泥浆失水量，保持泥浆性状。

先将膨润土浸泡 24 小时，若是钙质膨润土可加适量碱，碱量为膨润土量的 1％～2％，然后按土水 1∶3 配比搅拌集中到储浆池中陈化 24 小时。由于原地层具有部分造浆能力，故膨润土用量可适当减少，每 100m³ 泥浆中加入膨润土 3～5 吨。通过物理除砂方法降低泥浆中含砂率，在每 100m³ 泥浆中加入事先浸泡 24 小时以上的纯碱（浓度 25％～30％）300～500kg，然后将拌好的浓度为 1％的钠羧甲基纤维素（CMC）溶液加入到泥浆中，用量为每 100m³ 泥浆中加入 CMC 溶液 100～300kg。根据钻进过程中泥浆量，按比例同时加入膨润土溶液、纯碱溶液、CMC 溶液，不可直接将三种粉剂加入到泥浆中，具体可通过测量含砂率（＜10％）与失水量（＜0.5ml/min）来控制 CMC 与纯碱溶液的用量。

② 提高泥浆黏度，减少泥浆渗漏。

先将聚丙烯酰胺（PAM）稀释成浓度为 1％～1.5％的溶液，并保证其水解度大于 60％，再将质量为 10％～20％的 PAM 重量的纯碱均匀搅拌成高黏度的阴离子型聚丙烯酰胺（PHP）缓慢加入到正在循环的泥浆中，每 $100m^3$ 泥浆中 PAM 的用量为 $100\ kg$，具体用量以现场黏度测试结果而定，使泥浆黏度能在 10 分钟后提高到 $30\sim50s$。

③ 若因卵石层孔隙较大，漏浆速度较快，应考虑采用封堵乱石间缝隙的方法来弥补，即向孔内投入球状黏土片状堵漏片或向泥浆池中投入遇水膨胀型锯末，通过泵送至孔底。

试桩 S1 钻孔施工时泥浆性能指标见表 3-7。

2）防止塌孔的措施

卵石层中钻进时塌孔主要是由于卵石层本身结构松散与施工过程中钻具的扰动，受力平衡被破坏而发生力学不稳定造成的，而不是地层遇水发生化学、物理反应等水敏性不稳定所致，故若解决了漏浆问题，通过下述方法可以解决塌孔问题。

① 维持孔内水头大于地下水位约 $2\sim3m$，提高泥浆相对密度，保持泥浆对孔壁的压力，泥浆相对密度宜维持在 $1.30\sim1.40$ 之间。

② 为防止孔壁因受扰动而不发生塌孔，必须提高泥浆黏度，使卵石间形成覆盖膜。

③ 卵石层中施工时进尺速度不宜过快，宜小于 $1.5m/h$。终孔后，停滞时间要尽量缩短，防止出现因泥浆静置时间过长而引起泥浆失水导致其性状发生变化的问题，从而导致泥浆护壁能力降低。

3）提高卵石层中钻进效率的措施

由于本次卵石层中钻进工艺采用泵吸反循环钻进，故泥浆携渣、排渣效率决定了卵石层中的钻进效率，而不是钻头对卵石的破碎效率。因此，合理选择反循环钻头形式、反循环泵与钻杆的配置是十分关键的。在卵石层中钻进时先打直径 600mm 的钻孔引孔，再打直径 1100mm 的钻孔。这样的施工措施可以减少卵石层中钻进时的阻力，提高卵石层中的钻进效率。

温州鹿城广场塔楼试桩 S1 钻孔过程中泥浆性能指标　　　　表 3-7

层次	地层名称	层底埋深 (m)	土层厚度 (m)	累计钻孔深 (m)	相对密度	黏度 (s)	含砂率 (%)	备 注
①	杂填土	3.1	3.1	0				
②	黏土	4.5	1.4	3.2				
③₁	淤泥质黏土	7.4	2.9	6.1	1.14	16.0	2.5	加纯碱 80 kg，CMC 25 kg
③₂	淤泥夹粉砂	12.2	4.8	10.9	1.21	16.8	4.0	加纯碱 40 kg，CMC 25 kg，膨润土 3m³
③′₂	粉砂夹淤泥	13.2	1.0	11.9	1.23	16.8	4.0	
③₂	淤泥夹粉砂	14.9	1.7	13.6	1.24	16.9	3.5	
③₃	粉砂夹淤泥	16.4	1.5	15.1	1.27	19.0	8.0	加泥浆至池满，CMC 25kg
				16.4	1.22	18.5	3.0	
④₁	淤泥	26.0	9.6	24.7	1.20	17.0	7.0	
④₂	淤泥质黏土	36.7	10.7	28.1	1.24	16.8	6.5	
				31.2	1.25	17.0	7.0	
				35.4	1.24	17.6	6.5	

层次	地层名称	层底埋深(m)	土层厚度(m)	累计钻孔深(m)	泥浆性能参数			备注
					相对密度	黏度(s)	含砂率(%)	
⑤₁	粉砂	39.9	3.2	38.6	1.36	19.0	8.0	加纯碱 40kg，CMC 25kg
⑤₂	淤泥质黏土	47.3	7.4	41.5	1.37	17.5	10.0	加膨润土约 4m³
				42.5	1.38	19.5	10.0	漏浆加 CMC 25kg，加木屑 5 包，PHP2% 溶液 0.5m³，纯碱 40kg
				45.4	1.35	19.2	9.0	加膨润土约 4m³
				46.0	1.36	19.7	7.0	漏浆加 CMC，膨润土
6	卵石层	80.8	33.5	46.8	1.35	18.2	9.3	
				54.8	1.36	19.8	9.0	
				58.1	1.31	17.7	6.0	
				63.2	1.32	17.5	6.0	
				68.2	1.33	18.0	7.0	
				73.1	1.32	19.0	7.0	
				76.8	1.34	19.7	6.0	
				79.5	1.31	18.0	8.0	
⑦	黏土	82.7	1.9	81.4	1.34	20.0	8.0	
⑧	卵石层	92.4	9.7	91.1	1.38	20.0	8.0	略有漏浆
⑨₁	粉质黏土层	97.7	5.3	95.3	1.37	22.0	9.0	
				96.4	1.26	18.3	5.5	
⑩₁	全风化基岩	100	2.3	98.7	1.27	17.5	7.0	
⑩₂	强风化基岩	107.7	7.7	104.1	1.31	18.5	9.0	
				106.4	1.39	18.0	10.5	
⑩₃	中风化基岩	122	14.3	108.4	1.37	18.5	10.0	成孔

4）漂石层中钻进的措施

根据场地地质勘察报告揭露，卵石层中局部卵石粒径大于 35cm，本次钻杆内径最大为 28.8cm，局部弯头部分内径小于 28cm。正常情况下，泵吸反循环钻进中，直径在 25cm 以内的卵石块可以吸出。钻进遇到漂石时，钻机有明显振感，此时可以利用正循环钻进，当钻头将漂石破碎后，钻进中没有明显振感再开启反循环泵作业。对于个别漂石堵在钻杆内或弯头处的情况，应立即拆开取出，若刮刀钻头对漂石破碎存在困难，可以更换成滚刀钻头，对大块漂石进行压磨破碎。最终，按照上述施工方法成功解决了卵石层中的钻进困难，温州鹿城广场塔楼 4 根试桩于 2009 年 3 月 28 日施工，至同年 5 月 2 日完成，历时 35 天。4 根试桩具体施工情况见表 3-8。

温州鹿城广场塔楼 4 根试桩具体施工情况　　　　　表 3-8

桩号	成孔情况	下钢筋笼	下导管、二次清孔及混凝土灌注	试桩头制作
S1	成孔时间共 17 天，孔深 109.7m。 施工情况：50～53m 处卵石层漏浆严重，漏浆量约 400m³，72m 和 86.9m 处卵石层漏浆，漏浆量约 200m³，处理堵漏时间 26 小时。 成孔监测沉渣厚度 4cm	下笼过程中略有漏浆	下导管过程正常。二次清孔过程正常，泥浆相对密度 1.27，黏度 16.6s，含砂率 5%，沉渣厚度 4cm。混凝土灌注充盈系数 1.02，混凝土施工过程正常。成桩总时间 18 天	凿桩头时凿除松散层厚度达 3.4m，接桩长度 2.2m
S2	成孔时间共 9 天，孔深 100m。 施工情况：46m 处稍有漏浆，50～51.3m 段卵石层漏浆严重，漏浆量约 150m³，59m 和 68m 处卵石层稍有漏浆，处理堵漏时间 9 小时。 成孔监测沉渣厚度 2cm	下笼过程正常	下导管过程正常。二次清孔过程正常，泥浆相对密度 1.22，含砂率 4.6%，黏度 18 s，沉渣厚度 2cm。混凝土灌注充盈系数 1.06，混凝土施工过程正常。成桩总时间 10 天	凿桩头时凿除松散层厚度达 8.3m，接桩长度 6.8m
S3	成孔时间共 17 天，孔深 103.7m。 施工情况：49～53m 处卵石层漏浆严重，漏浆量约 600m³，68～72m 段卵石层漏浆严重，漏浆量约 500m³，处理堵漏时间 75 小时。 成孔监测沉渣厚度 4cm	下笼至 60m 处出现漏浆，直至下笼完毕，共计漏浆约 400m³	下导管过程正常。二次清孔过程正常，泥浆相对密度 1.24，含砂率 4.5%，黏度 18s，沉渣厚度 4cm。混凝土灌注充盈系数 1.11，混凝土施工过程正常。成桩总时间 21 天	凿桩头时凿除松散层厚度达 4.0m，接桩长度 2.8m
S4	成孔时间共 9 天，孔深 106.3m。 施工情况：51m、59.5m 及 66.5m 处卵石层漏浆，漏浆量约 80m³，处理堵漏时间约 3 小时。 成孔监测沉渣厚度 2cm	下笼过程正常	下导管过程正常。二次清孔过程正常，泥浆相对密度 1.21，含砂率 2.5%，黏度 20 s，沉渣厚度 2cm。混凝土灌注充盈系数 1.1，混凝土施工过程正常。成桩总时间 10 天	凿桩头时凿除松散层厚度达 5.5m，接桩长度 4.3m

（4）超长钻孔桩试桩孔径曲线

温州鹿城广场塔楼 4 根试桩成孔结束后，利用伞形孔径仪对试桩成孔质量进行了检测。4 根试桩的孔径曲线见图 3-18。

由图 3-18 可知，4 根试桩除试桩 S3 在 60～97m 处塌孔稍严重外，其余 3 根试桩钻孔质量较好。采用本章介绍的超深钻孔施工的方法成功解决了大直径超深钻孔施工时要穿越约 40m 巨厚卵石层的困难。

（5）试桩桩身混凝土完整性检测结果

下放钢筋笼前，将 3 根声测管固定于桩身钢筋笼上，以便检测桩身混凝土质量。每对声测管构成一个检测剖面，利用声波透射原理，对桩身混凝土介质状况进行检测，确定桩

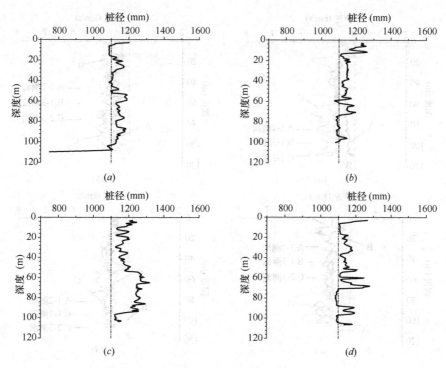

图 3-18 温州鹿城广场塔楼 4 根试桩孔径图
(a) 试桩 S1；(b) 试桩 S2；(c) 试桩 S3；(d) 试桩 S4

身完整性。4 根试桩 3 个测面的声速-深度曲线见图 3-19。

由图 3-19 可知，4 根试桩 3 个测面的声速都在 4km/s 以上，无异常值出现，试桩桩身完整，无缺陷。除试桩 S1 的 3 个测面声速-深度曲线离散性较大外，其余 3 根试桩 3 个测面的声速-深度曲线离散性较小，成桩质量较均匀。

（6）静载试验试桩荷载-沉降曲线

采用桩梁式堆载支墩-反力架装置（见图 3-20）进行静载试验，使用 5 台量程为 6300kN 的千斤顶并联加载，并利用 JCQ 静荷载自动测试仪记录沉降数据。加载和卸载方式均依照 3.2.2.3 节规定。

需要说明的是，按桩身 C50 混凝土强度（C50 混凝土轴心抗压强度标准值取 32.4MPa）计算得到的桩身混凝土轴心抗压强度极限值约为 21543kN（成桩工艺系数取 0.70），若单纯从桩身 C50 混凝土强度考虑单桩极限承载力，试桩不能承受 28000kN 的荷载。然而，由于本工程中超长试桩桩身 56m 以上配主筋 24ϕ28mm，箍筋 ϕ10mm@ 100mm，56m 以下配主筋 12ϕ28mm，箍筋 ϕ10mm@200mm，全桩长范围内还配有加强筋，钢筋的侧向握裹作用提高了试桩轴向抗压强度，同时桩周土的约束也会提高桩身混凝土轴心抗压强度，这都是试桩能承受 28000kN 荷载的原因。

4 根试桩的施工记录见表 3-9。需要指出的是，试桩 S1 和 S3 最早开始施工，施工经验不足，卵石层中施工时漏浆部位较多且漏浆量大，处理堵漏时间长，加上设备维修和其他消耗时间，成孔时间长达 17，成孔监测沉渣厚度 4cm。试桩 S2 和 S4 卵石层中施工时漏浆较轻，成孔时间为 9 天，成孔监测沉渣厚度 2cm。

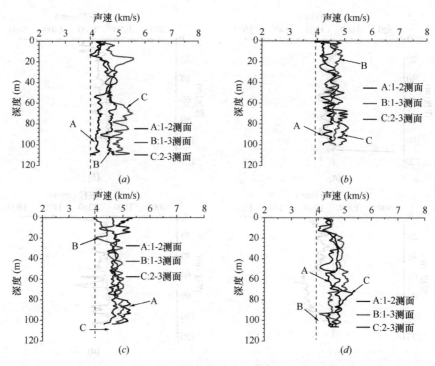

图 3-19 温州鹿城广场塔楼 4 根试桩桩身完整性检测曲线

(a) 试桩 S1；(b) 试桩 S2；(c) 试桩 S3；(d) 试桩 S4

图 3-20 梁式堆载支墩－反力架装置静载试验现场图

温州鹿城广场塔楼试桩施工记录

表 3-9

桩号	桩长 （m）	桩径 （m）	龄期 （天）	桩身混凝土 强度等级	入持力层 （m）	充盈 系数	配筋	沉渣厚度 （cm）
S1	109.7	1.1	100	C50	0.5	1.02	24/12φ28mm	4
S2	100.0	1.1	96	C50	0.5	1.06	24/12φ28mm	2
S3	103.7	1.1	107	C50	0.5	1.11	24/12φ28mm	4
S4	106.3	1.1	71	C50	0.5	1.10	24/12φ28mm	2

利用桩顶和桩端沉降同时观测技术可以得到桩顶和桩端沉降，进而可得到桩身压缩量。桩顶和桩端沉降的测试方法参照 3.2.3 节。4 根试桩的荷载—沉降曲线见图 3-21。需要说明的是，由于现场施工人员的疏忽，4 根试桩中只有试桩 S1 和 S3 中布置了桩端沉降管和钢筋应力计，而试桩 S2 和 S4 只在桩顶布置了位移传感器，故下文分析超长桩性状时仅以试桩 S1 和 S3 为例。

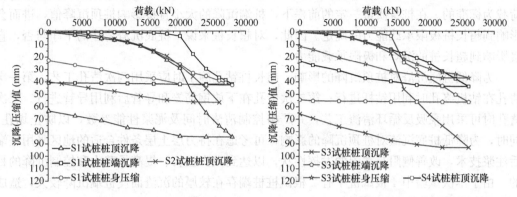

图 3-21　温州鹿城广场塔楼 4 根试桩荷载-沉降曲线

由图 3-21 可知，试桩 S1 和 S3 的荷载-沉降曲线表现为缓变一陡降一缓变型，桩顶荷载水平较小时，试桩 S1 和 S3 的桩顶沉降较小且增长缓慢，桩端沉降为零，但当桩顶荷载超过某一值时，桩端沉降的突然增大造成了桩顶沉降的迅速增加。试桩 S2 和 S4 的荷载—沉降曲线为缓变型，即桩顶沉降随桩顶荷载的增加而缓慢增加，最大加载前未出现沉降突增的现象。参照表 3-6 中 4 根试桩的施工情况可知，试桩 S1 和 S3 成孔时间长达 17 天，沉渣厚度为 4cm，而试桩 S2 和 S4 成孔时间为 9 天，沉渣厚度为 2cm。桩端下沉渣厚度的不同是造成试桩 S1 和 S3 荷载-沉降曲线异于试桩 S2 和 S4 荷载-沉降曲线的主要原因。由于试桩 S1 和 S3 桩端下存在着较厚压缩性较大的沉渣（厚约 4cm），试桩桩顶沉降在某一级荷载下会由于桩端沉渣的压缩而突然增加。试桩 S1 和 S3 桩端沉降主要来自桩底沉渣的压缩，桩底沉渣压硬后没有产生回弹，这是卸载后桩端沉降几乎没有回弹的原因。对于桩端沉渣较少（厚约 2cm）的试桩 S2 和 S4 而言，桩顶沉降没有突变，且桩顶沉降主要来自桩身压缩，从而使得桩顶沉降变化相对稳定。

试桩的荷载与沉降的结果见表 3-10。

4 根试桩的荷载与沉降的结果　　　　　　　　　　表 3-10

桩号	荷载 (kN)	桩顶沉降 (mm)	桩端沉降 (mm)	桩顶残余沉降 (mm)	桩端残余沉降 (mm)	桩顶回弹率 (%)	桩端回弹率 (%)
S1	12000	8.3	0.1	—	—	—	—
S1	28000	84.5	41.9	63.4	40.7	24.9	2.7
S2	12000	7.5	—	—	—	—	—
S2	26000	56.5	—	40.0	—	29.2	—
S3	12000	11.5	0.9	—	—	—	—
S3	26000	92.8	56.1	65.8	54.4	29.1	3.0
S4	12000	10.6	—	—	—	—	—
S4	26000	43.6	—	23.1	—	47.2	—

由表 3-10 可知，在设计使用荷载 12000kN 下，试桩 S1 和 S3 的桩顶沉降较小，约为 10mm，桩端沉降不足 1mm。在最大加载下，试桩 S1 和 S3 桩端沉降较大且卸载后桩端存在较大的残余变形，桩端沉降几乎没有回弹，回弹率仅为 3‰ 左右，这也说明桩端存在着较厚的沉渣，桩端沉降主要来自沉渣的压缩，沉渣压硬后没有产生回弹。

对于非破坏性的单桩抗压静载试验，单桩极限承载力的确定是以某一桩顶沉降对应的荷载为标准的。在桩身质量一定的前提下，桩端沉降的大小直接影响桩顶沉降值，进而会影响到超长桩极限承载能力的确定。因此，对超长桩来说，桩底沉渣清除的干净与否，直接影响到超长桩的沉降和极限承载能力。

为降低桩底沉渣对桩顶沉降的影响，超长桩钻孔施工时应采用两次清孔工艺，第一次清孔在钻机终孔时利用钻杆进行；第二次清孔在下放钢筋笼和导管后利用导管进行。二次清孔时可采用泵吸反循环清渣工艺，并严格控制清渣时间及泥浆性能参数，以防止塌孔。同时，为降低桩底沉渣对桩顶沉降的影响，可考虑在持力层土层条件合适的地区采用桩端后注浆技术，改善侧阻与端阻的发挥性状，以达到减少桩长、提高承载力和控制沉降的目的。由于本次试验中 4 根试桩中有 2 根试桩桩端存在较厚的沉渣而使桩端沉降较大，造成 4 根试桩桩顶沉降的离散性较大。

(7) 超长桩桩身压缩

不同荷载水平下 4 根试桩桩身压缩结果见表 3-11。

由表 3-11 可知，对于有桩身压缩实测数据的试桩 S1 和 S3 来说，在设计使用荷载 12000 kN 下，桩身压缩约为 10mm 且桩顶沉降的 90% 以上来自桩身压缩。在最大加载下，试桩 S1 的桩身压缩为 42.6mm（28000kN），试桩 S3 的桩身压缩为 36.7mm（26000kN）。荷载为 26000kN 时试桩 S2 和 S4 的桩顶沉降分别约为 56.5mm 和 43.6mm，参照试桩 S1 和 S3 的桩身压缩值，可知试桩 S2 和 S4 在 26000 kN 时的桩身压缩也应在 40mm 左右。由此可知，在最大加载下试桩 S2 和 S4 桩端沉渣厚度较小，桩端沉降较小，桩顶沉降主要来自桩身压缩。

4 根试桩桩身压缩结果　　　　　　　　　　　　　　　　表 3-11

荷载 (kN)	桩号	桩顶沉降 (mm)	桩端沉降 (mm)	桩身压缩 (mm)	桩身压缩/桩顶沉降 (%)
12000	S1	8.3	0.1	8.2	98.8
28000		84.5	41.9	42.6	50.4
12000	S2	7.5	—	—	—
26000		56.5	—	—	—
12000	S3	11.5	0.9	10.6	92.2
26000		92.8	56.1	36.7	39.5
12000	S4	10.6	—	—	—
26000		43.6	—	—	—

不同荷载水平下，桩底下有较厚沉渣的试桩 S1 和 S3 的桩身压缩与桩顶沉降的关系如图 3-22 所示。

由图 3-22 可知，对于桩端下有较厚沉渣的超长桩桩顶荷载一桩身压缩占桩顶沉降百分比的曲线可以分为 4 段。各阶段特点具体如下：

Ⅰ段：此阶段桩顶荷载较小（如图 3-15 中试桩 S1 和 S3 桩顶荷载小于 10000kN 时），端阻还未发挥，桩端沉降为零，即桩顶沉降全部来自桩身压缩，试桩表现为纯摩擦桩性状。

Ⅱ段：随着荷载的增大，端阻开始逐渐发挥，桩端沉降逐渐发展。桩端沉降的出现导致桩身压缩占桩顶沉降的比例逐渐减少，试桩由纯摩擦桩性状向端承摩擦桩性状过渡，桩身也逐渐出现塑性压缩。在设计使用荷载 12000kN 下，桩顶沉降的 90％以上来自桩身压缩。

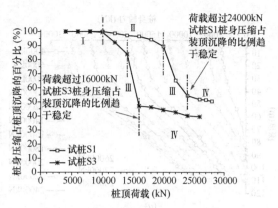

图 3-22　不同荷载水平下试桩桩身压缩与桩顶沉降的关系

Ⅲ段：此阶段的突出特点表现为：桩顶荷载超过某一荷载时（试桩 S1 对应 22000kN，S3 对应 16000kN），曲线陡降。这主要是由于桩底压缩性较大的沉渣压缩导致桩端发生刺入变形所致。桩端沉降的迅速增加导致桩身压缩占桩顶沉降得比例迅速较小，但由于桩顶荷载较大，此阶段桩身压缩量较大。

Ⅳ段：经过Ⅲ阶段桩端沉渣的压硬，桩端持力层性状有了很大的改善，从而使得两级荷载差下的桩端沉降差减小，桩身压缩占桩顶沉降的比例增加缓慢，曲线为缓变型。在最大加载下，试桩 S1 桩顶沉降的 50％来自桩身压缩（最大加载 28000kN）。而对于试桩 S3 来说，由于桩端沉降大于试桩 S1 桩端沉降，桩身压缩占桩顶沉降的比例约为 40％（最大加载 26000kN）。

需要指出的是，并非所有的超长嵌岩桩桩身压缩与桩顶沉降的关系曲线都可分成图 3-22 中所示的 4 段。对于桩端清渣较干净的超长嵌岩桩来说，桩顶荷载—桩身压缩占桩顶沉降百分比的曲线只有Ⅰ段和Ⅱ段。

综上，桩身质量及桩底沉渣厚度对超长桩的承载性能有着重要的影响，在设计使用荷载下桩身质量对桩顶沉降的影响尤为突出。因此，在进行超长桩设计时，除要考虑桩侧摩阻力和桩端阻力提供的承载力外，还要充分考虑桩身质量对超长桩沉降的影响。实际工程中可通过提高桩身混凝土强度等级，增加桩身配筋等措施来提高桩身强度以达到减小桩顶沉降的目的。同时为提高超长桩的承载性能，还要尽量避免钻孔灌注桩施工过程中由于施工原因造成的桩头混凝土强度不足、桩身缩颈、桩身断桩或夹泥以及桩身混凝土蜂窝、离析等问题。

（8）超长桩桩身轴力

计算得到的各级荷载下的桩身轴力见图 3-23。

由图 3-23 可知，桩身轴力自上向下逐步发挥。当荷载较小时，桩身下部轴力为零，随着荷载的增大，端阻逐渐发挥。在最大加载条件下，试桩 S1 和 S3 的桩端力分别约为 6287kN 和 6960kN，分别占桩顶荷载的 24.9％和 24.2％。

（9）超长桩侧摩阻力传递规律

不同荷载水平下试桩 S1 和 S3 的桩侧摩阻力沿桩身分布曲线如图 3-24 所示。

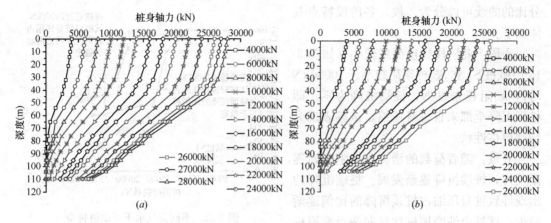

图 3-23　不同荷载水平下试桩桩身轴力

(a) 试桩 S1；(b) 试桩 S3

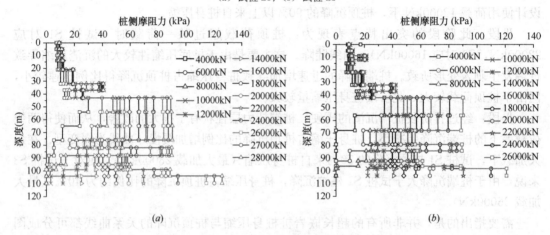

图 3-24　试桩桩侧摩阻力值

(a) 试桩 S1；(b) 试桩 S3

由图 3-24 可知，桩身上部和下部土层摩阻力的发挥是一个异步的过程，即上部土层的摩阻力先于下部土层发挥，如当荷载小于 8000kN 时，上部土层摩阻力已经发挥作用，而下部土层摩阻力仍为零。桩侧摩阻力的发挥和桩顶荷载水平有关。在桩侧摩阻力未达极限值之前，桩侧摩阻力随荷载水平的增加而增大。当桩顶荷载达到某一值后，桩侧摩阻力完全发挥，而后随着荷载的增加桩侧摩阻力会有不同程度的减小，即发生侧阻软化现象。当桩顶荷载为设计使用荷载 12000kN 时，桩身上部（40m 以上桩体）的桩侧摩阻力已经达到极限值，而桩身中下部的侧摩阻力还未完全发挥。

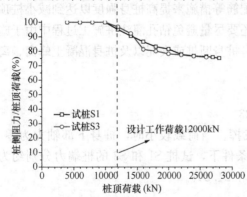

图 3-25　试桩的桩侧阻力占桩顶荷载比率的曲线

图 3-25 为不同荷载水平作用下 2 根试桩的桩侧阻力占桩顶荷载比率的曲线。

由图 3-25 可知，对超长桩来说，在低荷载水平下（小于 10000kN），荷载完全由桩侧阻力承担，试桩表现为纯摩擦桩性状。此后随着桩顶荷载水平的提高，桩端阻力逐渐发挥，桩侧阻力占桩顶荷载的比例逐渐降低，试桩由纯摩擦桩性状向端承摩擦桩性状过渡。加载到设计使用荷载 12000kN 时，试桩 S1 和 S3 的桩侧阻力占桩顶荷载的比例（即桩侧摩阻力比）分别为 95% 和 98%。最大加载时，试桩 S1 和 S3 的桩侧摩阻力比分别为 75% 和 76%。可见，最大荷载下超长桩承载力主要是由桩侧摩阻力提供，即最大荷载下超长桩表现为端承摩擦桩性状。

为研究桩侧摩阻力的强化与弱化效应，将上述实测桩侧摩阻力沿深度的变化进行无量纲化，即将实测桩侧极限（最大）摩阻力值除以地质报告提供值（见表 3-6），得到了不同土层的强化或弱化系数，见表 3-12。

不同土层侧摩阻力强化或弱化系数　　　　　　　　　　　　表 3-12

土　层	最大（极限）侧阻力（kPa）			比例系数均值	侧阻是否已达极值
	实测 S1	实测 S3	地质报告提供值		
黏土	9.82	9.86	10	0.984	是
淤泥质黏土	11.61	11.73	12	0.973	是
淤泥夹粉砂	—	21.38	22	0.970	是
粉砂夹淤泥	11.51	12.11	12	0.984	是
粉砂夹淤泥	12.48	12.16	12	1.027	是
淤泥	20.39	20.27	20	1.017	是
淤泥质黏土	40.96	42.31	40	1.041	是
粉砂	26.39	26.86	26	1.024	是
淤泥质黏土	90.12	90.13	90	1.001	否
卵石	54.45	56.13	54	1.024	否
黏土	90.14	88.83	90	0.994	否
卵石	89.76	89.33	90	0.995	否
粉质黏土	58.04	57.65	58	0.997	否
全风化闪长岩	60.12	61.32	60	1.012	否
强风化闪长岩	88.56	88.56	90	0.984	否
中风化闪长岩	126.03	121	160	0.772	否

由表 3-12 可知，12m 以上的黏土、淤泥质黏土、淤泥夹粉砂、粉砂夹淤泥中桩侧摩阻力出现不同程度的弱化效应，即桩侧摩阻力实测值与地质报告提供值之比小于 1。12m 以下的粉砂夹淤泥、淤泥以及粉砂土中桩侧摩阻力存在着微弱的强化效应，即桩侧摩阻力实测值与地质报告提供值之比大于 1。桩身中下部的土层侧摩阻力没有完全发挥，靠近桩端的土层侧摩阻力实测值与提供值之比仅为 0.772。这主要是由于浅部土层土质较差，桩侧滑移破坏导致侧阻产生软化所致，而桩端阻力的存在引起桩身产生侧胀变形的泊松效应也是下部土层侧摩阻力具有微弱强化效应的原因之一。对超长桩来说，即使在最大加载条件下，桩身下部土层的侧摩阻力也并未完全发挥。因此，常规方法计算得到的超长桩承载力与其实际承载能力会有一定误差，实际计算超长桩承载力时不同深度土层侧阻力宜乘以相应的比例系数。

（10）超长桩桩端阻力与桩端位移关系

图 3-26 为试桩 S1 和试桩 S3 的桩端力与桩端位移关系曲线图。

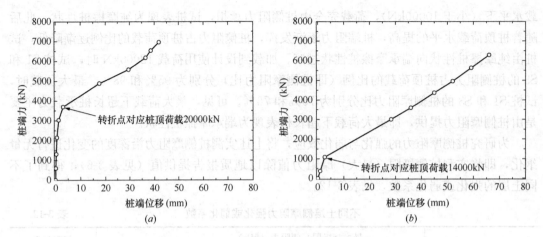

图 3-26　2 根试桩桩端力-桩端位移曲线
(a) 试桩 S1；(b) 试桩 S3

由图 3-26 可知，非破坏性试桩 S1 和 S3 桩端阻力随桩端沉降的增加而增大，最大荷载作用下桩端阻力尚无峰值出现。桩端力-桩端位移曲线可近似看成是由两条斜率不同的直线组成，前段直线斜率较大，当桩顶荷载超过某一值时会有明显转折点，直线斜率随之变小，两级荷载间的桩端位移差较大（本工程中试桩 S1 两级荷载 20000～22000kN 差和试桩 S3 两级荷载 14000～16000kN 差对应的桩端位移差分别为 14.5mm 和 25.6mm），而后两级荷载差间的桩端位移差会有所减小。这主要是由于桩端沉渣压硬所致，转折点代表桩端发生刺入变形的开始。桩端沉渣压硬后桩端力一桩端位移曲线表现出弹性压缩的特征，即桩端持力层的端阻力未完全发挥，这和前述的结论一致。尽管卸载后桩端沉降几乎没有回弹（见表 3-10），这主要是由于桩底软弱沉渣与混凝土混合物压缩所致，这和桩端沉渣压硬后表现为弹性压缩并不矛盾。

最大加载条件下，试桩 S1 和 S3 的桩端阻力分别为 6618.9kPa（由实测桩端力 6287kN 大致推算）和 7327.5kPa（由实测桩端力 6960kN 大致推算），均小于地质报告中的推荐值 8000kPa（见表 3-8）。对于非破坏性超长桩来说，即使在最大加载条件下，实测桩端阻力仍然小于地质报告推荐值。因此，超长桩承载力计算时，桩端阻力也宜乘以相应的比例系数。

（11）超长桩桩土相对位移与桩侧摩阻力间的关系

桩土相对位移沿深度的变化曲线如图 3-27 所示。

由图 3-27 可知，相同桩顶荷载水平下桩身上部桩土相对位移大于桩身下部桩土相对位移，桩土相对位移是一个从桩身上部到下部逐渐发挥的过程。对试桩 S1 来说，当桩顶荷载从 20000kN 增加到 22000kN 时，桩土相对位移会有显著增加，桩身顶部相对位移增幅达 21.1mm，桩身底部相对位移增幅达 14.5mm。当荷载从 20000kN 增加到 22000kN 时，桩顶相对位移的增量主要来自桩端相对位移增量，此时试桩 S1 的桩端沉渣产生了刺入变形。对试桩 S3 来说，当荷载从 14000kN 增加到 16000kN 时，桩土相对位移会有显著增加，桩身顶部相对位移增幅达 28.9mm，桩身底部相对位移增幅达 25.6mm，此时试桩 S3 桩端沉渣产生了刺入变形。

桩侧摩阻力与桩土相对位移关系曲线见图 3-28。

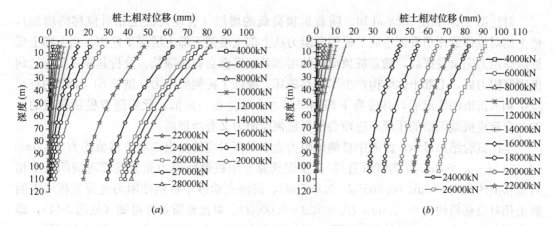

图 3-27　试桩桩土相对位移值

(a) 试桩 S1；(b) 试桩 S3

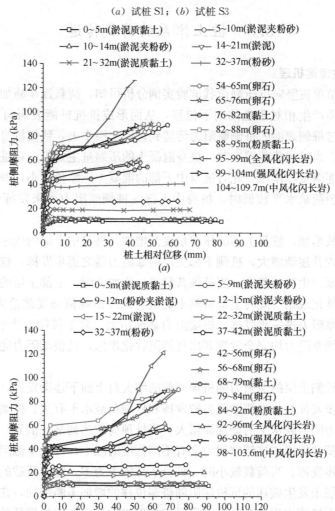

图 3-28　试桩桩土相对位移-桩侧摩阻力曲线

(a) 试桩 S1；(b) 试桩 S3

对比图 3-27 和图 3-28 可知，随着桩顶荷载的增加（表现为桩土相对位移的增加），桩土相对位移的逐渐发挥造成了桩侧摩阻力从上部土层至下部土层逐步发挥。当上部土层桩侧摩阻力完全发挥后，随着桩顶荷载的增加其值反而会有所降低。分析其原因是在达到极限摩阻力后，上部土体结构产生了滑移破坏，降低了桩侧摩阻力。试桩 S1 和 S3 的桩端发生刺入沉渣的变形后，其桩身下部侧摩阻力会维持在一定值，此后随着桩顶荷载的增加，会造成桩端沉渣的压硬，进而会使得桩侧摩阻力又有所提高。

本次试验结果显示，淤泥中桩侧摩阻力完全发挥对应的桩土相对位移值约为 5～7mm（$0.0045d$～$0.0064d$，d 为试桩直径），淤泥质黏土中桩侧摩阻力充分发挥对应的桩土相对位移值约为 6～8mm（$0.0055d$～$0.0073d$），淤泥夹粉砂中桩侧摩阻力充分发挥所需的桩土相对位移值约为 8～10mm（$0.0073d$～$0.009d$）。对比地质条件可知（见图 3-14），即使是同类土，由于其所处的位置不同，其侧阻完全发挥所需的桩土相对位移值也不同。

3.3 桩土体系的荷载传递

3.3.1 荷载传递机理

通过 3.2.8 节单桩竖向抗压静荷载试验实例分析可知，荷载逐步施加于桩顶时，桩身混凝土受到压缩而产生相对于土的向下位移，从而形成抵抗桩侧表面向下位移的正摩阻力。桩顶荷载通过桩侧表面的桩侧摩阻力传递到桩周土层中去，致使桩身轴力和桩身压缩变形随深度递减。当桩顶荷载较小时，桩身混凝土的压缩量主要集中在桩身上部，上部土层的桩侧摩阻力逐渐发挥作用。此时桩身中下部的混凝土压缩量很小，桩土相对位移接近于零，因此，桩顶荷载水平较低时，桩身中下部的桩侧摩阻力尚未发挥作用，桩端阻力为零。

随着桩顶荷载增加，桩身上部的压缩量逐渐增加，桩身中下部的压缩量逐渐出现，桩土相对位移量出现并逐渐增大，桩侧下部土层的摩阻力随之逐步发挥，桩底土层也因桩端受力被压缩而逐渐产生桩端阻力。当桩顶荷载进一步增大时，上部土层的桩侧摩阻力完全发挥后出现侧阻软化现象（此时上部桩侧土的抗剪强度由峰值强度跌落为残余强度），而深部土层的桩侧摩阻力进一步发挥，桩端阻力逐渐增大。对于桩端发生刺入破坏的试桩，全桩长范围的桩侧摩阻力均完全发挥并出现侧阻软化现象，且桩端阻力完全发挥后跌落为残余强度。

由此可见，桩侧土层的摩阻力随桩顶荷载的增大自上而下逐渐发挥，不同深度土层的桩侧摩阻力是异步发挥的。桩侧摩阻力的发挥和桩顶荷载水平有关。桩侧摩阻力未达极限值前，桩侧摩阻力随荷载水平的增加而增大。当桩顶荷载达到某一值后，桩侧摩阻力完全发挥，而后随着荷载的增加桩侧摩阻力会有不同程度的减小，即发生侧阻软化现象。桩身轴力自上向下逐步发挥。当荷载较小时，桩身下部轴力为零，随着荷载的增大，端阻逐渐发挥。桩端持力层未发生破坏的试桩端阻随桩端位移的增加不断增加，在最大桩顶荷载作用下桩端阻力尚无峰值出现。对于桩身质量较好但桩端持力层发生破坏的试桩，桩端位移—桩端力曲线表现为软化特性。

竖向荷载作用下桩土体系荷载传递规律一般为：

（1）桩侧摩阻力自上而下逐步发挥，且不同深度处土层的桩侧摩阻力是异步发挥的。

（2）桩土相对位移大于各土层的极限位移后，桩土之间产生滑移，滑移后其抗剪强度将由峰值强度跌落为残余强度，亦即滑移部分桩侧土体产生侧阻软化。

（3）桩端阻力和桩侧阻力是异步发挥的。只有当桩身轴力传递到桩端并对桩端土产生压缩时才会产生桩端阻力，且桩端土较坚硬时桩端阻力一般随桩端位移的增加而增大。

3.3.2 单桩荷载传递性状的影响因素

影响桩土体系荷载传递的因素主要包括桩顶的应力水平、桩端土与桩周土的刚度比、桩土刚度比、长径比、桩底扩大头与桩身直径之比和桩土界面粗糙度等。

（1）桩顶应力水平

桩顶应力水平较低时，桩侧上部摩阻力逐渐发挥；桩顶应力水平较高时，桩侧摩阻力自上而下发挥，且桩端阻力随桩身轴力传递到桩端土逐渐发挥。桩顶应力水平继续增大时，桩端阻力的发挥度一般随桩端土位移的增加而增大。

（2）桩端土与桩侧土刚度比 E_b/E_s

由图 3-29 可知，当 $E_b/E_s=0$ 时，荷载全部由桩侧摩阻力承担，属纯摩擦桩。均匀土层中的纯摩擦桩，桩侧摩阻力接近于均匀分布；当 $E_b/E_s=1$ 时，属均匀土层的端承摩擦桩，其荷载传递曲线和桩侧摩阻力分布与纯摩擦桩相近；当 $E_b/E_s=\infty$ 时且为短桩时，属纯端承桩；当为中长桩时，桩身上部侧摩阻力随深度减小，桩身下部侧摩阻力沿深度几乎不变。即桩身上部桩侧摩阻力得以发挥，桩身下段桩土相对位移很小桩侧摩阻力无法发挥。由于桩端土的刚度大，可分担 60% 以上的荷载，属摩擦端承桩。

（3）桩身混凝土与桩侧土的刚度比 E_p/E_s

由图 3-30 可知，桩端阻力分担的荷载比例随 E_p/E_s 的增加而增大，反之，桩端阻力分担的荷载比例降低，桩侧阻力分担的荷载比例增大；对于 $E_p/E_s<10$ 的中长桩，其桩端阻力比例较小。对于砂桩、碎石桩、灰土桩等低刚度桩组成的基础，应按复合地基工作原理进行设计。

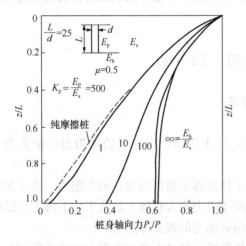

图 3-29 不同 E_b/E_s 下的桩身轴力

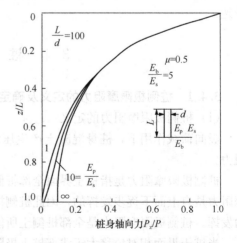

图 3-30 不同 E_p/E_s 下桩身轴力

（4）桩长径比 L/d

在其他条件一定时，L/d 对荷载传递的影响较大。均匀土层中的钢筋混凝土桩，其荷

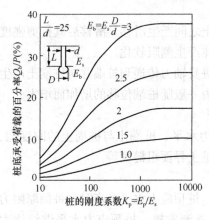

图 3-31 不同 D/d 下的端承力

载传递性状主要受 L/d 的影响。当 $L/d>100$ 时，桩端土的性质对荷载传递几乎没有影响。可见，长径比很大的桩均属于摩擦桩或纯摩擦桩，此情况下无需采用扩底桩。

（5）桩底扩大头与桩身直径之比 D/d

由图 3-31 可知，其他条件一定时，D/d 愈大，桩端阻力分担的荷载比例愈大，桩侧分担的荷载相应减小。

（6）桩侧表面的粗糙度

一般来说，桩侧表面越粗糙，桩侧阻力的发挥程度越高，桩侧表面越光滑，桩侧阻力发挥程度越低。因此，打桩施工方式是影响单桩荷载传递的重要因素。钻孔灌注桩施工中会导致桩侧土应力松弛，同时泥浆护壁会引起桩侧表面光滑从而降低桩土界面摩阻力。若对钻孔灌注桩的桩土界面实行注浆，提高桩土界面粗糙度的同时也扩大了桩径，从而可提高桩侧摩阻力。预应力管桩等挤土桩因挤土效应造成桩周土层扰动从而降低了桩侧摩阻力，长期休止后，随土体的触变恢复桩侧摩阻力逐渐提高。

（7）其他因素

单桩荷载传递性状与桩型、打桩顺序、打桩后龄期、地下水位、表层土的欠固结程度、静载试验的加荷速率等因素有关。

综上所述，单桩竖向极限承载力与桩顶应力水平、桩侧土的单位侧阻力和单位端阻力、长径比、桩端土与桩侧土的刚度比、桩侧表面的粗糙度及桩端形状等因素有关。设计中应掌握各种桩的桩土体系荷载传递规律，根据上部结构的荷载特点、场地各土层的分布与性质，合理选择桩型、桩径、桩长、桩端持力层、单桩竖向承载力特征值，合理布桩，在确保桩基长久安全的前提下充分发挥桩土体系的力学性能，做到既经济合理又施工方便快速。

3.4 桩 侧 阻 力

3.4.1 桩侧极限摩阻力的定义及确定方法

（1）桩侧极限摩阻力的定义

竖向荷载作用下，桩身混凝土产生压缩，桩土界面产生向上的摩阻力，定义为正摩阻力。

桩侧极限摩阻力是指桩土界面全部桩侧土体发挥至极限所对应的摩阻力。由于桩侧土摩阻力是自上而下逐步发挥的，因此桩侧极限摩阻力很大程度上取决于中下部土层的摩阻力发挥。桩侧极限摩阻力是全部桩侧土所能稳定承受的最大摩阻力。

当桩土界面相对位移大于浅部桩土极限位移后，桩身上部侧摩阻力已完全发挥并出现滑移，此时桩身下部侧摩阻力得以进一步发挥，桩端阻力随桩端土压缩量的增大而缓慢增加。桩侧极限摩阻力的发挥与桩长、桩径、桩侧土性状、桩端土性状、桩土界面性状、桩身模量等有关。因桩长、桩身模量等差异，桩侧极限摩阻力与桩顶相对位移并无特定关系。

实质上，桩侧极限摩阻力与桩端相对位移有一定的关系。桩侧极限摩阻力可定义为桩端产生明显位移 s_b（$1\sim3$mm，视不同桩端土而定）时所对应的桩顶试验荷载值，亦即 $\Delta s_b / \Delta Q$ 明显增大时所对应的桩顶试验荷载。该定义方法有以下优点：

1）可消除不同桩长和桩身压缩量大小不一对桩顶位移的影响。

2）可消除不同桩身混凝土强度对极限侧阻力的影响。

3）可消除不同施工工艺（沉渣、泥皮）对桩侧阻力确定值的影响。

4）反映了不同桩顶荷载水平下桩侧阻力和桩端阻力的发挥特性和承载机理。

（2）桩侧极限摩阻力的确定方法

一般静荷载试验只可获得桩顶沉降与荷载的关系，很难直接获得桩侧摩阻力和桩端阻力的分配比例。可利用静力触探获得的土层物理参数并与试桩资料进行对比，建立经验公式或修正曲线，从而确定桩侧摩阻力和桩端阻力。利用土层参数建立的经验公式具有地区性且只能近似估算。由于桩顶沉降受桩尺寸、桩身混凝土强度等级、配筋量、桩侧土的模量（含嵌岩段模量）、桩端持力层性状、桩底沉渣厚度、泥浆性质等因素影响，因此桩侧极限摩阻力对应的桩顶沉降变化较大，桩顶沉降与桩侧阻力的经验关系与实际存在较大误差。

同时，桩侧摩阻力可通过桩身埋设钢筋应力计得到各级荷载作用下的桩身轴力分布获得，其计算方法详见 3.2.4 节。

下面介绍用实测的桩端位移来确定任一级荷载下的桩侧摩阻力和桩端阻力的方法。

钻孔灌注桩典型的荷载－桩顶沉降、桩端沉降、桩身压缩曲线见图 3-32。

为简化分析，荷载作用下桩顶沉降 s_t 认为等于桩身压缩 s_s 和桩端沉降 s_b 之和。因此，某级荷载作用下，桩身压缩 s_s 即为桩顶沉降 s_t 与桩端沉降 s_b 之差。由图 3-32 可知，高荷载水平下桩身压缩与荷载并非线性关系，即高荷载水平下桩身出现了塑性变形。

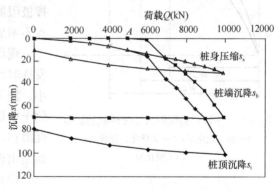

图 3-32　荷载-桩顶沉降、桩端沉降、桩身压缩曲线

桩端沉降随荷载水平的增加而增大。荷载水平较小时，桩端沉降 s_b 为零，桩端阻力 P_b 亦为零。随着桩顶荷载水平增加，桩端阻力和桩端沉降开始发挥，对应于荷载-桩端沉降曲线上的 A 点。OA 段的特征为荷载－桩顶沉降曲线与荷载－桩身压缩曲线完全重合，桩端沉降为零，桩端阻力为零，桩侧摩阻力即为桩顶荷载。

随着荷载水平的持续增加，桩端沉降逐渐发挥，荷载-桩顶沉降曲线逐渐与荷载-桩身压缩曲线分离，表明桩端阻力逐渐发挥。桩顶荷载小于 5000kN 时，桩顶沉降主要来自桩身压缩，桩顶荷载全部由桩侧摩阻力承担，桩端沉降量为零。桩顶荷载为 6000kN 时，桩端沉降为 1.15mm，荷载增加至 7000kN 时，桩顶本级荷载沉降量为 20.82mm，桩端本级荷载沉降量为 19.87mm，说明桩顶沉降主要由桩端沉降引起，桩侧摩阻力已接近极限状态。因此，该桩的桩侧极限摩阻力可取 6000kN，桩侧极限摩阻力为桩端产生明显沉降（即 $\Delta s_b/\Delta Q$ 突然增大）的前一级荷载所对应的桩顶荷载值，即桩端沉降（1～3mm）所对应的桩顶荷载值。

3.4.2 桩侧阻力发挥的影响因素

桩侧摩阻力发挥的影响因素主要包括：桩侧土的力学性质、桩侧阻力发挥所需位移、桩径 d、桩土界面性质、桩端土性质、桩长 L、桩侧土厚度、各土层中桩侧摩阻力标准值（特征值）、桩土相对位移量、加荷速率、时间效应、桩顶荷载水平等。

（1）桩侧土的力学性质

桩侧土的性质是影响桩侧摩阻力的决定因素。桩周土强度越高，其相应桩侧阻力一般越大。桩侧阻力属摩擦性质，通过桩土界面的剪切变形传递，发挥特性与土的剪切模量密切相关。超压密黏性土的应变软化及砂土的剪胀使得桩侧阻力随位移增大而减小；正常固结及轻微超压密黏性土中，因土的固结硬化，桩侧阻力会增大。

（2）发挥桩侧阻力所需位移

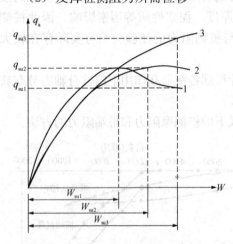

图 3-33 土性对桩侧阻力发挥性状的影响
1—加工软化型；2—非软化、硬化型；
3—加工硬化型

按照传统经验，发挥极限侧阻力所需位移 W_u 与桩径大小无关，略受土类、土层性质影响。密实砂、粉土、结构性黄土等加工软化型土中桩发挥极限侧阻力所需位移 W_u 值较小，且桩侧摩阻力完全发挥后随 W_u 值的增大而有所减小；非密实砂、粉土、粉质黏土等加工硬化型土中桩发挥极限侧阻力所需位移 W_u 值较大，且极限特征点不明显（图 3-33）。

现场和室内试验结果表明，极限侧阻力完全发挥时所需的桩顶相对位移并非定值，与桩径大小、施工工艺、土层性质与分布位置有关。当桩侧土中最大剪应力发展至极限值，即开始出现塑性滑移，但该滑移面往往不是发生在桩土界面，而是出现在紧靠桩表面的土体中。

（3）桩径的影响

桩侧摩阻力与侧表面积 πdL 有关。当桩径超过 800mm 时，桩侧摩阻力计算时应进行折减。非黏性土中桩侧摩阻力存在明显的尺寸效应，这种尺寸效应源于钻、挖孔时侧壁土的应力松弛。桩径越大或桩周土层黏聚力越小，桩侧摩阻力降低的越明显。

另外，沿桩长方向桩径的变化有利于提高桩侧摩阻力，如挤扩支盘桩、竹节桩等利用桩径变化来提高桩侧摩阻力。

（4）桩土界面性质的影响

桩-土界面特征为埋设于土中的桩与桩周土接触面的形态特性。对于预制桩和钢桩，桩-土界面特性主要取决于桩表面的粗糙程度；对于各种类型的灌注桩，桩-土界面特征一般表现为孔壁的粗糙程度，与桩周土层的性质和施工工艺有关。

1）桩与土接触面的力学特征

土与不同表面粗糙度的钢板接触面剪切试验表明：

① 剪切应力的峰值强度和残余强度均随接触面粗糙程度的提高而提高。

② 接触面剪应力峰值对应的切向位移随接触面粗糙程度的提高而增大。

③ 接触面具备一定粗糙度时，切向位移随法向位移的增加而增大，且这种增加态势随接触面粗糙程度的增加更加明显。

2）不同的施工工艺使同一类桩具有不同的桩—土界面条件

桩周土条件相同时，不同施工工艺形成的桩具有不同的桩侧摩阻力，这主要是由于不同施工工艺对桩—土界面的影响方式和影响程度不同造成的。对于各种类型的预制桩，桩—土界面特征取决于桩表面的粗糙程度（一般较光滑），主要与预制桩成桩工艺有关；对于各种类型的灌注桩，桩—土界面特征取决于成孔时机具对孔壁的扰动等因素，一般比较粗糙且不规则。

打入桩沉桩过程中会对桩周土体造成挤密，桩侧阻力较高。

泥浆护壁的钻孔灌注桩，施工过程中会使桩周土体受到扰动、孔壁应力释放。同时，泥浆护壁成孔时，桩身表面将形成"泥皮"，剪切滑裂面将发生于紧贴于桩身的"泥皮"内，导致桩侧阻力显著降低。

3）不同桩周土具有不同的桩—土界面特征

一般黏土和砂土中的钻孔灌注桩，其桩—土界面特征取决于孔壁的粗糙程度；对于嵌岩灌注桩，桩—土界面特征与岩性、岩石的结构等有关，其对桩侧阻力的影响可定量描述；对于各种类型的预制桩和钢桩，桩—土界面特征主要取决于成桩工艺，一般影响并不明显。一般来说，桩承载力随桩侧表面的粗糙程度增加而增大。

4）孔壁粗糙度对嵌岩桩桩侧阻力的影响

图 3-34 是桩顶荷载作用前后嵌岩桩的受力状态。由图 3-34 可知，桩顶荷载作用下，桩身发生轴向变形，且沿孔壁方向发生侧向剪胀，孔壁的凹凸限制了桩的滑移，增强了法向应力，进而提高了桩侧阻力。

（5）桩端土性质

大量试验资料表明，桩端土性质直接影响桩端阻力和桩侧阻力的发挥。同样桩侧土条件下，桩端持力层强度高的桩，其桩侧阻力要比桩端持力层强度低的桩高，即桩端持

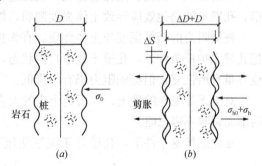

图 3-34　嵌岩桩受力前后的状态
(a) 沉降发生前；(b) 沉降发生后

力层强度越高，桩端阻力越大，桩端沉降越小，桩侧摩阻力越高。同时，由于施工工艺的原因，钻孔桩的桩端常存在沉渣，桩端土的弱化将导致极限侧阻力的降低。因此，钻孔灌注桩实际施工中一般要求混凝土灌注时孔底沉渣厚度小于 50mm。

（6）桩长 L、桩侧土厚度及各土层中桩侧摩阻力标准值

桩侧摩阻力极限值 Q_{su} 与桩长 L、桩侧土厚度及各土层中桩侧摩阻力标准值 q_{sik} 有关，其值可表示为：

$$Q_{su} = \pi d \sum q_{sik} l_i \tag{3-5}$$

需要说明的是，式（3-5）中桩侧阻力分层累计叠加计算与实际受力情况是不同的，因为自上而下的桩侧土并不是同时达到极限值的。

（7）桩土相对位移量

竖向荷载作用下桩身自上而下压缩，从而产生桩侧阻力和向下的桩土相对位移量。桩土相对位移量实质上是桩身某点桩与该处土相互错开的位移量。由于桩侧阻力的作用，桩的压缩量自上而下逐渐减小，相对位移量也相应随深度逐渐减小。荷载水平较小时，桩身某点深度处桩土相对位移为零，该处的桩侧摩阻力也为零。随着荷载水平的增大，零点相应下移。当桩侧土由于欠固结等原因沉降时，桩顶桩侧土的沉降可能大于桩的沉降，即此时产生负摩阻力。

（8）加荷速率及时间效应

淤泥质土和黏土中打入桩通常快速压桩瞬时阻力较小，其后随土体固结桩侧阻力逐渐增大；砂土中快速压桩时因应力集中瞬时摩擦加大，桩侧阻力也随之增加，其后砂土容易松弛。

时间效应包含土的固结及泥皮固结等问题。软土中长桩承载力随龄期增加逐渐增大。

（9）桩顶荷载水平

每层土桩侧摩阻力的发挥与桩顶荷载水平密切相关。桩荷载水平较低时，桩顶上层土的侧摩阻力得以发挥；桩顶荷载水平较高时，桩顶下部乃至桩端处桩周土侧摩阻力得以发挥，上部土层有可能产生桩土滑移；随着荷载进一步提高，桩端附近土摩阻力充分发挥，桩端阻力得以发挥。

3.4.3 松弛效应对桩侧阻力的影响

非挤土桩（钻孔、挖孔灌注桩）成孔过程中由于孔壁侧向应力解除，出现侧向松弛变形。孔壁土的松弛效应导致土体强度削弱，桩侧阻力随之降低。

桩侧阻力的降低幅度与土体性质、有无护壁、孔径大小等因素有关。对于干作业钻、挖孔桩无护壁条件下，孔壁土处于自由状态，土产生向心径向位移，浇注混凝土后，径向位移虽有所恢复，但桩侧阻力仍有所降低。

对于无黏聚性的砂土、碎石类土中的大直径钻、挖孔桩，其成桩松弛效应对桩侧阻力的削弱影响不容忽略。

在泥浆护壁条件下，孔壁处于泥浆侧压平衡状态，侧向变形受到制约，松弛效应较小，但桩身质量和侧阻力受泥浆稠度、混凝土浇灌等因素影响而变化较大。

3.4.4 桩侧阻力的软化效应

桩长较长的泥浆护壁钻孔灌注桩的桩侧摩阻力达到峰值后，其值随上部荷载的增加逐渐降低，最后达到并维持一残余强度。桩侧摩阻力超过峰值后进入残余值的现象定义为桩侧摩阻力的软化效应。

由杭州某大厦静载荷试验 Q-s 曲线（图 3-35）可知，加载至 4000kN 时，桩顶即发生较大沉降，达 100mm。卸载过程中桩顶沉降仍持续增加，即桩顶承载力随沉降增加而跌落。

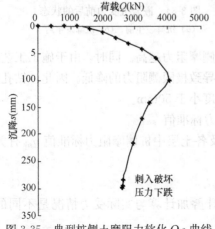

图 3-35　典型桩侧土摩阻力软化 Q-s 曲线

因各土层的临界位移值不同，各层土侧摩阻力出现软化时的桩顶位移量也不同，即各层土桩侧摩阻力的软化并不是同步的。桩顶位移的大小直接影响桩侧摩阻力的发挥程度，尤其对于超长桩，因其桩身压缩量占桩顶沉降的比例较大，桩身下部沉降较小的情况下，桩上部已发生较大的沉降，表现为较大的桩土相对位移，引起桩侧阻力的软化。

因此，桩基设计时，特别是摩擦型桩基设计时，桩基承载力确定应考虑桩侧摩阻力软化带来的影响。大直径超长桩的侧阻软化会降低单桩承载力，通常可采用桩端（侧）后注浆的方法予以改善。

桩侧摩阻力软化的机理主要包括土体的材料软化、结构软化特性、荷载水平、加载过程中桩侧土体单元的应力变化状态、桩土界面摩擦性状及桩身几何参数和压缩特性等影响因素。具体体现在如下方面：

（1）影响桩侧摩阻力软化的主要原因是土的材料软化特性。对于钻孔灌注桩软化性土体中的钻孔，在孔周形成了三个区域：塑性流动区，软化区和弹性区。三个区域的形成，对径向应力有明显影响。随着软化程度的增加，相同位置处的径向应力减小，且软化程度越大，塑性流动区和软化区的范围均增大。

（2）对服从非相关联性流动法则的土体，存在一定范围的侧向应力系数，使土体在剪切作用下发生结构性软化。

（3）对大直径超长桩，由于其承载力的充分发挥需要较大的桩土相对位移，当桩顶荷载水平较高时，桩土界面产生滑移，使桩侧摩擦性状由静摩擦向动摩擦转化，这也是导致桩侧摩阻力出现软化的原因之一。

（4）桩长与桩身变形特性对桩侧摩阻力的影响表现为随桩长径比增加，桩身压缩量增大，导致桩上、下部产生较大的桩土相对位移差，导致桩侧土体自上而下产生滑移，从而出现侧阻软化。

（5）桩周土体单元在受荷过程中可视为平面应变状态，桩侧摩阻力的剪切作用下将会发生主应力轴旋转，从而引起桩侧摩阻力的降低。

（6）泥浆护壁钻孔灌注桩桩侧泥皮的影响会降低桩土界面的摩擦力。

综上，单桩侧阻软化机理实质上是桩土界面的滑移导致了自上而下每一层土的桩侧极限摩阻力由峰值强度跌落为残余强度。因桩顶荷载水平的逐渐提高，桩身混凝土的压缩逐渐增大，当桩上部桩土相对位移大于土层强度发挥的临界极限位移后，上部桩土界面发生滑移，静摩擦变成动摩擦，峰值强度跌落为残余强度。桩土相对位移随桩顶荷载水平的增大而增加，中下部的桩侧土将发生滑移。桩端土较差时，桩端发生刺入破坏，此时整根桩发生滑移，单桩的极限侧摩阻力由峰值强度跌落为残余强度。

3.4.5　桩侧阻力发挥的时间效应

桩侧摩阻力受桩身周围有效应力的影响。饱和黏性土中的挤土桩，成桩过程中桩侧土受到挤压、扰动和重塑，产生超孔隙水压力，故成桩时桩侧有效应力减小。超孔隙水压力沿径向随时间逐渐消散，桩侧摩阻力则随时间逐渐增长。桩侧摩阻力增长受时间因数 T_h 控制，其值可表示为：

$$T_h = \frac{4C_h t}{d^2} \qquad (3-6)$$

式中，C_h 为土体径向固结系数；t 为距离打桩的时间；d 为桩径。

桩侧摩阻力达最大值时所需时间与桩径的平方成正比。非挤土桩由于成孔过程不产生挤土效应，不引起超孔隙水压力，土的扰动比挤土桩小，桩侧摩阻力随时间的增长并不大，时间效应可忽略。

3.4.6 桩侧阻力的挤土效应

不同成桩工艺、土的类别、土体性质特别是土的灵敏度、密实度、饱和度等会使桩周土体中应力、应变场发生不同变化，从而导致桩侧阻力的变化。图 3-36 (a)、(b)、(c) 分别表示成桩前、挤土桩和非挤土桩桩周土的侧向应力状态及侧向与竖向变形状态。

挤土桩（打入、振入、压入式预制桩、沉管灌注桩）成桩过程产生的挤土作用，使桩周土扰动重塑、侧向压力增加。对于非饱和土，土受挤而增密。土愈松散，黏性愈低，其增密幅度愈大。对于饱和黏性土，由于瞬时排水固结效应不显著，体积压缩变形小，引起超孔隙水压力，土体产生横向位移和竖向隆起或沉陷。

(1) 砂土中桩侧阻力的挤土效应

松散砂土中的挤土桩、沉桩过程使桩周土因侧向挤压而趋于密实，导致桩侧阻力增加。对于桩群，桩周土的挤密效应更为显著。

密实砂土中，沉桩挤土效应使密砂松散、孔压膨胀，继而引起桩侧摩阻力降低。

(2) 饱和黏性土中的成桩挤土效应

饱和黏性土中的挤土桩，成桩过程中桩侧土受到挤压、扰动、重塑，产生超孔隙水压力。随后出现孔压消散、再固结和触变恢复，导致侧阻力产生显著的时间效应。

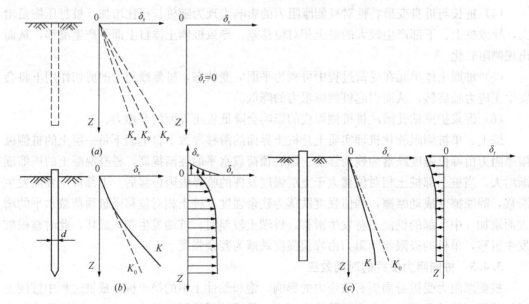

图 3-36 桩周土的应力及变形

(a) 静止土压力状态（K_0，K_a，K_p 分别为静止、主动、被动土压力系数）；(b) 挤土桩 $K > K_0$；

(c) 非挤土桩，$K < K_0$（δ_r，δ_v 为土的侧向、竖向位移）

3.5 桩 端 阻 力

桩端阻力是指桩顶荷载通过桩身和桩侧土传递到桩端土所承受的力。极限桩端阻力等于单桩竖向极限承载力减去极限侧阻力。

极限桩端阻力可根据地质资料计算。即：

$$Q_{bu} = \psi_p \pi \frac{D^2}{4} q_{pu} \tag{3-7}$$

式中，ψ_p 为端阻尺寸效应系数；q_{pu} 为桩端持力层单位端阻力。

3.5.1 桩端阻力的主要影响因素

影响单桩桩端阻力的主要因素有：穿过土层及持力层的特性、成桩方法、进入持力层深度、桩的尺寸、加荷速率等。

（1）桩端持力层的影响

桩端持力层的类别与性质直接影响桩端阻力大小和沉降量。低压缩性，高强度的砂、砾、岩层是理想的持力层，特别是桩端进入砂、砾层中的挤土桩，可获得较高的桩端阻力。高压缩性、低强度的软土几乎不能提供桩端阻力，并导致桩发生突进型破坏，桩的沉降和沉降时间效应显著增加。

桩端以下不同土的破坏模式是不同的。松砂或软黏土中的桩常出现刺入剪切破坏；密实砂或硬黏土中的桩易出现整体剪切破坏。

（2）成桩效应的影响

桩端阻力的成桩效应随土性、成桩工艺而异。

对于非挤土桩，成桩过程中桩端土不产生挤密，出现扰动、虚土或沉渣，桩端阻力降低。

对于挤土桩，成桩过程中松散的桩端土受到挤密，桩端阻力提高。对于黏性土与非黏性土、饱和与非饱和状态、松散与密实状态，其挤土效应差别较大。例如，松散的非黏性土挤密效果最佳，密实或饱和黏性土的挤密效果较差。因此，不同土层桩端阻力的成桩效应相差较大。

对于泥浆护壁钻孔灌注桩，由于成桩施工方法不当易使桩底产生沉渣，当沉渣达到一定厚度时，会导致桩端阻力大幅下降。

（3）桩截面尺寸的影响

桩端阻力与桩端面积直接相关，随桩端截面积尺寸的增大，桩端阻力的发挥度变小，硬土层中桩端阻力具有尺寸效应。已有研究表明，软土（桩尖以下 1 倍桩径以上 3.75 倍桩径范围内的静力触探锥尖阻力平均值不大于 1MPa）中桩端阻力的尺寸效应并不显著，工程上可不予考虑；硬土层中，如中密—密实砂土（桩尖以下 1 倍桩径以上 3.75 倍桩径范围内的静力触探锥尖阻力平均值不小于 10MPa），尺寸效应明显，实际设计中应予以考虑。

（4）加荷速率的影响

试验表明，砂土中加荷速率增快 1000 倍时，桩端阻力增大约 20%。软黏土中加荷速率对桩端阻力的影响在 10% 以内，快速加荷比慢速加荷得到的桩端阻力要高。

3.5.2　桩端阻力的深度效应

（1）桩端阻力临界深度 h_{cp}

桩端进入均匀土层或穿过软土层进入持力层后，开始时桩端阻力随深度增加呈线性增大；当达到一定深度后，桩端阻力基本恒定，深度继续增加，桩端阻力增大趋势不再明显，见图 3-37。图 3-37 中恒定的桩端阻力称为桩端阻力稳值 q_{pl}，恒定桩端阻力的起点深度称为该桩端阻力的临界深度 h_{cp}。

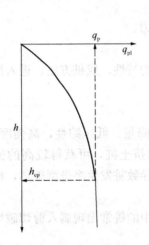

图 3-37　端阻临界深度示意图

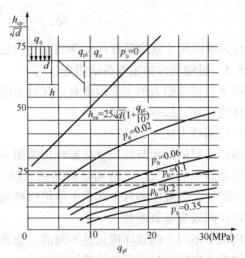

图 3-38　h_{cp}，q_{pl} 及 p_0 的关系

（h_{cp}，d 的单位为 cm）

根据模型和原型试验结果可知，桩端阻力临界深度和桩端阻力稳值具有如下特性：

1）桩端阻力临界深度 h_{cp} 和桩端阻力稳值 q_{pl} 均随砂持力层相对密实度 D_r 增大而增加，端阻临界深度随端阻稳值增大而增加。

2）端阻临界深度受覆盖压力区 p_0（包括持力层上覆土层自重和地面荷载）影响而随端阻稳值呈现不同规律（图 3-38）。由图 3-38 可知：

① 当 $p_0=0$ 时，h_{cp} 随 q_{pl} 的增大而线性增加。

② 当 $p_0>0$ 时，h_{cp} 随 q_{pl} 的增加而非线性增大，p_0 愈大，其增加率愈小。

③ 在 q_{pl} 一定的条件下，h_{cp} 其随 p_0 的增大而减小，即 h_{cp} 随上覆土层厚度的增加而减小。

3）端阻临界深度 h_{cp} 随桩径 d 的增加而增大。

4）端阻稳值 q_{pl} 的大小仅与砂持力层的相对密实度 D_r 有关，而与桩的尺寸无关。由图 3-39 可知，同一相对密实度砂土中不同截面尺寸的桩，其端阻稳值基本相等。

5）端阻稳值与覆盖层厚度无关。图 3-40 所示为均匀砂和上松下密双层砂中的端阻曲线。均匀砂（$D_r=0.7$）中的贯入曲线 1 与双层砂（上层 $D_r=0.2$，下层 $D_r=0.7$）中的贯入曲线 2 相比，其线型大体相同，端阻稳值也大体相等。

（2）端阻临界厚度 t_c

上述端阻稳值的临界深度一般是在砂土层中得到的，即桩入砂土层的最大入土深度。达到该深度后，相同桩径下桩端阻力不随桩入持力层深度的增加而增大。

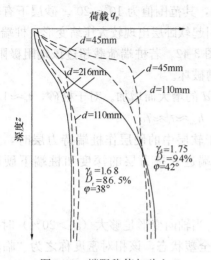

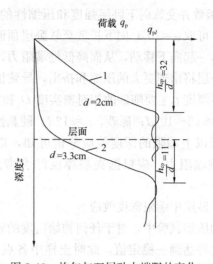

图 3-39　端阻稳值与砂土
相对密度和桩径的关系

图 3-40　均匀与双层砂中端阻的变化
1—均匀介质，$D_r=0.7$；
2—均匀介质，$D_r=0.2$（上层），$D_r=0.7$（下层）

当桩端下存在软弱下卧层时，桩端距离软弱下卧层顶板必须要有一定距离，这样才能保证单桩不产生刺入破坏，群桩不发生冲切破坏。能保证桩端阻力正常发挥的桩端面与下部软土顶板面的最小距离为端阻的"临界厚度"t_c，即设计时必须保证桩端面与软弱下卧层顶板面的临界厚度，才能使持力层的桩端阻力得以正常发挥，不至于发生刺入或冲切破坏。

软土中密砂夹层厚度变化及桩端进入夹层深度变化对端阻的影响如图 3-41。当桩端进入密砂夹层的深度及距离软卧层深度足够大时，其桩端阻力可达到密砂中的端阻稳值 q_{pl}，此时要求夹层总厚度不小于 $h_{cp}+t_c$，如图 3-41 中的④所示。当桩端进入夹层的深度 $h<h_{cp}$ 或距软层顶面距离 $t_p<t_c$ 时，其桩端阻力将减小，如图 3-41 中的①，②，③所示。

软弱下卧层对桩端阻力影响的机理为：由于桩端应力沿扩散角 α（α 是砂土相对密实

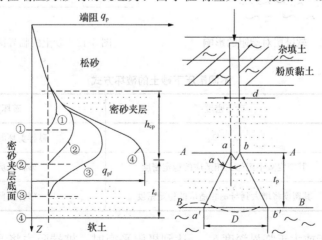

图 3-41　端阻随桩入密砂深度及离软卧层距离的变化

度 D_r 的函数并受软弱下卧层强度和压缩性的影响，其范围值为 $10°\sim20°$。砂层下有软弱土层时，可取 $\alpha=10°$）向下扩散至软卧层顶面，引起软卧层出现较大压缩变形，桩端连同扩散锥体一起向下移动，从而降低桩端阻力，见图 3-42。若桩端荷载超过该端阻极限值，软卧下卧层将出现更大的压缩和挤出，导致桩冲剪破坏。

临界厚度 t_c 主要随砂的相对密实度 D_r 和桩径 d 的增大而增加。对于松砂，$t_c\approx1.5d$；密砂，$t_c\approx(5\sim10)d$；砾砂，$t_c\approx12d$；硬黏性土，$h_{cp}\approx t_c\approx7d$。

根据以上端阻的深度效应分析可知，以夹于软层中的硬层作桩端持力层时，为充分发挥桩端阻力，应根据夹层厚度综合考虑桩端进入持力层的深度和桩端下硬层的厚度。

（3）砂层中端阻深度效应

三轴压缩试验中，对于任何初始密度的砂土，当轴向变形足够大（$\varepsilon_1>20\%$）时，砂土的密度将达到一稳定值，此时土样中各点处于全塑状态，该相对密度称之为"临界密度" D_{rc}。每一临界密度对应于"临界压力" p_c（见图 3-43）。只有处于临界密度和临界压力下的砂土才不会发生剪切体积变化。对于任何初始密度的砂土，存在一临界压力 p_c，不同围压下砂土的密度变化及破坏方式见表 3-13 和图 3-43。

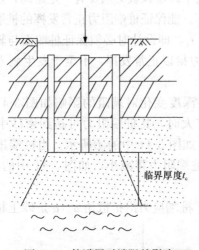

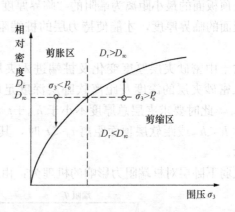

图 3-42　软卧层对端阻的影响　　　　图 3-43　砂土的临界图

不同围压下砂土的破坏方式　　　　　　　　　　表 3-13

围压	砂土密度	破坏方式
$\sigma_3=p_c$	$D_r=D_{rc}$	砂样剪坏时体积不变
$\sigma_3<p_c$	其密度减小到与 σ_3 相适应的稳定密度	砂样呈剪胀破坏
$\sigma_3>p_c$	其密度将增大到与 σ_3 相适应的稳定密度	砂样呈剪缩破坏

当桩深 h 小于或大于临界深度 h_{cp}，达到极限平衡时，桩端阻力将产生不同的受力性状和桩端破坏方式，见表 3-14。

桩端阻力产生的不同桩端破坏方式 表 3-14

桩深	桩端处围压	桩端破坏方式	桩端阻力
$h<h_{cp}$	$\sigma_3<p_c$	土将剪胀,即土向四周和向上挤出,呈整体剪切破坏或局部剪切破坏	桩端阻力主要受剪切机理制约,即随深度线性增大
$h>h_{cp}$	$\sigma_3>p_c$	桩端破坏方式主要受土的压缩特性制约,呈刺入剪切破坏	桩端土不再产生挤出剪切破坏,而是被桩挤向四周而加密,故端阻保持临界深度的对应值 q_{pl} 不变

3.6 竖向抗压荷载下单桩极限承载力的计算方法

3.6.1 规范经验公式法

按桩侧土和桩端土指标确定单桩竖向极限承载力时,可根据式(3-8)和土的物理指标与承载力参数间的经验关系确定单桩竖向极限承载力标准值 Q_{uk}。即:

$$Q_{uk} = Q_{sk} + Q_{pk} = \sum u_i l_i q_{sik} + A_b q_{pk} \tag{3-8}$$

式中 l_i、u_i——桩周第 i 层土厚度和相应的桩身周长;

A_b——桩端面积;

q_{sik}——桩侧第 i 层土的极限侧阻标准值,如无当地经验时,可按表 3-15 取值;

q_{pk}——桩端土的极限端阻标准值,如无当地经验时,可按表 3-16 取值。

根据桩身混凝土强度确定单桩竖向抗压承载力时,桩身混凝土强度应满足桩的承载力设计要求,根据《建筑地基基础设计规范》GB 50007 和《建筑桩基技术规范》JGJ 94 的规定(不考虑钢筋时),按式(3-9)估算荷载效应基本组合下单桩桩顶轴向压力设计值 N_1:

$$N_1 = \psi_c f_c A_p \tag{3-9}$$

式中 f_c——桩身混凝土轴心抗压强度设计值,其值可参考表 3-17;

A_p——桩身混凝土横截面积;

ψ_c——《建筑地基基础设计规范》GB 50007 中称为工作条件系数,预制桩取 $\psi_c = 0.75$,灌注桩取 $\psi_c = 0.6 \sim 0.7$(水下灌注桩或长桩时用低值);《建筑桩基技术规范》JGJ 94 称为基桩成桩工艺系数,混凝土预制桩、预应力混凝土空心桩取 $\psi_c = 0.85$,干作业非挤土灌注桩(含机钻、挖、冲孔桩、人工挖孔桩)取 $\psi_c = 0.90$,泥浆护壁和套管护壁非挤土灌注桩、部分挤土灌注桩、挤土灌注桩取 $\psi_c = 0.7 \sim 0.8$;软土地区挤土灌注桩取 $\psi_c = 0.6$。对于泥浆护壁非挤土灌注桩应根据地层土质取 ψ_c 值,对于易塌孔的流塑状软土、松散粉土、粉砂,ψ_c 宜取 0.7。

桩的极限侧阻标准值 q_{sik}(kPa) 表 3-15

土的名称	土的状态	混凝土预制桩	泥浆护壁钻(冲)孔桩	干作业钻孔桩
填土		22~30	20~28	20~28
淤泥		14~20	12~18	12~18

土的名称	土的状态		混凝土预制桩	泥浆护壁钻（冲）孔桩	干作业钻孔桩
淤泥质土			22～30	20～28	20～28
黏性土	流塑	$I_L>1$	24～40	21～38	21～38
	软塑	$0.75<I_L\leqslant1$	40～55	38～53	38～53
	可塑	$0.50<I_L\leqslant0.75$	55～70	53～68	53～66
	硬可塑	$0.25<I_L\leqslant0.50$	70～86	68～84	66～82
	硬塑	$0<I_L\leqslant0.25$	86～98	84～96	82～94
	坚硬	$I_L\leqslant0$	98～105	96～102	94～104
红黏土		$0.7<\alpha_w\leqslant1$	13～32	12～30	12～30
		$0.5<\alpha_w\leqslant0.7$	32～74	30～70	30～70
粉土	稍密	$e>0.9$	26～46	24～42	24～42
	中密	$0.75\leqslant e\leqslant0.9$	46～66	42～62	42～62
粉细砂	稍密	$10<N\leqslant15$	24～48	22～46	22～46
	中密	$15<N\leqslant30$	48～66	46～64	46～64
	密实	$N>30$	66～88	64～86	64～86
中砂	中密	$15<N\leqslant30$	54～74	53～72	53～72
	密实	$N>30$	74～95	72～94	72～94
粗砂	中密	$15<N\leqslant30$	74～95	74～95	76～98
	密实	$N>30$	95～116	95～116	98～120
砾砂	稍密	$5<N_{63.5}\leqslant15$	70～110	50～90	60～100
	中密（密实）	$N_{63.5}>15$	116～138	116～130	112～130
圆砾、角砾	中密、密实	$N_{63.5}>10$	160～200	135～150	135～150
碎石、卵石	中密、密实	$N_{63.5}>10$	200～300	140～170	150～170
全风化软质岩		$30<N\leqslant50$	100～120	80～100	80～100
全风化硬质岩		$30<N\leqslant50$	140～160	120～140	120～150
强风化软质岩		$N_{63.5}>10$	160～240	140～200	140～220
强风化硬质岩		$N_{63.5}>10$	220～300	160～240	160～260

注：1. 对于尚未完成自重固结的填土和以生活垃圾为主的杂填土，不计算其桩侧摩阻力；

2. α_w 为含水比，$\alpha_w=w/w_L$，w 为土的天然含水量，w_L 为土的液限；

3. N 为标准贯入击数；$N_{63.5}$ 为重型圆锥动力触探击数；

4. 全风化、强风化软质岩和全风化、强风化硬质岩系指其母岩分别为 $f_{rk}\leqslant15\text{MPa}$、$f_{rk}>30\text{MPa}$ 的岩石，其中 f_{rk} 为岩块的饱和单轴抗压强度。

桩端土的极限端阻标准值 q_{pk} (kPa)

表 3-16

土名称	土的状态	混凝土预制桩桩长 l (m)				泥浆护壁钻（冲）孔桩桩长 l (m)				干作业钻孔桩桩长 l (m)		
		$l \leq 9$	$9 < l \leq 16$	$16 < l \leq 30$	$l > 30$	$5 \leq l < 10$	$10 \leq l < 15$	$15 \leq l < 30$	$30 \leq l$	$5 \leq l < 10$	$10 \leq l < 15$	$15 \leq l$
黏性土 软塑 $0.75 < I_L \leq 1$		210~850	650~1400	1200~1800	1300~1900	150~250	250~300	300~450	300~450	200~400	400~700	700~950
可塑 $0.50 < I_L \leq 0.7$		850~1700	1400~2200	1900~2800	2300~3600	350~450	450~600	600~750	750~800	500~700	800~1100	1000~1600
硬可塑 $0.25 < I_L \leq 0.5$		1500~2300	2300~3300	2700~3600	3600~4400	800~900	900~1000	1000~1200	1200~1400	850~1100	1500~1700	1700~1900
硬塑 $0 < I_L \leq 0.25$		2500~3800	3800~5500	5500~6000	6000~6800	1100~1200	1200~1400	1400~1600	1600~1800	1600~1800	2200~2400	2600~2800
粉土 中密 $0.75 < e \leq 0.9$		950~1700	1400~2100	1900~2700	2500~3400	300~500	500~650	650~750	750~850	800~1200	1200~1400	1400~1600
密实 $e < 0.75$		1500~2600	2100~3000	2700~3600	3600~4400	650~900	750~950	900~1100	1100~1200	1200~1700	1400~1900	1600~2100
粉砂 稍密 $10 < N \leq 15$		1000~1600	1500~2300	1900~2700	2100~3000	350~500	450~600	600~700	650~750	500~950	1300~1600	1500~1700
中密、密实 $N > 15$		1400~2200	2100~3000	3000~4500	3800~5500	600~750	750~900	900~1100	1100~1200	900~1000	1700~1900	1700~1900
细砂 $N > 15$		2500~4000	3600~5000	4400~6000	5300~7000	650~850	900~1200	1200~1500	1500~1800	1200~1600	2000~2400	2400~2700
中砂 中密、密实 $N > 15$		4000~6000	5500~7000	6500~8000	7500~9000	850~1050	1100~1500	1500~1900	1900~2100	1800~2400	2800~3800	3600~4400
粗砂 中密、密实 $N > 15$		5700~7500	7500~8500	8500~10000	9500~11000	1500~1800	2100~2400	2400~2600	2600~2800	2900~3600	4000~4600	4600~5200
砾砂 $N > 15$		6000~9500		9000~10500		1400~2000		2000~3200		3500~5000		
角砾、圆砾 中密、密实 $N_{63.5} > 10$		7000~10000		9500~11500		1800~2200		2200~3600		4000~5500		
碎石、卵石 $N_{63.5} > 10$		8000~11000		10500~13000		2000~3000		3000~4000		4500~6500		
全风化软质岩 $30 < N \leq 50$		4000~6000				1000~1600				1200~2000		
全风化硬质岩 $30 < N \leq 50$		5000~8000				1200~2000				1400~2400		
强风化软质岩 $N_{63.5} > 10$		6000~9000				1400~2200				1600~2600		
强风化硬质岩 $N_{63.5} > 10$		7000~11000				1800~2800				2000~3000		

注：1. 砂土和碎石类土中桩的极限端阻取值，宜综合考虑土的密实度，桩端进入持力层深径比 h_b/d，土愈密实，h_b/d 愈大，取值愈高；

2. 预制桩的极限端阻指桩端支承于中、微风化基岩表面或进入强风化岩，软质岩一定深度条件下极限端阻；

3. 全风化、强风化软质岩和全风化、强风化硬质岩指其母岩分别为 $f_{rk} \leq 15MPa$、$f_{rk} > 30MPa$ 的岩石（其中 f_{rk} 为岩块的饱和单轴抗压强度）。

95

混凝土轴心抗压强度设计值 f_c 与标准值 f_{ck}（单位：MPa） 表 3-17

强度种类	混凝土强度等级													
	C15	C20	C25	C30	C35	C40	C45	C50	C55	C60	C65	C70	C75	C80
f_{ck}	10.0	13.4	16.7	20.1	23.4	26.8	29.6	32.4	35.5	38.5	41.5	44.5	47.4	50.2
f_c	7.2	9.6	11.9	14.3	16.7	19.1	21.1	23.1	25.3	27.5	29.7	31.8	33.8	35.9

考虑桩身混凝土强度和主筋抗压强度，《建筑桩基技术规范》JGJ 94 中按照式（3-10）确定荷载效应基本组合下单桩桩顶轴向压力设计值 N_2 为：

$$N_2 = \psi_c f_c A_{ps} + \beta f_y A_s \tag{3-10}$$

式中　A_{ps}——扣除主筋横截面积后桩身混凝土横截面积；

　　　A_s——钢筋主筋横截面积之和；

　　　β——钢筋发挥系数，$\beta=0.9$；

　　　f_y——钢筋的抗压强度设计值，见表 3-18。

普通钢筋抗压强度设计值 f_y 与标准值 f_{yk} 表 3-18

种类	f_y（MPa）	f_{yk}（MPa）
一级钢	210	235
二级钢	300	335
三级钢	360	400

根据荷载效应基本组合下单桩桩顶轴向压力设计值 N_2 确定桩身受压承载力极限值。

《建筑桩基技术规范》JGJ 94 中根据大量试桩统计资料确定的试桩抗压极限承载力 R_u 为：

$$R_u = \frac{2N_2}{1.35} \tag{3-11}$$

式中　系数 1.35 为单桩承载力特征值与设计值的换算系数（综合荷载分项系数）。

根据土的物理指标与承载力参数间的经验关系确定大直径单桩极限承载力标准值时，可按式（3-12）计算：

$$Q_{uk} = Q_{sk} + Q_{pk} = \sum \psi_{si} u_i l_i q_{sik} + \psi_p A_p q_{pk} \tag{3-12}$$

式中　q_{sik}——桩侧第 i 层土的极限侧阻标准值，如无当地经验时，可按表 3-15 取值，对于扩底桩变截面以上 2 倍桩径长度范围可不计侧阻；

　　　q_{pk}——桩径为 800mm 的单桩极限端阻标准值。对于干作业挖孔（清底干净）可采用深层载荷板试验确定；当不能进行深层载荷板试验时，可按表 3-19 取值；

　　　ψ_{si}、ψ_p——大直径桩侧阻尺寸效应系数、端阻尺寸效应系数，可按表 3-20 取值；

　　　u_i——第 i 层中桩身周长，当人工挖孔桩桩周护壁为振捣密实的混凝土时，桩身周长可按护壁外直径计算。

干作业挖孔桩(清底干净，桩端处桩径 $D=800\text{mm}$) 极限端阻标准值 q_{pk}(kPa)　表 3-19

土名称		状态		
黏性土		$0.25<I_L\leqslant0.75$	$0<I_L\leqslant0.25$	$I_L\leqslant0$
		$800\sim1800$	$1800\sim2400$	$2400\sim3000$
粉土			$0.75\leqslant e\leqslant0.9$	$e<0.75$
			$1000\sim1500$	$1500\sim2000$
砂土碎石类土		稍密	中密	密实
	粉砂	$500\sim700$	$800\sim1100$	$1200\sim2000$
	细砂	$700\sim1100$	$1200\sim1800$	$2000\sim2500$
	中砂	$1000\sim2000$	$2200\sim3200$	$3500\sim5000$
	粗砂	$1200\sim2200$	$2500\sim3500$	$4000\sim5500$
	砾砂	$1400\sim2400$	$2600\sim4000$	$5000\sim7000$
	圆砾、角砾	$1600\sim3000$	$3200\sim5000$	$6000\sim9000$
	卵石、碎石	$2000\sim3000$	$3300\sim5000$	$7000\sim11000$

注　1. 当桩进入持力层的深度 h_b 分别为：$h_b\leqslant D$，$D<h_b\leqslant4D$，$h_b>4D$ 时，q_{pk} 可相应取低、中、高值；

2. 砂土密实度可根据标贯击数判定，$N\leqslant10$ 为松散，$10<N\leqslant15$ 为稍密，$15<N\leqslant30$ 为中密，$N>30$ 为密实；

3. 当桩的长径比不大于 8 时，q_{pk} 宜取较低值；

4. 当对沉降要求不严时，q_{pk} 可取高值。

大直径（$D>800\text{mm}$）灌注桩侧阻尺寸效应系数 ψ_{si}、端阻尺寸效应系数 ψ_p　表 3-20

尺寸效应系数	黏性土、粉土	砂土、碎石类土
ψ_{si}	$(0.8/d)^{1/5}$	$(0.8/d)^{1/3}$
ψ_p	$(0.8/D)^{1/4}$	$(0.8/D)^{1/3}$

当根据土的物理指标与承载力参数间的经验关系确定钢管桩单桩竖向极限承载力标准值时，可由式（3-13）计算：

$$Q_{uk}=Q_{sk}+Q_{pk}=\sum u_i l_i q_{sik}+\lambda_p A_p q_{pk} \tag{3-13}$$

式中　q_{sik}、q_{pk}——桩侧第 i 层土的极限侧阻标准值和桩端土的极限端阻标准值，分别按照表 3-15 和表 3-16 取与混凝土预制桩相同值；

　　　　λ_p——桩端土塞效应系数，对于闭口钢管桩 $\lambda_p=1$，对于敞口钢管桩按式(3-14)和式（3-15）取值；

当 $h_b/d<5$ 时

$$\lambda_p=0.16h_b/d \tag{3-14}$$

当 $h_b/d\geqslant5$ 时

$$\lambda_p=0.8 \tag{3-15}$$

　　　　h_b——桩端进入持力层深度；

　　　　d——钢管桩外径。

对于带隔板的半敞口钢管桩，应以等效直径 d_e 代替 d 确定 λ_p；$d_e=d/\sqrt{n}$，其中 n 为桩端隔板分割数。

根据土的物理指标与承载力参数间的经验关系确定敞口预应力混凝土空心桩单桩竖向极限承载力标准值时，可由式（3-16）计算：

$$Q_{uk} = Q_{sk} + Q_{pk} = \sum u_i l_i q_{sik} + (\lambda_p A_{p1} + A_j) q_{pk} \tag{3-16}$$

式中　q_{sik}、q_{pk}——桩侧第 i 层土的极限侧阻标准值和桩端土的极限端阻标准值，分别按照表 3-15 和表 3-16 取与混凝土预制桩相同值；

　　　　A_j——空心桩桩端净面积，管桩，$A_j = \frac{\pi}{4}(d^2 - d_1^2)$；空心方桩，$A_j = b^2 - \frac{\pi}{4}d_1^2$；

　　　　A_{p1}——空心桩敞口面积，$A_{p1} = \frac{\pi}{4}d_1^2$；

　　　　λ_p——桩端土塞效应系数，对于敞口预应力混凝土空心桩可按式（3-14）和式（3-15）取值；

　　　　d、b——空心桩的外径、边长；

　　　　d_1——空心桩的内径。

桩端置于完整、较完整基岩的嵌岩桩单桩竖向极限承载力，由桩周土总极限侧阻力和嵌岩段总极限阻力组成。当根据岩石单轴抗压强度确定嵌岩单桩竖向极限承载力标准值时，可由式（3-17）计算：

$$Q_{uk} = Q_{sk} + Q_{rk} = \sum u_i l_i q_{sik} + \zeta_r f_{rk} A_p \tag{3-17}$$

式中　Q_{sk}、Q_{rk}——分别为土的总极限侧阻、嵌岩段总极限阻力；

　　　　f_{rk}——岩石饱和单轴抗压强度标准值，黏土岩取天然湿度单轴抗压强度标准值；

　　　　ζ_r——嵌岩段侧阻和端阻综合系数，与嵌岩深径比 h_r/d、岩石软硬程度和成桩工艺有关，可按表 3-21 取值。表 3-21 中数值适用于泥浆护壁成桩，对于干作业成桩（清底干净）和泥浆护壁成桩后注浆，ζ_r 应取表 3-21 中所列数值的 1.2 倍。

嵌岩段侧阻和端阻综合系数 ζ_r　　　　　　　　　　表 3-21

嵌岩深径比 h_r/d	0	0.5	1.0	2.0	3.0	4.0	5.0	6.0	7.0	8.0
极软岩、软岩	0.60	0.80	0.95	1.18	1.35	1.48	1.57	1.63	1.66	1.70
较硬岩、坚硬岩	0.45	0.65	0.81	0.90	1.00	1.04				

注：1. 极软岩、软岩指 $f_{rk} \leqslant 15$MPa，较硬岩、坚硬岩指 $f_{rk} > 30$MPa，介于二者之间可内插取值；

　　2. h_r 为桩身嵌岩深度，当岩面倾斜时，以坡下方嵌岩深度为准；

　　3. 当 h_r/d 为非表 3-21 中所列数值时，ζ_r 可内差取值。

桩端后注浆灌注桩的单桩极限承载力应通过静载试验确定。后注浆钢导管注浆后可替代等截面、等强度的纵向主筋。桩端后注浆单桩极限承载力标准值 Q_{uk} 可按式（3-18）估算：

$$Q_{uk} = Q_{sk} + Q_{gsk} + Q_{gpk} = u \sum q_{sjk} l_j + u \beta_{si} q_{sik} l_{gi} + \beta_p q_{pk} A_p \tag{3-18}$$

式中　Q_{sk}——桩端后注浆非竖向增强段的总极限侧阻标准值；

　　　　Q_{gsk}——桩端后注浆竖向增强段的总极限侧阻标准值；

Q_{gpk}——桩端后注浆总极限端阻标准值；

u——桩身周长；

l_j——桩端后注浆非竖向增强段第 j 层土厚度；

l_{gi}——桩端后注浆竖向增强段内第 i 层土厚度；对于泥浆护壁成孔灌注桩，当为单一桩端后注浆时，竖向增强段为桩端以上 12m；当为桩端、桩侧复式注浆时，竖向增强段为桩端以上 12m 及各桩侧注浆断面以上 12m，重叠部分应扣除；对于干作业灌注桩，竖向增强段为桩端以上、桩侧注浆断面上下各 6m；

q_{sik}、q_{sjk}、q_{pk}——分别为桩端后注浆竖向增强段第 i 土层初始极限侧阻标准值、非竖向增强段第 j 土层初始极限侧阻标准值、初始极限端阻标准值；

β_{si}、β_p——分别为第 i 层土桩端后注浆侧阻和端阻增强系数。无当地经验时，可按表 3-22 取值。对于桩径大于 800mm 的桩，应按规范进行侧阻和端阻尺寸效应修正。

桩端后注浆侧阻增强系数 β_s、端阻增强系数 β_p 表 3-22

土层名称	淤泥质土	黏性土、粉土	粉砂、细砂	中砂	粗砂、砾砂	砾石、卵石	基岩
β_s	1.2~1.3	1.4~1.8	1.6~2.0	1.7~2.1	2.0~2.5	2.4~3.0	1.4~1.8
β_p	—	2.2~2.5	2.4~2.8	2.6~3.0	3.0~3.5	3.2~4.0	2.0~2.4

注：干作业钻、挖孔桩，β_p 按表 3-22 中所列值乘以小于 1.0 的折减系数。当桩端持力层为黏性土或粉土时，折减系数取 0.6；为砂土或碎石土时，取 0.8。

对于桩身周围有液化土层的低承台桩基，当承台底面上下分别有厚度不小于 1.5m、1.0m 的非液化土或非软弱土层时，土层液化对单桩极限承载力的影响可用液化土层极限侧阻乘以土层液化折减系数计算单桩极限承载力标准值。土层液化折减系数 ψ_L 可按表 3-23 确定。

土层液化折减系数 ψ_L 表 3-23

$\lambda_N = N/N_{cr}$	自地面算起的液化土层深度 d_L（m）	ψ_L
$\lambda_N \leq 0.6$	$d_L \leq 10$	0
	$10 < d_L \leq 20$	1/3
$0.6 < \lambda_N \leq 0.8$	$d_L \leq 10$	1/3
	$10 < d_L \leq 20$	2/3
$0.8 < \lambda_N \leq 1.0$	$d_L \leq 10$	2/3
	$10 < d_L \leq 20$	1.0

注：1. N 为饱和土标贯击数实测值；N_{cr} 为液化判别标贯击数临界值；λ_N 为土层液化指数；

    2. 当桩距小于 $4d$，且桩的排数不少于 5 排、总桩数不少于 25 根时，对于挤土桩土层液化系数可取 2/3~1；桩间土标贯击数达到 N_{cr} 时，取 $\psi_L=1$；

    3. 当承台底非液化土层厚度小于 1m 时，土层液化折减系数 λ_N 按表 3-23 降低一档取值。

3.6.2 原位测试法确定单桩承载力的方法

原位测试法可用来计算单桩承载力，主要包括静力触探法、十字板剪切试验法、标准贯入试验法等。

3.6.2.1 静力触探法确定单桩承载力

二级以下建筑物的桩基础可通过双桥探头静力触探试验确定单桩承载力。如无当地经验，位于黏性土、粉土或砂土中的混凝土预制桩竖向极限承载力标准值 Q_u 可利用双桥探头静力触探试验数据按式（3-19）计算确定：

$$Q_u = \sum u_i \beta_i f_{si} l_i + a q_c A_p \qquad (3-19)$$

式中　f_{si}——第 i 层土的探头平均侧阻；

　　　q_c——桩端平面上、下探头阻力，取桩端平面以上 $4d$（d 为桩的直径或边长）范围内按土层厚度的探头阻力加权平均值，然后再和桩端平面以下 $1d$ 范围内的探头阻力进行平均；

　　　a——桩端阻修正系数，黏性土、粉土中 $a = 2/3$，饱和砂土中 $a = 1/2$；

　　　β_i——第 i 层土桩侧阻综合修正系数，黏性土、粉土中取 $\beta_i = 10.04(f_{si})^{-0.55}$，砂土中取 $\beta_i = 5.05(f_{si})^{-0.45}$。

3.6.2.2 十字板剪切试验法确定单桩承载力

软土地区可通过十字板剪切试验获得不排水剪切强度，估算桩侧摩阻力和桩端阻力，进而估算单桩承载力。鉴于目前实际工程加荷速率较快，桩侧土的抗剪强度宜采用三轴不固结、不排水剪切试验或直接剪切试验中的快剪试验确定。某些土如饱和软黏土因取土时易扰动，进行三轴不固结、不排水剪切试验或直剪快剪试验时，均宜恢复其自重压力，即在自重压力预固结后再进行剪切。

可利用十字板剪切试验数据按式（3-20）近似估算单桩极限承载力 Q_u。即：

$$Q_u = L \sum_{i=1}^{n} u_i q_s + q_p A \qquad (3-20)$$

式中　q_p——桩端阻力，$q_p = N_c c_u$，N_c 为承载力系数，均质土体取 $N_c = 9$；

　　　q_s——桩侧摩阻力，$q_s = \alpha c_u$，c_u 为土的不排水抗剪强度；

　　　A——桩身横截面积；

　　　L——桩身入土深度。

根据国内外经验，桩侧极限摩阻力大致相当于土的不排水抗剪强度 c_u 值，而 $c_u = 0.5 q_u$（q_u 为土的无侧限抗压强度）。因此，当现场未进行十字板剪切试验时，亦可用无侧限抗压试验确定 c_u 值。采用不固结不排水强度估算桩侧极限摩阻力时，可按式（3-21）计算。即：

$$Q_{sik} = \tau_{ik} = \left(\sum_{i=1}^{m} \gamma_i h_i \right) \tan\varphi_{uu} + c_{uu} \qquad (3-21)$$

式中，Q_{sik} 为第 i 层土极限侧阻标准值；τ_{ik} 为第 i 层土抗剪强度标准值；γ_i 为第 i 层土的重度，地下水位以下采用有效重度；φ_{uu} 和 c_{uu} 分别为三轴不固结、不排水试验或直剪快剪试验所测得的内摩擦角和黏聚力；h_i 为第 i 层土的厚度；m 为计算土层的层号。

分析桩的极限端阻值、桩端持力层强度和下卧土层强度时均为桩传递的竖向荷载作用于土体并在固结条件下产生剪切破坏，其受力状况宜采用三轴固结不排水剪切试验或直剪固结快剪试验。

3.6.2.3 标准贯入试验法确定单桩承载力

可利用标准贯入试验数据按式（3-22）近似估算钻孔灌注单桩竖向极限承载力

Q_u。即：

$$Q_u = p_b A_p + (\sum p_{fc} L_c + \sum p_{fs} L_s)U + C_1 - C_2 X \qquad (3-22)$$

式中 p_b——桩尖以上、以下 4 倍桩径范围内按标贯击数 N 平均值换算的极限端阻，见表 3-24；

    p_{fc}、p_{fs}——桩身范围内黏性土、砂土 N 值换算的极限侧阻，见表 3-24；

    L_c、L_s——黏性土、砂土层中的桩段长度；

    U——桩侧周边长；

    A_p——桩端的截面积；

    C_1——经验系数，见表 3-25；

    C_2——孔底虚土折减系数，取 $C_2 = 18.1$；

    X——孔底虚土厚度，预制桩取 $X = 0$；当虚土厚度＞0.5m，取 $X = 0$，端承力亦取零。

标贯击数 N 与 p_{fc}、p_{fs} 和 p_b 的关系   表 3-24

N		1	2	4	6	8	10	12	14	16
预制桩	p_{fc}	7	13	26	39	52	65	78	91	104
	p_{fs}			18	27	36	44	53	62	71
	p_b			440	660	880	1100	1320	1540	1760
钻孔灌注桩	p_{fc}	3	6	12	19	25	31	37	43	50
	p_{fs}		7	13	20	26	33	40	46	53
	p_b			110	170	220	280	330	390	450
N		18	20	22	24	26	28	30	35	≥40
预制桩	p_{fc}	117	130							
	p_{fs}	80	89	98	107	115	124	133	155	178
	p_b	1980	2200	2420	2640	2680	3080	3300	3850	4400
钻孔灌注桩	p_{fc}	56	62							
	p_{fs}	59	66	73	79	86	92	99	116	132
	p_b	500	560	610	670	720	780	830	970	1120

经验系数 C_1 表 3-25

桩型	预制桩		钻孔灌注桩
土层条件	桩周有新近堆积土	桩周无新近堆积土	桩周无新近堆积土
C_1（kN）	340	150	180

3.6.3   古典经验公式确定单桩承载力的方法

根据桩侧摩阻力、桩端阻力的破坏机理，按照静力学原理，采用土体强度参数，分别对桩侧摩阻力和桩端阻力进行计算。由于计算模式、强度参数与实际情况存在差异，计算结果的可靠性受到限制，往往只用于一般工程或重要工程的初步设计阶段，或与其他方法综合比较确定单桩承载力。

3.6.3.1   桩侧极限摩阻力值的确定

单桩总极限侧阻力的计算通常是取桩身范围内各土层的单位极限侧阻值 q_{sui} 与对应桩

侧表面积乘积之和。q_{su} 值的计算可分为总应力法和有效应力法两类。根据计算表达式所用系数不同，可将其归纳为 α 法、β 法和 λ 法。α 法属总应力法，β 法属有效应力法，λ 法属混合法。

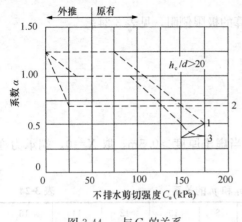

图 3-44　α 与 C_u 的关系

（1）α 法

α 法最早由 Tomlinson 提出，适用于计算饱和黏性土的单位极限侧阻值 q_{su}，其表达式为：

$$q_{su} = \alpha C_u \tag{3-23}$$

式中，α 为系数，取决于土的不排水剪切强度和桩进入黏性土层的深度与桩径比 h_c/d，可按表 3-26 和图 3-44 确定；C_u 为桩侧饱和黏性土的不排水剪切强度，采用无侧限压缩试验、三轴不排水压缩试验或原位十字板剪切试验、旁压试验等确定。

打入硬至极硬黏土中桩的 α 值   表 3-26

土质条件	h_c/d	α
为砂或砂砾覆盖	<20	1.25
	>20	图 3-44
为软黏土或粉砂覆盖	$8<h_c/d\leqslant20$	0.4
	>20	图 3-44
无覆盖	$8<h_c/d\leqslant20$	0.4
	>20	图 3-44

（2）β 法

β 法由 Chandler 提出，又称为有效应力法，适用于计算黏性土和非黏性土的单位极限侧阻 q_{su}，其表达式为：

$$q_{su} = \sigma'_v k_0 \tan\delta \tag{3-24}$$

式中，k_0 为土的静止土压力系数；δ 为桩-土间的外摩擦角；σ'_v 为桩侧计算土层的平均竖向有效应力，地下水位以下取土的浮重度。

对于正常固结黏性土，$k_0\approx1-\sin\varphi'$，$\delta\approx\varphi'$。可得：

$$q_{su} = \sigma'_v(1-\sin\varphi')\tan\varphi' = \beta\sigma'_v \tag{3-25}$$

式中，$\beta\approx(1-\sin\varphi')\tan\varphi'$，$\varphi'$ 为桩侧计算土层的有效内摩擦角。当 $\varphi'=20°\sim30°$，$\beta=0.24\sim0.29$；据试验统计，$\beta=0.25\sim0.4$，平均值为 0.32。

β 法的基本假定认为成桩过程引起的超孔隙水压力已消散，土已固结，因此对于成桩休止时间短的桩不能采用 β 法计算其极限侧阻。

考虑到侧阻的深度效应，对于长径比 L/d 大于侧阻临界深度 $(L/d)_{cr}$ 的桩，可按式（3-26）修正 q_{su} 值：

$$q_{su} = \beta \cdot \sigma'_v \left[1 - \log \frac{L/d}{(L/d)_{cr}} \right] \tag{3-26}$$

式中，$(L/d)_{cr}$ 为临界长径比，对于均匀土层可取 $(L/d)_{cr} = 10 \sim 15$，当硬层上覆软弱土层时，$(L/d)_{cr}$ 应从硬土层顶面算起。

当桩侧土为很硬的黏土层时，考虑到剪切滑裂面不是发生于桩侧土中，而是发生在桩土界面，此时宜取 $\delta = (0.5 \sim 0.75)\varphi'$，代入式（3-24）进行计算。

（3）λ 法

综合 α 法和 β 法的特点，Vijayvergiya 和 Focht 提出了适用于计算黏性土中桩单位极限侧阻 q_{su} 的 λ 法：

$$q_{su} = \lambda(\sigma'_v + 2C_u) \tag{3-27}$$

式中，λ 为系数，可由图 3-45 确定。

图 3-45 中 λ 系数是根据大量静载试桩资料回归分析得出的。由图 3-45 可知，λ 系数随桩的入土深度增加而递减，20m 以下基本保持常量。这主要是由于侧阻的深度效应及有效竖向应力 σ'_v 的影响随深度增加而递减所致。因此，应用 λ 法时，应根据桩侧土分层计算 q_{su}，即根据各层土的实际平均埋深由图 3-45 取相应的 λ 值和 σ'_v、C_u 值计算各层土的 q_{su} 值。

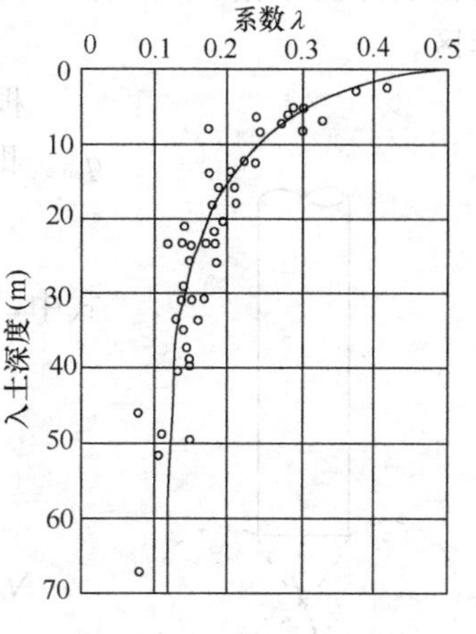

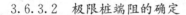

图 3-45 λ 与桩入土深度的关系

3.6.3.2 极限桩端阻的确定

（1）极限平衡理论

桩端阻力的极限平衡理论以刚塑体理论为基础，假定不同的破坏滑动面形态，推导获得了极限桩端阻力 q_{bu} 的不同理论表达式，理论公式可统一表述为：

$$q_{bu} = \zeta_c c N_c + \zeta_r \gamma_1 b N_r + \zeta_q \gamma h N_q \tag{3-28}$$

式中，N_c、N_r、N_q 分别为反映土的黏聚力 c、桩底以下滑动土体自重和桩底平面以上边载（竖向压力 γh）影响的条形基础无量纲承载力系数，仅与土的内摩擦角 φ 有关；ζ_c、ζ_r、ζ_q 为桩端为方形、圆形时的形状系数；b、h 分别为桩端底宽（直径）和桩的入土深度；γ_1 为桩端平面以下土的有效重度；γ 为桩端平面以上土的有效重度。

由于 N_r 与 N_q 接近，而桩径 b 远小于桩深 h，故式（3-28）可简化为：

$$q_{bu} = \zeta_c c N_c + \zeta_q \gamma h N_q \tag{3-29}$$

式中，ζ_c、ζ_q 为形状系数，其值可参见表 3-27。

形状系数 表 3-27

φ	ζ_c	ζ_q
$< 22°$	1.20	0.80
25°	1.21	0.79
30°	1.24	0.76
35°	1.32	0.68
40°	1.68	0.52

其中，

$$N_c = (N_q - 1)\cot\varphi \tag{3-30}$$

$$\zeta_c = \frac{\zeta_q N_q - 1}{N_q - 1} \tag{3-31}$$

(2) 考虑土体压缩性的端阻极限平衡理论

Vesic 按图 3-46 桩端土破坏模式计算极限端阻。桩端受力后桩端土会形成压密核，随着桩端荷载的增加，桩端压密核将逐渐向桩周土扩张，形成图 3-46 中虚线所示的塑性变形区。

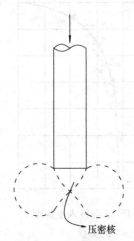

图 3-46　Vesic 桩端土
破坏模式

根据 Vesic 提出的孔洞扩张理论，可计算获得桩的极限端阻 q_{bu}。即：

$$q_{bu} = cN_c + \bar{p}N_q \tag{3-32}$$

式中，N_c 可由式（3-30）计算；$\bar{p}$ 为桩端平面侧边的平均竖向压力。

$$\bar{p} = \frac{1 + 2k_0}{3}\gamma h \tag{3-33}$$

$$N_q = \frac{3}{3 - \sin\varphi}e^{\left(\frac{\pi}{2} - \varphi\right)\tan\varphi} \cdot \tan^2\left(\frac{\pi}{4} + \frac{\varphi}{2}\right)I_{rr} \cdot \frac{4\sin\varphi}{3(1 - \sin\varphi)} \tag{3-34}$$

式中，k_0 为土的静止侧压力系数；I_{rr} 为修正刚度指数，可由式（3-35）计算。

$$I_{rr} = \frac{I_r}{1 + I_r\Delta} \tag{3-35}$$

式中，Δ 为塑性区内土体的平均体积变形；I_r 为刚度指数，可按式（3-36）计算。

$$I_r = \frac{G_s}{c + \bar{p}\tan\varphi} = \frac{E}{2(1 + \upsilon_s)(c + \bar{p}\tan\varphi)} \tag{3-36}$$

式中，υ_s 为土的泊松比；G_s 为土的剪切模量；E 为土的弹性模量。

当土体剪切处于不排水条件或为密实状态时，可取 $\Delta = 0$，此时，$I_{rr} = I_r$；I_r 可参照表 3-28 取值。

式（3-35）中引入刚度指数 I_r 来反映土体压缩性影响，该刚度指数与土体弹性模量成正比，与平均法向压力成反比。极限端阻计算值随土体压缩性增大而减小，与前述按刚塑体理论求得的与土体压缩性无关的极限端阻公式相比有所改进。

土的刚度指数　　　　　　　　　　　　　　　表 3-28

土类别	I_r
砂土（相对密度 $D_r = 0.5 \sim 0.8$）	$75 \sim 150$
粉土	$50 \sim 75$
黏土	$150 \sim 250$

Janbu 按图 3-47 桩端土破坏模式计算极限端阻。极限端阻 q_{bu} 可按式（3-32）计算。

N_q 可按式（3-37）进行计算。即：

$$N_q = \left(\tan\varphi + \sqrt{1 + \tan^2\varphi}\right)^2 e^{2\psi\tan\varphi} \tag{3-37}$$

式中，ψ 为 Janbu 桩端土破坏模式中桩端压密核边界与水平面的夹角（见图 3-47），其值随桩端土压缩性的增大而减小，可通过标准贯入试验等原位测试方法判定土体压缩性确定，其值由高压缩性软土的 60°增加至密实土的 105°。

以 $\psi=80°$ 和 $\varphi=25°$ 为例，N_c 和 N_q 随 φ 值的变化规律及 N_c 和 N_q 随 ψ 值的变化规律见图 3-48。

由图 3-48 可知，N_c 和 N_q 值随 φ 值和 ψ 值的增加而增大。由

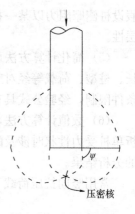

图 3-47 Janbu 桩端土破坏模式

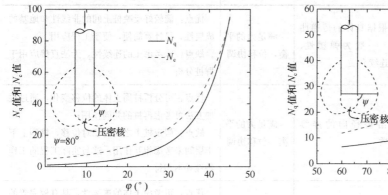
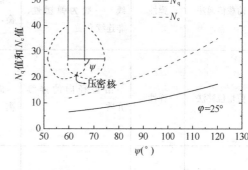

图 3-48 N_c 和 N_q 值随 φ 值和 ψ 值的变化规律

式（3-32）可知，桩端土极限承载力 q_{bu} 随 φ 值和 ψ 值的增加而增大。当桩端持力层发生破坏后，桩端土内摩擦角将减小，这会引起 N_c 和 N_q 值的减小，继而引起桩端持力层极限承载能力的降低，其降低幅度取决于持力层黏聚力 c 和内摩擦角 φ 的减小幅度。

3.7 竖向抗压荷载下单桩沉降计算方法

众所周知，桩承载力与沉降分析是桩基设计中的主要内容。目前单桩受力性状的计算方法主要有荷载传递法，剪切位移法，弹性理论法，分层总和法，简化计算方法，有限元法、边界元法和有限条分法等数值计算方法。

（1）荷载传递法的关键在于建立一种能真实反映桩-土界面荷载传递函数。

（2）剪切位移法假定受荷桩周围土体以承受剪切变形为主，剪应力传递引起周围土体沉降，由此可得到桩土体系的受力和变形特性。

（3）弹性理论法可考虑土体的连续性，但无法精确考虑土的成层性和非线性特性，且仅能考虑弹性模量和泊松比两个参数对土体性状的影响。

（4）分层总和法计算时不考虑单桩的桩身压缩，仅考虑桩端以下土层压缩性且计算时

假设桩侧摩阻力以某一扩散角向下扩散。该方法计算过程简便，可考虑桩端下土体的分层性。

（5）简化计算方法可方便快速估算单桩沉降，工程上可根据当地特定地质条件和桩长、桩型、荷载等经对工程实测资料的统计分析得到单桩沉降的经验公式。因受具体工程条件限制，经验公式具有一定的地区局限性。

（6）数值计算方法，包括有限元法、边界元法和有限条分法等。使用数值计算软件分析单桩受力性状时涉及的土工参数较多，模型复杂，计算工作量大，有时会给出不切实际的分析结果。

常用竖向抗压荷载下单桩沉降计算方法见表 3-29。

常用竖向抗压荷载下单桩沉降计算方法　　　　表 3-29

单桩受力性状计算方法	桩	土	桩土相互作用	优缺点
荷载传递法	弹性	根据具体的传递曲线，一般为弹塑性、非连续介质	满足力的平衡，位移协调	优点：能较好反映桩土间的非线性和地基的成层性，且计算简便，便于工程应用。 缺点：未考虑土的连续性，无法直接应用于群桩分析
剪切位移法	弹性	沿桩径向的连续介质	满足力的平衡，位移协调	优点：可分析桩周土体的位移变化，通过叠加方法可考虑群桩的共同作用。 缺点：假定桩土之间无相对位移，桩侧上下土层间未考虑相互作用，这与实际工程的工作特性并不相符
弹性理论法	弹性	弹性连续介质	满足力的平衡，位移协调	优点：可考虑土体的连续性，具有较完善的理论基础。 缺点：基于弹性力学的基本解，无法精确考虑土的成层性和非线性特性。土的性状仅仅通过弹性模量和泊松比模拟
分层总和法	不考虑	仅考虑桩端以下土层压缩性，连续介质	桩侧摩阻力以某一扩散角向下扩散	优点：计算简便，能考虑桩端下土层的分层性。 缺点：假设土层只能产生一维压缩，可能造成沉降计算值比实际值偏小
简化计算方法	弹性	经验性	经验性	优点：可快速方便估算单桩沉降，可根据荷载特点、土层条件、桩的类型等选择合适计算模式及相应计算参数。 缺点：因受具体工程条件限制，简化计算方法具有一定的地区局限性，不能普遍采用
数值计算法	弹性或弹塑性	弹塑性连续介质	满足力的平衡，位移协调或允许滑移产生	优点：已有大量成熟数值计算软件，可考虑桩土间的相对滑移。 缺点：计算时涉及较多土工参数，模型复杂，计算工作量大，且对使用人员要求较高，有时会得出不切实际的分析结果

3.7.1 荷载传递法

3.7.1.1 荷载传递法的基本原理

荷载传递法的基本思想是把桩划分为许多弹性单元，每一单元与土体之间用非线性弹簧联系（图 3-49），以模拟桩-土间的荷载传递关系。桩端处土也可简化为线性或非线性弹簧与桩端联系。荷载传递法因其计算过程简便明晰且能较好模拟桩-土界面的非线性承载特性和地基土的成层性等优点而在工程实践中得到了广泛应用。该方法的关键是确定合理的桩侧和桩端荷载传递函数。荷载传递函数可通过现场实测数据拟合获得；或根据一定经验及荷载传递机理分析，建立具有广泛适用性的荷载传递函数。

目前，已建立的桩侧和桩端荷载传递模型主要有理想弹塑性模型，双折线模型，三折线模型，指数函数模型，抛物线模型和双曲线模型等。荷载传递法的现有模型有的能精确模拟桩土作用，但计算参数难以从工程实践中准确测定；有的公式虽简单明了但不能全面反映桩-土相互作用的实际情况。因此，如何选取既简单又能反映实际工程中单桩工作性状的传递函数模型，有待深入研究。

由图 3-49 可知某深度 z 处的桩身位移 $s(z)$ 为：

$$s(z) = s_t - \int_0^z \frac{P(z)}{E_p A_p} dz \qquad (3-38)$$

某深度 z 处的桩身轴力 $P(z)$ 可表示为：

$$P(z) = P_t - \pi d \int_0^z \tau_s(z) dz \qquad (3-39)$$

式中，s_t 为桩顶位移；P_t 为桩顶荷载；E_p 和 A_p 分别为桩身弹性模量和桩身横截面积；d 为桩直径。

根据桩体上任一单元体的静力平衡条件，深度 z 处的桩侧摩阻力 $\tau_s(z)$ 可表示为：

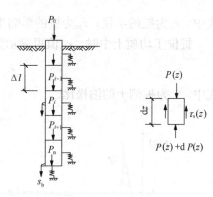

图 3-49 荷载传递法单桩计算模式

$$\tau_s(z) = -\frac{1}{\pi d} \frac{dP(z)}{dz} \qquad (3-40)$$

结合式（3-38）、式（3-39）和式（3-40）可得到某深度 z 处的桩侧摩阻力 $\tau_s(z)$ 和相应位置处的桩身位移 $s(z)$ 间关系的荷载传递微分方程。即：

$$\frac{d^2 s(z)}{dz^2} - \frac{\pi d \tau_s(z)}{E_p A_p} = 0 \qquad (3-41)$$

式（3-41）为荷载传递法的基本微分方程，其求解结果取决于荷载传递函数 $\tau_s(z)$ 的形式。

对于荷载传递微分方程中的 $s(z)$，目前的文献理解主要有 3 种：（1）认为 $s(z)$ 代表桩身压缩量；（2）认为 $s(z)$ 应为桩-土界面的相对位移；（3）认为 $s(z)$ 代表某深度 z 处的桩位移。在运用荷载传递法时应首先明确 $s(z)$ 的具体含义，以免造成应用上的混乱。

1957 年 Seed 等对桩的荷载传递机理进行了研究，最早提出了单桩受力性状的荷载传递法，成为研究桩土相互作用的经典之作。该文献中用 Pile Movement（桩位移）来描述

$s(z)$[原文中用 $\varphi(z)$]，因此，荷载传递微分方程中的 $s(z)$ 应为深度 z 处的桩位移。实际上，荷载传递法中假定桩侧摩阻力不影响桩周土的位移，即某深度 z 处的桩位移亦即桩土界面的桩-土相对位移值。这也是各种 $\tau_s(z)$-$s(z)$ 曲线（桩侧摩阻力-桩土相对位移或桩位移曲线）可直接应用于荷载传递微分方程（3-41）的原因。

3.7.1.2 侧阻双曲线传递函数

常见的侧阻双曲线传递函数如图 3-50(a) 所示，其数学表达形式为：

$$\tau_s(z) = \frac{s_s(z)}{f + g s_s(z)} \tag{3-42}$$

式中，$\tau_s(z)$ 为深度 z 处的桩侧摩阻力；$s_s(z)$ 为深度 z 处桩土界面相对位移；f 和 g 为参数。

f 值可表示为：

$$f = \frac{r_0}{G_s} \ln\left(\frac{r_m}{r_0}\right) \tag{3-43}$$

式中，r_0 为桩的半径；r_m 为桩的影响半径；G_s 为桩侧土的剪切模量。

桩位于均质土中时，r_m 值可表示为：

$$r_m = 2.5L(1 - \upsilon_s) \tag{3-44}$$

式中，υ_s 为桩侧土的泊松比。

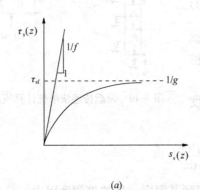
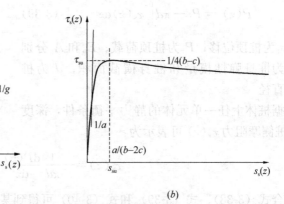

(a) (b)

图 3-50　侧阻荷载传递函数
(a) 双曲线模型；(b) 端阻软化模型

桩位于成层土中时，r_m 值可表示为：

$$r_m = 2.5 \frac{\sum_{i=1}^{n_s} G_{si} h_i}{G_{sm}} \left[1 - \frac{\sum_{i=1}^{n_s} \upsilon_{si} h_i}{L} \right] \tag{3-45}$$

式中，υ_{si} 为第 i 层土的泊松比；G_{si} 为第 i 层土的剪切模量；G_{sm} 为土层中的最大剪切模量值；h_i 为第 i 层土的厚度；L 为桩长；n_s 为土层层数。

$1/g$ 为双曲线函数的渐近线，即桩土相对位移为无穷大时所对应的桩侧阻力 τ_{sf}。τ_{sf} 的值略大于桩-土界面的极限剪切应力 τ_{su}，两者关系可表示为：

$$\tau_{su} = R_{sf} \tau_{sf} \tag{3-46}$$

式中，R_{sf}为桩侧土侧阻破坏比，其值可取为 0.80～0.95。

3.7.1.3 侧阻软化传递函数

侧阻双曲线传递模型在荷载传递法中应用较为广泛。然而，现场试验表明，高荷载水平作用下，桩侧摩阻力表现出软化特性。侧阻软化模型的数学表达式为（见图 3-50b）：

$$\tau_s(z) = \frac{s_s(z)[a + cs_s(z)]}{[a + bs_s(z)]^2} \tag{3-47}$$

式中，a，b 和 c 均为参数，其表达式分别为：

$$a = \frac{\beta_s - 1 + \sqrt{1 - \beta_s}}{2\beta_s} \frac{s_{su}}{\tau_{su}} \tag{3-48}$$

$$b = \frac{1 - \sqrt{1 - \beta_s}}{2\beta_s} \frac{1}{\tau_{su}} \tag{3-49}$$

$$c = \frac{2 - \beta_s - 2\sqrt{1 - \beta_s}}{4\beta_s} \frac{1}{\tau_{su}} \tag{3-50}$$

式中，β_s为侧阻破坏比，定义为残余侧阻 τ_{sr} 与极限侧阻 τ_{su} 的比值；s_{su} 为侧阻完全发挥时对应的桩土相对位移。

3.7.1.4 端阻双曲线传递函数

端阻双曲线模型的数学表达形式与侧阻双曲线模型数学表达形式相同，可参见式（3-51）。

$$q_b = \frac{s_b}{f_b + g_b s_b} \tag{3-51}$$

式中，q_b为单位端阻；f_b 和 g_b 为参数；s_b 为桩端位移；s_{bu} 为单位极限端阻对应的桩端位移。

f_b可表示为：

$$f_b = \frac{\pi r_0 (1 - \upsilon_b)}{4G_b} \tag{3-52}$$

式中，G_b和 υ_b 分别为桩端土剪切模量和泊松比。

由式（3-53）可求得 g_b 值。即：

$$g_b = \frac{1}{R_b \tau_{bu}} \tag{3-53}$$

式中，R_b为端阻破坏比，研究结果表明 R_b 值可取 0.75～0.80；q_{bu} 为桩端土单位极限承载力，其取值方法参见 3.6.3.2 节。

3.7.1.5 端阻双折线传递函数

对于桩端未发生刺入破坏的桩，桩端位移-荷载关系曲线可采用双折线模型模拟（见图 3-51a）。端阻双折线传递模型可表示为：

$$q_b = \begin{cases} k_1 s_b & (s_b < s_{bu}) \\ k_1 s_{bu} + k_2 (s_b - s_{bu}) & (s_b \geqslant s_{bu}) \end{cases} \tag{3-54}$$

式中，q_b为单位桩端阻力；k_1，k_2分别为第一段和第二段直线的斜率；s_b 为桩端位移；s_{bu} 为第一段直线对应的极限位移。

k_1值可由式（3-55）计算获得：

$$k_1 = \frac{4G_b}{\pi r_0 (1 - v_b)} \tag{3-55}$$

k_2值可近似通过现场实测荷载-沉降曲线反分析获得，其值可表示为：

$$k_2 = \frac{\Delta P_t}{A_b \left(\Delta s_t - \dfrac{\Delta P_t L}{E_p A_p} \right)} \tag{3-56}$$

式中，A_b为桩端面积，对于非扩底桩假定 $A_b = A_p$；Δs_t 为桩顶荷载增加量 ΔP_t引起的桩顶沉降增加量；L 为桩长；E_p，A_p分别为桩的弹性模量和桩身横截面积。

3.7.1.6 端阻软化模型

对于桩身质量较好且桩端持力层发生破坏的单桩，桩端持力层发生破坏后，桩端阻力降低，桩端位移-荷载曲线表现为软化特性（见图 3-51b）。端阻软化模型数学表达形式可表述为：

$$q_b = \begin{cases} q_{bu} \left[\dfrac{2s_b}{s_{bu}} - \left(\dfrac{s_b}{s_{bu}} \right)^2 \right], & s_b < s_{bu} \\[3mm] \dfrac{q_{bu}(1 - R_b)}{s_{bu} - s_{br}} s_b + \dfrac{q_{bu}(R_b s_{bu} - s_{br})}{s_{bu} - s_{br}}, & s_b \geqslant s_{bu} \end{cases} \tag{3-57}$$

式中，s_{br}为残余单位端阻对应的桩端位移。

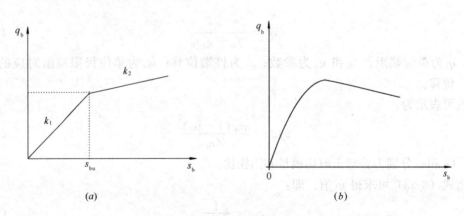

图 3-51 端阻荷载传递函数

(a) 双折线模型；(b) 端阻软化模型

3.7.1.7 基于荷载传递法的单桩受力性状计算步骤

目前荷载传递法的求解有三种方法：解析法，变形协调法和矩阵位移法。解析法由 Kezdi、佐滕悟等提出，把传递函数简化假定为某种曲线方程，然后直接求解。

利用不同的荷载传递函数，结合下述变形协调法可分析层状地基中单桩受力性状。具体求解步骤如下：

(1) 将单桩分为 n 段，如图 3-52 所示。

(2) 假定一个较小的桩端位移 s_{bn}。

(3) 根据桩端位移 s_{bn}和 3.7.1.4 节、3.7.1.5 节和 3.7.1.6 节中的公式（根据不同情

况有针对性的选用）计算桩端荷载 P_{bn}。

（4）假定桩段 n 中点位移为 s_{cn}，（初始值假定 $s_{cn}=s_{bn}$）。将 s_{cn} 代入 3.7.1.2 节和 3.7.1.3 节中的公式计算桩段 n 的侧摩阻力 τ_{sn}。

（5）计算桩段 n 的桩顶荷载 P_{tn}：

$$P_{tn}=P_{bn}+\pi dL_n\tau_{sn} \tag{3-58}$$

式中，L_n 为桩段 n 的桩长；d 为桩直径。

（6）假定桩段 n 内的桩身轴力线性变化，则桩段 n 中点处的弹性压缩量可表示为：

$$s_{cn}=\frac{1}{2}\left(\frac{P_{tn}+P_{bn}}{2}+P_{bn}\right)\left(\frac{L_n}{2E_pA_p}\right)$$

$$\tag{3-59}$$

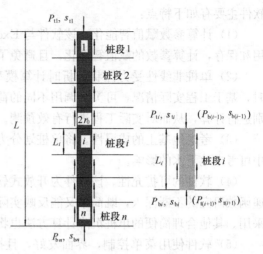

图 3-52 成层土中单桩荷载传递分析示意图

（7）桩段 n 中点的修正位移 s'_{cn} 可表示为：

$$s'_{cn}=s_{bn}+s_{cn} \tag{3-60}$$

（8）比较桩段 n 内的桩身修正位移 s'_{cn} 与初始桩身位移 s_{cn} 的差。

1）如果 $|s_{cn}-s'_{cn}|<1\times10^{-6}\text{m}$，则取桩段 n 的桩身压缩为 s'_{cn}。

2）如果 $|s_{cn}-s'_{cn}|>1\times10^{-6}\text{m}$，则令 $s_{cn}=s'_{cn}$，重复步骤（4）～（7），直至 $|s_{cn}-s'_{cn}|<1\times10^{-6}\text{m}$ 为止。

（9）桩段 n 的桩顶位移 s_{tn} 和桩顶荷载 P_{tn} 可分别表示为：

$$s_{tn}=s_{bn}+s'_{cn} \tag{3-61}$$

$$P_{tn}=P_{bn}+\pi dL_n\tau'_{sn} \tag{3-62}$$

式中，τ'_{sn} 为根据桩段 n 内桩身修正位移 s'_{cn} 计算得到的桩段 n 侧摩阻力值。

（10）重复计算步骤（4）～（9），计算其余桩段的桩顶位移和桩顶荷载，直至得到桩段 1 的桩顶位移 s_{t1} 和桩顶荷载 P_{t1}。

（11）假定一系列桩端位移 s_{bn}，重复计算步骤（3）～（10），直至得到一系列桩段 1 的桩顶位移 s_{t1} 和桩顶荷载 P_{t1}。

3.7.1.8 基于荷载传递法的单桩非线性受力性状分析软件开发

基于 3.7.1.7 节开发了一种基于 MATLAB 语言的单桩非线性受力性状分析软件。该软件可灵活选用不同的荷载传递函数来分析单位侧阻与桩土相对位移间的关系及桩端位移与桩端阻间的关系，并可将桩分成若干桩段以考虑地基土的成层性，分析单桩非线性受力性状的过程中可考虑地下水的影响。本软件计算简便，易于掌握，可较好估算实际工程中单桩的受力性状，可供相关设计、施工等人员借鉴使用。

基于荷载传递法的单桩非线性受力性状分析软件可根据工程实际情况对地基土的厚度及深度变化、桩长、桩径、桩与土的弹性模量等参数进行赋值，并灵活调用不同的荷载传递函数和已有的数据资料，分析单桩的非线性受力性状，并绘制桩顶荷载-沉降曲线。该软件主要有如下特点：

（1）计算参数赋值智能化。该软件与 Excel 文件格式耦合性好，支持 Excel 数据的调用和保存，计算参数的赋值智能化，且避免了因参数的重复输入所带来的麻烦。

（2）单桩非线性受力性状分析时计算模型的可选择性。分析单桩的非线性受力性状时，基于工程实际情况，可灵活调用不同的荷载传递模型，并在不同的荷载传递模型下分别进行计算，从而对实际工程进行有效预测。

（3）考虑地基土的成层性。将单桩划分为不同桩段考虑地基土的成层性，且计算过程中可考虑地下水的影响。

（4）软件的可扩充性。该软件为开放式软件，在实际应用中可不断扩充。随着荷载传递函数研究的不断深入，既简单又能反映实际工程中桩工作性状的传递函数模型将不断被采用。其他合理简便的单桩沉降计算方法也将在软件中得到应用，软件功能将不断加强。

（5）软件使用菜单控制，界面友好，且操作具有严谨性，带有用户提示功能（见图 3-53）。

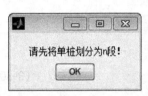

图 3-53 用户提示对话框

基于荷载传递法的单桩非线性受力性状分析软件主要由控制层、输入层、逻辑层和输出层四个部分组成。

（1）控制层

控制层实现了用户对软件进行操作的功能，使用菜单控制，支持对地基土和单桩的桩段基本资料、桩端土参数和单桩参数的输入界面、计算界面及绘制曲线图运算界面的调用，且可控制单桩桩段的划分。软件控制主界面如图 3-54 所示。

（2）输入层

输入层是实现用户与软件进行信息交互的途径。该软件的输入层将地质和设计资料分为地基土和单桩的桩段基本资料、桩端土参数及单桩参数三个方面进行输入，如图 3-55 所示。

图 3-54 软件控制主界面

图 3-55 地基土和桩参数的输入界面

未经实测而无法确定的参数，用户可对照区域类似工程的地质和设计参数进行比较后确定，同时给出参数取值的置信度。

（3）逻辑层

逻辑层是单桩非线性受力性状分析的主要部分，其核心内容是荷载传递模型的选择。实际工程中可根据具体情况灵活选择不同荷载传递函数。

（4）输出层

输出层包括两个部分：数值结果的输出和荷载-沉降曲线的输出，如图 3-56 所示。

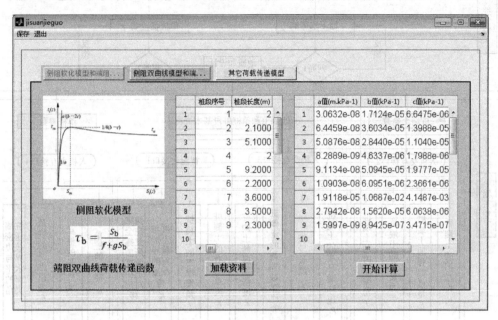

图 3-56　计算结果的输出界面

以桩侧采用侧阻软化模型和端阻采用双曲线模型为例，给出了基于荷载传递法的单桩非线性受力性状分析软件的计算流程，如图 3-57 所示。

3.7.2　剪切位移法

3.7.2.1　剪切位移法的基本原理

剪切位移法假定受荷桩身周围土体以承受剪切变形为主，桩土之间没有相对位移，将桩-土体系视为理想的同心圆柱体，剪应力传递引起周围土体沉降，由此得到桩-土体系变形特性。

图 3-58 为单桩周围土体剪切变形的模式，假定在工作荷载下，桩本身的压缩很小可忽略不计，桩土间的黏着力保持不变，亦即桩-土界面不发生滑移。在桩-土体系中任一高程平面，分析沿桩侧的环形单元 $ABCD$，桩受荷前 $ABCD$ 位于水平面位置，桩受荷发生沉降后，单元 $ABCD$ 随之发生位移，并发生剪切变形，成为 $A'B'C'D'$，并将剪应力传递给邻近单元 $B'E'C'F'$，这个传递过程连续沿径向往外传递，传递到 X 点距桩中心轴为 $r_m = nr_0$ 处，在 X 点处剪应变已很小可忽略不计。假设所发生的剪应变为弹性性质，即剪应力与剪应变成正比关系。

剪切位移法可给出桩周土体的位移变化场，通过叠加方法可考虑群桩的相互作用，这较有限元法和弹性理论法简单。然而，剪切位移法假定桩土之间无相对位移，桩侧土体上下层之间没有相互作用，这些与实际工程桩工作特性并不相符。

3.7.2.2　剪切位移法本构关系的建立与求解

距桩轴 r 处土单元剪应变为 $\gamma = \mathrm{d}s_s/\mathrm{d}r$，其剪应力 τ 为：

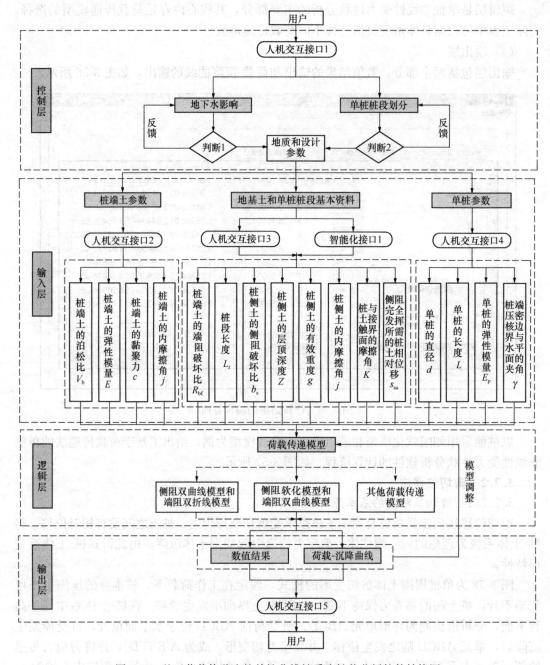

图 3-57 基于荷载传递法的单桩非线性受力性状分析软件结构图

$$\tau = G_s \gamma = G_s \frac{\mathrm{d}s_s}{\mathrm{d}r} \tag{3-63}$$

式中，G_s 为土的剪切模量；s_s 为桩侧土体沉降。

根据平衡条件可知：

$$\tau = \tau_0 \frac{r_0}{r} \tag{3-64}$$

式中，τ_0 为桩侧表面剪切应力。

由式（3-63）和式（3-64）可得：

$$ds_s = \frac{\tau}{G_s}dr = \frac{\tau_0 r_0}{G_s}\frac{dr}{r} \qquad (3-65)$$

若土的剪切模量 G_s 为常数，则由式（3-65）可得桩侧土体沉降 s_s。即：

$$s_s = \frac{\tau_0 r_0}{G_s}\int_{r_0}^{r_m}\frac{dr}{r} = \frac{\tau_0 r_0}{G_s}\ln\left(\frac{r_m}{r_0}\right) \qquad (3-66)$$

若假设桩侧摩阻力沿桩身均匀分布，则桩顶荷载 $P_t = 2\pi r_0 L\tau_0$，土体弹性模量 $E = 2G_s(1 + v_s)$。当取土的泊松比 $v_s = 0.5$ 时，则 $E = 3G_s$，代入式（3-66）可得桩顶沉降量 s_t。即：

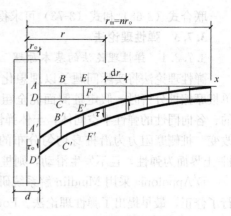

图 3-58 剪切位移法模型

$$s_t = \frac{3}{2\pi}\frac{P_0}{LE}\ln\left(\frac{r_m}{r_0}\right) \qquad (3-67)$$

式中，r_m 为桩的影响半径，均质土中 r_m 值可参照式（3-44），成层土中 r_m 值可参照式（3-45）。

式（3-66）和式（3-67）忽略了桩端处的荷载传递作用，因此对短桩误差较大。Randolph 等提出将桩端作为刚性墩，按弹性力学方法计算桩端沉降量 s_b。即：

$$s_b = \frac{P_b(1 - \gamma_s)}{4r_0 G_s}\eta \qquad (3-68)$$

式中，η 为桩入土深度影响系数，一般 $\eta = 0.85 \sim 1.0$；P_b 为桩端荷载。

对于刚性桩，根据 $P_t = P_s + P_b$ 及 $s_t = s_s + s_b$ 的条件，由式（3-66）和式（3-68）可得：

$$P_t = P_s + P_b = \frac{2\pi L G_s}{\ln\left(\frac{r_m}{r_0}\right)}s_s + \frac{4r_0 G_s}{(1 - \gamma_s)\eta}s_b \qquad (3-69)$$

$$s_t = s_s + s_b = \frac{P_0}{G_s r_0}\cdot\frac{1}{\dfrac{2\pi L}{r_0\ln\left(\dfrac{r_m}{r_0}\right)} + \dfrac{4}{(1 - \gamma_s)\eta}} \qquad (3-70)$$

当剪应力 τ 与剪应变 γ 间的关系符合双曲线模型时，可表示为：

$$\tau = \frac{\gamma}{a + b\gamma} \qquad (3-71)$$

式中，a 为初始剪切模量的倒数，$1/b$ 为双曲线函数的渐近线，其值为 $1/b = R_{sf}/\tau_{su}$（R_{sf} 为桩侧土侧阻破坏比）。

由式（3-64）和式（3-71）可知：

$$\gamma = \frac{ds_s}{dr} = \frac{a\tau}{1 - b\tau} = \frac{a\tau_0 r_0}{r - b\tau_0 r_0} \qquad (3-72)$$

桩侧土体沉降 s_s 可表示为：

$$s_s = a\tau_0 r_0\ln\left(\frac{r_m - b\tau_0 r_0}{r_0 - b\tau_0 r_0}\right) \qquad (3-73)$$

联合式（3-68）和式（3-73）可求得单桩桩顶沉降 s_t 和桩顶荷载 P_t。

3.7.3　弹性理论法

3.7.3.1　弹性理论法的基本原理

弹性理论法将实际问题予以理想化，并使它成为数学上容易处理的模型。Poulos 对单根摩擦桩分析时，假定桩侧面完全粗糙，桩底面完全光滑，并认为土是理想的、均质的、各向同性的弹性半空间体，土体弹性模量为 E，泊松比为 υ_s，且其值不因桩的存在而改变。桩侧摩阻力为沿桩身均匀分布的摩阻力，桩端阻力为桩底均匀分布的垂直应力。桩-土界面为弹性，且不发生滑动，则桩和其邻近土的位移必然相等。

D'Appolonia 采用 Mindlin 解系统研究了桩基础的沉降，并对下卧层为基岩的情况进行了修正，最早提出了弹性理论法。Poulos 采用弹性理论中的 Mindlin 公式系统推导了单桩和群桩的计算理论。Butterfield 对桩单元进行了细分，考虑了不同径向距离处桩端阻力不一致的情况，并引入桩侧径向力，采用虚构应力函数的方法求解，其计算表明，径向力对竖向位移影响以及竖向力对径向位移的影响均较小。费勤发基于 Mindlin 应力解，提出了采用分层总和法形成地基的柔度矩阵的方法来考虑不同的土层分布。杨敏采用边界积分法，分析了层状地基中桩基沉降问题，基于 Mindlin 应力解，引入沉降调整系数进行修正，从而适用于分析各种非均匀土。金波基于轴对称弹性力学基本方程，采用 Hankel 变换，利用传递矩阵方法得到了层状地基在内部轴对称荷载作用下的位移解，建立了层状地基中单桩沉降的计算方法。吕凡任提出了考虑桩土相对位移的"广义弹性理论法"，来分析桩周土的塑性，并将其应用于斜桩受力特性的分析中。

3.7.3.2　弹性理论法本构关系的建立与求解

采用弹性半空间体内集中荷载作用下的 Mindlin 解计算土体位移，由桩体位移和土体位移协调条件建立平衡方程，从而求解桩体位移和应力。考虑某典型桩单元 i，桩单元 j 上的桩侧摩阻力 p_j 引起桩单元 i 处桩周土产生的竖向位移 ρ_{ij}^s 可表示为：

$$\rho_{ij}^s = \frac{D}{E_s} I_{ij} p_j \tag{3-74}$$

式中，I_{ij} 为单元 j 剪应力 $p_j=1$ 时在单元 i 处产生的土竖向位移系数。

所有 n 个单元应力和桩端应力使单元 i 处土产生竖向位移为：

$$\rho_i^s = \frac{D}{E_s} \sum_{j=1}^{n} I_{ij} p_j + \frac{D}{E_s} I_{ib} p_b \tag{3-75}$$

式中，I_{ib} 为桩端应力 $p_b=1$ 时在单元 i 处产生的土竖向位移系数。

其他桩单元和桩端可写成类似表达式。桩所有单元的土位移可用矩阵的形式表示为：

$$\langle \rho^s \rangle = \frac{D}{E_s} [I_s] \langle p \rangle \tag{3-76}$$

式中，$\langle \rho^s \rangle$ 为土的竖向位移矢量；$\langle p \rangle$ 为桩侧剪应力和桩端应力矢量；$[I_s]$ 为土位移系数的矩阵。$[I_s]$ 值可表示为：

$$[I_s] = \begin{bmatrix} I_{11} & I_{12} & \cdots & I_{1n} & I_{1b} \\ I_{21} & I_{22} & \cdots & I_{2n} & I_{2b} \\ \cdots & \cdots & \cdots & \cdots & \cdots \\ I_{n1} & I_{n2} & \cdots & I_{nm} & I_{nb} \\ I_{b1} & I_{b2} & \cdots & I_{bn} & I_{bb} \end{bmatrix} \tag{3-77}$$

式中，$[I_s]$ 中各元素表示半空间体内单位点荷载产生的位移，可由 Mindlin 方程的数值
积分求得。

根据位移协调原理，若桩土间没有相对位移，则桩土界面相邻的位移相等，即：

$$\{\rho^p\} = \{\rho^s\} \tag{3-78}$$

式中，$\{\rho^p\}$ 为桩的位移矢量。

若考虑桩是不可压缩的，则式（3-78）中的位移矢量是常量，其值等于桩顶沉降。根
据静力平衡条件及式（3-76）和式（3-78），联立可求得 n 个单元的桩周均布应力 p_j、桩
端均布应力 p_b 及桩顶沉降 s_t。

弹性理论方法概念清楚，运用灵活，可考虑土
体的连续性，具有比较完善的理论基础。弹性理论
法无法精确考虑土的成层性和非线性特性，且仅能
考虑压缩模量和泊松比对土体性状的影响。这与很
多工程情况不符，且土性参数难以确定，计算量很
大，故在实际工程应用中较少，但其适合用于程序
开发。

3.7.3.3 集中力作用在土体内时应力计算的 Mindlin 解

桩基础的埋置深度不是在地表面，而是在较深
的位置，利用集中力作用在地表面的 Boussinesq 解
分析单桩受力性状和实际情况存在较大误差。因此，
利用集中力作用在土体内时应力计算的 Mindlin 解才
能较合理分析单桩的受力性状。运用弹性理论法计

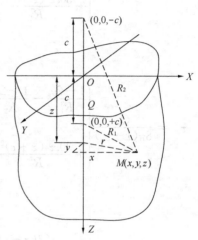

图 3-59　竖向集中力作用在弹性
半无限体内所引起的内力

算单桩沉降时需要用到 Mindlin 解。集中力作用在土体内深度 c 处，土体内任一点 M 处
（图 3-59）的应力和位移 Mindlin 解为：

$$\sigma_x = \frac{Q}{8\pi(1-\upsilon_s)} \left\{ \begin{array}{l} -\dfrac{(1-2\upsilon_s)(z-c)}{R_1^3} + \dfrac{3x^2(z-c)}{R_1^5} - \dfrac{(1-2\upsilon_s)[3(z-c)-4\upsilon_s(z+c)]}{R_2^3} \\[3mm] +\dfrac{3(3-4\upsilon_s)x^2(z-c)-6c(z+c)[(1-2\upsilon_s)z-2\upsilon_s c]}{R_2^5} + \dfrac{30cx^2 z(z+c)}{R_2^7} \\[3mm] +\dfrac{4(1-\upsilon_s)(1-2\upsilon_s)}{R_2(R_2+z+c)}\left[1-\dfrac{x^2}{R_2(R_2+z+c)}-\dfrac{x^2}{R_2^2}\right] \end{array} \right\} \tag{3-79}$$

$$\sigma_y = \frac{Q}{8\pi(1-\upsilon_s)} \left\{ \begin{array}{l} -\dfrac{(1-2\upsilon_s)(z-c)}{R_1^3} + \dfrac{3y^2(z-c)}{R_1^5} - \dfrac{(1-2\upsilon_s)[3(z-c)-4\upsilon_s(z+c)]}{R_2^3} \\[3mm] +\dfrac{3(3-4\upsilon_s)y^2(z-c)-6c(z+c)[(1-2\upsilon_s)z-2\upsilon_s c]}{R_2^5} \\[3mm] +\dfrac{30cy^2 z(z+c)}{R_2^7} + \dfrac{4(1-\upsilon_s)(1-2\upsilon_s)}{R_2(R_2+z+c)}\left[1-\dfrac{y^2}{R_2(R_2+z+c)}-\dfrac{y^2}{R_2^2}\right] \end{array} \right\} \tag{3-80}$$

$$\sigma_z = \frac{Q}{8\pi(1-\upsilon_s)}\left\{\begin{array}{l}\dfrac{(1-2\upsilon_s)(z-c)}{R_1^3} - \dfrac{(1-2\upsilon_s)(z-c)}{R_2^3} + \dfrac{3(z-c)^3}{R_1^5} \\[3mm] + \dfrac{3(3-4\upsilon_s)z(z+c)^2 - 3c(z+c)(5z-c)}{R_2^5} + \dfrac{30cz(z+c)^3}{R_2^7}\end{array}\right\} \quad (3-81)$$

$$\tau_{yz} = \frac{Q_y}{8\pi(1-\upsilon_s)}\left\{\begin{array}{l}\dfrac{1-2\upsilon_s}{R_1^3} - \dfrac{1-2\upsilon_s}{R_2^3} + \dfrac{3(z-c)^2}{R_1^5} + \dfrac{3(3-4\upsilon_s)z(z+c) - 3c(3z+c)}{R_2^5} \\[3mm] + \dfrac{30cz(z+c)^2}{R_2^7}\end{array}\right\}$$

$$(3-82)$$

$$\tau_{xz} = \frac{Q_x}{8\pi(1-\upsilon_s)}\left\{\begin{array}{l}\dfrac{1-2\upsilon_s}{R_1^3} - \dfrac{1-2\upsilon_s}{R_2^3} + \dfrac{3(z-c)^2}{R_1^5} + \dfrac{3(3-4\upsilon_s)z(z+c) - 3c(3z+c)}{R_2^5} \\[3mm] + \dfrac{30cz(z+c)^2}{R_2^7}\end{array}\right\}$$

$$(3-83)$$

$$\tau_{xy} = \frac{Q_{xy}}{8\pi(1-\upsilon_s)}\left\{\begin{array}{l}\dfrac{3(z-c)}{R_1^5} - \dfrac{3(3-4\upsilon_s)(z-c)}{R_2^5} - \dfrac{4(1-\upsilon_s)(1-2\upsilon_s)}{R_2^2(R_2+z+c)} \\[3mm] \times\left(\dfrac{1}{R_2+z+c} + \dfrac{1}{R_2}\right) + \dfrac{30cz(z+c)}{R_2^7}\end{array}\right\} \quad (3-84)$$

式中，$R_1 = \sqrt{x^2 + y^2 + (z-c)^2}$；$R_2 = \sqrt{x^2 + y^2 + (z+c)^2}$；

Q 为桩顶荷载；c 为集中力作用点的深度；υ_s 为土的泊松比。

竖向位移解为：

$$w = \frac{Q(1+\upsilon_s)}{8\pi E(1-\upsilon_s)}\left[\begin{array}{l}\dfrac{3-4\upsilon_s}{R_1} + \dfrac{8(1-\upsilon_s)^2 - (3-4\upsilon_s)}{R_2} + \dfrac{(z-c)^2}{R_1^3} \\[3mm] + \dfrac{(3-4\upsilon_s)(z+c)^2 - 2cz}{R_2^3} + \dfrac{6cz(z+c)^2}{R_2^5}\end{array}\right] \quad (3-85)$$

式中，E 为土体弹性模量。

当集中力作用点移至地表面且求解集中力作用点外地表面任一点的沉降时，只要令 c = 0，z = 0，则可得到与 Boussinesq 解完全相同的公式。因此 Boussinesq 解是 Mindlin 解的特例。

3.7.4 明德林-盖得斯法

Geddes 根据 Mindlin 提出的作用于半无限弹性体内任一点的集中力产生的应力解析

解进行积分，推导获得了单桩荷载作用下土体中产生的应力公式。

Geddes 在推导单桩荷载应力公式时，假定桩顶竖向荷载 Q 可在土体中形成三种如图 3-60 所示的单桩荷载形式：（1）以集中力形式表示的桩端阻力 $Q_b = \alpha Q$；（2）沿深度均匀分布形式表示的桩侧摩阻力 $Q_u = \beta Q$；（3）沿深度线性增长分布形式表示的桩侧摩阻力 $Q_v = (1 - \alpha - \beta) Q$。其中 α 和 β 分别为桩端阻力和桩侧均匀分布阻力分担桩顶竖向荷载的比例系数。在上述三种单桩荷载作用下，土体中任一点 (r, z) 的竖向应力 σ_z 可按式（3-86）求解：

$$\sigma_z = \sigma_{zu} + \sigma_{zv} + \sigma_{zb} = (Q_u/L^2) \cdot I_u + (Q_v/L^2) \cdot I_v + (Q_b/L^2) \cdot I_b \qquad (3\text{-}86)$$

式中，I_u、I_v 和 I_b 分别为桩侧均匀分布阻力、桩侧线性增长分布阻力和桩端阻力作用下在土体中任一点的竖向应力系数，其值分别由式（3-87）、式（3-88）和式（3-89）计算求得。

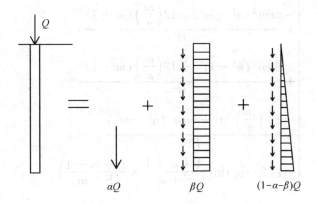

图 3-60 Geddes 法单桩荷载组成示意图

$$I_u = \frac{1}{8\pi(1-\upsilon_s)} \left\{ \begin{array}{l} \dfrac{2(2-\upsilon_s)}{A} + \dfrac{2(2-\upsilon_s) + 2(1-2\upsilon_s)\dfrac{m}{n}\left(\dfrac{m}{n} + \dfrac{1}{n}\right)}{B} \\[4mm] -\dfrac{2(1-2\upsilon_s)\left(\dfrac{m}{n}\right)^2}{F} + \dfrac{n^2}{A^3} \\[4mm] +\dfrac{4m^2 - 4(1+\upsilon_s)\left(\dfrac{m}{n}\right)^2 m^2}{F^3} \\[4mm] +\dfrac{4m(1+\upsilon_s)(m+1)\left(\dfrac{m}{n} + \dfrac{1}{n}\right)^2 - (4m^2 + n^2)}{B^3} \\[4mm] +\dfrac{6m^2\left(\dfrac{m^4 - n^4}{n^2}\right)}{F^5} + \dfrac{6m\left[mn^2 - \dfrac{1}{n^2}\,(m+1)^5\right]}{B^5} \end{array} \right\} \qquad (3\text{-}87)$$

119

$$I_v = \frac{1}{4\pi(1-v_s)}\left\{\begin{array}{l} -\dfrac{2(1-v_s)}{A}+\dfrac{2(2-v_s)(4m+1)-2(1-2v_s)\left(\dfrac{m}{n}\right)^2(m+1)}{B} \\[4mm] -\dfrac{2(1-2v_s)\dfrac{m^3}{n^2}-8(2-v_s)m}{F}+\dfrac{nm^2+(m-1)^3}{A^3} \\[4mm] +\dfrac{4v_s n^2 m+4m^3-15n^2 m}{B^3}- \\[4mm] \dfrac{2(5+2v_s)\left(\dfrac{m}{n}\right)^2(m+1)^3+(m+1)^3}{B^3} \\[4mm] +\dfrac{2(7-2v_s)nm^2-6m^3+2(5+2v_s)\left(\dfrac{m}{n}\right)^2 m^3}{F^3} \\[4mm] +\dfrac{6nm^2(n^2-m^2)+12\left(\dfrac{m}{n}\right)(m+1)^5}{B^5} \\[4mm] +\dfrac{6nm^2(n^2-m^2)+12\left(\dfrac{m}{n}\right)(m+1)^5}{B^5} \\[4mm] -\dfrac{12\left(\dfrac{m}{n}\right)^2 m^5+6nm^2(n^2-m^2)}{F^5} \\[4mm] -2(2-v_s)\ln\left(\dfrac{A+m+1}{F+m}\times\dfrac{B+m+1}{F+m}\right) \end{array}\right\} \tag{3-88}$$

$$I_b = \frac{1}{8\pi(1-v_s)}\left\{\begin{array}{l} -\dfrac{(1-2v_s)(m-1)}{A^3}+\dfrac{(1-2v_s)(m-1)}{B^3}-\dfrac{3(m-1)^3}{A^5}- \\[4mm] \dfrac{3(3-4v_s)m(m+1)^2-3(m+1)(5m-1)}{B^5}-\dfrac{30m(m+1)^3}{B^7} \end{array}\right\} \tag{3-89}$$

式中，$n=z/L$；$F=m^2+n^2$；$A^2=n^2+(m-1)^2$；$B^2=n^2+(m+1)^2$。L、z 和 r 为图 3-61 中所示几何尺寸，v_s 为土的泊松比。

鉴于 Mindlin 解比 Boussinesq 解更符合桩基础实际情况，因此按 Mindlin-Geddes 法计算桩基沉降较为合理。采用 Mindlin-Geddes 法计算群桩沉降时，可将各根单桩在某点所产生的附加应力进行叠加，进而计算群桩产生的沉降。

3.7.5 单桩沉降分层总和法

分层总和法计算单桩的桩顶沉降 s_t 的公式为：

$$s_t = \sum_{i=1}^{n}\frac{\sigma_{zi}\cdot\Delta z_i}{E_{si}} \tag{3-90}$$

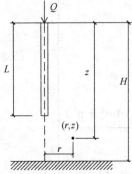

图 3-61 单桩荷载应力
计算几何尺寸

假设单桩的桩顶沉降主要由桩端以下土层的压缩组成，桩侧摩阻力以 $\bar{\varphi}/4$ 扩散角向下扩散，扩散至桩端平面处用一等代的扩展基础代替，扩展基础的计算面积为 A_e（见图 3-62）：

$$A_e = \frac{\pi}{4}\left(d + 2l\tan\frac{\bar{\varphi}}{4}\right)^2 \qquad (3-91)$$

式中，$\bar{\varphi}$ 为桩侧各土层内摩擦角的加权平均值。

扩展基础底面的附加压力 σ_0 为：

$$\sigma_0 = \frac{F + G}{A_e} - \bar{\gamma} \cdot L \qquad (3-92)$$

式中，F 为桩顶设计荷载；G 为桩身自重；L 为桩入土深度；$\bar{\gamma}$ 为桩底平面以上各土层有效重度的加权平均值。

扩展基础底面以下土中附加应力 σ_z 可根据基础底面附加应力 σ_0，并按 Mindlin 解确定。压缩层计算深度可按 $\sigma_0 = 0.2\sigma_z$ 确定，软土地区压缩层计算深度可按 $\sigma_0 = 0.1\sigma_z$ 确定。

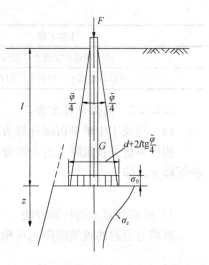

图 3-62　单桩沉降的分层总和法简图

3.7.6　单桩沉降简化计算方法

3.7.6.1　简化计算方法一——规范法

根据当地特定地质条件和桩长、桩型、荷载等，经对工程实测资料的统计分析可得出单桩沉降的经验公式。因受具体工程条件限制，经验公式虽有局限性，不能普遍采用，但经验法在当地可较准确估计单桩沉降，并对其他地区亦可做比较与参考。

将桩视为承受压力的杆件，其桩顶沉降 s_t 由桩端沉降 s_b 与桩身压缩量 s_s 组成，且桩侧摩阻力与桩端阻力对 s_b、s_s 均有影响。目前，有很多不同单桩沉降简化计算方法。《铁路桥涵设计规范》TBJ 2 和《公路桥涵地基与基础设计规范》JTJ 024 中单桩沉降 s_t 的计算公式为：

$$s_t = s_s + s_b = \Delta\frac{QL}{E_p A_p} + \frac{Q}{C_0 A_0} \qquad (3-93)$$

式中　Q——桩顶竖向荷载；

L——桩长；

E_p、A_p——分别为桩身弹性模量和桩身横截面积；

A_0——自地面（或桩顶）以 $\bar{\varphi}/4$ 角扩散至桩端平面处的扩散面积；

Δ——桩侧摩阻力分布系数，对于打入式或振动式沉桩的摩擦桩，$\Delta = 2/3$，对于钻（挖）孔灌注摩擦桩，$\Delta = 1/2$；

C_0——桩端处土的竖向地基系数，当桩长 $L \leqslant 10\text{m}$ 时，取 $C_0 = 10m_0$；当 $L > 10\text{m}$ 时，取 $C_0 = Lm_0$；其中 m_0 为随深度变化的比例系数，根据桩端土的类型可参照表 3-30。

土的 m_0 值　　　　　　　　　　　　　　　　表 3-30

土的名称	土的 m_0 值（kN/m^4）
流塑黏性土，$I_L > 1$，淤泥	1000~2000
软塑黏性土，$1 > I_L > 0.5$，粉砂	2000~4000
硬塑黏性土，$0.5 > I_L > 0$，细砂、中砂	4000~6000

土的名称	土的 m_0 值（kN/m⁴）
半干硬性的黏性土，粗砂	6000～10000
砾砂，角砾土，碎石土，卵石土	10000～20000

3.7.6.2 简化计算方法二

（1）均质土中单桩沉降计算方法

假设单桩桩顶沉降 s_t 由 3 部分组成：桩端力引起的沉降 s_b，桩身压缩 s_c 和桩侧阻引起的沉降 s_s。即：

$$s_t = s_b + s_c + s_s \tag{3-94}$$

1）桩端沉降 s_b 的计算方法

桩端力引起的桩端沉降 s_b 可根据 Boussinesq 解获得：

$$s_b = \frac{P_b(1 - \upsilon_b)}{4G_b r_0} \tag{3-95}$$

式中，P_b 为桩端处的荷载；r_0 为桩的半径。

Chow 引入桩端力－桩端位移模型的切线刚度概念来模拟桩端阻力与桩端位移的非线性关系，见式（3-96）。

$$G_{bt} = G_{bi} \left(1 - R_{bf} \frac{P_b}{P_{bu}} \right)^2 \tag{3-96}$$

式中，G_{bt} 和 G_{bi} 分别为桩端处土的切线剪切模量和初始剪切模量；R_{bf} 为桩端土的破坏比；P_{bu} 为桩端处土的极限承载力。

由式（3-95）和式（3-96）可获得桩端沉降 s_b 的计算表达式。即：

$$s_b = \frac{P_b(1 - \upsilon_b)}{4G_{bi} r_0 \left(1 - R_{bf} \frac{P_b}{P_{bu}} \right)^2} \tag{3-97}$$

由式（3-97）可知，计算桩端沉降 s_b 的关键是获得合理桩端阻力 P_b 和桩端土极限承载力 P_{bu}。

Randolph 提出了一种桩端阻力的计算方法，即：

$$\frac{P_b}{P_t} = \frac{\dfrac{4\eta}{(1-\upsilon_s)\xi} \dfrac{1}{\cosh(\mu L)}}{\dfrac{4\eta}{(1-\upsilon_s)\xi} + \rho \dfrac{2\pi}{\zeta} \dfrac{\tanh(\mu L)}{\mu L} \dfrac{L}{r_0}} \tag{3-98}$$

式中，P_t 为桩顶荷载；$\zeta = \ln(r_m/r_0)$；r_m 为桩的影响半径，均质土中 r_m 值可参照式（3-44），成层土中 r_m 值可参照式（3-45）；L 为桩长，υ_s 为桩侧土的泊松比；ρ 为桩周土的不均匀系数，$\rho = G_{savg}/G_L$，G_{savg} 为桩长 L 范围内的平均剪切模量，G_{sL} 为深度 L 处土的剪切模量；对于均质土，$\rho=1$；$\eta = r_0/r_b$，r_b 为桩端处的桩身半径；$\xi = G_{sL}/G_b$；$\mu L = \sqrt{\dfrac{2G_{sL}}{\zeta E_p}} \dfrac{L}{r_0}$，$E_p$ 为桩身弹性模量。

桩端土极限承载力 P_{bu} 可由 3.6.3.2 节确定。

2）桩身压缩量 s_c 的计算方法

利用式（3-98）计算得到桩端力 P_b 后可用式（3-99）计算桩身压缩量 s_c：

$$s_c = \frac{(P_t + P_b)L}{2A_p E_p} \tag{3-99}$$

式中，A_p 为桩身横截面积。

需要说明的是，式（3-99）适用于桩侧摩阻力均匀分布的情况。实际计算过程中，可近似取一段桩内单位侧摩阻力的平均值计算该段桩所能承受的桩侧阻力，即可近似认为桩侧阻力是均匀分布的。由 3.2.4 节可知，试桩实测数据处理过程中假定每一分层土侧摩阻力是相同的，沿桩身布置的钢筋应力计获得的某桩段侧摩阻力是一平均值。因此，对侧阻非均匀分布的形式用式（3-99）计算桩身压缩是可以接受的。

3）桩侧阻力引起的沉降 s_s 的计算方法

Vesic（1977）给出了桩侧阻力 P_s 引起的沉降 s_s 的计算方法。即：

$$s_s = \left(\frac{P_s}{\pi dL}\right)\frac{d}{E_s}(1-v_s^2)I_s \tag{3-100}$$

式中，

$$I_s = 2 + 0.35\sqrt{\frac{L}{d}} \tag{3-101}$$

P_s 可由式（3-98）计算，即：

$$\frac{P_s}{P_t} = \frac{\dfrac{4\eta}{(1-v_s)\xi}\left[1-\dfrac{1}{\cosh(\mu L)}\right] + \rho\dfrac{2\pi}{\zeta}\dfrac{\tanh(\mu L)}{\mu L}\dfrac{L}{r_0}}{\dfrac{4\eta}{(1-v_s)\xi} + \rho\dfrac{2\pi}{\zeta}\dfrac{\tanh(\mu L)}{\mu L}\dfrac{L}{r_0}} \tag{3-102}$$

式中，E_s 为土层的压缩模量。

4）均质土中单桩桩顶沉降 s_t 计算方法

均质土中单桩桩顶沉降 s_t 可表示为：

$$s_t = \frac{P_b(1-v_b)}{4G_{bi}r_0\left(1-R_{bf}\dfrac{P_b}{P_{bu}}\right)^2} + \frac{(P_t+P_b)L}{2A_p E_p} + \left(\frac{P_s}{\pi dL}\right)\frac{d}{E_s}(1-v_s^2)\left(2+0.35\sqrt{\frac{L}{d}}\right) \tag{3-103}$$

（2）成层土中单桩沉降计算方法

1）桩端沉降 s_b 的计算方法

成层土中桩端沉降 s_b 的计算方法和均质土中桩端沉降 s_b 相同，只是成层土中桩端阻力 P_b 的计算方法和均质土中桩端阻力 P_b 的计算方法有所区别。下面具体说明 n 层土中桩端阻力 P_b 的计算方法。

根据土层分布情况将桩从上至下分为 n 段，利用式（3-98）和第一段桩的桩顶荷载 P_{t1} 可计算第一段桩的桩端阻力 P_{b1}，然后将第一段桩的桩端阻力 P_{b1} 当作第二段桩的桩顶荷载 P_{t2}，利用式（3-98）可计算第二段桩的桩端阻力 P_{b2}，依次计算直至得到第 n 段桩的桩端阻力 P_{bn}。计算过程中第 i 段桩的桩端阻力等于第 $i+1$ 段桩的桩顶荷载，即 $P_{bi} = P_{t(i+1)}$。

2）桩身压缩 s_c 的计算方法

根据土层分布情况（n 层土）将桩从上至下分为 n 段，第 i 段桩的桩身压缩 s_{ci} 可根据式（3-99）计算。全桩长范围内桩身压缩 s_c 可由式（3-104）计算得到：

$$s_c = \sum_{i=1}^{n} \frac{(P_{ti} + P_{bi})L_i}{2A_{pi}E_{pi}} \tag{3-104}$$

式中，P_{ti} 和 P_{bi} 分别为第 i 段桩的桩顶荷载和桩端阻力，可根据式（3-99）分段计算得到，计算过程中取 $P_{bi} = P_{t(i+1)}$；L_i 为第 i 段桩的桩长；A_{pi} 和 E_{pi} 分别为第 i 段桩的横截面积和桩身弹性模量，通常假定全桩长范围内 A_p 和 E_p 为定值。

3) 桩侧阻力引起的沉降 s_s 的计算方法

n 层土中第 i 段桩侧阻力引起的沉降 s_{si} 可由式（3-100）~式（3-102）计算。全桩长范围内桩侧阻力引起的沉降 s_s 可由式（3-105）计算得到：

$$s_s = \sum_{i=1}^{n} \left(\frac{P_{si}}{\pi d_i L_i} \right) \frac{d_i}{E_{si}} (1 - v_{si}^2) \left(2 + 0.35 \sqrt{\frac{L_i}{d_i}} \right) \tag{3-105}$$

式中，d_i 为第 i 层土处的桩直径，通常假定全桩长范围内桩直径为一定值；E_{si} 为第 i 层土的压缩模量；v_{si} 为第 i 层土泊松比。

4) 成层土中单桩桩顶沉降 s_t 计算方法

n 层土中单桩桩顶沉降 s_t 可表示为：

$$s_t = \frac{P_b(1 - v_b)}{4G_{bi}r_0 \left(1 - R_{bf} \frac{P_b}{P_{bu}} \right)^2} + \sum_{i=1}^{n} \frac{(P_{ti} + P_{bi})L_i}{2A_{pi}E_{pi}} + \sum_{i=1}^{n} \left(\frac{P_{si}}{\pi d_i L_i} \right) \frac{d_i}{E_{si}} (1 - v_{si}^2) \left(2 + 0.35 \sqrt{\frac{L_i}{d_i}} \right)$$

$$\tag{3-106}$$

（3）桩侧阻力引起的沉降 s_s 的非线性特性探讨

由式（3-100）和式（3-105）可知，桩侧阻力 P_s 与桩侧阻力引起的沉降 s_s 呈线性关系，即式（3-100）和式（3-105）不能反映桩侧阻力引起的沉降 s_s 的非线性特性。为考虑 s_s 的非线性特性，可引入桩侧土模型的切线刚度概念：

$$G_{st} = G_{si} \left(1 - \frac{R_{sf}\tau_{r0}}{\tau_f} \right) \tag{3-107}$$

式中，G_{st} 和 G_{si} 分别为桩侧土的切线剪切模量和初始剪切模量；R_{sf} 为桩侧土侧阻破坏比；τ_{r0} 和 τ_f 分别为桩侧土接触面的剪切应力和抗剪强度，其中 $\tau_{r0} = P_s / \pi dL$。

即式（3-100）可修正为：

$$s_s = \left(\frac{P_s}{\pi dL} \right) \frac{d(1 - v_s)}{G_{si} \left(1 - \frac{R_{sf}\tau_{r0}}{\tau_f} \right)} \left(1 + 0.175 \sqrt{\frac{L}{d}} \right) \tag{3-108}$$

式（3-105）可修正为：

$$s_s = \sum_{i=1}^{n} \left(\frac{P_{si}}{\pi d_i L_i} \right) \frac{d_i(1 - v_{si})}{G_{sii} \left(1 - \frac{R_{sfi}\tau_{r0i}}{\tau_{fi}} \right)} \left(1 + 0.175 \sqrt{\frac{L_i}{d_i}} \right) \tag{3-109}$$

式（3-108）和式（3-109）可反映均质土中和成层土中桩侧阻力引起的沉降 s_s 的非线性特性。

3.7.7 单桩沉降的数值分析法

目前单桩沉降常用数值分析方法主要有限元法、边界元法和有限条分法等。

3.7.7.1 单桩沉降的有限元法

有限单元法是适应计算机发展的一种较新颖和有效的数值计算方法，随着计算机的发展，有限元的应用越来越广泛。有限元分析可分为三个阶段：前处理、处理和后处理。前处理是建立有限元模型，完成单元网格划分；后处理是采集分析结果，使用户能简便提取信息，了解计算结果。

近年来，在计算机技术和数值分析方法支持下发展起来的有限元分析方法为解决复杂的工程分析计算问题提供了有效的途径。随着有限元理论的成熟和计算机硬件的发展，开发了众多的商业通用有限元软件，如 ABAQUS，ANSYS，MARC，ADINA 等。除了上述通用有限元分析软件外，还有一些基于有限元的专业分析软件，如 PLAXIS，GEOS-TUDIO，MIDAS/GTS 等。这些专业有限元软件虽在多场耦合、非线性计算等很多方面不及通用有限元软件，但由于其针对岩土工程领域开发，因此具有较强的专业性和实用性，尤其在岩土工程设计中有较广泛的应用。

3.7.7.2 单桩沉降的边界元法

边界元法是一种继有限元法之后发展起来的新数值分析方法，又称边界积分方程-边界元法。边界元法以定义在边界上的边界积分方程为控制方程，通过对边界分元插值离散，化为代数方程组求解。它与基于偏微分方程的区域解法相比，由于降低了问题的维数，而显著降低了自由度数，边界的离散比区域的离散方便得多，可用较简单的单元准确模拟边界形状，最终得到阶数较低的线性代数方程组。同时，因边界元法利用微分算子解析的基本解作为边界积分方程的核函数，而具有解析与数值相结合的特点，通常具有较高的精度。特别是对于边界变量变化梯度较大的问题，边界元法公认比有限元法更加精确高效。由于边界元法所利用的微分算子基本解能自动满足无限远处的条件，因而边界元法特别便于处理无限域以及半无限域问题。边界元法的主要缺点是其应用范围以存在相应微分算子的基本解为前提，对于非均匀介质等问题难以应用，故其适用范围远不如有限元法广泛，且通常由它建立的求解代数方程组的系数阵是非对称满阵，对解题规模产生较大限制。对一般的非线性问题，由于方程中会出现域内积分项，从而部分抵消了边界元法只需离散边界的优点。

单纯的边界元法假设桩-土界面位移协调，没有考虑桩土界面的屈服滑移，与实际工程有一定差距。Sinha 提出了一种完整的边界元法，把桩离散用边界元法分析，用薄板有限元法分析筏板，土被假定为均质弹性体，引入了土的滑移现象，以分析土体的膨胀或固结效应。

3.7.7.3 单桩沉降的有限条分法

有限条分法首先用于分析上部结构，并取得成功。Cheung 首先提出将有限条分法用于单桩分析，以分析层状地基中单桩的特性。随后 Guo 将有限条分法发展成为无限层法，分析了层状地基中的桩基础，能更有效的求解层状地基中桩与土体的相互作用。王文、顾晓鲁进一步以三维非线性棱柱单元模拟土体，将桩土地基分割成一系列横截面为封闭或单边敞开的有界和无界棱柱单元，利用分块迭代法求解桩-土-筏体系。

3.7.7.4 常用数值分析软件

近年来，在计算机技术和数值分析方法支持下发展起来的数值计算分析方法为解决复杂的工程分析计算问题提供了有效的途径。随着数值计算理论的成熟和计算机硬件的发展，开发了众多的商业通用数值计算软件，如 ABAQUS，ANSYS、MARC、ADINA 等。除了上述通用数值计算分析软件外，还有一些基于数值计算的专业分析软件，如

PLAXIS、MIDAS/GTS、FLAC 等。土木工程中常用数值分析软件见表 3-31。

土木工程中常用数值分析软件 表 3-31

程序名称	土体本构模型	非线性分析	二次开发
ABAQUS	Modified Drucker-Prager, Mohr-Coulomb, Modified Cam-Clay, Coupled Creep and Drucker-Prager Plasticity, Modified Cap, Coupled Creep and Cap Plasticity, Jointed Material 等，土体模型丰富	具有较强的非线性分析功能，尤其对摩擦分析，且能求解固结问题	功能强大的用户子程序，可定义边界条件、荷载条件、接触条件、材料特性以及和其他应用软件进行数据交换
ADINA	Cam-Clay, Morh-Coloumb, Drucker-Prager, Curve-Input, Duncan-Zhang 标准 E-B 模型等，随时间变参数模型（后二者通过动态链接库实现）等，土体模型较丰富	对结构非线性、流/固耦合等问题的求解具有优势，能求解固结渗流问题	提供二次开发功能，允许用户自定义各种用户功能，如本构算法、材料破坏准则、接触摩擦形式等
ANSYS	Drucker-Prager, Mohr-Coulomb 等，岩土模型较少	强大的通用性以及多物理场耦合分析功能，不能求解固结问题	有良好的功能强大的用户二次开发环境
MARC	Von Mises, Mohr Coulomb（线性和非线性），修正 Duncan-Zhang 和修正 Cam-Clay 等	提供了 Coulomb、Stick-Slip 和 Shear 三种摩擦模型，具有较强的非线性分析能力	提供功能强大二次开发环境，用户子程序入口覆盖几何建模、网格划分、边界定义、材料选择等
PLAXIS	线弹性、Mohr Coulomb，软土模型、硬化模型和软土流变模型，Duncan-Zhang 非线性弹性模型等	具有较强非线性分析功能，能够分析变形，固结，分级加载，稳定分析和渗流计算，并能分析低频动荷载	允许用户自定义土体本构模型，对 PLAXIS 软件进行二次开发
MIDAS/GTS	线弹性、Tresca, Von Mises, Drucker-Prager, Mohr-Coulomb, Hoek-Brown, Hyperbolic（Duncan-Chang), Strain Softening, Cam Clay, Modified Cam Clay, Jointed Rock mass 模型等	具有较强的非线性分析功能，能够进行承载力与变形、施工阶段、固结、渗流、应力-渗流耦合、动力、边坡、隧道支护、临时架设的构件、桩等分析	提供二次开发功能、用户可自定义本构关系
FLAC	Drucker-Prager, Morh-Coloumb，应变硬化/软化 Morh-Coloumb，修正剑桥模型等	具有较强非线性分析功能，求解土体的固结渗流问题具有优势	基于有限差分法原理开发，采用 FISH 语言可进行参数化模型设计和二次开发

3.8 竖向抗压荷载下群桩受力性状

群桩基础中桩周土与桩底土中的应力影响范围均远超过单桩，桩群的平面尺寸越大，桩数越多，应力扩散角也越大，影响深度范围也越大。由于应力的叠加，群桩桩端平面处的竖向应力比单桩明显增大，因此群桩中每根桩的单位端阻也较单桩有所增大。此外，桩间土体由于受到承台底面的压力而产生一定沉降，从而使桩侧摩阻力有所削弱，因此使得群桩中的桩端阻力占桩顶总荷载的比例亦高于单桩。群桩中基桩受力性状与单桩受力性状差别较大。

3.8.1 群桩受力机理

对于低承台的高层建筑桩基而言，建造初期，荷载总是经由桩土界面（包括桩身侧面与桩底面）和承台底面两条路径传递给地基土。长期荷载作用下，荷载传递的路径受桩周土体压缩性、持力层刚度、应力历史与荷载水平等因素影响，大体上有两类基本模式：

（1）桩、承台共同分担荷载，即荷载经由桩土界面和承台底面两条路径传递给地基土，桩产生足够的刺入变形，保持承台底面与土体接触的摩擦桩即属该模式。研究表明，桩-土-承台共同作用有如下特点：

1）承台向土传递压力将造成桩侧摩阻力增强。

2）承台的存在将削弱桩浅部的侧摩阻力。

3）承台与桩存在阻止桩间土侧向挤出的遮拦作用。

4）刚性承台有迫使所有基桩同步下沉的趋势，承台外边缘基桩承受的压力远大于内部基桩承受的压力。

5）桩-土-承台共同作用还包含时间因素（如固结、蠕变及触变等效应）等问题。

（2）桩群独立承担荷载，即荷载仅由桩土界面传递给地基土。桩顶（承台）沉降小于承台下土体沉降的摩擦端承桩和端承桩即属该模式。

3.8.2 群桩基础受力状态

群桩基础包括桩间土、桩群外承台下一定范围内土体及桩端以下对桩基承载特性有影响的土体等。群桩基础承载特性分析中涉及的应力主要有自重应力、附加应力和施工应力等。

（1）自重应力

群桩承台外地下水位以上的自重应力为 γz（γ 为土体的天然重度），地下水位以下的自重应力为 $\gamma' z$（γ' 为土体的浮重度）。

（2）附加应力

附加应力主要来自承台底面的接触压力和桩侧摩阻力及桩端阻力。常用桩距（3～4倍桩径）下应力相互叠加，群桩周围土体与桩底土体中的应力均超过单桩中的情况，且影响深度和压缩层厚度均成倍增加，从而使群桩的承载力低于单桩承载力之和。

（3）施工应力

施工应力是指挤土桩沉桩过程中对土体产生的挤压应力和超静孔隙水压力。施工结束后，挤压应力将随土体的压密逐步松弛消失。超静水压力也会随固结排水逐渐消散，施工应力是暂时的，对群桩的工作性状有一定影响。土体压密和孔压消散将增大有效应力，土体强度随之增大，桩承载力随之提高，桩间土固结下沉会对桩产生负摩阻力，并可使承台底面脱空。

（4）应力影响范围

群桩应力影响深度和宽度远超单桩，桩群的平面尺寸越大，桩数越多，应力扩散角越大，影响深度范围也随之增大，这是相同荷载水平下群桩沉降超过单桩沉降的主要原因。

（5）桩侧摩阻力与桩端阻力的分配

由于应力叠加，群桩桩端处竖向应力比单桩桩端处竖向应力明显增大，群桩中基桩的端阻值也较单桩中情况有所增大。此外，桩间土体由于受到承台底面的压力而产生一定的沉降，从而使桩侧摩阻力有所削弱，群桩中的桩端阻力占桩顶总荷载的比例亦高于单桩。桩越短，这种情况越显著。

3.8.3　群桩效应

由多根桩通过承台联成一体所构成的群桩基础，与单桩相比，在竖向荷载作用下，不仅桩直接承受荷载，且在一定条件下桩间土也可通过承台底面参与承载；各基桩间通过桩间土产生相互影响；来自基桩和承台的竖向力最终在桩端平面形成了应力叠加，从而使桩端平面的应力水平远超过单桩，应力扩散的范围亦远大于单桩，导致群桩中基桩的受力性状明显不同于单桩的承载特性。低承台群桩基础中作用于承台上的荷载实际上是由桩和地基土共同承担的，桩-土-承台共同作用的结果导致群桩效应的产生。

由于桩-土-承台共同作用的群桩效应使得单桩受力性状不同于群桩中基桩受力性状。群桩效应的存在使得群桩基础中承台向土传递压力时桩侧摩阻力得以加强；承台的存在有使桩上部侧摩阻力发挥减少（桩-土相对位移减小）的削弱作用；承台与基桩有阻止桩间土向侧向挤出的遮拦效应，使得基桩的桩侧摩阻力得以加强；群桩基础中承台的存在促使各基桩同步下沉，基桩受力如同群桩基础底面接触压力的分布，承台外边缘桩承受的压力远大于位于内部的桩。

群桩效应可用群桩效应系数 η 描述。群桩效应系数 η 可定义为：

$$\eta = \frac{\text{群桩中基桩的平均极限承载力}}{\text{单桩极限承载力}} = \frac{Q_{ug}}{Q_{us}} \tag{3-110}$$

群桩效应系数受群桩自身几何特征的影响，包括承台的设置方式（高或低承台）、桩距、桩长及桩长与承台宽度比、桩的排列形式、桩数。同时，群桩效应系数受桩侧与桩端的土性、土层分布和成桩工艺（挤土或非挤土）等影响。

（1）摩擦型桩的群桩效应系数

摩擦桩组成的群桩顶部荷载大部分通过桩侧摩阻力传递到桩侧和桩端土层中。对于低承台群桩，由于桩端变形和桩身压缩，承台底也产生一定土反力，分担一部分荷载，因而使得承台底面土、桩间土、桩端土均参与工作，形成承台、桩、土相互影响共同作用，群桩的工作性状趋于复杂。群桩中任一根基桩的工作性状明显不同于独立单桩，群桩承载力不等于各基桩承载力之和，其群桩效应系数 η 可能小于 1 也可能大于 1，群桩沉降明显超过单桩。

（2）端承型桩的群桩效应系数

由端承桩组成的群桩基础，通过承台分配于各桩桩顶的竖向荷载大部分由桩身直接传递到桩端。由于桩侧摩阻力分担的荷载较小，因此桩侧摩阻力的相互影响和传递到桩端平面的应力重叠效应较小。同时，端承桩的桩端变形较小，承台底土反力较小，承台底地基土分担荷载的作用可以忽略不计。因此，端承型群桩中基桩的受力性状与独立单桩的承载特性相近，群桩相当于单桩的简单集合，基桩间的相互作用、承台与土的相互作用可近似忽略不计。端承型群桩的承载力可近似取为各单桩承载力之和，群桩效应系数 η 可近似取为 1。

由于端承型群桩的桩端持力层刚度大，因此端承型群桩的沉降不会因桩端应力的重叠效应显著增大，一般无需计算沉降。

当桩端硬持力层下存在软卧层时，需附加验算以下内容：单桩对软弱下卧层的冲剪，群桩对软下卧层的整体冲剪和群桩沉降等。

3.8.4 群桩效应沉降比

在常用桩距（3~4）d 条件下，由于相邻桩应力的重叠导致桩端平面以下应力水平提高和压缩层加深，因而使群桩沉降量和延续时间远大于单桩中的情况。桩基沉降的群桩效应，可用每根桩承担相同桩顶荷载条件下群桩沉降量与单桩沉降量之比，即沉降比表示。

群桩效应系数越小，沉降比越大，表明群桩效应越明显，群桩的极限承载力越低，群桩沉降越大。

群桩效应沉降比的影响因素如下：

（1）桩数影响：群桩中桩数是影响沉降比的主要因素。在常用桩距和非条形排列条件下，沉降比随桩数增加而增大。

（2）桩距影响：当桩距大于常用桩距时，沉降比随桩距增大而减小。

（3）长径比影响：沉降比随桩的长径比增加而增大。

3.8.5 群桩中基桩端阻

由于群桩效应的影响，桩侧承载力下降，桩端承载力随之提高。群桩中基桩的桩端阻力不仅与桩端持力层强度与变形性质有关，同时因承台、邻桩的相互作用而变化。群桩中基桩的桩端阻力主要受桩间距、承台等因素的影响。

（1）桩距的影响

一般情况下桩端阻力随桩间距减小而增大，这是由于邻桩的桩侧剪应力在桩端平面上重叠，导致桩端平面主应力差减小，及桩端土的侧向变形受到邻桩逆向变形的制约而减小所致。

持力土层性质和成桩工艺的不同，桩距对端阻力的影响程度也不同。相同成桩工艺条件下，群桩中基桩端阻受桩距的影响，黏性土较非黏性土中的上述影响大，密实土较非密实土中的上述影响大。就成桩工艺而言，非饱和土与非黏性土中的挤土桩，其群桩中基桩端阻因挤土效应而提高，提高幅度随桩距增大而减小。

（2）承台的影响

对于低承台群桩基础，当桩长与承台宽度比不大于 2 时，承台土反力传递到桩端平面使主应力差减小，承台具有限制桩土相对位移、减小桩端贯入变形的作用，从而导致桩端阻力提高。承台底地基土愈软，承台效应愈小。

3.8.6 群桩中基桩侧阻

群桩中任一基桩的侧阻发挥性状均不同于单桩，其侧阻发挥值小于单桩，即群桩中基桩侧阻具有群桩效应。其原因是桩间土竖向位移受相邻桩影响而增大，使得相同上部沉降下群桩中桩土相对位移小于单桩中的情况，从而使侧阻发挥小于单桩。同时，承台的存在限制了群桩上部的桩土相对位移，削弱了桩侧摩阻力。随着桩距的增加，群桩效应系数逐渐增大，极限侧阻值随之增大，其工作性状逐渐接近于单桩。

桩侧摩阻力只有在桩土间产生一定相对位移的条件下才能发挥出来，其发挥值与土性、应力状态有关。桩侧阻力主要受桩距、承台及桩长与承台宽度比等因素的影响。

（1）桩距的影响

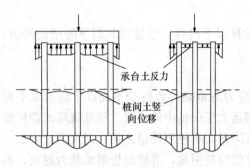

图 3-63　桩距不同时群桩效应

桩间土竖向位移受相邻桩影响增大，桩土相对位移随之减小，如图 3-63 所示。相等沉降条件下，群桩侧阻力发挥值小于单桩。在桩距很小条件下，即使发生很大沉降，群桩中各基桩的侧阻力也不能得到充分发挥（见图 3-63）。

由于桩周土的应力、变形状态受邻桩影响而变化，因此桩间距的大小不仅制约桩土相对位移，影响侧阻发挥所需群桩沉降量，且影响桩土界面的破坏形态。

（2）承台的影响

贴地低承台限制了桩群上部的桩土相对位移，从而使基桩上段的侧阻力发挥值降低，即承台对桩侧摩阻力存在削弱效应，如图 3-64 所示。桩侧摩阻力的承台效应随承台底土体压缩性提高而降低。

承台对桩群上部-桩土相对位移的制约，影响桩身荷载的传递性状。与单桩桩侧摩阻力发挥始于桩身上部土层不同，群桩中基桩的桩侧摩阻力发挥始于桩身下部土层（对于短桩）或桩身中部土层（对于中、长桩）。

（3）桩长与承台宽度比的影响

桩长较小时，桩侧阻力受承台的削弱效应较小；当承台底地基土质较好，桩长与承台宽度比小于 1～1.2 时，承台土反力形成的压力泡包围了整个桩群（图 3-65），桩间土和桩端平面以下土体因受竖向压应力而产生位移，导致桩侧剪应力松弛而使侧阻力降低。当承台底地基土压缩性较高时，侧阻随桩长与承台宽度比的变化将显著减小。

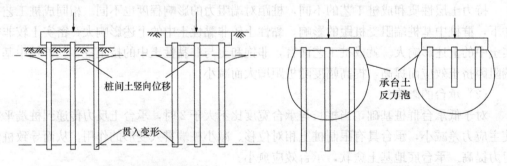

图 3-64　承台高低不同时群桩效应　　　　图 3-65　桩长不同时群桩效应

3.8.7　群桩基础中桩土承台的共同作用

竖向荷载作用下群桩基础中承台、桩群、土形成相互作用、共同工作的体系，其变形和承载力，均受相互作用的影响和制约。

（1）承台底土阻力发挥的条件

端承桩条件下，因桩和桩端土层的刚度远大于桩间土的刚度，承台底土的承载作用无法发挥。对于摩擦桩，一般情况下可考虑承台底土的作用，若桩间土是软土、回填土、湿陷性黄土、液化土等，则桩间土可能因固结下沉而使承台与土体脱离，承台下土体不能传递荷载。此外，降低地下水位、动力荷载作用、挤土桩施工引起土面的抬高等因素也会使桩间土压缩固结，承台底面和土体脱开，承台下土体不能传递荷载，上述情况进行桩基设计时均不能考虑承台底的土阻力。

（2）承台土反力与桩、土变形的关系

桩顶受竖向荷载而向下位移时，桩土间的摩阻力带动桩周土产生竖向剪切位移。均匀土层中距离桩中心任一点 r 处的竖向位移 W_r 可表示为：

$$W_r = \frac{q_s d}{2G} \int_r^{nd} \frac{dr}{r} = \frac{1 + v_s}{E} q_s d \ln \frac{nd}{r} \tag{3-111}$$

式中，v_s 为桩周土泊松比；q_s 为桩侧阻力；d 为桩径；n 为土的变形范围参数，其值 $n=8$ ~15；G 为桩周土剪切模量；E 为桩周土弹性模量。

由式（3-111）可知，桩周土的位移随土的泊松比 v_s、桩侧阻力 q_s、桩径 d、土的变形范围参数 n 的增大而增加，随土的弹性模量 E 和位移点与桩中心距离 r 的增大而减小。对于群桩，桩间土的竖向位移除随上述因素变化外，还因邻桩影响增加而增大，桩距愈小，相邻影响愈大。承台土反力的发生是由于桩顶平面桩间土的竖向位移小于桩顶位移产生接触压缩变形所致。因此，承台土反力与桩、土变形密切相关，并应考虑下述情况：

1）承台底土的压缩性愈低、强度愈高，承台反力愈大。

2）桩距愈大，承台土反力愈大，承台外缘（外区）土反力大于桩群内部（内区）。

3）承台土反力随荷载水平提高，桩端贯入变形增大，桩、土界面出现滑移而提高。

4）桩愈短，桩长与承台宽度比越小，桩侧阻力发挥值越低，承台土反力相应越高。

（3）承台荷载分担比影响因素

承台分担荷载比率随承台底土性、桩侧与桩端土性、桩径与桩长、桩距与排列、承台内、外区的面积比、施工工艺等因素而变化。

当承台底面以下不存在湿陷性土、可液化土、高灵敏度软土、新填土、欠固结土，且不承受经常出现的动力荷载和循环荷载时，可考虑承台分担荷载的作用。承台分担荷载极限值可按式（3-112）计算：

$$P_{cu} = \eta_c f_{ck} A_c \tag{3-112}$$

式中，A_c 为承台有效面积；η_c 为承台土反力群桩效应系数，可按式（3-111）确定；f_{ck} 为承台底地基土极限承载力标准值。

（4）承台土反力的时间效应

受荷初期摩擦型群桩承台底部均产生土反力，分担一部分荷载。由于土的性质、土层分布、群桩几何参数、成桩工艺等差异，承台土反力的时间效应也将不同，可能出现随时间增加而增长或随时间增加而减小的现象。

桩与桩间土的竖向变形见图 3-66。根据承台底桩、土竖向变形相等条件可知：

$$\delta_e + \delta_p + \delta_g = s_c + s_r + s_g + s_f \tag{3-113}$$

式中　δ_e——桩身弹性压缩；

　　　δ_p——桩端贯入变形；

　　　δ_g——因桩端平面以下土体整体压缩引起的桩竖向变形；

　　　s_c——桩间土由于承台作用而产生的压缩变形；

　　　s_r——桩间土由于超孔隙水压消散而引起的自重再固结变形；

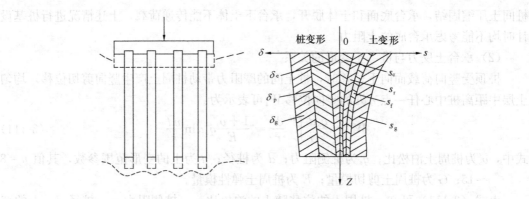

图 3-66 桩、土变形示意图

s_f——桩间土由于桩侧剪应力作用引起的竖向剪切变形；

s_g——桩间土由于桩端平面以下地基土整体压缩而引起的竖向变形。

由于 $\delta_g = s_g$，则式（3-113）可简化为：

$$\delta_e + \delta_p = s_c + s_r + s_f \tag{3-114}$$

由于承台作用桩间土产生的压缩变形 s_c 可表示为：

$$s_c = \delta_e + \delta_p - (s_r + s_f) \tag{3-115}$$

承台底产生接触变形出现土反力的基本条件是 $s_c > 0$。即：

$$\delta_e + \delta_p > (s_r + s_f) \tag{3-116}$$

由式（3-116）可知，桩底平面以下土体整体压缩不影响承台土反力。

加载初始阶段，地基土尚未出现自重固结，$s_r \approx 0$，即 $\delta_e + \delta_p > s_f$。因此，加载初期摩擦型群桩承台底将产生土反力，分担一部分荷载。

承台底桩间土由于受桩的约束，侧向变形和相邻影响较小，因而可假定其符合温克尔模型，承台土反力 σ_c 可表示为：

$$\sigma_c = K_z s_z = K_z [\delta_e + \delta_p - (s_r + s_f)] \tag{3-117}$$

式中　K_z——地基土竖向反力系数（基床系数）；

s_z——承台土的位移。

式（3-117）中桩的弹性压缩 δ_e 可认为不随时间变化，即 $d\delta_e/dt = 0$。因此，加载后一定时间内承台土反力的时间效应可用式（3-118）描述。

$$\frac{d\sigma_e}{dt} = K_z \left[\frac{d\delta_p}{dt} - \left(\frac{ds_r}{dt} + \frac{ds_f}{dt} \right) \right] \tag{3-118}$$

由式（3-118）可知，当 $d\delta_p/dt = ds_r/dt + ds_f/dt$ 时，$d\delta_e/dt = 0$，承台底土反力保持恒定；$d\delta_p/dt > ds_r/dt + ds_f/dt$ 时，$d\delta_e/dt > 0$，即当桩端贯入变形增长率大于桩间土竖向变形增长率，承台土反力将随时间增加而增长；当 $d\delta_p/dt < ds_r/dt + ds_f/dt$ 时，$d\delta_e/dt < 0$，即当桩间土竖向变形随时间的增长率大于桩端贯入变形增长率，承台土反力将随时间增加而减小。

由上述分析可知，影响承台土反力时效性的因素中，桩端贯入变形是主导因素。荷载水平较高时，桩、土间出现剪切滑移，桩端贯入变形 δ_p 较大，导致承台底土反力值 σ_c 较大。若因桩间土固结变形而引起承台底土反力值 σ_c 减小，其荷载将转移到基桩，δ_p 再度增大，从而使承台底土反力值 σ_c 增大，如此循环直至桩基沉降稳定。

3.9 竖向抗压荷载下群桩极限承载力计算方法

如前所述，端承型群桩中承台-桩-土相互作用较小可忽略不计，其极限承载力可取各单桩极限承载力之和。

摩擦型群桩极限承载力的计算需考虑承台-桩-土相互作用特点，根据群桩的破坏模式建立相应的计算模式，才能使计算结果符合实际情况。

根据群桩破坏模式和计算所用参数，群桩极限承载力计算方法可分为：

（1）以单桩极限承载力为参数的承台效应系数法——《建筑桩基技术规范》JGJ 94 规定方法；

（2）以土体强度为参数的极限平衡理论计算方法；

（3）以桩侧阻力和桩端阻力为参数的经验计算方法。

3.9.1 群桩的破坏模式

群桩极限承载力是根据群桩破坏模式确定其计算方法的。若破坏模式判定失当，群桩极限承载力计算值会有较大偏差。群桩的破坏模式分析时涉及群桩侧阻破坏和端阻破坏两方面。

（1）群桩侧阻的破坏模式

传统破坏模式划分方法是将群桩的破坏划分为桩土整体破坏和非整体破坏。

整体破坏是指桩、土形成整体，如同实体基础那样承载和变形，破坏面在桩群外围（图 3-67a）。

非整体破坏是指各桩的桩、土间产生相对位移，各桩侧阻力剪切破坏发生于各桩桩周土体中或桩土界面（硬土），如图 3-67(b) 所示。

影响群桩侧阻破坏模式的因素主要有土性、桩距、承台设置方式和成桩工艺等。

对于砂土、粉土、非饱和松散黏性土中挤土型（打入、压入桩）群桩，在较小桩距（$s_a < 3d$）条件下，群桩桩侧一般呈整体破坏。

对于无挤土效应的钻孔群桩，一般呈非整体破坏。

对于低承台群桩，由于承台限制了桩土的相对位移，在其他条件相同的情况下，低承台较高承台更容易形成桩土的整体破坏。

对于呈非整体破坏的群桩误判为整体破坏，会导致总侧阻力计算值偏低（桩数较少时除外），总端阻力计算偏高。当桩端持力层较好且桩较短时，其总承载力计算值偏高。

（2）群桩端阻的破坏

群桩端阻的破坏包括整体剪切破坏、局部剪切破坏、刺入剪切破坏三种破坏模式。群桩端阻破坏与侧阻破坏模式有关，侧阻呈桩土整体破坏的情况下，桩端演变成底面积与桩群投影面积相等的单独实体墩基（图 3-68a）。由于基底面积大，埋深大，一般不发生整体剪切破坏。只有当桩很短且持力层为密实土层时才可能出现整体剪切破坏（图 3-68b）。

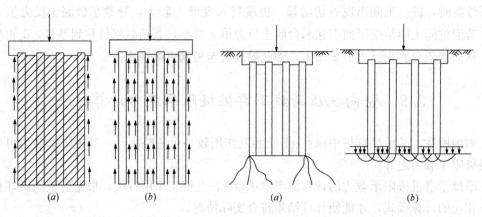

图 3-67　群桩侧阻力的破坏模式
(a) 整体破坏；(b) 非整体破坏

图 3-68　群桩端阻的破坏模式
(a) 整体破坏；(b) 非整体破坏

当群桩侧阻呈单独破坏时，各基桩端阻破坏模式与单桩相似，因桩侧剪应力重叠效应、相邻桩桩端土逆向变形制约效应和承台增强效应而使破坏承载力提高（图 3-68b）。

当桩端持力层厚度有限且其下为软弱下卧层时，群桩承载力还受控于软弱下卧层的承载力。群桩端阻可能破坏模式有：1）群桩中基桩冲剪破坏；2）群桩整体冲剪破坏，见图 3-69。

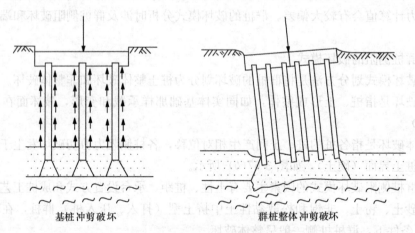

基桩冲剪破坏　　　　　　　　　　群桩整体冲剪破坏

图 3-69　群桩破坏模式

3.9.2　以单桩极限承载力为参数的群桩效应系数方法

单桩竖向承载力特征值 R_a 为：

$$R_{a} = \frac{1}{K} Q_{uk} \tag{3-119}$$

式中，Q_{uk} 为单桩竖向极限承载力标准值；K 为安全系数，取 $K=2$。

对于端承型桩基、桩数少于 4 根的摩擦型柱下独立桩基、或由于地层土性、使用条件等因素不宜考虑承台效应时，基桩竖向承载力特征值应取单桩竖向承载力特征值。

符合下列条件之一的摩擦型桩基宜考虑承台效应确定其复合基桩的竖向承载力特征值：

（1）上部结构整体刚度较好、体型简单的建（构）筑物；

（2）对差异沉降适应性较强的排架结构和柔性构筑物；

（3）按变刚度调平原则设计的桩基刚度相对弱化区；

（4）软土地基的减沉复合疏桩基础。

考虑承台效应且不考虑地震作用时基桩竖向承载力特征值 R 可按式（3-120）确定。即：

$$R = R_a + \eta_c f_{ak} A_c \tag{3-120}$$

考虑承台效应且考虑地震作用时基桩竖向承载力特征值 R 可按式（3-121）确定。即：

$$R = R_a + \frac{\zeta_a}{1.25} \eta_c f_{ak} A_c \tag{3-121}$$

其中

$$A_c = \frac{A - nA_{ps}}{n} \tag{3-122}$$

式中　η_c——承台效应系数，可按表 3-32 取值；

　　　A_c——计算基桩所对应的承台底净面积；

　　　A_{ps}——桩身横截面积；

　　　f_{ak}——承台下 1/2 承台宽度且不超过 5m 深度范围内各土层的地基承载力特征值按厚度加权的平均值；

　　　A——承台计算域面积。对于柱下独立桩基，A 为承台总面积；对于桩筏基础，A 为柱、墙筏板的 1/2 跨距和悬臂边 2.5 倍筏板厚度所围成的面积；桩集中布置于单片墙下的桩筏基础，取墙两边各 1/2 跨距围成的面积，按条基计算 η_c；

　　　ζ_a——地基抗震承载力调整系数，应按《建筑抗震设计规范》GB 50011 采用。

当承台底为可液化土、湿陷性土、高灵敏度软土、欠固结土、新填土时，沉桩引起超孔隙水压力和土体隆起时，不宜考虑承台效应，取 $\eta_c = 0$。

承台效应系数 η_c 表 3-32

B_c/L ＼ S_a/d	3	4	5	6	＞6
≤0.4	0.06～0.08	0.14～0.17	0.22～0.26	0.32～0.38	
0.4～0.8	0.08～0.10	0.17～0.20	0.26～0.30	0.38～0.44	0.50～0.80
＞0.8	0.10～0.12	0.20～0.22	0.30～0.34	0.44～0.50	
单排桩条基	0.15～0.18	0.25～0.30	0.38～0.45	0.50～0.60	

注：1. 表中 S_a/d 为桩中心距与桩径之比；B_c/L 为承台宽度与桩长之比。当计算基桩为非正方形排列时，$s_a = \sqrt{A/n}$，A 为承台计算域面积，n 为总桩数；

　　2. 对于桩布置于墙下的箱、筏承台，η_c 可按单排桩基取值；

　　3. 对于单排桩条形承台，当承台宽度小于 1.5d 时，η_c 按非条形承台取值；

　　4. 对于采用后注浆灌注桩的承台，η_c 宜取低值；

　　5. 对于饱和黏性土中的挤土桩基、软土地基上的桩基承台，η_c 宜取低值的 0.8 倍。

3.9.3 以土强度为参数的极限平衡理论方法

群桩侧阻的破坏可分为桩、土整体破坏和非整体破坏（各基桩单独破坏）；群桩端阻的破坏可能呈整体剪切、局部剪切、刺入剪切（冲剪）三种破坏模式。根据侧阻、端阻的破坏模式分述群桩极限承载力的极限平衡理论计算方法。

3.9.3.1 低承台侧阻呈桩、土整体破坏

对于小桩距（$s_a \leqslant 3d$）挤土型低承台群桩，其侧阻一般呈桩、土整体破坏，即侧阻剪切破裂面发生于桩群、土形成的实体基础的外围侧表面（图3-70）。因此，群桩的极限承载力计算可视群桩为"等代墩基"或实体深基础，取如下两种计算式中的较小值。

（1）群桩极限承载力 P_u 为等代墩总侧阻力与总端阻力之和（图3-70a），其值可计算为：

$$P_u = P_{su} + P_{pu}$$
$$= 2(A+B)\sum l_i q_{sui} + AB q_{pu}$$

$$(3-123)$$

（2）假定等代墩基或实体深基外围侧阻传递的荷载呈面 $\bar\varphi/4$ 扩散分布于基底（图3-70b），相应的群桩极限承载力 P_u 为：

$$P_u = \left(A + 2L\tan\frac{\bar\varphi}{4}\right)\left(B + 2L\tan\frac{\bar\varphi}{4}\right)q_{pu}$$

$$(3-124)$$

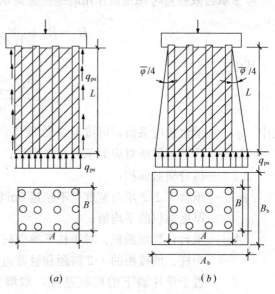

图3-70　侧阻呈桩、土整体破坏的计算模式
(a) 不考虑扩散；(b) 考虑扩散

式中　A、B、L——等代墩基底面的长度、宽度和桩长（图3-70）；

l_i——桩侧第 i 层土厚度；

q_{sui}——桩侧第 i 层土的极限侧阻，其值计算方法可参见3.6.3.1节；

q_{pu}——等代墩基底面单位面积极限承载力，其值计算方法可参见3.6.3.2节；

$\bar\varphi$——桩侧各土层内摩擦角加权平均值。

对于桩端持力层为非密实土层的小桩距挤土型群桩，虽然侧阻呈桩、土整体破坏而类似于墩基，但墩底地基由于土的体积压缩影响一般不出现整体剪切破坏，而是呈局部剪切、刺入剪切破坏。对于局部剪切破坏模式，Terzaghi 建议对土的强度参数 c、φ 值进行折减以计算非整体剪切破坏条件下的极限承载力。即：

$$\begin{cases} c' = c \\ \varphi' = \tan^{-1}\left(\frac{2}{3}\tan\varphi\right) \end{cases}$$

$$(3-125)$$

计算公式与整体剪切破坏相同。

由上述极限端阻计算公式可知，群桩极限承载力 P_u 随等代墩基宽度 B 增加而增大，当 B 很大时与实际不符，相关规范规定，当 $B > 6\mathrm{m}$ 时，按 $B = 6\mathrm{m}$ 计算。因此，以土强

度为参数的极限平衡理论法计算的群桩极限承载力值一般偏高，其安全系数一般取
2.5～3。

3.9.3.2 高承台侧阻呈桩土非整体破坏

对于非挤土型群桩，其侧阻多呈各基桩单独破坏，即侧阻的剪切破裂面发生于各基桩
的桩、土界面或临近桩表面的土体中。这种侧阻非整体破坏模式还可能发生在饱和土中不
同桩距的挤土型高承台群桩。若忽略群桩效应和承台分担荷载的作用，侧阻呈非整体破坏
的群桩极限承载力 P_u 可表示为：

$$P_u = P_{su} + P_{pu} = n_p U \sum l_i q_{sui} + n_p A_b q_{pu} \tag{3-126}$$

式中，n_p 为群桩中的桩数；U 为桩的周长；l_i 为桩侧第 i 层土厚度；A_b 为桩端面积。

由于侧阻呈各桩单独破坏，其端阻也类似于独立单桩随持力层土性、入土深度、上覆
土层性质等不同而呈整体剪切、局部剪切、刺入剪切破坏。因此，极限侧阻 q_{su} 计算方法
可参见 3.6.3.1 节，极限端阻 q_{pu} 计算方法可参见 3.6.3.2 节。

3.9.4 以侧阻、端阻为参数的经验计算方法

在确定单桩极限侧阻和极限端阻的情况下，群桩极限承载力可采用上述极限平衡理论
方法相似的模式，按侧阻破坏模式分两类计算群桩极限承载力。

3.9.4.1 侧阻呈桩、土整体破坏

群桩极限承载力的计算公式与式（3-123）相同，计算时所需的极限侧阻值 q_{su}、极限
端阻值 q_{pu} 可根据具体条件、工程的重要性采用单桩原型试验法、土的原位测试法、经验
法确定和 3.6.3 节计算方法获得。

大直径桩极限端阻值低于常规直径桩的极限端阻值。对于类似于大直径桩的"等代墩
基"的极限端阻值也随平面尺寸增大而降低，故 q_{pu} 值应乘以折减系数 η_b。即：

$$\eta_b = \left(\frac{0.8}{D}\right)^n \tag{3-127}$$

式中，D 为等代墩基底面直径或短边长度；n 根据土性取值，对于黏性土、粉土，$n=1/4$；对于砂土、碎石土，$n=1/3$。

3.9.4.2 侧阻呈桩、土非整体破坏

群桩极限承载力计算公式与式（3-127）相同，计算时所需的极限侧阻值 q_{su} 和极限端
阻值 q_{pu} 可根据具体条件、工程的重要性通过单桩原型试验法、土的原位测试法、经验法
确定和 3.6.3 节计算方法获得。

当试验单桩的地质、几何尺寸、成桩工艺等与工程桩一致时，则可按式（3-128）确
定群桩极限承载力 P_u。即：

$$P_u = n_p Q_u \tag{3-128}$$

式中，Q_u 为单桩的极限承载力。

按式（3-126）或式（3-128）计算侧阻非整体破坏情况下的群桩极限承载力的简单模
式；忽略了承台、桩、土相互作用产生的群桩效应，其计算值可能会显著低于群桩实际承
载力。

3.10 超高层群桩基础受力性状现场试验分析

温州世贸中心主楼为 68 层，高 323m，裙楼 8 层，地下室 4 层，筒中筒结构。温州世贸中心总用地面积 31000m²，建筑面积 229450m²，群桩基础平面布置如图 3-71 所示，工程地质状况见表 3-33。本工程基础设计采用大直径钻孔灌注桩，桩长为 80～120m，桩径为 1.1m，桩身采用 C40 混凝土，持力层为中风化基岩，入持力层深度不小于 0.5m。设计要求单桩竖向承载力特征值为 12000kN。

各土层的物理力学参数指标 表 3-33

层次	岩土名称	层厚	含水量 (%)	重度 (kN·m⁻³)	I_P	I_L	E_s (MPa)	q_{sk} (kPa)	q_{pk} (kPa)
①	杂填土	2.84～5.15	43.5	17.38	20.4	0.932			
②	黏土	0.3～1.7	33.9	18.77	21.3	0.515	4	22	
③₁	淤泥	9.8～13.7	70.1	15.67	23.9	1.747	1	10	
③₂	淤泥	5.9～11.4	64.7	16.1	23.5	1.561	1.5	16	
③₃	淤泥质黏土	1.5～9.6	50.5	17.27	22.5	1.121	2.8	20	
④₁	黏土	0.9～5.55	32.9	19.06	20.5	0.501	5.5	45	500
④₂	黏土	0.9～15.7	40.9	18.2	22.1	0.734	4.5	35	400
⑤₁	粉质黏土夹黏土	1.3～9.2	29.9	19.33	16.2	0.519	6	47	550
⑤₂	黏土	1.0～11.6	37	18.55	20.9	0.648	5	40	450
⑤₃	粉砂夹粉质黏土	0.6～11.7	26.1	19.26	8.1	0.673	6.5	50	700
⑤₄	泥炭质土	0.4～3.0	39.8	18	18.4	0.763	4	35	
⑥₁	黏土夹粉质黏土	1.7～8.1	29.6	19.49	18.1	0.431	6.5	55	800
⑥₂	黏土	1.0～10.2	36.8	18.4	20.1	0.648	5	40	450
⑦₁	黏土夹粉质黏土	0.3～8.7	30.7	19.12	17.6	0.52	6.5	55	800
⑦₂	黏土	1.6～13.5	38.8	18.4	23	0.621	5	40	450
⑦₃	含粉质黏土粉砂	0.75～4.2					6.5	50	700
⑧	粉质黏土混砾石	0.2～10.9					6	50	700
⑨₁₋₁	全风化基岩	2.7～30.2					7	55	1200
⑨₁₋₂	全风化基岩	7.1～48.7					8.5	70	2500
⑨₂	强风化基岩	1.0～26.6						90	5000
⑨₃	中风化基岩	2.1～26.4						500	10000

为分析该超高层建筑建造过程中的沉降规律，共设置沉降观测点 79 个。有代表性的沉降监测点示意于图 3-72 中。选取该超高层建筑 5～68 层完成时 6 个时段所有测点测得的数据绘制沉降等值线图，如图 3-73 所示。根据具有代表性的测点的数据绘制南北方向和东西方向沉降剖面图，如图 3-74 所示。

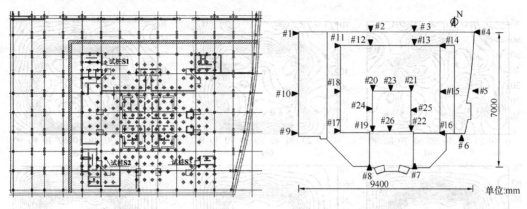

图 3-71　温州世贸中心桩位平面图　　　　图 3-72　测点的平面布置图（单位：mm）

由沉降等值线图 3-73 和测点沉降剖面图 3-74 可知，主楼核心筒沉降最大，约为 17mm，此处沉降等值线较稀疏，说明核心筒整体性较好，沉降变化不明显。从主楼核心筒向四周裙房沉降等值线逐渐变得密集，沉降变化明显，周边裙房位置处，等高线逐渐稀疏，沉降变化不再明显。从主楼核心筒向四周裙房沉降逐渐减少，且大体对称，形状如锅形。

由图 3-73（a）～（c）可知，荷载水平较低时（主楼层数较少时，小于 15 层），沉降等值线数值较小，且较均匀，如第 10 层封顶时内外沉降差在 1～2mm 之间，该大楼沉降较为一致且沉降值较小。当主楼层数达到 15 层时，此时裙楼已经竣工，沉降增长主要发生在主楼核心筒部分，曲线呈下凹趋势。随着主楼层数的增加，下凹趋势越来越明显，逐渐形成锅状曲线，如图 3-73（d）～（f）。尽管裙楼已经竣工，但主楼层数的增加仍对其沉降有一定的影响，主楼层数的增加会促使裙楼沉降的延续，这种现象称为相邻荷载的"促沉作用"。裙楼基础若是桩长选择不当，相邻荷载的这种促沉作用会使得裙楼沉降增加很多，出现主楼沉降小裙楼沉降大的现象，严重的可形成台阶状坎。裙楼和主楼之间会由于应力叠加造成沉降增大，应引起工程上的注意。

由 3-73（g）～（i）可知，当上部荷载达到一定值时，或者说主楼核心筒沉降达到一定值后，主楼对裙楼的影响逐渐减小，裙楼的沉降不但没有继续加大，等值线反而有更加稀疏的迹象。由图 3-74 可知，裙楼上测点的沉降会出现随着主楼层数增加而减少的现象如测点 10、测点 5、测点 8 和测点 2，即裙楼在主楼层数增加的时候会出现轻微上翘。这主要是由于主楼核心筒沉降相对裙楼沉降较大引起的，这种相对较大的沉降会产生对裙楼的"牵拉作用"。若是主楼相对于裙楼沉降过大，这种牵拉作用就会很强，裙楼可能会由于这种牵拉作用而产生上浮现象，因此，有必要在高差较大的主裙楼设计时考虑布置相当数量的抗拔桩，以消除这种牵拉作用的影响。

需要说明的是，主楼对裙楼的"促沉作用"和"牵拉作用"是不矛盾的。设计时有必要综合考虑这两方面的影响。

选取图 3-72 中具有代表性的裙楼角点测点 1、裙楼边点测点 8、主楼角点测点 19、主楼边点测点 44、主楼核心筒角点测点 40、主楼核心筒边点测点 50 和主楼中心点 30，将各测点的沉降数据随主楼层数的变化关系表示出来，如图 3-75 所示。

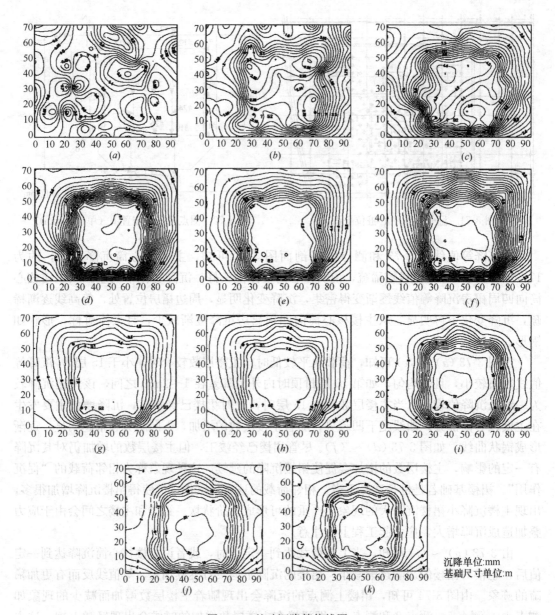

图 3-73　基础沉降等值线图

(a) 5 层结顶时沉降平面等值线图；(b) 10 层结顶时沉降平面等值线图；(c) 15 层结顶时沉降平面等值线图；
(d) 25 层结顶时沉降平面等值线图；(e) 30 层结顶时沉降平面等值线图；(f) 40 层结顶时沉降平面等值线图；
(g) 45 层结顶时沉降平面等值线图；(h) 50 层结顶时沉降平面等值线图；(i) 65 层结顶时沉降平面等值线图；
(j) 68 层结顶时 9 个月后沉降平面等值线图；(k) 68 层结顶时 10 个月后沉降平面等值线图

　　由图 3-75 可知，裙楼 8 层结顶后 (180d)，其沉降并未完成，主楼的"促沉"作用会使得裙楼沉降得以延续。在主楼 15 层完成前，裙楼的沉降变化明显，其沉降随主楼层数的增加而增大，且增加幅度较大。当主楼层数增加到 15 层 (300d) 以后，裙楼沉降趋于稳定，其值较小，约为 3~4mm。主楼层数达到 30 层后，出现裙楼轻微上翘的现象。在主楼 15 层完成前，主楼上测点 19 和测点 44 的沉降变化明显，当层数超过 15 层以后，其

140

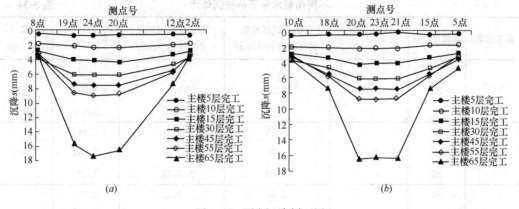

图 3-74 测点沉降剖面图

(a) 南北方向测点 5 至测点 2 施工过程沉降剖面图；(b) 东西方向测点 10 至测点 5 施工过程沉降剖面图

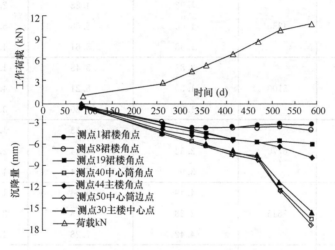

图 3-75 测点沉降随主楼层数的变化关系曲线

沉降变化幅度减小，45 层以后，主楼角点 19 的沉降趋于稳定，其值较小，约为 5～6mm，边点 44 在 55 层（543d）以后还有较大的沉降增速。15 层完成前，主楼核心筒上测点沉降和其他测点的变化规律相同，但其值比其他测点沉降值大。15～55 层完成期间，主楼核心筒上测点沉降变化依然明显，只是变化幅度较 15 层以前有所变缓。55 层以后，主楼核心筒沉降急剧增加，65 层完成时其沉降值达到 17mm 左右。由图 3-75 可知，裙楼、主楼、主楼核心筒上角点和边点的沉降值相差不大，可以认为建筑物的整体变形是协调的。

常用桩距条件下，由于相邻桩的群桩效应导致群桩中基桩的累计沉降量和延续时间大于单桩。群桩沉降效应可用相同荷载下群桩沉降量 s_G 与单桩沉降量 s_S 之比，即沉降比 R_s 表示。试桩 S1、S2 和 S3 在荷载 2540kN，5100kN，7615kN 和 11000kN 时的单桩静载荷试验的桩顶沉降值如表 3-30 所示，大楼在 15 层、30 层、45 层和 65 层完成时的单桩分担的荷载分别相当于荷载 2540kN，5100kN，7615kN 和 11000kN，同时也可获得实测的试桩 S1、S2 和 S3 的沉降值。不同荷载水平下群桩沉降比 R_s 值见表 3-34。

施工层数	试桩号位置	对应荷载 (kN)	单桩静载试验桩顶沉降值 s_S（mm）	群桩中对应试桩实测值 s_G（mm）	$R_s = s_G / s_S$	R_s 平均值
5	S1	850	0.46	0.55	1.204	1.438
	S2		0.28	0.43	1.518	
	S3		0.36	0.57	1.592	
10	S1	1700	0.63	2.20	3.484	4.817
	S2		0.39	2.17	5.564	
	S3		0.60	3.22	5.403	
15	S1	2540	1.08	3.87	3.583	5.100
	S2		0.67	4.24	6.328	
	S3		0.81	4.37	5.388	
25	S1	4230	1.92	4.88	2.542	3.962
	S2		1.06	5.58	5.264	
	S3		1.38	5.61	4.080	
30	S1	5100	2.83	5.48	1.936	3.280
	S2		1.39	6.21	4.464	
	S3		1.80	6.20	3.441	
40	S1	6770	3.77	6.33	1.679	2.122
	S2		2.52	7.24	2.871	
	S3		3.93	7.14	1.817	
45	S1	7615	4.49	6.54	1.457	1.760
	S2		3.38	7.36	2.178	
	S3		4.42	7.28	1.647	
50	S1	8460	5.37	6.62	1.233	1.438
	S2		4.22	7.52	1.781	
	S3		5.70	7.41	1.300	
65	S1	11000	7.86	11.19	1.424	1.362
	S2		10.87	15.09	1.388	
	S3		11.84	15.08	1.274	

注：温州世贸中心桩间距为 $3d$，即 3.3m。

由表 3-34 可知，当单桩荷载水平在 850kN（5 层）时，群桩效应沉降比 R_s 约为 1.2～1.6，平均值为 1.438；当单桩荷载水平在 2540kN（15 层）时，群桩效应沉降比 R_s 约为 3～6，平均值为 5.100；当单桩荷载水平在 5100kN（30 层）时，群桩效应沉降比 R_s 约为 2～4，平均值为 3.280；当单桩荷载水平在 7615kN（45 层）时，群桩效应沉降比 R_s 约为 1.6～2，平均值为 1.760；当单桩荷载水平在 11000kN（65 层）时，群桩效应沉降比 R_s 约为 1.2～1.4，平均值为 1.362。群桩效应沉降比 R_s 受荷载水平的影响较大，荷载水平达到某值时，群桩效应沉降比 R_s 存在峰值。

处于主楼边缘与裙楼相接处的 S1 群桩效应沉降比变化幅度最小，在 3.2～1.2 之间，处于主楼中心筒的 S2、S3 群桩效应沉降比变化较大，在 1.2～6 之间。8 层以下时主裙楼同时修建，处于应力叠加区的 S1 相对 S2、S3 桩间土和底板底面土提早进入工作状态，分担荷载，因此其沉降比变化量并不大。

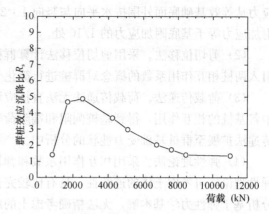

图 3-76 群桩效应沉降比与上部荷载关系曲线

由图 3-76 可知，荷载水平对 R_s 的影响较大。当荷载很小时，群桩间应力叠加区域较小，桩-桩间的影响不明显，5 层完工时 R_s 值很小。随着荷载水平的增加，桩-桩间的应力区互相叠加的范围变大，群桩效应愈加显著，R_s 急剧上升，桩顶荷载水平约为 2500kN 时 R_s 达到最大值。之后随荷载水平逐渐增加，桩土共同作用愈加明显，承台底面土和桩间土逐渐分担荷载，形成承台-桩-土共同作用，群桩基础中单桩桩顶荷载相对减小，R_s 随之降低。

3.11　竖向抗压荷载下群桩沉降的计算方法

竖向荷载作用下，由桩群、土和承台组成的群桩变形性状是桩、承台、地基土间相互作用的结果。因群桩中各基桩的相互作用，群桩桩端存在应力叠加现象，群桩影响范围大于单桩影响范围。当桩端存在软弱下卧层时，单桩的承载力和变形满足设计要求，群桩的承载力和变形不一定能满足设计要求（图 3-77）。群桩沉降及其受力性状与单桩明显不同，群桩沉降计算是一个非常复杂的问题，其受土的类别与性质、群桩几何尺寸（如桩间距、桩长、桩数、桩径、桩基宽度与桩长比值等）、成桩工艺、荷载大小、承台设置方式以及桩土间相互作用等因素影响。

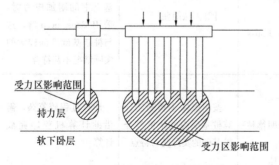

图 3-77　单桩和群桩的影响范围

目前群桩沉降常用计算方法主要有：

（1）规范法。《建筑桩基技术规范》JGJ 94 中规定对于桩中心距不大于 6 倍桩径的桩基，其最终沉降量计算时可采用等效分层总和法。计算时假设等效作用面位于桩端平面，等效作用面积为桩承台投影面积，等效作用附加应力近似取承台底平均附加应力。《建筑地基基础设计规范》GB 50007 中采用单向压缩分层总和法来计算桩基础的最终沉降量。计算时假定实体基础底面在桩端平面处，只计算桩端以下地基土的压缩变形，不考虑桩间土对桩基沉降的影响；考虑侧向摩阻力的扩散作用；通过沉降经验系数修正。美国桥梁设计规范中计算群桩沉降时假定荷载作用在等效基础上，等效基础支承底面面积为外围桩群所围成的面积，等效基础底面位置为群桩入土深度的 2/3 处，若上覆土层为软土层，则等效基础底面位置取为桩基进入下部硬土层深度的 2/3 处。附加应力从等效基础底面外围按水平向与竖向 1：2 向下扩散。压缩层厚度通常计算到地基土附加应力等于基底附加应力的 1/10 处。

（2）剪切位移法。采用剪切位移法计算群桩基础沉降时，需考虑群桩间的相互作用。引入两桩相互作用系数的概念对群桩进行简化分析。

（3）荷载传递法。荷载传递法无法直接应用于群桩分析。结合剪切位移法并考虑群桩中各基桩的相互作用，得到基桩侧阻和端阻荷载传递函数中各参数的确定方法，可将荷载传递法扩展至群桩基础受力性状的分析中。

（4）弹性理论法。采用相互作用系数和弹性理论叠加原理，将两桩结果扩展至群桩。弹性理论法可考虑土体的连续性，具有比较完善的理论基础，已形成比较完善的体系。其分析基于弹性力学基本解，无法精确考虑土的成层性和非线性。

（5）简化方法，如沉降比法等。沉降比法中将单桩桩顶承受平均荷载的荷载-沉降曲线乘以一个反映群桩相互作用效应的群桩沉降比可获得群桩荷载-沉降曲线。

（6）有限元法、边界元法和有限条分法等数值方法。该方法是群桩沉降计算方法中最为有效和准确的方法之一，但上述数值方法建模复杂，计算工作量大，某些计算参数不易获取，难以在实际工程中得到广泛应用。

由于群桩沉降涉及的因素很多，至今还没有一种既能反映土的非线性、固结和流变性质，又能在漫长的沉降过程中反映出桩与土的界面上相互作用力不断变化性状的计算模式。

目前，竖向受荷群桩沉降常见计算方法主要有等代墩基法，明德林-盖得斯法，《建筑地基基础设计规范》方法和《建筑桩基技术规范》方法等，见表 3-35。

竖向受荷群桩承载特性常用计算方法 表 3-35

计算方法	假定条件	优点	缺点
等代墩基法	◇ 不考虑桩间土压缩变形对桩基沉降的影响，即假想实体基础底面在桩端平面处； ◇ 考虑侧面摩阻力的扩散作用； ◇ 桩端以下地基土的附加应力按 Boussinesq 解确定	计算方法简便	未考虑桩间土的压缩变形，计算桩端以下地基土中的附加应力时，采用 Boussinesq 解，这与桩基础埋深较大的实际情况不甚符合
明德林-盖得斯法	◇ 假定承台是柔性的； ◇ 桩群中各桩承受的荷载相等； ◇ 桩端平面以下土中的附加应力按明德林-盖得斯解分布； ◇ 各层土的压缩量按分层总和法计算	按明德林-盖得斯法计算桩基受力性状更符合桩基础的实际受力特点	计算过程较复杂，需借助计算机程序完成计算
《建筑地基基础设计规范》GB 50007 方法	◇ 实体基础底面在桩端平面处，只计算桩端以下地基土的压缩变形，不考虑桩间土对桩基沉降的影响； ◇ 桩端地基土附加应力采用 Boussinesq 解； ◇ 考虑侧向摩阻力的扩散作用； ◇ 通过沉降经验系数修正沉降计算结果	考虑应力扩散作用，计算简单明了	未考虑桩间土的压缩变形，不能反映桩距、桩数等因素的变化对桩端平面以下地基土中附加应力的影响

计算方法	假定条件	优点	缺点
《建筑桩基技术规范》 JGJ 94 方法	◇ 不考虑桩基侧面应力的扩散作用； ◇ 将承台视作直接作用在桩端平面，即实体基础的尺寸等同于承台尺寸，且作用在实体基础底面的附加应力也取为承台底的附加应力； ◇ 引入了等效沉降系数来修正附加应力	◇ 计算附加应力考虑桩距、桩径、桩长； ◇ 引入等效沉降系数来修正附加应力； ◇ 计算简单方便	未考虑桩间土的压缩变形，直接将承台底部的附加应力当作桩端附加应力，导致压缩层厚度取值变大，最终计算结果可能偏大

3.11.1 《建筑桩基技术规范》JGJ 94 计算方法

3.11.1.1 桩中心距不大于 6 倍桩径的群桩沉降计算方法

对于桩中心距不大于 6 倍桩径的桩基，其最终沉降量计算可采用等效作用分层总和法。等效作用面位于桩端平面，等效作用面积为桩承台投影面积，等效作用附加应力近似取承台底平均附加应力。等效作用面以下的应力分布采用各向同性均质直线变形体理论进行分析，计算模式如图 3-78 所示。桩基任一点最终沉降量可采用角点法按式 (3-129) 计算的获得。即：

$$S = \psi \cdot \psi_e \cdot S'$$

$$= \psi \cdot \psi_e \cdot \sum_{j=1}^{m} p_{0j} \sum_{i=1}^{n} \frac{z_{ij}\overline{\alpha}_{ij} - z_{(i-1)j}\overline{\alpha}_{(i-1)j}}{E_{si}}$$

$$(3-129)$$

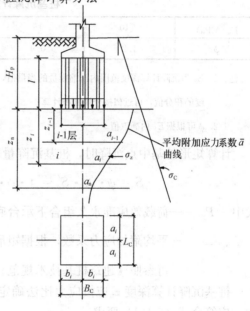

图 3-78 桩基沉降计算示意图

式中　S——桩基最终沉降量；

　　　S'——采用 Boussinesq 解，按实体深基础分层总和法计算的桩基沉降量；

　　ψ——桩基沉降计算经验系数，无当地可靠经验时，桩基沉降计算经验系数 ψ 可参照表 3-36。对于采用后注浆施工工艺的灌注桩，桩基沉降计算经验系数应根据桩端持力土层类别，乘以 0.7 （砂、砾、卵石）～0.8 （黏性土、粉土）折减系数；饱和土中采用预制桩（不含复打、复压、引孔沉桩）时，应根据桩距、土质、沉桩速率和顺序等因素，乘以 1.3～1.8 挤土效应系数，土的渗透性低，桩距小，桩数多，沉降速率快时取大值；

　　ψ_e——桩基等效沉降系数，其值为相同基础平面尺寸条件下，按不同几何参数刚性承台群桩 Mindlin 位移解沉降计算值与不考虑群桩侧面剪应力和应力不扩散实体深基础 Boussinesq 解沉降计算值二者之比。对两者沉降比值进行回归分析，可用式（3-132）进行计算。《建筑桩基技术规范》JGJ 94 引入桩基等效沉降系数 ψ_e 实质上包含了按 Mindlin 位移解计算桩基础沉降时附加应力及桩群几何参数的影响；

p_{0j}——第 j 块矩形底面在荷载效应准永久组合下的附加压力；

m——角点法计算点对应的矩形荷载分块数；

n——桩基沉降计算深度范围内划分的土层数；

E_{si}——等效作用面以下第 i 层土的压缩模量，采用地基土在自重压力至自重压力加附加压力作用时的压缩模量；

z_{ij}、$z_{(i-1)j}$——桩端平面第 j 块荷载作用面至第 i 层土、第 $i-1$ 层土底面的距离；

$\bar{\alpha}_{ij}$、$\bar{\alpha}_{(i-1)j}$——桩端平面第 j 块荷载计算点至第 i 层土、第 $i-1$ 层土底面深度范围内平均附加应力系数，可参照《建筑桩基技术规范》JGJ 94 选用。

桩基沉降计算经验系数 ψ 表 3-36

$\bar{E}_s$ (MPa)	$\leqslant 10$	15	20	35	$\geqslant 50$
ψ	1.2	0.9	0.65	0.5	0.4

注：1. $\bar{E}_s$ 为沉降计算深度范围内压缩模量的当量值，$\bar{E}_s = \Sigma A_i / \Sigma \dfrac{A_i}{E_{si}}$，其中 A_i 为第 i 层土附加压力系数沿土层厚度的积分值，可近似按分块面积计算；

    2. ψ 可根据 $\bar{E}_s$ 内插取值。

计算矩形桩基中点沉降时，桩基沉降量可按式（3-130）简化计算。即：

$$S = \psi \cdot \psi_e \cdot S' = 4 \cdot \psi \cdot \psi_e \cdot p_0 \sum_{i=1}^{n} \frac{z_i \bar{\alpha}_i - z_{i-1} \bar{\alpha}_{i-1}}{E_{si}} \tag{3-130}$$

式中 P_0——荷载效应准永久组合下承台底的平均附加应力；

    $\bar{\alpha}_i$、$\bar{\alpha}_{i-1}$——平均附加应力系数，根据矩形长宽比 a/b 及深宽比 $\dfrac{z_i}{b} = \dfrac{2z_i}{B_c}$，$\dfrac{z_{i-1}}{b} = \dfrac{2z_{i-1}}{B_c}$，可参照《建筑桩基技术规范》JGJ 94 选用。

桩基沉降计算深度 z_n 应按应力比法确定，即计算深度处的附加应力 σ_z 与土的自重应力 σ_c 应符合式（3-131）要求。

$$\sigma_z = \sum_{j=1}^{m} a_j p_{0j} \leqslant 0.2 \sigma_c \tag{3-131}$$

式中，a_j 为附加应力系数，可根据角点法划分的矩形长宽比及深宽比参照《建筑桩基技术规范》JGJ 94 选用。

桩基等效沉降系数 ψ_e 可按式（3-132）计算：

$$\psi_e = C_0 + \frac{n_b - 1}{C_1(n_b - 1) + C_2} \tag{3-132}$$

$$n_b = \sqrt{n_p \cdot B_c / L_c} \tag{3-133}$$

式中 n_b——矩形布桩时短边布桩数，当布桩不规则时可按式（3-133）近似计算，$n_b > 1$；

   L_c、B_c、n_p——分别为矩形承台的长、宽及总桩数；

   C_0、C_1、C_2——根据群桩距径比 s_a/d、长径比 l/d 及基础长宽比 L_c/B_c 按《建筑桩基技术规范》JGJ 94 选用。

当布桩不规则时，等效距径比可按式（3-134）和式（3-135）近似计算。即：

圆形桩：

$$\frac{s_a}{d} = \frac{\sqrt{A}}{\sqrt{n \cdot d}} \qquad (3-134)$$

方形桩：

$$\frac{s_a}{d} = 0.886 \frac{\sqrt{A}}{\sqrt{n \cdot b}} \qquad (3-135)$$

式中，A 为桩基承台总面积；b 为方形桩截面边长。

桩基沉降计算时，应采用叠加原理考虑相邻基础荷载的影响。桩基等效沉降系数可按独立基础计算。

桩基形状不规则时，可采用等代矩形面积计算桩基等效沉降系数，等效矩形的长宽比可根据承台实际尺寸和形状确定。

3.11.1.2 单桩、单排桩、疏桩基础沉降计算方法

(1) 承台底地基土不分担荷载

桩端平面以下地基中由基桩引起的附加应力，按考虑桩径影响的 Mindlin 解［参见《建筑桩基技术规范》JGJ 94 附录表］计算确定。将沉降计算点水平面影响范围内各基桩对应力计算点产生的附加应力叠加，采用单向压缩分层总和法计算土层的沉降，并考虑桩身压缩的影响。桩基最终沉降量可按式（3-136）计算：

$$s = \psi \sum_{i=1}^{n} \frac{\sigma_{zi}}{E_{si}} \Delta z_i + s_e \qquad (3-136)$$

$$\sigma_{zi} = \sum_{j=1}^{m} \frac{Q_j}{l_j^2} [\alpha_j I_{p,ij} + (1 - \alpha_j) I_{s,ij}] \qquad (3-137)$$

$$s_e = \zeta_e \frac{Q_j l_j}{E_c A_p} \qquad (3-138)$$

式中 m——以沉降计算点为圆心，0.6 倍桩长为半径的水平面影响范围内的基桩数；

n——沉降计算深度范围内土层的计算分层数；分层数应结合土层性质，分层厚度不应超过计算深度的 0.3 倍；

σ_{zi}——水平面影响范围内各基桩对应力计算点桩端平面以下第 i 层土 1/2 厚度处产生的附加竖向应力之和，且应力计算点应取与沉降计算点最近的桩中心点；

Δz_i——第 i 计算土层厚度；

E_{si}——第 i 计算土层的压缩模量，采用土的自重压力至土的自重压力加附加压力作用时的压缩模量；

Q_j——第 j 桩在荷载效应准永久组合作用下桩顶附加荷载；当地下室埋深超过 5m 时，取荷载效应准永久组合作用下的总荷载为考虑回弹再压缩的等代附加荷载；

l_j——第 j 桩桩长；

A_p——桩身横截面积；

E_c——桩身混凝土的弹性模量；

α_j——第 j 桩总端阻与桩顶荷载之比，近似取极限总端阻与单桩极限承载力之比；

$I_{p,ij}$、$I_{s,ij}$——分别为第 j 桩的桩端阻力和桩侧阻力对计算轴线第 i 计算土层 1/2 厚度处的

应力影响系数，可按《建筑桩基技术规范》JGJ 94 确定；

s_e——桩身压缩量；

ζ_e——桩身压缩系数。端承型桩，取 $\zeta_e = 1.0$；摩擦型桩，当长径比 $l/d \leqslant 30$ 时，取 $\zeta_e = 2/3$；$l/d \geqslant 50$ 时，取 $\zeta_e = 1/2$；介于两者之间可线性插值；

ψ——沉降计算经验系数，无当地经验时，可取 1.0。

（2）承台底地基土分担荷载

将承台底土压力对地基中某点产生的附加应力按 Boussinesq 解［参见《建筑桩基技术规范》JGJ 94 附录表］计算，与基桩产生的附加应力叠加。最终沉降量可按式（3-139）计算：

$$s = \psi \sum_{i=1}^{n} \frac{\sigma_{zi} + \sigma_{zci}}{E_{si}} \Delta z_i + s_e \tag{3-139}$$

$$\sigma_{zci} = \sum_{k=1}^{u} \alpha_{ki} \cdot p_{c,k} \tag{3-140}$$

式中　σ_{zci}——承台压力对应力计算点桩端平面以下第 i 计算土层 1/2 厚度处产生的应力；可将承台板划分为 u 个矩形块，可按《建筑桩基技术规范》JGJ 94 附录表采用角点法计算；

$p_{c,k}$——第 k 块承台底均布压力，可按 $P_{c,k} = \eta_{c,k} f_{ak}$ 取值，其中 $\eta_{c,k}$ 为第 k 块承台底板的承台效应系数，可按表 3-32 确定；f_{ak} 为承台底地基承载力特征值；

α_{ki}——第 k 块承台底角点处，桩端平面以下第 i 计算土层 1/2 厚度处的附加应力系数，可按《建筑桩基技术规范》JGJ 94 附录表确定。

对于单桩、单排桩、疏桩复合桩基础的最终沉降计算深度 z_n，可按应力比法确定，即 z_n 处由桩引起的附加应力 σ_z、由承台土压力引起的附加应力 σ_{zc} 与土的自重应力 σ_c 应符合式（3-141）要求。

$$\sigma_z + \sigma_{zc} = 0.2\sigma_c \tag{3-141}$$

3.11.1.3　软土地基减沉复合疏桩基础沉降计算方法

当软土地基多层建筑地基承载力基本满足要求时（以底层平面面积计算），可设置穿过软土层进入相对较好土层的疏布摩擦型桩，由桩和桩间土共同分担荷载。该种减沉复合疏桩基础，可按式（3-142）和式（3-143）确定承台面积和桩数：

$$A_c = \zeta \frac{F_k + G_k}{f_{ak}} \tag{3-142}$$

$$n_p \geqslant \frac{F_k + G_k - \eta_c f_{ak} A_c}{R_a} \tag{3-143}$$

式中　A_c——桩基承台总净面积；

ζ——承台面积控制系数，$\zeta \geqslant 0.60$；

n_p——基桩数；

F_k——荷载效应准永久值组合下，作用于承台底的总附加荷载；

G_k——承台范围内承台和土体的自重；

η_c——桩基承台效应系数，可按表 3-32 确定。

减沉复合疏桩基础中点沉降 s 可按式（3-144）和式（3-145）计算：

$$s = \psi(s_s + s_{sp}) = \psi\left[4p_0 \sum_{i=1}^{m} \frac{z_i \bar{\alpha}_i - z_{(i-1)} \bar{\alpha}_{i-1}}{E_{si}} + 280 \frac{\bar{q}_{su}}{\bar{E}_s} \cdot \frac{d}{(s_a/d)^2}\right] \quad (3\text{-}144)$$

$$p_0 = \eta_p \frac{F_k - n_p R_a}{A_c} \quad (3\text{-}145)$$

式中 s_s——承台底地基土附加应力作用下产生的中点沉降（见图 3-79）；

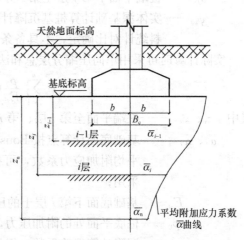

图 3-79 复合疏桩基础沉降计算分层示意图

s_{sp}——桩土相互作用产生的沉降；

p_0——按荷载效应准永久值组合计算的假想天然地基平均附加应力；

m——地基沉降计算深度范围的土层数，沉降计算深度按 $\sigma_z = 0.1\sigma_c$ 确定，σ_z 可按式（3-131）；

d——桩直径，当为方形桩时，$d = 1.27b$（b 为方形桩截面边长）；

s_a/d——等效距径比，可按式（3-134）和式（3-135）确定；

$\bar{q}_{su}$、$\bar{E}_s$——分别为桩身范围内按厚度加权的平均桩侧极限摩阻力和平均压缩模量；

z_i、z_{i-1}——承台底至第 i 层、第 $i-1$ 层土底面距离；

η_p——基桩刺入变形影响系数，按桩端持力层土质确定，砂土中 $\eta_p = 1.0$，粉土中 $\eta_p = 1.15$，黏性土中 $\eta_p = 1.30$；

$\bar{\alpha}_i$、$\bar{\alpha}_{i-1}$——承台底至第 i 层、第 $i-1$ 层土层底范围内的角点平均附加应力系数；根据承台等效面积的计算分块矩形长宽比 a/b 及深宽比 $z_i/b = 2z_i/B_c$ 参照《建筑桩基技术规范》JGJ 94 附录选用，其中承台等效宽度 $B_c = B\sqrt{A_c}/L$，B、L 分别为建筑物基础外缘平面的宽度和长度。

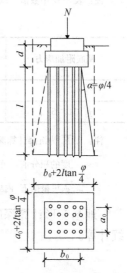

图 3-80 地基基础设计规范实体深基础的底面积

3.11.2 《建筑地基基础设计规范》GB 50007 计算方法

《建筑地基基础设计规范》GB 50007 计算群桩基础沉降时，假定实体深基础底面为桩端平面，只计算桩端以下地基土的压缩变形，不考虑桩间土对桩基沉降的影响，如图 3-80 所示。桩端以下地基土中的附加应力采用 Boussinesq 解，考虑侧向摩阻力的扩散作用，通过沉降经验系数修正。群桩基础最终沉降量 s 计算采用单向压缩分层总和法。即：

$$s = \psi_{ps} \sum_{j=1}^{m} \sum_{i=1}^{n_j} \frac{\sigma_{j,i} \Delta h_{j,i}}{E_{sj,i}} \quad (3\text{-}146)$$

式中 m——桩端平面下压缩层范围内土层总数；

$E_{sj,i}$——桩端平面下第 j 层土第 i 分层在自重应力至自重应力加附加应力作用段的压缩模量；

n_j——桩端平面下第 j 层土的计算分层数；

$\Delta h_{j,i}$——桩端平面下第 j 层土的第 i 分层厚度；

$\sigma_{j,i}$——桩端平面下第 j 层土第 i 分层的竖向附加应力；

ψ_{ps}——实体深基础计算桩基沉降计算经验系数，各地区应根据当地的工程实测资料统计对比确定，不具备条件时可按表 3-37 选用。

实际计算时可采用单向压缩分层总和法按照实体深基础计算桩基最终沉降量。即：

$$s = \psi_s \sum_{i=1}^{n} \frac{p_0}{E_{si}} (z_i \bar{\alpha}_i - z_{i-1} \bar{\alpha}_{i-1}) \tag{3-147}$$

式中 z_i、z_{i-1}——桩端平面至第 i 层、第 $i-1$ 层土底面的距离；

$\bar{\alpha}_i$、$\bar{\alpha}_{i-1}$——基础底面计算点按 Boussinesq 解至第 i 层土、第 $i-1$ 层土底面范围内平均附加应力系数，可按《建筑地基基础设计规范》GB 50007 附录采用；

E_{si}——基础底面下第 i 层土的压缩模量；

p_0——桩底平面处的附加压力，实体基础的支承面积可按图 3-80 计算；

ψ_s——沉降计算经验系数，根据地区沉降观测资料及经验确定，无地区经验时可根据变形计算深度范围内压缩模量的当量值 $\bar{E}_s$ 和基底附加应力按照表 3-38 选用。

实体深基础计算桩基沉降经验系数 ψ_{ps} 表 3-37

$\bar{E}_s$ (MPa)	≤15	25	35	≥45
ψ_{ps}	0.5	0.4	0.35	0.25

注：表 3-37 中数值可以内插。

沉降计算经验系数 ψ_s 表 3-38

基底附加应力	$\bar{E}_s$ (MPa)				
	2.5	4.0	7.0	15.0	20.0
$p_0 \geqslant f_{ak}$	1.4	1.3	1.0	0.4	0.2
$p_0 \leqslant 0.75 f_{ak}$	1.1	1.0	0.7	0.4	0.2

注：1. $\bar{E}_s$ 为沉降计算深度范围内压缩模量的当量值，$\bar{E}_s = \sum A_i / \sum \frac{A_i}{E_{si}}$，式中 A_i 为第 i 层土附加压力系数沿土层厚度的积分值，可近似按分块面积计算；

2. ψ_s 可根据 $\bar{E}_s$ 内插取值。

地基变形计算深度 z_n 应符合式（3-148）规定。当计算深度下仍有较软土层时，应继续计算。

$$\Delta s_n' \leqslant 0.025 \sum_{i=1}^{n} \Delta s_i' \tag{3-148}$$

式中 $\Delta s_i'$——计算深度范围内第 i 层土的计算变形值；

$\Delta s_n'$——由计算深度向上取厚度为 Δz 的土层计算变形值，Δz 按表 3-39 确定。

b (m)	≤2	2<b≤4	4<b≤8	b>8
Δz (m)	0.3	0.6	0.8	1.0

桩端平面以下附加应力的计算，一般有 Boussinesq 解和 Mindlin 解两种，式（3-147）是按 Boussinesq 解得到的沉降计算公式。桩端平面以下某点的竖向附加应力的采用 Mindlin 解进行计算时，可将各基桩在该点所产生的附加应力，逐根叠加按式（3-149）进行计算。即：

$$\sigma_{j,i} = \sum_{k=1}^{n} (\sigma_{zp,k} + \sigma_{zs,k}) \tag{3-149}$$

式中　$\sigma_{zp,k}$——第 k 根桩的端阻在深度 z 处所产生的应力；

$\sigma_{zs,k}$——第 k 根桩的侧阻在深度 z 处所产生的应力。

参照 3.7.4 节，假定竖向荷载的准永久组合作用下单桩的附加荷载 Q 由桩端阻力 Q_p 和桩侧摩阻力 Q_s 共同承担，以集中力形式表示的桩端阻力 $Q_p = \alpha Q$；桩侧摩阻力可假定为沿桩身均匀分布和沿桩身线性增长分布两种形式组成，其值分别为 βQ 和 $(1-\alpha-\beta)Q$，其中 α 和 β 分别为桩端阻力和桩侧均匀分布阻力分担桩顶竖向荷载的比例系数。

第 k 根桩的端阻在深度 z 处产生的应力：

$$\sigma_{zp,k} = \frac{\alpha Q}{l^2} I_{p,k} \tag{3-150}$$

式中　$I_{p,k}$ 为应力影响系数，可按式（3-89）确定；l 为桩长。

第 k 根桩的桩侧摩阻力在深度 z 处产生的应力为：

$$\sigma_{zs,k} = \frac{Q}{l^2} \big[\beta I_{s1,k} + (1-\alpha-\beta) I_{s2,k}\big] \tag{3-151}$$

式中　I_{s1}、I_{s2}——应力影响系数，可按式（3-87）和式（3-88）。

一般摩擦型桩可假定桩侧摩阻力全部是沿桩身线性增长的（即 $\beta=0$），则式（3-151）可简化为：

$$\sigma_{zs,k} = \frac{Q}{l^2} (1-\alpha) I_{s2,k} \tag{3-152}$$

将式（3-150）～式（3-152）代入式（3-146），可得到按 Mindlin 解得到的桩基沉降计算公式。即：

$$s = \psi_{pm} \frac{Q}{l^2} \sum_{j=1}^{m} \sum_{i=1}^{n_j} \frac{\Delta h_{j,i}}{E_{sj,i}} \sum_{k=1}^{n} \big[\alpha I_{p,k} + (1-\alpha) I_{s2,k}\big] \tag{3-153}$$

采用 Mindlin 应力公式计算桩基础最终沉降量时，竖向荷载准永久组合作用下附加荷载的桩端阻力比 α 和桩基沉降计算经验系数 ψ_{pm} 应根据当地工程的实测资料统计确定。无地区经验时，ψ_{pm} 值可按表 3-40 选用。

Mindlin 应力公式方法计算桩基沉降经验系数 ψ_{pm}　　　　　　　表 3-40

$\bar{E}_s$ (MPa)	≤15	25	35	≥45
ψ_{pm}	1.0	0.8	0.6	0.3

注：表 3-41 中数值可以内插。

3.11.3 剪切位移法

单桩沉降计算方法推广至群桩时，需考虑群桩间的相互作用。引入两桩相互作用系数的概念对群桩基础沉降进行简化分析。已有研究表明，桩-桩间的相互作用为弹性。同时，群桩中的"加筋和遮帘效应"会影响两桩相互作用系数，且桩身位移和桩端位移的相互影响是不同的。本节群桩基础沉降剪切位移法考虑了群桩中的"加筋和遮帘效应"对两桩相互作用系数的影响，并区分了桩身位移和桩端位移的相互影响。

3.11.3.1 两桩相互作用系数

两桩相互作用系数，α_{ij}，定义为相邻受荷桩 j 引起的非受荷桩 i 的沉降与受荷桩 j 在

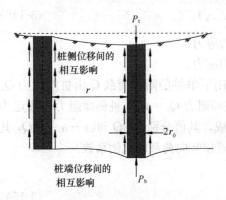

图 3-81　两桩间的相互作用

自身荷载作用下的沉降比。群桩基础沉降计算的关键是确定两桩相互作用系数。已有研究表明，受荷桩的荷载-沉降曲线表现为明显的非线性，而相邻非受荷桩的荷载-沉降曲线近乎为直线，相邻非受荷桩的沉降随受荷桩桩顶荷载的增加而线性增加，即非受荷桩与受荷桩间的影响是弹性的。实际上，桩-桩间的相互影响包括两部分：受荷桩产生的桩身位移对非受荷桩桩身位移的影响和受荷桩产生的桩端位移对非受荷桩桩端位移的影响，见图 3-81。

两桩桩侧位移间的相互影响系数 ζ_s 为：

$$\zeta_s = \begin{cases} \dfrac{\ln(r_m) - \ln(r)}{\ln(r_m) - \ln(r_0)}, & r_0 < r < r_m \\ 0, & r > r_m \end{cases} \tag{3-154}$$

其中，r 为两桩的中心距离；r_m 为桩的影响半径，其值确定方法见 3.7.1.2 节。群桩中的 r_m 和单桩中的 r_m 值可认为是相同的。

不考虑非受荷桩的存在，受荷桩的沉降 s_{load} 可表示为：

$$s_{load} = \frac{\tau_{s0} r_0}{G_s} \ln\left(\frac{r_m}{r_0}\right) \tag{3-155}$$

式中，τ_{s0} 为受荷桩表面的剪切应力。

距离受荷桩为 r 的非受荷桩与桩周土界面的剪切应力 $\tau_{f\text{-load}}$ 引起受荷桩的位移 s'_{load} 为：

$$s'_{load} = \frac{\tau_{f\text{-load}} r_0}{G_s} \ln\left(\frac{r_m}{r}\right) \tag{3-156}$$

用非受荷桩中心处的剪切应力近似代替非受荷桩桩周的剪切应力，即令 $\tau_{f\text{-load}} = \tau_{s0} r_0 / r$，则式（3-156）可表示为：

$$s'_{load} = \frac{r_0}{r} \frac{\tau_{s0} r_0}{G_s} \ln\left(\frac{r_m}{r}\right) \tag{3-157}$$

式（3-157）中的 s'_{load} 即为相邻非受荷桩在无荷载状态下由于桩身的"加筋和遮帘效应"导致受荷桩的位移折减值。

为考虑两桩相互作用时相邻非受荷桩的存在对受荷桩桩侧位移的折减，引入折减系数 λ_r 的概念。相邻非受荷桩对受荷桩位移的折减系数 λ_r 可表示为：

$$\lambda_r = \frac{s'_{\text{load}}}{s_{\text{load}}} = \frac{r_0}{r} \frac{\ln\left(\frac{r_m}{r}\right)}{\ln\left(\frac{r_m}{r_0}\right)} = \frac{r_0}{r}\left[1 - \frac{\ln\left(\frac{r}{r_0}\right)}{\ln\left(\frac{r_m}{r_0}\right)}\right] \tag{3-158}$$

受荷桩的桩端力引起距离受荷桩桩端 r 处的位移 $s(r)$ 可表示：

$$s(r) = \frac{P_b(1 - v_b)}{2\pi r G_b} \tag{3-159}$$

式中，G_b 为桩端持力层的剪切模量；v_b 为桩端持力层的泊松比。

桩端荷载-位移关系采用 3.7.1.5 节双折线荷载传递函数时，桩端位移相互作用影响系数 ζ_b 可通过式（3-55），式（3-56）和式（3-159）求得，其值可表示为：

$$\zeta_b = \frac{s(r)}{s_b} = \begin{cases} \dfrac{2}{\pi}\dfrac{r_0}{r}, & s_b < s_{bu} \\[3mm] \dfrac{r_0 k_2 P_b (1 - v_b)^2}{2G_b\left[(1 - v_b)P_b - 4r_0 G_b s_{bu} + \pi r_0^2 k_2 s_{bu}(1 - v_b)\right]}\dfrac{r_0}{r}, & s_b \geqslant s_{bu} \end{cases} \tag{3-160}$$

考虑两桩相互作用的受荷桩的桩顶沉降 s_{2t} 可表示为：

$$s_{2t} = s_{1rs}(1 + \zeta_s - \lambda_r) + s_{1b}(1 + \zeta_b) \tag{3-161}$$

式中，s_{1rs} 为受荷单桩的桩身位移；s_{1b} 为受荷单桩的桩端位移。

考虑加筋和遮帘效应且区分桩身位移和桩端位移相互影响后两桩相互作用系数 α_{12} 为：

$$\alpha_{12} = \frac{s_{1rs}(1 + \zeta_s - \lambda_r) + s_{1b}(1 + \zeta_b)}{s_{1rs} + s_{1b}} - 1 = \frac{s_{1rs}(\zeta_s - \lambda_r) + s_{1b}\zeta_b}{s_{1rs} + s_{1b}} \tag{3-162}$$

3.11.3.2 群桩基础沉降计算

考虑群桩间的相互作用后 n 桩群桩中第 i 根桩的桩顶沉降 s_{igt} 可表示：

$$s_{igt} = s_{it} + \sum_{\substack{j=1 \\ i \neq j}}^{n} \alpha_{ij} s_{it} \tag{3-163}$$

式中，s_{it} 为群桩中 i 根桩由于自身荷载引起的沉降；α_{ij} 为群桩中桩 i 和桩 j 的相互作用系数，其值可由式（3-162）计算。

对于 n 桩刚性高承台来说，若作用在承台上的总荷载为 Q，则可以通过式（3-164）方程组求解获得群桩中基桩的沉降和某根基桩的桩顶荷载：

$$\begin{cases} s_{1gt} = s_{2gt} = \cdots = s_{igt} = \cdots = s_{ngt} \\ P_{1t} + P_{2t} + \cdots + P_{it} + \cdots + P_{nt} = Q \end{cases} \tag{3-164}$$

式中，s_{1gt}，$s_{2gt}\cdots s_{ngt}$ 分别为群桩中基桩 1，2$\cdots n$ 的桩顶沉降，P_{1t}，$P_{2t}\cdots P_{nt}$ 分别为群桩中基桩 1，2$\cdots n$ 的桩顶荷载；Q 为作用在承台顶的总荷载。

对于 n 桩柔性高承台来说，每根基桩的桩顶荷载相同，即桩 i 的桩顶荷载 $P_{it} = Q/n$，群桩中第 i 根基桩的沉降可用式（3-163）计算。

对于 n 桩刚性低承台来说，考虑桩、土和承台的共同作用，三者的竖向位移应相等。假设承台所分担的荷载为 Q_{pc}，则承台的沉降 s_{pc} 可采用 Boussinesq 解，即：

$$s_{pc} = \frac{P_{pc} B_{pc} \chi (1 - v_s^2)}{E_{sp}} \tag{3-165}$$

式中，P_{pc} 为承台底的附加应力；B_{pc} 为承台的宽度；χ 为沉降影响系数；E_{sp} 为承台下桩土的复合压缩模量，其值可表示为：

$$E_{sp} = \frac{E_p A_{pa} + E_s A_s}{A_{pc}} \tag{3-166}$$

式中，A_{pa} 为承台下各基桩的截面积之和；A_s 为承台下地基土的总面积；A_{pc} 为承台的面积；E_s 为土的压缩模量。

若作用在承台上的总荷载为 Q，对于 n 桩刚性低承台来说，则可通过式（3-167）方程组求解获得群桩中基桩的沉降和某根基桩的桩顶荷载：

$$\begin{cases} s_{1gt} = s_{2gt} = \cdots = s_{igt} = \cdots = s_{ngt} = s_{pc} \\ P_{1t} + P_{2t} + \cdots + P_{it} + \cdots + P_{nt} + Q_{pc} = Q \end{cases} \tag{3-167}$$

3.11.4 荷载传递法

荷载传递法因其计算过程简便，可灵活选用不同的荷载传递函数，并可考虑地基土成层性等优点而在单桩受力性状分析中得到了广泛应用，但荷载传递法无法直接应用于群桩分析。然而，实际工程中结合剪切位移法且考虑群桩中各基桩的相互作用，可建立群桩中基桩侧阻和端阻荷载传递函数中各参数的确定方法，进而将荷载传递法扩展到群桩受力性状的分析中。双曲线模型因参数较少，参数取值明确而在荷载传递法中得到了广泛应用。以侧阻和端阻双曲线模型为例，本节给出了群桩中基桩侧阻和端阻双曲线荷载传递函数中各参数的确定方法，建立了群桩基础沉降荷载传递法。

3.11.4.1 群桩中基桩侧阻双曲线模型各参数确定

单桩侧阻双曲线模型参照 3.7.1.2 节。以 n 桩群桩为例，由式（3-43）可知群桩中基桩 i 受桩顶荷载 P_{ti} 作用时，基桩 i 桩侧土弹簧刚度 k_{sii} 为：

$$k_{sii} = \frac{G_s}{r_0 \ln\left(\frac{r_m}{r_0}\right)} \tag{3-168}$$

群桩基础中基桩 j 的桩侧阻 τ_{sj} 引起的基桩 i 的桩身位移 s_{sij} 可表示为：

$$s_{sij} = \frac{\tau_{sj} r_0}{G_s} \ln\left(\frac{r_m}{r_{ij}}\right) \tag{3-169}$$

n 桩群桩基础中其余 $n-1$ 根桩的侧阻引起基桩 i 的桩身位移可表示为：

$$s_{sij} = \sum_{j=1, j \neq i}^{n} \frac{\tau_{sj} r_0}{G_s} \ln\left(\frac{r_m}{r_{ij}}\right) \tag{3-170}$$

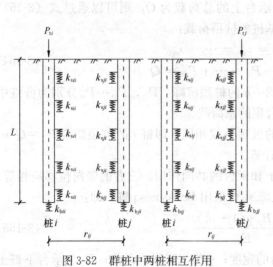

则 n 桩群桩中其余 $n-1$ 根桩的侧阻引起的基桩 i 桩侧土的弹簧刚度变化值可表示为（见图 3-82）：

$$k_{sij} = \sum_{j=1, j \neq i}^{n} \frac{G_s}{r_0 \ln\left(\frac{r_m}{r_{ij}}\right)} \tag{3-171}$$

基桩 i 的侧阻 τ_{si} 引起基桩 j 产生的侧阻 τ_{sji} 可表示为：

$$\tau_{sji} = \frac{\tau_{si} r_0}{r_{ij}} \tag{3-172}$$

对基桩 j 来说，τ_{sji} 是负摩阻力，其将对基桩 i 产生一大小相同，方向相反的侧

图 3-82 群桩中两桩相互作用

阻 τ'_{sij}，该侧阻将会减少桩 i 的位移。侧阻 τ'_{sij} 引起基桩 i 的桩身位移 s'_{sij} 可表示为：

$$s'_{sij} = \frac{\tau_{sji} r_0}{G_s} \ln\left(\frac{r_m}{r_{ij}}\right) = \frac{\tau_{si} r_0^2}{G_s r_{ij}} \ln\left(\frac{r_m}{r_{ij}}\right) \tag{3-173}$$

n 桩群桩基础中其余 $n-1$ 根桩的桩侧负摩阻力引起基桩 i 的桩身位移 s'_{sij} 可表示为：

$$s'_{sij} = \sum_{j=1, j\neq i}^{n} \frac{\tau_{si} r_0^2}{G_s r_{ij}} \ln\left(\frac{r_m}{r_{ij}}\right) \tag{3-174}$$

n 桩群桩中其余 $n-1$ 根桩的桩侧负摩阻力引起基桩 i 桩侧土的弹簧刚度变化值可表示为：

$$k'_{sij} = \sum_{j=1, j\neq i}^{n} \frac{G_s r_{ij}}{r_0^2 \ln\left(\frac{r_m}{r_{ij}}\right)} \tag{3-175}$$

n 桩群桩基础中由于群桩中的相互作用，基桩 i 的桩周土等效弹簧刚度 k_{si} 可表示为：

$$\frac{1}{k_{si}} = \frac{1}{k_{sii}} + \frac{1}{k_{sij}} - \frac{1}{k'_{sij}} \tag{3-176}$$

即群桩基础中基桩 i 侧阻双曲线荷载传递函数中的 a_g 值为：

$$a_g = \frac{1}{k_{si}} \tag{3-177}$$

群桩基础中基桩 i 侧阻双曲线荷载传递函数中 b_g 值同单桩侧阻双曲线荷载传递函数 b 值。

3.11.4.2 群桩中基桩端阻双曲线模型各参数确定

距受荷桩一定距离 r 的受荷桩桩端的均布荷载可看作集中荷载。距受荷桩 r 处的桩端位移 $s_b(r)$ 可表示为：

$$s_b(r) = \frac{\tau_b r_0^2 (1-\upsilon_b)}{2r G_b} \tag{3-178}$$

n 桩群桩中其余 $n-1$ 根桩的桩端力引起基桩 i 的桩端位移 s_{bij} (r_{ij}) 可表示为：

$$s_{bij}(r_{ij}) = \frac{r_0^2 (1-\upsilon_b)}{2G_b} \sum_{j=1, j\neq i}^{n} \frac{\tau_{bj}}{r_{ij}} \tag{3-179}$$

n 桩群桩中其余 $n-1$ 根桩的桩端力引起基桩 i 桩端土的弹簧刚度变化值可表示为：

$$k_{bij} = \frac{2G_b}{r_0^2 (1-\upsilon_b) \sum\limits_{j=1, j\neq i}^{n} \dfrac{1}{r_{ij}}} \tag{3-180}$$

由式（3-52）可知群桩中基桩 i 受桩顶荷载 P_{ti} 作用时，基桩 i 桩端土弹簧刚度 k_{bii} 可表示为：

$$k_{bii} = \frac{4G_b}{\pi r_0 (1-\upsilon_b)} \tag{3-181}$$

考虑到 n 桩群桩基础中的相互作用，基桩 i 的桩端土等效弹簧刚度 k_{bi} 可表示为：

$$\frac{1}{k_{bi}} = \frac{1}{k_{bii}} + \frac{1}{k_{bij}} \tag{3-182}$$

即群桩基础中基桩 i 端阻双曲线荷载传递函数中的 f_g 值为：

$$f_{\mathrm{g}} = \frac{1}{k_{\mathrm{b}i}} \tag{3-183}$$

群桩基础中基桩 i 端阻双曲线荷载传递函数中 g_{g} 值同单桩端阻双曲线荷载传递函数 g 值。

3.11.4.3 群桩基础受力性状计算流程

根据群桩中基桩侧阻和端阻双曲线荷载传递函数中各参数的确定方法，可将荷载传递法扩展到群桩承载特性分析中，结合图3-83中的计算流程可分析层状地基中群桩中任一基桩的受力性状。

图3-83中 L_n 为桩段 n 的桩长；d 为桩直径；$s_{\mathrm{t}n}$ 为桩段 n 的桩顶位移；$\tau'_{\mathrm{s}n}$ 为根据桩段 n 内桩身修正位移 $s'_{\mathrm{c}n}$ 计算得到的桩段 n 的单位侧阻值。

假定一系列桩端位移 $s_{\mathrm{b}n}$，参照图3-83中的计算流程可得到单桩或基桩的桩顶荷载-沉降曲线。

3.11.5 弹性理论法

单桩沉降弹性理论法参见3.7.3节。单桩沉降弹性理论法本构关系参见式(3-74)～式(3-78)。

对 m 根桩组成的群桩，将每根桩分为 n 个单元，参照单根摩擦桩的方程，可求得土的位移方程。即：

$$\{\rho^{\mathrm{s}}\} = \frac{D}{E_s}[IG]\{p\} \tag{3-184}$$

式中　　$\{\rho^{\mathrm{s}}\}$——$m \times (n+1)$ 个土单元的竖向位移矢量；

$\{p\}$——$m \times (n+1)$ 个桩单元的桩侧应力和桩端应力矢量；

$[IG]$——土位移系数的 $m \times (n+1)$ 阶方阵，矩阵 $[IG]$ 中的每一项可由 Mindlin 方程的数值积分求得。

根据位移协调原理，利用与前述单桩相同的方法，求得 m 个未知桩侧应力，m 个未知桩端应力。对于低承台群桩基础，还应考虑承台与土界面的位移协调。

上述群桩分析中要求解的未知数较多，

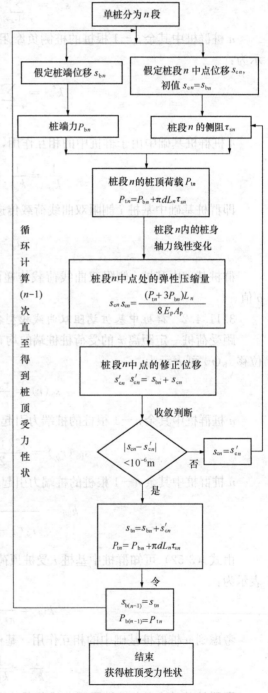

图 3-83　单桩或基桩受力性状计算流程图

但实际中可利用对称性减少群桩基础中方程的数量。该种简化方法只需对群桩中受荷相同的两根桩进行上述分析，推导得出式（3-185）所示的相互作用系数 α：

$$\alpha = \frac{\Delta\rho_d^p}{\rho_d^p} \tag{3-185}$$

式中，$\Delta\rho_d^p$ 为该桩由邻桩引起的附加沉降；ρ_d^p 为该桩在自身荷载作用下的沉降。

改变两根桩的桩距，可得到采用无量纲形式表示的 α 与桩距的关系。根据相互作用系数和叠加原理，可分析任意桩距任何规模的群桩基础。进行大规模群桩计算时，相互作用系数的计算量较大。为解决大规模群桩相互作用系数的求解难题，需采用简化计算方法对群桩基础进行分析，如沉降比法、简易理论法和半经验半理论法等。

3.11.6 沉降比法

由于群桩效应的存在，相同荷载水平下群桩中基桩沉降一般大于单桩沉降。相同荷载水平下，群桩中基桩沉降与单桩沉降的比值称为群桩沉降比 R_s。工程实践中，有时可利用群桩沉降比 R_s 的经验值和单桩沉降 s_s 估算群桩沉降 s_g。即：

$$s_g = R_s \cdot s_s \tag{3-186}$$

单桩沉降 s_s 通常可根据现场单桩试验得到的荷载-沉降曲线获得，也可根据 3.7 节竖向抗压荷载下单桩沉降的计算方法估算获得。目前估算 R_s 的方法有两类，即经验法和弹性理论法。

根据桩基原型观测资料，Skempton 建议按群桩基础宽度估计 R_s，即：

$$R_s = \left(\frac{4B + 2.7}{B + 3.6}\right)^2 \tag{3-187}$$

式中，B 为群桩基础宽度。

根据砂土中打入桩的资料，Meyerhof 建议按式（3-188）估计方形群桩的 R_s 值。即：

$$R_s = \frac{\bar{s}_a\left(5 - \frac{1}{3}\bar{s}_a\right)}{\left(1 + \frac{1}{n_r}\right)^2} \tag{3-188}$$

式中，$\bar{s}_a$ 为桩间距与桩径的比值；n_r 为方形群桩的行数。

根据中密砂土中模型桩群的试验资料，Vesic 建议按式（3-189）估计 R_s。即：

$$R_s \approx \sqrt{\frac{B}{d}} \tag{3-189}$$

式中，B 为群桩的外排桩轴线间的距离；d 为桩径。

通过密实细砂中方形群桩与单桩试验结果的对比，桩间距为 $(3\sim6)d$ 时，群桩沉降值与群桩假想支承面积的边长呈线性增长，而不受群桩桩数或桩间距的影响。因此，群桩沉降比等于边长比。即：

$$R_s = \frac{B}{B_1} = \sqrt{\frac{A}{A_1}} \tag{3-190}$$

式中 A——群桩假想支承面积，$A = B^2$；

B——群桩假想面积的边长，按图3-84确定；

A_1——单桩假想支承面积，$A_1 = B_1^2$；

B_1——单桩假想面积的边长，按图 3-84确定。

为方便快速估算大规模群桩基础的沉降，实际工程中可将群桩基础看成等代墩近似估算其平均沉降。等代墩法求解群桩基础沉降的关键是获得单桩沉降的合理值。然而，等代墩法计算得到的沉降只是群桩的平

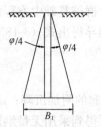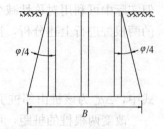

图 3-84　单桩与群桩假想支承面积图示

均沉降，该方法无法获得群桩中基桩的具体沉降和受力情况。等代墩法估算群桩基础的平均沉降 s_{avgG} 可用式（3-191）表示。即：

$$s_{avgG} = s \left(\frac{D_{eq}}{d} \right)^\omega \tag{3-191}$$

$$D_{eq} = 2 \sqrt{\frac{A_g}{\pi}} \tag{3-192}$$

式中，D_{eq} 为群桩基础等代墩直径；d 为单桩直径；A_g 为群桩平面面积；s 为单桩沉降；ω 为群桩与单桩沉降关系系数。

根据刘金砺等对 27 组粉土和软土中不同桩径 d、桩间距 r、桩长 L、承台设置方式的单桩和群桩模型桩进行的试验结果反分析得到了等代墩直径 D_{eq} 和 ω 值，其值见表 3-41。

ω 的反算值　　　　　　　　　　　　　　　　表 3-41

土类	桩径 d (mm)	桩长 L (m)	L/d	r/d	桩数	承台设置方式	实测值（mm）		等代墩直径 D_{eq} (mm)	ω 反算值
							单桩	群桩		
粉土	0.125	2.25	18	3	3×3	低承台	1.7	3.5	987.6	0.349
	0.17	3.06	18	3	3×3	低承台	2.7	7.0	1343.1	0.461
	0.25	4.5	18	3	3×3	低承台	2.5	6.0	1975.2	0.424
	0.33	5.94	18	3	3×3	低承台	1.8	4.5	2607.2	0.443
	0.25	2.00	8	3	3×3	低承台	2.6	6.8	1975.2	0.465
	0.25	3.25	13	3	3×3	低承台	2.6	6.5	1975.2	0.443
	0.25	5.75	23	3	3×3	低承台	1.8	4.6	1975.2	0.454
	0.33	3.30	10	3	3×3	低承台	2.8	6.2	2607.2	0.385
	0.33	4.62	14	3	3×3	低承台	2.3	6.0	2607.2	0.464
	0.25	4.50	18	4	3×3	低承台	3.0	6.0	2539.5	0.299
	0.25	4.50	18	6	3×3	低承台	3.5	6.5	3668.2	0.230
	0.25	4.50	18	2	3×3	高承台	1.8	4.3	1410.8	0.503
	0.25	4.50	18	3	3×3	高承台	1.8	4.1	1975.2	0.398
	0.25	4.50	18	4	3×3	高承台	1.8	3.2	2539.5	0.248
	0.25	4.50	18	6	3×3	高承台	1.8	3.4	3668.2	0.237
	0.25	4.50	18	3	2×4	低承台	2.5	6.5	2034.7	0.456
	0.25	4.50	18	3	3×4	低承台	2.5	5.5	3052.1	0.315
	0.25	4.50	18	3	4×4	低承台	2.5	7.5	2821.7	0.453
	0.25	4.50	18	3	2×2	低承台	3.2	5.4	1128.7	0.347

158

土类	桩径 d (mm)	桩长 L (m)	L/d	r/d	桩数	承台设置 方式	实测值（mm）		等代墩直径 D_{eq} (mm)	ω 反算值
							单桩	群桩		
软土	0.1	4.50	45	3	4×4	低承台	1.2	3.8	1128.7	0.476
	0.1	4.50	45	4	4×4	低承台	1.3	4.0	1467.3	0.418
	0.1	4.50	45	6	4×4	低承台	1.3	3.5	2144.5	0.323
	0.1	4.50	45	6	3×3	低承台	2.0	3.5	1467.3	0.208
	0.1	4.50	45	4	4×4	低承台	1.3	4.2	1467.3	0.437
	0.1	4.50	45	4	4×4	低承台	1.4	4.2	1467.3	0.409
	0.1	4.50	45	4	4×4	低承台	0.8	2.0	1467.3	0.341
	0.1	4.50	45	4	4×4	高承台	0.9	2.8	1467.3	0.423

由表 3-41 可知，ω 值可取 0.25～0.45。ω 的反算值可用于等代墩法群桩沉降计算。需要说明的是，表 3-42 中 ω 值是根据极限荷载下单桩沉降和群桩沉降得到的，无法反映荷载水平对 ω 值的影响。需要开展多组群桩和单桩的模型试验或现场试验以期得到能反应荷载水平的 ω 值。低荷载水平下，单桩和群桩沉降相差较小，此时 ω 值较小；随着荷载水平的增加，群桩间的相互作用逐渐显现，单桩和群桩沉降差逐渐增大。因此，采用根据极限荷载下反算得到的 ω 值估算整个加载阶段的群桩基础沉降是偏保守的。

群桩基础沉降等代墩法的关键是单桩沉降计算，选择不同的单桩沉降计算方法可获得不同的群桩基础沉降值。

3.11.7 桩筏（箱）基础沉降计算方法

桩箱基础因箱基具有较大的结构刚度，一般可按墙下板受桩的冲切承载力计算确定板厚，按构造要求配筋即可满足设计要求。目前桩筏（箱）基础沉降计算简化方法主要有简易理论法和半经验半理论法等。

3.11.7.1 简易理论法

简易理论法假设桩与桩间土为整体，不涉及桩径、桩的平面分布对基础沉降的影响，同时对桩端下地基最终沉降计算仍依靠经验。

外力 P 作用下桩箱基础的受力机理见图3-85。假设桩箱基础沿长、宽周边深度方向土体的剪应力为 τ_z，则总抗力 T 为：

$$T = U \int_0^L \tau_z dz \qquad (3-193)$$

式中，U 为桩箱基础平面的周长。

根据外力 P 与抗力 T 的大小，沉降计算有不同的模式。

（1）$P > T$ 实体深基础模型的沉降计算

当外力 P 大于总抗力 T 时，桩箱基础四周将产生剪切变形，桩长范围内、外土体的整体受到破坏，此时可忽略群桩周围土体的作用，采用等代实体深基础模式计算桩箱（筏）基础的最终沉降（图 3-86），具体计算步骤如下：

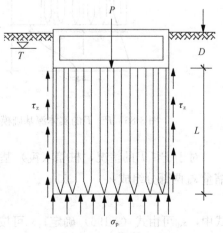

图 3-85 桩箱基础受力机理

1) 从底面起算确定自重应力。

2) 从桩尖平面起算确定附加应力 σ_0。即：

$$\sigma_0 = \frac{P+G-T}{A} - \sigma_{cL} \tag{3-194}$$

式中，G 为包括桩间土在内的群桩实体的重量；σ_{cL} 为桩尖平面处的土自重应力；A 为桩箱基底面积。

3) 采用分层总和法计算桩尖平面下土层的压缩量 s_{sb}：

$$s_{sb} = \sum_{j=1}^{m} \frac{\bar{\sigma}_{zj}}{E_{sj}} \cdot h_j \tag{3-195}$$

式中　　h_j——第 j 层土的厚度；

$\qquad m$——平面下一倍箱基宽度内土的分层数；

$\qquad E_{sj}$——第 j 层土的压缩模量，采用自重应力至自重应力与附加应力之和时对应的值；

$\qquad \bar{\sigma}_{zj}$——第 j 层土中的平均附加应力，应考虑相邻荷载影响，可采用 Boussinesq 解计算。

(2) $P \leqslant T$ 复合地基模型的沉降计算

当外荷 P 不大于总抗力 T 时（图 3-87），群桩桩长范围外的周围土体同样具备抵抗外荷载的能力，桩箱基础沉降受到约束。此时，桩的设置是对桩长范围土体的加固，与箱（筏）基础下的土体一起形成复合地基。因桩的弹性模量远大于土的弹性模量，桩的设置将使桩长范围内土体变形大大减小，根据共同作用原理，桩长范围内土体的压缩量可用桩的弹性变形等代。

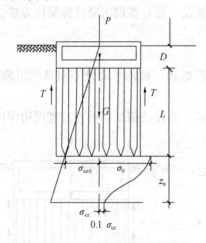

图 3-86　$P > T$ 的实体深基础模式

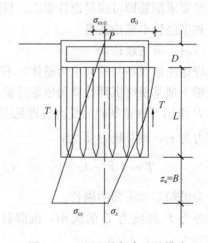

图 3-87　$P \leqslant T$ 的复合地基模式

对于 $P \leqslant T$ 的情况，桩箱（筏）基础最终沉降 s 由桩的压缩量 s_p 和桩尖平面下土的压缩量 s_{sb} 两部分组成：

$$s = s_p + s_{sb} \tag{3-196}$$

式中，s_{sb} 可由式（3-196）确定；s_p 可按式（3-197）和（3-198）计算确定。

1) 沿桩长的压应力为三角形分布时（图 3-88a）：

$$s_p = \frac{P_p L}{2 A_p E_p} \tag{3-197}$$

2）沿桩长的压应力为矩形分布时（图 3-88b）：

$$s_p = \frac{P_p L}{A_p E_p} \tag{3-198}$$

式中，A_p 为桩身横截面积；E_p 为桩身弹性模量；L 为桩长；P_p 为单桩设计荷载。

沿桩长压应力的分布一般按经验确定。当桩所承受的荷载为设计荷载时，采用三角形分布；当荷载等于极限荷载时，采用矩形分布。

（3）总抗力 T 的确定

上述两种沉降计算模式正确选用的关键是总抗力 T 的确定。

根据土的抗剪强度理论和图 3-89 中所示的抗剪强度与自重应力的关系，可得：

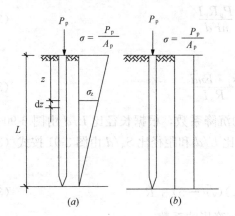

图 3-88 沿桩长的压应力分布模式　　图 3-89 抗剪强度与自重应力的关系

$$\tau_z = \sigma_{cx} \cdot \tan\varphi + c = \sigma_{cy} \cdot \tan\varphi + c \tag{3-199}$$

式中，σ_{cx}、σ_{cy} 分别为 x、y 方向土的自重应力。

假定土的侧压力系数 $K_0 = 1$，则有 $\sigma_{cx} = \sigma_{cy} = \sigma_{cz}$，则式（3-199）可写成：

$$\tau_z = \sigma_{cz} \cdot \tan\varphi + c \tag{3-200}$$

总抗力 T 可计算为：

$$T = U \sum_{i=1}^{n} \int_0^{h_i} (\sigma_{czi} \cdot \tan\varphi_i + c_i)\,\mathrm{d}z = U \sum_{i=1}^{n} (\bar{\sigma}_{czi} \cdot \tan\varphi_i + c_i) \cdot h_i \tag{3-201}$$

式中，$\bar{\sigma}_{czi}$ 为桩箱（筏）基础底面至桩尖范围内第 i 层土的平均自重应力；h_i 为第 i 层土的厚度。

3.11.7.2 半经验半理论法

半经验半理论法假设建筑物总荷载由桩群与筏底地基土共同承担，桩筏基础视为刚性体，桩筏基础沉降与群桩沉降相同，建筑物基础竣工时沉降可根据地区经验的修正系数对计算沉降修正获得。半经验半理论法不能反映桩长、桩的平面布置方式对基础沉降的影响。

（1）筏底（箱底）承担荷载值

因桩箱基础纵向弯曲不大，计算桩箱基础沉降时基础可假定为刚性体。此时，基础沉

降 s 可近似计算为：

$$s = pB_e \frac{1-\upsilon_s^2}{E} \tag{3-202}$$

作用在基础上的总荷载（压力）p 为：

$$p = \frac{SE}{B_e(1-\upsilon_s^2)} \tag{3-203}$$

式中，B_e 为基础的等效宽度，取 $B_e = \sqrt{A}$，A 为基础面积；E、υ_s 分别为桩土共同作用的弹性模量和泊松比。

（2）群桩承担荷载值

刚性基础下群桩基础沉降 s_g 可计算为：

$$s_g = \frac{P_g R_s I}{nEd} \tag{3-204}$$

群桩承担的荷载 P_g 为：

$$P_g = \frac{s_g \cdot End}{R_s I} \tag{3-205}$$

式中，n、d 分别为桩数和桩径；I 为单桩的沉降系数，根据长径比 L/d 由图 3-90 确定；R_s 为群桩的沉降影响系数，根据长径比 L/d 和距径比 S_a/d 由图 3-91 按式（3-206）确定。

$$R_s = (R_{25} - R_{16})(\sqrt{n} - 5) + R_{25} \tag{3-206}$$

式中，R_{16}、R_{25} 分别为 16 根桩和 25 根桩时沉降影响系数。

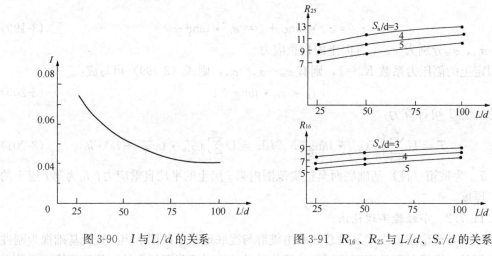

图 3-90 I 与 L/d 的关系　　　　图 3-91 R_{16}、R_{25} 与 L/d、S_a/d 的关系

（3）桩箱（筏）基础的沉降

建筑物的总荷载 P 由群桩和基底土共同承担，即：

$$P = P_g + P_s = P_g + pA_e \tag{3-207}$$

式中，A_e 为基础底面积减去群桩有效受荷面积，即：

$$A_e = A - n\frac{\pi(K_p d)^2}{4} \quad (3-208)$$

式中符号意义见图 3-92。

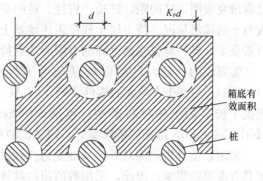

图 3-92 群桩有效受荷面积

将式（3-203）和式（3-205）代入式（3-207）可得：

$$P = \frac{s_g \cdot End}{R_s I} + \frac{sE}{B_e(1-v_s^2)}A_e \quad (3-209)$$

根据变形协调原理，箱（筏）基础的沉降应等于群桩沉降，$s_g = s$，则式（3-209）可写成：

$$P = sE\left[\frac{nd}{R_s I} + \frac{A_e}{B_e(1-v_s^2)}\right] \quad (3-210)$$

桩箱（筏）基础沉降为：

$$s = \frac{PB_e(1-v_s^2)}{E} \cdot \frac{R_s I}{A_e R_s I + ndB_e(1-v_s^2)} \quad (3-211)$$

根据地区经验引入桩基沉降经验修正系数 ψ_s，则可获得建筑物竣工时沉降的半经验半理论实用公式：

$$s = \psi_s\frac{PB_e(1-v_s^2)}{E} \cdot \frac{R_s I}{A_e R_s I + ndB_e(1-v_s^2)} \quad (3-212)$$

式中桩基沉降的经验系数 ψ_s 可按表 3-42 确定。

桩基沉降的经验系数 ψ_s 表 3-42

类别	桩入土深度（m）	ψ_s
Ⅰ	20~30	0.70~1.00
Ⅱ	30~45	0.35~0.45
Ⅲ	>45	0.20~0.25

式（3-212）右端项分为两部分：第一部分反映了桩箱（筏）基础沉降计算的弹性理论公式特性；第二部分反映了箱（筏）基尺寸、地基土特性、桩基布置和尺寸等因素对沉降的影响。

半经验法计算桩箱（筏）基础沉降的精确程度取决于各参数的取值，需根据地区经验确定。

3.11.8 数值分析法

同单桩沉降的数值分析方法一样，目前群桩基础沉降应用较为广泛和成熟的数值分析方法主要包括有限元法、边界元法和有限条分法。

很多商业通用有限元软件（如 ABAQUS，ANSYS，MARC，ADINA 等）和有限元专业分析软件（如 PLAXIS，GEOSTUDIO，MIDAS/GTS 等）可分析群桩基础受力性状。有限单元法求解桩筏基础沉降的关键在于弹性力学中迭加原理对筏底群桩的有效性。

已有研究表明，桩间距、桩长、桩径、桩的平面布置方式及布桩平面系数、成桩方式、筏板与土的接触情况、持力层土和筏板底地基土的性状等因素会影响桩筏基础沉降，因涉及因素众多，各种群桩基础沉降的有限元法有待完善。

需要说明的是，目前群桩基础受力性状分析时应用较多的数值分析软件还有FLAC3D。与基于有限元的软件不同，FLAC是基于有限差分法原理开发的。FLAC3D中提供了较多的土体材料模型，包括 Drucker-Prager、Morh-Coloumb、应变硬化/软化Morh-Coloumb，修正剑桥模型等。FLAC3D中的FISH语言可进行参数化模型设计。

采用数值分析软件对群桩基础受力性状进行分析时，计算参数和模型的选取对计算精度具有重要的影响。因此，采用数值模拟软件分析群桩基础受力性状时需要获得更符合实际情况的计算参数和模型。

3.11.9　按基桩协同变形控制的群桩基础沉降计算方法

目前，高层建筑桩基础常规设计中，多根据上部结构总荷载及单桩容许承载力采用均匀布桩方式，即等刚度设计思想。这种广泛应用的等刚度均匀布桩方式，设计较简单，但与桩基实际受力并不相符。采用均匀布桩的等刚度设计方法时，"锅底形"沉降和马鞍形分布模式的土反力不可避免，特别是框剪、框筒、筒中筒结构更为明显。高层建筑中群桩基础的沉降控制包括平均沉降控制和不均匀沉降控制两方面的要求。严重的差异沉降将会造成基础和上部建筑结构墙体开裂，影响建筑物的安全使用，对建筑物周围活动的人群也存在较大的潜在危害。建筑物差异沉降还可能带来雨水积聚、散水倒坡、天然气管线和上下水管线破裂等问题，严重时还可导致建筑物整体倾斜和倒塌。为控制群桩基础的差异沉降，过去相当长的时期，设计者多一味被动增加用桩量、桩长、桩径和承台厚度，通过降低绝对沉降值来满足对沉降差的设计标准。这必然会造成桩筏基础工程量庞大，刚度冗余，存在相当大的浪费。群桩基础使用过程中因群桩基础的不均匀沉降而影响建筑物使用甚至最终被拆除的事故屡见不鲜。

针对高层建筑群桩基础传统均匀布桩设计方法"锅底形"差异沉降等带来的负面问题，从改变地基、桩土刚度分布入手，《建筑桩基技术规范》JGJ 94 提出了变刚度调平设计理念，通过调整地基或基桩的刚度分布，促使反力同荷载分布相协调，变形趋向均匀，由此使基础所受冲切力，剪力和整体弯矩减至最小，促使沉降趋向均匀，从而达到改善基础和结构受力性状，节约耗材，提高结构使用寿命的目的。在群桩基础设计中除要分析其承载力和变形外，如何通过布桩优化设计控制群桩基础的差异沉降，并充分发挥每根基桩的承载潜能，促使各基桩协同变形是当前桩基础设计中亟待解决的关键问题。

参照群桩基础沉降的荷载传递法，以双曲线模型模拟桩侧阻和桩土相对位移间的关系及桩端位移和桩端荷载间的关系，可将荷载传递法推广至非均匀布桩模式下群桩基础承载特性的分析。该方法中可改变不同位置处基桩的桩径、桩长和桩间距，进而分析任意位置处基桩的受力性状，从而得到按基桩协同变形控制的群桩基础计算方法。

3.12　桩 基 负 摩 阻 力

桩顶施加向下荷载时，桩侧表面的土体会产生与桩身位移方向相反的向上摩阻力，称为正摩阻力。然而，实际工程中因以下原因可能会引起土体沉降量大于桩身位移：

（1）桩周欠固结软黏土或新近填土在其自重作用下产生新的固结。

（2）桩侧为自重湿陷性黄土、冻土层或砂土，冻土融化后或砂土液化后发生下沉。

（3）由于抽取地下水或深基坑开挖降水等原因引起地下水位全面降低，致使土的有效应力增加，产生大面积的地面沉降。

（4）桩侧表面土层因大面积地面堆载引起沉降。

（5）周边打桩后挤土作用或灵敏度较高的饱和黏性土，受打桩等施工扰动（振动、挤压、推移）影响使原来房屋桩侧土结构被破坏，随后桩间土的固结引起土体相对于桩体的下沉。

（6）一些地区的吹填土，在打桩后出现固结。

应上述原因导致桩侧土体将对桩产生与桩位移方向一致的向下摩阻力，这种摩阻力称为负摩阻力。

负摩阻力将对桩产生一个下曳荷载，相当于在桩顶荷载外，又施加了一个分布于桩侧表面的荷载。桩基负摩阻力可增加桩内轴向荷载，从而使桩轴向压缩量增加，增大桩的沉降。负摩阻力作用的结果是使桩身轴力最大值不是出现在桩顶，而是在中性点位置处，如图 3-93 所示。填土的沉降可使承台底部与土体脱空，此时承台的全部重量及其上荷载转移到桩上，并可改变承台内的弯矩和其他应力状况。

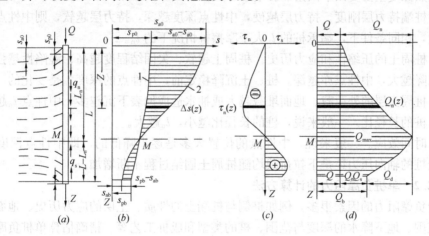

图 3-93　负摩阻力分析原理图

(a) 桩及桩周土受力、沉降示意；(b) 各断面深度的桩、土沉降及相对位移；

1—桩身各断面的沉降 s_p；2—各深度桩周土的沉降 s_s；

(c) 摩阻力分布及中性点 (M)；(d) 桩身轴力；

Q_n—负摩阻力产生的轴力，即下拉力；Q_b—端阻力

3.12.1　负摩阻力的中性点

对于产生负摩阻力的情况，必然存在一特定深度，该断面以上桩周土的位移大于桩身位移，桩承受负摩阻力；该断面以下桩身位移大于桩周土下沉量，桩承受正摩阻力。该断面即为正负摩阻力的分界点，该断面所处的深度称为中性点（图 3-93）。中性点处桩土位移相等，桩侧摩阻力为零，桩身轴力最大。

中性点深度 l_n 应按桩周土层沉降与桩身沉降相等的条件计算确定（图 3-93），也可参照表 3-43 确定。

中性点深度 l_n　　　　　　表 3-43

持力层性质	黏性土、粉土	中密以上砂	砾石、卵石	基岩
中性点深度比 l_n/l_0	0.5～0.6	0.7～0.8	0.9	1.0

注：1. l_n、l_0分别为自桩顶算起的中性点深度和桩周软弱土层下限深度；

2. 桩穿越自重湿陷黄土层时，l_n按表列增大 10%（持力层为基岩除外）；

3. 当桩周土层固结与桩基固结沉降同时完成时，取 $l_n=0$；

4. 当桩周土层计算沉降量小于 20mm 时，l_n应按表 3-44 中列值乘以 0.4～0.8 折减。

同时，可按工程桩的工作性状类别估算中性点深度 l_n，见表 3-44。

经验法确定中性点深度 l_n　　　　　　表 3-44

桩基承载类型	中性点深度比 l_n/l_0
摩擦桩	0.7～0.8
摩擦端承桩	0.8～0.9
支承在一般砂或砂砾层中的端承桩	0.85～0.95
支承在岩层或坚硬土层上的端承桩	1.0

中性点深度主要受以下因素的影响：

（1）桩端持力层刚度。持力层越硬，中性点深度越深，持力层越软，则中性点深度越浅。因此，相同条件下，端承桩的 l_n 大于摩擦桩情况下的 l_n。

（2）桩周土的压缩性和应力历史。桩周土越软、欠固结程度越高、湿陷性越强、相对于桩的沉降越大，中性点亦越深。桩、土沉降稳定前，中性点的深度 l_n 是变化的。

（3）桩周土层的外荷载。地面堆载越大或抽水造成地表下沉越多，中性点 l_n 越深。

（4）桩的长径比。一般来说，桩的长径比越小，l_n 越大。

（5）时间效应。一般来说，中性点的位置大多是逐步降低的，即中性点深度逐步增加。无论桩的轴向压力还是下拉荷载均随桩周土固结过程不断增加。

3.12.2　单桩负摩阻力的计算方法

影响负摩阻力的因素很多，例如桩侧与桩端土的性质、土层的应力历史、地面堆载的大小与范围、地下降水的深度与范围、桩的类型和成桩工艺等。精确估算单桩负摩阻力是较困难的。目前国内外多采用经验公式估算。当无实测资料时，中性点以上单桩桩周第 i 层土平均负摩阻力可按式（3-213）计算。即：

$$\tau_{si}^n = \zeta_{ni}\sigma_i'$$ 　　　　　　　（3-213）

当填土、自重湿陷性黄土湿陷、欠固结土层产生固结和地下水降低时，应有 $\sigma_i'=\sigma_{\gamma i}'$。

当地面分布大面积荷载时，应有 $\sigma_i'=p+\sigma_{\gamma i}'$。由土体自重引起的桩周第 i 层土平均竖向有效应力 $\sigma_{\gamma i}'$ 可表示为：

$$\sigma_{\gamma i}' = \sum_{m=1}^{i-1}\gamma_m\Delta z_m + \frac{1}{2}\gamma_i\Delta z_i$$ 　　　　　　　（3-214）

式中　q_{si}^n——第 i 层土桩侧平均负摩阻力，当按（3-213）计算值大于正摩阻力值时，取正摩阻力值进行设计；

ζ_{ni}——桩周第 i 层土负摩阻力系数，可按表 3-45 取值；

$\sigma_{\gamma i}'$——由土自重引起的桩周第 i 层土平均竖向有效应力（桩群外围桩自地面算起，

桩群内部桩自承台底算起）；

σ'_i——桩周第 i 层土平均竖向有效应力；

γ_m、γ_i——分别为第 m 层土、第 i 层土的重度，地下水位以下取浮重度；

Δz_m、Δz_i——第 m 层土、第 i 层土的厚度；

p——地面均布荷载。

负摩阻力系数 ζ_n 表 3-45

土类	ζ_n	土类	ζ_n
饱和软土	0.15～0.25	砂土	0.35～0.50
黏性土、粉土	0.25～0.40	自重湿陷性黄土	0.20～0.35

注：1. 在同一类土中，对于挤土桩，取表中较大值，对于非挤土桩，取表 3-45 中较小值；

    2. 填土按其组成取表 3-45 中同类土的较大值。

3.12.3 考虑群桩效应的基桩负摩阻力计算方法

考虑群桩效应的基桩下拉荷载可按式（3-215）计算。即：

$$Q_g^n = \eta_n \cdot u \sum_{i=1}^{n} \tau_{si}^n l_i \tag{3-215}$$

$$\eta_n = s_{ax} \cdot \frac{s_{ay}}{\pi d \left(\dfrac{\tau_s^n}{\gamma_m} + \dfrac{d}{4} \right)} \tag{3-216}$$

式中 n——中性点以上土层数；

l_i——中性点以上第 i 土层的厚度；

η_n——负摩阻力群桩效应系数，对于单桩基础或按式（3-215）计算的群桩效应系数 $\eta_n > 1$ 时，取 $\eta_n = 1$；

s_{ax}、s_{ay}——纵、横向桩的中心距；

τ_s^n——中性点以上桩周土层厚度加权平均负摩阻力标准值；

γ_m——中性点以上桩周土层厚度加权平均重度（地下水位以下取浮重度）。

3.12.4 负摩阻力的时间效应

负摩阻力存在明显的时间效应，主要表现在以下方面：

（1）负摩阻力的产生和发展取决于桩周土固结完成所需的时间，固结土层愈厚，渗透性愈低，负摩阻力达到其峰值所需时间愈长。

（2）负摩阻力的产生和发展与桩身沉降完成的时间有关。当桩的沉降先于固结土层完成，则负摩阻力达峰值后稳定不变，如端承桩；当桩的沉降迟于桩周土沉降完成，则负摩阻力达峰值后会有所降低，如摩擦桩桩端土层蠕变性较强者（较为少见）。

（3）中性点位置存在时间效应。一般来说，中性点的位置大多是逐步降低的，即中性点深度是逐步增加的。无论桩的轴向压力还是下拉荷载均随桩周土固结过程不断增加，实测资料表明，自重湿陷性黄土湿陷过程中以砂卵石为持力层的桩负摩阻力值及中性点的深度均逐步增加。即使是摩擦桩，上述特征仍然明显。

图 3-94 为某工程实测单桩的负摩阻力时间效应情况。由图 3-95 可知，负摩阻力的发生和发展经历着一缓慢时间过程，中性点的深度发展也同样经历着一变动过程。这是由桩

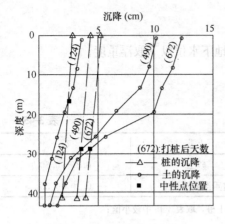

图 3-94 桩、土沉降及中性点
位置随时间的变化

周软黏土的固结沉降特性决定的。通常情况下，成桩初期负摩阻力增长较快，达到稳定值的过程缓慢，且固结土层越厚，负摩阻力达到稳定值的时间过程越长；摩擦桩比端承桩稳定得慢。由图3-95(a) 可知，负摩阻力第一年发挥了80%，负摩阻力达到稳定值经历了三年多。

3.12.5 群桩负摩阻力的影响因素

承台底土层的欠固结程度、欠固结土层的厚度、地下水位、承台高低、桩间距、时间效应等因素会影响群桩的负摩阻力。主要表现为：

（1）承台底土层的欠固结程度和厚度

承台底土层的欠固结程度越高，土体沉降值越大，群桩负摩阻力越显著。欠固结土层的厚度越大，土体本身的沉降量越大，群桩负摩阻力越显著。

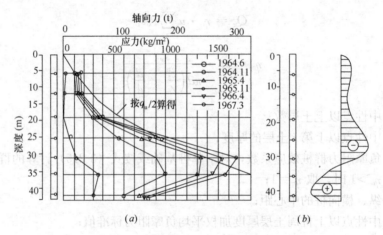

图 3-95　钢管桩负摩阻力的实测结果
(a) 桩身轴力随着时间的变化过程；(b) 最终负摩阻力分布图

（2）地下水位下降和地面堆载

承台底地下水位降低越多，土体沉降量越大，群桩的负摩阻力越明显。地面堆载越大，群桩负摩阻力越大。

（3）群桩承台的高低

当承台与地面不接触时，负摩阻力单纯是由各桩与土的相对沉降关系决定的。当桩基础承台与地面接触甚至承台底深入地面以下时，低桩负摩阻力的发挥受承台底面与土间的压力制约。刚性承台强迫所有基桩同步下沉，一旦作用有负摩阻力，群桩中各基桩上的负摩阻力发挥程度不同。

（4）桩间距

若桩间距较大，群桩效应较小，群桩中各基桩的表面所分担的影响面积（即负载面积）较大，各桩侧表面单位面积所分担的土体重量大于单桩的负摩阻力极限值。若桩间距

168

较小，则各基桩侧表面单位面积所分担的土体重量可能小于单桩的负摩阻力极限值，则会导致群桩的负摩阻力降低。桩数愈多，桩间距愈小，群桩效应愈明显。

（5）时间效应

负摩阻力的产生和发展取决于桩周土固结完成所需时间和桩身沉降完成时间，固结土层愈厚，渗透性愈低，负摩阻力达到其峰值所需时间愈长。当桩的沉降先于固结土层完成，则负摩阻力达峰值后稳定不变，如端承桩。当桩的沉降迟于桩周土沉降的完成，则负摩阻力达峰值后又会有所降低。

3.12.6 消除负摩阻力的措施

根据对桩负摩阻力的分析结果，可采取有针对性的措施减小负摩阻力的不利影响。

（1）承台底的欠固结土层处理

对于欠固结土层厚度不大的情况可考虑人工挖除并替换好土以减少土体本身的沉降。

对于欠固结土层厚度较大或无法挖除的情况，可对欠固结土层（如新填土地基）采用强夯挤淤、土层注浆等措施，使承台底土在打桩前或打桩后快速固结，以消除负摩阻力。

（2）桩基设计考虑桩负摩阻力后，单桩竖向承载力设计值需折减降低，单桩轴力最大值不在桩顶，而是在中性点位置。所以，桩身混凝土强度和配筋要增大，并验算中性点位置强度。

（3）考虑负摩阻力后，不能考虑承台底部地基的承载力，且由于地基土的沉降贴地低承台可能转变成高承台。

（4）套管保护桩法

中性点以上桩段外面罩上一段尺寸较桩身略大的套管，使该段桩身不致受到土的负摩阻力作用。该法可显著降低下拉荷载，但会增加施工工作量。

（5）桩身表面涂层法

可用特种沥青在中性点以上桩侧表面涂上涂料降低负摩阻力。当土与桩发生相对位移出现负摩阻力时，涂层便会产生剪应变而降低作用于桩表面的负摩阻力，这是目前降低负摩阻力的有效方法之一。

（6）预钻孔法

对于不适于采用涂层法的地质条件，可先在桩位处钻进成孔，再插入预制桩，在计算中性点以下的桩段宜用桩锤打入以确保桩的承载力，中性点以上的钻孔孔腔与插入的预制桩之间灌入膨润土泥浆，可减少桩负摩阻力。

3.13 竖向抗压桩基沉降计算实例

3.13.1 持力层下无软弱下卧层群桩沉降计算实例

某高层建筑采用满堂布桩的钢筋混凝土桩，筏板基础及地基的土层分布如图 3-96 所示，桩为摩擦桩，桩距为 4 倍桩径。由上部荷载（不包括筏板自重）产生的筏板底面处相应于荷载效应准永久组合时的平均应力值为 550kPa，不计其他相邻荷载的影响。筏板基础宽度 $b=30.8m$，长度 $a=57.2m$，筏板厚 750mm。群桩外缘尺寸的宽度 $b_0=30m$，长度 $a_0=56.4m$。钢筋混凝土桩有效长度取 38m，即假定桩端计算平面在筏板底面向下 38m 处。桩端持力层土层厚度 $h_1=32m$，桩间土的内摩擦角 $\varphi=21°$。在实体基础的支承面积范

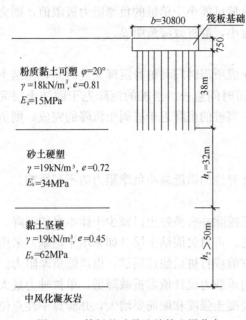

图中标注：
b=30800　筏板基础
750

粉质黏土可塑 φ=20°
γ=18kN/m³, e=0.81
Eₛ=15MPa
38m

砂土硬塑
γ=19kN/m³, e=0.72
Eₛ=34MPa
$h_1=32$m

黏土坚硬
γ=19kN/m³, e=0.45
Eₛ=62MPa
$h_2>50$m

中风化凝灰岩

图 3-96　筏板基础及地基的土层分布

围内，筏板、桩、土的混合重度（或称平均重度）可近似取 $20kN/m^3$。

【解】（1）计算实体深基础的支承面积

$$a_1 = a_0 + 2L\tan\alpha$$
$$= 56.4 + 2 \times 38\tan 5.25^\circ$$
$$= 62.7m$$
$$b_1 = b_0 + 2L\tan\alpha = 30.0 + 2 \times 38\tan 5.25^\circ$$
$$= 36.3m$$

实体深基础的支承面积为：$A = a_1 \times b_1 = 62.7 \times 36.3 = 2276.01m^2$

（2）计算桩底平面处对应于荷载效应准永久组合时的附加压力 p_0

上部荷载准永久组合为：$p = 550 \times 57.4 \times 30 = 947100kN$

实体基础支承面积范围内，筏板、桩、土重为：$G = 38.0 \times 2276.01 \times 20 = 1729767.6kN$

等代实体深基础底面处的土自重应力为：$p_{cd} = 18 \times 38 = 684kPa$

桩底平面处对应于荷载效应准永久组合时的附加压力 p_0 为：

$$p_0 = \frac{p+G}{A} - p_{cd}$$

$$= \frac{947100 + 172976736}{2276.01} - 684$$

$$= 492.1kPa$$

（3）确定地基变形计算深度

因 $b_1 = 36.3m > 30m$，不能用《建筑地基基础设计规范》GB 50007 中的简化公式确定地基变形计算深度。

《建筑地基基础设计规范》GB 50007 中规定"当存在较厚的坚硬黏性土层，其孔隙比小于 0.5、压缩模量大于 50MPa 时，z_n 可取至该层土表面"。

因桩端持力层下的土层为坚硬的黏土，且 $e = 0.45 < 0.5$、$E_s = 62MPa > 50MPa$，符合《建筑地基基础设计规范》GB 50007 中的规定，故地基变形计算深度取 $z_n = h_1 = 32m$。

（4）计算持力层顶面和底面处，矩形面积土层上均布荷载作用下角点的平均附加应力系数

《建筑地基基础设计规范》GB 50007 中对等代实体深基础底面处的中点来说，应分为四块相同的小面积，其长边 $l_1 = 62.7/2 = 31.35m$，短边 $b_1 = 36.3/2 = 18.15m$，等代实体深基础底面处的中点为四个小矩形的角点，平均附加应力系数应乘以 4。计算过程及结果见表 3-47。

持力层顶面处矩形面积土层上均布荷载作用下角点的平均附加应力系数 $4\bar{\alpha}_0 = 1.0$。

持力层底面处矩形面积土层上均布荷载作用下角点的平均附加应力系数 $4\bar{\alpha}_1 = 0.8$。

点号	z_i (m)	l_1/b_1	z/b_1	$\bar{\alpha}_i$	$z_i\bar{\alpha}_i$ (mm)	$z_i\bar{\alpha}_i - z_{i-1}\bar{\alpha}_{i-1}$ (mm)
0	0	1.73	0	$4\times0.25=1.0$	0	25600
1	32		1.76	$4\times0.20=0.8$	25600	

（5）确定实体深基础计算中的桩基沉降经验系数 ψ_p

根据《建筑地基基础设计规范》GB 50007 可知实体深基础计算中的桩基沉降经验系数 $\psi_p=0.3$。

（6）计算桩筏基础平面中心点竖线上持力层土层的最终变形量

群桩基础的变形量为：$s = \dfrac{\sigma_0}{E_s}(z_i\bar{\alpha}_i - z_{i-1}\bar{\alpha}_{i-1}) = \dfrac{492.1}{34000}\times25600 = 370.56\text{mm}$

修正后的群桩基础最终变形量为：$s' = \psi_p s = 0.3\times370.56 = 111.2\text{mm}$

3.13.2　持力层下有软弱下卧层群桩沉降计算实例

某高层建筑采用满堂布桩的钢筋混凝土桩，筏板基础及地基的土层分布如图 3-97 所示，其他条件同 3.13.1 节中例题。

【解】（1）计算实体深基础的支承面积

$a_1 = a_0 + 2L\tan\alpha = 56.4 + 2\times38\tan5.25°$
$= 62.7\text{m}$

$b_1 = b_0 + 2L\tan\alpha = 30.0 + 2\times38\tan5.25°$
$= 36.3\text{m}$

实体深基础的支承面积为：

$A = a_1\times b_1 = 62.7\times36.3 = 2276.01\text{m}^2$

（2）计算桩底平面处对应于荷载效应准永久组合时的附加压力 p_0

上部荷载准永久组合为：

$p = 550\times57.4\times30 = 947100\text{kN}$

实体基础的支承面积范围内，筏板、桩、土重为：$G = 38.0\times2276.01\times20 = 1729767.6\text{kN}$

等代实体深基础底面处的土自重应力为：$p_{cd} = 18\times38 = 684\text{kPa}$

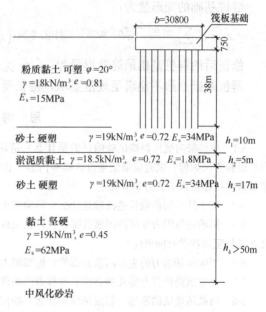

图 3-97　筏板基础及地基的土层分布

桩底平面处对应于荷载效应准永久组合时的附加压力 p_0 为：

$$p_0 = \frac{p+G}{A} - p_{cd} = \frac{947100+172976736}{2276.01} - 684 = 492.1\text{kPa}$$

（3）地基变形计算深度取为：$z_n = h_1 + h_2 + h_3 = 32\text{m}$

（4）计算持力层顶面和底面处，矩形面积土层上均布荷载作用下角点的平均附加应力系数

《建筑地基基础设计规范》GB 50007 中对等代实体深基础底面处的中点来说，应分为四块相同的小面积，其长边 $l_1 = 62.7/2 = 31.35\text{m}$，短边 $b_1 = 36.3/2 = 18.15\text{m}$，等代实体深基础底面处的中点为四个小矩形的角点，平均附加应力系数应乘以 4。计算过程及结果

见表 3-48。

持力层顶面处矩形面积土层上均布荷载作用下角点的平均附加应力系数 $4\bar{\alpha}_0 = 1.0$。

持力层底面处矩形面积土层上均布荷载作用下角点的平均附加应力系数 $4\bar{\alpha}_1 = 0.8$。

计 算 结 果 表 3-48

点号	z_i (m)	l_1/b_1	z/b_1	$\bar{\alpha}_i$	$z_i\bar{\alpha}_i$ (mm)	$z_i\bar{\alpha}_i - z_{i-1}\bar{\alpha}_{i-1}$ (mm)
0	0		0	$4 \times 0.25 = 1.0$	0	9800
1	10	1.73	0.55	$4 \times 0.246 = 0.98$	9800	
2	15		0.83	0.955	14325	4525
3	32		1.76	0.80	25600	11275

（5）确定实体深基础计算中的桩基沉降经验系数 ψ_p

根据《建筑地基基础设计规范》GB 50007 可知实体深基础计算中的桩基沉降经验系数 $\psi_p = 0.3$。

（6）计算桩筏基础平面中心点竖线上持力层土层的最终变形量

群桩基础的变形量为：

$$s = \sigma_0 \sum_{i=1}^{3} \frac{z_i\bar{\alpha}_i - z_{i-1}\bar{\alpha}_{i-1}}{E_{si}} = 492.1 \times \left(\frac{9800}{34000} + \frac{4525}{1800} + \frac{11275}{34000} \right) = 1542.1 \text{mm}$$

修正后的群桩基础最终变形量为：$s' = \psi_p s = 0.3 \times 1542.1 = 462.6 \text{mm}$

群桩基础变形不能满足规范要求，桩长要加长至穿过软土层。

思 考 题

3-1 单桩竖向抗压静载试验的目的是什么？适用范围有哪些？有哪几种加载装置？各有哪些优缺点？试验方法如何？试验成果整理包括哪些内容？各种单桩竖向抗压静载试验的典型曲线有什么特点？单桩竖向抗压极限承载力如何确定？

3-2 桩土体系的荷载传递机理是什么？影响桩土体系荷载传递的因素有哪些？

3-3 影响桩侧阻力发挥的因素有哪些？什么是桩侧阻力的挤土效应？什么是非挤土桩的松弛效应？什么是侧阻发挥的时间效应？

3-4 影响桩端阻力的主要因素有哪些？桩端阻力的破坏模式有哪几种？什么是端阻力的深度效应？

3-5 单桩沉降计算有哪几种方法？各种方法的优缺点和适用范围是什么？

3-6 荷载传递法的原理、假定条件是什么？如何利用荷载传递法分析单桩沉降？

3-7 剪切位移法的基本原理是什么？假定条件有哪些？如何利用剪切位移法分析单桩沉降？

3-8 简化方法如何计算单桩沉降？弹性理论法计算单桩沉降的过程是什么？

3-9 单桩沉降分层总和法的原理是什么？如何采用分层总和法计算单桩沉降？

3-10 数值分析法有哪几种？常用数值分析软件有哪些？

3-11 什么是群桩效应？群桩、承台和土的相互作用是怎样的？什么是沉降的群桩效应？桩侧阻力、桩端阻力的群桩效应各包括哪些内容？群桩有哪些破坏模式？群桩的桩顶荷载分布有哪些特点？群桩中桩、土、承台的共同作用特点有哪些？

3-12 群桩极限承载力有哪些计算方法？各种方法各有什么样的特点？

3-13 群桩沉降计算方法有哪几种？各有怎样的假设条件和优缺点？

3-14 如何根据等代墩基法计算群桩沉降？《建筑桩基技术规范》JGJ 94 和《建筑地基基础设计规范》GB 50007 中如何计算群桩沉降？

3-15 剪切位移法分析群桩沉降的原理是什么？如何采用剪切位移法计算群桩沉降？

3-16 荷载传递法计算群桩沉降的原理是什么？如何采用荷载传递法计算群桩沉降？

3-17 如何采用弹性理论法计算群桩沉降？

3-18 沉降比法计算群桩沉降的原理是什么？

3-19 桩筏（箱）基础的沉降计算有哪些方法？

3-20 什么是桩基负摩阻力？负摩阻力发生条件有哪些？什么是负摩阻力的中性点？影响中性点深度的主要因素有哪些？负摩阻力如何计算？什么是单桩负摩阻力的时间效应？群桩的负摩阻力如何确定？消减负摩阻力的措施有哪些？

第4章　竖向抗拔荷载下桩基受力性状

4.1　概　　述

随着城市建设规模的日益扩大，土地资源的有限，地下开挖的深度越来越大，地下结构往往需承受很大的浮力。例如，上海世博变电站工程地下结构需要承受的浮力高达4220MN，该工程采用了866根抗拔桩来抵抗如此巨大的浮力。为保证承受巨大浮力的地下建（构）筑物安全，需设置一定数量的抗拔桩。目前抗拔桩被广泛应用于建筑物地下室基础、海上采油平台下的桩基础、输电线路基础、地下通道和地下变电站等工程中。因抗拔桩应用日益广泛，有必要对抗拔桩受力性状展开研究。

本章从单桩竖向抗拔静荷载试验入手，主要介绍了抗拔桩的受力机理、竖向抗拔单桩和抗压单桩受力性状的异同、竖向抗拔荷载下单桩极限承载力确定方法、抗拔单桩和群桩承载特性计算方法、抗拔桩设计方法等方面内容。

4.2　竖向抗拔单桩静荷载试验

对于承受抗拔力和水平力较大的桩基，应进行单桩竖向抗拔承载力检测。与竖向抗压单桩静载试验一样，竖向抗拔单桩静载试验采用接近于竖向抗拔单桩实际工作条件的试验方法，分级加载、分级进行竖向上拔位移观测并记录竖向抗拔单桩桩顶荷载与桩顶上拔位移的关系，确定竖向抗拔单桩极限承载力和承载力特征值，判定竖向抗拔承载力是否满足设计要求。为分析竖向抗拔单桩不同深度处桩侧阻力的发挥特性，试验时可在桩身不同深度处埋设一定数量的钢筋应力计。

竖向抗拔单桩静载试验的检测数量不应少于总桩数的1%，且不应少于3根。竖向抗拔单桩静载试验应在桩身混凝土达到设计强度后进行。对于预制类桩，砂土中成桩到开始试验的休止期不得少于7天；粉土或黏土中成桩到开始试验的休止期不得少于15天；淤泥或软黏土中成桩到开始试验的休止期不得少于25天。对于现场灌注类桩，成桩到开始试验的间歇时间一般应达到28天。

4.2.1　加载装置

竖向抗拔单桩静载试验可采用锚桩反力装置，该装置主要包括反力系统、加荷系统和上拔变形量测系统，如图4-1所示。

（1）反力系统

竖向抗拔单桩静载试验反力装置可采用反力桩（或工程桩）提供支座反力，也可根据现场情况采用天然地基提供支座反力。反力架系统应具有1.2倍的安全系数并符合下列规定：

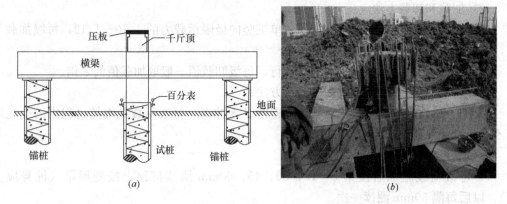

图 4-1 竖向抗拔单桩静载试验锚桩反力装置示意图

1) 采用反力桩（或工程桩）提供支座反力时，反力桩顶面应平整且具有一定的强度；

2) 采用天然地基提供反力时，施加于地基的压应力不宜超过地基承载力特征值的 1.5 倍，且反力梁的支点重心应与支座中心重合。

(2) 加荷系统

1) 加荷系统一般由千斤顶、油泵、压力表、压力传感器、高压油管、多通、逆止阀等组成。压力表和压力传感器须定期率定。试验前需检查压力系统，保证无漏油现象，且保证测量压力的准确与稳定。

2) 千斤顶应平放于主梁上，当采用 2 个或 2 个以上千斤顶加载时，应将千斤顶并联同步工作，并使千斤顶的上拔合力通过试桩中心。千斤顶上放置厚铁压板，同时将试桩钢筋焊接在压板上。

(3) 上拔变形量测系统

1) 上拔变形量测系统主要包括沉降的量测仪表（百分表、电子位移计等）、百分表夹具、基准桩（墩）和基准梁。

2) 上拔变形的量测仪表须定期率定。对于大直径桩应在其 2 个正交直径方向对称安置 4 个位移量测仪表，中等和小直径桩径可安置 2 个或 3 个位移量测仪表。

3) 上拔变形测定平面离桩顶距离不应小于 0.5 倍的桩径。

4) 固定或支承百分表的夹具和基准梁应确保不受气温、振动及其他外界因素影响而发生竖向变位。

5) 试桩至支座桩、基准桩至试桩和支座桩的最小中心距为 4 倍桩径，且不小于 2m。

4.2.2 试验方法

竖向抗拔单桩静载试验宜采用慢速维持荷载法，有时结合实际工程桩的受力特性，可采用多循环加卸载法。此外，竖向抗拔单桩静载试验也可根据实际情况采用等时间间隔加载法，等速率上拔量加载法及快速加载法等。

此处主要介绍《建筑桩基检测技术规范》JGJ 106 中规定采用的慢速维持荷载法。

(1) 最大试验荷载要求

为设计提供依据的试验桩应加载至桩侧土破坏或桩身材料达到设计强度。对工程桩抽样检测时，可按设计要求确定最大加载量。工程桩最大试验荷载取竖向抗拔单桩承载力特征值的两倍。

（2）加载和卸载方法

1）加载分级：每级加载值宜为预估单桩竖向极限承载力的 1/10～1/12，每级加载等值，第一级可按 2 倍每级加载值加载。

2）卸载分级：卸载亦应分级等量进行，每级卸载值一般取加载值的 2 倍。

3）试桩加载和卸载可采取多次循环方法。

4）加、卸载时应使荷载传递均匀、连续、无冲击，每级荷载在维持过程中的变化幅度不得超过分级荷载的 ±10%。

（3）上拔变形观测方法

1）每级荷载施加后按第 5、15、30、45、60min 测读桩顶上拔变形量（桩身应力值），以后每隔 30min 测读一次。

2）试桩上拔变形相对稳定标准：每一小时内的桩顶上拔增量不超过 0.1mm，并连续出现两次（从分级荷载施加后第 30min 开始，按 1.5h 连续三次每 30min 的沉降观测值计算）。

3）当桩顶上拔变形速率达到相对稳定标准时，再施加下一级荷载。

4）卸载时，每级荷载维持 1h，按第 15、30、60min 测读桩顶上拔变形量（桩身应力值）后，即可卸载下一级荷载。卸载至零后，应测读桩顶残余上拔变形量（桩身残余应力值），维持时间为 3h，测读时间为第 15、30min，以后每隔 30min 测读一次。

（4）终止加载条件

试验过程中应仔细观察桩身混凝土的开裂情况，当出现下列情况之一时，竖向抗拔单桩静载试验可终止加载：

1）在某级荷载作用下，桩顶上拔量大于前一级上拔荷载作用下上拔量的 5 倍。

2）按桩顶上拔量控制，累计桩顶上拔量超过 100mm 或达到设计要求的上拔量。

3）按钢筋抗拉强度控制，钢筋应力达到钢筋强度设计值或某根钢筋拉断。

4）对于验收抽样检测的工程桩，达到设计或抗裂要求的最大上拔荷载值或上拔量。

4.2.3 试验成果整理

为便于应用与统计，宜将竖向抗拔单桩静载试验成果整理成表格形式（参考表 3-5），并绘制有关试验成果曲线。除表格外还应对成桩和试验过程中出现的异常现象补充说明。主要试验成果资料应包括以下方面：

（1）竖向抗拔单桩静载试验变形汇总表；

（2）竖向抗拔单桩静载试验竖向荷载-上拔位移曲线图；

（3）竖向抗拔单桩静载试验上拔位移-时间对数曲线图；

（4）为分析竖向抗拔单桩不同深度处桩侧阻力的发挥特性，试验时可在桩身不同深度处埋设钢筋应力计。当竖向抗拔单桩静载试验进行桩身应力、应变测试时，尚应整理出有关数据的记录表，绘制不同荷载水平下桩身轴力分布随深度变化关系图、桩侧阻力分布随深度变化关系图和桩土相对位移随深度变化关系图等。

4.2.4 竖向抗拔单桩极限承载力的确定

竖向抗拔单桩极限承载力为竖向抗拔荷载作用下桩土体系所能长期稳定承受的最大荷载。慢速维持静荷载试验法确定竖向抗拔单桩极限承载力的规定如下：

（1）根据上拔量随荷载变化的特征确定：对陡变型荷载-上拔位移曲线，取陡升起始点对应的荷载值。

（2）根据上拔量随时间变化的特征确定：取上拔位移一时间对数曲线斜率明显变陡或曲线尾部明显弯曲的前一级荷载值。

（3）某级荷载下抗拔钢筋断裂时，取其前一级荷载值。

另外，在最大上拔荷载作用下，作为验收抽样检测的受检桩未出现上述三条情况时，可按设计要求判定。

同一条件下单位工程的竖向抗拔单桩承载力特征值应按竖向抗拔单桩极限承载力统计值的一半取值。

当工程桩不允许带裂缝工作时，取桩身开裂的前一级荷载作为竖向抗拔单桩承载力特征值，并与按极限荷载一半取值确定的承载力特征值相比，取二者中的小值。

4.2.5　竖向抗拔单桩静荷载试验实例分析

4.2.5.1　场地地质和试桩概况

温州某超高层建筑基础抗拔桩采用钻孔灌注桩，桩径为 0.8m，桩身采用 C30 混凝土，桩身全长配筋 $18\phi22mm$，持力层为⑥卵石层，设计要求单桩竖向抗拔承载力极限值为 2500kN。为评价其实际抗拔承载力，选取 4 根试桩进行抗拔静载试验，编号分别为 S1、S2、S3 和 S4，桩长分别为 46.7m，46.3m，47.1m 和 46.7m。该场地各土层物理力学参数见表 4-1。

场地各土层的物理力学参数指标　　　　　　　　表 4-1

层次	土层名称	含水量（%）	重度（kN·m⁻³）	I_P	I_L	c（kPa）	φ（°）	E_s（MPa）	侧阻特征值（kPa）	端阻特征值（kPa）
②	灰黄色黏土	35.8	18.5	18.2	0.61	20	9.1	3.3	9	
③₁	灰色淤泥质黏土	46.5	17.4	17.8	1.31	15	8	2.63	5	
③₂	灰色淤泥夹粉砂	39.5	17.6	14.6	1.33	16	8	2.96	6	
③₂′	灰色粉砂夹淤泥	28.9	18.9	17	6	10	28.9	7.64	11	
③₃	灰色粉砂夹淤泥	25.2	19.2	17	7	6	29.2	7.96	13	
④₁	青灰—灰色淤泥	52.8	16.7	21.4	1.28	15	8	2.77	6	
④₂	灰色淤泥质黏土	45.4	17.3	17.3	1.34	17	7.8	3.03	10	
⑤₁	灰色含黏性土粉砂	24.6	18.5	16	6	6	28.6	7.86	20	400
⑤₂	灰色淤泥质黏土夹粉砂	41.8	17.3	16	1.27	18	8	3.29	13	
⑥	灰—浅灰色卵石	73	11	6					45	1400
⑦	灰绿色粉质黏土	31.4	19	16.2	0.59	31	14.6	5	27	400
⑧	灰黄色卵石	75	10	6					45	1400
⑨₁	灰绿色粉质黏土	23.7	19.5	14.7	0.31	36	16.8	6.68	29	480
⑩₁	灰黄色全风化闪长岩	33.4	18.5	18.1	0.54	33	15.4	5.3	30	600

4.2.5.2　抗拔桩荷载与上拔量间关系

单桩抗拔试验采用支墩—反力架装置。桩顶上拔量采用布置在桩顶的大量程百分表测量得到。桩端沉降的测试方法为：下放钢筋笼前在钢筋笼内侧绑扎直径 66mm 的钢管→灌注成桩养护一定龄期进行静载试验时在直径 66mm 钢管内下放直径 20mm 的钢管→在直径 66mm 钢管的桩顶位置处设测点来测量桩端位移。4 根试桩桩顶荷载—上拔量曲线见图 4-2。

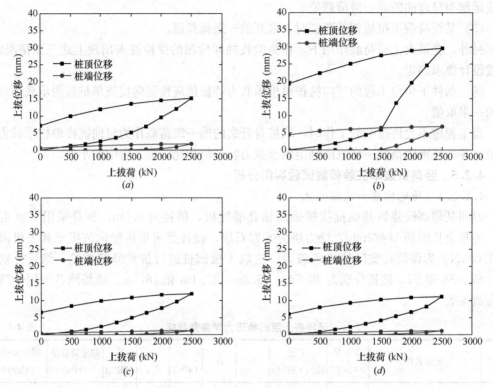

图 4-2 试桩荷载-上拔量曲线图

(a) 试桩 S1；(b) 试桩 S2；(c) 试桩 S3；(d) 试桩 S4

由图 4-2 可知，桩顶上拔荷载较小时，桩顶即产生上拔量。试桩 S1、S2、S3 和 S4 加载至第 1 级荷载（500kN）时，桩顶上拔量分别为 1.29mm、1.13mm、0.94mm 和 0.79mm，桩端上拔量为零。随着桩顶上拔荷载的增大，桩端开始出现上拔量，4 根试桩加载到第 5 级荷载（1500kN）时，桩端开始出现上拔量，其值分别为 0.09mm、0.09mm、0.08mm 和 0.06mm。随着荷载增大，荷载—上拔量曲线斜率逐渐增大。试桩 S2 在桩顶上拔荷载为 1750kN 时，桩顶上拔量发生了突变，从 5.89mm 增大到 13.67mm，此时桩端上拔量虽有所增加，但其值仍然不大，且卸载后桩顶残余变形较大。这可能是桩身质量问题引起的。桩身浅部位置由于拉力过大造成混凝土受拉开裂，造成上部桩身混凝土提前退出工作，上拔荷载由钢筋独立承担，从而产生桩顶上拔量突然增加的异常现象。对于含有腐蚀性介质环境中的抗拔桩，若基桩桩身产生过大的裂缝，腐蚀介质（如 Cl^-）会沿着裂缝渗入到桩的内部，破坏混凝土中钢筋表面起保护层作用的钝化膜，使得钢筋锈蚀，从而进一步导致混凝土开裂、露筋，严重影响抗拔桩的耐久性。因此，某级荷载施加时，若出现桩顶上拔量突然增加而桩端上拔量仍然较小的现象，应考虑桩身上部混凝土拉裂带来的影响。在恶劣的环境下（如海洋，有腐蚀性的地下水），若桩顶上拔变化符合上述情况，应以上拔量突然增大的前一级荷载做为该桩的极限荷载值。实际工程中，钻孔灌注桩作为抗拔桩时，桩身要进行截面设计，特别是裂缝宽度应满足规范要求。对于试桩

S1、S2、S3，加载到第 9 级荷载（2500kN）时，此时的桩顶上拔量不大，可断定试桩 S1、S2、S3 的单桩抗拔承载力的极限值在 2500kN 以上，满足设计要求。

4.2.5.3　抗拔桩的桩身轴力

下放钢筋笼前在桩身 8 个断面埋设了钢筋应力计，每个断面 3 个，安装的位置根据场地土层的分布情况确定。将钢筋应力计采集的数据经过转换可得到抗拔桩的桩身轴力分布规律。试桩桩身不同位置处的桩身轴力如图 4-3 所示。

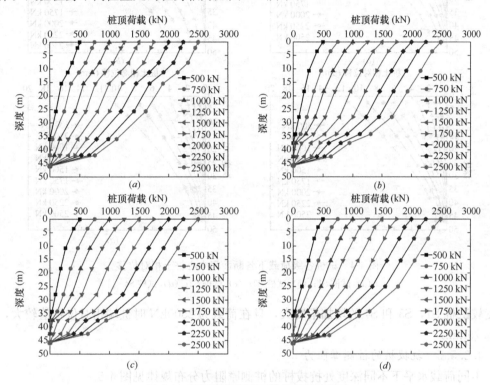

图 4-3　各级荷载作用下抗拔桩桩身轴力

(a) 试桩 S1；(b) 试桩 S2；(c) 试桩 S3；(d) 试桩 S4

由图 4-3 可知，不同桩顶荷载水平下抗拔桩的桩身轴力随深度增加而减少。当桩顶上拔荷载较小时，桩身下部轴力较小，随着桩顶上拔荷载的增大，桩身下部轴力逐渐增大。桩端位置处桩身轴力始终为零，即抗拔桩表现为纯摩擦桩性状。

4.2.5.4　抗拔桩的桩土相对位移

不同荷载水平下不同深度处抗拔单桩的桩土相对位移见图 4-4。

由图 4-4 可知，抗拔荷载作用下桩土相对位移最大值出现在桩顶位置，桩土相对位移值随深度的增加近似线性减少，且随荷载的增加而逐渐增大。荷载较小时，桩下部位置处的桩土相对位移值为零。只有当桩顶荷载增大到一定值时，桩端才开始出现桩土相对位移。随荷载的增加，试桩 S1、S3 和 S4 的桩土相对位移值增加较均匀，且在荷载为 2500kN 时，桩端附近处的桩土相对位移值仍较小，不足 2mm。荷载为 1750kN 时，试桩 S2 桩顶部 3.5m 处的桩土相对位移值发生了突变，由 5.11mm 增大至 12.12mm，桩端附近处的桩土相对位移值虽有所增加但其值仍不大，约为 1.20mm。随着桩顶荷载水平的增加，桩土相对位移值增加幅度趋于均匀，同一荷载水平下，试桩 S2 桩土相对位移值增加

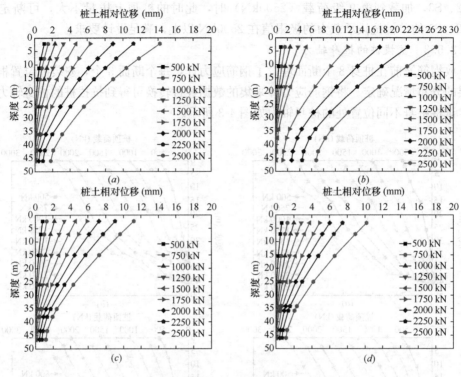

图 4-4 试桩各级荷载下各断面间中心桩土相对位移

(*a*) 试桩 S1；(*b*) 试桩 S2；(*c*) 试桩 S3；(*d*) 试桩 S4

幅度较试桩 S1，S3 和 S4 的增加幅度大，且在荷载为 2500kN 时桩端相对位移值较大，达到 6.79mm。

4.2.5.5 抗拔桩的桩侧摩阻力

不同荷载水平下不同深度处抗拔桩的桩侧摩阻力分布规律见图 4-5。

由图 4-5 可知，上部土层和下部土层桩侧摩阻力的发挥是一个异步的过程，上部土层桩侧摩阻力先于下部土层桩侧摩阻力发挥。随着桩顶荷载的增大，上部土层摩阻力逐渐趋于稳定，而下部土层摩阻力还远未发挥完全。不同土层中的桩侧摩阻力有所差别。同一土层中，随着荷载水平的增加，桩侧平均摩阻力也相应增大，但增加的幅度有所差别。桩顶上拔荷载较小时，桩端处桩侧摩阻力为零，桩侧摩阻力随荷载（桩土相对位移）水平的增大而增加。

4.2.5.6 抗拔桩的桩侧摩阻力与桩土相对位移的关系

不同荷载水平下不同深度处桩侧摩阻力与桩土相对位移的关系见图 4-6。

由图 4-6 可知，桩侧摩阻力发挥程度和桩土相对位移有着较好的对应关系。桩土相对位移较小时，桩长范围内土层的桩侧摩阻力均随桩土相对位移的增加而增大，随桩土相对位移的逐渐增大，上部土层的桩侧摩阻力达到峰值，此后桩侧摩阻力随桩顶荷载水平的增加（桩土相对位移的增大）而逐渐降低，最后达到并维持在残余强度，即桩侧摩阻力完全发挥后出现侧阻软化现象。由图 4-6 和表 4-1 可知，该工程中灰黄色黏土和灰色淤泥质黏土中钻孔灌注抗拔单桩发挥极限侧阻值所需要的位移约为 3mm，灰色淤泥质黏土和灰色淤泥夹粉砂中钻孔灌注抗拔单桩发挥极限侧阻值所需要的位移约为 1~2mm，抗拔桩深部

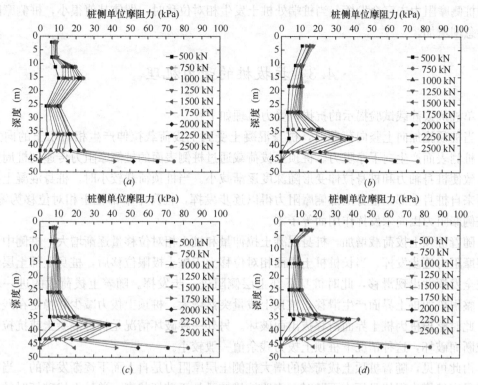

图 4-5　试桩各级荷载下各断面桩侧摩阻力

(a) 试桩 S1；(b) 试桩 S2；(c) 试桩 S3；(d) 试桩 S4

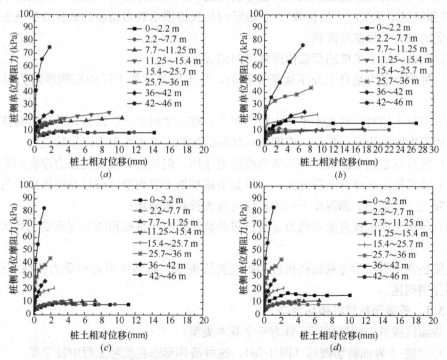

图 4-6　试桩各级荷载下桩侧平均摩阻力与桩土相对位移曲线

(a) 试桩 S1；(b) 试桩 S2；(c) 试桩 S3；(d) 试桩 S4

土层桩侧摩阻力未完全发挥。当桩端处桩土发生相对位移时，即使其值很小，桩侧摩阻力也会急剧增加。

4.3 抗拔桩的受力机理

单桩抗拔静载试验揭示的抗拔桩受力机理如下：

当桩顶施加向上竖向荷载时，桩身混凝土受到上拔荷载拉伸产生相对于土的向上位移，桩侧表面产生向下摩阻力。桩顶上拔荷载通过桩侧表面的桩侧摩阻力传递到桩周土层中，致使桩身轴力和桩身拉伸变形随深度逐渐减小。当桩顶荷载较小时，桩身混凝土拉伸主要来自桩身上部，桩身上部侧摩阻力得以逐步发挥，桩身中下部桩土相对位移为零处，其桩侧摩阻力因尚未发挥作用而等于零。

随着桩顶上拔荷载增加，桩身混凝土拉伸量和桩土相对位移量逐渐增大，桩侧中下部土层摩阻力逐步发挥；当长桩桩土界面相对位移大于桩土极限位移后，桩身上部土层侧阻已完全发挥并出现滑移，此时桩身下部土层侧阻进一步发挥。随着上拔荷载的进一步增大，整根桩的桩土界面产生滑移，桩顶上拔量突然增大，桩顶上拔力减少并稳定在残余强度，此时整根桩因桩土界面滑移拔出而破坏。另外一种破坏情况是桩身混凝土或抗拉钢筋被拉断而破坏，这种情况下桩顶上拔力残余值一般较小。

由此可见，随着桩顶上拔荷载的增大桩侧土层摩阻力是自上而下逐渐发挥的。当桩顶上拔量突然增大很快且压力下跌时，表明抗拔桩已处于破坏状态。单桩上拔破坏时的最大荷载定义为单桩的抗拔破坏承载力，破坏前的前一级荷载称之为单桩竖向抗拔极限承载力（亦即桩顶能稳定承受的上拔荷载）。单桩竖向抗拔极限承载力是静载试验时单桩桩顶所能稳定承受的最大上拔试验荷载。

竖向荷载作用下单桩的荷载传递规律归纳如下：

（1）桩侧摩阻力是自上而下逐渐发挥的，且不同深度处土层的桩侧摩阻力是异步发挥的；

（2）当桩土相对位移大于土体极限位移后，桩土之间会产生滑移，滑移后其抗剪强度将由峰值强度跌落为残余强度，亦即滑移部分的桩侧土抗拔摩阻力产生软化；

（3）抗拔桩是纯摩擦桩，即只考虑摩阻力作用，但桩身自重对抗拔力存在影响；

（4）单桩抗拔破坏有两种方式，一种是整根桩桩土界面滑移破坏而被拔出，另一种是桩身混凝土（特别是上部混凝土）因拉应力过大被拉断破坏；

（5）单桩竖向抗拔极限承载力是指抗拔静载试验时单桩桩顶能稳定承受的最大抗拔试验荷载。

抗拔桩常见类型为等截面抗拔桩和扩底抗拔桩等，其破坏形态和受力特性有所区别，下面将分别阐述。

4.3.1 等截面抗拔桩破坏形态

等截面抗拔桩的破坏形态可分为三个基本类型：

（1）沿桩-土界面剪切破坏（图 4-7a），这种破坏形态在实际工程中较常见。

（2）与桩长等高的倒锥台剪切破坏（图 4-7b），软岩中粗短灌注桩可能出现完整通长的倒锥体破坏，倒锥体的斜侧面也可呈曲面。

（3）复合剪切面剪破：下部沿桩—土侧壁面剪切破坏，上部为倒锥台剪切破坏（图4-7c）；或在桩底与桩身相切，沿一定曲面的破坏（图4-7d）。复合剪切面常在硬黏土中的钻孔灌注桩出现，且往往桩的侧面不平滑，凹凸不平，黏土与桩粘结得较好。当倒锥体土重不足以破坏该界面上桩—土的黏着力时即可形成上述滑面。

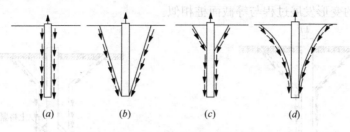

图 4-7　等截面抗拔桩的破坏形态

当土质较好，桩—土界面粘结牢固，桩身配筋不足或非通长配筋时，可能出现桩身被拉断的破坏现象，如图 4-8 所示。

沿桩—土界面发生土的圆柱形剪切破坏形式，在一定条件下也可能转化为混合剪切面滑动形式。

上拔荷载较小时，土中可出现间条状剪切面（图 4-9a），每一剪切面空间上呈倒锥形斜面，但此时还未产生较大的滑移运动。随着上拔力的增加，界面外土中出现一组略与界面平行的滑裂面，沿着基础产生较大滑移（图 4-9b），并最终发展为桩的连续滑移（图4-9c），即沿圆柱形的滑移面破坏。需要说明的是，某些情况下连续滑移剪切破坏发生前，间条状剪切面也会直接导致基础破坏。这将产生混合式破坏面，即在靠近地面处呈一个锥形面，而下部为一个完整的圆柱形剪切面。

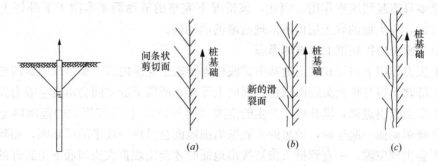

图 4-8　桩身被拉断情况　　图 4-9　界面外土中剪切破坏面的发展过程

4.3.2　扩底抗拔桩破坏形态

扩底抗拔桩最大的优点是可用增加不多的材料来获取桩抗拔承载力的显著增加。随着扩孔技术的发展，扩底桩的应用愈来愈广泛。

扩底抗拔桩的破坏形态可分为四种类型：

（1）基本破坏模式

扩底桩破坏形态与等截面桩不同，其扩大头的上移使地基土内产生各种形状的复合剪切破坏面。这种基础的地基破坏形态相当复杂，并随施工方法、基础埋深及各土层的特性而变，基本的破坏形式如图 4-10 所示。

（2）圆柱形冲剪式破坏

当桩埋深不大时，虽然桩侧面滑移出现得较早，但扩大头上移导致地基剪切破坏后，原来的圆柱形剪切面不一定能保持图 4-10 中中段所示规则的形状，尤其是靠近扩大头的部位，可能演化成图 4-11 中的"圆柱形冲剪式剪切面"，最后可能在地面附近出现倒锥形剪切面，其后的变形发展过程与等截面桩相似。

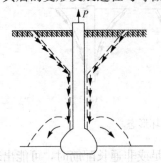

图 4-10　扩底桩上拔破坏形式

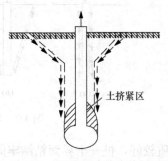

图 4-11　圆柱形冲剪式剪切面

只有在硬黏土中，前述间条状剪切面才可能发展成为倒锥形的破坏面。若扩大头埋深不大，桩较短，则可能仅出现圆柱形冲剪式剪切面或倒锥形剪切破坏面，也可能出现一介于圆柱形和倒锥形之间的曲线滑动面（状如喇叭）。抗拔承载力分析时，宜多设几种可能的破坏面，择其抗力最小者作为最危险滑动面。

（3）有上覆软土层时上拔破坏形态

土层埋藏条件对竖向受荷桩上拔破坏形态影响极大。为保证扩底桩具有较高的抗拔承载力，扩大头需埋入下卧硬土层（或砂土层）内一定深度处，此时浅层可能存在一定厚度的软土层，这种情况下桩的承载力主要依靠下卧硬土层（或砂土层）强度发挥，而上覆软土层至多只能起到压重作用。因此，该情况下完整的滑动面基本限于下卧好土层内开展（图 4-12），而上面的软土层内不出现清晰的滑动面。

（4）软土中扩底桩上拔破坏形态

上拔力作用下均匀软黏土地基中扩底桩周围软土介质内部不易出现明显的滑动面。扩大头底部软土将与扩大头底面粘在一起向上运动，所留下的空间会由真空吸力作用将扩大头四周软土吸引进来，填补可能产生的空隙（图 4-13）。由于相当大的范围内土体在不同程度上被牵动而一起运动，较短的扩底桩周围地面会呈现一浅平的凹陷圈，而软土内部则始终不会出现空隙，一直到桩头快被拔出地面时才会出现扩大头与底下土脱开的现象。

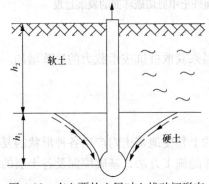

图 4-12　有上覆软土层时上拔破坏形态

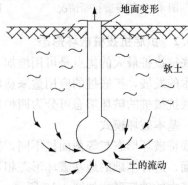

图 4-13　软土中扩底桩上拔破坏形态

4.3.3 等截面抗拔桩与扩底抗拔桩受力机理的差异

等截面抗拔桩与扩底抗拔桩荷载传递规律存在如下差异：

（1）等截面桩受上拔荷载作用时，桩身拉应力开始出现在桩身上部。随着桩顶上拔位移的增加，桩身拉应力逐渐向下部扩展。当桩顶部位的桩－土相对滑移量达到某一值时，该界面摩阻力充分发挥，但桩下部的侧摩阻力还未完全发挥。随着荷载的增加，出现桩侧摩阻力峰值的桩土界面不断下移。当达到一定荷载水平时，桩身下部侧摩阻力得到发挥，抗拔力增加的幅度等于桩上部因过大位移而产生的总侧摩阻力降低幅度时，整个桩身总摩阻力达到峰值，其后桩的抗拔阻力将逐渐下降。

（2）扩底桩受上拔荷载作用时，扩大头上移挤压土体，土对扩大头的反作用力（即上拔端阻力）一般随上拔位移的增加而增大。当桩侧摩阻力达到峰值后，扩大头的抗拔阻力仍可继续增长，直到桩上拔位移量达到一定值后（一般较大，有时可达数百毫米），可能因土体整体拉裂破坏或向上滑移失去稳定。因此，扩大头抗拔阻力所担负的总上拔荷载中百分比随上拔位移量增大逐渐增加。

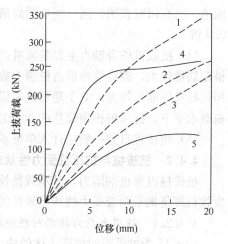

图 4-14　上拔荷载-位移曲线

（3）等截面抗拔桩荷载-位移曲线有明显的拐点，甚至会出现峰后强度降低的现象。而对于扩底抗拔桩的荷载-位移曲线来说，相当大的上拔位移变幅内上拔力可不断上升，除非桩周土体产生彻底滑移破坏。等截面抗拔桩和扩底抗拔桩的上拔荷载-上拔位移量曲线见图 4-14。图 4-14 中 4 号、5 号桩为等截面抗拔桩，1 号、2 号和 3 号桩为扩底抗拔桩。

（4）对于扩底抗拔桩，因扩大头的作用扩大头顶部以上一段桩段内桩-土相对位移不能发挥，该桩段侧摩阻力发挥受到限制，设计中通常忽略该段上的桩侧摩阻力。在一定桩型条件下，扩大头的上移会带动相当大范围内土体的移动，造成地面较早出现一条或多条环向裂缝和浅部桩-土脱开现象。设计中通常不考虑桩杆侧面地表下 1.0m 范围内的桩-土界面摩阻力。

4.4　抗拔桩与抗压桩承载特性的异同

因抗压桩和抗拔桩受力机理的不同，两者受力性状存在一定的差异性。

4.4.1 抗拔桩与抗压桩受力性状差异性

抗压桩和抗拔桩承载特性存在一定差异，主要包括以下方面：

（1）低荷载水平时，抗拔桩和抗压桩的桩顶位移随桩顶荷载的增加而缓慢增加且近似呈直线关系。

（2）抗拔桩和抗压桩的桩身轴力均沿深度增加而减少。荷载水平较低时，抗压桩桩身下部轴力为零，随着荷载水平的增加，桩端附近轴力逐渐发挥作用。在整个加载阶段，抗拔桩的桩端阻力始终为零。极限荷载作用下，抗压桩一般表现为端承摩擦桩或摩擦端承桩性状，抗拔桩表现为纯摩擦桩性状。

（3）抗拔桩和抗压桩侧阻均随桩顶荷载水平的增加自上而下异步发挥，桩侧摩阻力的发挥与桩顶荷载水平有关。桩侧摩阻力未达极限值之前，桩侧摩阻力均随桩顶荷载水平的增加而增大。荷载水平较高时，浅部土层的侧阻完全发挥后跌落为残余强度，即出现侧阻软化现象，深部土层的侧摩阻力未完全发挥。由于抗压桩与抗拔桩所受荷载方向的不同，引起桩周土受力性状的变化，从而使抗拔桩与抗压桩的侧摩阻力发挥机理产生差异。上拔荷载使竖向有效应力减小，下压荷载使竖向有效应力增加，这导致抗压桩与抗拔桩的桩周土体受力性状产生差异。同一土层中抗压桩桩侧摩阻力极限值略大于抗拔桩桩侧摩阻力极限值。已有研究表明，同一场地同规格的抗拔桩的极限侧阻约为抗压桩极限侧阻的 0.5～0.9 倍。

（4）抗拔桩桩身轴力主要是靠桩内配置的钢筋承担，裂缝宽度起控制作用，因而抗拔桩配筋量较大，桩身拉伸量占桩顶上拔位移的比例较小。抗压桩轴力主要靠桩的混凝土承担，桩身压缩量较大。对于超长桩来说，抗压桩桩身压缩量占桩顶沉降的比例较大，工作荷载水平下，抗压桩桩顶位移的 90% 以上来自桩身压缩。

（5）抗拔桩自重一般应计入单桩承载力，而抗压桩自重一般不计入单桩承载力。

4.4.2 抗拔桩与抗压桩受力性状差异性的机理

抗拔桩没有桩端阻力，其承载特性完全由桩侧阻力决定，分析抗拔桩和抗压桩侧阻的发挥机理是揭示两者受力性状差异性的关键。

4.4.2.1 桩周土应力状态对桩侧阻力的影响

图 4-15 为桩受荷时桩周土体的应力状态示意图。无论是抗拔桩还是抗压桩，土体单元受到剪切后，水平有效应力都不再是主应力，主应力方向发生了旋转。剪应力越大，旋转角就越大。

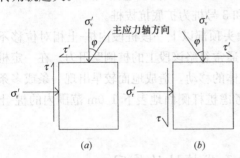

图 4-15　桩周土应力状态图
(a) 抗拔桩；(b) 抗压桩

水平有效应力 σ_r' 的变化取决于土体应力—应变性能。室内三轴试验表明，一定密实度条件下的砂土，围压越小，剪胀性越明显。当围压逐渐增加至一定值时，砂土则表现为常体积；围压继续增大时，砂土则表现为剪缩性。对于一定密度的正常固结黏土，三轴剪切试验中表现为剪缩特性，且围压越大，剪缩特性越明显。无论是抗压桩还是抗拔桩，如果土体发生剪缩，水平有效应力将减小；反之，水平有效应力将增大。桩周土体呈现何种体积变化性能，与土的密度、围压等有关，与桩的受荷方向没有简单的对应关系。抗压桩桩周土受力与三轴压缩类似、抗拔桩桩周土受力与三轴拉伸类似的说法是不恰当的。竖向有效应力 σ_v' 的变化与荷载的作用方向有关，上拔荷载使竖向有效应力减小，下压荷载使竖向有效应力增加，这导致了抗压桩与抗拔桩桩周土体受力性状的差异。同时，抗拔试验时桩端土几乎没有抗拉性能，抗压试验时桩端土具有良好的抗压性能以阻止桩土界面滑移，这也是两者性状差异之一。

由上述分析可知，因桩基所受荷载方向的不同，导致桩周土受力性状发生变化，从而使抗拔桩与抗压桩的侧摩阻力发挥机理产生差异，侧阻值的大小也是不同的。由静载试验资料可知，相同土层条件下同一场地同规格的抗拔桩与抗压桩（除端部的侧阻外）侧阻极限值的比值 η 基本上在 $0.5\sim0.9$，具体设计时 η 值应按实测统计得出。

4.4.2.2 桩端阻对侧阻的影响

传统认为桩侧摩阻力和桩端阻力是各自独立互不影响的。然而，已有研究表明，桩端阻力与桩侧阻力之间具有相互作用，桩端阻力的发挥会对桩侧阻力产生影响，桩侧阻力随桩端阻力的增大而有所提高，即端阻对侧阻存在增强效应。因抗拔桩桩端土层没有桩端阻力的影响，其应力状态必然与抗压桩有很大的区别。

桩开始受荷时，抗拔桩与抗压桩沿桩身的侧摩阻力分布曲线相似，桩侧摩阻力从桩上部开始发挥并逐渐向下传递。随着桩顶荷载增大，抗拔桩桩身上部和端部的侧阻力几乎没有变化，而桩身中部侧阻力变化较大；抗压桩除桩上部侧阻力达到极限外，中下部侧阻力均快速增长。桩端阻力的发挥会对桩侧阻力产生影响，桩侧阻力随桩端阻力的增大而有所提高，即端阻对侧阻存在增强效应。试验研究表明，桩端土层强度越高，桩端阻力对桩侧阻力的增强效果就越明显。同时，在其他条件相同的情况下，桩越长，桩侧阻力的强化效应越明显。

（1）抗压桩

抗压桩端土体的变形和应力的变化见图 4-16。

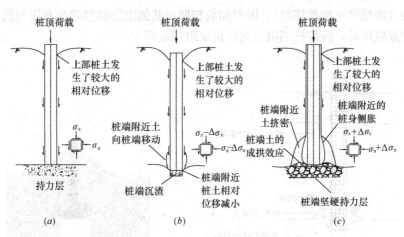

图 4-16 桩顶不同受荷水平时土体运动情况简图和桩侧土体应力单元状态图
(a) 桩端力未发挥；(b) 桩端沉渣发生刺入变形；(c) 桩端持力层较坚硬

当桩端阻力未发挥时（图 4-16a），桩端持力层对桩侧阻力的影响还未发挥作用。当桩顶荷载较大时，桩端阻力逐渐发挥，桩端持力层强度对桩侧阻力的影响逐渐发挥。

当桩端土强度较低时（图 4-16b），较大荷载作用下桩端会发生较大的刺入变形。此时，桩端附近的桩侧土会由于桩端的刺入变形而向桩端方向运动。这会造成桩端附近桩侧土与桩之间的相对位移减小，进而影响桩侧阻力的发挥，造成桩端附近桩侧阻力减小。同时，桩端附近桩侧土向桩端移动会造成桩端附近桩侧土的附加径向应力 σ_n 减小，径向应力的减小将导致桩土间摩阻力的降低。

对桩端土强度较高的情况（图 4-16c），桩端阻力发挥后会在桩端平面以下一定范围内形成压缩区，桩端平面以下部分土体往上运动，桩端附近桩侧土层会出现应力成拱现象，即桩端附近出现成拱区和挤密区。这相当于对桩端附近桩侧土施加了一附加径向应力 $\Delta\sigma_n$，沿桩身方向越往下这种挤密作用就越大，径向应力增加也越大。根据摩尔-库伦抗剪强度理论，径向应力的增大将导致桩土间摩阻力增大。桩端土强度越大，桩端土成拱作用和挤密作用就越大，桩侧附近法向应力增加越明显，这是桩端土强度提高造成桩端附近桩侧阻力增大的原因。

因桩端土强度较高，距离桩端附近的桩身会压缩侧胀，桩端附近一段桩身压缩侧胀会引起桩侧土的水平向应力增加。桩身压缩侧胀后会增大桩端附近桩身的横截面积，桩端土强度较高引起的桩身侧胀也是造成桩侧土阻力强化效应的原因。

同时，一般来说土体的强度随深度的增加而增加，因而桩侧阻的强化效应表现为随桩长的增加而增加。

（2）抗拔桩

抗拔桩桩周土体的变形与应力变化如图 4-17 所示。图 4-18 为抗拔桩一土颗粒模拟试验图。在荷载作用下，桩周土有向上滑动的趋势，桩端部由于桩身的上抬形成空穴。空穴的出现使端部的土体应力发生了松弛，造成桩端处土体应力减小。同时，桩端以上一段距离内的土体由于有向上移动的趋势，再加上空穴的应力松弛影响，其水平应力大幅度下降，从而使其侧阻比上部土层的侧阻还要小。当然，由于空穴的形成是在抗拔力较大的时候出现的（即端部出现滑移时），因而加载初期，其侧阻沿桩身的分布图与抗压桩的相似，而在桩接近破坏时，抗拔桩端阻与抗压桩端阻相差很大。

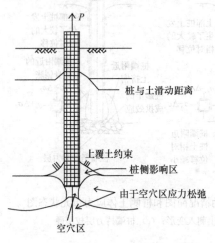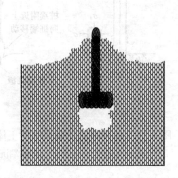

图 4-17　抗拔桩端部应力状态图　　图 4-18　抗拔桩土颗粒模拟试验图

综上，抗拔桩和抗压桩受力性状的异同归纳见表 4-2。

抗拔桩与抗压桩受力性状的异同　　　　　　　　　　　　　　　　　　表 4-2

相同点	抗拔桩和抗压桩的荷载一位移曲线均表现为小荷载下弹性性状，中荷载下弹塑性性状； 桩身轴力变化集中在桩身上部，其沿深度的变化相似； 桩侧阻力的发挥均为异步过程

不同点	抗压桩的极限承载力远大于抗拔桩的极限承载力； 抗压桩端部轴力较大，常表现为端承摩擦桩性状，而抗拔桩表现为纯摩擦桩性状； 抗压桩与抗拔桩侧阻力作用方向相反； 抗压桩侧阻沿深度逐渐变大（软弱土层除外），而抗拔桩侧阻表现为"两头小，中间大"，抗压桩端部侧阻增加很快，而抗拔桩侧阻在达到一定值后，只出现较小幅度的增加； 抗拔桩与抗压桩的侧阻极限值不同，其比值 η 约为 $0.5\sim0.9$，具体设计时 η 值应按实测统计得出

4.5 竖向抗拔桩极限承载力的确定

4.5.1 等截面抗拔单桩极限承载力的确定

（1）当无抗拔桩的试桩资料时，抗拔单桩极限承载力标准值 Q_{uk} 可按勘察报告中抗压桩极限侧摩阻力标准值乘以折减系数确定。即：

$$Q_{uk} = \sum \lambda_i u_i L_i q_{sik} \tag{4-1}$$

式中 L_i——桩周第 i 层土厚度；

λ_i——抗拔系数，砂土中 $\lambda = 0.50\sim0.70$，黏性土、粉土中 $\lambda = 0.70\sim0.80$，抗拔桩长径比小于 20 时，λ 取小值；

u_i——第 i 层土中相应的桩身周长，取 $u_i = \pi d$；

q_{sik}——桩侧第 i 层土的极限侧阻力标准值，如无当地经验时，可按表 3-15 取值。

（2）在经验及相关统计的基础上，《公路桥涵设计通用规范》JTG D60 中提出了抗拔钻孔灌注单桩极限承载力的计算公式。即：

$$[P_1] = 0.3UL\tau_p + W \tag{4-2}$$

式中，$[P_1]$ 为抗拔桩容许上拔荷载；U、L 分别为桩周长及入土深度；W 为桩自重；τ_p 为桩侧壁上的平均极限摩阻力。

4.5.2 等截面抗拔群桩极限承载力的确定

等截面抗拔群桩极限承载力的确定方法较多，目前常用计算方法主要有规范法、Tomlinson 法、Patra 法和理论分析法等。

4.5.2.1 规范法

由《建筑桩基技术规范》JGJ 94 可知，群桩基础及其基桩的抗拔极限承载力标准值应按下列规定确定：

对于一级建筑桩基，基桩的抗拔极限承载力标准值应通过现场单桩上拔静载荷试验确定；对于二、三级建筑桩基，如无当地经验时，群桩基础及基桩的抗拔极限承载力标准值可分单桩或群桩呈非整体破坏和群桩呈整体破坏两种情况计算。

单桩或群桩呈非整体破坏时基桩的抗拔极限承载力标准值可按式（4-1）计算获得。群桩呈整体破坏时，基桩的抗拔极限承载力标准值可按式（4-3）计算。即：

$$Q_{uk} = \frac{1}{n_p} u_g \sum \lambda_i L_i q_{sik} \tag{4-3}$$

式中，u_g 为桩群外围周长；n_p 为抗拔群桩的桩数。

4.5.2.2 Tomlinson 法

砂性土中群桩基础发生破坏时，假定土体破坏面由桩端以 1∶4 的坡度向上延伸直至土体表面。为简化计算，土体中桩的重量假定等于土的重量，且不考虑实体基础侧面摩阻力对抗拔承载力的影响。Tomlinson 将该方法中的安全系数定为 1，同时指出该方法得到的群桩抗拔承载力应小于群桩中各单桩承载力之和除以适当的安全系数。若单桩的抗拔承载力是由抗拔载荷试验得到，则安全系数建议取 2；若抗拔承载力是由经验公式得到，则安全系数建议取 3。对于群桩施工中可能产生土体软化的情况，安全系数可取 2。对于长期承受上拔荷载的群桩基础，安全系数可取 2.5～3。

黏性土中的群桩，群桩抗拔极限承载力 Q_{ug} 可表示：

$$Q_{ug} = 2L(B+Z)C_u + W_g \tag{4-4}$$

式中，L 为抗拔桩的桩长；B 为群桩基础宽度；Z 为群桩基础长度；C_u 为桩深度范围内不排水抗剪强度的加权平均值；W_g 为包括承台重量的桩-土实体的有效重量。

4.5.2.3 Patra 法

Patra 认为群桩抗拔承载力由三部分组成：桩和桩间土的中心部分；边缘部分桩的一半；桩、承台和桩间土的重量。群桩基础的中心部分可看作一个实体墩基础，其抗拔承载力 Q_{uc} 可由式（4-5）计算获得。即：

$$Q_{uc} = \gamma L^2 [K(a+b)] \tag{4-5}$$

式中，a 和 b 为分别为群桩基础的长度和宽度；γ 为土的重度；L 为桩长；K 为等效墩土压力系数，其值可用式（4-6）计算获得。

$$K = \frac{(1-\sin\varphi)\tan\delta}{\tan\varphi} \tag{4-6}$$

式中，δ 为桩-土界面的摩擦角；φ 为土体内摩擦角。

边缘部分的抗拔承载力 Q_{ue} 可看作是边桩的一半承担的荷载，可由式（4-7）计算获得。即：

$$Q_{ue} = n_{pe}(\pi d)A_1\gamma L^2 \tag{4-7}$$

式中，n_{pe} 为边缘部分桩数的一半。

群桩总抗拔承载力可以表示为：

$$Q_{ug} = Q_{uc} + Q_{ue} + W_q \tag{4-8}$$

式中，W_q 为桩、承台和桩间土的总重量。

4.5.2.4 理论分析法

采用 Mindlin 理论分析桩-桩相互作用对群桩抗拔承载力的影响，在此基础上建立预测抗拔群桩承载力的解析公式。首先介绍两桩相互作用系数，并将其应用于抗拔群桩承载力理论分析中。假定两根桩（桩 1 和桩 2）的桩长均为 L，桩径均为 d，桩间距为 S_a，每根桩均匀划分为 n 个桩单元，每个桩单元的长度均为 L/n。桩 2 上单元 j 的剪应力引起桩 1 单元 i 的剪应力增量可表示为：

$$\Delta\tau_{ij} = I_{ij}p_j \tag{4-9}$$

式中，I_{ij} 为无量纲影响系数，根据 Mindlin 解其值可表示为：

$$I_{ij} = \frac{dLS_a}{8n(1-v_s)} \left[\begin{array}{l} \dfrac{1-2v_s}{R_1^3} - \dfrac{1-2v_s}{R_2^3} + \dfrac{3(z_i-z_j)^2}{R_1^5} \\ + \dfrac{3(3-4v_s)z_i(z_i+z_j) - 3z_j(3z_i+z_j)}{R_2^5} + \dfrac{30z_iz_j(z_i+z_j)}{R_2^7} \end{array} \right]$$

$$\tag{4-10}$$

式中，z_i，z_j 分别为桩单元 i，j 的竖向坐标；$R_1 = \sqrt{S_a^2 + (z_i - z_j)^2}$；$R_2 = \sqrt{S_a^2 + (z_i + z_j)^2}$。

桩 2 中所有桩单元对桩单元 i 产生的附加剪应力可表示为：

$$\Delta\tau_i = \sum_{j=1}^{n} \Delta\tau_{ij} = \sum_{j=1}^{n} I_{ij} p_j \tag{4-11}$$

抗拔桩达极限状态时，桩侧摩阻力 p_i 和附加剪应力 $\Delta\tau_i$ 之和应等于桩侧极限摩阻力 τ_{ui}。即：

$$p_i + \Delta\tau_i = \tau_{ui} \tag{4-12}$$

对于桩单元 $1 \sim n$，将式（4-11）代入式（4-12）可得：

$$([U] + [I])\{p\} = \{\tau_u\} \tag{4-13}$$

式中，$[U]$ 为单位矩阵；$[I]$ 为影响系数矩阵；$\{\tau_u\}$ 为桩-土界面极限摩阻力的向量。

由式（4-13）可求得桩侧剪应力。即：

$$\{p\} = ([U] + [I])^{-1}\{\tau_u\} \tag{4-14}$$

不考虑桩-桩相互作用时，抗拔单桩的极限承载力可表示为：

$$Q_{u1} = \frac{\pi dL}{n} \sum_{j=1}^{n} \tau_{uj} \tag{4-15}$$

当两个桩同时受到上拔力时，每个桩的抗拔承载力可表示为：

$$Q_{u2} = \frac{\pi dL}{n} \sum_{j=1}^{n} p_j \tag{4-16}$$

考虑两桩相互作用时，抗拔两桩的群桩效率系数 η_2 可表示为：

$$\eta_2 = \frac{Q_{u2}}{Q_{u1}} = \frac{\sum\limits_{j=1}^{n} p_j}{\sum\limits_{j=1}^{n} \tau_{uj}} \tag{4-17}$$

抗拔群桩基础中各基桩间存在相互影响和桩的"加筋和遮帘"效应。为简化分析并考虑相邻桩的存在导致该桩极限承载力的折减，引入折减系数 R_a。两桩的折减系数 R_a 可表示为：

$$R_a = \frac{Q_{u1}}{Q_{u2}} - 1.0 \tag{4-18}$$

由式（4-17）和式（4-18）可求得两桩相互作用系数和折减系数间的关系。即：

$$\eta_2 = 1/(1 + R_a) \tag{4-19}$$

群桩中任一基桩 i 的两桩相互作用系数 η_i 可表示为：

$$\eta_i = 1/\sum_{j=1}^{n_p} R_a S_{aij} \tag{4-20}$$

式中，n_p 为抗拔群桩的桩数；S_{aij} 为桩 i 和桩 j 间的距离，当 $i = j$ 时，$R_a S_{aij} = 1$；当 $i \neq j$ 时，$R_a S_{aij}$ 可由式（4-18）计算获得。

整体群桩效率系数可表示为：

$$\eta_g = \sum_{i=1}^{n_p} \eta_i / n_p \tag{4-21}$$

群桩中任一基桩的抗拔承载力可表示为:

$$Q_{ui} = \eta_g \frac{\pi d L}{n} \sum_{j=1}^{n} \tau_{uj} \tag{4-22}$$

4.5.3 扩底抗拔单桩极限承载力的确定

扩底抗拔单桩的破坏形状与机理决定了计算方法的选择,不存在一种统一且普遍适用的扩底桩抗拔承载力的计算公式。此处主要针对常见的上拔破坏模式(图4-19和图4-20)展开讨论。

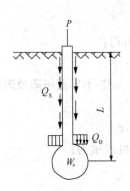
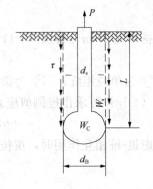

图 4-19 扩底抗拔桩承载力计算基本模式   图 4-20 圆柱形滑动面法计算模式

4.5.3.1 基本计算模式

扩底桩的极限抗拔承载力 Q_u 由桩侧摩阻力极限值 Q_s、扩底部分抗拔承载力极限值 Q_b 和桩与倒锥形土体的有效自重 W_c 组成。即:

$$Q_u = Q_s + Q_b + W_c \tag{4-23}$$

计算模式见图4-19,采用式(4-4)计算扩底桩的极限抗拔承载力时抗拔桩的桩长为地面到扩大头中部的距离(若其最大断面不在中部,则计算至最大断面处)。桩侧摩阻力极限值 Q_s 计算长度为地面至扩大头顶面处的深度。如属干硬裂隙土,Q_s 计算时应扣除桩杆靠近地面1m范围内的侧摩阻力。

扩底部分抗拔承载力极限值 Q_b 确定时可按两大不同性质土类(黏性土和砂性土)分别计算。

(1)黏性土(按不排水状态考虑)

$$Q_b = \frac{\pi}{4}(d_b^2 - d_s^2)N_c \cdot \omega \cdot c_u \tag{4-24}$$

(2)砂性土(按排水状态考虑)

$$Q_b = \frac{\pi}{4}(d_b^2 - d_s^2)\sigma_v' \cdot N_q \tag{4-25}$$

式中 d_b——扩底桩扩大头直径;

　　　d_s——扩底桩桩杆直径;

　　　ω——扩底扰动引起的抗剪强度折减系数;

N_c、N_q——均为承载力因素,可按3.6.3.2节取值;

　　　c_u——黏性土的不排水抗剪强度;

　　　σ_v'——有效上覆压力。

4.5.3.2 圆柱形滑动面法计算模式

抗拔桩发生破坏时，假定抗拔桩的桩底扩大头以上将出现一直径等于扩大头最大直径的竖直圆柱形破坏体，计算模式见图 4-20。根据上述假定扩底抗拔桩的极限抗拔承载力 Q_u 可按两大不同性质土类（黏性土和砂性土）分别计算。

(1) 黏性土（不排水状态下）

$$Q_u = \pi d_b \sum_0^L c_u \Delta l + W_s + W_c \tag{4-26}$$

(2) 砂性土（排水状态下）

$$Q_u = \pi d_b \sum_0^L K\sigma'_v \tan\varphi' \Delta l + W_s + W_c \tag{4-27}$$

式中，W_s 为包含在圆柱形滑动体内土的重量；φ' 为土的有效内摩擦角；K 为土的侧压力系数；L 为桩长，应从地面计算至扩大头水平投影面积最大部位的高程（图 4-20）。

4.5.4 扩底抗拔群桩极限承载力的确定

单桩或群桩呈非整体破坏时基桩的抗拔极限承载力标准值可按式（4-1）计算获得。群桩呈整体破坏时，基桩的抗拔极限承载力标准值可按式（4-3）计算。与等截面抗拔群桩极限承载力计算时不同的是，式（4-1）和式（4-3）中 u_i 可按表 4-3 取值。

扩底桩破坏表面周长 u_i　　　　　　　　　　　　表 4-3

自桩底起算的长度 L_i	$\leqslant$ (4~10) d	$>$ (4~10) d
u_i	πD	πd

注：D 为桩端直径；d 为桩身直径；L_i 对于软土取低值，对于卵石、砾石取高值；L_i 取值随内摩擦角增大而增加。

4.6 竖向抗拔单桩变形计算

4.6.1 等截面抗拔单桩变形计算

目前等截面抗拔单桩变形的分析方法主要有弹性理论法和荷载传递法等。

4.6.1.1 弹性理论法

某深度 z 处的桩侧摩阻力 $\tau_0(z)$ 和相应位置处的桩身上拔位移 $s(z)$ 间的关系可表示为：

$$\frac{d^2 s(z)}{dz^2} - \frac{\pi d\tau_0(z)}{E_p A_p} = 0 \tag{4-28}$$

式中，E_p 和 A_p 分别为桩身弹性模量和桩身横截面积；d 为桩直径。

考虑桩伸长变形时某深度 z 处的桩身位移 $s(z)$ 可表示为：

$$s(z) = \frac{\tau_0(z)r_0}{G_s}\ln\left(\frac{r_m}{r_0}\right) \tag{4-29}$$

其中，G_s 为桩侧土的剪切模量；r_0 为桩身半径；r_m 为桩的影响半径，$r_m = 2.5\rho (1-\upsilon_s) L$，$L$ 为桩长，υ_s 为桩侧土的泊松比；ρ 为桩周土的不均匀系数，$\rho = \dfrac{\sum\limits_{k=1}^{m} G_{sk} L_k}{G_{sm} L}$，$L_k$ 为位于 k 层土中的桩长，G_{sk} 为 k 层土中的剪切模量；对于均质土，$\rho = 1$。

将式 (4-29) 代入式 (4-28) 可得:

$$\frac{d^2 s(z)}{dz^2} - \frac{2G_0}{E_p r_0^2 \ln\left(\frac{r_m}{r_0}\right)} s(z) = 0 \tag{4-30}$$

式 (4-30) 的通解为:

$$s(z) = C_1 e^{\lambda z} + C_2 e^{-\lambda z} \tag{4-31}$$

其中, $\lambda = \frac{1}{r_0}\sqrt{\frac{2G_s}{E_p \ln(r_m/r_0)}}$, C_1 和 C_2 为待求系数。

由边界条件 $P(z) \mid_{z=0} = P_t$ (P_t 为桩顶荷载) 及 $P(z) \mid_{z=L} = 0$,可求得 C_1 和 C_2 的值。即:

$$C_1 = \frac{P_t e^{-\lambda L}}{2\lambda E_p A_p \text{sh}(\lambda L)}, C_2 = \frac{P_t e^{\lambda L}}{2\lambda E_p A_p \text{sh}(\lambda L)} \tag{4-32}$$

抗拔桩某一深度 z ($0 \leqslant z \leqslant L$) 处的桩身位移 $s(z)$ 和桩身轴力 $P(z)$ 可分别表示为:

$$\begin{cases} s(z) = \dfrac{P_t \text{ch}[\lambda(L-z)]}{\lambda E_p A_p \text{sh}(\lambda L)} \\ P(z) = -E_p A_p \dfrac{ds(z)}{dz} = \dfrac{P_t \text{sh}[\lambda(L-z)]}{\text{sh}(\lambda L)} \end{cases} \tag{4-33}$$

深度 z 处的桩侧摩阻力 $\tau_0(z)$ 可表示为:

$$\tau_0(z) = \frac{P_t \lambda \text{ch}[\lambda(L-z)]}{\pi d \text{sh}(\lambda L)} \tag{4-34}$$

由式 (4-33) 可得抗拔桩桩顶的上拔量 s_t (令 $z=0$)。即:

$$s_t = \frac{P_t \text{cth}(\lambda L)}{\lambda E_p A_p} \tag{4-35}$$

众所周知,抗拔桩的桩侧摩阻力是从桩顶至桩端逐渐发挥的。当竖向抗拔力较大时,桩身上部的桩侧阻力先达到极限状态(假设桩侧阻达到极限状态的桩段长度为 L_1),此后随着桩顶上拔荷载的增加,假定该段内桩侧阻力不变而维持在该极限状态下(不考虑桩侧阻软化效应或硬化效应),此时式 (4-28) 可表示为:

$$\frac{d^2 s(z)}{dz^2} - \frac{\pi d \tau_u}{E_p A_p} = 0 \tag{4-36}$$

式 (4-36) 的通解为:

$$s(z) = \frac{\pi r_0 \tau_u}{E_p A_p} z^2 + C_3 z + C_4 \tag{4-37}$$

桩侧阻力达到极限状态的桩段 L_1 某深度 z ($0 \leqslant z \leqslant L_1$) 处的桩身轴力可表示为:

$$P(z) = -\pi d \tau_u z - C_3 E_p A_p \tag{4-38}$$

其中, C_3 和 C_4 为待求系数。

由边界条件 $s(z) \mid_{z=L_1} = s_{L_1}$ 和 $P(z) \mid_{z=L_1} = P_t - \pi d L_1 \tau_u$ 可求得 C_3 和 C_4 的值。其中 s_{L_1} 为桩段 L_1 处对应的桩身位移,可通过式 (4-33) 求得,其值为:

$$C_3 = -\frac{P_t}{E_p A_p}, C_4 = s_{L_1} + \frac{P_t L_1}{E_p A_p} - \frac{\pi r_0 \tau_u L_1^2}{E_p A_p} \tag{4-39}$$

$$s_{L_1} = \frac{P_t \text{ch}[\lambda(L-L_1)]}{\lambda E_p A_p \text{sh}(\lambda L)} \tag{4-40}$$

桩侧阻力达到极限状态的桩段 L_1 内深度 z（$0 \leqslant z \leqslant L_1$）处的桩身位移 s（z）可表示为：

$$s(z) = s_{L_1} + \frac{P_t(L_1 - z)}{E_p A_p} - \frac{\pi r_0 \tau_u (L_1^2 - z^2)}{E_p A_p} \tag{4-41}$$

抗拔桩的桩侧阻力未达到极限状态时桩段某一深度 z（$0 < z \leqslant L - L_1$）处的桩身位移和桩身轴力可表示为：

$$\begin{cases} s(z) = \dfrac{(P_t - \pi d \tau_u L_1) \text{ch}[\lambda(L - L_1 - z)]}{\lambda E_p A_p \text{sh}[\lambda(L - L_1)]} \\[3mm] P(z) = \dfrac{(P_t - \pi d \tau_u L_1) \text{sh}[\lambda(L - L_1 - z)]}{\text{sh}[\lambda(L - L_1)]} \end{cases} \tag{4-42}$$

L_1 长度的桩段达到桩侧阻力极限状态的抗拔桩桩顶沉降可表示为：

$$s_t = \frac{P_t \text{ch}[\lambda(L - L_1)]}{\lambda E_p A_p \text{sh}(\lambda L)} + \frac{P_t L_1}{E_p A_p} - \frac{\pi r_0 \tau_u L_1^2}{E_p A_p} + \frac{(P_t - \pi d \tau_u L_1) \text{cth}[\lambda(L - L_1)]}{\lambda E_p A_p} \tag{4-43}$$

需要说明的是，对于抗拔桩位于成层土中的情况，利用上述公式计算时，要考虑桩段 L_1 内不同土层中具有不同的 τ_u 值。

抗拔桩桩侧阻力达到极限状态桩段长度 L_1 的确定方法为：根据桩侧摩阻力发挥的特点可知，桩侧摩阻力是从桩顶至桩端逐渐发挥的过程。因此确定 L_1 长度时应先按照式（4-34）计算某一深度 z 处的桩侧阻力 τ_0（z），若计算得到的 τ_0（z）值达到该处土层侧阻的极限值 τ_u，则认为此处土层桩侧摩阻力已经完全发挥，则该深度处对应的桩长即是 L_1 的长度。需要说明的是，假定桩侧摩阻力完全发挥后会维持该极限状态，桩侧土不存在侧阻软化或硬化现象。

若由式（4-34）计算得到的桩端处 $\tau_0(L)$ 值达到该处极限侧阻 τ_u，说明全桩长范围内桩侧摩阻力已经达到极限状态，即此时 $L_1 = L$。当 $z = 0$ 时，由式（4-43）可知，全桩长范围内桩侧摩阻力已经达到极限状态的桩顶沉降可表示为：

$$s_t = \frac{P_t}{\lambda E_p A_p \text{sh}(\lambda L)} + \frac{P_t L}{E_p A_p} - \frac{\pi r_0 \tau_u L^2}{E_p A_p} + \frac{(P_t - \pi d \tau_u L)}{\lambda E_p A_p \text{sh}(0)} \tag{4-44}$$

由式（4-44）可知，该式最后一项分母中的 sh（0）→0，说明当抗拔桩全桩长范围内的桩侧摩阻力完全发挥时（未考虑抗拔桩桩身自重对上拔荷载的影响）桩顶沉降趋近于无穷大，即桩侧摩阻力完全发挥后，抗拔桩将被拔出，继而造成桩顶沉降趋于无限大。

4.6.1.2 荷载传递法

对于实际工程中的成层土，特别是桩土间出现塑性变形时，弹性解答不能准确分析抗拔桩的受力性状。荷载传递法能反映上下土层间的相互作用，可用以分析等截面抗拔单桩的非线性承载特性。荷载传递法计算分析结果的精度完全取决于桩一土界面的荷载传递曲线。荷载传递法通常采用变形协调法计算抗拔桩的变形。常规的变形协调法通常假定桩底有一微小位移，通过迭代的方法计算得到桩顶单元的荷载和位移。然而，对于较长的抗拔桩而言，荷载较小时抗拔桩的变形只发展到桩身一定深度，而没有传递至桩底。尤其对于桩底嵌岩的抗拔桩，荷载较小时常规变形协调法的预测结果与实测结果有较大差别。

为修正常规变形协调法，假定桩顶有一较小位移，使用二分法调整桩顶位移，然后根据桩身的轴向变形和桩侧变形的协调关系，逐段向下递推得出各桩单元的轴力和桩侧阻力，直至总的桩侧阻力等于假定桩顶荷载为止。具体分析步骤如下：

（1）自桩顶至桩端将桩分成 1，2，$\cdots$，n 个桩单元，每个桩单元长度 ΔL 可相等或不等。

（2）桩顶上拔荷载为 P_t，假定一个较小的桩顶位移 s_t，即 $P_t = P_{t1}$，$s_t = s_{t1}$。

（3）假定桩单元 1 的平均拉力为 P_{t1}，桩单元 1 的初始弹性变形为 $s_{e1} = (P_{t1} \Delta L)/(E_p A_p)$。

（4）桩单元 1 的中点位移为 $s_{c1} = s_{t1} - 0.5 s_{e1}$。

（5）考虑土体的非线性，可根据工程实际情况选定合适的荷载传递函数，将桩单元 1 的中点位移代入相应的荷载传递函数中，从而得到桩单元 1 的桩侧剪应力 τ_1。

（6）当确定桩侧剪应力后，桩单元 1 总摩阻力为 $T_1 = 2\pi r_0 \Delta L \tau_1$。

（7）桩单元 1 的底部荷载为 $P_{b1} = P_{t1} - T_1$。

（8）桩单元 1 的平均拉力为 $P_1 = 0.5(P_{t1} + P_{b1})$。

（9）桩单元 1 的修正弹性变形为 $s_{ec1} = (P_1 \Delta L)/(E_p A_p)$。

（10）比较桩单元 1 的假定弹性变形 s_{e1} 和修正弹性变形 s_{ec1}，若 $|s_{e1} - s_{ec1}| > 1 \times 10^{-6}$ m，则假定 $s_{e1} = s_{ec1}$，重复步骤（4）～（10），直到两者差值小于限定值（如 1×10^{-6} m）。

（11）桩单元 1 的底部位移为 $s_{b1} = s_{t1} - s_{ec1}$。

（12）桩单元 2 的顶部荷载和位移等于桩单元 1 的底部荷载和位移。

（13）重复步骤（3）～（11），可得到桩单元 2 底部位移和拉力。依次类推，计算抗拔桩各单元位移和拉力。终止条件为计算到桩端单元或某个单元顶部的位移为一极小值（可取 1×10^{-6} m）。

（14）桩侧剪力承担的总荷载为 $T = T_1 + T_2 + T_3 + \cdots + T_k$（$k \leqslant n$）。

（15）假定一较大的桩顶位移 s_{tt}（如 $s_{tt} = d$），重复步骤（2）～（14），可得到另一桩侧剪力承担的总荷载 T_c。

（16）桩顶平均位移为 $s_{tmean} = 0.5(s_t + s_{tt})$，重复步骤（2）～（14），得到桩侧剪力承担总荷载 T_{mean}。

（17）如果 T_{mean} 与假定桩顶荷载 P_t 的差值在限定值以内，则 T_{mean} 即为桩在上拔力 P_t 下的位移，计算终止。如果两者的差值超过限定值，若 $(T_{mean} - P_t)(T - P_t) < 0$，则 $s_{tt} = s_{tmean}$，反之，则 $s_t = s_{tmean}$。重复步骤（2）～（16），直至 T_{mean} 与假定桩顶荷载 P_t 的差值小于限定值。

（18）对应不同荷载水平，重复步骤（2）～（17），可得到抗拔桩的荷载-位移曲线。

4.6.2 扩底抗拔单桩变形计算

目前扩底抗拔单桩变形的分析方法主要有弹性理论法、弹塑性理论法和荷载传递法等。

4.6.2.1 弹性理论法

扩底抗拔单桩变形计算时桩侧土体假定为弹性体，抗拔桩的桩端扩大头假定为等效弹簧。

某深度 z 处的桩侧摩阻力 $\tau_0(z)$ 和桩侧土位移 $s_s(z)$ 间的关系可表示为：

$$s_s(z) = \frac{\tau_0 r_0}{G_s} \ln\left(\frac{r_m}{r_0}\right) \tag{4-45}$$

式中，r_0 为桩半径；G_s 为桩侧土的剪切模量；r_m 为抗拔单桩的影响半径。

桩侧土位移 $s_s(z)$ 的微分方程可表示为：

$$\frac{d^2 s_s(z)}{dz^2} - \frac{2G_s}{E_p r_0^2 \ln\left(\frac{r_m}{r_0}\right)} s_s(z) = 0 \tag{4-46}$$

式（4-46）的通解为：

$$s_s(z) = Ae^{uz} + Be^{-uz} \tag{4-47}$$

式中，$u = \sqrt{\dfrac{2G_s}{E_p r_0 \ln\left(\dfrac{r_m}{r_0}\right)}}$，$E_p$ 为桩身弹性模量；A 和 B 为待定系数。

上拔荷载作用下扩底桩的扩大头对土体产生挤压。将桩端扩大头投影到平面上，传荷方式可简化为一刚性圆环对土体产生挤压。圆环的内半径为桩半径 r_0，外半径为扩大头半径 r_b。为简化计算，半无限弹性体在圆环均布荷载下的变形简化为一个半径为 r_b 的大圆荷载下变形减去一个半径为 r_0 的小圆荷载下变形。弹性半空间体表面作用圆形均布荷载下圆环的中心处位移 s_{hc} 可表示为：

$$s_{hc} = \frac{2q(1-v_b^2)(r_b - r_0)}{E_b} \tag{4-48}$$

式中，v_b 为桩端处土的泊松比；E_b 为桩端土的弹性模量；q 为桩端均布荷载。

桩端均布荷载 q 和桩端集中荷载 P_b 可表示为：

$$q = \frac{P_b}{A_b} = \frac{P_b}{\pi(r_b^2 - r_0^2)} \tag{4-49}$$

由式（4-48）和式（4-49）可得：

$$s_{hc} = \frac{2P_b(1-v_b^2)}{\pi E_b(r_b + r_0)} = \frac{P_b(1-v_b)}{\pi G_b(r_b + r_0)} \tag{4-50}$$

式（4-50）为圆形分布荷载下中心处的竖向位移。半无限体表面上一刚性圆柱的表面位移与相应的均匀受荷圆的中心位移的比值为 $\pi/4$。为考虑扩底桩桩端刚性的影响，可将 $\pi/4$ 乘以式（4-50）中均匀受荷圆柱端部中心位移来近似估算桩端刚性的影响。扩底桩的桩端阻力 P_b 和桩端位移 s_b 间的关系可表述为：

$$s_b = \frac{P_b(1-v_b)}{4G_b(r_b + r_0)} \tag{4-51}$$

式（4-47）的边界条件为：

$$\begin{cases} s_s(L) = \dfrac{P_b(1-v_b)}{4G_b(r_b + r_0)} \\[2mm] \left[\dfrac{ds_s(z)}{dz}\right]_{z=L} = \dfrac{-P_b}{\pi r_0^2 E_p} \end{cases} \tag{4-52}$$

式中，L 为桩长。

由式（4-47）和式（4-52）可得任一深度处桩侧土位移 $s_s(z)$ 和桩身轴力 $P(z)$。即：

$$s_s(z) = \frac{P_b}{r_0}\left\{\frac{r_0(1-v_s)}{4G_s(r_0 + r_b)}\cosh[u(L-z)] + \frac{1}{\pi r_0 E_p u}\sinh[u(l-z)]\right\} \tag{4-53}$$

$$P(z) = P_b\pi r_0 E_p u\left\{\frac{r_0(1-v_s)}{4G_s(r_0 + r_b)}\sinh[u(L-z)] + \frac{1}{\pi r_0 E_p u}\cosh[u(L-z)]\right\} \tag{4-54}$$

通过上述分析可得到有限刚度扩底抗拔桩的无量纲 $P_t/G_s r_0 s_t$ 形式，具体可表示为：

$$\frac{P_t}{G_s r_0 s_t} = \frac{\pi^2 r_0^3 E_p^2 u^2 (1-\upsilon_s)\sinh(uL) + 4\pi E_p r_0 u (r_0 + r_b)\cosh(uL)}{\pi r_0^2 E_p G_s u (1-\upsilon_s)\cosh(uL) + 4G_s^2 (r_0 + r_b)\sinh(uL)} \tag{4-55}$$

式中，P_t 为抗拔桩桩顶荷载；S_t 为抗拔桩桩顶位移。

4.6.2.2 弹塑性理论法

当上拔荷载较小时，桩侧土体主要处于弹性状态，桩和土未发生相对滑动，式（4-55）可较好预测扩底抗拔桩弹性变形。当上拔荷载较大时，桩侧土体由弹性状态过渡到塑性状态，塑性区由桩顶向桩端延伸，此时使用弹性理论预测扩底抗拔桩的变形将产生一些误差。因此，有必要推导得出扩底抗拔桩的弹塑性解析公式，从而使得扩底抗拔桩变形的理论预测值更为合理。为进行扩底抗拔桩弹塑性变形的解析分析，提出了如下基本假定：

（1）桩体在承载过程中呈线弹性性状，不考虑桩身开裂对抗拔桩弹性模量的影响。

（2）桩侧土荷载传递曲线为理想弹塑性模型，桩侧土的极限摩阻力随深度呈幂函数变化。

（3）桩端扩大头可简化为作用在桩端荷载传递弹簧，桩端反力与位移的关系采用弹性模型，不考虑桩端土的非线性对扩底抗拔桩变形的影响。

（4）桩侧土的剪切模量为常数。

当桩顶荷载较小时，桩侧土体主要处于弹性状态。当荷载逐渐增大时，桩侧土逐渐进入塑性状态。土体塑性区一般从地面处开始，在某级荷载水平下，可能发展到一定的深度，称为塑性滑移深度 L_1，$L_1 = \mu L$，μ 为滑动系数，其值为 $0\sim1$。

桩侧土体极限摩阻力 τ_{su} 随深度呈幂函数变化，即：

$$\tau_{su} = mz^n \tag{4-56}$$

深度 L_1 内的土体摩阻力全部达到了极限摩阻 τ_{su}，而在深度 L_1 以下，土体仍处于弹性状态。由此可将桩分成上下两段，即深度 L_1 以上的桩段为塑性区，深度 L_1 以下的桩段为弹性区。桩身位于深度 L_1 处的变形为 s_e，该处桩的轴力 P_e 可理解为使长为 $L-L_1$ 的抗拔桩产生弹性变形为 s_e 的桩顶荷载。该处位移和轴力可表示为：

$$s_e = \frac{\tau_{su}(L_1)r_0}{G_s}\ln\left(\frac{r_m}{r_0}\right) = \frac{mL_1^n r_0}{G_s}\ln\left(\frac{r_m}{r_0}\right) \tag{4-57}$$

$$P_e = \frac{s_e \pi E_p u r_0^2 \left[E_p \pi u r_0^2 (1-\upsilon_s)\sinh(uL_2) + 4G_s (r_0 + r_b)\cosh(uL_2)\right]}{\pi r_0^2 E_p u (1-\upsilon_s)\cosh(uL_2) + 4(r_0 + r_b)G_s \sinh(uL_2)} \tag{4-58}$$

式中，$L_2 = L - L_1$。

桩身塑性段任意深度 z 处的轴力和位移可表示为：

$$P(z) = P_e + \int_z^{L_1} \pi d(mz^n)\mathrm{d}z = P_e + \pi dm \frac{(L_1^{n+1} - z^{n+1})}{n+1} \tag{4-59}$$

$$s(z) = s_e + \frac{1}{E_p A_p}\int_z^{L_1} P(z)\mathrm{d}z = s_e + \frac{P_e(L_1 - z)}{E_p A_p} + \frac{\pi dm}{E_p A_p}\frac{z^{n+2} - (n+2)L_1^{n+1}z + (n+1)L_1^{n+2}}{(n+1)(n+2)} \tag{4-60}$$

则桩顶轴力和位移可表示为：

$$P_t = P_e + \frac{\pi dm L_1^{n+1}}{n+1}$$

$$= \frac{s_e \pi E_p u r_0^2 \left[E_p \pi u r_0^2 (1-\upsilon_s)\sinh(uL_2) + 4G_s (r_0 + r_b)\cosh(uL_2)\right]}{\pi r_0^2 E_p u (1-\upsilon_s)\cosh(uL_2) + 4(r_0 + r_b)G_s \sinh(uL_2)} + \frac{\pi dm L_1^{n+1}}{n+1} \tag{4-61}$$

$$s_t = s_e + \frac{P_e L_1}{E_p A_p} + \frac{\pi dm}{E_p A_p} \frac{L_1^{n+2}}{n+2}$$

$$= s_e \left\{ 1 + \frac{\pi r_0^2 E_p u (1-\upsilon_s) \cosh(u L_2) + 4(r_0 + r_b) G_s \sinh(u L_2)}{\pi E_p u r_0^2 [E_p \pi u r_0^2 (1-\upsilon_s) \sinh(u L_2) + 4 G_s (r_0 + r_b) \cosh(u L_2)]} \right\} + \frac{\pi dm}{E_p A_p} \frac{L_1^{n+2}}{n+2}$$

(4-62)

抗拔桩弹塑性变形的计算步骤如下：

（1）对于任意指定滑动系数 μ，可由式（4-61）和式（4-62）得到桩顶的荷载和位移。若给定一系列滑动系数 μ，即可得到完整的扩底抗拔桩荷载-位移曲线。

（2）对于给定荷载，抗拔桩的滑动系数 μ 可由式（4-62）得到。式（4-62）是个非线性方程，可采用二分法得到方程的解，然后将所得到的滑动系数代入式（4-62）得到桩顶位移。

4.6.2.3 荷载传递法

常规变形协调法假定桩端发生微小位移，然后根据桩-土界面的荷载传递曲线，通过迭代算法得到桩顶单元的荷载和位移。对于荷载较小且桩长较大的扩底抗拔桩而言，桩的变形可能只传递到桩身的一定深度，并没有传递到桩底，即桩端扩大头未发挥作用。因此，荷载水平较低时，常规变形协调法预测结果与实测结果差别较大。为弥补常规变形协调法的局限性，采用双曲线荷载传递函数和二分法来分析扩底抗拔单桩的非线性受力性状。

扩底抗拔桩桩侧土的荷载传递函数采用双曲线模型，侧阻双曲线荷载传递函数的表述形式和各参数的取值方法参见 3.7.1.2 节。扩底抗拔桩桩端扩大头阻力与桩端位移间的非线性关系采用双曲线模型模拟。端阻双曲线荷载传递函数的表述形式和各参数的取值方法参见 3.7.1.4 节。与 3.7.1.4 节不同的是桩端土的刚度 k_b，扩底抗拔桩的桩端土刚度 k_b 可表示为：

$$k_b = \frac{4 G_b}{\pi (r_b + r_0)(1 - \upsilon_b)}$$

(4-63)

扩底抗拔桩弹性解析解是将桩端扩大头处的反力简化为作用在桩端的集中力。实际上桩端扩大头除受到土体阻力外，扩大头表面也会受到桩侧摩阻力的影响。尤其当桩端嵌岩时，由扩底引起桩侧剪应力的增长不可忽略，且桩端扩大头的形状也会对抗拔承载力造成影响。扩底抗拔桩承载特性的修正变形协调法将桩划分为若干个单元，通过二分法调整桩顶位移，然后根据桩身轴向变形和桩侧土变形的协调关系，逐段向下推出各桩单元的桩身轴力和桩侧阻力，直至抗拔桩的总阻力等于桩顶荷载。采用双曲线函数模拟桩侧和桩端反力和位移的非线性关系。由于桩端扩大头的高度通常不大，为简化分析，将扩大头作为一个单元进行分析。具体分析步骤如下：

（1）扩底抗拔桩承载特性修正变形协调法的计算步骤（1）～（13）与 4.6.1.2 节中等截面抗拔桩承载特性修正变形协调法的计算步骤（1）～（13）相同。

（2）第 n 个桩单元为扩底抗拔桩的扩大头单元。若桩单元 n 的顶部位移大于指定极小值（如 1×10^{-6} m），说明桩端扩大头开始发挥承载作用。预估桩单元 n 的初始弹性变形为：

$$s_{en} = \frac{P_{tn} \Delta L_n}{E_p A_{pn}}$$

(4-64)

式中，A_{pn} 为扩大头单元 n 的平均横截面面积。

（3）扩大头单元 n 中点位移为 $s_{cn} = s_{tn} - 0.5 s_{en}$，扩大头单元 n 底部位移为 $s_{bn} = s_{tn} - s_{en}$。

（4）将扩大头单元 n 中点位移代入侧阻双曲线荷载传递函数，从而得到扩大头单元 n 的桩侧剪应力 τ_n。由式（3-64）计算得到桩单元 n 的桩侧面积，进而得到抗拔桩总摩阻力 T_n。

$$A_n = \frac{1}{2} \pi (D + d) f \tag{4-65}$$

式中，A_n 为桩端扩大头侧面积；d、D 分别为抗拔桩的直径和扩大头直径；f 表示扩大头单元母线长，可由扩大端的坡角 α 来确定。

（5）将桩单元 n 的底部位移代入端阻双曲线荷载传递函数，从而可得到桩端扩大头的反力 P_b。桩单元 n 的底部荷载 P_{bn} 为 $P_{bn} = P_{tn} - T_n - P_b$。

（6）桩单元 n 的修正弹性变形为：

$$s'_{en} = \frac{(P_{tn} + P_{bn}) \Delta L_n}{2 E_p A_p} \tag{4-66}$$

（7）比较桩单元 n 的假定弹性变形和修正弹性变形，若两者的差值大于限定值，假定 $s_{en} = s'_{en}$，重复步骤（2）～（6），直到 $|s_{en} - s'_{en}| < 1 \times 10^{-6}$ m 为止。

（8）桩单元 n 的底部位移 s_{bn} 为 $s_{bn} = s_{tn} - s'_{en}$。

（9）当 $k < n$ 时，桩侧土承担的总荷载为 $T = T_1 + T_2 + T_3 + \cdots + T_k$（$k \leqslant n$），当 $k = n$ 时，桩侧和桩端承担荷载为 $T = T_1 + T_2 + T_3 + \cdots + T_k + P_b$。

（10）假定一较大的桩顶位移 s_{tt}（如 $s_{tt} = d$），重复步骤（2）～（9），可得到另一桩侧剪力承担的总荷载 T_c。

（11）桩顶平均位移为 $S_{tmean} = 0.5 (s_t + s_{tt})$，重复步骤（2）～（10），得到桩侧剪力承担总荷载 T_{mean}。

（12）若 T_{mean} 与假定桩顶荷载 P_t 的差值在限定值以内，则 T_{mean} 即为桩在上拔力 P_t 下的位移，计算终止。若两者的差值超过限定值，当 $(T_{mean} - P_t)(T - P_t) < 0$，则 $s_{tt} = s_{tmean}$，反之，则 $s_t = s_{tmean}$。重复步骤（2）～（11），直至 T_{mean} 与假定桩顶荷载 P_t 的差值小于限定值。

（13）对应不同荷载水平，重复步骤（2）～（17），可得到抗拔桩的荷载—位移曲线。

4.7 竖向抗拔群桩变形计算

将抗拔群桩等效为一个墩，采用双曲线函数来模拟等效墩的墩侧与土的相互作用。在抗拔单桩变形的研究基础上，采用等效墩法分析群桩的抗拔变形。等效墩法将群桩基础理想化为单一墩基础，从而大大简化了抗拔群桩的变形分析。为研究土的非线性对抗拔桩位移的影响，根据荷载传递原理，利用双曲线函数来模拟桩—土界面的非线性，使用变形协调法分析抗拔单桩的变形。

等效墩的直径可用式（4-67）表示：

$$D_{eq} = 2 \sqrt{A_g / \pi} \tag{4-67}$$

式中，A_g 为群桩外边界所占的面积。

等效墩实际上是群桩和土的复合体，因此等效墩的弹性模量要小于桩的弹性模量。根据复合地基原理，等效墩的弹性模量可用式（4-68）表示。即：

$$E_{eq} = mE_p + (1-m)E_s \qquad (4-68)$$

式中，E_s 为土的弹性模量；m 为置换率，其值为群桩中桩的面积总和与群桩外边界所占面积之比。

根据前述抗拔单桩的承载特性计算方法和式（4-67）及式（4-68）可近似估算抗拔群桩的承载特性。

4.8　抗拔桩设计方法

4.8.1　需验算抗拔桩承载力的工程

如下工程条件下需设置抗拔桩或需验算桩的抗拔承载力：

（1）高层建筑附带的裙楼及地下室的桩基础；

（2）高耸铁塔、电视塔、输电线路、海洋石油平台下的桩基础；

（3）码头桥台、挡土墙、斜桩等；

（4）特殊桩基、抗震桩、抗液化桩、膨胀土、冻胀土桩；

（5）静载荷试验中的锚桩等。

桩基承受上拔力的情况分为两类：

一类是恒定的上拔力，如地下水的浮托力。为平衡浮托力，避免地下室上浮，需设置抗拔桩，完全按抗拔桩的要求验算抗拔承载力、配置通长的钢筋、设置能抗拉的接头等。

另一类是在某一方向水平荷载作用下才会使某些桩承受上拔力，但在荷载方向改变时这些桩可能又承受压力，设计时应同时满足抗压和抗拔两方面的要求，或按抗压桩设计并验算抗拔承载力。

4.8.2　基础抗浮设防水位及抗拔桩荷载要求

验算基础抗浮稳定性时，地下水位是确定浮力的主要设计参数。地下水位变化幅度不大的地区，抗浮设计所依据的地下水位较易确定；但在地下水位变化幅度比较大的地区，抗浮设防水位的确定至关重要。

抗浮设防水位高低直接关系到地下室基础抗拔总荷载，亦即影响到抗拔桩数量和桩基规格等设计参数的确定。无依据时，设计通常取抗浮水位为周边道路标高，也有的取±0.0 标高。

建筑物重量（不包括活荷载）/水浮力≥1.0。

4.8.3　抗浮桩的布置方案

抗浮桩的平面布置有以下两种方案：

（1）集中布置方案

集中布置是指将桩布置在结构柱下。布置在柱下的抗浮桩数量可以较少，但对单桩抗浮承载力的要求较高，桩长可能较长，但可与抗压桩相结合，布置较方便。

（2）分散布置方式

分散布置指将桩布置在基础底板下。布置在板下的抗浮桩数量较多而桩长可较短，沿基础梁布置最合理，抗浮力分布较均匀，板受力情况较好。抗浮桩可采用小钻孔桩或锚杆桩。

抗浮桩布置方案选择时应根据浮力大小、地质条件及抗压和抗浮要求来确定。一般情况下，采用分散布置的方案较合理。

4.8.4 普通抗拔桩承载力的验算

桩的抗拔承载力取决于桩身材料强度（包括桩在承台中的嵌固、桩的接头等）和抗拔侧摩阻力，且由两者中的较小值控制桩的抗拔承载力。桩的抗拔摩阻力与抗压桩的摩阻力并不相同，通常小于抗压桩的摩阻力。

在计算抗拔桩承载力时，除考虑抗拔侧摩阻力外，尚需计入桩身重力。上拔时在桩端形成的真空吸力所占的比例不大，且不稳定，一般不予考虑。桩身和承台在地下水位以下的部分应扣除地下水的浮托力，即采用浮重度计算重力。

《建筑桩基技术规范》JGJ 94 规定承受上拔力的桩应按式（4-69）同时验算群桩基础及其基桩的抗拔承载力，并根据《混凝土结构设计规范》GB 50010 验算基桩材料的受拉承载力。

$$N_k \leqslant \frac{T_{gk}}{2} + G_{gp} \tag{4-69}$$

$$N_k \leqslant \frac{T_{uk}}{2} + G_p \tag{4-70}$$

式中　N_k——按荷载效应标准组合计算的基桩上拔力；

　　　T_{gk}——群桩呈整体破坏时基桩的抗拔极限承载力标准值；

　　　T_{uk}——基桩的抗拔极限承载力标准值；

　　　G_{gp}——群桩基础所包围体积的桩土总自重设计值除以总桩数，地下水位以下取浮重度；

　　　G_p——基桩（土）自重设计值，地下水位以下取浮重度。

最终抗拔桩承载力需通过单桩抗拔静载试验确定。

4.8.5 季节性冻土中桩抗冻拔承载力的验算

季节性冻土地区采用桩基础的轻型建筑物，由于建筑物结构荷载较小，桩的入土深度较浅，常因地基土冻胀而使基础逐年上拔，造成上部建筑物的破坏。因此，对于季节性冻土地区的桩基，不仅需满足地基冻融时桩基竖向抗压承载力的要求，尚需验算由于冻深线以上地基土冻胀对桩产生的冻切力作用下基桩的抗拔承载力。

《建筑桩基技术规范》JGJ 94 规定，季节性冻土上轻型建筑的短桩基础应按式（4-71）验算其抗冻拔稳定性。

$$\eta_f q_f u z_0 \leqslant \frac{T_{uk}}{2} + N_G + G_p \tag{4-71}$$

式中　η_f——冻深影响系数，按表 4-4 采用；

　　　q_f——切向冻胀力，按表 4-5 采用；

　　　z_0——季节性冻土的标准冻深；

　　　T_{uk}——标准冻深线以下单桩的抗拔极限承载力标准值；

　　　N_G——基桩承受的桩承台底面以上建筑物自重、承台及其上土重标准值。

标准冻深（m）	$z_0 \leqslant 2.0$	$2.0 < z_0 \leqslant 3.0$	$z_0 > 3.0$
η_f	1.0	0.9	0.8

切向冻胀力 q_f 值（kPa）　　　　　　　表 4-5

土类＼冻胀性分类	弱冻胀	冻胀	强冻胀	特强冻胀
黏性土、粉土	30～60	60～80	80～120	120～150
砂土、砾（碎）石（黏、粉粒含量＞15%）	＜10	20～30	40～80	90～200

注：1. 表面粗糙的灌注桩，表中数值应乘以系数 1.1～1.3；

2. 表 4-5 中不适用于含盐量大于 0.5% 的冻土。

4.8.6　膨胀土中桩基抗拔承载力的验算

膨胀土具有湿胀、干缩的可逆性变形特性，其变形量与组成土的矿物成分和土的湿度变化等因素有关。

在膨胀土大气影响的急剧层内，地基土的湿度、地温及变形变化幅度较大，因此，基础设置于急剧层内易引起房屋的损坏。在急剧层下的稳定层内，地基土湿度、温度和变形变化幅度很小，桩侧土的侧阻力也保持稳定，从而对桩起锚固作用。

大气影响急剧层内土体膨胀时将对桩侧表面产生向上胀切力 q_e，其值可由现场浸水试验确定。

稳定土层内桩的抗拔力由桩表面抗拔侧阻力、桩顶竖向荷载和桩自重三部分组成，抗拔极限侧阻力设计值按抗拔桩的规定确定。《建筑桩基技术规范》JGJ 94 规定，膨胀土上轻型建筑的短桩基础应按式（4-72）验算其抗拔稳定性。

$$u \sum q_{ei} l_{ei} \leqslant \frac{T_{uk}}{2} + N_G + G_p \tag{4-72}$$

式中　T_{uk}——大气影响急剧层下稳定土层中桩的抗拔极限承载力标准值；

q_{ei}——大气影响急剧层中第 i 层土的极限胀切力，由现场浸水试验确定；

l_{ei}——大气影响急剧层中第 i 层土的厚度。

4.8.7　岩石锚杆基础抗拔承载力的验算

岩石锚杆基础适用于直接建在基岩上的柱基及承受拉力或水平力较大的建筑物基础。锚杆基础应与基岩连成整体，且应符合下列要求：

（1）锚杆孔直径，宜取锚杆直径的 3 倍，但不应小于一倍锚杆直径加 50mm。锚杆基础的构造要求，可按图4-21采用。

（2）锚杆插入上部结构的长度，应符合钢筋的锚固长度要求。

（3）锚杆宜采用热轧带肋螺纹钢筋，直径一般为 20～40mm，水泥砂浆强度不宜低于 30MPa，细石混凝土强度不宜低于 C30。灌浆前，应将锚杆孔清理干净。

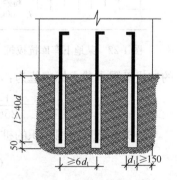

图 4-21　锚杆基础

d_1—锚杆孔直径；l——锚杆的有效锚固长度；d—锚杆直径

(4) 锚杆基础中单根锚杆所承受的拔力，应按式（4-73）和式（4-74）验算：

$$N_{ti} = \frac{F_k + G_k}{n} - \frac{M_{xk}y_i}{\sum y_i^2} - \frac{M_{yk}x_i}{\sum x_i^2} \qquad (4\text{-}73)$$

$$N_{tmax} \leqslant R_t \qquad (4\text{-}74)$$

式中　F_k——相应于荷载效应标准组合作用在基础顶面上的竖向力；

　　　G_k——基础自重及其上的土自重；

M_{xk}、M_{yk}——按荷载效应标准组合计算作用在基础底面形心的力矩值；

　x_i、y_i——第 i 根锚桩至基础底面形心的 y、x 轴线的距离；

　　　N_{ti}——按荷载效应标准组合下，第 i 根锚杆所承受的拔力值；

　　　R_t——单根锚杆抗拔承载力特征值。

设计等级为甲级的建筑物，单根锚杆抗拔承载力特征值 R_t 应通过现场试验确定；对于其他建筑物可按式（4-75）计算：

$$R_t \leqslant 0.8\pi d_1 l f \qquad (4\text{-}75)$$

式中，f 为砂浆与岩石间的黏结强度特征值。

4.9　竖向抗拔群桩基础抗拔承载力计算实例

某地下车库（按二级桩基考虑）为抗浮设置抗拔桩，桩型采用 400mm×400mm 钢筋混凝土方桩，桩长为 18m，桩中心距为 2.0m，桩群外围周长为 $4×35m＝140m$，桩数 $n＝$

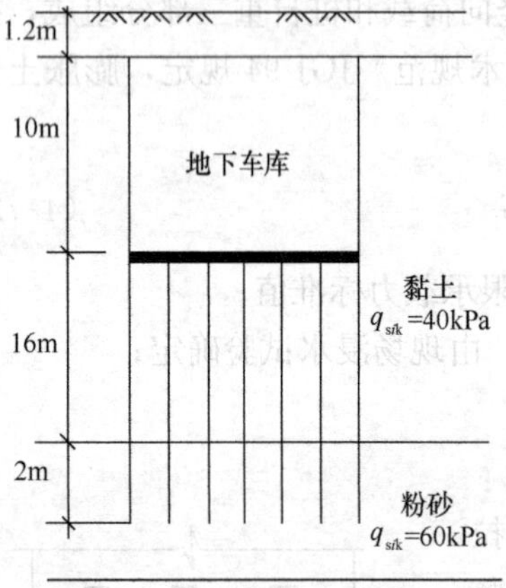

图 4-22　某地下车库抗拔桩

$16×16＝256$ 根，按荷载效应标准组合计算的基桩上拔力 $N_k＝350kN$。

各土层极限侧阻力标准值见图 4-22，计算时黏土中抗拔系数 $λ＝0.7$，粉砂中 $λ＝0.6$，钢筋混凝土桩体重度 $25kN/m^3$，桩群范围内桩、土总浮重设计值为 108MN。按照《建筑桩基技术规范》JGJ 94 试验算群桩基础及其单桩的抗拔承载力。

解：（1）根据《建筑桩基技术规范》JGJ 94 可知群桩和单桩抗拔承载力为：

群桩：$N_k \leqslant T_{gk}/2 + G_{gp}$

单桩：$N_k \leqslant T_{uk}/2 + G_p$

（2）根据已知条件可知，群桩呈整体破坏时基桩的抗拔极限承载力标准值为：

$$T_{gk} = \frac{1}{n}u_i \sum \lambda_i q_{sik} l_i = \frac{1}{256} × 140 × (0.7 × 16 × 40 + 0.6 × 2 × 60) = 284.375kN$$

群桩基础所包围体积的桩土总自重设计值除以总桩数为：

$$G_{gp} = \frac{108 × 10^3}{256} = 421.875kN$$

$$T_{gk}/2 + G_{gp} = \frac{284.375}{2} + 421.875 = 706.25kN > N_k = 350kN$$

即群桩抗拔承载力满足设计要求。

（3）基桩的抗拔极限承载力标准值为：

$$T_{uk} = \sum \lambda_i q_{sik} u_i l_i = 0.7 \times 40 \times 1.6 \times 16 + 0.6 \times 60 \times 1.6 \times 2 = 832kN$$

基桩（土）自重设计值为：

$$G_p = 0.4 \times 0.4 \times 18 \times (25 - 10) = 43.2kN$$

$$T_{uk}/2 + G_p = \frac{832}{2} + 43.2 = 459.2kN > N_k = 350kN$$

即基桩抗拔承载力满足设计要求。

思 考 题

4-1 单桩竖向抗拔静荷载试验的目的是什么？试验装置主要有哪些？试验方法及其各自的要求有哪些？试验成果包括哪些内容？根据试验成果如何确定单桩轴向抗拔极限承载力？

4-2 等截面抗拔桩和扩底抗拔桩的破坏形态各有哪些？扩底桩与等截面桩在荷载传递规律上有哪些差异？影响抗拔桩极限承载力的主要因素有哪些？

4-3 抗拔桩与抗压桩在受力性状上有哪些差异？存在这些差异的机理是什么？

4-4 等截面抗拔桩和扩底抗拔桩的极限抗拔力如何确定？

4-5 等截面抗拔桩和扩底抗拔桩的变形如何确定？

4-6 桩的抗拔承载力主要受哪些方面因素的制约？抗拔桩如何进行设计？抗拔桩的设计计算方法有哪些要点？

第5章　水平荷载下桩基受力性状

5.1　概　述

几乎所有的桩基础都要承受一定的水平荷载，但在桩基设计中，并非所有桩基础都需考虑水平荷载的影响。主要承受水平力的桩称为水平受荷桩或抗水平力桩。水平受荷桩在城市高层建筑、输电线路、发射塔等高耸建筑、港口码头工程、桥梁工程、抗滑桩工程、抗震工程等工程中得到越来越广泛的应用。因此，对水平受荷桩受力性状的研究显得尤为重要。

本章主要介绍了水平荷载作用下单桩静荷载试验、水平受荷桩受力机理、水平荷载作用下群桩受力性状、水平荷载作用下单桩变形计算方法（包含极限平衡法、弹性地基反力法、P-y 曲线法）、水平荷载作用下群桩变形计算方法、水平受荷桩的设计及提高桩基抗水平力的技术措施等内容。

5.2　水平荷载作用下单桩静载试验

单桩水平静荷载试验的目的是为了确定单桩水平临界荷载和水平极限承载力，推定土抗力参数，判定单桩水平承载力是否满足设计要求。当桩身中埋设量测元件时，还可实测得到桩身内力和桩身弯矩。水平荷载下单桩静荷载试验主要适用范围是能达到试验目的的钢筋混凝土桩、钢桩等。

5.2.1　试验装置

水平荷载下单桩静载试验装置主要包括反力系统、压力系统和水平位移量测系统，试验装置见图 5-1。有条件时，可模拟实际荷载情况，进行桩顶施加轴向压力的水平静载试验。

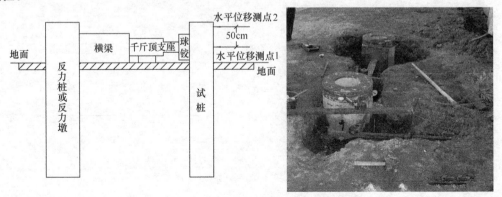

图 5-1　水平荷载下单桩静载试验装置示意图

（1）反力系统

反力系统一般采用反力桩-横梁反力架装置，该装置能提供的反力应不小于预估最大试验荷载的1.2倍。

（2）压力系统

压力系统一般由千斤顶、油泵、压力表、压力传感器、高压油管、多通、逆止阀等组成。压力表和压力传感器须定期率定。

试验前，需检查压力系统是否有漏油现象，保证测量压力的准确与稳定。若有漏油现象，必须排除。采用千斤顶施加水平力，水平力作用点宜与实际工程的桩基承台底面标高一致。千斤顶和试验桩接触处应安置球形支座，千斤顶作用力应水平通过桩身轴线。千斤顶与试桩的接触处宜适当补强。

（3）水平位移量测系统

水平位移量测系统主要包括沉降的量测仪表（百分表、电子位移计等）、百分表夹具、基准桩（墩）和基准梁。水平位移的量测仪表须定期率定。

在水平力作用平面的受检桩两侧应对称安装两个位移计。当需要测量桩顶转角时，尚应在受检桩两侧水平力作用平面以上50cm处对称安装两个位移计。固定或支承百分表的夹具和基准梁应确保不受温度变化、振动及其他外界因素影响而发生竖向位移。位移测量基准点应设置在与作用力方向垂直且与位移方向相反的试桩侧面，基准点与试桩净距不应小于1倍桩径。测量桩身应力或应变时，各测试断面的测量传感器应沿受力方向对称布置在远离中性轴的受拉和受压主筋上，埋设传感器的纵剖面与受力方向之间的夹角不得大于10°。在地面下10倍桩径（桩宽）的主要受力部分应加密测试断面，断面间距不宜超过1倍桩径。

5.2.2 试验方法

水平荷载下单桩静载试验加载方法宜根据工程桩实际受力特性选用单向多循环加载方法。该方法的卸载分级、试验方法及稳定标准与单桩竖向静载试验的规定相同。

（1）加载和卸载方法

单向多循环加载法的分级荷载应小于预估水平极限承载力或最大试验荷载的1/10。每级荷载施加后，恒载4min后测读水平位移，然后卸载至零，停2min测读残余水平位移，至此完成一个加卸载循环。如此循环5次，完成一级荷载的位移观测，试验不得中间停顿。慢速维持荷载法的加卸载分级、试验方法及稳定标准参照3.2.2.3节规定执行。

（2）终止加载条件

当出现下列情况之一时水平荷载下单桩静载试验可终止加载：

1）水平桩发生桩身折断；

2）水平位移超过30~40mm（软土中取40mm）；

3）水平位移达到设计要求的水平位移允许值；

4）水平荷载达到设计要求最大值。

5.2.3 试验成果整理

为便于应用与统计，水平荷载下单桩静载试验成果宜整理成表格形式，并绘制有关试验成果曲线。除表格外还应对成桩和试验过程中出现的异常现象补充说明。水平荷载下单桩静载试验的主要成果包括以下方面：

（1）单桩水平临界荷载、单桩水平极限荷载及其对应的水平位移；

（2）各级荷载作用下单桩水平位移汇总表；

（3）绘制水平力-时间-位移曲线（H_0-t-X_0曲线）、水平力 H_0 与位移梯度 $\Delta X_0/\Delta H_0$ 关系曲线（H_0-$\Delta X_0/\Delta H_0$ 曲线）或水平力 H_0 与位移 ΔX_0 双对数曲线（$\log H_0$-$\log X_0$ 曲线），分析确定试桩的水平荷载承载力和相应水平位移，如图 5-2（a）、（b）所示；

（4）当测量桩身应力时，尚应绘制应力沿桩身分布曲线和水平力—最大弯矩截面钢筋应力曲线（H_0-σ_g 曲线）等，如图 5-2（c）所示。

5.2.4 水平临界荷载的确定

单桩水平临界荷载是指桩身受拉区混凝土明显退出工作前的最大荷载，可按下列方法综合确定：

（1）取 H_0-t-X_0 曲线出现突变点（相同荷载增量条件下出现比前一级明显增大的位移增量）的前一级荷载作为水平临界荷载，见图 5-2（a）。

（2）取 H_0-$\Delta X_0/\Delta H_0$ 曲线第一直线段的终点，如图 5-2（b）或 $\log H_0$-$\log X_0$ 曲线中拐点所对应的荷载为水平临界荷载。

（3）当有钢筋应力测试数据时，取 H_0-σ_g 曲线中第一突变点的荷载为水平临界荷载，如图 5-2（c）所示。

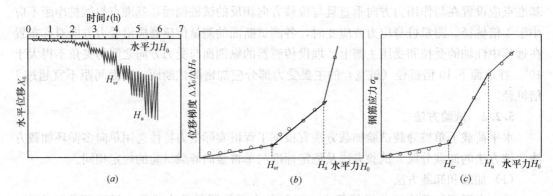

图 5-2 单桩水平静载试验成果曲线

(a) H_0-t-X_0 曲线；(b) H_0-$\Delta X_0/\Delta H_0$ 曲线；(c) H_0-σ_g 曲线

5.2.5 水平极限承载力的确定

单桩水平极限承载力可按下述方法确定：

（1）取 H_0-t-X_0 曲线明显陡降的前一级荷载作为单桩水平极限承载力（图 5-2a）。

（2）取 H_0-$\Delta X_0/\Delta H_0$ 曲线第二直线段的终点所对应的荷载作为单桩水平极限承载力（图 5-2b）。

（3）取桩身折断或钢筋应力达到极限的前一级荷载作为极限荷载。

5.2.6 水平承载力特征值的确定

同一条件下单桩水平承载力特征值的确定应符合以下规定：

（1）按桩身强度控制时，取水平临界荷载统计值作为单桩水平承载力特征值。

（2）当桩身不允许开裂或灌注桩的桩身配筋率小于 0.65% 时，可取水平临界荷载的 0.75 倍作为单桩水平承载力特征值。

（3）对于钢筋混凝土预制桩、钢桩、桩身正截面配筋率不小于0.65%的灌注桩，可根据静载试验结果取桩顶标高处水平位移为10mm（对于水平位移敏感的建筑物取水平位移6mm）所对应荷载的0.75倍作为单桩水平承载力特征值。

5.2.7 桩身应力应变测试及分析方法

根据钢筋应力计实测钢弦振动频率确定任一级荷载下水平桩的钢筋应力、桩身截面弯矩、桩身挠度和桩侧土抗力的方法简述如下。

（1）钢筋受力

一根具有一定张紧程度的钢弦自振频率与钢弦所受到的张力呈正比关系，安装在钢筋笼上的钢筋计受力时会改变钢筋计内钢弦的张紧程度，从而使钢筋计的自振频率发生改变。使用前要对钢筋计受力与钢筋计输出频率间的关系进行标定，所使用的标定关系为：

$$P_g = k(f^2 - f_0^2 - a) \tag{5-1}$$

式中，P_g 为钢筋计受力；f 为不同荷载下钢筋计的输出频率；f_0 为未受荷时钢筋计的输出频率；a，k 为钢筋计的标定系数。

对钢筋应力计标定时可按一定的增量对钢筋计施加荷载，测试不同荷载水平时对应的钢筋计输出频率，利用式（5-1）对所测定的数据进行回归分析，求出钢筋计的标定系数 a 和 k。

（2）桩身截面弯矩

由于钢筋和桩身混凝土是浇筑在一起的，两者变形可认为是协调的。钢筋轴向应变与桩身轴向应变是相同的。钢筋轴向应变 ε 可表示为：

$$\varepsilon = \frac{P_g}{E_g A_{gs}} \tag{5-2}$$

式中，E_g 为钢筋的弹性模量；A_{gs} 为测试钢筋的横截面积。

混凝土未开裂时桩身任一横截面处所受到的弯矩 M 可由式（5-3）计算。即：

$$M = \frac{EI \Delta\varepsilon}{b_0} \tag{5-3}$$

式中，$\Delta\varepsilon$ 为桩身截面上两个钢筋计测量点间的轴向应变差；b_0 为受拉和受压传感器间的距离；E 为桩身的复合模量；I 为桩身截面对中性轴的惯性矩。

（3）桩身转角和挠度

桩身转角和挠度可直接由测试得到的各桩身截面中两个测点的轴向应变差 $\Delta\varepsilon$（弯曲应变）计算获得。假设两相邻测试断面间的弯曲应变 $\Delta\varepsilon$ 按直线分布，桩身自下而上分为 n 个单元，则差分段内距离 i 节点为 x 处的应变差为：

$$\Delta\varepsilon = \Delta\varepsilon_i + \frac{(\Delta\varepsilon_{i+1} - \Delta\varepsilon_i)}{l_i} x \tag{5-4}$$

式中，$\Delta\varepsilon_i$，$\Delta\varepsilon_{i+1}$ 分别为 i，$i+1$ 断面的弯曲应变；l_i 为桩单元 i 的长度。

桩身截面的横向位移（挠度）y 与桩截面转角 θ 间的关系可表示为：

$$\frac{d^2 y}{dx^2} = \frac{d\theta}{dx} = \frac{M}{EI} \tag{5-5}$$

式中，EI 为桩的抗弯刚度。

由式（5-3），式（5-4）和式（5-5）可得：

$$\frac{\mathrm{d}^2 y}{\mathrm{d}x^2} = \frac{\mathrm{d}\theta}{\mathrm{d}x} = \frac{1}{b_0}\left[\Delta\varepsilon_i + \frac{(\Delta\varepsilon_{i+1} - \Delta\varepsilon_i)}{l_i}x\right] \tag{5-6}$$

对式（5-6）进行积分 1 次可得到各断面转角 θ_{i+1}，对式（5-6）进行积分 2 次可得到各断面挠度 y_{i+1}。即：

$$\begin{cases} \theta_{i+1} = \theta_i + \dfrac{l_i}{2b_0}(\Delta\varepsilon_{i+1} + \Delta\varepsilon_i) \\ y_{i+1} = y_i + \theta_i l_i + (\Delta\varepsilon_{i+1} + 2\Delta\varepsilon_i)\dfrac{l_i^2}{6b_0} \end{cases} \tag{5-7}$$

5.2.8 单桩水平静荷载试验实例分析

试验场地位于宁波某工地，该场地各土层的物理力学参数见表 5-1。该场地进行的水平静载试验试桩的桩长为 35.8m，试桩为钻孔灌注桩，桩径为 0.8m，桩端持力层为⑧-粉砂土，桩身采用 C35 混凝土。

宁波某工地各土层物理力学参数　　　　　　　　　　表 5-1

层次	土层名称	含水量 (%)	重度 (kN·m⁻³)	I_P	I_L	C (kPa)	φ (°)	E_s (MPa)	侧阻特征值 (kPa)	端阻特征值 (kPa)
③₁	淤泥质黏土	45.3	17.8	18.4	1.25	13.1	9.7	2.34	8	
③₂	粉砂								15	
④	淤泥质黏土	25.3	18.3	17.2	1.26	15.2	11.5	3.21	9	
⑤₁	粉质黏土	34.2	18.8	12.8	0.44	44.2	17.2	6.96	27	
⑥	粉质黏土	32.8	17.5	14.7	0.95	20.1	13.2	3.77	20	
⑦₂	粉砂								35	
⑦₃	粉质黏土	24.6	18.2	10.5	0.77	26.2	17.2	5.86	20	
⑧	粉砂								36	550

试桩水平静载试验采用单向多循环加载法。每级荷载施加后，恒载 4min 后测读水平位移，然后卸载至 0，停 2min 测读残余水平位移，至此完成一个加卸载循环，如此循环 5次，完成一级荷载的位移观测。

（1）水平力、位移与时程关系分析

经对试验所测数据进行整理，绘制桩顶水平力-时间-水平位移（H_0-t-X_0）曲线，如图 5-3（a）所示。根据实测的水平力-时间-水平位移数据可进一步得到桩顶水平力作用点处的水平力-位移梯度 H_0-$\Delta X_0/\Delta H$ 曲线，如图 5-3（b）所示。

由图 5-3 可知，水平荷载超过 140kN 和 200kN 后，桩顶作用点处的水平位移和位移梯度明显增大，曲线出现明显的拐点，由此可以判断该水平桩的临界荷载可取为 140kN，该水平桩的极限承载力可取为 200kN。

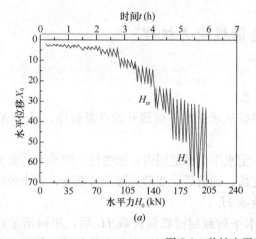
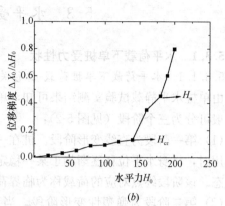

(a)

(b)

图 5-3 单桩水平静载试验曲线

(a) $H_0\text{-}t\text{-}X_0$曲线；(b) $H_0\text{-}\Delta X_0/\Delta H_0$曲线

（2）桩身弯矩、桩身转角和桩身挠度分析

不同荷载水平下桩身弯矩沿桩身深度分布曲线如图 5-4 所示。由图 5-4 可知，当荷载大于 140kN 时，桩身最大弯矩急剧增大，桩身最大弯矩主要位于 5～6m 处，随着桩顶荷载水平的增加，桩身最大弯矩逐渐增加。当深度超过 20m 以后，桩身弯矩变为零。试验荷载作用下，桩身 20m 以下桩体为嵌固段。

不同荷载水平下桩身转角和挠度沿桩身分布的曲线见图 5-5 和图 5-6。

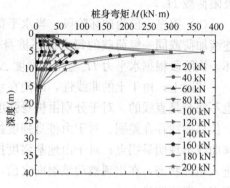

图 5-4 桩身弯矩 M 沿深度的分布曲线

由图 5-5 和图 5-6 可知，发生弯曲变形的主要是 20m 以上的桩体，当深度超过 20m 以后，桩身转角和桩身挠度减为零。当桩顶水平荷载大于 140kN 时，桩身转角和桩身挠度均有较大幅度的增加。

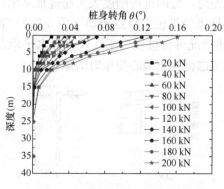

图 5-5 桩身转角 θ 沿深度的分布曲线

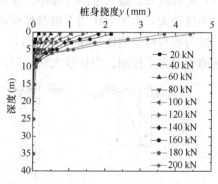

图 5-6 桩身挠度 y 沿深度的分布曲线

211

5.3　水平受荷桩受力机理

5.3.1　水平荷载下单桩受力性状

5.3.1.1　水平荷载下单桩荷载-位移关系

由单桩水平静载试验实测结果可知，单桩从承受水平荷载开始直至破坏，$H_0 - X_0$ 曲线一般可分为三个阶段（见图5-2）：

（1）第一阶段为直线变形阶段。桩在一定水平荷载范围内，承受任一级水平荷载的反复作用时，桩身水平位移逐渐趋于某一稳定值；卸荷后，变形大部分可恢复，桩土处于弹性状态。该阶段终点对应的荷载称为临界荷载 H_{cr}。

（2）第二阶段为弹塑性变形阶段。当水平荷载超过临界荷载 H_{cr} 后，相同增量荷载下，桩身水平位移增量比前一级明显增大，且同一级荷载下桩身水平位移随加荷循环次数的增加而逐渐增大，每次循环引起的桩身位移增量呈减小趋势。该阶段终点对应的荷载为极限荷载 H_u。

（3）第三阶段为破坏阶段。当水平荷载大于极限荷载后，$H_0 - X_0$ 曲线曲率突然增大，连续加荷或同一级荷载的每次循环桩身位移增量均加大，同时桩周土出现裂缝，明显破坏。该阶段根据水平力 H_0 与位移梯度 $\Delta X_0 / \Delta H_0$ 曲线更易确定。

实际上，由于土的非线性，即使在水平荷载较小、水平位移不大的情况下，第一阶段也不完全是直线的。对于分别由桩身强度控制和由地基强度控制的水平受荷桩，桩的荷载—位移曲线存在差别。对于由桩身强度控制的水平受荷桩达到极限荷载后，水平荷载—位移曲线出现明显拐点；对于由地基强度控制的水平受荷桩，桩周土体受桩的挤压作用逐步进入塑性状态，在出现被动破裂面之前，塑性区是逐步发展的，因此水平荷载—位移曲线拐点一般不明显。

5.3.1.2　入土深度、桩身和地基刚度对水平桩受力性状的影响

水平荷载作用下单桩工作性状随入土深度、桩身和地基刚度的变化而变化，通常可按下列两种情况进行分析。

（1）桩径较大、桩入土深度较小、土质较差时，桩的抗弯刚度大大超过地基刚度，桩的相对刚度较大，水平力作用下桩身像刚体一样围绕桩轴上某点转动（图5-7a）。若桩顶嵌固，桩与承台将呈刚体平移（图5-8a）。上述情况可将桩视为刚性桩，其水平承载力一般由桩侧土的强度控制。当桩径大时，同时要考虑桩底土偏心受压时的承载力。

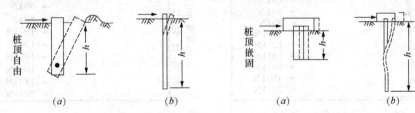

图5-7　桩顶自由时的桩身变形和位移　　　图5-8　桩顶嵌固时的桩身变形和位移

（2）桩径较小、桩的入土深度较大、地基较密实时，桩的抗弯刚度与地基刚度相比，一般柔性较大，桩的相对刚度较小，桩犹如竖放在地基中的弹性地基梁。在水平荷载及两

侧土压力的作用下，桩的变形呈波状曲线，并沿桩长方向逐渐减小（见图 5-7b）。若桩顶嵌固，其位移变化情况与桩顶自由时类似，但桩顶端部轴线保持竖直，桩与承台也呈刚性平移（见图 5-8b）。此时将桩视为弹性桩，其水平承载力由桩身材料的抗弯强度和侧向土抗力决定。根据桩底边界条件的不同，弹性桩又可分为中长桩和长桩。中长桩的计算与桩底的支承情况密切相关。长桩应有足够的入土深度，桩底均按固定端考虑，其计算与桩底的支承情况无关。

5.3.1.3 桩相对刚度的影响

桩的相对刚度可直接反映桩的刚性特征与土的刚性特征间的相对关系，又可间接反映土弹性模量随深度的变化特性。桩相对刚度的引入给水平受荷桩的计算带来了很大方便。以我国普遍采用的 m 法为例，水平地基系数随深度线性增加，桩的相对刚度系数 T 可表示为：

$$T = \sqrt[5]{\frac{EI}{mb_e}} \tag{5-8}$$

式中　b_e——考虑桩周土空间受力的计算宽度，当桩的直径 d 或宽度 B 大于 1m 时，圆形桩 $b_e = 0.9(d+1)$，矩形桩 $b_e = B+1$；当桩的直径 d 或宽度 B 小于 1m 时，圆形桩 $b_e = 0.9(1.5d+0.5)$，矩形桩 $b_e = 1.5B+0.5$；

　　　　m——水平地基系数随深度增长的比例系数，一般应通过单桩水平静载试验确定。当无静载试验资料时，m 可按照表 5-2 取值。

地基土水平抗力系数的比例系数 m 值　　　　　　　　表 5-2

地基土类别	预制桩、钢桩		钻孔灌注桩	
	m (MN/m⁴)	相应单桩在地面处水平位移（mm）	m (MN/m⁴)	相应单桩在地面处水平位移（mm）
淤泥，淤泥质土，饱和湿陷性黄土	2~4.5	10	2.5~6	6~12
流塑（$I_L>1$），软塑（$0.75<I_L\leq1$）状黏性土，$e>0.9$ 粉土，松散粉细砂，松散、稍密填土	4.5~6.0	10	6~14	4~8
可塑（$0.25<I_L\leq0.75$）状黏性土，湿陷性黄土，$e=0.7~0.9$ 粉土，中密填土，稍密细砂	6.0~10	10	14~35	3~6
硬塑（$0<I_L<0.25$），坚硬（$I_L\leq0$）状黏性土，湿陷性黄土，$e<0.75$ 粉土，中密中粗砂，密实老填土	10~22	10	35~100	2~5
中密、密实的砾砂、碎石类土			100~300	1.5~3

注：1. 当桩顶水平位移大于表 5-2 中的数据或钻孔灌注桩配筋率较高（≥0.65%）时，m 值应适当降低；当预制桩的水平位移小于 10mm 时，m 值可适当提高。

　　2. 当水平荷载为长期或经常出现的荷载时，应将表 5-2 中的数据乘以 0.4 降低采用。

　　3. 当地基为可液化土层时，应将表 5-2 中的数据乘以表 3-23 中的土层液化折减系数 ψ_l。

桩顶约束情况	桩的换算埋深 (αh)	v_x	桩顶约束情况	桩的换算埋深 (αh)	v_x
	4.0	2.441		4.0	0.940
	3.5	2.502		3.5	0.970
	3.0	2.727		3.0	1.028
铰接、自由	2.8	2.905	固接	2.8	1.055
	2.6	3.163		2.6	1.079
	2.4	3.526		2.4	1.095

需要说明的是，m 值对于同一根桩并非定值，与荷载呈非线性关系。低荷载水平下，m 值较高，随荷载水平的增加，桩侧土的塑性区逐渐扩展而降低。因此，m 值应与实际荷载、允许位移相适应。若根据试验结果计算低配筋率桩的 m 值，应取临界荷载 H_{cr} 及其对应的位移 X_{cr} 按式（5-9）计算。

$$m = \frac{\left(\frac{H_{cr}}{x_{cr}} v_x\right)^{\frac{5}{3}}}{b_e (EI)^{\frac{2}{3}}} \tag{5-9}$$

式中，v_x 为桩顶水平位移系数，可由表 5-3 确定（当 $\alpha h > 4$ 时 $\alpha h = 4$，α 为桩的水平变形系数，其值为 $\alpha = \sqrt[5]{\dfrac{m b_e}{EI}}$，$h$ 为桩的入土深度）。

对于配筋率较高的预制桩和钢桩，则应取允许位移及其对应的荷载按式（5-9）计算 m 值。

可根据桩的相对刚度系数 T 与入土深度 h 的关系划分刚性桩和弹性桩。《港口工程桩基规范》JTS 167 中给出了弹性长桩、中长桩和刚性桩划分标准，见表 5-4。我国铁路和公路部门规定，自地面或冲刷线算起的实际埋置深度 $h \leqslant 2.5T$ 时为刚性桩，$h > 2.5T$ 时为弹性桩。

弹性长桩、中长桩和刚性桩划分标准　　　　　　　　　　表 5-4

桩类 计算方法	弹性长桩	弹性桩（中长桩）	刚性桩
m 法	$h \geqslant 4T$	$4T > h \geqslant 2.5T$	$h < 2.5T$

5.3.2　水平荷载作用下群桩受力性状

因群桩效应的存在，水平荷载作用下群桩基础中基桩承载特性不同于单桩受力性状。水平荷载作用下群桩效应受桩距、桩数、桩长、桩径等参数的影响。

5.3.2.1　桩距对群桩水平位移的影响

随着桩距增大，群桩水平位移随之减少，桩数越多，群桩效应对位移场的影响越大。当桩距接近或大于 8 倍桩径时，随着桩距的减少，群桩位移迅速增大，其位移效应系数也相应增大。当桩距接近或大于 8 倍桩径时，群桩位移曲线变化平缓，群桩中基桩受力性状已接近单桩承载特性，此时桩距对减少群桩的位移效果已不明显。当桩距小于 8 倍桩径时，应考虑群桩效应；当桩距大于 8 倍桩径时，可近似按单桩处理，8 倍桩距可作为临界桩距。实际设计中,桩数越多,桩间距越小,设计时需考虑的群桩效应应越大。有限元模拟得到的群桩效应折减系数见表5-5。

群桩效应折减系数

表 5-5

桩距/桩径 \ 桩数	2×1	3×1	2×2	3×3
2	0.77	0.52	0.42	0.31
3	0.90	0.65	0.51	0.43
5	0.92	0.81	0.744	0.66
8	0.95	0.87	0.83	0.78
10	0.96	0.92	0.89	0.84
14	0.98	0.96	0.92	0.88

5.3.2.2 桩数对群桩水平位移的影响

桩数对群桩受力性状的影响很大,桩数的合理选择是决定群桩基础经济可行性的重要因素。其他条件一定的情况下,抗水平力群桩基础桩数越多,其承载力越大,同时费用也越多。

每根桩受力相等的情况下,桩距相同时,桩数越多,群桩桩顶位移越大,其位移群桩效应越显著。桩数越多,群桩位移越大,群桩位移效应越明显。桩距越小,群桩位移受到桩数影响较明显,位移效应系数随桩数的增多而大幅增长。当桩距接近8倍桩距时,桩数增加对群桩桩顶水平位移及位移效应系数的影响较小。

5.3.2.3 桩长对群桩水平位移的影响

随着桩长的增加,水平受荷桩的水平位移不断减少且减少幅度有所减小,逐渐趋于平缓。不同桩数群桩的位移均随桩长的增加而增长。相同距径比情况下,桩数越多,群桩位移越大。其原因是桩数越多,群桩效应对位移的影响越大。不同桩数的群桩效应系数是不同的,桩数越多,群桩效应越大。

不同长径比的群桩位移值随桩长的增加而增长,随着距径比的增大,群桩效应也相应减少。当距径比等于8时,长径比对水平位移的影响可忽略不计。

5.3.2.4 桩径对群桩水平位移的影响

设计水平荷载一定时,桩径越大,则所需桩数越少,同时桩顶位移也越小,但桩径的增大会带来成本的提高。

群桩位移随桩径的增加显著下降,桩径越大,群桩水平位移越小。当桩径大于1.5m时,群桩水平位移下降幅度有所减小,增加桩径是减少群桩水平位移的有效方法。

尽管随着桩径的增大,位移群桩效应系数缓慢增加。总体来说桩径增大对位移场的群桩效应系数影响有限,可忽略不计。抗水平力群桩设计中,可不计桩径变化对位移场的影响。

5.3.2.5 土体模量对群桩水平位移场的影响

土体模量是影响桩基水平位移重要因素之一,随着土体模量的增大,群桩水平位移将减小且位移减小趋势基本上呈指数形式。增加土体模量可有效减小群桩水平位移。

不同深度土体模量的变化对桩水平位移的影响是不同的。有限元软件模拟结果表明，10 倍桩径范围内的桩侧土模量变化对桩水平位移的影响最大，10～20 倍桩径范围内的土体模量变化对桩水平位移的影响次之，桩底下部土体模量的变化对桩水平位移的影响相当有限。因此，改善桩长范围，特别是桩上部的土体模量可有效减少群桩水平位移。

5.4 水平荷载作用下单桩变形计算方法

根据地基的不同状态，水平荷载作用下单桩变形的计算方法主要有极限地基反力法、极限平衡法、弹性地基反力法和 $P-y$ 曲线法等。各种计算方法都有其适用范围，在讨论各种具体计算方法前需了解桩的相对刚度系数，以便界定给定桩是弹性桩还是刚性桩，详见 5.3.1.2 节。

5.4.1 极限地基反力法（极限平衡法）

极限地基反力法不考虑桩土变形特性，适合研究刚性短桩。布设在土体中的桩，当桩长相对较长时，在桩顶水平荷载作用下，桩身上部位移较大，桩身下部位移和内力较小，可忽略不计；当桩长相对较短时，沿桩全长的位移和内力均不可忽略不计。前者称为长桩或柔性长桩，后者称为短桩或刚性短桩。弹性长桩、中长桩和刚性桩划分方法见 5.3.1.2 节。

采用极限地基反力法分析水平荷载作用下单桩变形时，假定桩为刚性的，不考虑桩身变形，按照土的极限静力平衡求解桩的水平承载力。采用极限地基反力法分析水平荷载作用下单桩变形时根据土体的性质预先设定一种仅为深度函数的地基反力形式，如抛物线形、三角形等地基反力分布形式。该深度函数与桩的位移无关，根据力和力矩平衡，可直接求解桩身剪力、弯矩以及土体反力分布形式。

5.4.1.1 单桩位于黏性地基中的情况

对于黏性土中的短桩，Broms 提出如图 5-9 所示的土反力分布形式，以黏土不排水抗

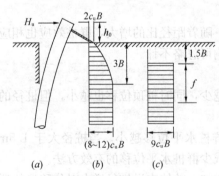

图 5-9　黏性土中桩的水平地基反力分布
(a) 桩的位移；(b) 水平地基反力分布；
(c) 设计用水平地基反力分布

剪强度 c_u 的 9 倍作为极限承载力。黏性土中的桩顶施加水平荷载时，桩身会产生水平位移。由于地面附近土体受桩的挤压而破坏，地基土向上隆起，水平地基反力会有所减小。为简化计算，实际中可忽略地表以下 $1.5B$（B 为桩宽）深度内土的作用，在 $1.5B$ 深度以下假定水平地基反力为常数，其值为 $9c_u B$。假设黏性土中产生最大弯矩的深度为 $1.5B+f$，该深度处剪力为零，即 $9c_u Bf - H_u = 0$，由此可得 $f = \dfrac{H_u}{9c_u B}$（H_u 为极限水平承载力）。

（1）桩头自由的短桩

假定全桩长范围内水平地基反力均为常数（转动点上下的水平地基反力方向相反，见图 5-10）。由水平力的平衡条件可求得极限水平承载力 H_u。即：

$$H_u = 9c_uB^2 \left\{ \sqrt{4\left(\frac{h_0}{B}\right)^2 + 2\left(\frac{h}{B}\right)^2 + 4\left(\frac{h_0}{B}\right) \times \left(\frac{h}{B}\right) + 4.5} - \left[2\left(\frac{h_0}{B}\right) + \left(\frac{h}{B}\right) + 1.5\right] \right\}$$

$$(5\text{-}10)$$

最大弯矩 M_{max} 为：

$$M_{max} = H_u(h_0 + 1.5B + f) - \frac{1}{2}9c_uBf^2 = H_u(h_0 + 1.5B + 0.5f) \quad (5\text{-}11)$$

式中，h_0 为地面以上桩长；h 为桩的入土深度。

（2）桩头转动受到约束的短桩

假定桩发生平行移动，全桩长范围内将产生相同的水平地基反力 $9c_uB$，桩头产生最大弯矩 M_{max}，见图 5-11。由水平力平衡条件及桩底力矩平衡条件可求得极限水平承载力 H_u 和最大弯矩 M_{max}。即：

$$H_u = 9c_uB(h - 1.5B) = 9c_uB^2\left(\frac{h}{B} - 1.5\right) \quad (5\text{-}12)$$

$$M_{max} = H_u\left(\frac{1}{2} + \frac{3}{4}B\right) = 4.5c_uB^3\left[\left(\frac{h}{B}\right)^2 - 2.25\right] \quad (5\text{-}13)$$

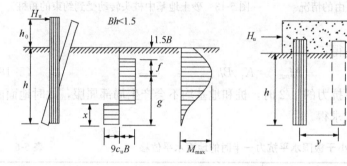

图 5-10 黏性土地基中桩头自由的情况   图 5-11 黏性土地基中桩头转动受到约束的桩

5.4.1.2 单桩位于砂土地基中的情况

对于砂土中的短桩，Broms 假定水平地基反力从地表面开始由零呈线性增大，其值相当于朗肯被动土压力的 3 倍。因此，地表面以下深度为 x 处的水平地基反力 P 为：

$$P = 3\gamma x K_p = 3\gamma x \tan^2\left(45° + \frac{\varphi}{2}\right) \quad (5\text{-}14)$$

式中，φ 为土的内摩擦角；γ 为土的重度。

假设土中最大弯矩处的深度为 f，该处的剪力为零，即 $H_u - \frac{1}{2} \cdot 3K_p\gamma Bf^2 = 0$。由此可得 $f = \sqrt{\dfrac{2H_u}{3K_p\gamma B}}$

（1）桩头自由的短桩

假定全桩长范围内的地基均处于屈服状态，桩端和桩顶水平位移方向相反。将桩端附近的水平地基反力用集中力 P_B 代替，由桩端力矩的平衡条件可得（图 5-12）：

$$H_u = \frac{K_p\gamma Bh^2}{2\left(1 + \dfrac{h_0}{h}\right)} \quad (5\text{-}15)$$

$$M_{\max} = H_{\text{u}}\left(h_0 + \frac{0.385h}{\sqrt{1+h_0/h}}\right) \tag{5-16}$$

（2）桩头转动受到约束的短桩

假定桩平行移动，全桩长范围内的地基均屈服，桩顶产生最大弯矩，见图 5-13。根据水平力的平衡条件可得：

$$H_{\text{u}} = 1.5K_{\text{p}}\gamma Bh^2 \tag{5-17}$$

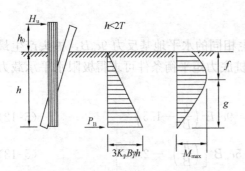

图 5-12　砂土地基中桩头自由的情况

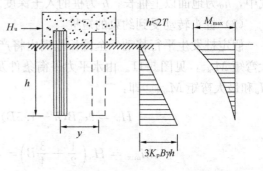

图 5-13　砂土地基中桩头转动受到约束的短桩

根据桩端力矩平衡条件可得：

$$M_{\max} = K_{\text{p}}\gamma Bh^3 \tag{5-18}$$

当水平荷载小于上述极限抗力的 1/2 时，桩和地基均不会产生局部屈服，此时地面的水平位移 y_0 可由表 5-6 中公式求得。

荷载小于极限水平抗力一半时的地面水平位移　　　　　表 5-6

土　性	桩　头	地面有水平位移 y_0
黏性土	自由（$Bh<1.5$） 转动受约束（$Bh<0.5$）	$\dfrac{4H}{k_{\text{h}}BL}\left(1+1.5\dfrac{h}{l}\right)$ $\dfrac{H}{k_{\text{h}}Bl}$
砂土	自由（$h<2T$） 转动受约束（$h<2T$）	$\dfrac{18H}{2mBl^2}\left(1+\dfrac{4h}{3l}\right)$ $\dfrac{H}{mBl^2}(h=0)$

注：k_{h} 为随深度不变的水平地基系数；m 为水平地基系数随深度线性增加的比例系数。

5.4.2　弹性地基反力法（m 法）

弹性地基反力法求解水平荷载作用下单桩变形时假定桩埋置于各向同性半无限弹性土体中，采用梁的弯曲理论求解桩的水平抗力。假定桩全部埋入土中，在断面主平面内，桩顶处作用垂直桩轴线的水平力 H_0 和外力矩 M_0。选坐标原点和坐标轴方向，规定图示方向为 H_0 和 M_0 正方向（图 5-14a）；取桩微段 $\mathrm{d}x$，规定图 5-14（b）中所示方向为弯矩 M 和剪力 Q 的正方向。弹性地基梁的弯曲微分方程可推导为：

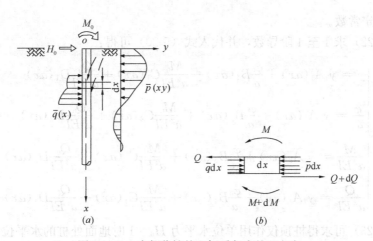

图 5-14 土中部分桩的坐标系与力的正方向

$$\begin{cases} EI \dfrac{\mathrm{d}^4 y}{\mathrm{d}x^4} + BP(x, y) = 0 \\ P(x, y) = (a + mx^i)y^n = k(x)y^n \end{cases} \qquad (5\text{-}19)$$

式中，$P(x, y)$ 为单位面积上的桩侧土抗力；y 为水平方向；x 为地面以下深度；B 为桩的宽度或桩径；a，m，i，n 为待定常数或指数，n 取值与桩身侧向位移的大小有关。根据 n 的取值可将弹性地基反力法分为线弹性地基反力法（$n=1$）和非线弹性地基反力法（$n \neq 1$）。

目前，国内外一般规定水平荷载作用下单桩允许水平位移约为 $6 \sim 10\mathrm{mm}$。当水平位移为 $6 \sim 10\mathrm{mm}$ 时桩身任一点的土抗力与桩身侧向位移间可近似简化为线性关系，即 $n = 1$，此时为线弹性地基反力法。根据地基反力分布形式，弹性地基反力法求解水平荷载作用下单桩变形时根据指定参数的不同，可分为张有龄法（即常数法，$P = K_h y$，K_h 为与地基性质有关的系数），m 法（$P = mxy$），c 法（$P = cx^{1/2}y$）和 k 法（$P = mx^{0.5}y$）。当 $n \neq 1$ 时，此时为非线弹性地基反力法，地基反力分布可用久保法（$P = k_s xy^{0.5}$）和林一宫岛法（$P = k_c y^{0.5}$）求解。

5.4.2.1 计算公式

此处以常用的 m 法为例阐述水平荷载作用下单桩变形计算方法。需要说明的是，m 法假定地基为服从虎克定律的弹性体，不考虑土的连续性。该方法很难描述土的复杂性，具有很大的近似性，仅在小荷载和小位移时适用。

将 $P(x, y) = mxy$ 带入式（5-19）可得：

$$EI \frac{\mathrm{d}^4 y}{\mathrm{d}x^4} + Bmxy = 0 \qquad (5\text{-}20)$$

由边界条件 $[y]_{x=0} = y_0$，$[\mathrm{d}y/\mathrm{d}x]_{x=0} = \varphi_0$ 可知：

$$\left[EI \frac{\mathrm{d}^2 y}{\mathrm{d}x^2} \right]_{x=0} = M_0, \left[EI \frac{\mathrm{d}^3 y}{\mathrm{d}x^3} \right]_{x=0} = Q_0 \qquad (5\text{-}21)$$

假设式（5-20）的解为一幂级数。即：

$$y = \sum_{i=0}^{\infty} a_i x^i \qquad (5\text{-}22)$$

式中，a_i 为待定常数。

对式（5-22）求 1 至 4 阶导数，并代入式（5-20）可得：

$$
\begin{cases}
y = y_0 A_1(ax) + \dfrac{\varphi_0}{a} B_1(ax) + \dfrac{M_0}{a^2 EI} C_1(ax) + \dfrac{Q_0}{a^3 EI} D_1(ax) \\[2mm]
\dfrac{\varphi}{a} = y_0 A_2(ax) + \dfrac{\varphi_0}{a} B_2(ax) + \dfrac{M_0}{a^2 EI} C_2(ax) + \dfrac{Q_0}{a^3 EI} D_2(ax) \\[2mm]
\dfrac{M}{a^2 EI} = y_0 A_3(ax) + \dfrac{\varphi_0}{a} B_3(ax) + \dfrac{M_0}{a^2 EI} C_3(ax) + \dfrac{Q_0}{a^3 EI} D_3(ax) \\[2mm]
\dfrac{Q}{a^3 EI} = y_0 A_4(ax) + \dfrac{\varphi_0}{a} B_4(ax) + \dfrac{M_0}{a^2 EI} C_4(ax) + \dfrac{Q_0}{a^3 EI} D_4(ax)
\end{cases} \tag{5-23}
$$

由式（5-23）可求得桩顶仅作用单位水平力 $H_0 = 1$ 时地面处桩的水平位移 δ_{QQ} 和转角 δ_{MQ}，桩顶作用单位力矩 $M_0 = 1$ 时桩身地面处的水平位移 δ_{QM} 和转角 δ_{MM}，如图 5-15 所示。

对于埋置于非岩石地基中的水平受荷桩，桩顶作用单位水平力 $H_0 = 1$ 时地面处桩的水平位移 δ_{QQ} 和转角 δ_{MQ}，桩顶作用单位力矩 $M_0 = 1$ 时桩身地面处水平位移 δ_{QM} 和转角 δ_{MM} 可表示为：

$$
\begin{cases}
\delta_{QQ} = \dfrac{1}{a^3 EI} \dfrac{(B_3 D_4 - B_4 D_3) + K_h (B_2 D_4 - B_4 D_2)}{(A_3 B_4 - A_4 B_3) + K_h (A_2 B_4 - A_4 B_2)} \\[2mm]
\delta_{MQ} = \dfrac{1}{a^2 EI} \dfrac{(A_3 D_4 - A_4 D_3) + K_h (A_2 D_4 - A_4 D_2)}{(A_3 B_4 - A_4 B_3) + K_h (A_2 B_4 - A_4 B_2)} \\[2mm]
\delta_{QM} = \dfrac{1}{a^2 EI} \dfrac{(B_3 C_4 - B_4 C_3) + K_h (B_2 C_4 - B_4 C_2)}{(A_3 B_4 - A_4 B_3) + K_h (A_2 B_4 - A_4 B_2)} \\[2mm]
\delta_{MM} = \dfrac{1}{a EI} \dfrac{(A_3 C_4 - A_4 C_3) + K_h (A_2 C_4 - A_4 C_2)}{(A_3 B_4 - A_4 B_3) + K_h (A_2 B_4 - A_4 B_2)}
\end{cases} \tag{5-24}
$$

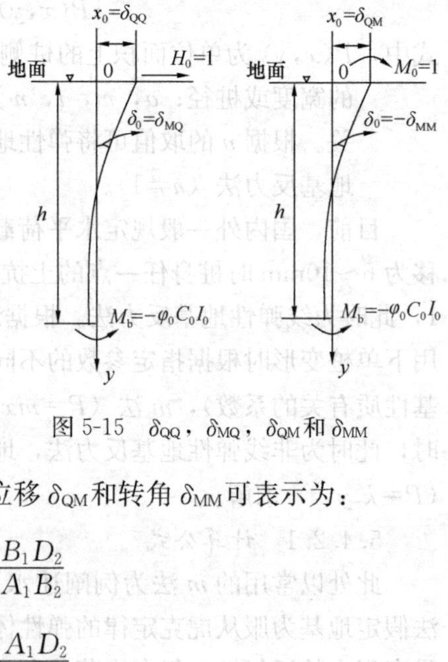

图 5-15 δ_{QQ}，δ_{MQ}，δ_{QM} 和 δ_{MM}

对于嵌固于岩石中的水平受荷桩，桩顶作用单位水平力 $H_0 = 1$ 时地面处桩的水平位移 δ_{QQ} 和转角 δ_{MQ}，桩顶作用单位力矩 $M_0 = 1$ 时桩身地面处的水平位移 δ_{QM} 和转角 δ_{MM} 可表示为：

$$
\begin{cases}
\delta_{QQ} = \dfrac{1}{a^3 EI} \cdot \dfrac{B_2 D_1 - B_1 D_2}{A_2 B_1 - A_1 B_2} \\[3mm]
\delta_{MQ} = \dfrac{1}{a^2 EI} \cdot \dfrac{A_2 D_1 - A_1 D_2}{A_2 B_1 - A_1 B_2} \\[3mm]
\delta_{QM} = \dfrac{1}{a^2 EI} \cdot \dfrac{B_2 C_1 - B_1 C_2}{A_2 B_1 - A_1 B_2} \\[3mm]
\delta_{MM} = \dfrac{1}{a EI} \cdot \dfrac{A_2 C_1 - A_1 C_2}{A_2 B_1 - A_1 B_2}
\end{cases} \tag{5-25}
$$

式中，A_1，B_1，C_1，$D_1 \cdots A_4$，B_4，C_4，D_4 等系数可参照《桥梁桩基础的分析和设计》中的相关附录表；$K_h = C_0 I / aEI_0$，其中 C_0 为桩底土的竖向地基系数，I_0 为桩底全面积对截面重心的惯性矩，I 为桩身的平均截面惯性矩；α 为桩的水平变形系数，其

值为 $\alpha = \dfrac{1}{T} = \sqrt[5]{\dfrac{mb_e}{EI}}$。

当 H_0 和 M_0 已知时，可求得地面处的水平位移 y_0 和转角 φ_0。即：

$$\left.\begin{array}{l} y_0 = H_0 \delta_{QQ} + M_0 \delta_{QM} \\ \varphi_0 = -(H_0 \delta_{MQ} + M_0 \delta_{MM}) \end{array}\right\} \qquad (5\text{-}26)$$

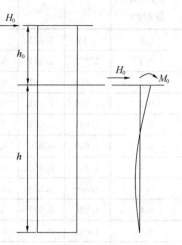

图 5-16 桩顶可自由转动

由式（5-23）可求得地面任意深度 x 处桩身的水平位移 y、转角 φ、桩身截面上的弯矩 M 和剪力 Q。

5.4.2.2 无量纲计算法

对于弹性长桩，桩底的边界条件为弯矩 $M_b = 0$，剪力 $Q_b = 0$。桩顶的边界条件可分为：（1）桩顶可自由转动（图 5-16）；（2）桩顶固定而不能转动（图 5-17）；（3）桩顶受约束而不能完全自由转动（图 5-18）。

（1）桩顶可自由转动

在水平力 H_0 和力矩 $M_0 = H_0 h_0$ 作用下，桩身水平位移和弯矩可表示为：

$$\left\{\begin{array}{l} y = \dfrac{H_0 T^3}{EI} A_y + \dfrac{M_0 T^2}{EI} B_y \\ M = H_0 T A_m + M_0 B_m \end{array}\right. \qquad (5\text{-}27)$$

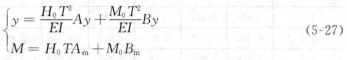

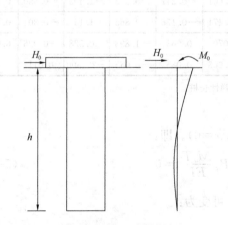

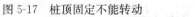

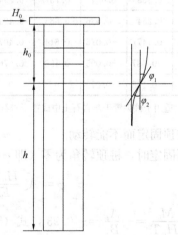

图 5-17　桩顶固定不能转动　　　图 5-18　桩顶受约束而不能完全自由转动

桩身最大弯矩的位置 x_m、最大弯矩 M_{max} 可由式（5-28）计算。即：

$$\left\{\begin{array}{l} x_m = \bar{h} T \\ M_{max} = M_0 C_2 \text{ 或 } M_{max} = H_0 T D_2 \end{array}\right. \qquad (5\text{-}28)$$

式中，A_y，P_y，A_m，B_m 分别为位移和弯矩的无量纲系数（见表 5-7）；$\bar{h}$ 为换算深度，根据 $C_1 = \dfrac{M_0}{H_0 T}$ 或 $D_1 = \dfrac{H_0 T}{M_0}$ 等确定，可参考表 5-7；C_2，D_2 为无量纲系数，根据最大弯矩位置 x_m 的换算深度 $\bar{h} = x_m / T$ 确定，可参考表 5-7。

换算深度 $\bar{h}(Z/T)$	A_y	B_y	A_m	B_m	A_φ	B_φ	C_1	D_1	C_2	D_2
0.0	2.44	1.621	0	1	−1.621	−1.751	∞	0	1	∞
0.1	2.279	1.451	0.100	1	−1.616	−1.651	131.252	0.008	1.001	131.318
0.2	2.118	1.291	0.197	0.998	−1.601	−1.551	34.186	0.029	1.004	34.317
0.3	1.959	1.141	0.290	0.994	−1.577	−1.451	15.544	0.064	1.012	15.738
0.4	1.803	1.001	0.377	0.986	−1.543	−1.352	8.781	0.114	1.029	9.037
0.5	1.650	0.870	0.458	0.975	−1.502	−1.254	5.539	0.181	1.057	5.856
0.6	1.503	0.750	0.529	0.959	−1.452	−1.157	3.710	0.270	1.101	4.138
0.7	1.360	0.639	0.592	0.938	−1.396	−1.062	2.566	0.390	1.169	2.999
0.8	1.224	0.537	0.646	0.931	−1.334	−0.970	1.791	0.558	1.274	2.282
0.9	1.094	0.445	0.689	0.884	−1.267	−0.880	1.238	0.808	1.441	1.784
1.0	0.970	0.361	0.723	0.851	−1.196	−0.793	0.824	1.213	1.728	1.424
1.1	0.854	0.286	0.747	0.841	−1.123	−0.710	0.503	1.988	2.299	1.157
1.2	0.746	0.219	0.762	0.774	−1.047	−0.630	−0.246	4.071	3.876	0.952
1.3	0.645	0.160	0.768	0.732	−0.971	−0.555	0.034	29.58	23.438	0.792
1.4	0.552	0.108	0.765	0.687	−0.894	−0.484	−0.145	−6.906	−4.596	0.666
1.6	0.388	0.024	0.737	0.594	−0.743	−0.356	−0.434	−2.305	1.128	0.480
1.8	0.254	−0.036	0.685	0.499	−0.601	−0.247	−0.665	−1.503	−0.530	0.353
2.0	0.147	−0.076	0.614	0.407	−0.471	−0.156	−0.865	−1.156	−0.304	0.263
3.0	−0.087	−0.095	0.193	0.076	0.070	0.063	−1.893	−0.528	−0.026	0.049
4.0	−0.108	−0.015	0	0	−0.003	0.085	−0.045	−22.500	0.011	0

注：表 5-7 适用于桩尖置于非岩石土中或置于岩石面上的弹性长桩。

（2）桩顶固定而不能转动

当桩顶固定时，桩顶转角为零（即 $\varphi = \mathrm{d}y/\mathrm{d}x = 0$）。即：

$$\varphi = A_\varphi \frac{H_0 T^2}{EI} + B_\varphi \frac{M_0 T}{EI} = 0 \tag{5-29}$$

此时，$\dfrac{M_0}{H_0 T} = -\dfrac{A_\varphi}{B_\varphi} = -0.93$，式（5-29）可变为：

$$\begin{cases} y = (A_y - 0.93 B_y) \dfrac{H_0 T^3}{EI} \\ M = (A_m - 0.93 B_m) H_0 T \end{cases} \tag{5-30}$$

式中，A_φ，B_φ 为转角的无量纲系数（见表 5-7）。

（3）桩顶受约束而不能完全自由转动

考虑上部结构与地基的协调作用，水平力 H_0 作用下上部结构在地面处的转角 φ_1 与桩在地面处的转角 φ_2 相同。根据 $\varphi_1 = \varphi_2$ 通过反复迭代，可获得桩身水平位移和弯矩。

5.4.2.3 m 值的确定

m 值随桩在地面处的水平变位增大而减小，一般应通过水平荷载试验确定。水平试验结果表明，$y_0 = 6mm$ 左右时桩－土体系已进入塑性区段，实际工程中常把 6mm 作为常用配筋率下的钢筋混凝土桩的水平位移极限值。参照国内外已有经验，配筋率较高的钢筋混凝土桩的水平位移限值大约为 $6\sim10mm$。由水平荷载试验测定 m 值时，须使桩在最大水平荷载作用下满足如下条件：

(1) 桩周土不致因桩的水平位移过大而丧失其对桩的固着作用，亦即在水平荷载下桩长范围内大部分土体仍处于弹性工作状态；

(2) 水平荷载作用下，容许桩截面开裂，但裂缝宽度不应超出钢筋混凝土结构容许的开裂限度，且卸载后裂缝能闭合。

当无静载试验资料时，m 可按照表 5-2 取值。

当地基土成层时，m 值采用地面以下 $1.8T$ 深度范围内各土层的 m 加权平均值。如地基土为 3 层时，则

$$m = \frac{m_1 h_1^2 + m_2(2h_1 + h_2)h_2 + m_3(2h_1 + 2h_2 + h_3)h_3}{(1.8T)^2} \tag{5-31}$$

式中，h_1，h_2，h_3 分别为各层土的厚度；m_1，m_2，m_3 分别为各层土的 m 值。

5.4.3　P-y 曲线法

P-y 曲线法的基本思想是沿桩深度方向将桩周土应力-应变关系用一组 P-y 曲线表示（图 5-19a）。在某深度 z 处，桩的水平位移 y 与单位桩长土反力合力间存在一定的对应关系（图 5-19b）。P-y 曲线法是一种较理想的方法，配合数值解法，可计算桩内力及位移。桩身变形较大时，P-y 曲线法与地基反力系数法相比有更大的优越性。P-y 曲线法的关键在于确定土的应力-应变关系，即确定 P-y 曲线的表达式。

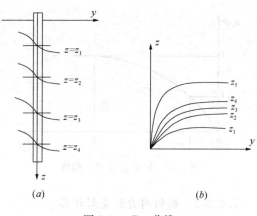

图 5-19　P-y 曲线

5.4.3.1　P-y 曲线的确定

(1) 软黏土地基

Matlock 根据现场试验资料获得了土体不排水抗剪强度 c_u 沿深度的分布规律，土体极限反力 P_u 按式（5-32）和式（5-33）计算，并取其中两者较小值。即：

$$P_u = 9c_u \tag{5-32}$$

$$P_u = \left(3 + \frac{\bar{\gamma}z}{c_u} + \frac{Jz}{B}\right)c_u \tag{5-33}$$

式中，z 为计算点深度；$\bar{\gamma}$ 为由地面至计算深度 z 处土的加权平均重度；J 为试验系数，软黏土中 $J = 0.5$。

计算土达到极限反力一半时的相应变形。即：

$$y_{50} = \rho \varepsilon_{50} B \tag{5-34}$$

式中，y_{50} 为桩周土达极限水平土抗力一半时相应的桩侧向水平变形；ρ 为相关系数，一般取 2.5；ε_{50} 为三轴试验中最大主应力差一半时的应变值，对饱和度较大的软黏土可

取无侧限抗压强度一半时的应变值，无试验资料时，当 $c_u = (12 \sim 24)$ kPa，$\varepsilon_{50} = 0.02$；当 $c_u = (24 \sim 48)$ kPa，$\varepsilon_{50} = 0.01$；当 $c_u = (48 \sim 96)$ kPa，$\varepsilon_{50} = 0.07$。P-y 间关系（图 5-20）可表示为：

$$\frac{P}{P_u} = 0.5 \left(\frac{y}{y_{50}}\right)^{\frac{1}{3}} \tag{5-35}$$

（2）硬黏土地基

根据室内试验取得的土体不排水抗剪强度 c_u 和重度 γ 沿深度的分布规律及 ε_{50} 值，采用式（5-32）和式（5-33）给出的较小值作为极限反力 P_u，式（5-32）中 J 取 0.25。

计算土反力达到极限反力一半时的位移。即：

$$y_{50} = \varepsilon_{50} B \tag{5-36}$$

P-y 间关系（图 5-21），当 $y \geqslant 16 y_{50}$ 时，$P = P_u$；

当 $y < 16 y_{50}$ 时，P-y 间关系可表述为（图 5-21）：

$$\frac{P}{P_u} = 0.5 \left(\frac{y}{y_{50}}\right)^{\frac{1}{4}} \tag{5-37}$$

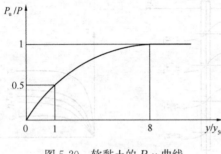

图 5-20　软黏土的 P-y 曲线

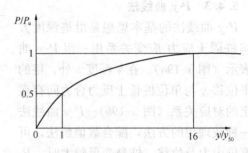

图 5-21　硬黏土的 P-y 曲线

5.4.3.2　桩的内力和变形计算

由于土的水平抗力 P 与桩的挠曲变形 y 一般为非线性关系，用解析法求解桩的弯曲微分方程是困难的，可用无量纲迭代法或有限差分法求得。

5.5　水平荷载作用下群桩变形计算方法

目前，水平荷载作用下群桩变形的计算分析方法主要有群桩效率法和 $P-y$ 曲线法。此外，可利用有限元法分析桩距、桩长、桩径、桩数、土质、荷载等对群桩效应的影响。

5.5.1　群桩效率法

群桩水平承载力和单桩水平承载力与桩数之积的比值称为群桩效率。群桩效率法的关键是获得能反映单桩和群桩间关系的群桩效率。群桩效率法适用于自由长度近似为零的等间距行列式群桩。当桩距较小时，群桩可能发生整体破坏，群桩效率法的适用性有待商榷。土体处于极限平衡状态下的群桩效率计算公式推导过程如下。

实际工程中可根据水平荷载作用下单桩水平承载力和群桩效率来估算群桩水平承载力 H_g。即：

$$H_g = m n H_0 \eta_{sg} \tag{5-38}$$

式中，H_g，H_0分别为群桩与单桩水平承载
力；m，n分别为群桩纵向（荷载作
用方向）和横向的桩数；η_{sg}为单桩
与群桩关系的群桩效率。

群桩效率系数可由试验结果建立经验
公式或根据弹性理论推导出计算公式。土
体极限平衡状态下群桩效率计算公式推导
过程如下。

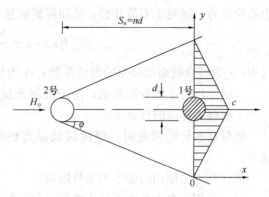

图 5-22　土体中应力扩散和分布

假定土体中应力按土的内摩擦角 φ 扩
散，传至垂直于荷载平面的应力一般近似
为抛物线分布，实际中可简化为三角形分
布（图 5-22）。考虑应力重叠影响时，假定群桩中的水平力均匀分配，且每根桩具有相同
的水平承载力。反映单桩与群桩水平承载力关系的群桩效应 η_{sg} 可表示为：

$$\eta_{sg} = K_1 K_2 K_3 K_6 + K_4 + K_5 \tag{5-39}$$

式中，K_1为桩-桩相互作用的影响系数；K_2为不均匀分配系数；K_3为桩顶嵌固增长系数，
即桩顶嵌固时单桩水平承载力与桩顶自由时单桩水平承载力之比，常数法中 $K_3 =$
2.0，m 法中 $K_3 = 2.6$，k 法中 $K_3 = 1.56$，c 法中 $K_3 = 2.32$；K_4 为摩擦作用增长系
数；K_5为桩侧土抗力增长系数；K_6为竖向荷载作用增长系数。

桩-桩相互作用影响系数 K_1 可表示为：

$$K_1 = \frac{1}{1 + q^m + a + b} \tag{5-40}$$

入土承台的底面和侧面与土间的切向力将提高群桩水平承载力，提高幅度为 $\Delta H'_g$。
K_4 可表示为：

$$K_4 = \frac{\Delta H'_g}{mnH_0} \tag{5-41}$$

对于较软的土，剪切面一般发生在邻近承台表面的土内，此时切向力即为土的抗剪强
度。对于较硬的土，剪切面可能发生在承台与土的接触面上，此时切向力即为承台表面与
土的摩擦力。为安全起见，可按上述两种情况分别考虑，取其较小值。桩端土层较好或基
底下土体可能产生自重固结沉降、湿陷、震陷时，承台与土之间会脱空，不应再考虑承台
底与土的摩擦力作用。

入土承台的侧向抗力将提高群桩水平承载力，提高幅度为 $\Delta H''_g$。K_5 可表示为：

$$K_5 = \frac{\Delta H''_g}{mnH_0} \tag{5-42}$$

桩顶的容许水平位移一般较小，被动土压力无法充分发挥，可忽略主动土压力作用，
采用静止土压力计算 $\Delta H''_g$。即：

$$\Delta H''_g = \frac{1}{2} K_0 \gamma B_c (z_1^2 - z_2^2) \tag{5-43}$$

式中，K_0为静止土压力系数；γ 为土重度；B_c为承台宽度；z_1、z_2分别为承台底面和顶面
埋深。

水平承载力由桩身强度控制时，竖向荷载产生的土压应力可抵消一部分桩身受弯时产

生的拉应力，混凝土不易开裂，从而提高桩基水平承载力。K_6 可表示为：

$$K_6 = 1 + \frac{N(1-\lambda)}{rR_f A} \tag{5-44}$$

式中，r 为桩身截面抵抗矩的塑性系数；A 为桩的横截面积；λ 为竖向荷载作用下桩土共同作用时土体分担系数；R_f 为混凝土抗裂设计强度；N 为计算有竖向荷载时水平承载力提高的百分比。

桩身具有足够强度时，竖向荷载提高桩的水平承载能力有限，一般将其作为安全储备。

该计算方法使用时受下列条件限制：

（1）适用于自由长度近似为零的等间距行列式群桩；

（2）当桩距较小时，群桩可能发生整体破坏，应慎重使用。

5.5.2 群桩 *P-y* 曲线法

由于群桩效应，水平力作用下群桩受力性状完全不同于单桩受力性状。已有试验表明，水平力作用下同等桩身变位条件下群桩中的中后桩所受到的土反力较前桩小且其差值随桩距的加大而减少。当桩间距大于 8 倍桩径时，前、后桩的 *P-y* 曲线基本相近。

前桩所受到的土抗力，一般略等于或大于单桩，这是由于受荷方向桩排中的前桩水平位移与单桩相近，土抗力能充分发挥所致。设计时，群桩中的前桩若按单桩设计，工程上是偏安全的。

我国港工桩基规范中提出了下述方法：在水平力作用下，群桩中桩的中心距小于 8 倍桩径，桩的入土深度小于 10 倍桩径以内的桩段，应考虑群桩效应。在非循环荷载作用下，距荷载作用点最远的桩按单桩计算，其余各桩应考虑群桩效应。无试验资料时，黏性土中 *P-y* 曲线的土抗力 P 可按式（5-45）计算土抗力的折减系数 λ_h。即：

$$\lambda_h = \left(\frac{\frac{S_a}{d}-1}{7}\right)^{0.043 \cdot \left(10-\frac{z}{d}\right)} \tag{5-45}$$

式中，λ_h 为土抗力的折减系数；S_a 为桩距；d 为桩径；z 为地面下桩的任一深度。

根据水平荷载作用下单桩变形计算的 *P-y* 曲线法，结合式（5-45）可分析水平荷载作用下的群桩变形。

5.6 水平受荷桩的设计

5.6.1 单桩水平承载力特征值的确定

受水平荷载的一般建筑物和水平荷载较小的高大建筑物单桩基础和群桩中基桩应满足：

$$H_{ik} \leqslant R_h \tag{5-46}$$

式中，H_{ik} 为荷载效应标准组合下，作用于基桩 i 桩顶处的水平力；R_{ha} 为单桩基础或群桩中基桩的水平承载力特征值。

（1）单桩的水平承载力特征值可通过单桩水平静载试验确定，确定方法参照 5.2.6 节。

（2）对于钢筋混凝土预制桩、钢桩、桩身正截面配筋率不小于 0.65% 的灌注桩，可根据静载试验结果取地面处水平位移为 10mm（对于水平唯一敏感的建筑物取水平位移 6mm）所对应的荷载为单桩水平承载力特征值。

（3）对于桩身配筋率小于 0.65% 的灌注桩，可取单桩水平静载试验确定的临界荷载的 75% 为单桩水平承载力特征值。

（4）当缺少单桩水平静载试验资料时，可按下列公式估算桩身配筋率小于 0.65% 的灌注桩的单桩水平承载力特征值。

$$R_{ha} = \frac{0.75\alpha\gamma_m f_t W_0}{\upsilon_m}(1.25 + 22\rho_g)\left(1 \pm \frac{\xi_N N}{\gamma_m f_t A_n}\right) \tag{5-47}$$

式中，±号根据桩顶竖向力性质确定，压力取"＋"，拉力取"－"；

α——桩的水平变形系数；

R_{ha}——单桩水平承载力特征值；

γ_m——桩身横截面模量塑性系数，圆形截面 $\gamma_m = 2$，矩形截面 $\gamma_m = 1.75$；

f_t——桩身混凝土抗拉强度设计值；

ρ_g——桩身配筋率；

ξ_N——桩顶竖向力影响系数，竖向压力取 $\xi_N = 0.5$，竖向拉力取 $\xi_N = 1.0$；

υ_m——桩身最大弯矩系数，按表 5-8 取值，单桩基础和单排桩基纵向轴线与水平力方向相垂直的情况，按桩顶铰接考虑；

W_0——桩身换算截面受拉边缘的截面模量，对于圆形截面和矩形截面的桩 W_0 可分别用式（5-48）和式（5-49）计算：

$$W_0 = \frac{\pi d}{32}\left[d^2 + 2(\alpha_E - 1)\rho_g d_0^2\right] \tag{5-48}$$

$$W_0 = \frac{b}{6}\left[b^2 + 2(\alpha_E - 1)\rho_g b_0^2\right] \tag{5-49}$$

式中，d 为桩直径；d_0 为扣除保护层的桩直径；b_0 为扣除保护层的桩截面宽度；α_E 为钢筋弹性模量与混凝土弹性模量的比值。

A_n 桩身换算截面积，对于圆形截面和矩形截面的桩 W_0 可分别用式（5-50）和式（5-51）计算：

$$A_n = \frac{\pi d^2}{4}\left[1 + (\alpha_E - 1)\rho_g\right] \tag{5-50}$$

$$A_n = bh\left[1 + (\alpha_E - 1)\rho_g\right] \tag{5-51}$$

对于混凝土护壁的挖孔桩，计算单桩水平承载力时，其设计桩径取护壁内直径。

（5）当桩的水平承载力由水平位移控制，且缺少单桩水平静载试验资料时，可按式（5-52）估算预制桩、钢桩、桩身配筋率不小于 0.65% 的灌注单桩水平承载力特征值：

$$R_{ha} = \frac{\alpha^3 EI}{\upsilon_x}\chi_{oa} \tag{5-52}$$

式中，EI 为桩身抗弯刚度，对于钢筋混凝土桩，$EI = 0.85E_c I_0$，其中 E_c 为桩身混凝土的弹性模量；I_0 为桩身换算截面惯性矩，对于圆形截面，$I_0 = 0.5W_0 d_0$；矩形截面 $I_0 = 0.5W_0 b_0$；χ_{oa} 为桩顶允许水平位移；υ_x 为桩顶水平位移系数，按表 5-8 取值。

桩顶约束情况	桩的换算深度（αh）	v_m	v_x	桩顶约束情况	桩的换算深度（αh）	v_m	v_x
铰接、自由	4.0	0.768	2.441	固接	4.0	0.926	0.940
	3.5	0.750	2.502		3.5	0.934	0.970
	3.0	0.703	2.727		3.0	0.967	1.028
	2.8	0.675	2.905		2.8	0.990	1.055
	2.6	0.639	3.163		2.6	1.018	1.079
	2.4	0.601	3.526		2.4	1.045	1.095

注：1. 铰接（自由）的 v_m 系桩身的最大弯矩系数，固接 v_m 系桩顶的最大弯矩系数；

　　2. 当 $\alpha h > 4$ 时取 $\alpha h = 4$，h 为桩的入土深度。

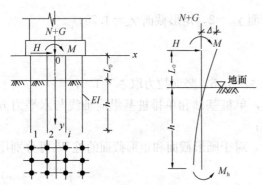

图 5-23　高承台桩计算模式图

（6）验算永久荷载控制的桩基水平承载力时，应将上述方法确定的单桩水平承载力特征值乘以调整系数 0.70。

5.6.2　抗水平力群桩的设计

5.6.2.1　高承台群桩基础设计计算

高承台桩计算模式见图 5-23。

（1）确定基本参数

确定的基本参数包括承台埋深范围地基土水平抗力系数的比例系数 m，桩底面地基土竖向抗力系数的比例系数 m_0，桩身抗弯刚度 EI，桩身轴向压力传布系数 ξ_N、桩底面地基土竖向抗力系数 C_0。

（2）求解单位力作用于桩身地面处，桩身在该处产生的变位（表 5-9）

表 5-9

$H_0 = 1$ 作用时	水平位移 ($F^{-1} \times L$)	$h \leqslant \dfrac{2.5}{\alpha}$	$\delta_{HH} = \dfrac{1}{\alpha^3 EI} \times \dfrac{(B_3 D_4 - B_4 D_3) + K_h (B_2 D_4 - B_4 D_2)}{(A_3 B_4 - A_4 B_3) + K_h (A_2 B_4 - A_4 B_2)}$
		$h > \dfrac{2.5}{\alpha}$	$\delta_{HH} = \dfrac{1}{\alpha^3 EI} \times A_i$
	转角 (F^{-1})	$h \leqslant \dfrac{2.5}{\alpha}$	$\delta_{MH} = \dfrac{1}{\alpha^2 EI} \times \dfrac{(A_3 D_4 - A_4 D_3) + K_h (A_2 D_4 - A_4 D_2)}{(A_3 B_4 - A_4 B_3) + K_h (A_2 B_4 - A_4 B_2)}$
		$h > \dfrac{2.5}{\alpha}$	$\delta_{MH} = \dfrac{1}{\alpha^2 EI} \times B_i$
$M_0 = 1$ 作用时	水平位移 (F^{-1})	$h \leqslant \dfrac{2.5}{\alpha}$	$\delta_{HM} = \delta_{MH}$
		$h > \dfrac{2.5}{\alpha}$	$\delta_{HM} = \delta_{MH}$
	转角 ($F^{-1} \times L^{-1}$)	$h \leqslant \dfrac{2.5}{\alpha}$	$\delta_{MM} = \dfrac{1}{\alpha EI} \times \dfrac{(A_3 C_4 - A_4 C_3) + K_h (A_2 C_4 - A_4 C_2)}{(A_3 B_4 - A_4 B_3) + K_h (A_2 B_4 - A_4 B_2)}$
		$h > \dfrac{2.5}{\alpha}$	$\delta_{MM} = \dfrac{1}{\alpha EI} \times C_i$

（3）求解单位力作用于桩顶时，桩顶产生的变位（表 5-10）

表 5-10

$H_i=1$ 作用时	水平位移（$F^{-1}\times L$）	$\delta'_{HH}=\dfrac{l_0^3}{3EI}+\delta_{MM}l_0^2+2\delta_{MH}l_0+\delta_{HH}$
	转角（F^{-1}）	$\delta'_{MH}=\dfrac{l_0^2}{2EI}+\delta_{MM}l_0+\delta_{MH}$
$M_i=1$ 作用时	水平位移（F^{-1}）	$\delta'_{HM}=\delta'_{MH}$
	转角（$F^{-1}\times L^{-1}$）	$\delta'_{MM}=\dfrac{l_0}{EI}+\delta_{MM}$

（4）求解桩顶发生单位变位时，桩顶引起的内力（表 5-11）

表 5-11

发生竖直位移时	竖向反力（$F\times L^{-1}$）	$\rho_{NN}=\dfrac{1}{\dfrac{l_0+\xi_N h}{EA}+\dfrac{1}{C_0A_0}}$
发生水平位移时	水平反力（$F\times L^{-1}$）	$\rho_{HH}=\dfrac{\delta'_{MM}}{\delta'_{HH}\delta'_{MM}-\delta'^2_{MH}}$
	反弯矩（F）	$\rho_{MH}=\dfrac{\delta'_{MH}}{\delta'_{HH}\delta'_{MM}-\delta'^2_{MH}}$
发生单位转角时	水平反力（F）	$\rho_{HM}=\rho_{MH}$
	反弯矩（$F\times L$）	$\rho_{MM}=\dfrac{\delta'_{HH}}{\delta'_{HH}\delta'_{MM}-\delta'^2_{MH}}$

（5）求解承台发生单位变位时，所有桩顶引起的反力（表 5-12）

表 5-12

单位竖直位移时	竖向反力（$F\times L^{-1}$）	$\gamma_{VV}=n\rho_{NN}$	
单位水平位移时	水平反力（$F\times L^{-1}$）	$\gamma_{UU}=n\rho_{HH}$	n—基桩数
	反弯矩（F）	$\gamma_{\beta U}=-n\rho_{MH}$	x_i—坐标原点至各桩的距离
单位转角时	水平反力（F）	$\gamma_{U\beta}=\gamma_{\beta U}$	K_i—第 i 排桩的根数
	反弯矩（$F\times L$）	$\gamma_{\beta\beta}=n\rho_{MM}+n\rho_{HH}\sum K_i x_i^2$	

（6）求解承台变位（表 5-13）

表 5-13

竖直位移（L）	$V=\dfrac{N+G}{\gamma_{VV}}$
水平位移（L）	$U=\dfrac{\gamma_{\beta\beta}H-\gamma_{U\beta}M}{\gamma_{UU}\gamma_{\beta\beta}-\gamma^2_{U\beta}}$
转角（弧度）	$\beta=\dfrac{\gamma_{UU}M-\gamma_{U\beta}H}{\gamma_{UU}\gamma_{\beta\beta}-\gamma^2_{U\beta}}$

(7) 求解任一基桩桩顶内力（表 5-14）

表 5-14

竖向力（F）	$N_i = (V + \beta x_i)\rho_{NN}$
水平力（F）	$H_i = U\rho_{HH} - \beta\rho_{HM} = \dfrac{H}{n}$
弯矩（F×L）	$M_i = \beta\rho_{MM} - U\rho_{MH}$

(8) 求解地面处桩身截面上的内力（表 5-15）

表 5-15

水平力（F）	$H_0 = H_i$
弯矩（F×L）	$M_0 = M_i + H_i l_0$

(9) 求解地面处桩身的变位（表 5-16）

表 5-16

水平位移（L）	$x_0 = H_0\delta_{HH} + M_0\delta_{HM}$
弯矩（F×L）	$\varphi_0 = -(H_0\delta_{MH} + M_0\delta_{MM})$

(10) 求解地面下任一深度桩身截面内力（表 5-17）

表 5-17

弯矩（F×L）	$M_y = \alpha^2 EI\left(x_0 A_3 + \dfrac{\varphi_0}{\alpha}B_3 + \dfrac{M_0}{\alpha^2 EI}C_3 + \dfrac{H_0}{\alpha^3 EI}D_3\right)$
水平力（F）	$H_y = \alpha^3 EI\left(x_0 A_4 + \dfrac{\varphi_0}{\alpha}B_4 + \dfrac{M_0}{\alpha^2 EI}C_4 + \dfrac{H_0}{\alpha^3 EI}D_4\right)$

(11) 求解桩身最大弯矩及其位置（表 5-18）

表 5-18

最大弯矩位置（L）	由 $\dfrac{\alpha M_0}{H_0} = C_1$ 根据《建筑桩基技术规范》JGJ 94 确定相应的 αy， $y_{Max} = \dfrac{\alpha y}{\alpha}$
最大弯矩（F×L）	$M_{max} = M_0 C_1$

5.6.2.2 低承台群桩基础设计计算

低承台群桩基础（不含水平力垂直于单排桩基纵向轴线和力矩较大的情况）的基桩水平承载力特征值应考虑由承台、桩群、土相互作用产生的群桩效应，可按式（5-53）确定：

$$R_h = \eta_h R_{ha} \tag{5-53}$$

(1) 考虑地震作用且 $S_a/d \leqslant 6$ 时

$$\eta_h = \eta_i\eta_r + \eta_l \tag{5-54}$$

$$\eta_i = \frac{\left(\dfrac{s_a}{d}\right)^{0.015n_2 + 0.45}}{0.15n_1 + 0.10n_2 + 1.9} \tag{5-55}$$

$$\eta_l = \frac{m\chi_{0a}B'_c h_c^2}{2n_1 n_2 R_{ha}} \tag{5-56}$$

$$\chi_{0a} = \frac{R_{ha}\upsilon_x}{\alpha^3 EI} \tag{5-57}$$

(2) 其他情况

$$\eta_h = \eta_i\eta_r + \eta_l + \eta_b \tag{5-58}$$

$$\eta_b = \frac{\mu \cdot P_c}{n_1 \cdot n_2 \cdot R_h} \tag{5-59}$$

$$P_c = \eta_c f_{ak}(A - nA_{ps}) \tag{5-60}$$

式中　R_{h1}——群桩基础的复合基桩水平承载力特征值；

　　　R_h——单桩水平承载力特征值；

　　　η_h——群桩效应综合系数；

　　　η_i——桩的相互影响效应系数；

　　　η_r——桩顶约束效应系数，按表 5-19 取值；

　　　η_b——承台底摩阻效应系数；

　　　η_l——承台侧向土抗力效应系数，当承台侧面为可液化土时，取 $\eta_l = 0$；

　　s_a/d——沿水平荷载方向的距径比；

　　　h_c——承台高度；

n_1、n_2——分别为沿水平荷载方向与垂直于水平荷载方向每排桩中的桩数；

　　　m——承台侧面土水平抗力系数的比例系数；

　　　χ_{0a}——桩顶（承台）允许水平位移，当以位移控制时，可取 $\chi_{0a} = 10$mm（对水平位移敏感的结构物取 $\chi_{0a} = 6$mm）；当以桩身强度控制（低配筋率灌注桩）时，可近似按式（5-57）确定；

　　　B'_c——承台受侧向土抗力一边的计算宽度，$B'_c = B_c + 1$，B_c 为承台宽度；

　　　μ——承台底与基土间的摩擦系数，可按表 5-20 取值；

　　　P_c——承台底地基土分担的竖向荷载标准值；

　　　η_c——承台效应系数，按表 3-32 取值；

　　　f_{ak}——承台下 1/2 承台宽度且不超过 5m 深度范围内各土层的地基承载力特征值按厚度加权的平均值；

　　　A——承台计算域面积。对于柱下独立桩基，A 为承台总面积；对于桩筏基础，A 为柱、墙筏板的 1/2 跨距和悬臂边 2.5 倍筏板厚度所围成的面积；桩集中布置于单片墙下的桩筏基础，取墙两边各 1/2 跨距围成的面积，按条基计算 η_c；

　　　A_{ps}——桩身横截面积；

　　　n——总桩数。

桩顶约束效应系数 η_r　　　　　　　　　表 5-19

换算深度 αh	2.4	2.6	2.8	3.0	3.5	≥4.0
位移控制	2.58	2.34	2.20	2.13	2.07	2.05
强度控制	1.44	1.57	1.71	1.82	2.00	2.07

土的类别		摩擦系数 μ	土的类别	摩擦系数 μ
黏性土	可塑	0.25～0.30	中砂、粗砂、砾砂	0.40～0.50
	硬塑	0.30～0.35	碎石土	040～0.60
	坚硬	0.35～0.45	软质岩石	0.40～0.60
粉土	密实、中密（稍湿）	0.30～0.40	表面粗糙的硬质岩石	0.65～0.75

承台底与基土间的摩擦系数 μ　　　　表 5-20

5.7 提高桩基抗水平力的技术措施

桩的水平承载力与其水平变形密切相关。一般情况下，桩的水平变形制约了桩-土体系的抗力，桩的设计承载力应保证桩基结构的变形处于允许范围之内。因此，要提高桩的水平承载力，必须保证桩-土体系具备相应的刚度和强度。提高桩基抗水平力的技术措施主要有提高桩基础的刚度和提高桩周土抗力等。

5.7.1 提高桩基础的刚度

（1）采用刚度较大的承台座板

承台座板采用较大的厚度可有效提高桩基础的刚度。整体浇筑的大刚度承台座板能使群桩中某根桩的缺陷引起的危害分摊到相邻各基桩中，保证群桩的整体刚度。承台座板或帽梁底部正对桩头处应设必要的钢筋网。

（2）桩顶用联系梁或地梁相联结

地梁一般在桩顶互相垂直的两个方向设置，且应设置在桩顶，其主筋应同桩头主筋相联结。在两桩间设置横系梁，横系梁钢筋伸入桩内并浇筑在一起，使双桩能共同变形。若地梁或帽梁周围的土不会坍塌，其侧向土抗力可作为桩的横向抗力组成部分，可分担桩的部分横向荷载。

（3）将桩顶联结到底层地板

桩头及其外露的钢筋应伸入地板中并用混凝土浇筑在一起。桩和底层地板可共同承担桩基结构的横向荷载。

（4）自由长度较大的桩以群桩为依靠

码头前方防撞桩的顶部可支靠于码头面板，限制桩的横向位移的发展。桩顶同码头面板间设置减震块。

（5）用套管增强

桩外面设置钢套管，桩同套管间采用压浆法将两者胶结在一起。钢套管长度一般为 4 倍桩径。钻孔灌注桩用护筒护壁施工时，亦可不拔除护筒，浇灌混凝土时钢套管同桩头胶结在一起，可增强桩的刚度。

（6）设置斜桩

可设置正向斜桩或反向斜桩或正、反向斜桩对称布置及叉桩来提高群桩刚度。当群桩在左、右和前、后两个方向都需承受水平力时，可在这两方向分别设置斜桩。

（7）保证桩接头刚度

打入桩接头应采用可靠的刚性构造。钢管焊接接长时，焊接头应可靠。

5.7.2 提高桩周土抗力

当工程设计确定桩基础场地、桩型和桩尺寸并采取提高桩或桩基础刚度和强度的措施后，还可通过改良地基的方式提高桩周土的抗力。桩周土愈密实，桩-土体系承载力就愈高，水平荷载作用下群桩基础变形就越小。水平受荷桩承载力及变形主要受桩身浅部土层（3～4倍桩径范围内的土）的影响，因此，改良加固后的土不必达到桩的底部，仅加固桩身浅部土层即可。据经验，桩的打入对桩周砂土的挤密影响范围在水平向可达到3～4倍桩径处，对黏性土可达到1倍桩径处，加固改良土的径向范围应大于此值。

桩的水平承载力和其水平变形密切相关。一般情况下，桩的水平变形制约了桩-土体系的抗力，只有当桩或桩基础的变形为桩基结构所允许时，桩-土体系的抗力才可作为设计采用的承载力，即设计承载力应保证桩基结构的变形处于允许范围内。因此，为提高桩的水平承载力，应保证桩-土体系具有相应的刚度和强度。

5.8 水平受荷桩承载特性计算实例

5.8.1 水平受荷单桩承载力计算实例

某预制桩的横截面积为 $0.4×0.4m^2$，桩长为12m，桩身采用C30混凝土，地面以下3m范围内的桩侧土为黏土，其水平抗力系数的比例系数 $m=24MN/m^4$，桩配筋率为1%。试求单桩水平承载力特征值。

解：预制桩的单桩水平承载力特征值按式（5-52）进行计算。

桩身计算宽度 b_0 为：$b_0=1.5b+0.5=1.5×0.4+0.5=1.1m$

桩身横截面惯性矩 I_0 为：$I_0 = \dfrac{bh^3}{12} = \dfrac{0.4×0.4^3}{12} = 2.13×10^{-3} m^4$

$$EI = 0.85E_c I_0 = 0.85×3.0×10^7×2.13×10^{-3} = 54400 kN \cdot m^2$$

$$\alpha = \sqrt[5]{\dfrac{mb_0}{EI}} = \sqrt[5]{\dfrac{5000×1.1}{54400}} = 0.632 m^{-1}$$

由于 $\alpha h=0.865×12=10.384$，根据《建筑桩基技术规范》JGJ 94可知桩顶约束条件为自由时，桩顶水平位移系数 $\nu_x=2.441$，单桩允许水平位移取 $\chi_{0a}=10mm$。

单桩水平承载力设计值为：

$$R_{ha} = \dfrac{\alpha^3 EI}{\nu_x}\chi_{0a} = \dfrac{0.632^3×54400}{2.441}×10×10^{-3} = 56.3 kN$$

5.8.2 水平受荷低承台群桩承载力计算实例

某预制桩群桩基础，土层分布见图5-24，承台尺寸为 2.8m×2.8m，埋深为2.5m，承台下9根桩，桩截面尺寸为 0.4m×0.4m；承台高1.5m，桩间距为1.0m，桩长为15m，桩身采用C30混凝土，承台基底以上为填土，基底以下为软塑黏土，水平抗力系数的比例系数 $m=5.0MN/m^4$。试求复合基桩的水平承载力特征值。

解：（1）求单桩水平承载力特征值

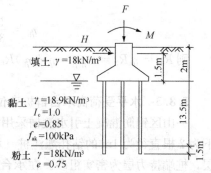

图 5-24 水平受荷低承台群桩承载力算例

桩身计算宽度 b_0 为：

$$b_0=1.5b+0.5=1.5\times0.4+0.5=1.1m$$

桩身横截面惯性矩 I_0 为：

$$I_0=\frac{bh^3}{12}=\frac{0.4\times0.4^3}{12}=2.13\times10^{-3}m^4$$

$$EI=0.85E_cI_0=0.85\times3.0\times10^7\times2.13\times10^{-3}=54400kN\cdot m^2$$

$$\alpha=\sqrt[5]{\frac{mb_0}{EI}}=\sqrt[5]{\frac{5000\times1.1}{54400}}=0.632m^{-1}$$

由于 $\alpha h=0.632\times15=9.48>4$，根据《建筑桩基技术规范》JGJ 94 可知桩顶约束条件为自由时，桩顶水平位移系数 $\nu_x=2.441$，单桩允许水平位移取 $\chi_{0a}=10mm$。

单桩水平承载力设计值为：

$$R_{ha}=\frac{\alpha^3EI}{\nu_x}\chi_{0a}=\frac{0.632^3\times54400}{2.441}\times10\times10^{-3}=56.3kN$$

（2）求复合基桩水平承载力设计值

复合基桩水平承载力设计值应考虑承台、桩群、土相互作用产生的群桩效应，按式（5-52）、式（5-53）、式（5-54）、式（5-55）和式（5-58）确定。

根据 $\alpha h=0.632\times15=9.48>4$，桩顶约束效应系数 $\eta_r=2.05$。

沿水平荷载方向的距径比 $S_a/d=1.0/0.451=2.22$（截面 $0.4\times0.4m^2$ 方形桩换算成圆截面桩 $d=0.451m$）

沿水平荷载方向与垂直于水平荷载方向每排桩中的桩数为 $n_1=n_2=3$

承台侧向土抗力一边的计算宽度为 $B_c'=B_c+1=2.8+1=3.8m$

承台底与基土间的摩擦系数 $\mu=0.25$

承台底地基土分担竖向荷载设计值 p_c 为：$p_c=\eta_c f_{ak}$ $(A-nA_{ps})=0.06\times100\times$ $(2.8\times2.8-9\times0.4\times0.4)=38.4kN$

考虑承台、桩群、土相互作用后，复合基桩的水平承载力特征值为：

$$R_{hl}=\eta_h R_h$$

其中，$\eta_h=\eta_i\eta_r+\eta_l+\eta_b$

$$\eta_i=\frac{(2.22)^{0.015\times3+0.45}}{0.15\times3+0.10\times3+1.9}=\frac{1.48}{2.65}=0.56$$

$$\eta_l=\frac{5000\times10\times10^{-3}\times3.8\times1.5^2}{2\times3\times3\times56.3}=0.422$$

$$\eta_b=\frac{0.25\times38.4}{3\times3\times56.3}=0.0189$$

则 $R_{hl}=\eta_h R_h=(\eta_i\eta_r+\eta_l+\eta_b)R_h=(0.560\times2.05+0.422+0.0189)\times56.3=89.5kN$

5.8.3 水平受荷高承台群桩变位计算实例

一山区钢筋混凝土引水渡槽采用高承台桩基础，承台板长为 4.2m，宽为 2.2m，承台下为 2 根直径为 1m 的钻孔灌注桩。承台板底距地面 4.5m，桩身穿过厚 10m 的黏质粉土层，桩端持力层为密实粗砂。在承台板底标高处所受荷载为：竖向荷载 $N=1152kN$，弯矩 $M=42kN\cdot m$，水平力 $H=21kN$。已知桩的水平变形系数 $\alpha=0.6473m^{-1}$，$\delta_{MH}=$

$0.9719 \times 10^{-5} \, \text{rad/kN}$，$\delta_{HM} = 0.9717 \times 10^{-5} \, \text{m/kN} \cdot \text{m}$，$\delta_{HH} = 2.472 \times 10^{-5} \, \text{m/kN}$，$\delta_{MM} = 0.6841 \times 10^{-5} \, \text{rad/kN} \cdot \text{m}$。试计算该高承台桩基在地面处的桩身位移。

解：根据表 5-16 可知高承台桩地面处桩身变位为：

$$x_0 = H_0 \delta_{HH} + M_0 \delta_{HM}$$

$$\varphi_0 = -(H_0 \delta_{MH} + M_0 \delta_{MM})$$

单根桩承受水平力 H_0 为：$H_0 = \dfrac{H}{2} = \dfrac{21}{2} = 10.5 \, \text{kN}$

单根桩承受的弯矩 M_0 为：$M_0 = \dfrac{M}{2} + H_0 \times l_0 = \dfrac{42}{2} + 10.5 \times 4.5 = 68.25 \, \text{kN} \cdot \text{m}$

地面处桩身水平位移 x_0 为：

$$x_0 = 10.5 \times 2.472 \times 10^{-5} + 68.25 \times 0.9719 \times 10^{-5} = 92.288 \times 10^{-5} \, \text{m} = 0.922 \, \text{mm}$$

地面处桩身转角 φ_0 为：

$$\varphi_0 = -(10.5 \times 0.9719 \times 10^{-5} + 68.25 \times 0.6841 \times 10^{-5}) = -0.569 \times 10^{-3} \, \text{rad}$$

思 考 题

5-1 单桩水平静荷载试验的目的是什么？有哪些适用范围？试验装置主要包括哪些部分？试验方法有哪些要求？试验结果包括哪些内容？根据试验成果如何确定单桩水平临界荷载和单桩水平极限承载力？

5-2 水平荷载下单桩的荷载位移曲线有何特点？分为哪三个阶段？入土深度、桩身和地基刚度对桩基水平桩受力性状有哪些影响？

5-3 水平荷载下桩距、桩长、桩径、土体模量对群桩位移场有何影响？

5-4 单桩水平受荷计算常用方法有哪几种？极限地基反力法有哪些假定？黏性土地基及砂土地基中如何用极限地基反力法计算？弹性地基反力法有哪些假定？m 法如何应用？P-y 曲线法有哪些假定？各类土地基中的 P-y 曲线如何确定？

5-5 群桩水平受荷计算有哪几种方法？如何计算？

5-6 单桩的水平承载力特征值如何确定？高承台和低承台群桩基础如何计算水平受力及位移？

5-7 提高桩的刚度和强度的措施有哪些？如何提高桩周土抗力？

第 6 章 桩 基 础 设 计

6.1 概　述

在保证建（构）筑物长久安全的基础上，桩基础设计时可灵活采用多种桩基方案优化设计。桩基础设计应做到安全、合理、经济、施工方便快速，且能充分发挥桩土体系的力学性能。桩和承台应有足够的强度、刚度和耐久性，地基应有足够的承载力，且不产生超过上部结构安全和正常使用所允许的变形。桩型的多样性决定了桩基础设计的多样性。桩基础设计时应根据不同地质条件选择适合拟建建筑物场地环境的桩型、桩基设计方案和施工方案以保证建筑物的长久安全。

本章主要介绍了地基基础的设计原则、桩基础的设计思想、原则与内容、按变形控制的桩基设计、桩型的选择与优化、桩的平面布置、桩持力层的选择、桩长与桩径的选择、承台中桩基的承载力计算与平面布置、承台的结构设计与计算、桩基础抗震设计、特殊条件下桩基的设计原则、后注浆桩设计、桩土复合地基设计、刚柔复合桩基设计等内容。

6.2　地基基础的设计原则

地基基础分为浅基础和深基础，桩基础是深基础的主要形式之一，桩基础设计必须服从地基基础的设计原则。

6.2.1　地基基础设计的基本要求

地基基础设计包括三方面内容，即重要建筑物必须满足地基承载力要求、变形要求和稳定性要求。

地基承载力计算是每项工程都必须进行的基本设计内容。并非所有工程都必须考虑稳定性验算，以下两种情况需对建筑物的稳定性进行验算：

（1）经常承受水平荷载的高层建筑和高耸结构。

（2）建造在斜坡上的建（构）筑物。

根据地基复杂程度、建筑物规模和功能特征及地基问题可能造成建筑物破坏程度或影响正常使用程度，可将地基基础设计分为三个设计等级，见表 6-1。

地基基础设计等级　　　　　　　　　　　　　　　　　　　表 6-1

设计等级	建筑和地基类型
甲级	重要的工业与民用建筑物； 30 层以上的高层建筑； 体型复杂，层数相差超过 10 层的高低层连成一体建筑物； 大面积的多层地下建筑物（如地下车库、商场、运动场等）； 对地基变形有特殊要求的建筑物； 复杂地质条件下的坡上建筑物（包括高边坡）

设计等级	建筑和地基类型
乙级	对原有工程影响较大的新建建筑物； 场地和地基条件复杂的一般建筑物； 位于复杂地质条件及软土地区的二层及二层以上地下室的基坑工程
丙级	场地和地基条件简单、荷载分布均匀的七层及七层以下民用建筑及一般工业建筑物； 次要的轻型建筑物

根据建筑物地基基础设计等级及长期荷载作用下地基变形对上部结构的影响程度，地基基础设计应符合下列规定：

(1) 所有建筑物的地基计算均应满足承载力计算的有关规定。

(2) 设计等级为甲级、乙级的建筑物，均应按地基变形设计。

(3) 表 6-2 中所列范围内设计等级为丙级的建筑物可不作变形验算，如有下列情况之一时，仍应作变形验算：

1）地基承载力特征值小于 130kPa 且体型复杂的建筑；

2）在基础上及其附近有地面堆载或相邻基础荷载差异较大，可能引起地基产生过大不均匀沉降时；

3）软弱地基上的建筑物存在偏心荷载时；

4）相邻建筑距离过近，可能发生倾斜时；

5）地基内有厚度较大或厚薄不均的填土，其自重固结未完成时。

(4) 对经常受水平荷载作用的高层建筑、高耸结构和挡土墙等，以及建造在斜坡上或边坡附近的建筑物和构筑物，尚应验算其稳定性。

(5) 基坑工程应进行稳定性验算。

(6) 当地下水埋藏较浅，建筑地下室或地下构筑物存在上浮问题时，尚应进行抗浮验算。

可不作地基变形计算设计等级为丙级的建筑物范围　　　　　　　表 6-2

地基主要受力层情况	地基承载力特征值 f_{ak} (kPa)		$60 \leqslant f_{ak}$ <80	$80 \leqslant f_{ak}$ <100	$100 \leqslant f_{ak}$ <130	$130 \leqslant f_{ak}$ <160	$160 \leqslant f_{ak}$ <200	$200 \leqslant f_{ak}$ <300
	各土层坡度（%）		≤5	≤5	≤10	≤10	≤10	≤10
建筑类型	砌体承重结构、框架结构（层数）		≤5	≤5	≤5	≤6	≤6	≤7
	单层排架结构（6m柱距）	单跨	吊车额定起重量（t） 5~10	10~15	15~20	20~30	30~50	50~100
			厂房跨度（m） ≤12	≤18	≤24	≤30	≤30	≤30
		多跨	吊车额定起重量（t） 3~5	5~10	10~15	15~20	20~30	30~75
			厂房跨度（m） ≤12	≤18	≤24	≤30	≤30	≤30
	烟囱	高度（m）	≤30	≤40	≤50	≤75		≤100
	水塔	高度（m）	≤15	≤20	≤30	≤30		≤30
		容积（m³）	≤50	50~100	100~200	200~300	300~500	500~1000

注：1. 地基主要受力层系指条形基础底面下深度为 3B（B 为基础底面宽度），独立基础下为 1.5B，且厚度均不小于 5m 的范围（二层以下一般的民用建筑除外）；

　　2. 地基主要受力层中如有承载力特征值小于 130kPa 的土层时，表 6-2 中砌体承重结构的设计，应符合规范有关要求；

　　3. 表 6-2 中砌体承重结构和框架结构均指民用建筑，对于工业建筑可按厂房高度、荷载情况折合成与其相当的民用建筑层数；

　　4. 表 6-2 中吊车额定起重量、烟囱高度和水塔容积的数值系指最大值。

6.2.2 地基基础设计荷载规定

地基基础设计荷载必须和上部结构设计荷载组合与取值一致。地基基础设计与上部结构设计在概念与设计方法上的差异和设计原则的不统一，造成了地基基础设计荷载规定中的某些方面与上部结构设计中的习惯不完全一致。为进行地基基础设计，荷载计算时须进行 3 套（标准组合、基本组合和准永久组合）荷载传递的计算。荷载传递计算的结果适用于不同的计算项目。

（1）正常使用极限状态下的计算

正常使用极限状态下荷载效应的标准组合值 S_k 应按式（6-1）计算。

$$S_k = S_{Gk} + S_{Q1k} + \psi_{c2} S_{Q2k} + \cdots\cdots + \psi_{cn} S_{Qnk} \tag{6-1}$$

式中　S_{Gk}——按永久荷载标准值 G_k 计算的荷载效应值；

　　　S_{Qik}——按可变荷载标准值 Q_{ik} 计算的荷载效应值；

　　　ψ_{ci}——可变荷载 Q 的组合值系数，按现行《建筑结构荷载规范》GB 50009 规定取值。

荷载效应的准永久组合值 S_k 按式（6-2）计算。

$$S_k = S_{Gk} + \psi_{q1} S_{Q1k} + \psi_{c2} S_{q2k} + \cdots\cdots + \psi_{cn} S_{qnk} \tag{6-2}$$

式中　ψ_{qi}——准永久值系数，按现行《建筑结构荷载规范》GB 50009 规定取值。

承载能力极限状态下，由可变荷载效应控制的基本组合设计值 S 按式（6-3）计算。

$$S = \gamma_G S_{Gk} + \gamma_{Q1} S_{Q1k} + \gamma_{Q2} \psi_{c2} S_{q2k} + \cdots\cdots + \gamma_{Qn} \psi_{cn} S_{qnk} \tag{6-3}$$

式中　γ_G——永久荷载的分项系数，按《建筑结构荷载规范》GB 50009 规定取值；

　　　γ_{Qi}——第 i 个可变荷载分项系数，按《建筑结构荷载规范》GB 50009 规定取值。

由永久荷载效应控制的基本组合也可采用简化规则，荷载效应基本组合的设计值 S 按式（6-4）确定。

$$S = 1.35 S_k \leqslant R \tag{6-4}$$

式中，R 为结构构件抗力的设计值，按有关建筑结构设计规范规定确定。

（2）地基基础设计时，所采用的荷载效应最不利组合与相应的抗力限值应按表 6-3 规定取值。

地基基础设计荷载规定　　　　　　　　　表 6-3

计算项目	计算内容	荷载组合	抗力限值
地基承载力计算	确定基础底面积及埋深	正常使用极限状态下的标准组合	地基承载力特征值或单桩承载力特征值
地基变形计算	建筑物沉降	正常使用极限状态下的准永久组合	地基变形允许值
稳定性验算	土压力、滑坡推力、地基及斜坡的稳定性	承载力极限状态下的基本组合，但分项系数取 1.0	
基础结构承载力计算	基础或承台高度、结构截面、结构内力、配筋及材料强度验算	承载力极限状态下的基本组合，采用相应的分项系数	材料强度的设计值
基础抗裂验算	基础裂缝宽度	正常使用极限状态下的标准组合	

（3）基础底面承载力计算

《建筑地基基础设计规范》GB 50007 规定基础底面压力应符合式（6-5）和式（6-6）要求。

1）当轴心荷载作用时

$$p_k \leqslant f_a \tag{6-5}$$

式中 p_k——相应于荷载效应标准组合时，基础底面处的平均压力值；

f_a——修正后的地基承载力特征值。

2）当偏心荷载作用时，除符合式（6-5）要求外，尚应符合式（6-6）要求。

$$p_{kmax} \leqslant 1.2 f_a \tag{6-6}$$

式中，p_{kmax} 为相应于荷载效应标准组合时，基础底面边缘的最大压力值。

基础底面的压力，可按下列公式确定。

1）当轴心荷载作用时

$$p_k = \frac{F_k + G_k}{A} \tag{6-7}$$

式中 F_k——相应于荷载效应标准组合时，上部结构传至基础顶面的竖向力值；

G_k——基础自重和基础上的土重；

A——基础底面面积。

2）当偏心荷载作用时

$$p_{kmax} = \frac{F_k + G_k}{A} + \frac{M_k}{W} \tag{6-8}$$

$$p_{kmin} = \frac{F_k + G_k}{A} - \frac{M_k}{W} \tag{6-9}$$

式中 M_k——相应于荷载效应标准组合时，作用于基础底面的力矩值；

W——基础底面的抵抗矩；

p_{kmin}——相应于荷载效应标准组合时，基础底面边缘的最小压力值。

当基础底面形状为矩形且偏心距 $e > b/6$ 时，p_{kmax} 应按式（6-10）计算。

$$p_{kmax} = \frac{2(F_k + G_k)}{3la} \tag{6-10}$$

式中 l——垂直于力矩作用方向的基础底面边长；

a——合力作用点至基础底面最大压力边缘的距离；

b——力矩作用方向基础底面边长；

e——合力作用点至基础底面中心距离。

6.2.3 地基变形计算

6.2.3.1 基本规定

建筑物的地基变形计算值，不应大于地基变形允许值（见表 6-4）。需要说明的是，表 6-4 是最大允许变形量，实际设计时应控制建（构）筑物变形远小于最大允许变形量。

地基变形特征可分为沉降量、沉降差、倾斜和局部倾斜等，其含义如下：

（1）沉降量为基础中心的沉降。主要用于计算独立柱基和地基变形较均匀的排架结构柱基的沉降量，也可用于预估建筑物在施工和使用期间的地基变形量，以预留建筑物有关部分的净空。

（2）沉降差指两相邻独立基础沉降量的差值。主要用于计算框架结构相邻柱基的地基差异变形。

（3）倾斜是指基础倾斜方向两端点的沉降差与其距离的比值。主要用于计算大块式基础上的烟囱、水塔等高耸结构物及受偏心荷载作用或不均匀地基影响的基础整体倾斜。

（4）局部倾斜指砌体承重结构沿纵向 6～10m 范围内基础两点的沉降差与其距离的比值。主要用于计算砌体承重墙因纵向不均匀沉降引起的倾斜。

验算地基变形时，应根据不同情况确定地基变形特征和控制值且符合下列规定：

（1）由于建筑地基不均匀、荷载差异很大、体型复杂等因素引起的地基变形，对于砌体承重结构应由局部倾斜控制。

（2）对于框架结构和单层排架结构应由相邻柱基的沉降差控制。

（3）对于多层或高层建筑和高耸结构应由倾斜值控制。

（4）在必要情况下，需分别预估建筑物在施工期间和使用期间的地基变形值，以便预留建筑物有关部分之间的净空，考虑连接方法和施工顺序。一般建筑物在施工期间完成的沉降量，对于砂土可认为其最终沉降量已基本完成，对于低压缩黏性土可认为已完成最终沉降量的 50%～80%，对于中压缩黏性土可认为已完成 20%～50%，对于高压缩黏性土可认为已完成 5%～20%。土的压缩性可用压缩系数 α_{1-2} 或压缩模量 E_s 来表示。

建筑物的地基变形允许值　　　　　　　　　　　　　表 6-4

变形特征	地基土类别	
	中、低压缩性土	高压缩性土
砌体承重结构基础的局部倾斜	0.002	0.003
工业与民用建筑相邻柱基的沉降差		
框架结构	$0.002l$	$0.003l$
砌体墙填充的边排柱	$0.0007l$	$0.001l$
当基础不均匀沉降时不产生附加应力的结构	$0.005l$	$0.005l$
单层排架结构（柱距为 6m）柱基的沉降量（mm）	(120)	200
桥式吊车轨面的倾斜（按不调整轨道考虑）		
纵向	0.004	
横向	0.003	
多层和高层建筑的整体倾斜 　　$H_g \leqslant 24$	0.004	
$24 < H_g \leqslant 60$	0.003	
$60 < H_g \leqslant 100$	0.0025	
$H_g > 100$	0.002	
体型简单的高层建筑基础的平均沉降量（mm）	200	
高耸结构基础的倾斜 　　$H_g \leqslant 20$	0.008	
$20 < H_g \leqslant 50$	0.006	
$50 < H_g \leqslant 100$	0.005	
$100 < H_g \leqslant 150$	0.004	
$150 < H_g \leqslant 200$	0.003	
$200 < H_g \leqslant 250$	0.002	

变形特征	地基土类别	
	中、低压缩性土	高压缩性土
高耸结构基础的沉降量（mm） $H_g \leqslant 100$	400	
$100 < H_g \leqslant 200$	300	
$200 < H_g \leqslant 250$	200	

注：1. 表6-4中数值为建筑物地基实际最终变形允许值；

2. 表6-4中有括号者仅适用于中压缩性土；

3. l 为相邻柱基的中心距离（mm）；

4. 表6-4中未包括建筑物的地基变形允许值应根据上部结构对地基变形的适应能力和使用要求确定。

6.2.3.2 地基变形计算

地基变形是由土的压缩性决定的，其计算常用方法是分层总和法，主要计算参数为土层压缩模量和压缩层厚度及上部荷载。

外荷载作用下土体产生变形的要原因为：

（1）土颗粒受力后发生错动或土颗粒的集合体之间发生滑动。

（2）土颗粒或颗粒集合体被压碎。

（3）土颗粒间孔隙中的自由水和空气被挤出。

（4）土颗粒的薄膜水或结合水（束缚水）产生移动或被挤出，封闭的孔隙气体被压缩。

（5）土颗粒产生弹性变形。

其中（1）、（2）、（3）项是由于土体中孔隙体积减小造成的，是土体产生变形的主要原因，可通过对土体受力后其孔隙比的变化来表征土的压缩性。孔隙中水的挤出和土颗粒的移动都需要经过一定的时间后才能完成，这是土的压缩（地基沉降）需要一定时间才能完全稳定的主要原因。设计时应详细研究地质报告提供的岩土物理力学参数，对压缩模量的取值和变形计算深度仔细核定。

6.3 桩基础的设计思想、原则与内容

6.3.1 桩基础的设计思想与基本要求

当浅基础不能满足建筑物或构筑物的承载力、变形和稳定性要求时，需要采用深基础。桩基础是常用的深基础。桩基础的用途和类型很多，任一用途或类型的桩基础，设计时须满足三方面要求：其一是桩基必须是长期安全适用的；其二是桩基设计必须是合理且经济的；其三是桩基设计必须考虑施工上的方便快速。此三方面要求同等重要，相互制约。因此，桩基设计的指导思想可概括为：在确保长久安全的前提下，充分发挥桩土体系力学性能，做到既经济合理，又施工方便、快速、环保。这就要求设计施工人员依据规范又不僵硬使用规范，从桩基工程的基本原理出发，考虑上部结构荷载、地质条件、施工技术、经济条件，正确设计施工桩基础，目的是保证建（构）筑物的长久运行安全。

桩基设计的安全性要求包括两个方面：一是桩基与地基土间的相互作用是稳定的且变形满足设计要求；二是桩基自身的结构强度满足要求。前者要求在设计荷载作用下桩基应

具有足够的承载力，同时应保证桩基不产生过大的变形和不均匀变形；后者要求桩基结构内力必须在桩身材料强度容许范围内。为保证建筑物的长久安全性，桩基础必须有一定的安全储备。单桩竖向承载力特征值取单桩竖向极限承载力的一半，即安全系数为2，以满足长期荷载和不可预见荷载对桩基础的长久安全要求。

桩基设计时应选择合理的桩持力层、桩型、桩的几何尺寸及自身参数，且桩的布置应尽可能发挥桩基承载能力。桩基设计的经济性要求是指桩基设计中要充分把握桩基承载特性，通过多方案的比选，寻求最佳设计方案，最大限度发挥桩基的性能，力求设计的桩基造价最低，又能确保桩基的长久安全。

6.3.2 桩基础的设计原则

任何建筑物的桩基设计必须满足 6.3.1 节中的基本要求，同时，不同桩基还有着各自特点，设计时应加以考虑，见表 6-5。

各类桩基的设计特点

各类桩基的设计特点 表 6-5

桩基类型	设计中应注意的问题
建筑物桩基	◇ 群桩竖向承载力应满足上部结构荷载要求，桩基础的沉降量应满足变形要求； ◇ 桩基设计中可考虑承台底土的反作用力，即"桩土共同作用"，以节省工程造价； ◇ 考虑边载作用对桩产生的力矩和负摩阻力； ◇ 考虑特殊情况对桩产生的上拔力； ◇ 考虑桩的负摩阻力作用； ◇ 基坑开挖对桩的水平推力
桥梁桩基	◇ 群桩竖向承载力应满足上部结构荷载要求，桩基础的沉降量应满足变形要求； ◇ 由于桥桩荷载多种多样，应充分考虑其最不利组合； ◇ 考虑桥桩拉力作用以及桥墩（台）桩的水平荷载； ◇ 考虑路堤的边载使桩受到负摩擦力和弯矩的作用； ◇ 考虑浮托力与水流冲刷作用
港工桩基	◇ 群桩竖向承载力要满足上部结构荷载要求，桩基础的沉降量要满足变形要求； ◇ 考虑桩型要有足够的刚度和耐久性； ◇ 考虑坡岸稳定性对桩的影响； ◇ 考虑码头大量堆载对桩产生的负摩阻力； ◇ 考虑高桩码头的群桩效应； ◇ 考虑水的托浮、倾覆力矩等对桩产生的上拔力

6.3.3 桩基础的设计内容

桩基设计时应遵循和执行有关规范规定，如《建筑桩基技术规范》JGJ 94、《建筑地基基础设计规范》GB 50007 中关于桩基的部分，一般应考虑如下内容：

(1) 认真核算上部结构对基础的荷载能力要求和变形要求。

(2) 分析地质报告内容。

(3) 桩型选择及方案对比。

(4) 设计对所选桩型施工可行性的全面考虑。

(5) 桩持力层的选择。

(6) 桩长与桩径的选择。

(7) 桩的平面布置。

(8) 承台的设计与计算。

(9) 桩基沉降计算分析。

(10) 基桩施工对周边环境影响的评估。

(11) 基坑开挖对周边建筑物影响的安全性评价。

(12) 设计对所选桩型安全性、合理性、经济性的全面考量。

为更好地进行桩基设计，设计前还应进行必要的基本情况调查，认真选定适用的、简便可行且可靠的设计方法，认真测定和选用代表性强且可靠的原始参数。确定桩的设计承载力时应考虑不同结构物的容许沉降量。

6.3.4 桩基设计计算、验算内容的要求

(1) 建筑桩基安全等级

根据桩基损坏造成建筑物的破坏后果（危及人的生命、造成经济损失、产生社会影响）的严重性，桩基设计时应根据表 6-6 选定适当的安全等级。

建筑桩基安全等级 表 6-6

安全等级	破坏后果	建筑物类型
一级	很严重	重要的工业与民用建筑物，对桩基变形有特殊要求的工业建筑
二级	严重	一般的工业与民用建筑物
三级	不严重	次要的建筑物

(2) 桩基的极限状态

桩基的极限状态分为以下两类：

承载力极限状态：对应桩基达到最大承载能力或整体失稳或发生不适于继续承载的变形。

正常使用极限状态：对应桩基达到建筑物正常使用所规定的变形限值或达到耐久性要求的某项限值。

(3) 桩基设计时需进行的承载能力计算

所有桩基均应进行承载能力极限状态的计算，主要包括：

1) 桩基的竖向承载力计算（抗压和抗拔），当主要承受水平荷载时应进行水平承载力计算。

2) 对桩身及承台承载力进行计算。

3) 当桩端平面以下有软弱下卧层时，应验算软弱下卧层的承载力。

4) 对位于坡地、岸边的桩基应验算整体稳定性。

5) 按《建筑抗震设计规范》GB 50011 的规定，需进行抗震验算的桩基，应做桩基的抗震承载力验算。

6) 承载力计算时，应采用荷载作用效应的基本组合和地震作用效应组合，荷载及抗震作用应采用设计值。

(4) 建筑桩基的变形验算

建筑桩基应验算如下变形：

1) 桩端持力层为软弱土的一、二级建筑桩基以及桩端持力层为黏性土，粉土或存在软弱下卧层的一级建筑桩基，应验算沉降；并宜考虑上部机构与基础的共同作用。

2) 受水平荷载较大或对水平变位要求严格的一级建筑桩基应验算水平变形。

3) 沉降计算时应采用荷载的长期效应组合，荷载应采用标准值；水平变形、抗裂、裂缝宽度计算时，根据使用要求和裂缝控制等级应分别采用荷载作用效应的短期效应组合或短期效应组合考虑长期荷载的影响。

黏性土、粉土中的一级建筑桩基及软土地区的一、二级建筑桩基，在其施工过程及建成后使用期间，必须进行系统的沉降观测直至沉降稳定。

6.4 按变形控制的桩基设计

6.4.1 按变形控制的桩基设计理念

按变形控制的桩基设计理念是指在保证桩基长久安全和满足使用功能的前提下，控制桩基一定允许沉降量来协调同一建筑中不同荷载要求的变形，同时考虑桩-土-承台的共同作用。需要时说明的是，表 6-4 中的变形允许值是指房屋长期使用时最大和最终沉降值，而不是设计时控制变形值。设计时房屋竣工的变形控制值建议控制在 50mm 以内，这样既能满足建筑物的使用功能，保证建筑物基础不会与周边地下管线脱开，又能做到建筑物群桩基础变形协调。

6.4.2 主楼与裙楼一体的桩基设计

主楼建筑相对单位荷载较大，裙楼建筑相对单位荷载较小。主裙楼一体建筑往往设置统一地下室，目前主裙楼一体建筑一般要求不设沉降缝，主裙楼建筑沉降要一致，因此桩基设计时应考虑主裙楼桩基础的变形协调。通常设计时主裙楼桩基的桩端持力层宜在同一地层，而主楼桩基由于上部荷载大宜采用大直径群桩基础，而裙楼桩基由于上部荷载小可采用直径相对较小的单桩或双桩基础。主楼与裙楼间地下基础可以是一体的（承台和基础梁板的厚度可不同）并通过后浇带来协调变形。主裙楼上部荷载变化应力叠加处会造成基础内力不均匀从而可能导致沉降不均匀，主裙楼一体建筑设计时应考虑两者的基础沉降基本均匀。

6.4.3 长短组合桩变刚度调平设计

天然地基和均匀布桩的初始竖向支承刚度是均匀分布的，设置于其上的有限刚度基础（承台）受均布荷载作用时，由于土与土、桩与桩、土与桩的相互作用导致地基或桩群的竖向支承刚度分布呈现内弱外强的形态，沉降变形出现内大外小的碟形分布，基底反力出现内小外大的马鞍形分布。当上部结构为荷载与刚度内大外小的框筒结构时，碟形沉降更趋明显（见图 6-1）。为避免上述负面效应，突破传统设计理念，通过调整地基或基桩的竖向支承刚度分布（见图 6-2），促使差异沉降减到最小，显著降低基础或承台内力。这就是变刚度调平设计的内涵。

变刚度调平设计主要有以下方法：

（1）局部增强

采用天然地基时对荷载集度高的区域如核心筒等实施局部增强处理，包括采用局部桩基与局部刚性桩复合地基（图 6-3a）。

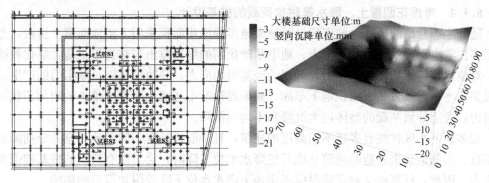

图 6-1　某高层建筑群桩基础沉降实测值

（2）桩基变刚度

对于采用桩基础的框筒、框剪结构，采用变桩距、变桩径、变桩长（多层持力层）布桩模式控制群桩基础的差异沉降，如图 6-3（b）、（c）、（d）所示。对于荷载集度高的内部桩群除考虑荷载因素外，尚应考虑相互作用影响予以增强；对于外围区应适当弱化，按复合桩基设计。

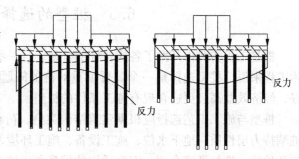

图 6-2　均匀布桩与变刚度布桩的变形与反力示意

（3）主裙楼连体变刚度

对于主裙楼连体建筑，基础应采用增强主体（采用桩基）、弱化裙房（采用天然地基、疏短桩、复合地基）的设计原则。

（4）上部结构-基础-地基（桩土）共同工作分析

在概念设计的基础上，进行上部结构-基础-地基（桩土）共同工作分析计算，进一步优化布桩，并确定承台内力与配筋。

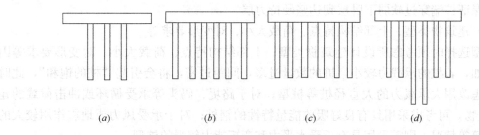

图 6-3　变刚度布桩模式

（a）局部增强；（b）变桩距；（c）变桩径；（d）变桩长

需要说明的是，调平设计的目的是为了保证同一建筑物内不同荷载部位的基础沉降均匀。长短桩布桩时如果短桩的持力层较差，长桩的持力层较好，这种情况下群桩基础可能存在不均匀沉降，特别是在长短桩变化处。由于上部结构荷载变化基础交汇处应力叠加将导致基础内力不均匀，从而加剧基础沉降不均匀程度。因此，变刚度调平设计是有条件的，适合于长短桩桩端持力层均较好的地层，短桩桩端持力层较差时应慎用。

6.4.4 考虑花园覆土、降水等附加荷载的桩基设计

随着生态意识的提高，城市建设时越来越多的绿化面积采用人工地面覆土植被，尤其是很多住宅小区大量采用花园覆土。地下基础顶面的绿化覆土与在自然土层上绿化种植不同，对地下结构影响较大，将引起可观的地基附加应力，导致桩基础负摩阻力的产生。现在很多住宅小区设置了大面积地下车库，如果设计时不考虑花园覆土带来的附加荷载和负摩阻力，可能导致基础的整体过大沉降和不均匀沉降。

很多住宅小区往往有多幢不同高度的建筑，且一般设计有不同的地下室并分期降水开挖基坑。当邻近后来建造的建筑基坑开挖降水水位下降时，会对既有建筑的桩基础带来负摩阻力。因此，计算桩基础沉降时应考虑地下降水水位下降等附加荷载的影响。

6.5 桩型的选择与优化

桩基工程实践中开发了各式各样的桩型，且一些新的桩型还在不断涌现。对于某一具体工程来说，桩型选择是一个需要慎重对待的问题。桩基设计应该尽可能选用技术性能好、经济效益高且更适合现有施工条件的桩型。

桩型与施工工艺选择应根据建筑结构类型、荷载性质、桩的使用功能、穿越的土层、桩端持力层性质、地下水位、施工设备、施工环境、施工队伍水平和经验以及制桩材料供应条件等，选择经济合理、安全适用的桩型和成桩工艺。需要说明的是，某一工程并非只有某一种桩可以选用。因此，桩型选择时应综合考虑上述因素。

6.5.1 桩型选择应考虑的因素

桩型的选择一般应综合考虑桩基础的长久安全性、建筑物类型、上部结构特点、荷载大小、对变形的要求、地质条件、桩土体系力学性能、施工条件、经济条件、环境条件等。

(1) 桩基础的长久安全性

长久安全性是指桩型选择时要保证建（构）筑物的长久安全。例如，若桩端存在软弱下卧层时，必须验算下卧层的变形；若桩基础长期变形不能满足使用要求时，应增加桩的长度，保证桩端穿过软弱下卧层到达坚硬持力层。

(2) 建筑物类型、上部结构特点、荷载大小、对变形要求等

桩型选择时须考虑所设计建筑物类型、上部结构特点、荷载大小、对变形要求等因素。例如，若桩的承载力较小，桩的数量过多，间距过密，将会引起"桩的饱和"，此时便应考虑改用大承载力的大直径桩等桩型；对于路堤、码头等承受循环或冲击荷载的建（构）筑物，可考虑采用具有良好吸收能量特性的钢桩；对于承受风力或地震作用较大的高层建筑等情况，则需采用具有承受水平力和弯矩能力较强的桩型。

(3) 地质条件

地质条件是桩型选择时要考虑的一个重要因素。所选定桩型在该地质条件下应是安全的，且能符合桩基设计对桩承载力和沉降的要求。桩基设计中的地质问题是一个十分复杂的问题，应根据不同的地质条件综合考虑。例如，对于基岩或密实卵砾石层埋藏不深的情况，通常首先考虑端承桩，选用大直径、高强度的嵌岩桩，并由桩身材料强度控制桩承载力；当基岩埋藏很深时，只能考虑摩擦型桩或摩擦端承桩，为避免上部建筑物产生过大的沉降，应使桩端支承于具有足够厚度且性能良好的持力层。

（4）桩土体系的力学性能

桩型选择时应考虑不同桩型的桩土体系力学性能的发挥特点，即优选出不同桩型、不同桩长、不同桩径桩在不同地质条件下能充分发挥桩土体系力学性的桩。例如，对于大直径超长灌注桩，应考虑侧摩阻力软化对桩基础承载力的影响。

（5）施工条件

任何一种桩型施工都必须运用专门的施工机械设备，依靠特定的工艺才能实现。因此，在地质条件和环境条件一定的情况下，必须考虑所选桩型是否能利用现有设备与技术达到预定目标，以及现场环境是否允许该施工工艺顺利实施。鉴于建筑物的重要性，通常首选当地较常用的、施工与设计经验都较成熟的桩型。

同时，桩基施工可能对周围建（构）筑物及地下设施造成扰动或危害，如打桩引起的震动、挤土等，施工时应考虑采取针对性的处理措施。例如，挤土桩施工将会引起地面隆起和侧移，从而影响邻近建筑物和先前已打桩，应考虑采用置换桩减轻此类影响或采取预钻孔取土等相应措施防止土体隆起和侧移；采用钻孔桩时，必须对施工所产生的泥浆废液或污水妥善处理，以免污染环境。

（6）经济条件

桩型的选择应从技术经济角度综合分析，同时顾及环境效益和社会效益，即考虑包括桩的荷载试验在内的总造价和整个工程的综合经济效益及施工方便性。此外，还应考虑施工工期问题。因此，桩型选择时经济条件及工期要求也是一个需要考虑的重要因素。

（7）环境条件

环境条件对桩型选择具有一定的影响和约束，现场环境应该允许所选桩型的顺利施工。桩基施工时应考虑施工对周围环境的不良影响。

6.5.2 桩型选择的优化

桩型选择时应考虑上部结构的荷载特点、地质条件、环境条件、施工条件等综合因素。可先初选 2～3 个桩型，编制初步设计方案，并从技术性、经济性、安全性等方面综合比选，优选出最终设计桩型方案。一般最终选择的桩型设计参数需经过桩基静载试验检验。最后选定的桩型其单桩和群桩的极限强度和安全系数应当满足规范要求。群桩的最终沉降量和最大差异沉降应首先满足使用要求且必须满足《建筑地基基础设计规范》GB 50007 规定的容许变形量。同时，对于主楼、裙楼、地下室一体的建筑，所选桩型必须满足变形协调的要求。

同一建筑物，原则上宜采用同种桩型。对于有可能产生液化的砂土层，不应采用锤击式、振动式现场灌注的混凝土桩型。软土中施工预制桩时应考虑打桩挤土效应。

6.6 桩 的 平 面 布 置

桩型选定以后即可考虑桩的平面布置问题。为取得较好的经济效益，桩平面布置时须综合考虑荷载条件、选用的桩型、地质条件及建筑物底层的柱距等因素。

6.6.1 桩基平面布置的影响因素

（1）地质条件

在满足荷载条件和规范要求的前提下，桩的布置应考虑地质条件。例如，黏土地基中一般采用比较大的桩距，以减小地表土的隆起；松砂和砂质淤泥层中桩距宜适当减小，因小桩距能挤密桩周土，对具有负摩擦力的桩基产生有利的作用；当桩端持力层为倾斜的基岩或土层中含有漂石时，桩距宜适当加大（采用预先挖孔或钻孔方法时，桩距可减小）。

（2）桩型条件

桩距选择时应尽量避免地基土中应力重叠带来的过大沉降或剪切破坏等不利影响。桩距过大，将导致由于承台加大加厚带来的工程造价提高，对于水下基础还会带来许多不利于施工的技术问题。不同桩型对应力重叠的不利影响是不同的，例如端承型群桩由于通过桩侧摩阻力传递到土层中的应力很小，因此桩群中各桩的相互影响较小，应力重叠只发生于持力层的深部，因而可以考虑较小的桩距。

（3）施工条件

施工条件会影响桩的平面布置。例如，采用地下室逆作法施工时，桩的布置必须为一柱一桩，此时桩的中心距已被柱距限定；地下埋设物（地下管道、电缆等）的情况亦与桩的布置有关，当地下埋设物确实影响桩基施工而又不可能拆除时，布桩时须考虑将设计桩位移位。

（4）功能条件

桩的使用功能也会影响桩的平面布置。桩布置时应使得桩基预期功能得以充分发挥。例如，作为深基坑开挖支护结构的围护桩，其布置形式与桩距与一般桩基础的布置明显不同。为发挥围护桩防渗和支挡的双重作用，一般应采用小桩距和纵向排列的桩墙形式。

（5）几何条件

桩的布置还应满足最小间距的要求。桩的最小间距很大程度上取决于桩径和桩的长度。

（6）其他方面

桩布置时除考虑桩距外，还应考虑群桩的排列型式、桩的结构形式、埋设深度及持力层的确定等。除此以外，采用的设计理论也在一定程度上影响桩的平面布置。

6.6.2 桩基布置的要求

《建筑桩基技术规范》JGJ 94 中对桩的布置作了如下规定：

（1）桩的最小中心距应符合表 6-7 中的规定。对于大面积桩群，尤其是挤土桩，桩的最小中心距宜按表 6-7 中所列值适当加大。

桩的最小中心距 　　　　　　　　　　　　　　　　　　表 6-7

土类与成桩工艺		排数不少于 3 排且桩数不少于 9 根的摩擦型桩基	其他情况
非挤土灌注桩		$3.0d$	$2.5d$
部分挤土桩		$3.5d$	$3.0d$
挤土灌注桩	非饱和土	$4.0d$	$3.5d$
	饱和软土	$4.5d$	$4.0d$
扩底钻、挖孔桩		$2D$ 或 $D+1.5m$（当 $D>2m$）	$1.5D$ 或 $D+1m$（当 $D>2m$）
沉管夯扩、钻孔挤扩	非饱和土	$2.2D$	$2.0D$
	饱和软土	$2.5D$	$2.2D$

注：d 为圆桩直径或方桩边长；D 为扩大端设计直径。

（2）基桩排列时，桩群反力的合力点与荷载重心宜重合，并使桩基受水平力和力矩较大方向有较大的刚度。

（3）对于桩箱基础，宜将桩布置于墙下；对于带梁（肋）桩筏基础，宜将桩布置于梁（肋）下；对于大直径桩宜采用一柱一桩。

（4）同一结构单元宜避免采用不同类型的桩。同一基础相邻桩的桩底标高差，对于非嵌岩端承型桩，不宜超过相邻桩的中心距。对于摩擦型桩，相同土层中不宜超过桩长的1/10。

（5）一般应选择较硬土层作为桩端持力层。桩端全断面进入持力层的深度，对于黏性土、粉土不宜小于2倍桩径；砂土不宜小于1.5倍桩径；碎石类土不宜小于1倍桩径。当存在软弱下卧层时，桩端到软下卧层顶板的距离不宜小于4倍桩径，并应进行下卧层变形验算。

（6）当硬持力层较厚且施工条件允许时，桩端全断面进入持力层的深度宜达到桩端阻力的临界深度。

6.6.3 常见桩基平面布置形式

总的来说，桩的布置应与基础底面及作用于基础上的荷载分布相适应，且桩的布置应尽可能使群桩的形心与长期作用的荷载重心在一根垂线上。当荷载可能引起较大弯矩时，应将较多的桩布置在较大弯矩一侧，保证群桩具有更大的抗弯能力。若基底面积许可，适当把桩排得疏一些可使桩基具有较大的抗弯刚度和稳定性。电梯井一般应布置群桩承台，剪力墙必须要在墙下布置条形群桩。

实际工程中经常出现桩位略微调整的情况。例如，使用两根桩的柱下基础由于考虑到桩的定位、垂直度在实际施工中可能会有偏差，就不如改用三根桩，这样各桩即使略有偏差，影响不大；墙基下用单排桩就不如双排桩的效果好。

（1）承台下常见布桩形式

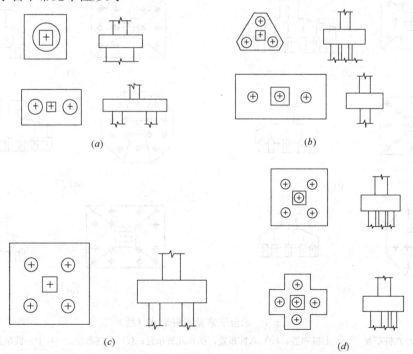

图 6-4　承台下常见布桩形式

（a）一桩、二桩布置；（b）三桩布置；（c）四桩布置；（d）五桩布置

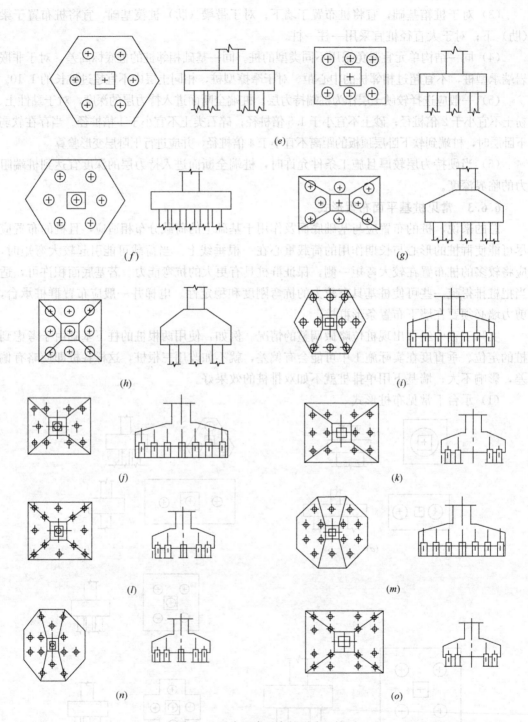

图 6-4　承台下常见布桩形式（续）

(e) 六桩布置；(f) 七桩布置；(g) 八桩布置；(h) 九桩布置；(i) 十桩布置；(j) 十一桩布置；
(k) 十二桩布置；(l) 十三桩布置；(m) 十四桩布置；(n) 十五桩布置；(o) 十六桩布置

（2）墙基下常见布桩形式

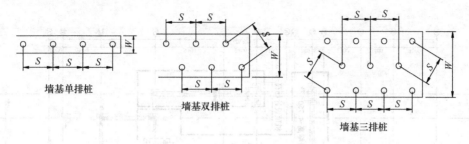

图 6-5　墙基下常见布桩形式

墙基单排桩

墙基双排桩

墙基三排桩

（3）基坑围护中常见布桩形式

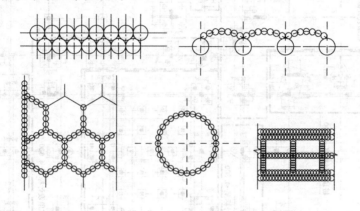

图 6-6　基坑围护中常见布桩形式

（4）油罐粮仓等常见布桩形式

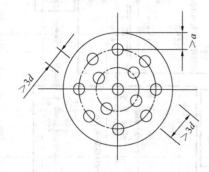

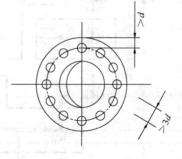

图 6-7　油罐粮仓等常见布桩形式　　　　图 6-8　烟囱等常见环形布桩形式

（5）烟囱等常见环形布桩形式

（6）桩平面布置实例

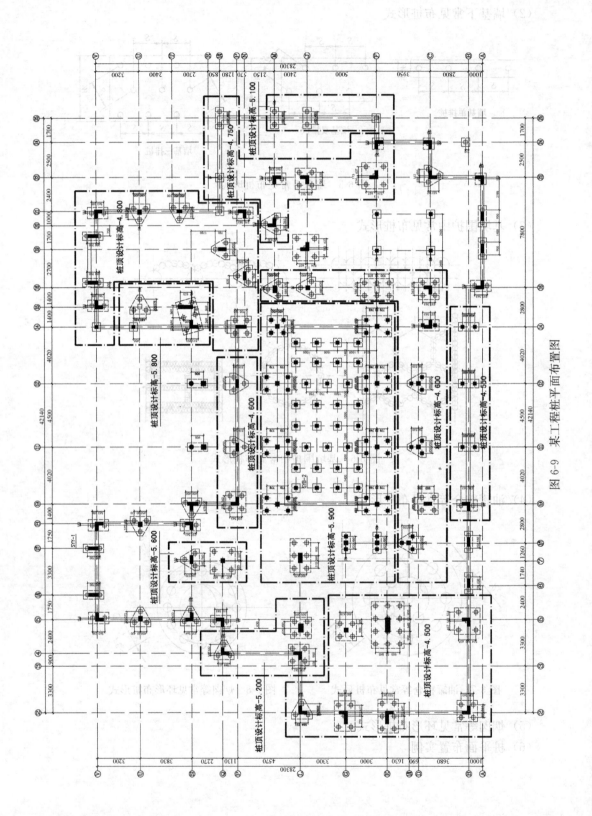

图 6-9 某工程桩平面布置图

6.7 桩基持力层的选择

持力层是指地层剖面中可对桩起主要支承作用的岩土层。桩端持力层一般应有一定的强度与厚度，能使上部结构荷载通过桩传递到该硬持力层上且变形量小。持力层的选择是桩基设计的重要环节。持力层选择与上部结构荷载要求密切相关，同时应考虑场地内各硬土层的深度分布、各土层的物理力学性质、地下水性质、拟选的桩型及施工方式、桩基尺寸及桩身强度等。桩端持力层选择时应满足承载力和沉降要求，同时考虑经济性、合理性、施工方便等因素。持力层选择恰当与否，直接影响桩的承载力、沉降量、工程造价和施工难易程度。

桩端持力层选择时一般应遵循以下原则：

（1）须根据上部结构荷载和沉降要求选择桩端持力层。不同高度的建筑物应选择不同的桩长、桩径和桩端持力层。

（2）在经济性相同的条件下，为减少桩基础沉降量应尽可能选择坚硬的持力层作为桩端持力层。

（3）同一建筑物原则上宜选用同一持力层。

（4）软土中的桩基宜选择中低压缩层作为桩基持力层。对于上部有液化土层的场地，桩基一般应穿过液化土层；对于黄土湿陷性地层，桩端应穿过湿陷性土层且支承在低压缩性的黏性土、粉土、中密和密实砂土及碎石类土层中；对于季节性冻土和膨胀土地基中的桩基，桩端应进入冻深线或膨胀土的大气影响急剧层以下深度4倍桩径以上，且最小深度应大于1.5m。

（5）桩端持力层的地基承载力应能保证满足设计要求的单桩竖向承载力。若地基中存在软弱土层，原则上桩端应穿过软弱下卧层并选择下部较坚硬的地层作为桩端持力层；为满足变形要求，小荷载多层建筑桩端平面距离软弱下卧层顶面的距离不应小于临界厚度。

（6）地下地层为倾斜地层时，桩端持力层的选择应同时满足承载力和稳定性要求，且桩端进入持力层深度应满足规范要求以防止桩端滑移。

（7）作用在桩持力层上的荷载，须保证有足够的安全度且不会产生过大沉降量和不均匀沉降。在验算群桩基础的持力层承载力时，应考虑等代墩基的应力扩散。

（8）桩端持力层选择时，应考虑所选桩基的施工可行性和方便性。

（9）桩端持力层选择时，应考虑打桩对桩端持力层的扰动影响。必要情况下，可考虑对持力层进行注浆加固。

（10）选择桩端持力层时应考虑打桩对周边建筑物管线等环境的影响。

（11）根据地质资料不能确定桩端持力层的情况下，可通过对不同桩长持力层的单桩进行静载试验确定合理的桩基持力层。

持力层的好坏与建筑物的稳定和安全密切相关，并影响基础工程的造价。因此，应充分考虑上述各项原则，详细了解场区内各剖面的地质情况，绘制持力层等高线图。

6.8 桩长与桩径的选择

确定桩径与桩长是个较为复杂的问题，桩径与桩长一般受到下列因素的影响：桩的荷载特性，地层的土力学特性（土层在深度方向的分布情况，各层土的物理力学特性，地下水的性质及有无地下障碍物等），打桩方式，桩的类型与桩材等。因此，工程实践中选用桩径与桩长时应在遵守规范的前提下充分发挥桩土体系的力学性能，结合设计人员的工程经验，选择最优的桩径与桩长。

6.8.1 桩长的选择

桩长确定时应综合考虑以下方面：

（1）荷载条件

上部结构传递给桩基的荷载大小是控制桩长（控制单桩设计承载力）的主要因素。在给定的地质条件下，确定选用桩型和桩径后，桩长也就初步确定，因为一定的桩长才能提供足够的桩侧摩阻力和桩端阻力，以满足单桩承载力的要求。需要说明的是，在欠固结松散填土中，负摩擦力会引起下曳荷载，因而负摩擦力也是确定桩长时需要考虑的因素。

（2）地质条件

良好持力层的埋深受地层层次排列的影响。桩型确定后，根据土层的竖向分布特征，大体可选定桩端持力层，从而初步确定桩长。地层层次的排列情况也是决定桩长的重要因素，在现有施工技术条件下，桩的最大可能打入深度或埋设深度及其沉降值都与地层层次的排列密切相关。例如，对于地基浅处有砂砾层而深处有硬黏土层的情况，需要考虑的是采用桩端位于砂砾层的短桩有利，还是采用桩端位于硬黏土层中的长桩有利；在地基为深厚饱和软黏土且底层为砂层的情况下，当采用天然地基及软土加固方案均不可行时，应采用超长桩方案，将高层建筑的荷载传递至软土下的砂层。

（3）地基土的特性

桩长选择受地基土特性的影响。

1）可液化土：饱和松砂受振动作用时，土的有效应力骤减甚至全无，抗剪强度突然减小或变为零，产生液化现象，这时土中的桩便失去土的支撑作用而破坏。采用打桩处理时，桩长应穿过可液化砂层，且有足够长度伸入稳定土层。

2）湿陷性黄土：湿陷性黄土受水浸湿时其强度指标会降低，桩的承载能力随之削弱，其削弱程度与桩长有关。黄土湿陷会对桩产生负摩擦力，负摩擦力的出现增大了桩承受的荷载。因此，在计算桩的承载力和沉降时，应考虑桩所承受的负摩擦力。湿陷性黄土中，桩应穿过湿陷性土层而进入非湿陷性的土层，湿陷性黄土中的桩长必须大于湿陷性土层厚度。

3）膨胀土：膨胀土活动层的土遇水膨胀，桩会受到上拔力作用，产生对桩基础不利的影响。在桩的设计中，埋入活动层中的部分桩长承载力不予考虑；活动层以下部分的桩长应具有足够的抗拔力。

（4）桩-土相互作用条件

桩长选择时应使桩-土相互作用发挥最佳承载效果。在地基土条件允许时，采用较长的桩、较少的桩数、较大的桩距和较大的单桩设计荷载，通常是较经济的。例如，当设计中考虑要多发挥承台分担荷载的作用而利用"疏桩基础理论"进行设计时，按照"长桩疏布、宽基浅埋"的原则，应该采用较大的桩长；对于摩擦桩，不宜采用短粗的大直径桩，应采用细长桩，以获得较大的比表面尺寸和节省材料。

（5）深度效应

为使桩的侧阻和端阻得到有效利用，确定桩长时，桩端进入持力层的深度和摩擦桩的入土最小深度应分别不小于端阻临界深度和侧阻临界深度，且桩端离软卧层的距离一般不应小于临界厚度。

（6）关于压屈失稳可能性及长径比的考虑

有些情况下，桩长的确定与桩的压屈问题有关。相同的侧向约束和桩顶约束及桩端约束条件下，桩越细长，越容易出现压屈失稳。对于桩自由长度较大的高桩承台、桩周为可液化土或地基极限承载力标准值小于 50kPa 的地基土等情况需要进行压屈失稳验算，以验证所确定的桩长。

桩长径比的确定，除考虑压屈失稳问题外，还应考虑施工条件问题。为避免由于桩的施工垂直度偏差出现两桩桩端交会而降低端阻力的问题，一般情况下端承桩的长径比不宜大于 60，摩擦桩的长径比不宜大于 80。对于穿越可液化土、超软土、自重湿陷性黄土的端承桩，考虑到其桩侧土的水平反力系数很低，宜将其最大长径比适当降低。

（7）经济条件

因上述各种控制条件确定的桩长可能涉及过多的材料耗费、较大的施工难度、较长的工期以及不利的环境效应等，从而使桩基的造价增高。因此，桩长最终确定时还应考虑经济合理性。

6.8.2　桩径的确定

一般来说，桩径越大相对单桩承载力越高，混凝土用量越多，存在合理选择桩径的问题。

桩径与桩长之间相互影响，相互制约。6.8.1 节中确定桩长时需要考虑的因素同样适用于桩径选择时的情况。桩径设计时还应考虑如下原则：

（1）桩径确定时应考虑平面布桩和相关规范对桩间距的要求。如钻孔桩的最小桩间距为 $3d$，若选定桩径 d 为 1m，则最小桩间距应为 3m，此时要根据上部荷载需求考虑按 3m 的最小桩间距能否布置全部桩。

（2）一般情况下，同一建筑物的桩基应该选用同种桩型和同一持力层，必要时可根据上部结构对桩荷载的要求选择不同的桩径。

（3）桩径选择时应考虑长径比的要求，同时按照不出现压屈失稳条件核验所采用的长径比，高承台桩自由段较长或桩周土为可液化土或特别软弱土层的情况下更应重视。

（4）按照桩施工垂直度偏差控制端承桩长径比，避免相邻两桩桩端交会降低端阻力。

（5）桩径的确定应在选定桩型后考虑，应考虑各类桩型施工难易程度、经济性和对环境的影响程度及打桩挤土因素等。

（6）当桩的承载力取决于桩身强度时，桩身截面尺寸须满足设计对桩身强度的要求。

（7）震害调查表明，地震时桩基的破坏位置，几乎都集中于桩顶或桩的上段部位，因此在考虑抗震设计时，桩上段部位配筋应满足抗震构造要求或扩大桩径。

（8）当场地要考虑桩的负摩阻力时，桩径要做中性点的桩身强度验算。

6.9 承台中基桩承载力计算与平面布置

桩基设计应满足安全性、合理性和经济性要求。对于桩和承台来说，应有足够的强度、刚度和耐久性；对于承台下的地基来说，应有足够的承载力且不产生过量的变形。

充分掌握必要设计资料后，承台中桩基的设计与计算可按下列步骤进行：

(1) 选择桩的类型和几何尺寸，初拟承台底面标高；

(2) 确定基桩承载力特征值；

(3) 确定桩的数量及其平面布置；

(4) 桩基承载力验算，必要时验算桩基沉降；

(5) 桩身结构设计；

(6) 承台设计与计算；

(7) 绘制桩基施工图。

桩的类型、截面尺寸、桩长、持力层选择时应综合考虑建（构）筑物的结构类型、荷载情况、场地地质和环境条件、当地使用桩基经验、施工能力和造价等因素。确定桩的类型和几何尺寸后，应初步确定承台底面标高，明确有效桩长，便于计算桩基承载力。一般情况下，主要应从地下空间使用要求、结构要求、工程地质与水文地质条件、地基冻融条件和方便施工等方面选择合适的承台埋深。

6.9.1 基桩竖向承载力计算

基桩竖向承载力取决于桩本身的材料强度和地基土对桩的支承抗力。桩基竖向承载力设计值应以二者中的小值作为设计依据。

(1) 桩身混凝土强度应满足桩承载力设计要求

1)《建筑地基基础设计规范》GB 50007 中规定轴心受压时桩身强度应按式（6-11）确定。

$$Q \leqslant A_p f_c \psi_c \tag{6-11}$$

式中 A_p——桩身横截面积；

f_c——混凝土轴心抗压强度设计值；

Q——相应于荷载效应基本组合时的单桩竖向力设计值；

ψ_c——工作条件系数，预制桩取 0.75；灌注桩取 0.6～0.7（水下灌注桩或长桩时用低值）；有可靠质量保证时，可取 0.8。

2)《建筑桩基技术规范》JGJ 94 中规定钢筋混凝土轴心受压桩正截面受压承载力按裂缝控制应符合下列规定：

当桩顶以下 $5d$ 范围的桩身螺旋式箍筋间距不大于 100mm 时：

$$N \leqslant \psi_c f_c A_p + 0.9 f'_y A'_s \tag{6-12}$$

当桩身配筋不符合上述规定时：

$$N \leqslant \psi_c f_c A_p \tag{6-13}$$

式中 N——荷载效应基本组合下的桩顶轴向压力设计值；

ψ_c——基桩成桩工艺系数；混凝土预制桩、预应力混凝土管桩 $\psi_c=0.9$；干作业非挤土灌注桩 $\psi_c=0.85$；人工挖孔桩混凝土护壁（振实），$\psi_c=0.50$；泥浆护壁和套管护壁非挤土灌注桩、部分挤土灌注桩、挤土灌注桩 $\psi_c = 0.7 \sim 0.8$；

软土地区挤土灌注桩 $\psi_c = 0.6$；

f'_y——纵向主筋抗压强度设计值；

A'_s——纵向主筋截面面积。

钢筋混凝土轴向受压桩正截面受压承载力计算时应考虑三方面因素：

① 纵向主筋的作用。纵向主筋的承压作用在一定条件下可计入桩身受压承载力。

② 箍筋的作用。箍筋不仅起水平抗剪作用，更重要的是起侧向约束增强作用。由图 6-10 中带箍筋与不带箍筋混凝土轴压应力—应变关系可知，带箍筋的约束混凝土轴压强度较无约束混凝土提高 80% 左右。

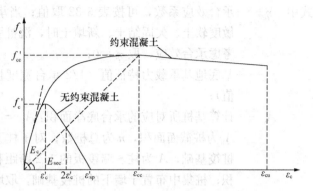

图 6-10　约束与无约束混凝土应力-应变关系

③ 成桩工艺系数 ψ_c。

(2) 按土对桩的支承抗力确定基桩竖向承载力特征值

《建筑地基基础设计规范》GB 50007 中规定设计时单桩竖向承载力特征值可按式 (6-14) 估算。

$$R_a = q_{pa}A_b + u_p \sum q_{sia}l_i \tag{6-14}$$

式中　R_a——单桩竖向承载力特征值；

q_{pa}、q_{sia}——桩端阻力、桩侧阻力特征值；

A_b——桩底端横截面面积；

u_p——桩身周边长度；

l_i——第 i 层岩土的厚度。

当桩端嵌入完整及较完整硬岩且桩长较短时，可按式 (6-15) 估算单桩竖向承载力特征值：

$$R_a = q_{pa}A_b \tag{6-15}$$

目前常以单桩极限承载力为已知参数，根据群桩效应系数计算群桩极限承载力。对于端承型桩基、桩数少于 4 根的摩擦型桩基，和由于地层土性、使用条件等因素不宜考虑承台效应时，基桩竖向承载力特征值取单桩竖向承载力特征值。

(3) 群桩效应

对于群桩应考虑群桩效应，端承型短桩群桩效应系数取 $\eta = 1$。

对于符合下列条件之一的摩擦型桩基，宜考虑承台效应确定其复合基桩的竖向承载力特征值。

1) 上部结构整体刚度较好、体型简单的建（构）筑物（如独立剪力墙结构、钢筋混凝土筒仓等）；

2) 差异变形适应性较强的排架结构和柔性构筑物（如钢板罐体）；

3) 按变刚度调平原则设计的桩基刚度相对弱化区；

4）软土地区的减沉复合疏桩基础。

考虑承台效应的复合基桩竖向承载力特征值可按式（6-16）确定：

$$R = R_a + \eta_c f_{ak} A_c \qquad (6\text{-}16)$$

式中　η_c——承台效应系数，可按表 3-32 取值；当承台底为可液化土、湿陷性土、高灵
敏度软土、欠固结土、新填土时，沉桩引起超孔隙水压力和土体隆起时，不
考虑承台效应，取 $\eta_c = 0$；

　　　f_{ak}——基底地基承载力特征值（1/2 承台宽度且不超过 5m 深度范围内的加权平均
值）；

　　　A_c——计算基桩所对应的承台底净面积：$A_c = (A - nA_p)/n$，A 为承台计算域面积，
A_p 为桩截面面积，n 为总桩数；对于柱下独立桩基，A 为全承台面积；对于
桩筏基础，A 为柱、墙筏板的 1/2 跨距和悬臂边 2.5 倍筏板厚度所围成的面
积；桩集中布置于墙下的桩筏基础，取墙两边各 1/2 跨距围成的面积，按条
基计算 η_c。

6.9.2　桩数的确定及桩基承载力、沉降验算

建（构）筑物的桩基通常是由多根基桩组成的。基桩承载力特征值确定后，由建
（构）筑物设计荷载确定基桩根数，并合理确定桩的间距和基桩的平面布置，是桩基设计
中的重要环节。

对于低承台桩基，基桩承载力特征值确定后，可按桩基承台的荷载设计值和复合基桩
或基桩的承载力设计值来确定桩的根数。

轴心竖向力作用下（参见图 6-11）桩数 n 可由式（6-17）确定。

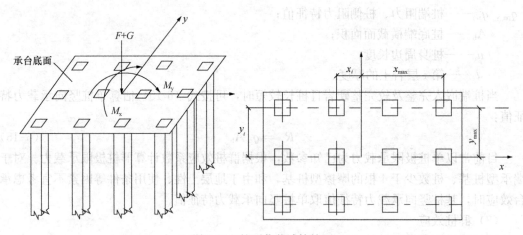

图 6-11　桩顶荷载计算简图

$$n = \frac{F_k + G_k}{Q_k} \qquad (6\text{-}17)$$

由于 $Q_k \leqslant R_a$，桩数 n 应满足：

$$n \geqslant \frac{F_k + G_k}{R_a} \qquad (6\text{-}18)$$

式中　F_k——相应于荷载效应标准组合时，作用于桩基承台顶面的竖向力；

258

G_k——桩基承台自重及承台上土自重标准值；

Q_k——相应于荷载效应标准组合轴心竖向力作用下任一单桩竖向力；

R_a——单桩竖向承载力特征值。

偏心竖向力作用下，对于偏心距固定的桩基，若桩的布置使得群桩横截面的形心与荷载合力作用点重合时，仍可按式（6-18）确定桩数。否则，桩的根数 n 一般应按式（6-18）确定的数量增加 10%～20%，再经式（6-19）验算后确定最终数量。

$$Q_{ikmax} \leqslant 1.2R_a \tag{6-19}$$

$$Q_{ikmax} = \frac{F_k + G_k}{n} + \frac{M_{xk}y_{max}}{\sum y_i^2} + \frac{M_{yk}x_{max}}{\sum x_i^2} \tag{6-20}$$

式中 Q_{ikmax}——相应于荷载效应标准组合偏心竖向力作用下离群桩横截面形心最远处（坐标为 x_{max}、y_{max}）的复合基桩或基桩的竖向力；

M_{xk}、M_{yk}——相应于荷载效应标准组合作用于承台底面通过桩群形心的 x、y 轴的力矩；

x_i、y_i——桩 i 至桩群形心的 y、x 轴线的距离。

此外，尚需根据桩的水平承载力采用式（6-21）核算桩的根数。

$$n \geqslant \frac{H_{ik}}{R_{Ha}} \tag{6-21}$$

式中 H_{ik}——相应于荷载效应标准组合时，作用于承台底面的水平力；

R_{Ha}——单桩水平承载力特征值。

桩间距及桩平面布置的确定方法和原则前文已经进行了详述，此处不再赘述。桩间距和桩平面布置总的原则是尽可能柱下布桩、墙下布桩。平面布桩尽可能均匀，桩间距应满足规范最小桩间距的要求。基础与承台的连接整体性好，桩基础的整体刚度大，最终沉降量小且均匀。

当桩端平面以下受力层范围内存在低于持力层 1/3 承载力的软弱下卧层时，应按式（6-22）验算软弱下卧层的承载力。

$$\sigma_z + \gamma_i z \leqslant f_{az} \tag{6-22}$$

$$\sigma_z = \frac{(F_k + G_k) - 2(A_0 + B_0)\sum q_{sik}l_i}{(A_0 + 2t\tan\theta)(B_0 + 2t\tan\theta)} \tag{6-23}$$

式中 σ_z——作用于软弱下卧层顶面的附加应力；

z——地面至软弱顶面的深度；

γ_i——软弱层顶面以上各土层重度加权平均值；

f_{az}——软弱下卧层经深度修正后的地基极限承载力标准值；

A_0、B_0——桩群外缘矩形面积的长、短边长；

t——桩端至软弱下卧层顶面的距离；

θ——桩端硬持力层压力扩散角，应按表 6-8 取值。

E_{s1}/E_{s2}	$t=0.25B_0$	$t=0.5B_0$
3	6°	23°
5	10°	25°
10	20°	30°

注：E_{s1}、E_{s2} 为硬持力层、软下卧层的压缩模量；当 $t<0.25B_0$ 时 θ 取值降低。

桩基沉降的计算方法已在本书第 3 章进行了详细的介绍。

6.10 承台结构设计与计算

承台的常用形式有：柱下独立承台、墙下或柱下条形承台、十字交叉条形承台、筏形承台、箱形承台和环形承台等。承台设计计算包括受弯、受冲切、受剪和局部受压等，并应符合构造要求。

6.10.1 受弯计算

（1）柱下独立桩基承台

1）多桩矩形承台

多桩矩形承台的弯矩计算截面取在柱边和承台高度变化处，其计算公式为：

$$M_x = \sum N_i y_i \tag{6-24}$$

$$M_y = \sum N_i x_i \tag{6-25}$$

式中 M_x、M_y——垂直于 x 轴和 y 轴方向计算截面处的弯矩设计值；

       x_i、y_i——垂直于 y 轴和 x 轴方向自桩轴线到相应计算截面的距离（见图 6-12）；

       N_i——扣除承台和承台上方土重后第 i 桩竖向净反力设计值。当不考虑承台效应时，N_i 为第 i 桩竖向总反力设计值。

2）三桩三角形承台

等边三桩承台（见图 6-13a）的弯矩可按式（6-26）计算。

$$M = \frac{N_{max}}{3}\left(S_a - \frac{\sqrt{3}}{4}c\right) \tag{6-26}$$

式中 M——由承台形心至承台边缘距离范围内板带的弯矩设计值；

     N_{max}——扣除承台和其上填土自重后的三桩中相应于荷载效应基本组合时的最大单桩竖向力设计值；

      S_a——桩中心距；

       c——方柱边长，若为圆柱时，取 $c=0.866d$，d 为圆柱直径。

等腰三桩承台（见图 6-13b）的弯矩可按式（6-27）和式（6-28）计算。

$$M_1 = \frac{N_{max}}{3}\left(S - \frac{0.75}{\sqrt{4-\alpha^2}}c_1\right) \tag{6-27}$$

$$M_2 = \frac{N_{max}}{3}\left(\alpha S - \frac{0.75}{\sqrt{4-\alpha^2}}c_2\right) \tag{6-28}$$

式中　M_1——由承台形心到承台两腰距离范围内板带的弯矩设计值；

　　　M_2——由承台形心到承台底边距离范围内板带的弯矩设计值；

　　　S——长向桩中心距；

　　　α——短向桩距与长向桩距之比，当 $\alpha<0.5$ 时，应按变截面的二桩承台设计；

　　　c_1——垂直于承台底边的柱截面边长；

　　　c_2——平行于承台底边的柱截面边长。

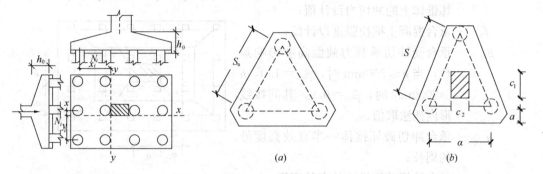

图 6-12　矩形承台弯矩计算　　　　　　　图 6-13　三角形承台弯矩计算

（2）箱形承台和筏形承台

箱形承台和筏形承台的弯矩计算时应考虑下列规定：

1）箱形承台和筏形承台的弯矩宜考虑地基土层性质、基桩分布、承台和上部结构形式和刚度，按地基－桩－承台－上部结构共同作用原理分析计算。

2）对于箱形承台，当桩端持力层为基岩、密实的碎石类土、砂土且较均匀时，若上部结构为剪力墙或当上部结构为框筒、框剪结构且按变刚度调平原则布桩，箱形承台顶、底板可仅考虑局部弯矩作用进行计算。

3）对于筏形承台，当桩端持力层坚硬均匀、上部结构刚度较好，且柱荷载及柱间距的变化不超过 20% 时，或当上部结构为框筒、框剪结构且按变刚度调平原则布桩时，可仅考虑局部弯矩作用按倒楼盖梁法进行计算。

（3）柱下条形承台

柱下条形承台的弯矩可按下列规定计算：

1）一般可按弹性地基梁（地基计算模型应根据地基土层特性选取）进行分析计算。

2）当桩端持力层较硬且桩柱轴线不重合时，可视桩为不动铰支座，按连续梁计算。

（4）墙下条形承台

砌体墙下条形承台可按倒置弹性地基梁计算弯矩和剪力，对于承台上的砌体墙，尚应验算桩顶以上部分砌体的局部承压强度。

6.10.2　承台抗冲切验算

（1）桩基承台受柱（墙）冲切

冲切破坏锥体应采用自柱（墙）边和承台变阶处至相应桩顶边缘连线所构成的截锥体，锥体斜面与承台底面夹角不小于 45°（见图 6-14）。

受柱（墙）冲切承载力可按下列公式计算。

$$F_l \leqslant \beta_{hp}\beta_0 f_t u_m h_0 \qquad (6\text{-}29)$$

$$F_l = F - \sum Q_i \qquad (6\text{-}30)$$

$$\beta_0 = \frac{0.84}{\lambda + 0.2} \qquad (6\text{-}31)$$

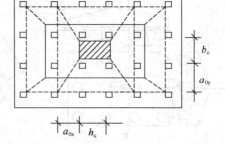

式中　F_l——荷载效应基本组合下作用于冲切破坏锥体上的冲切力设计值；

　　　　f_t——承台混凝土抗拉强度设计值；

　　　　β_{hp}——承台受冲切承载力截面高度影响系数，当 $h \leqslant 800$mm 时，$\beta_{hp} = 1.0$，$h \geqslant 2000$mm 时，$\beta_{hp} = 0.9$，其间按线形内插法取值；

　　　　u_m——承台冲切破坏锥体一半有效高度处的周长；

　　　　h_0——承台冲切破坏锥体的有效高度；

图 6-14　柱下独立桩基柱对承台的冲切计算

　　　　β_0——柱（墙）冲切系数；

　　　　λ——冲跨比，$\lambda = a_0/h_0$，a_0 为冲跨，即柱（墙）边（或承台变阶处）到桩边的水平距离；当 $a_0 < 0.2h_0$时，取 $a_0 = 0.2h_0$，当 $a_0 > 0.2h_0$时，取 $a_0 = h_0$，λ 应为 0.2～1.0；

　　　　F——荷载效应基本组合作用下柱（墙）底的竖向荷载设计值；

　　　　$\sum Q_i$——扣除承台及其上土重后，荷载效应基本组合下冲切破坏锥体内各基桩或复合基桩的净反力设计值之和。

　　应用上述公式进行计算较困难，因为一般情况下，承台两个方向的 λ 不同；且当承台较厚时，满足破坏锥体斜面与承台底面间夹角不小于 45°的锥面可能不是唯一的。因此，柱下矩形独立承台受柱冲切的承载力可按式（6-32）（见图 6-15）计算。

$$F_l \leqslant 2[\beta_{0x}(b_c + a_{0y}) + \beta_{0y}(h_c + a_{0x})]\beta_{hp} f_t h_0 \qquad (6\text{-}32)$$

式中　a_{0x}、a_{0y}——分别为 x、y 方向柱边（变阶承台）离最近桩边的水平距离；

　　　　β_{0x}、β_{0y}——由式（6-31）计算获得；$\lambda_{0x} = a_{0x}/h_0$，$\lambda_{0y} = a_{0y}/h_0$；

　　　　h_c、b_c——分别为 x、y 方向的柱截面（变阶承台）的边长；对于圆柱及圆桩，计算时应将截面换算成方柱及方桩，即取换算柱截面边宽 $b_c = 0.8d_c$（d_c 为圆柱直径），换算桩截面边宽 $b_p = 0.8d$。

　　对于柱下双桩承台不需进行受冲切承载力计算，通过受弯、受剪承载力计算确定承台尺寸和配筋。

　　（2）柱（墙）冲切破坏锥体以外的基桩

　　对位于柱（墙）冲切破坏锥体以外的基桩，应按下列公式计算承台受基桩冲切的承载力。

　　1）四桩（含四桩）以上承台受角桩冲切的承载力按式（6-33）计算（图 6-15）。

$$N_l \leqslant \left[\beta_{1x} \left(c_2 + \frac{a_{1y}}{2} \right) + \beta_{1y} \left(c_1 + \frac{a_{1x}}{2} \right) \right] \beta_{hp} f_t h_0 \tag{6-33}$$

式中　N_l——扣除承台及其上土重后，荷载效应基本组合作用下角桩净反力设计值；

　　　h_0——承台外边缘的有效高度；

　　β_{1x}、β_{1y}——角桩冲切系数；$\beta_{1x} = \dfrac{0.56}{\lambda_{1x} + 0.2}$，$\beta_{1y} = \dfrac{0.56}{\lambda_{1y} + 0.2}$；

　　a_{1x}、a_{1y}——从承台底角桩内边缘引45°冲切线与承台顶面相交点至角桩内边缘的水平距离；当柱或承台变阶处位于该45°线以内时，则取由柱边或变阶处与桩内边缘连线为冲切锥体的锥线（图6-15）；

　　λ_{1x}、λ_{1y}——角桩冲跨比，其值为0.2~1.0，$\lambda_{1x} = a_{1x}/h_0$，$\lambda_{1y} = a_{1y}/h_0$；

　　c_1、c_2——从角桩内边缘至承台外边缘的距离。

　　2）三桩三角形承台受角桩冲切的承载力按式（6-34）~式（6-37）计算（图6-16）。

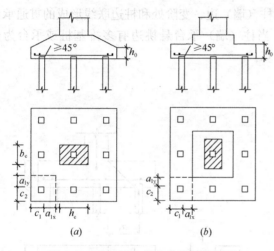

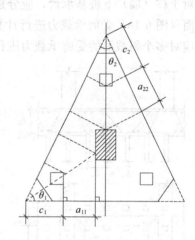

图6-15　四桩以上承台角桩冲切计算
（*a*）锥形承台；（*b*）阶形承台

图6-16　三桩三角形承台角桩冲切验算

底部角桩：

$$N_l \leqslant \beta_{11} (2c_1 + a_{11}) \beta_{hp} \tan \frac{\theta_1}{2} f_t h_0 \tag{6-34}$$

$$\beta_{11} = \frac{0.56}{\lambda_{11} + 0.2} \tag{6-35}$$

顶部角桩：

$$N_l \leqslant \beta_{12} (2c_2 + a_{12}) \beta_{hp} \tan \frac{\theta_2}{2} f_t h_0 \tag{6-36}$$

$$\beta_{12} = \frac{0.56}{\lambda_{12} + 0.2} \tag{6-37}$$

式中　a_{11}、a_{12}——从承台底角桩内边缘向相邻承台边引45°冲切线与承台顶面相交点至角桩内边缘的水平距离；当柱或承台变阶处位于该45°线以内时，则取由柱边与桩内边缘连线为冲切锥体的锥线（图6-16）；

　　λ_{11}、λ_{11}——角桩冲跨比，$\lambda_{11} = a_{11}/h_0$，$\lambda_{12} = a_{12}/h_0$。

3）箱形、筏形承台应按式（6-38）和式（6-39）计算承台受内部基桩的冲切承载力。基桩的冲切承载力（图6-20）应按式（6-38）计算。

$$N_l \leqslant 2.8(b_p + h_0)\beta_{hp}f_t h_0 \qquad (6\text{-}38)$$

基桩群的冲切承载力（图6-21）应按式（6-39）计算。

$$\sum N_{li} \leqslant 2[\beta_{0x}(b_y + a_{0y}) + \beta_{0y}(b_x + a_{0x})]\beta_{hp}f_t h_0 \qquad (6\text{-}39)$$

式中　β_{0x}、β_{0y}——由式（6-31）计算获得；$\lambda_{0x} = a_{0x}/h_0$，$\lambda_{0y} = a_{0y}/h_0$；

N_l、$\sum N_{li}$——扣除承台和其上土重，荷载效应基本组合下基桩的净反力设计值、冲切锥体内各基桩或复合基桩净反力设计值之和。

6.10.3　受剪切验算

（1）柱（墙）下桩基承台

对于柱（墙）下桩基承台，应分别对柱（墙）边、变阶处和桩边联线形成的贯通承台斜截面（图6-18）受剪承载力进行计算。当柱（墙）承台悬挑边有多排基桩或承台为变阶时应对多个斜截面的受剪承载力进行计算。

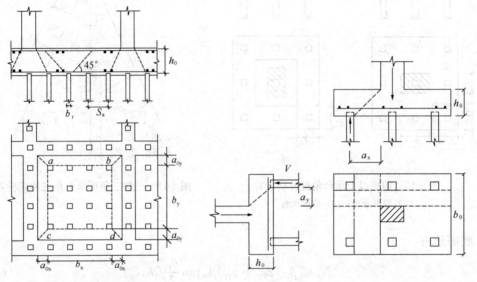

图6-17　墙对筏形承台的冲切和
基桩对筏形承台的冲切计算

图6-18　承台斜截面受剪计算

承台斜截面受剪承载力可按式（6-40）～式（6-42）计算。

$$V \leqslant \beta_{hs}\alpha f_t b_0 h_0 \qquad (6\text{-}40)$$

$$\alpha = \frac{1.75}{\lambda + 1} \qquad (6\text{-}41)$$

$$\beta_{hs} = \left(\frac{800}{h_0}\right)^{1/4} \qquad (6\text{-}42)$$

式中　V——扣除承台及其上土自重后，荷载效应基本组合下斜截面的最大剪力设计值；

f_t——混凝土轴心抗拉强度设计值；

α——承台剪切系数；

b_0——承台计算截面处的计算宽度；

h_0——承台计算截面处的有效高度；

λ——计算截面的剪跨比，$\lambda_x = a_x/h_0$，$\lambda_y = a_y/h_0$，a_x、a_y 分别为柱边（墙边）或承台变阶处至 y、x 方向计算一排桩的桩边的水平距离，λ 值在 0.3～3.0 之间，当 $\lambda < 0.3$ 时，取 $\lambda = 0.3$；当 $\lambda > 3$ 时，取 $\lambda = 3$；

β_{hs}——受剪切承载力截面高度影响系数；当 $h_0 < 800\text{mm}$ 时，取 $h_0 = 800\text{mm}$；当 $h_0 > 2000\text{mm}$ 时，取 $h_0 = 2000\text{mm}$。

（2）柱下阶梯形、锥形的独立承台

对于柱下阶梯形、锥形的独立承台，应按下列规定分别对柱的纵横（x-x，y-y）两个方向的斜截面进行受剪承载力计算。

1）对于阶梯形承台应分别在变阶处（A_1-A_1，B_1-B_1）及柱边处（A_2-A_2，B_2-B_2）进行斜截面受剪承载力计算（图 6-19）。

计算变阶处截面 A_1-A_1，B_1-B_1 的斜截面受剪承载力时，其截面有效高度均为 h_{01}，截面计算宽度分别为 b_{y1} 和 b_{x1}。

计算柱边截面 A_2-A_2，B_2-B_2 的斜截面受剪承载力时，其截面有效高度均为 $h_{01} + h_{02}$。

柱边截面 A_2-A_2 的计算宽度为：

$$b_{y0} = \frac{b_{y1} \cdot h_{01} + b_{y2}h_{02}}{h_{01} + h_{02}} \quad (6\text{-}43)$$

柱边截面 B_2-B_2 的计算宽度为：

$$b_{x0} = \frac{b_{x1} \cdot h_{01} + b_{x2}h_{02}}{h_{01} + h_{02}} \quad (6\text{-}44)$$

2）对于锥形承台，应对 A-A 及 B-B 两个截面进行受剪承载力计算（图 6-20），截面有效高度均为 h_0。

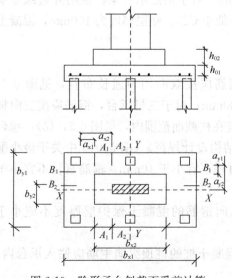

图 6-19 阶形承台斜截面受剪计算

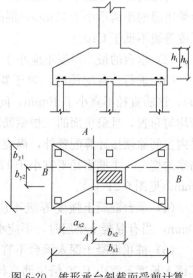

图 6-20 锥形承台斜截面受剪计算

A-A 截面的计算宽度为：

$$b_{y0} = \left[1 - 0.5\frac{h_1}{h_0}\left(1 - \frac{b_{y2}}{b_{y1}}\right)\right]b_{y1} \tag{6-45}$$

B-B 截面的计算宽度为：

$$b_{x0} = \left[1 - 0.5\frac{h_1}{h_0}\left(1 - \frac{b_{x2}}{b_{x1}}\right)\right]b_{x1} \tag{6-46}$$

3）墙（柱）下条形承台梁（含两桩承台）和梁板式筏形承台的梁受剪承载力可按《混凝土结构设计规范》GB 50010 计算；墙下条形承台梁最大剪力按《建筑桩基技术规范》JGJ 94 确定。

4）承台配有箍筋，但未配弯起钢筋时，斜截面的受剪承载力可按式（6-47）计算。

$$V \leqslant 0.7f_t b_0 h_0 + 1.25f_{yv}\frac{A_{sv}}{s}h_0 \tag{6-47}$$

式中　A_{sv}——配置在同一截面内箍筋各肢的全部截面面积；

　　　s——沿计算斜截面方向箍筋的间距；

　　　f_{yv}——箍筋抗拉强度设计值。

5）承台配有箍筋和弯起钢筋时，斜截面的受剪承载力可按式（6-48）计算。

$$V = 0.7f_t b_0 h_0 + 1.25f_{yv}\frac{A_{sv}}{s}h_0 + 0.8f_y A_{sb}\sin\alpha_s \tag{6-48}$$

式中　A_{sb}——同一截面弯起钢筋的截面面积；

　　　f_y——弯起钢筋的抗拉强度设计值；

　　　α_s——斜截面上弯起钢筋与承台底面的夹角。

6.10.4　承台构造要求

桩基承台的构造，除满足抗冲切、抗剪切、抗弯承载力和上部结构的要求外，尚应符合下列要求：

（1）承台宽度不应小于 500mm，边桩中心至承台边缘的距离不宜小于桩的直径或边长，且桩的外边缘至承台边缘的距离不小于 150mm。对于条形承台梁，桩的外边缘至承台梁边缘的距离不小于 75mm，混凝土强度等级不低于 C20。垫层厚度为 100mm，混凝土强度等级不低于 C10。

（2）承台的最小厚度不应小于 300mm。

（3）进行承台配筋时，对于矩形承台，其钢筋应按双向均匀通长布置，见图 6-21 (*a*)，钢筋直径不宜小于 10mm，间距不宜大于 200mm；对于三桩承台，钢筋应按三向板带均匀布置，且最里面的三根钢筋围成的三角形应在柱截面范围内，见图 6-21 (*b*)；承台梁内主筋除须按计算配置外，尚应符合《混凝土结构设计规范》GB 50010 中关于最小配筋率的规定，主筋直径不宜小于 12mm，架立筋直径不宜小于 10mm，箍筋直径不宜小于 6mm，见图 6-21 (*c*)。

（4）承台混凝土强度等级不应低于 C20，纵向钢筋的混凝土保护层厚度不应小于 70mm，当有混凝土垫层时，不应小于 40mm。

（5）桩顶混凝土深入承台不宜小于 50mm，混凝土桩的桩顶纵向主筋应锚入承台内，其锚入长度不宜小于 30 倍主筋直径。

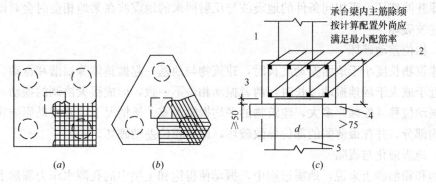

图 6-21　承台配筋

(*a*) 矩形承台配筋；(*b*) 三桩承台配筋；(*c*) 承台配筋截面图

1—墙；2—主筋；3—箍筋；4—垫层；5—桩

6.11　桩基础抗震设计

6.11.1　地震的破坏方式

地震破坏方式主要有共振破坏、驻波破坏、相位差动破坏、地震液化和地震带来的地质灾害等五种。

（1）共振破坏

地震时，从震源发出的地震波，在土层中传播时，经过不同性质界面多次反射，将出现不同周期的地震波。若某一周期的地震波与地基土层固有周期相近，由于共振的作用，这种地震波的振幅将得到放大，此周期称为卓越周期 T。

卓越周期可用式（6-49）计算。

$$T = \sum_{i=1}^{n} \frac{4h_i}{v_s} \tag{6-49}$$

式中　h_i——第 i 层土厚度，一般计算至基岩；

　　　v_s——横波波速。

根据地震记录统计和地基土软硬程度不同，卓越周期可划分为四级：

Ⅰ级——稳定岩层，卓越周期 T 为 $0.1\sim0.2s$，平均 $T=0.15s$；

Ⅱ级——一般土层，卓越周期 T 为 $0.21\sim0.4s$，平均 $T=0.27s$；

Ⅲ级——松软土层，卓越周期 T 在Ⅱ～Ⅳ级之间；

Ⅳ级——异常松散软土层，卓越周期 T 为 $0.3\sim0.7s$，平均 $T=0.5s$。

一般低层建筑物刚度较大，自振周期较短，大多低于 $0.5s$。高层建筑物刚度较小，自振周期一般大于 $0.5s$。软土场地上的高层建筑和坚硬场地上的建筑物震害严重，就是由上述原因引起的。因此，为防止上述震害发生，必须使建筑物的自振周期避开场地的卓越周期。

（2）驻波破坏

地震时当两个幅值相同、频相相同但运动方向相反的地震波波列，运动到同一点交会时，形成驻波，其幅值增加一倍。当驻波在建筑物处产生时，会对建筑物形成较强的破坏作用，即驻波破坏。当相同条件的地震波与反射回来的地震波在某地相会时会对该地建筑物产生驻波破坏。

（3）相位差动破坏

当建筑物长度小于地面振动波长时，建筑物与地基一起做整体等幅谐和振动。当建筑物长接近于或大于场地振动波长时，两者振动相位不一致，形成很大协调的振动，此时不论地面振动位移（振幅）多大，建筑物的平均振幅为零。该情况下地基振动影响建筑物的地下结构部分，并在最薄弱的部位导致破坏，即为相位差动破坏。

（4）地震液化与震陷

对饱和粉细砂土来说，地震过程中，振动使得饱和土层中的孔隙水压力骤然上升，孔隙水压力来不及消散，将减小砂粒间的有效压力。若有效压力全部消失，则砂土层完全丧失抗剪强度和承载能力，呈现液态特征，此为地震引起的砂土液化现象。地震液化的宏观表现有喷水冒砂和地下砂层液化两种。地震液化会导致地表沉陷和变形，称为震陷。震陷将直接引起地面建筑物的变形和损坏。

（5）地震激发地质灾害效应

强烈的地震作用将激发斜坡上岩土体松动、失稳，引起滑坡和崩塌等不良地质现象，此为地震激发地质灾害效应。地震激发地质灾害效应往往是巨大的，可摧毁房屋和道路交通，甚至掩埋村落，堵塞河道。因此，对可能受地震影响而激发地质灾害的地区，建筑场地和主要线路应避开。

6.11.2 不作桩基抗震验算的范围

地震震害经验表明，平时主要承受垂直荷载的桩基，无论在液化地基还是非液化地基，其抗震效果一般较好，但以承受水平荷载和水平地震作用为主的高承台除外。《建筑抗震设计规范》GB 50011 和《构筑物抗震设计规范》GB 50191 根据结构的特点分别列出了以下不作桩基抗震验算的范围。

（1）《建筑抗震设计规范》GB 50011 规定对于承受竖向荷载为主的低承台桩基，当地面下无液化土层，且桩承台周围无淤泥、淤泥质土和地基土静承载力标准值不大于100kPa 的填土时，下列建筑可不进行桩基抗震承载力验算：

1）砌体房层。

2）7 度和 8 度时，一般单层厂房、单层空旷房屋和不超过 8 层且高度在 25m 以下的民用框架房屋及与其基础荷载相当的多层框架厂房。

（2）《构筑物抗震设计规范》GB 50191 规定承受竖向荷载为主的低承台桩基，当符合下列条件时可不进行桩基竖向抗震承载力和水平抗震承载力验算：

1）6～8 度时，符合不做天然地基验算规定的构筑物。

2）桩端和桩身周围无液化土层。

3）桩承台周围无液化土、淤泥、淤泥质土、松散砂土，且无地基静承载力标准值小于 130kPa 的填土。

4）构筑物不位于斜坡地段。

桩基抗震性能一般较好，桩基抗震验算研究尚不充分，简单实用的验算方法较少。多数抗震设计规范对桩基验算条文较少，目前抗震设计规范对桩基抗震验算规定是根据震害经验和研究成果制定的。

6.11.3 液化地基的判别

地震作用下，地下水位以下饱和粉砂和粉土土颗粒间有变密的趋势，但因孔隙水来不及排出，土颗粒处于悬浮状态，这种现象称为土的液化。液化是否发生与多种因素有关，不确定性较大。因此，液化地基的判别只是一种估计，预测土层在一定假设条件下是否发生液化的总趋势。对于一般工程项目，砂土或粉土液化判别及危害程度估计可按"两步判别"的步骤进行，即初判和细判。

(1) 地基液化的初判

6 度时，饱和砂土和饱和粉土（不含黄土）一般可不进行液化判别和地基处理，但对液化沉陷敏感的乙类建筑可按 7 度要求进行判别和处理；7~9 度时，乙类建筑可按本地区抗震设防烈度要求进行判别和处理。

除 6 度设防外，存在饱和砂土和饱和粉土（不含黄土）的地基应进行液化判别；存在液化土层的地基，应根据建筑的抗震设防类别、地基液化等级，结合具体情况采取相应的措施。

饱和砂土或饱和粉土（不含黄土），当符合下列条件之一时，可初步判别为不液化或可不考虑液化影响：

1）地质年代为第四纪晚更新世（Q_3）及其以前时，7 度、8 度时可判为不液化。

2）粉土的黏粒（粒径小于 0.005mm 的颗粒）含量百分率，7 度、8 度和 9 度分别不小于 10、13 和 16 时，可判为不液化土。

3）天然地基的建筑，当上覆非液化土层厚度和地下水位深度符合下列条件之一时，可不考虑液化影响：

$$d_u > d_0 + d_b - 2 \tag{6-50}$$

$$d_w > d_0 + d_b - 3 \tag{6-51}$$

$$d_u + d_w > 1.5d_0 + 2d_b - 4.5 \tag{6-52}$$

式中　d_w——地下水位，宜按设计基准期内年平均最高水位采用，也可按近期内年最高水位采用；

d_u——上覆盖非液化土层厚度，计算时宜将淤泥和淤泥质土层扣除；

d_b——基础埋置深度，不超过 2m 时应按 2m 计；

d_0——液化土特征深度，可按表 6-9 采用。

表 6-9

液化土特征深度（m）

饱和土类别	7 度	8 度	9 度
粉土	6	7	8
砂土	7	8	9

(2) 地基液化的细判

当初步判别认为需进一步进行液化判别时，应采用标准贯入试验判别法判别地面以下 15m 深度范围内的液化；当采用桩基或埋深大于 5m 的深基础时，尚应判别 15~20m 范围内土的液化。当饱和土标准贯入锤击数（未经杆长修正）小于液化判别标准贯入锤击数临界值时，应判为液化土。当有成熟经验时，尚可采用其他判别方法。

在地面以下 15m 深度范围内，液化判别标准贯入锤击数临界值可按式（6-53）计算。

$$N_{cr} = N_0 [0.9 + 0.1(d_s - d_w)] \sqrt{\frac{3}{\rho_c}} \qquad (6\text{-}53)$$

在地面以下 15～20m 范围内，液化判别标准贯入锤击数临界值可按式（6-54）计算。

$$N_{cr} = N_0 (2.4 - 0.1d_s) \sqrt{\frac{3}{\rho_c}} \qquad (6\text{-}54)$$

式中　N_{cr}——液化判别标准贯入锤击数临界值；

N_0——液化判别标准贯入锤击数基准值，应按表 6-10 采用；

d_s——饱和土标准贯入点深度；

ρ_c——黏粒含量百分率，当小于 3 或为砂土时，应采用 3。

标准贯入锤击数基准值　　　　　　　　　表 6-10

设计地震分组	7 度	8 度	9 度
第一组	6 (8)	10 (13)	16
第二、三组	8 (10)	12 (15)	18

注：括号内数值用于设计基本地震加速度为 $0.15g$ 和 $0.30g$ 的地区。

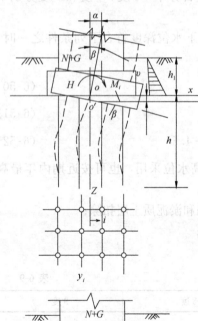

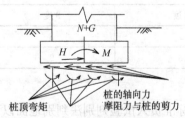

图 6-22　群桩基础计算图式

6.11.4　单桩竖向抗震承载力计算

由于地震是特殊荷载，建筑工程中桩基的上部结构震害较天然地基轻，因此抗震验算时单桩的承载力可较静载时提高。

对于单桩竖向承载力，不同规范容许较正常荷载时承载力提高的幅度稍有差异。《建筑桩基技术规范》JGJ 94 规定轴心受压的单桩抗震竖向承载力提高系数为 25%，偏心荷载时边桩抗震竖向承载力提高系数为 50%，单桩抗震水平承载力提高系数为 25%。

6.11.5　低承台桩基抗震设计原则

液化土中与非液化土中桩基的抗震验算不同，实际工程中应根据建筑物的重要程度及积累的抗震经验按以下情况进行桩基的抗震设计与验算。

（1）桩-土-承台共同分担荷载

因桩承台底面以下土和侧面的土也可分担一部分基础上的荷载，计算时考虑或不考虑这部分抗力和以何种方式考虑获得的桩群顶部总荷载是不相同的。

《建筑桩基技术规范》JGJ 94 中按两种情况考虑桩、土、承台三者的共同作用。即：

第一种情况：对一般建筑和地震烈度不太大的情况下，应考虑群桩作用与承台下及旁边土的影响，适当调整单桩的设计承载力，桩身应力仍按常规计算方法。

第二种情况：适合于水平力大且建筑物较重要的场合，此时应考虑承台-土-桩协同作用计算桩基内力。下列情况可考虑采用承台-桩-土共同作用法计算桩基内力：

1）8度和8度以上烈度区，受较大横向荷载的高大建筑物，当其承台刚度大，可考虑为刚体时；

2）承受较大横向荷载或8度以上地震作用的高承台桩基。

考虑承台-桩-土共同作用法计算时假定承台为刚体，桩头嵌固于承台，桩侧土反力按三角形分布，承台与土间有剪应力，承台前方有三角形分布的土抗力（图6-22），桩与承台视作埋于土中的刚架。计算流程如下：

1）首先用位移法分别求解承台发生单位竖向位移、单位水平位移及单位转角时桩顶承受的力，亦即桩的刚度系数。

2）求解承台发生单位竖向位移、单位水平位移和单位转角时，承台承受的竖向抗力、水平抗力和抵抗矩。

3）求解承台的水平位移、竖向位移及转角。

4）求解桩顶荷载。

5）求解桩身内力。

(2) 非液化土低承台桩基抗震验算

非液化土中桩基抗震验算时除考虑地震作用下单桩承载力提高外，还应注意以下方面：

1）目前关于地下室外墙侧被动土压力与桩共同承担地震水平力问题处理做法为：①假定桩承担全部地震水平力；②地下室外的土承担全部地震水平力；③由桩、土分担水平力（或由经验公式求出分担比或由有限元法计算）。桩完全不承担地震水平力的假定是偏不安全的，这种做法不宜采用；由桩承受全部地震水平力的假定过于保守。因此，可考虑承台底面填土与桩共同承担水平地震作用。

2）不考虑桩基承台底面与土的摩阻力为抗地震水平力的组成部分。其原因主要为：软弱黏性土有震陷问题，一般黏性土中的桩基也可能因桩间土附加应力作用造成土与承台脱空；欠固结土有固结下沉问题；非液化的砂砾则有震密问题等。实践中不乏静载下承台与土脱空或地震情况下承台与土脱空的工程实例。

对于目前大力推广应用的疏桩基础，若桩的设计承载力按桩极限荷载取用则可考虑承台与土间的摩阻力。因为此时承台与土不会脱空，且桩、土的竖向荷载分担比也较明确。

(3) 液化土中低承台桩基抗震验算

存在液化土层的低承台桩基抗震验算时应符合下列规定：

1）对一般浅基础，不宜计入承台周围土的抗力或刚性地坪对水平地震作用的分担作用。

2）对于液化土中的低承台桩基，且桩承台底面上、下分别有厚度不小于1.5m、1.0m的非液化土或非软弱土层时，可按下列两种情况分别进行抗震验算：

① 桩承受全部地震作用，桩承载力可按非液化桩基规定的原则确定，但液化土层的桩周摩擦力、水平抗力，均宜乘以液化影响折减系数，其值按表6-11采用。

标贯比 λ_N	深度（m）	折减系数
$\lambda_N \leqslant 0.6$	$d_s \leqslant 10$	0
	$10 < d_s \leqslant 20$	1/3
$0.6 < \lambda_N \leqslant 0.8$	$d_s \leqslant 10$	1/3
	$10 < d_s \leqslant 20$	2/3
$0.8 < \lambda_N \leqslant 1$	$d_s \leqslant 10$	2/3
	$10 < d_s \leqslant 20$	1

② 地震作用按水平地震影响系数最大值的 10% 采用，桩承载力仍可按非液化桩基规定的原则确定，但应扣除液化土层的桩周摩擦力和桩承台下 2m 范围内非液化土层的桩周摩擦力。

3）打入式预制桩及其他挤土桩，当平均桩距为 2.5～4 倍桩径且桩数不少于 5×5 时，可计入打桩对土的挤密作用及桩身对液化土变形限制的有利影响。打桩后桩间土的标准贯入锤击数值达到不液化要求时，单桩承载力可不折减，但对桩尖持力层作强度校核时，桩群外侧的应力扩散角应取为零。打桩后桩间土的标准贯入锤击数宜由试验确定，也可按式（6-55）计算：

$$N_L = N_p + 100\rho(1 - e^{-0.3N_p}) \tag{6-55}$$

式中　N_p——打桩前的标准贯入锤击数；

　　　N_l——打桩后的标准贯入锤击数；

　　　ρ——打入式预制桩的面积置换率。

6.11.6　桩基抗震设计步骤

桩基抗震设计步骤如下：

（1）获得作用于桩顶的荷载，亦即从基础顶面的水平地震力减去承台侧面与地震力前方的土抗力及基础底面土的摩擦力，得到作用于桩顶的水平荷载。作用于桩顶的总竖向荷载与弯矩可由地震荷载组合的上部结构计算结果直接得到，基础自重应计入竖向荷载中。

（2）计算作用于各单桩顶的荷载（与静载下的求解方法相同）。

（3）计算桩身的剪力与弯矩（与静载下的求解方法相同，可用 m 法求出桩身各深度处的弯矩与剪力）。

（4）强度校核：求出桩身轴力、弯矩或剪力，要求轴力平均值 $N \leqslant [N]_e$，轴力最大值 $N_{max} \leqslant 1.2[N]_e$，桩顶剪力 $Q \leqslant [Q]_e$，其中 $[N]_e$ 与 $[Q]_e$ 是单桩抗震时的竖向承载力与水平承载力。

6.11.7　桩基的抗震构造要求

除遵循上述验算原则外，还应对桩基的构造予以加强。桩基理论分析已证明，地震作用下桩基在软、硬土层交界面处最易受到剪、弯损害，因此必须采取有效的构造措施。液化土中桩的配筋范围应自桩顶至液化深度以下符合全部消除液化沉陷所要求的距离，其纵向钢筋应与桩顶部相同，箍筋应加密。

《构筑物抗震设计规范》GB 50191 根据桩基的抗震构造要求按建筑物的重要性分为 A、B、C 三个等级，见表 6-12。

烈度	构筑物重要性等级			
	甲	乙	丙	丁
7	C	C	C	C
8	B	B	C	C
9	A	A	B	B

具体要求如下：

（1）C 类抗震性能：满足一般桩基础的构造要求。

（2）B 类抗震性能：应满足 C 类的所有要求，并应采取如下构造措施。

必须将桩中钢筋锚入承台，锚固长度应满足受拉要求；桩身箍筋弯钩弯折 135°，钩后延伸 10 倍钢筋直径；在软硬土层（相邻两层剪切模量之比超过 1.6 时）界面上下各 1.2m 范围内，箍筋宜按桩顶箍筋直径、间距采用。

灌注桩：顶部 10 倍桩径长度范围内应配置钢筋，当桩的设计直径为 300～600mm 时，配筋率不应少于 0.4%～0.65%（小桩径取高值，大桩径取低值）；桩身上部 60mm 以内，箍筋直径不应小于 6mm，间距不应大于 100mm；箍筋宜采用螺旋式或焊接环式。

预制桩：纵向钢筋的最小配筋率不应小于 1%，在桩顶与承台连接处的 1.6m 长度以内，桩身箍筋直径不应小于 6mm，间距不应大于 100mm，须采用拼接桩时，应采用钢板电焊接头。

钢管桩：桩顶部应配置纵筋（配筋率不低于混凝土截面的 1%），钢筋锚固长度应满足受拉要求。

（3）A 类抗震性能：应满足对 B 类的全部要求，并应采取如下构造措施。

灌注桩：桩中应按计算配置钢筋；在桩身上部 1.2m 以内箍筋最大间距不应小于 80mm，且不应大于 $8d$（d 为纵向钢筋直径）；当桩径≤500mm 时，应采用直径 8mm 的箍筋，其他桩径时应采用直径 10mm 的箍筋。

预制桩：纵向钢筋的最小配筋率不应小于 1.2%，在桩顶与承台连接处的 1.6m 范围内，桩身箍直径不应小于 8mm，间距不应大于 100mm。

钢管桩：钢管桩与承台的连接应按受拉设计，拉力值可按桩竖向容许承载力的 1/10 采用。对于独立桩基承台，宜在相互垂直的两个水平方向上设置承台连系梁，并以柱重力荷载的 1/10 为轴力，按拉压杆设计。

6.12 特殊条件下桩基设计原则

6.12.1 软土地区桩基设计原则

从桩基安全合理设计的角度出发，软弱土层中的桩基一般应考虑以下设计原则：

（1）根据上部结构的荷载特点、工程环境条件和地质条件，选择合适的桩型。

（2）软土地基特别是沿海深厚软土区，坚硬地层埋置一般很深，桩基宜选择中、低压缩性土层作为桩端持力层。桩端全断面进入持力层的深度，对于黏性土、粉土不宜小于 2

倍桩径；砂土不宜小于 1.5 倍桩径；碎石类土，不宜小于 l 倍桩径；当存在软弱下卧层时，桩端以下硬持力层厚度不宜小于 3 倍桩径。

（3）在高灵敏度厚层淤泥质土中采用沉管灌注桩、预应力管桩时应考虑挤土效应。非饱和土最小中心距不宜小于 3.5 倍桩径，饱和软土最小中心距不宜小于 4 倍桩径。桩身钢筋笼长度必须穿过软土层，桩身混凝土强度不应低于 C20。

（4）对于易液化的软弱砂土地层的桩基设计施工时应考虑打桩后可能引起的液化效应，液化土层中原则上不能采用锤击式、振动式的沉管灌注类桩型，可采用预制类桩型或钻孔灌注类桩型。

（5）由于软土地基中钻孔灌注桩普遍采用泥浆护壁，泥皮效应会削弱桩侧阻力，桩持力层扰动和沉渣处理不干净易降低端阻，软土中桩基建议使用后注浆技术以提高单桩承载力并促使群桩沉降均匀。

（6）软土地区桩基由于下列原因可能产生负摩阻力，在设计时必须考虑。

1）新近沉积的欠固结土层。

2）欠固结的新填土。

3）地面大面积堆载。

4）大面积场地降低地下水位。

5）周围大面积挤土沉桩引起超孔隙水压和土体上涌等在孔压消散时。

（7）桩基施工过程应考虑下列因素：

1）挤土式预制桩、预应力管桩不宜适用于桩端持力层很硬且高差变化很大的地层。

2）挤土式沉管灌注桩施工一般不宜适用于桩端持力层高差变化很大的倾斜地层。

3）软土中端承型非挤土式成孔灌注桩应通长配筋，摩擦型非挤土式成孔灌注桩钢筋笼长度宜超过淤泥质地层的厚度，桩身混凝土强度不应低于 C20。施工中应避免缩扩径现象发生，同时严格控制进入持力层深度和减少沉渣厚度。

（8）软土地基桩基设计时应考虑基坑开挖对既有桩的影响。

6.12.2 填土中桩基设计原则

填土中（主要是杂填土和冲填土）桩基设计一般应遵循以下原则：

（1）冲填土料很细时，水分难以排出，土层下部往往处于欠固结状态，桩基设计时应考虑土体触变对桩基承载特性的影响。

（2）对于含黏土颗粒较多的冲填土，评估其地基变形和承载力时，应考虑欠固结的影响，桩基设计时应考虑桩侧负摩擦力的影响。

（3）荷载较大时，浸水后杂填土变形剧增，产生湿陷性，桩基设计应予以考虑。

（4）特殊条件下，由建筑垃圾或旧基础构成的杂填土会在地表或地表浅部形成一硬壳层，此种情况不利于沉桩。桩承受水平力的情况下，该层将起到"支撑梁"的作用，有利于桩的支护作用。对于以有机质含量较多的生活垃圾或对混凝土有侵蚀性的工业垃圾为主构成的杂填土系，桩基设计时应考虑适当的处理方法。

（5）穿过填土打入下卧土层或岩层中的桩，由于填土自重产生固结下沉，其下卧土层也因填土重量的影响产生固结下沉，由于桩周土的位移一般大于桩身的位移，桩身即产生负摩擦力。负摩擦力问题是填土地层中桩基设计的关键问题，因为负摩擦力会导致桩身荷载增大，致使桩身强度破坏或桩端持力层破坏。

6.12.3 湿陷性黄土地区桩基设计原则

黄土地区中桩基设计一般应遵循以下原则：

(1) 湿陷性黄土的自重湿陷会对基桩产生负摩阻力，非自重湿陷性土会由于浸水削弱桩侧阻力，承台底土抗力也随之消减，导致基桩承载力降低。为确保基桩承载力的安全可靠性，桩端持力层应选择低压缩性的黏性土、粉土、中密和密实土以及碎石类土层。

(2) 湿陷性黄土地基中单桩极限承载力不确定性较大，不同设计等级的建筑桩基应分别采用不同可靠性的确定方法。湿陷性黄土地基中单桩极限承载力，应按下列规定确定：

1) 对于设计等级为甲级建筑桩基应按现场浸水载荷试验并结合地区经验确定。

2) 对于设计等级为乙级建筑桩基，应参照地质条件相同的试桩资料，并结合饱和状态下的土性指标、经验参数公式估算结果综合确定。

3) 对于设计等级为丙级建筑桩基，可按饱和状态下的土性指标采用经验参数公式估算。

(3) 自重湿陷性黄土地基中的单桩极限承载力，应视浸水可能性、桩端持力层性质、建筑桩基设计等级等因素考虑负摩阻力的影响。

(4) 湿陷性黄土地区灌注桩宜采用后注浆工法，提高其承载力。

6.12.4 冻土地基中桩基设计原则

土层冻结时，水分由下部土体向冻结锋面聚集形成水分迁移，导致冻结面上形成冰夹层和冰透镜体，使得冻层膨胀，地表隆起。土体的冻胀变形引起内力重分布，并在冻结界面上产生冻胀应力。当冻深和土冻胀性较大时，桩基础是较合适的基础形式之一。

(1) 多年冻土

多年冻土地区大多采用桩控制冻融循环引起的体积变化所产生的不均匀沉降。桩的承载力通常是通过回填在桩周孔隙中的泥浆或其他材料与桩表面间的冰冻黏着力获得的。多年冻土中桩基一般应遵循以下原则：

1) 控制冰的蠕变沉降和保证足够的附加冻结侧阻力（与温度有关），设计中应采用极低的黏着应力（高安全系数）并估计可能出现的高温，因为黏着力随温度增加而降低（蠕变则减少）。

2) 当冻土层较厚（＞20m）、年平均地温较低、室内采暖温度不高和占地面积不大时，可保持地基土处于冻结状态。

3) 当冻土温度不稳定、建筑物将散放较大热量、地基土融沉及压缩变形较大时，可允许地基土逐渐融化。

4) 在冻土地区采用桩基时，除进行常规的桩基验算外，还应进行桩的抗拔验算。

(2) 季节性冻土

季节性冻土中桩基设计主要应考虑冻胀引起的基桩抗拔稳定性问题，避免冻胀力作用下产生上拔变形。因此，对于荷载不大的多层建筑桩基的桩端进入冻深线以下一定深度，设计冻深应按式（6-56）进行计算。

$$z_d = z_0 \cdot \psi_{zs} \cdot \psi_{zw} \cdot \psi_{ze} \tag{6-56}$$

式中　z_d——设计冻深，若当地有多年实测资料时，$z_d = h' - \Delta z$，h' 和 Δz 分别为实测冻土层厚度和地表冻胀量；

　　　z_0——标准冻深，采用在地表平坦、裸露、城市之外的空旷场地中不少于 10 年实测最大冻深的平均值；

ψ_{zs}——土的类别对冻深的影响系数，可按表 6-13 取值；

ψ_{zw}——土的冻胀性对冻深的影响系数，可按表 6-14 取值；

ψ_{ze}——环境对冻深的影响系数，可按表 6-15 取值。

土的类别对冻深的影响系数 ψ_{zs} 表 6-13

土的类别	影响系数 ψ_{zs}	土的类别	影响系数 ψ_{zs}
黏性土	1.00	中、粗、砾砂	1.30
细砂、粉砂、粉土	1.20	碎石土	1.40

土的冻胀性对冻深的影响系数 ψ_{zw} 表 6-14

冻胀性	影响系数 ψ_{zw}	冻胀性	影响系数 ψ_{zw}
不冻胀	1.00	强冻胀	0.85
弱冻胀	0.95	特强冻胀	0.80
冻胀	0.90		

环境对冻深的影响系数 ψ_{ze} 表 6-15

周围环境	影响系数 ψ_{ze}	周围环境	影响系数 ψ_{ze}
村、镇、旷野	1.00	城市市区	0.90
城市近郊	0.95		

注：环境影响系数一项，当城市市区人口为 20 万~50 万时，按城市近郊取值；当城市市区人口大于 50 万小于或等于 100 万时，按城市市区取值；当城市市区人口超过 100 万时，按城市市区取值，5km 以内的郊区应按城市近郊取值。

（3）冻土中桩基设计一般应遵循以下原则：

1）桩端进入冻深线以下深度应通过抗拔稳定性验算确定，且不得小于 4 倍桩径及 1 倍扩大端直径，最小深度应大于 1.5m。

2）为减少和消除冻胀对建（构）筑物桩基的作用，宜采用钻、挖孔（扩底）灌注桩。

3）确定桩基竖向承载力时，除不计入冻胀深度范围内的桩侧阻力外，还应考虑地基土的冻胀作用，验算桩基的抗拔稳定性和桩身受拉承载力。

4）为消除桩基受冻胀作用的危害，可在冻胀深度范围内沿桩周及承台作隔冻、隔胀处理。

6.12.5　膨胀土中桩基设计原则

膨胀土中桩基设计主要应考虑膨胀对于基桩抗拔稳定性问题，避免膨胀力作用下产生上拔变形，乃至因累积上拔变形而引起建筑物开裂。因此，对荷载不大的多层建筑桩基设计应考虑以下因素：

（1）桩端进入膨胀土的大气影响急剧层以下一定深度。

（2）宜采用无挤土效应的钻、挖孔桩。

（3）对桩基的抗拔稳定性和桩身受拉承载力进行验算。

（4）对承台和桩身上部采取隔胀处理。

膨胀土中的桩基设计时一般应遵循以下原则：

（1）桩端进入膨胀土的大气影响急剧层以下的深度应满足抗拔稳定性验算要求，且不得小于4倍桩径及1倍扩大端直径，最小深度应大于1.5m。

（2）为减小和消除膨胀对建筑物桩基的作用，宜采用钻、挖孔（扩底）灌注桩。

（3）确定基桩竖向极限承载力时，除不计入膨胀深度范围内桩侧阻力外，还应考虑地基土的膨胀作用，验算桩基的抗拔稳定性和桩身受拉承载力。

（4）为消除桩基受膨胀作用的危害，可在膨胀深度范围内，沿桩周及承台作隔胀处理。

6.12.6 岩溶地区桩基设计原则

岩溶地区基岩表面起伏大，溶沟、溶槽、溶洞较发育，无风化岩层覆盖等特点，桩基设计时应考虑以下因素：

（1）基桩选型和工艺宜采用钻、冲孔灌注桩，以利于嵌岩。

（2）应控制嵌岩最小深度，以确保倾斜基岩上基桩的稳定。

（3）当基岩的溶蚀极为发育，溶沟、溶槽、溶洞密布，岩面起伏很大，而上覆土层厚度较大时，考虑到嵌岩桩桩长变异性过大，嵌岩施工难以实施，也可采用较小桩径（直径500～700mm）密布非嵌岩桩，并采用后注浆技术，形成整体性和刚度很大的块体基础。

岩溶中桩基设计时应遵循以下原则：

（1）岩溶地区的桩基，宜采用钻、冲孔桩。当单桩荷载较大，岩层埋深较浅时，宜采用嵌岩桩。

（2）桩端置于倾斜基岩面上的嵌岩桩，桩端应全截面嵌入基岩，最小嵌岩深度不宜小于0.4倍桩径，且不宜小于0.5m。

（3）当岩面较为平整且上覆土层较厚时，嵌岩深度宜为0.2倍桩径且不小于0.2m；当基岩面起伏很大且埋深较大时，可采用较小桩径、小桩距的后注浆非嵌岩摩擦型灌注桩。

6.13 后注浆桩设计

实践证明，后注浆技术是一种提高桩竖向承载力减少群桩不均匀沉降的有效技术。该技术在持力层为卵砾石层、粗砂层、粉砂层的桩中应用时效果较好，承载力提高幅度较高。后注浆技术在持力层为基岩、黏土层的桩中应用时其作用主要是固化桩端沉渣减小变形。后注浆桩设计的关键是注浆方案的设计、注浆头的设计、注浆量与注浆压力的设计及注浆后桩承载力的设计等。上述内容将在本书第8章进行详述，此处不再赘述。

6.14 桩土复合地基设计

6.14.1 桩土复合地基的概念

桩土复合地基一般是指由两种刚度不同的材料（不同刚度的加固桩体和桩间土）组成，共同分担上部荷载并协调变形的人工地基。一般是在天然地基中设置碎石、砂砾等散粒材料或其他材料组成的群桩，桩体和桩间土构成复合地基的加固区，即复合土层。常见复合地基有砂桩、碎石桩、土桩、灰土桩、石灰桩、深层搅拌桩、旋喷桩和树根桩等。

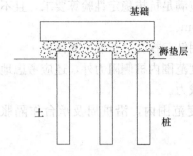

图 6-23 柔性桩复合地基结构

桩土复合地基中的独立桩体，其顶部不与基础连接，桩体与浅基础间通过褥垫层过渡（图 6-23）。褥垫层可采用中、粗、砾砂、碎石、卵石等散体材料。复合地基的褥垫层可调节桩土相对变形，避免荷载引起桩体应力集中，有效保证桩体正常工作。

桩土复合地基与天然地基同属地基范畴，但由于复合地基中桩体的存在，使其区别于天然地基。桩体与桩间土共同承担荷载的特性，又使其不同于桩基础。与原天然地基相比，复合地基承载力较大，沉降量较小。

桩体在复合地基中的作用主要有：

（1）挤密作用

砂桩、碎石桩、土桩、石灰桩等施工过程中振动、挤压、排土等会对桩间土起到一定挤密作用。

（2）传递荷载作用

复合地基中独立桩体与桩间土共同工作。在刚性基础下，桩体和桩间土沉降应相等。由于桩体刚度比桩周土体刚度大，刚性基础底面发生等量变形时，地基中应力将重新分配。桩体产生应力集中而桩间土应力降低，即桩体承担较大比例的荷载，复合地基中的桩体将所分担的荷载传递到较深土层，使上层地基土（加固区）中附加应力减小，而深层地基土（加固区下卧层）中附加应力相对增大。复合地基的承载力和整体刚度高于原地基，沉降量有所减少。

（3）加速排水固结作用

砂桩、碎石桩具有良好的透水性，可有效缩短排水距离，加速桩间土的排水固结，使复合地基承载力提高。

（4）加筋作用

复合地基中的桩体还有加筋作用，能提高土体的抗剪强度，增加土坡的抗滑能力，可有效提高地基稳定性和整体强度，并使复合土体具有较高的变形模量，从而有效减小土层的压缩量。

根据桩体材料、桩体强度与承载力，复合地基可分为四种类型，见表 6-16。

复合地基分类 表 6-16

分类方法		类　　型
桩体材料	散体桩复合地基	振冲桩，砂石桩
桩体强度与承载力	低黏结强度桩复合地基	石灰桩、灰土桩、水泥搅拌桩
	中等黏结强度桩复合地基	夯实水泥土桩
	高黏结强度桩复合地基	CFG 桩（水泥粉煤灰碎石桩）、素混凝土桩

6.14.2 柔性桩复合地基破坏模式

因桩体刚度不同，复合地基中桩、土荷载分担比例不同，地基中应力最大区域的位置是不同的。

（1）由于散体桩的桩体强度有限，而经过挤压的桩间土强度有所提高，故桩、土间的应力差异较小，桩体和桩间土承担的荷载相差不多，地基中的主要受力区与天然地基相似，即地基中的主要受力区位于基础底面处，且超出基础宽度较多（图6-24）。

（2）刚性桩强度与刚度较高，桩体承担大部分基础荷载，桩间土分担的荷载较少。荷载沿桩体下传，桩间土中应力随深度增加而增大。桩底以下土体为主要受力区，因桩底轴力全部传递到土体系中，桩底以下土中应力分布状态与天然地基相近。刚性桩将土的主要受力区推深到刚性桩以下（图6-25）。

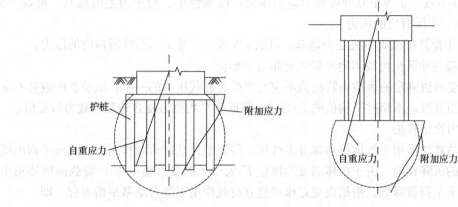

图6-24　散体桩主要受力区　　　　图6-25　刚性桩主要受力区

柔性桩（半刚性桩）则介于散体桩与刚性桩之间，地基主要受力区可能在加固深度中间，或接近基底或接近桩底，视桩长与桩、土应力比的不同而变化。

6.14.3　桩土复合地基设计

按承载力要求复合地基设计方法主要有荷载试验法、应力比估算法和面积比估算法。

（1）荷载试验法

复合地基荷载试验用于测定承压板下应力影响范围内复合土层的承载力和变形参数。复合地基载荷试验承压板应具有足够的刚度。单桩复合地基荷载试验的承压板可为圆形或方形，面积为一根桩承担的处理面积；多桩复合地基荷载试验的承压板可为方形或矩形，其尺寸按实际桩数所承担的处理面积确定。桩的中心（或形心）应与承压板中心保持一致，并与荷载作用点相重合。

1）当载荷试验中出现下列现象之一时可终止试验：

① 沉降急剧增大，土被挤出或承压板周围出现明显的隆起。

② 承压板的累计沉降量已大于其宽度或直径的6%。

③ 当达不到极限荷载，而最大加载压力已大于设计要求压力值的2倍。

2）复合地基承载力特征值应按下述方法确定：

① 当压力-沉降曲线上极限荷载可以确定，而其值不小于对应比例界限的2倍时，可取比例界限；当其值小于对应比例界限的2倍时，可取极限荷载的一半。

② 当压力—沉降曲线是平缓的光滑曲线时，可按相对变形值确定。具体取值方法如下：

a. 砂石桩、振冲桩复合地基或强夯置换墩：以黏性土为主的地基，可取 s/b 或 s/d 等于0.015所对应的压力（s 为载荷试验承压板的沉降量；b 和 d 分别为承压板宽度和直径，当其值大于 2m 时，按 2m 计算）；以粉土或砂土为主的地基，可取 s/b 或 s/d 等于 0.01 所对应的压力。

b. 土挤密桩、石灰桩或柱锤冲扩桩复合地基：可取 s/b 或 s/d 等于 0.012 所对应的压力。

c. 灰土挤密桩复合地基：可取 s/b 或 s/d 等于 0.008 所对应的压力。

d. 水泥粉煤灰碎石桩或夯实水泥土桩复合地基：以卵石、圆砾、密实粗中砂为主的地基，可取 s/b 或 s/d 等于 0.008 所对应的压力；以黏性土、粉土为主的地基，可取 s/b 或 s/d 等于 0.01 所对应的压力。

e. 水泥土搅拌桩或旋喷桩复合地基：可取 s/b 或 s/d 等于 0.006 所对应的压力。

f. 有经验的地区也可按当地经验确定相对变形值。

按相对变形值确定的承载力特征值不应大于最大加载压力的一半。试验点的数量不应少于 3 点，当其极差不超过平均值的 30% 时，可取其平均值为复合地基承载力特征值。

(2) 应力比估算法

应力比估算法适用于散体桩和部分柔性桩，假设刚性基础荷载作用下，基底平面内桩体和桩间土的沉降相同，由于桩体的变形模量 E_p 大于土的变形模量 E_s，荷载向桩体集中而导致桩间土上荷载降低。根据虎克定律可建立荷载作用下复合地基平衡方程。即：

$$R_a = \sigma_p A_p + \sigma_s A_s \tag{6-57}$$

$$R_a = \sigma_{sp} A \tag{6-58}$$

$$\sigma_{sp} A = \sigma_p A_p + \sigma_s A_s \tag{6-59}$$

式中，σ_{sp} 为作用于复合地基的应力；σ_p 为作用于桩体的应力；σ_s 为作用于桩间土的应力；A 为桩土总面积；A_p 为桩体面积；A_s 为土体面积；R_a 为单桩竖向承载力。

将桩土应力比 $n = \sigma_p/\sigma_s$，面积置换率 $m = A_p/A$ 代入上述公式可得：

$$\sigma_{sp} = \frac{m(n-1)+1}{n}\sigma_p \tag{6-60}$$

$$\sigma_{sp} = [m(n-1)+1]\sigma_s \tag{6-61}$$

由散体材料形成的散体桩复合地基的承载力计算中，根据桩土间应变协调条件，桩土应力比 n 即为桩土材料的模量比，即 $n = E_p/E_s$。当式 (6-57) 中复合地基的桩体和桩间土承载力同时发挥时，桩土应力比即为增强体和基体的承载力之比，即 $n = f_p/f_s$。复合地基的极限承载力 f_{sp} 可用式 (6-62) 和式 (6-63) 计算。

$$f_{sp} = \frac{m(n-1)+1}{n}f_p \tag{6-62}$$

$$f_{sp} = [m(n-1)+1]f_s \tag{6-63}$$

式中，f_{sp} 为复合地基的极限承载力；f_p 为桩体的极限承载力；f_s 为桩间土的极限承载力。

何时采用式 (6-61) 和式 (6-62)，取决于复合地基的破坏状态。若桩体破坏，桩间土未破坏可用式 (6-62) 计算 f_{sp}；若桩间土破坏，桩体未破坏则用式 (6-63) 计算 f_{sp}。

应力比 n 是复合地基设计的重要计算参数，目前还没有成熟的计算方法，多用经验法估计。桩间土极限承载力 f_p 应尽量通过原位静荷载试验或其他原位测试法（如十字板试验，静、动力触探试验等）确定。

（3）面积比估算法

面积比估算法适用于刚性桩和部分半刚性桩，为避免 n 值确定时的困难，仅考虑面积比 $m=A_p/A$，假定地基破坏状态是桩体与桩间土同时破坏。此时可建立面积比计算公式（6-64）。即：

$$f_{sp} = mf_p + (1-m)f_s \qquad (6-64)$$

式（6-64）可修正为：

$$f_{sp} = mf_p + \beta(1-m)f_s \qquad (6-65)$$

式中，β 为桩间土承载力折减系数，由试验或地区经验确定。桩端土承载力小于等于桩侧土承载力（桩端为软土）时，取 $\beta=0.5\sim1.0$；桩端土承载力大于桩侧土的承载力（桩端为硬土）时，取 $\beta=0.1\sim0.4$；不考虑桩间软土作用时，取 $\beta=0$。

桩体单位面积极限承载力可用式（6-66）计算。即：

$$f_p = \frac{R_a}{A_p} \qquad (6-66)$$

将式（6-66）代入式（6-65）可得：

$$f_{sp} = m\frac{R_a}{A_p}f_p + \beta(1-m)f_s \qquad (6-67)$$

单桩竖向承载力 R_a 应通过现场单桩载荷试验确定或取式（6-68）和式（6-69）计算结果中的较小值。

$$R_a = \eta f_{cu}A_p \qquad (6-68)$$

$$R_a = \pi d \sum_{i=1}^{n_s} h_i q_{si} + \alpha A_p q_p \qquad (6-69)$$

式中　f_{cu}——桩身试块（边长为 70.7mm 的立方体）的无侧限抗压强度平均值；

　　　　d——桩的平均直径；

　　　　n_s——桩长范围内所划分的土层数；

　　　　h_i——桩周第 i 层土的厚度；

　　　　q_{si}——桩周第 i 层土的平均摩阻力；

　　　　q_p——桩端天然地基土的承载力；

　　η、α——折减系数。

（4）振冲桩设计

振冲桩适用于处理不排水抗剪强度小于 20MPa 的黏性土、粉土、饱和黄土和人工填土等地基及砂土、粉土等地基。

1）设计布置原则

桩位布置：对大面积满堂处理宜用等边三角形；对独立基础或条形基础宜采用正方形，也可用等腰三角形和矩形布置。

桩间距：根据荷载大小和原土层的抗剪强度确定，可取 $1.5\sim2.0$m。荷载较大、抗剪强度较低时采用较小的间距；反之，宜取较大间距。对桩端未达到相对硬层的桩，应取小间距。

桩长：当相对硬层的埋深不大时，应按硬层埋深确定桩长，当相对硬层埋深较大时，应按建筑物地基的变形允许值确定桩的长度；桩长不宜短于4m，在可液化的地基中，桩长应按要求的抗震处理深度确定。桩顶部应铺设一层200～500mm厚的碎石垫层。

桩径：可按每根桩所用的填料量计算，常取0.8～1.2m。

2）承载力确定

振冲桩处理后的复合地基，其承载力特征值应按现场载荷试验确定，也可用单桩和桩间土的荷载试验按式（6-70）估算：

$$f_{sp,k} = mf_{p,k} + (1-m)f_{s,k} \tag{6-70}$$

式中　$f_{sp,k}$——复合地基的承载力特征值；

　　　$f_{p,k}$——桩体的单位截面积承载力特征值；

　　　$f_{s,k}$——桩间土的承载力特征值。

面积置换率 m 可用式（6-71）计算。

$$m = \frac{d^2}{d_e^2} \tag{6-71}$$

式中　d——桩的直径；

　　　d_e——等效影响圆的直径，等边三角形布置，$d_e = 1.05S$；正方形布置，$d_e = 1.13S$；矩形布置，$d_e = 1.13\sqrt{S_1 S_2}$，其中 S、S_1、S_2 分别为桩的间距、纵向间距和横向间距。

（5）灰土挤密桩设计

灰土挤密桩适用于处理地下水位以上的湿陷性黄土、素填土和杂填土地基，处理深度一般为5～15m。当以消除地基的湿陷性为主要目的时，宜采用土挤密桩法；当以提高地基承载力或水稳性为主要目的时，宜选用灰土挤密桩法；当地基土的含水量大于23％及其饱和度大于0.65时，不宜选用上述方法。

1）设计布置原则

桩孔直径宜为300～600mm，可根据所选用的成孔设备和成孔方法确定。桩宜按三角形布置，其间距可按式（6-72）计算。

$$S = 0.95\sqrt{\frac{\overline{\lambda}_c \rho_{dmax}}{\overline{\lambda}_c \rho_{dmax} - \overline{\rho}_d}} \tag{6-72}$$

式中，S 为桩间距；d 为桩孔直径；ρ_{dmax} 为桩间土的最大干密度；$\overline{\rho}_d$ 为地基土挤密前的平均干密度；$\overline{\lambda}_c$ 为地基土挤密后桩间土平均压实系数。

采用压实系数控制土或灰土的夯实质量。当用素土回填夯实时，$\overline{\lambda}_c$ 不应小于0.95；当用灰土回填夯实时，$\overline{\lambda}_c$ 不应小于0.97；灰与土的体积配合比宜为2：8或3：7。

2）承载力确定

土或灰土挤密桩法处理地基承载力特征值应通过原位测试或结合当地经验确定。当无试验资料时，土挤密桩地基承载力特征值不应大于处理前的1.4倍，且不大于180kPa；灰土挤密桩地基承载力特征值不应大于处理前的2倍，且不应大于250kPa。

（6）砂石桩设计

砂石桩法适用于处理松散砂土、素填土和杂填土等地基。用砂石桩挤密素填土和杂填土或处理饱和黏性土等地基时尚应符合上述土或灰土桩挤密法的有关规定。

1）设计布置原则

砂石桩宜采用三角形或正方形布置形式。砂石桩直径可取 300~800mm，根据土质情况和成桩设备等确定，饱和黏性土地基中宜选用较大的直径。

砂石桩间距应通过现场试验确定。粉土和砂土地基中砂石桩间距不宜大于砂石桩直径的 4.5 倍；黏性土地基中砂石桩间距不宜大于砂石桩直径的 3 倍。

在有经验的地区，砂石桩间距可按下述公式计算。

① 松散砂土地基

等边三角形布置时：

$$S = 0.95 \xi d \sqrt{\frac{1+e_0}{e_0 - e_1}} \tag{6-73}$$

正方形布置时：

$$S = 0.89 \xi d \sqrt{\frac{1+e_0}{e_0 - e_1}} \tag{6-74}$$

$$e_1 = e_{max} - D_{r1}(e_{max} - e_{min}) \tag{6-75}$$

式中 S——砂石桩间距；

d——砂石桩直径；

ξ——修正系数，当考虑振动下沉密实作用时，取 $\xi = 1.1 \sim 1.2$；不考虑振动下沉密实作用时，取 $\xi = 1.0$；

e_0——地基处理前砂土的孔隙比，可按原状土样试验确定，也可通过动力或静力触探等对比试验确定；

e_1——地基处理后砂土的孔隙比；

e_{max}、e_{min}——分别为砂土最大和最小孔隙比，可按《土工试验方法标准》GB/T 50123 中的有关规定确定；

D_{r1}——地基挤密后要求砂土达到的相对密实度，可取 0.70~0.85。

② 黏性土地基

等边三角形布置时：

$$S = 1.08 \sqrt{A_c} \tag{6-76}$$

正方形布置时：

$$S = \sqrt{A_c} \tag{6-77}$$

式中，A_c 为 1 根砂石桩承担的处理面积，$A_c = A_p/m$，其中 A_p 为砂石桩的横截面积；m 为面积置换率。

砂石桩的处理深度：当地基中松软土层不厚时，砂石桩宜穿越松软土层；当松软土层较厚时，桩长应根据建筑地基的允许变形值确定；对可液化砂层、桩长应穿透可液化层或按《建筑抗震设计规范》GB 50011 中的有关规定执行。

砂石桩的砂石填量是控制砂石桩质量的重要指标。砂石桩孔砂石填量可由式（6-78）确定。

$$S = \frac{A_p L d_s}{1 + e_1}(1 + 0.01w) \tag{6-78}$$

式中，S 为砂石填量（以重量计）；A_p 为砂石桩的横截面积；L 为桩长；d_s 为砂石桩砂石料的相对密度；w 为砂石料含水量（％）。

桩孔内填料宜采用砾砂、粗砂、中砂、圆砾、卵石、碎石等。填料中含泥量不得大于 5％，且不宜含有大于 50mm 的颗粒。

2）承载力确定

砂石桩复合地基承载力特征值应根据现场载荷试验确定，也可按照下述方法确定：

① 对于砂石桩处理的复合地基，可根据单桩和桩间土的荷载试验按式（6-70）计算；

② 对于砂石桩处理的砂土地基，可根据挤密后的密实状态，按《建筑地基基础设计规范》GB 50007 中的有关规定确定。

（7）深层搅拌桩

深层搅拌桩采用水泥粉或水泥浆与原状土搅拌成桩，水泥掺入量一般为 12％～20％，常掺入早强剂石膏和减水剂。深层搅拌桩适用于加固淤泥、淤泥质土等软黏土地基，加固深度可达 15m。对含石块（粒径大于 100mm）、树根或生活垃圾的人工填土中不宜采用深层搅拌桩。当深层搅拌桩用于处理泥炭或地下水具有侵蚀性时，宜通过试验确定其适用性并掺入合理的添加剂。搅拌桩常用于深基坑止水帷幕桩。

1）设计布置原则

根据上部结构对变形的要求，深层搅拌桩的平面布置可采用柱状、壁状、格栅状、块状等处理形式。一般只需在上部结构的基础范围内布桩，其桩数 n 为：

$$n = \frac{mA}{A_p} \tag{6-79}$$

式中，n 为桩数；A 为基础底面积。

若为柱状处理可采用正方形或等边三角形布桩形式。

2）承载力确定

深层搅拌法处理后复合地基承载力特征值应通过现场复合地基载荷试验确定，也可按式（6-80）估算。

$$f_{sp,k} = m \frac{R_k^d}{A_p} + \beta(1-m) f_{s,k} \tag{6-80}$$

式中　$f_{sp,k}$——复合地基承载力特征值；

　　　$f_{s,k}$——桩间土承载力特征值；

　　　m——面积置换率；

　　　A_p——桩的横截面积；

　　　β——桩间土承载力折减系数，当桩端为软土时，取 $\beta=0.5\sim1.0$；当桩端为硬土时，取 $\beta=0.1\sim0.4$；当不考虑桩间软土时，可取 $\beta=0$；

　　　R_k^d——单桩竖向承载力特征值。

单桩竖向承载力特征值 R_k^d 应通过现场单桩载荷试验确定或取式（6-81）和式（6-82）计算结果中的较小值。

按桩材确定：

$$R_k^d = \eta f_{cu,k} \cdot A_p \tag{6-81}$$

按土质确定：

$$R_k^d = \bar{q}_s U_p L + a A_p q_p \tag{6-82}$$

式中 $f_{cu,k}$ ——与搅拌桩桩身加固土配合比相同的室内加固土试块或现场搅拌桩取芯试块 28 天无侧限抗压强度的平均值；

η ——强度折减系数，可取 $\eta = 0.35 \sim 0.50$；

$\bar{q}_s$ ——桩周土平均摩阻力，对于淤泥可取 $5 \sim 8kPa$，对于淤泥质土可取 $8 \sim 12kPa$，对饱和黏性土可取 $12 \sim 15kPa$；

U_p ——桩的周长；

L ——桩长；

q_p ——桩端天然地基土承载力特征值；

a ——桩端天然地基土承载折减系数，可取 $a = 0.4 \sim 0.6$。

(8) 高压旋喷注浆桩

高压旋喷注浆桩采用高压将水泥浆与土体搅拌成桩，适用于处理淤泥、淤泥质土、黏性土、粉土、砂土、黄土、人工填土和碎石土等地基。若土中含有较多大块石、大量植物根茎或有机物较多时，应根据现场试验确定高压旋喷注浆桩的适用性。

高压喷射注浆法还可用于既有建筑和新建建筑的地基处理、大坝的加固、深基坑的侧壁挡土或挡水、基坑底部加固（防止管涌与隆起）等。

高压喷射注浆法的注浆方式分旋喷注浆、定喷注浆、摆喷注浆三种类型。

根据工程需要和机具条件可采用下述施工方法：

单管法：单独喷射一种水泥浆液介质；

二重管法：同轴复合喷射高压水泥浆液和压缩空气二种介质；

重管法：同轴喷射高压水流、压缩空气和水泥浆液等三种介质。

1) 设计布置原则

高压旋喷注浆法处理的地基宜按复合地基设计。当高压旋喷注浆法桩用作挡土结构或柱基时，可按其独立承担荷载计算。

旋喷桩的强度和直径，应通过现场试验确定，也可参考表 6-17 选用。

高压旋喷桩直径选用表（m）   表 6-17

土质	方法	单管法	二重管法	三重管法
黏性土	$0<N<5$	$0.6 \sim 0.9$	$0.8 \sim 1.2$	$1.2 \sim 1.8$
黏性土	$0<N<10$	$0.5 \sim 0.8$	$0.7 \sim 1.1$	$1.0 \sim 1.6$
黏性土	$11<N<20$	$0.4 \sim 0.6$	$0.6 \sim 0.9$	$0.7 \sim 1.2$
砂土	$0<N<20$	$0.8 \sim 1.1$	$1.1 \sim 1.5$	$1.7 \sim 2.3$
砂土	$11<N<20$	$0.6 \sim 1.0$	$0.9 \sim 1.3$	$1.2 \sim 1.8$
砂土	$21<N<30$	$0.4 \sim 0.8$	$0.8 \sim 1.2$	$0.9 \sim 1.5$
砂砾	$20<N<30$	$0.4 \sim 0.9$	$0.8 \sim 1.2$	$0.9 \sim 1.5$

注：1. N 为标贯击数。

2. 定喷和摆喷的有效长度为旋喷直径的 1.0～1.5 倍。

3. 旋喷桩加固强度，在黏土中可达 2～5MPa，砂土中可达 4～10MPa。

2) 承载力确定

旋喷桩复合地基承载力特征值应通过现场载荷试验确定，也可按式（6-83）计算或结合当地情况及相似工程经验确定。

$$f_{sp,k} = \frac{1}{A_e}\left[R_k^d + \beta f_{s,k}(A_e - A_p)\right] \tag{6-83}$$

式中 $f_{sp,k}$——复合地基承载力特征值；

$\quad\quad f_{s,k}$——桩间天然地基土承载力特征值；

$\quad\quad A_e$——1 根桩承担的处理面积；

$\quad\quad A_p$——桩的平均横截面积；

$\quad\quad \beta$——桩间天然地基土承载力特征值折减系数，可根据试验确定，在无试验资料时，可取 $\beta=0.2\sim0.6$，当不考虑桩间软土作用时，可取 $\beta=0$；

$\quad\quad R_k^d$——单桩竖向承载力特征值。

单桩竖向承载力特征值 R_k^d 应通过现场单桩载荷试验确定或取式（6-84）和式（6-85）计算结果中的较小值。

按桩材确定：

$$R_k^d = \eta f_{cu,k} \cdot A_p \tag{6-84}$$

按土质确定：

$$R_k^d = \pi d \sum_{i=1}^{n_s} h_i q_{si} + A_p q_p \tag{6-85}$$

式中 $f_{cu,k}$——桩身试块（边长为 70.7mm 的立方体）无侧限抗压强度平均值；

$\quad\quad \eta$——强度折减系数，可取 0.35~0.50；

$\quad\quad h_i$——桩周第 i 层土的厚度；

$\quad\quad d$——桩的平均直径；

$\quad\quad n_s$——桩长范围内所划分的土层数；

$\quad\quad q_{si}$——桩周第 i 层土桩周摩阻力特征值，可采用灌注桩侧壁摩阻力特征值；

$\quad\quad q_p$——桩端天然地基土的承载力特征值，可按《建筑地基基础设计规范》GB 50007 中的有关规定确定。

6.15 刚柔复合桩基设计

6.15.1 刚柔复合桩基设计思路

深厚软土地区，对于荷载不大的多层和小高层住宅多采用普通桩基础，由于桩型一般为摩擦灌注桩，单桩承载力低，所以布桩数量多，桩间距小，易破坏软土的结构性，造成桩承载力下降和灌注桩缩径、断桩、偏位等桩身质量问题。为克服上述问题，提出了刚性桩与柔性桩相结合的设计思路。刚性桩与柔性桩在平面上间隔交叉布置（图 6-26 和图 6-27），该种布桩模式下刚性桩桩间距比原布桩桩间距增大一倍，施工效应减少。同时采用刚性桩（混凝土长桩）施工至低压缩性的持力层控制沉降，采用柔性桩（水泥搅拌桩短桩）协调变形。刚柔复合桩基也称长短桩复合地基。刚柔复合桩中刚性桩不与刚性基础直接接触，而通过碎石混凝土混合垫层和混凝土垫层直接接触并协调变形，并通过刚性基础平衡应力。因此，对于多层和小高层主楼基础与地下车库基础一体的建筑刚柔复合桩基适用性较好且具有较好的经济性。

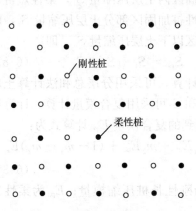

图 6-26 刚柔复合桩平面布置图

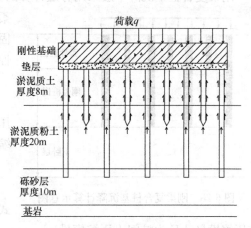

图 6-27 刚柔复合桩剖面布置图

6.15.2 刚柔复合桩承载力计算

刚柔复合桩适用的地质条件一般上部为深厚软土层，软土层下为一定厚度的低压缩土层且无软弱下卧层，低压缩土层可作为桩端持力层。是否适合采用刚柔复合桩基，除与地质条件有关外，还受上部结构荷载水平的影响。荷载较小时可采用柔性桩复合地基；荷载较大时考虑桩间土的承载力效果不明显，此时需采用大直径长刚性桩基础；中等荷载水平下有地下室底板的多层小高层，采用刚柔复合桩基的效果显著。

刚柔复合桩基承载力计算思路与一般复合地基承载力计算思路相同。首先分别计算刚性长桩部分承载力、柔性短桩部分承载力和桩间土承载力，然后根据一定的原则叠加形成复合地基承载力。

长短桩复合地基承载力特征值为：

$$f_{\mathrm{ck}} = m_1 \frac{R_{\mathrm{k1}}}{A_{\mathrm{p1}}} + \lambda_1 m_2 \frac{R_{\mathrm{k2}}}{A_{\mathrm{p2}}} + \lambda_2 (1 - m_1 - m_2) f_{\mathrm{sk}} \tag{6-86}$$

式中　f_{ck}——刚柔复合桩基承载力特征值；

　　　f_{sk}——桩间土承载力特征值；

　m_1、m_2——刚性长桩和柔性短桩的置换率；

　R_{k1}、R_{k2}——刚性长桩和柔性短桩单桩承载力特征值；

　A_{p1}、A_{p2}——刚性长桩和柔性短桩的横截面积；

　λ_1、λ_2——柔性短桩和桩间土的强度发挥系数。

为保证建筑物的安全，刚柔复合桩基的实际承载力特征值应大于上部荷载效应标准组合作用下的承载力值。需要说明的是，刚性长桩和柔性短桩的单桩承载力特征值宜采用单桩或四桩承台的静载试验确定。

刚柔复合桩基破坏时，刚性长桩先达到极限承载力，此时，柔性短桩和桩间土承载力尚未得到充分发挥。式（6-86）中 λ_1 和 λ_2 取值可通过试验资料反分析和工程实践经验确定。

6.15.3 刚柔复合桩基沉降计算

刚柔复合桩基沉降一般采用分层计算的方法（图6-28）。总沉降量 S_{rs} 由三部分组成：柔性短桩加固区内土层压缩量 S_1，柔性短桩加固区以下刚性桩加固区部分土层压缩量 S_2，刚性长桩加固区以下土层压缩量 S_3。即：

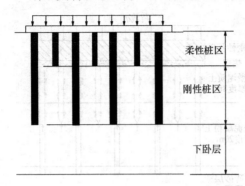

图 6-28　刚柔复合桩基沉降计算示意图

$$S_{rs} = S_1 + S_2 + S_3 \qquad (6\text{-}87)$$

为简化计算，可采用分层总和法计算土层压缩量，S_1 和 S_2 可采用复合模量计算。计算压缩量 S_1 时用到的复合模量 E_{cs1} 计算式为：

$$E_{cs1} = m_1 E_{p1} + m_2 E_{p2} + (1 - m_1 - m_2) E_s \qquad (6\text{-}88)$$

式中，E_{p1} 为刚性长桩压缩模量；E_{p2} 为柔性短桩压缩模量；E_s 为桩间土压缩模量。

计算压缩量 S_2 时用到的复合模量 E_{cs2}：

$$E_{cs2} = m_1 E_{p1} + (1 - m_1) E_s \qquad (6\text{-}89)$$

若刚柔复合桩基设置垫层，还需考虑垫层的压缩量。若垫层压缩量较小，可忽略不计。

6.15.4 褥垫层设计

刚柔复合桩基中刚性桩、柔性桩和基底土体共同承担上部荷载。刚性桩的刚度远大于柔性桩和基底土体，基础底板应力集中现象明显，在基础底板下设置褥垫层，可调节基础底板的应力分布。褥垫层的设计，主要包括三个方面内容：即垫层的模量、厚度和材料。

（1）垫层模量的确定

根据有限元对垫层模量的分析结果可知，褥垫层的模量对桩土荷载的分担有着良好的调节作用，随着褥垫层模量的增大，调节幅度逐渐减小。实际工程中应选择一适当的褥垫层模量以满足工程需要。

（2）垫层厚度的确定

褥垫层厚度对复合地基性状的影响较大。荷载作用下，桩土应力比（定义为复合地基中桩体竖向平均应力与桩间土竖向应力比值）反映了复合地基中桩、土荷载分担比例。垫层的效果越好，桩与土的应力越均匀，即桩土应力比越小。因柔性桩变形与桩间土基本协调，其应力比接近模量比，可不予讨论。

图6-29表示刚性桩不同褥垫厚度时桩土应力比曲线。由图6-29可知，当垫层厚度小于200mm时，其厚度的减小对桩土应力比的影响较大；当垫层厚度大于400mm时，其厚度的增加对桩土应力比的调节作用不大。可见，存在一最佳褥垫层厚度，使得刚性桩能充分减小应力集中的程度。由有限元计算结果可初步确定垫层厚度为200～450mm时是较适宜的。

（3）褥垫层材料

杭州市白荡海小区开展了不同褥垫层材料的复合桩基现场静载荷试验。一种褥垫层设置为：桩间土上放置200mm的嵌桩石与桩顶平，在嵌桩石上设置300mm的砂褥垫层；另一种褥垫层设置为：将嵌桩石改为碎石、毛片、砂混合垫层（厚约20cm），同时上部砂

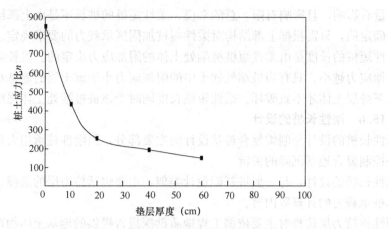

图 6-29　垫层厚度对桩土应力比的影响

垫层改为混合垫层（厚约 15cm），混合垫层上设置厚约 10cm 的 C10 素混凝土垫层。复合桩基现场静载荷试验结果表明，前者复合地基承载力基本值较低，最大荷载下沉降量较大且不稳定；后者复合地基承载力较高，沉降较小。出现上述现象的主要原因是块石垫层孔隙大且砂褥垫层模量较小。垫层性质的好坏对复合地基变形的影响较大。实际工程中推荐采用碎石、毛片、砂混合垫层加素混凝土垫层，且嵌桩段以 200mm 左右为宜。

6.15.5　柔性短桩的设计

柔性短桩设计时应考虑如下要求：

（1）固化剂宜选用强度等级为 32.5 级及以上的普通硅酸盐水泥。

（2）水泥掺入量宜为被加固湿土质量的 12%～20%，水泥掺入量不同时形成水泥土的抗压强度和压缩模量会有所不同，初步设计时，可先选用 15% 的水泥掺入量进行试算，再依情况进行调整。

（3）采用深层搅拌法时，水泥浆水灰比可选用 0.45～0.55。

（4）可根据工程需要和土质条件，选用早强、缓凝、减水或节约水泥等外加剂。

在深厚软土地区，刚柔复合桩基中的柔性短桩设计时主要是确定柔性短桩置换率和长度。

（1）柔性短桩置换率

置换率主要由柔性桩和土体形成改良地基的承载力要求确定。如果要求地基达到某一承载力，结合工程地质条件，就可确定柔性短桩的置换率；若水泥搅拌桩的直径为 500mm，即可确定所需柔性短桩的数量，根据场地布桩条件，可调整桩身直径和布桩数量，直至符合场地布桩条件为止。

（2）柔性短桩桩长

柔性短桩的桩长设计是深厚软土地基中刚柔复合桩基设计的重点。一般柔性桩的设计中，除应根据上部结构对承载力和变形要求外，桩最好应穿透软弱土层达到承载力相对较高的土层。深厚软土地区，软土厚度深达 20 多米，其至达 30～40m，柔性桩不易穿过软弱土层达到承载力相对较高的土层。

已有研究表明，刚性桩复合地基加固区的沉降量较小，建筑物总沉降量主要由刚性桩桩端以下土层的压缩量决定，而不是由柔性短桩的桩长决定，柔性短桩的长度只对加固区的沉降量有影响，且影响有限。总的来说，柔性短桩的桩长不是由上部结构对建筑物变形的要求确定的，只需根据上部结构对柔性短桩加固区承载力的要求确定。

柔性短桩的长度是由柔性短桩桩端处土体的附加应力决定的。桩长越长，桩端处土体中的附加应力越小。只有当桩端处软土中的附加应力小于该土层的地基承载力，柔性短桩加固区下卧层土体才不致破坏。柔性短桩长度同时受该桩桩端处土体强度限制。

6.15.6 刚性长桩的设计

刚性长桩的设计是刚柔复合桩基设计的主要部分，因刚性桩承担大部分荷载，刚性桩长度是控制复合地基沉降的关键。

刚性长桩的设计，与一般桩基础设计类似，主要包括持力层的选择、桩径和桩长的确定、单桩承载力的计算等内容。

刚性桩持力层选择时主要依据工程地质勘探报告提供的地基土体物理和力学参数的具体情况，结合基础以上部分结构传递荷载的大小，选择合适的中等压缩性土层或低压缩性土层。

适合作为刚性桩持力层的土层不是唯一的，甚至有多个土层可供选择，选择时需考虑桩长要求。桩长越长，单桩承载力越高，所能承担的荷载越大。此外，刚性长桩的长度越长，桩端以下可压缩土层的厚度越薄，则复合地基的总沉降量越小，桩长对刚柔复合桩基的应用是否成功具有重要意义，也可通过总沉降量的要求确定桩长最小值。

刚性长桩的直径为 377～700mm，桩型一般为沉管灌注桩、钻孔灌注桩或预应力管桩。桩径选择时，应综合考虑上部荷载大小、基础承台的尺寸及布桩方式等。

与一般桩基础设计相同，刚性长桩的持力层、桩径和桩长等应综合考虑，不能片面理解为先确定什么，再确定什么，而是根据上部荷载的大小以及基础面积等约束条件，结合地质资料综合考虑，经过多次试算才能最终选择刚性长桩的各设计参数。

6.16 算 例 分 析

6.16.1 承载力验算实例

6.16.1.1 无软弱下卧层群桩基础承载力验算

某一级桩基础，承台底埋深 2.8m，承台作用竖向力 $F=3878.53$kN，弯矩 $M=320$kN·m，水平力 $H=450$kN，土层分布如图 6-30 所示。采用灌注桩基础，桩径为 0.8m，桩长为 14m，试计算桩数和验算复合基桩承载力是否满足设计要求。（假设桩身混凝土强度满足桩承载力设计要求）

【解】（1）计算单桩极限承载力标准值，拟选定承台尺寸为 4.2×4.2m²。

承台及其上覆土重为：

$$G=4.2\times4.2\times20\times2.8=987.84\text{kN}$$

采用灌注桩的桩径为 0.8m，桩长为 14m，桩端持力层为砾砂层，桩端入持力层为 0.8m，桩中心距为 2.6m。

根据图 6-30 中土参数值参考《建筑桩基技术规范》JGJ 94 可知：

粉质黏土 $q_{sik}=25$kPa，细砂 $q_{sik}=60$kPa，砾砂 $q_{sik}=120$kPa，$q_{pk}=2000$kPa，单桩极限承载力标准值为：

$$Q_{uk} = u \sum q_{sik} l_{si} + q_{pk} A_p$$
$$= \pi \times 0.8(25 \times 9.8 + 60 \times 3.4$$
$$+ 120 \times 0.8) + 2000 \times \pi \times 0.4^2$$
$$= 1369.04 + 1004.8 = 2373.84 \text{kN}$$

单桩承载力特征值为:

$$R_a = \frac{Q_{uk}}{2} = \frac{2373.84}{2} = 1186.92 \text{kN}$$

（2）按中心受压确定桩数

$$n = \frac{F + G}{R_a} = \frac{3878.53 + 987.84}{1186.92} = 4.1 \text{ 根}$$

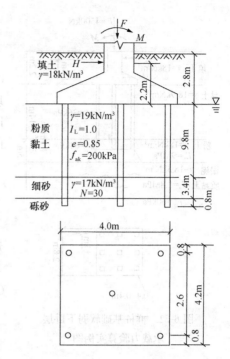

因偏心荷载，桩数增加 20%，即 $n = 4.1 \times 1.2 = 4.9$ 根，取桩数 5 根，桩平面布置见图 6-30。

（3）考虑群桩承台效应，当布桩不规则时，圆形桩的等效距径比为:

$$\frac{S_a}{d} = \frac{\sqrt{A_e}}{\sqrt{n} \times d} = \frac{\sqrt{4.2 \times 4.2}}{\sqrt{5} \times 0.8} = 2.35$$

根据《建筑桩基技术规范》JGJ 94 可知，当 $B_c/l = 4.2/14 = 0.3$ 时，承台效应系数 $\eta_c = 0.06$。

图 6-30　桩基础承载力验算实例图

承台底地基土净面积为:

$$A_c = 4.2 \times 4.2 - 5 \times 0.8^2 \frac{\pi}{4} = 15.128 \text{m}^2$$

考虑承台效应的承载力特征值为:

$$R = R_a + \eta_c f_{ak} A_c = 1186.92 + 0.12 \times 200 \times 15.128 = 1368.46 \text{kN}$$

（4）复合基桩承载力验算

群桩中单桩的平均竖向力设计值为:

$$N = \frac{F + G}{n} = \frac{3878.53 + 987.84}{5} = 973.3 \text{kN}$$

因本算例中为一级桩基，取 $\gamma_0 = 1.1$，应有:

$$\gamma_0 N \leqslant R$$

$$1.1 \times 973.3 = 1070.6 \text{kN} \leqslant R = 1368.46 \text{kN}$$

复合基桩最大竖向力设计值为:

$$N_{max} = \frac{F + G}{n} + \frac{M_y x_{max}}{\sum x_i^2} = 973.3 + \frac{(320 + 450 \times 2.2) \times 1.3}{4 \times 1.3^2} = 1225.2 \text{kN}$$

$$\gamma_0 N_{max} \leqslant 1.2 R$$

$$\gamma_0 N_{max} = 1.1 \times 1225.2 = 1347.72 (\text{kN}) \leqslant 1.2 \times 1368.46 = 1642.15 \text{kN}$$

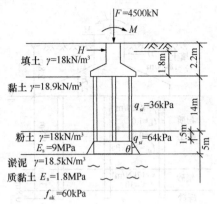

填土 $\gamma=18\mathrm{kN/m^3}$

黏土 $\gamma=18.9\mathrm{kN/m^3}$

$q_{si}=36\mathrm{kPa}$

粉土 $\gamma=18\mathrm{kN/m^3}$
$E_s=9\mathrm{MPa}$

$q_{si}=64\mathrm{kPa}$

淤泥
质黏土 $\gamma=18.5\mathrm{kN/m^3}$
$E_s=1.8\mathrm{MPa}$
$f_{ak}=60\mathrm{kPa}$

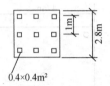

$0.4\times0.4\mathrm{m^2}$

图 6-31　群桩基础软弱下卧层
承载力验算实例图

因此，复合基桩竖向承载力满足设计要求。

6.16.1.2　群桩基础软弱下卧层承载力验算

某预制桩基础，一级建筑桩基，桩截面尺寸为 $0.4\times0.4\mathrm{m^2}$，C30 混凝土，桩长为 15.5m，承台埋深为 2.2m。群桩持力层下有淤泥质黏土软弱下卧层，土参数如图 6-31 所示。试验算软弱下卧层的承载力是否满足要求。

【解】桩端至软弱层顶面距离为：

$$t=5-1.5=3.5\mathrm{m}\geqslant0.5B_0=0.5\times2.4=1.2\mathrm{m}$$

由表 6-8 可知，$\theta=25.83°$。

将桩和桩间土看成一实体基础，地下水位位于承台底面，桩和土平均重度取 $\gamma=10\mathrm{kN/m^3}$，实体基础自重 G 为：

$$G=2.8\times2.8\times20\times2.2+2.4\times2.4\times15.5\times10$$
$$=344.96+892.8=1237.76\mathrm{kN}$$

$$\gamma_m=\frac{18\times2.2+14\times8.9+5\times8}{2.2+14+5}=9.63\mathrm{~kN/m^3}$$

软弱下卧层顶面处的自重应力为：

$$\gamma_m Z=9.63\times21.2=204.2\mathrm{kPa}$$

软弱下卧层顶面附加应力 σ_z 为：

$$\sigma_z=\frac{1.1\times(4500+1237.76)-2\times(2.4+2.4)\times(36\times14+64\times1.5)}{(2.4+2\times3.5\times\tan25.83)(2.4+2\times3.5\times\tan25.83)}$$

$$=\frac{551.536}{5.41\times5.41}=18.84\mathrm{kPa}$$

由《建筑地基基础设计规范》GB 50007 可知，软弱下卧层顶经深度修正后承载力特征值 f_{az} 为（其中淤泥质黏土中 $\eta_d=1.0$）：

$$f_{az}=f_{ak}+\eta_d\gamma_m(d-0.5)=60+1.0\times9.63\times(21.2-0.5)=259.3\mathrm{kPa}$$

则有：

$$\sigma_z+\gamma_m Z=18.84+204.2=223.04\mathrm{kPa}\leqslant f_{az}=259.3\mathrm{kPa}$$

因此，软弱下卧层地基承载力满足要求。

6.16.2　刚性桩基础设计实例

6.16.2.1　工程概况

某建筑柱下桩基，柱截面尺寸为 1m×1m；荷载效应标准组合时桩基承台顶面竖向力 $F_k=5900\mathrm{kN}$，弯矩 $M_k=340\mathrm{kN\cdot m}$，水平力 $H_k=480\mathrm{kN}$，承台底面埋深 2.0m。建筑场地地层条件和土层剖面如图 6-32（a）所示。

① 0～12m，粉质黏土，重度 $\gamma=19\mathrm{kN/m^3}$，$e=0.80$，可塑状态，地基土极限承载力特征值 $q_{pa}=200\mathrm{kPa}$；

② 12～14m，细砂、中密—密实；

③ 14～19m，砾石、卵石层，土层压缩模量为 $E_{s3}=30\mathrm{MPa}$；

④ 19～28m，粉质黏土，土层压缩模量为 $E_{s4}=25\mathrm{MPa}$；

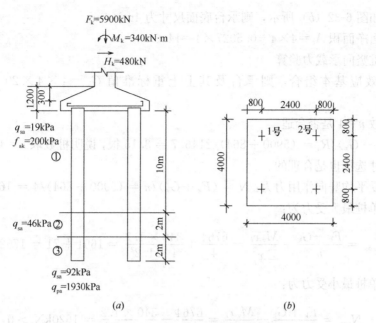

图 6-32　地质剖面图和桩基平面图

(a) 岩土剖面图；(b) 桩基平面图

⑤ 28～35m，卵石层；

⑥ 35～45m，粉土。

地下水位于地面下 3.5m，采用水下泥浆护壁钻孔灌注桩，试设计该桩基础。

6.16.2.2　桩基设计步骤

(1) 选择持力层，确定桩的断面尺寸和长度

初选③层，深度为 14～19m，砾石、卵石层为桩端持力层，桩端进入砾石、卵石层 2m，已知承台底面埋深 2.0m，则设计桩长 $L=14$m；选取水下钻孔灌注桩的桩径 $d=800$mm。

(2) 确定单桩竖向极限承载力特征值 R_a

图 6-32 中土层的物理指标为：①粉质黏土：$q_{sa}=19$kPa，$f_{ak}=200$kPa；②粉细砂：$q_{sa}=46$kPa；③砾石、卵石层：$q_{sa}=92$kPa，$q_{pa}=1930$kPa。

单桩竖向极限承载力特征值 R_a 为：

$$R_a = u_p \sum q_{sia} l_i + q_{pa} A_p$$

$$= 3.14 \times 0.8 \times (19 \times 10 + 46 \times 2 + 92 \times 2.0) + 1930 \times \frac{3.14 \times 0.8^2}{4}$$

$$= 1179.7 + 967 = 2146.7 \text{kN}$$

(3) 确定桩数 n 及其平面布置

按桩基竖向荷载 5900kN 和 R_a 估算桩数 n_1：

$$n_1 = 5900/1670.6 = 3.53 \text{ 根}$$

取桩数 $n=4$ 根，桩距 $S_a=3d=2.4$（m），取边桩中心至承台边缘距离为 $1d=0.8$m，

桩平面布置如图6-32（b）所示，则承台底面尺寸为4m×4m。

基础底面净面积 $A_c = 4 \times 4 - 0.5027 \times 4 = 14.0\text{m}^2$。

（4）基桩竖向承载力验算

按荷载效应基本组合，则承台及其上土重标准值 $G_k = 4 \times 4 \times 20 \times 2.0 \times 1.35 = 864\text{kN}$。

验算桩数 $n = 4$ 是否合适。

$n = (F_k + G_k)/R_a = (5900 + 864)/2146.7 = 3.15$ 根，说明桩数取 $n = 4$ 根是合理的，相应承台尺寸选择也是合理的。

单桩所受平均竖向作用力为：$N = (F_k + G_k)/n = (5900 + 864)/4 = 1691\text{kN}$。

桩基中单桩最大受力为：

$$N_{\max} = \frac{F_k + G_k}{n} + \frac{M_y x_i}{\sum x_j^2} = \frac{6764}{4} + \frac{340 \times 1.2}{4 \times 1.2^2} = 1691 + 71 = 1762\text{kN}$$

桩基中单桩最小受力为：

$$N_{\min} = \frac{F_k + G_k}{n} - \frac{M_y x_i}{\sum x_j^2} = \frac{6764}{4} - \frac{340 \times 1.2}{4 \times 1.2^2} = 1620\text{kN} > 0$$

轴心竖向荷载作用下：$\gamma_0 N = 1.1 \times 1691 = 1860.1\text{kN} < R = 2146.7\text{kN}$

偏心竖向荷载作用下：$\gamma_0 N_{\max} = 1.1 \times 1762 = 1938.2\text{kN} < 1.2R = 2576\text{kN}$

因此，复合基桩竖向承载力满足要求。

（5）基桩水平向承载力验算

由于水平力 $H = 480\text{kN}$，与竖向力的合力作用线即铅垂线的夹角 $\alpha = 3.89° < 5°$（$\tan\alpha = 480/7064 = 0.068$），故可不验算单桩水平向承载力。

（6）承台抗冲切验算

取承台厚1.2m，近似取钢筋混凝土保护层厚100mm，则 $h_0 = 1.1\text{m}$，如图6-33所示。

1）柱对承台的冲切验算

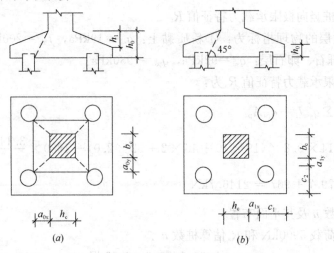

图6-33　柱下独立桩基承台受冲切计算

（a）柱对承台冲切验算；（b）角桩对承台冲切验算

由式（6-32）可知：

$$F_l \leqslant 2\left[\beta_{0x}(b_c + a_{0y}) + \beta_{0y}(h_c + a_{0x})\right]\beta_{hp}f_t h_0$$

其中，$\alpha_{0x} = a_{0y} = 0.3\text{m}$，$h_0 = 1.1\text{m}$，$h_c = b_c = 1\text{m}$，$\lambda_{0x} = a_{0x}/h_0 = 3/11$，$\lambda_{0y} = a_{0y}/h_0 = 3/11$，$\beta_{0x} = \beta_{0y} = 0.84/(3/11 + 0.2) = 1.523$。

插值可得：$\beta_{hp} = 0.925$

承台选用 C20 混凝土，即 $f_t = 1100\text{kPa}$。

则 $F_l \leqslant 2 \times [1.523 \times (1 + 0.3) + 1.523 \times (1 + 0.3)] \times 0.925 \times 1.1 \times 1100 = 8864(\text{kN})$

$$F_l \leqslant F - \Sigma Q_i = 5900 - 0 = 5900\text{kN} < 8864\text{kN}$$

因此，承台受柱冲切承载力满足要求。

2）角桩冲切验算

由式（6-33）可知：

$$N_l \leqslant \left[\beta_{1x}\left(c_2 + \frac{a_{1y}}{2}\right) + \beta_{1y}\left(c_1 + \frac{a_{1x}}{2}\right)\right]\beta_{hp}f_t h_0$$

其中，$\alpha_{1x} = \alpha_{1y} = 0.3\text{m}$，$h_0 = 0.9\text{m}$，$c_1 = c_2 = 1.2\text{m}$，$\lambda_{1x} = a_{1x}/h_0 = 1/3$，$\lambda_{1y} = a_{1y}/h_0 = 1/3$，$\beta_{1x} = \beta_{1y} = 0.48/(1/3 + 0.2) = 0.9$。

插值可得：$\beta_{hp} = 0.925$

取 $N_l = N_{max} = 1762\text{kN}$

则 $F_l \leqslant 2 \times \left[0.9 \times \left(1.2 + \frac{0.3}{2}\right) + 0.9 \times \left(1.2 + \frac{0.3}{2}\right)\right] \times 0.99 \times 1.1 \times 1100$

$= 2381.6(\text{kN})$

$$N_l = 1762\text{kN} < F_l = 2381.6\text{kN}$$

因此，承台受角桩冲切承载力满足要求。

（7）承台受剪计算

由式（6-30）可知：

$$V \leqslant \beta_{hs}\alpha f_t b_0 h_0$$

其中，$a_x = a_y = 0.3\text{m}$，$h_0 = 1.1\text{m}$，$\lambda_x = a_x/h_0 = 3/11$，$\lambda_y = a_y/h_0 = 3/11$。

因 $\lambda < 0.3$ 时，取 $\lambda = 0.3$，

则 $\alpha = 1.75/(\lambda + 1) = 1.75/(0.3 + 1) = 1.35$。

计算 A-A，B-B 两截面计算宽度：

$$b_{y0} = b_{y0} = \left[1 - 0.5\frac{h_1}{h_0}\left(1 - \frac{b_{y2}}{b_{y1}}\right)\right]b_{y1}$$

$$= \left[1 - 0.5 \times \frac{3}{11} \times \left(1 - \frac{1}{4}\right)\right] \times 4 = 3.591\text{m}$$

$$\beta_{hs}\alpha f_t b_0 h_0 = 0.92 \times 1.35 \times 1000 \times 3.591 \times 1.1 = 4906.35\text{kN}$$

危险截面 A-A 左侧共有两根单桩且均为 N_{max}，则有：

$$V = 2N_{max} = 2 \times 1762 = 3524\text{kN} < 4906.35\text{kN}$$

因此，承台受剪承载力满足要求。

（8）承台受弯计算

由图 6-33 (b) 可知：

1 号桩：$N_1 = N_{\max} = \dfrac{F_k + G_k}{n} + \dfrac{M_y x_i}{\sum x_j^2} = \dfrac{6764}{4} + \dfrac{340 \times 1.2}{4 \times 1.2^2} = 1691 + 71 = 1762 \text{kN}$

2 号桩：$N_2 = N_{\min} = \dfrac{F_k + G_k}{n} - \dfrac{M_y x_i}{\sum x_j^2} = \dfrac{6764}{4} - \dfrac{340 \times 1.2}{4 \times 1.2^2} = 1691 - 71 = 1620 \text{kN}$

各桩对 x 轴，y 轴的弯矩为：

$M_x = \sum N_i y_i = (1762 + 1624.5) \times 1.2 = 4063.8 \text{kN} \cdot \text{m}$；

$M_y = \sum N_i x_i = (1762 + 1762) \times 1.2 = 4228.8 \text{kN} \cdot \text{m}$；

承台有效计算高度 $h_0 = 1.1 \text{m}$，承台有效计算宽度 $b = b_{x0} = b_{y0} = 3.591 \text{m}$。

承台选用 C20 混凝土，故 $\alpha_1 = 1.0$，$\beta_1 = 0.8$，$f_c = 9.6 \text{N/mm}^2$，$f_{cu,k} = 20 \text{N/mm}^2$；

配筋选用 HRB335 级钢筋，$f_y = 300 \text{N/mm}^2$，$E_s = 2 \times 10^5 \text{N/mm}^2$。

非均匀受压时的混凝土极限压应变为：

$$\varepsilon_{cu} = 0.0033 - (f_{cu,k} - 50) \times 10^{-5} = 0.0036 > 0.0033$$

相对界限受压区高度为：

$$\xi_b = \frac{\beta_1}{1 + \dfrac{f_y}{E_s \varepsilon_{cu}}} = \frac{0.8}{1 + \dfrac{300}{200000 \times 0.0033}} = 0.55$$

等效矩形应力图形的混凝土受压区高度为：

$$x = \xi_b h_0 = 0.614 \times 1100 = 675.4 \text{mm}$$

沿 x 轴方向的钢筋面积为：

$$A_s \geqslant \frac{M}{\alpha_1 \left(h_0 - \dfrac{x}{2}\right) f_y} = \frac{4228800000}{1.0 \times \left(1100 - \dfrac{675.4}{2}\right) \times 300} = 18491.4 \text{ mm}^2$$

选用 32ϕ25mm 和 6ϕ28mm 钢筋，间距 100mm，则实用钢筋横截面积为 19403.6mm^2。

沿 y 轴方向的钢筋面积为：

$$A_s \geqslant \frac{M}{\alpha_1 \left(h_0 - \dfrac{x}{2}\right) f_y} = \frac{4063800000}{1.0 \times \left(1100 - \dfrac{675.4}{2}\right) \times 300} = 17769.9 \text{ mm}^2$$

选用 38ϕ25mm 钢筋，间距 100mm，则实用钢筋面积为 18654.2mm^2。

思 考 题

6-1 桩基础的设计思想是什么？桩基设计的安全性、合理性和经济性分别指什么？各类桩基有哪些设计特点？特殊地质条件下桩基有哪些设计原则？桩基设计内容包括哪些？如何按变形控制来进行桩基设计？

6-2 桩型选择应考虑哪些因素？如何进行桩型的优化设计？

6-3 桩基布置有哪些要求？影响桩基平面布置的因素有哪些？常见的桩基平面布置形式有哪些？

6-4 桩持力层的选择应遵循哪些原则？

6-5 桩长、桩径的确定应考虑哪些因素？

6-6 桩基承台的设计与计算包括哪些步骤？基桩竖向承载力设计值如何确定？如何计算所需桩数？

怎样进行桩的布置？

6-7 桩基承台如何进行受弯、受冲切、受剪切验算？承台构造有哪些要求？

6-8 地震破坏方式有哪几种？哪些情况下可不做桩基抗震验算？单桩抗震承载力如何确定？低承台桩抗震设计有哪些原则？桩基抗震有哪些构造要求？

6-9 各种特殊条件下桩基的设计有哪些原则？

6-10 刚柔复合桩基有哪些特点？长短桩复合地基承载力和沉降如何计算？长短桩复合地基褥垫层如何设计？

第 7 章 桩 基 工 程 施 工

7.1 概　述

桩基础深埋于地下，其结构类型、传力特点与施工方法密切相关，施工质量直接影响桩基础的承载性状。桩基础的施工是桩基工程的重要研究内容。

本章主要介绍了桩基施工前的调查与准备、预制混凝土方桩、钢桩、沉管灌注桩、钻孔灌注桩、人工挖孔灌注桩、挤扩支盘灌注桩、大直径薄壁筒桩、静钻根植桩、水泥搅拌桩、钻孔咬合桩、碎石桩、静压锚杆桩、树根桩等各种类型桩的施工方法。

7.2　桩基工程施工前调查与准备

桩基工程施工前调查与准备工作主要包括桩基工程施工前调查、编制桩基工程施工组织设计和桩基工程施工准备。

7.2.1　桩基工程施工前调查

桩基施工前调查内容主要包括现场踏勘、施工场地和周围状况、桩基设计情况及有关单位要求等。

（1）现场踏勘

结合工程地质报告对拟打桩的现场场地地质情况和地下水情况及周边环境条件进行现场实地调查，了解桩基施工的可行性和初步方案。

（2）施工场地及周围状况调查

1）施工场地状况

① 施工场地表面状态和地上堆积物及地面标高变化情况；

② 地下建筑物、管道、树木及地上障碍物等；

③ 地基稳定程度。

2）施工场地周围建筑物状况

① 周围建筑物结构、构造和层数；

② 周围建筑物地下部分深度和基础形式及地基沉降；

③ 周围建筑物施工状况，包括开挖深度、开挖规模、基坑围护方法及基坑开挖时排降水方法等；

④ 周围建筑物用途及附属设备等。

3）公共设施及周围道路状况

① 地下管线（自来水管、下水管、煤气管等）位置、埋深、管径、使用年限等情况；

② 周围道路级别、宽度、交通情况等。

(3) 桩基设计情况

1) 桩基形式；

2) 桩位平面布置图；

3) 桩顶设计标高与现地面标高的关系；

4) 桩基尺寸；

5) 桩与承台连接，桩的配筋，强度等级及承台构造等；

6) 基桩试打、试成孔及单桩载荷试验资料。

(4) 有关单位要求

1) 场地红线范围及建筑物灰线定位情况；

2) 道路占用或使用许可证；

3) 人行道防护措施；

4) 地下管道暂时维护措施；

5) 架空线路暂时维护措施等。

7.2.2 编制桩基工程施工组织设计

桩基础工程施工前应根据工程规模的大小、复杂程度和施工技术特点，编制整个分部分项工程施工组织设计或施工方案。涉及内容与要求如下：

(1) 施工机械设备的选择

应根据工程地质条件、桩基础形式、工程规模、施工工期、施工机械供应及现场情况等条件选择合适的桩基施工设备。

(2) 设备、材料供应计划

制定设备、配件、工具、桩体或灌注桩所需钢筋、商品混凝土及外加剂等材料的供应计划和保障措施。

(3) 成桩方式与进度要求

针对不同类型的桩基础，根据进度要求，制定有针对性的计划。例如，预制桩应考虑桩的预制、起吊方案、运输方式、堆放方法、沉桩方式、打桩顺序和接桩方法等；钻孔灌注桩应考虑成孔、钢筋笼放置、混凝土灌注、泥浆制备、使用和排放、孔底沉渣清理等。

(4) 作业和劳动力计划

制定劳动力计划及相应的管理方式。

(5) 桩的试打或试成孔

如编制施工组织设计或施工方案前未进行桩的试沉（对于打入桩、压入桩）或试成孔（对于灌注桩），则此项工作应在桩基正式施工前进行。

(6) 单桩载荷试验

如无试桩资料，应有相应资质的试桩静载试验单位制定试桩计划。

(7) 制定各种技术措施

制定保证工程质量、安全生产、劳动保护、防火、防止环境污染（振动、噪声、泥浆排放等）和适应季节性（冬季、雨季）施工的技术措施及文物保护措施。

(8) 编制施工平面图

在施工平面图上标明桩位、编号、数量、施工顺序；水电线路、道路和临时设施的位置；当桩基施工需制备泥浆时，应标明泥浆制备设施及其循环系统的位置；材料及预制桩等堆放位置。

7.2.3 桩基工程施工准备

（1）清除施工场地内障碍物

为保证桩基工程顺利施工，桩基施工前应清除妨碍施工的地上和地下障碍物，如电线杆、架空线、地下构筑物、树木、埋设管道等。

（2）施工场地平整处理

1）现场预制桩场地的处理

为保证施工现场预制桩的质量，防止桩身发生弯曲变形，应对预制混凝土桩的制作场地进行必要的夯实和平整处理。

2）沉桩场地的平整处理

施工设备进场前应整平场地，对松软场地应进行夯实处理。若施工场地的地基承载力不能满足桩机作业要求，应在表面铺设碎石，并进行整平，以提高地基表面承载力，防止桩架作业时发生不均匀沉降。雨季施工时，场地必须采取排水措施。

（3）放线定位

1）放基线

轴线的施放应以国家级三角网控制点引入，并多次复合测量。桩基轴线的定位点应设置在不受桩基施工影响处。

2）设置水准基点

每根桩入土后均应按照设计要求做好标高记录。为控制桩基施工的标高，应在施工地区附近设置水准基点，一般要求不少于2个，为防止损坏，应设置在不受桩基施工影响处。

3）施放桩位

根据设计图纸中的桩位图，按沉桩顺序将桩逐一编号，根据桩号所对应的轴线，按尺寸要求施放桩位，并设置样桩，供桩机就位后定位。

（4）打桩前准备工作

针对不同设计桩型选择相应的施工机械，钻孔桩施工前应配备好泥浆池、泥浆泵等设备。

7.3 预应力管桩的施工

7.3.1 预应力管桩的特点及适用范围

预应力管桩的优点主要有单桩承载力高、适用范围广、桩长灵活、单位承载力造价低、接桩速度快、施工工效高、工期短、成桩质量可靠等。预应力管桩一般采用工厂化生产，桩身质量可靠，在实际工程中得到了广泛应用。

按桩身混凝土强度等级，预应力管桩可分为普通预应力混凝土管桩（PC桩，强度等级不低于C60）和高强预应力混凝土管桩（PHC桩，强度等级不低于C80）。

按有效预应力（筋）的大小，预应力管桩可分为A型、AB型、B型和C型，对应配筋由少到多。预应力混凝土管桩的配筋和力学性能见表7-1。

规格		B₁PC300	B₁PC400	B₂PC400	B₁PC550	B₁PHC550	PHC550	PHC600
直径(mm)		300		400		550		600
壁厚(mm)		45	55	65	70		100	105
混凝土强度等级		C60				C80		
重量(t/m)		0.092	0.153	0.173	0.264		0.37	0.42
桩节长度(m)		6～14				6～15		
配筋	预应力筋 直径(mm)	5	7.4	7.4	9.2	9.2	11	11
	预应力筋 数量	8	7	9	8	8	10	11
	螺旋筋 直径(mm)	3.5	4.0	4.8	4.8	4.8	4.8	4.8
	螺旋筋 L_1 螺距	50	40	40	40	40	40	40
	螺旋筋 L_2 螺距	100	80	80	80	80	80	80
抗裂弯矩(kN·m)		16.8	35.8	43.9	94	96	140	176
极限弯矩(kN·m)		24	49	71.9	140	145	240	294
轴心受压极限值(kN)		1180	1970	2291	3470	4226	5680	6580

预应力管桩持力层可选在黏性土、砂性土、全风化岩、强风化岩，桩长可按实际需要接桩，但长径比一般应控制在 100 以内。

预应力管桩在下述地层情况下不宜使用：

(1) 存在大面积地下障碍物（如孤石）时；

(2) 场地内地层中有坚硬夹层时；

(3) 桩持力层为硬质中风化岩时，此时应控制总锤击数和最后贯入度以免桩身被打碎；

(4) 石灰岩溶洞地层；

(5) 基桩持力层为硬质岩且岩层面倾角很陡时，此时桩端稳定性不好。

7.3.2 预应力管桩的制作

预应力混凝土管桩制作工艺主要有先张法和后张法两种。

先张法管桩外径有 300mm、400mm、500mm、550mm、600mm 等规格，管壁厚 55～130mm，应视管径、设计承载力大小而不同，一般管径增加，壁厚也随之增加。管桩每节长度一般不超过 15m，常用桩节长度为 8～12m，有时按设计要求桩节长度为 4～5m。

后张法管桩的桩径较大（800～1200mm），桩身混凝土采用离心－辊压－振动复合工艺成型，每节桩长约 4～5m、壁厚为 12～15cm，且管壁中间预留有 15～25 个直径约 130mm 的小孔。使用时通过预留孔采用高强钢绞线将各段管桩连接起来，并在其后张拉过程中通过预留孔道高压注浆，使之形成一长桩，桩长可达 70～80m。

目前，工业与民用建筑中使用的预制桩多为先张法预应力混凝土管桩。该预应力管桩的生产制作工艺包括钢筋笼制作、混凝土制备、布料合模、预应力张拉、离心成型、初级养护与高压蒸养等环节。先张法预应力管桩生产工艺流程见图 7-1。

先张法预应力管桩生产工艺流程如下：

(1) 钢筋笼制作。通过对预应力筋进行高精度切断并镦头后用自动滚焊编削机滚焊

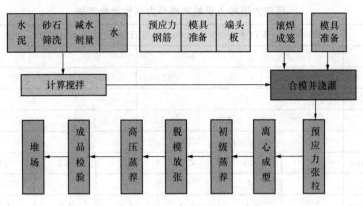

图 7-1 先张法预应力管桩工艺流程

成笼。

（2）高强度等级混凝土制备。水泥采用不低于 42.5 的硅酸盐水泥，粗骨料直径在 5～20mm 间且要求岩石强度不低于 150MPa，细骨料砂的细度模数在 2.6～3.3 间，砂石筛洗洁净，混凝土水灰比约 0.3，水泥用量约 500kg/m³，砂率控制在 32%～36%，掺入高效减水剂，混凝土的坍落度约 3～5cm。

（3）布料合模。用带电子计量装置与螺旋输送装置的布料机将混凝土均匀投入钢模内，保证管节壁厚均匀，布料结束后进行合模。

（4）预应力张拉。用千斤顶张拉并锚定在端头板上。

（5）离心成型。离心过程主要分低速、中速、高速 3 个阶段，离心时间长短与混凝土坍落度、桩直径、离心机转速等有关。离心过程中离心力将混凝土料挤向模壁，排出多余的空气和水，提高其密实度。

（6）初级养护与高压蒸养。先张法预应力混凝土管桩采用二次养护工艺。先经初级蒸汽养护，使混凝土达到脱模强度，放张脱模后再移到蒸压釜内进行高温高压蒸养 10h 左右（最高压力 1.0MPa，最高温度约 180℃）。

上述工艺生产出的 PHC 管桩（高强度混凝土管桩）强度可达 C80 以上，且从成型到使用的最短时间只需 3～4 天；有些 PC 混凝土管桩厂家采用常压蒸汽养护，脱模后再移入水池养护，出厂时间较长。

先张法预应力管桩是一种空心圆柱形细长构件，主要由圆筒形桩身、端头板和钢套箍组成，如图 7-2 所示。

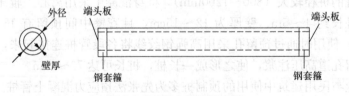

图 7-2 预应力管桩示意图

预应力管桩的接头，一般采用端头板电焊连接，端头板厚度一般为 18～22mm，端板外缘一周留有坡口，供对接时烧焊用。预应力管桩构造及端部尺寸见图 7-3。

预应力管桩沉入土中的第一节管桩称为底桩、端部设十字形、圆锥形或开口型桩尖，

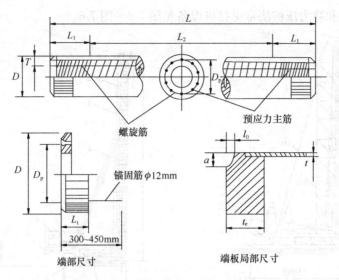

图 7-3 预应力管桩构造及端部尺寸

前两种属闭口型。十字形桩尖易加工，造价较低，破岩能力较强，其缺点是在穿越砂层时，不如其他两种桩尖。闭口桩尖，桩端力稳定。开口管桩不需桩尖，应用较广。

预应力管桩打入土中时，由于管桩开口使土不断涌入管内，形成土塞，土塞长度约为桩长的 $1/2 \sim 1/3$，试土质而定，形成稳定土塞后再向下沉桩，管桩就变成实心桩，挤土效应明显。因此，单根预应力管桩沉桩过程中刚开始时挤土效应弱，但随着桩入土深度增加挤土效应逐渐明显。多根预应力管桩在黏性土中打桩时，群桩挤土效应将导致桩侧土结构破坏，降低沉桩阻力和单桩极限承载力，随着休止时间增加黏性土的触变恢复，群桩承载力得以增加。同时，管桩内土塞效应会使单桩承载力短期增加，但若因管桩上段接头内漏水管桩内充水长期浸泡时，土塞中土体会由于桩侧内壁水的作用降低单桩承载力。因此，预应力管桩沉桩时，特别是桩端为风化岩残积土且有承压水的地层中施工时，应重视土塞效应对单桩承载力的影响。

7.3.3 预应力管桩的沉桩方法

预应力管桩的施工方法主要有锤击沉桩法和静力压桩法（顶压法和抱压法）。预应力管桩沉桩过程中应注意土塞效应和挤土效应。

锤击沉桩法和静力压桩法的优缺点见表 7-2。

锤击法沉桩和静力压桩法的优缺点　　　　　　　　　　　　　表 7-2

施工方法	优　　点	缺　　点
锤击法沉桩	打桩机械简单，打桩速度快，对场地地面承载力要求低，施工单价低，适用于对打桩振动要求低的工地	打桩振动噪声大，有打桩挤土效应且对周边环境影响大，桩顶易破碎，打桩时只能记录锤击数和贯入度，不能记录最终压桩力，锤击法在城市中心区和老城区无法使用
静力法沉桩	无振动噪声，能记录最终压桩力，压桩直观，一般桩顶完整，能满足环保要求，可在城市人口密集区使用	对场地地面承载力有一定要求，否则可能会发生压桩机体沉陷，存在打桩挤土效应，沉桩成本比锤击法略高，有地下硬夹层时无法压桩

锤击法沉桩和静力压桩法常见打桩设备见图7-4～图7-6。

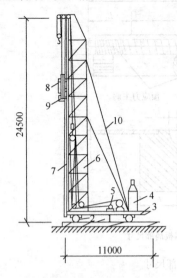

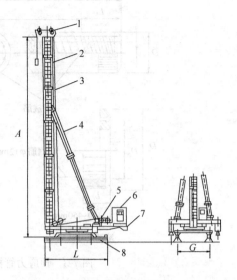

图7-4　滚管式打桩架的结构

1—枕木；2—滚管；3—底架；4—锅炉；5—卷
扬机；6—桩架；7—龙门架；8—蒸汽锤；9—桩
帽；10—牵绳

图7-5　步履式打桩架

1—顶部滑轮组；2—导杆；3—锤和桩起吊用钢丝绳；
4—斜撑；5—吊锤和桩用卷扬机；6—司机室；
7—配重；8—步履式底盘

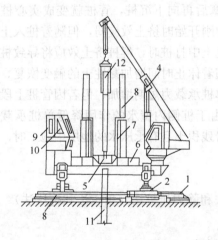

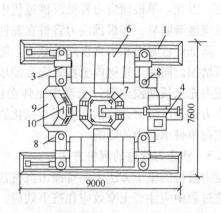

图7-6　全液压式静力压桩机

1—长船行走机构；2—短船行走及回转机构；3—支腿式底盘结构；4—液压起重机；
5—夹持与压板装置；6—配重铁块；6—导向架；7—液压系统；9—电控系统；10—操纵室；
11—已压入下节桩；12—吊入上节桩

　　需要说明的是，预制桩属于挤土桩，不论采用何种施工方法均应注意打桩挤土问题和
挖土凿桩引起的桩体偏位及破损问题。实际施工时应注意打桩顺序、打桩节奏、打桩速
度、每天打桩数、最后打桩贯入度或最终压桩力的控制及防挤土措施（如泄压孔、防挤
孔）的采取。

7.3.3.1　锤击法沉桩施工

（1）锤击法沉桩的工艺流程

锤击法施工预应力管桩的工艺流程包括：测量定位→底桩就位、对中和调直→锤击沉桩→接桩→再锤击、接桩→打至持力层→收锤，如图7-7所示。

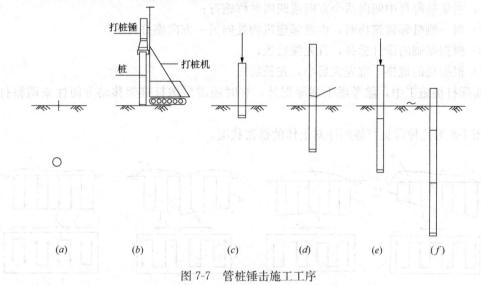

图7-7 管桩锤击施工工序

(a) 测量放样；(b) 就位对中调直；(c) 锤击下沉；(d) 电焊接桩；
(e) 再锤击、再接桩、再锤击；(f) 收锤，测贯入度

（2）桩锤选择

施工时常用锤击能量大，施工速度快，工效高的柴油锤打桩。桩锤大小应满足打桩的各项技术指标要求：最后贯入度宜为20～40mm/10击；打桩破损率约1%，最多不超过3%；每根桩的锤击数宜在1500击以内，最多不超过2500击。桩锤重量可根据以往经验选择，也可采用现场试打确定。为防止桩锤回弹过大，锤击应力过高而将桩头打坏，桩锤应遵循"重锤轻击"的原则，提高打桩速度。

（3）桩帽和垫层

桩帽应有足够的强度、刚度和耐打性。桩帽宜为圆筒形，套筒深度宜为35～40cm，内径应比管桩外径大2～3cm。

为保护柴油锤和桩头，桩帽上部应放置锤垫。锤垫一般采用坚纹硬木或盘圈层叠的钢丝绳制作，厚度宜为15～20cm。桩垫放置在桩帽下部套筒内，与桩顶接触，一般采用麻袋、硬纸板、水泥纸袋、胶合板等材料，要求厚度均匀、软硬合适、锤击后压实厚度不应小于12cm。

（4）接桩

预应力管桩接桩常采用端头板且四周坡口电焊连接。当底桩桩头沉至距离地面0.5～1.0m时，可采用钢丝刷将两个对接桩头端头板上的泥土铁锈刷清，露出金属光泽，待两个端头板对齐后，在端头板四周均匀对称点焊4～6点，为防止接桩产生偏斜，应对称焊接，且要求两端头板间焊接饱满。待焊缝自然冷却8～10min后方可继续锤击沉桩。

（5）打桩顺序

由于桩对土体的挤密作用，后打入桩将对先打入桩产生水平推挤而造成先打桩的偏移和变位或浮桩；由于土体隆起或挤压后打桩很难达到设计标高或入土深度，造成截桩过大。因此，为保证打入桩的质量和进度，降低打桩效应对周围建筑物的不利影响，实际工程中施打

群桩时应根据基桩平面布置、桩的尺寸、密集程度、深度等情况合理选择打桩顺序。

选择打桩顺序一般应遵循以下原则：

1）密集桩群自中间向两个方向或四周对称施打；

2）当一侧毗邻建筑物时，由毗邻建筑物处向另一方向施打；

3）根据基础的设计标高，宜先深后浅；

4）根据桩的规格，宜先大后小，先长后短。

实际打桩施工中，除考虑上述原则外，有时还需考虑打桩架移动方便性来调整打桩顺序。

图7-8为几种常见打桩顺序对土体的挤密状况。

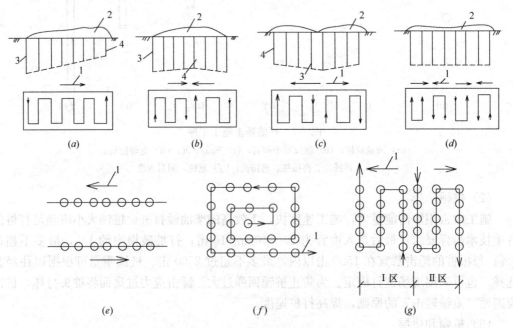

图7-8 打桩顺序和土体挤密状况

(a) 逐排单向打设；(b) 两侧向中心打设；(c) 中部向两侧打设；

(d) 分段相对打设；(e) 逐排打设；(f) 自中部向边缘打设；(g) 分段打设

1—打设方向；2—土的挤密情况；3—沉降量大；4—沉降量小

(6) 打桩收锤标准

桩锤重的选用应根据地质条件、桩型、桩的密集程度、单桩竖向承载力及现有施工条件等因素综合确定，可参照表7-3选用。

锤重选择参照表   表7-3

锤 型		柴油锤（t）						
		25	35	45	60	72	D80	D100
锤的动力性能	冲击部分质量（t）	2.5	3.5	4.5	6.0	7.2	80	100
	总质量（t）	6.5	7.2	9.6	15.0	18.0	170	200
	冲击力（kN）	2000~2500	2500~4000	4000~5000	5000~7000	7000~10000	>10000	>12000
	常用冲程（m）	1.8~2.3						

锤　型			柴油锤（t）						
			25	35	45	60	72	D80	D100
		预制方桩、预应力管桩边长或直径（mm）	350～400	400～450	450～500	500～550	550～600	600以上	600以上
		钢管桩直径（mm）	400		600	900	900～1000	900以上	900以上
持力层	黏性土粉土	进入深度（m）	1.5～2.5	2.0～3.0	2.5～3.5	3.0～4.0	3.0～5.0		
		静力触探比贯入阻力平均值（MPa）	4	5	>5	>5	>5		
	砂土	进入深度（m）	0.5～1.5	1.0～2.0	1.5～2.5	2.0～3.0	2.5～3.5	4.0～5.0	5.0～6.0
		标准贯入击数 $N_{63.5}$（未修正）	20～30	30～40	40～45	45～50	50	>50	>50
		锤常用控制贯入度（cm/10击）	2～3		3～5		4～8	5～10	7～12
		设计单桩极限承载力（kN）	800～1600	2500～4000	3000～5000	5000～7000	7000～10000	>10000	>10000

注：1. 表 7-3 仅供选锤使用；

　　　2. 表 7-3 适用于 20～60m 长钢筋混凝土预制桩及 40～60m 长钢管桩，且桩端进入硬土层有一定深度。

收锤标准应根据场地工程地质条件、单桩承载力设计值、桩的规格和长短、桩锤大小和落距等因素，综合考虑最后贯入度、桩入土深度、总锤击数、每米沉桩锤击数及最后 1m 沉桩锤击数、桩端持力层的岩土类别及桩尖进入持力层深度、桩土弹性压缩量等指标。收锤标准应以到达的桩端持力层、最后贯入度或最后 1m 沉桩锤击数为主要控制指标，桩端持力层作为定性控制指标，最后贯入度及最后 1m 沉桩锤击数作为定量控制指标。实际施工过程中应根据工程地质条件、施工条件等具体条件综合分析判定收锤标准。

桩终止锤击的控制标准一般应遵循以下原则：

1）桩端（指桩的全断面）位于一般土层时，以控制桩端设计标高为主，贯入度为辅；

2）桩端达到坚硬、硬塑黏性土或中密以上粉土、砂土、碎石类土、风化岩时，以贯入度控制为主，桩端标高为辅；

3）贯入度已达到设计要求而桩端标高未达到设计要求时，应继续锤击 3 阵，并按每阵 10 击的贯入度不应大于设计规定的数值确认，必要时，施工控制贯入度应通过试验确定。

需要说明的是，上述停止锤击的控制原则在某些工程中不一定完全适用。如软土中的密集桩群，由于大量桩沉入土中产生挤土效应，对后续桩的沉桩带来困难，若坚持按设计标高控制很难实现。按贯入度控制的桩，有时也会出现满足不了设计要求的情况。对于重要建筑，强调贯入度和桩端标高均达到设计要求，即实行双控是必要的。当桩端土很硬时，应控制总锤击数和最后贯入度以免打坏桩身。对于软土中打桩应注意打桩挤土引起的挤土浮桩和偏位现象。因此，确定停锤标准是较复杂的，宜借鉴相关工程经验和静载试验综合考虑。

（7）施工中应注意的问题

1）打桩过程中应防止偏心打桩，打桩时应保证桩锤、桩帽和桩身中心线重合，如有偏差应随时纠正，特别是第一节底桩，对成桩质量影响较大，其垂直偏差不得大于0.5%。

2）在较厚的黏土、粉质黏土中施打多节管桩时，宜连续施工，一次完成。

3）控制打桩顺序和打桩节奏，锤击法打桩一般存在挤土效应，当打桩场地周围有地下管线和建筑物时，应事先施打应力释放孔并监测挤土位移。若打桩挤土位移增大应移位跳打，同时控制每天的打桩数，也可采取上部取土植桩等方式以减少挤土效应。

4）在液化砂土层中打桩时，要注意采取控制孔压膨胀等措施。

5）打桩过程中焊缝可能会脱焊，打桩时应注意控制接头焊缝的牢固。

6）打桩时要注意测量桩顶标高，严防桩顶上浮或偏位。

7.3.3.2 静压法沉桩施工

（1）压桩机选择

静力压桩施工时宜选择液压式压桩机。液压静力压桩机分为抱压式液压静力压桩机和顶压式液压静力压桩机两种，如图7-9和图7-10所示。

图7-9　抱压式静力压桩机　　　图7-10　顶压式静力压桩机

抱压式液压静力压桩机通过夹持机构抱住桩身侧面，利用摩擦传力实现压桩。顶压式液压静力压桩机则是从预制桩的顶端施压，将其压入地基。由于施压传力方式不同，这两种桩机结构形式、性能特点、适用范围也有显著不同。抱压式压桩机主要由压桩系统和夹桩机构及吊机组成，抱压式压桩机重心低，易行走，压桩时用专用夹具将管桩侧面抱住向下施压。顶压式压桩机主要由压桩系统和桩帽及卷扬机吊桩系统组成。顶压式压桩机没有夹桩机构，一般不带起重机。顶压式压桩机重心高，但配重较抱压式压桩机配重大。顶压式压桩机压桩时靠桩帽压住桩顶并用液压千斤顶向下顶力沉桩。

（2）静压桩机机械性能要求

静压桩机的机械性能有如下要求：

1）机身总重量加配重应达到设计要求；

2）桩机机架应坚固、稳定，并有足够刚度，沉桩时不产生颤动位移；

3）夹具应具有足够的刚度和硬度，夹片内的圆弧与桩径应严格匹配，夹具工作时，夹片内侧与桩周应完整贴合，呈面接触状态，且应保证对称轴向施力，严防点接触和不均匀受力；

4）压桩机行走应灵活，压桩机的底盘应能够承受机械自重和配重，底盘的面积应足够大以满足地基承载力的要求。

5）桩身允许抱压压桩力宜满足下列要求：方桩，$p_{j\max} \leqslant 1.1 f_c A$；PC 管桩，$p_{j\max} \leqslant 0.5(f_{ce} - \sigma_{pc})A$；PHC 管桩，$p_{j\max} \leqslant 0.45(f_{ce} - \sigma_{pc})A$。其中，$p_{j\max}$ 为桩身允许抱压压桩力；f_c 为方桩桩身混凝土轴心抗压强度设计值；f_{ce} 为管桩离心混凝土抗压强度设计值；σ_{pc} 为管桩混凝土有效预压应力；A 为桩身横截面积。

顶压式压桩机的最大压力或抱压式压桩机送桩时的最大抱压力可比桩身允许抱压压桩力大 10%。

（3）施工工艺流程

静压法施工工艺流程（图 7-11）如下：

测定桩位→压桩机就位调平→将管桩吊入压桩机夹持腔→夹持管桩对准桩位调直→压桩至底桩露出地面 2.5～3.0m 时吊入上节桩与底桩对齐，夹持上节桩，压底桩至桩头露出地面 0.60～0.80m→调整上下节桩，与底桩对中→电焊接桩、再静压、再接桩至需要深度或达到一定终压值，必要时适当复压→截桩，终压前用送桩将工程桩头压至地面以下。

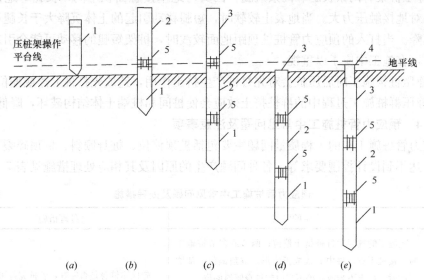

图 7-11　压桩程序示意图

（a）准备压第一段桩；（b）接第二段桩；（c）接第三段桩；（d）整根桩压平至地面；（e）采用送桩压桩完毕
1—第一段桩；2—第二段桩；3—第三段桩；4—送桩；5—接头

（4）施工要求

静力压桩施工一般应遵循如下要求：

1）第一节桩下压时垂直度偏差不应大于 0.5%；

2）各桩节宜一次性连续压到底，且最后一节有效桩长不宜小于 5m；

3）抱压力不应大于桩身允许侧向压力的 1.1 倍。

静力压桩施工的终压标准一般应遵循以下原则：

1）应根据现场试压桩的试验结果确定终压力标准；

2）终压连续复压次数应根据桩长及地质条件等因素确定。对于入土深度大于 8m 的桩，复压次数可为 2～3 次；对于入土深度小于 8m 的桩，复压次数可为 3～5 次；

3）稳压压桩力不得小于终压力，稳定压桩的时间宜为 5～10s。

静压送桩一般应遵循以下规定：

1）测量桩的垂直度并检查桩头质量，合格后方可送桩，压、送作业应连续进行；

2）送桩应采用钢质送桩器，不得用工程桩作送桩器；

3）当场地上多数桩较短（有效桩长 L≤15m）或桩端持力层为风化软质岩可能需要复压时，送桩深度不宜超过 1.5m；

4）当桩的垂直度偏差小于 1%且桩的有效桩长大于 15m 时，静压桩送桩深度不宜超过 8m。

（5）压桩顺序

压桩顺序应根据场地工程地质条件确定，并遵循以下原则：

1）对于场地地层中局部含砂、碎石、卵石时，宜先对该区域进行压桩；

2）若持力层埋深或桩的入土深度差别较大时，宜先施压长桩后施压短桩。

（6）施工注意事项

1）静压桩架有两条长腿和两条短腿，因其与地基接触面积不同，长腿对地接触压力小，短腿对地接触压力大。当地表土较软时，短腿移动引起的土体沉降大于长腿移动引起的土体沉降。当打入的预应力管桩桩顶距地面较浅时，桩架短腿的移动可能会引起预应力管桩偏位，在施工中应予以重视；

2）静压桩架施工时后压桩会对先打桩产生挤土作用，造成先打桩上浮或偏位；

3）静压群桩施工过程中的群桩挤土效应会使桩间和桩端土体结构破坏，降低其强度。

7.3.4 预应力管桩施工中常见问题及注意事项

预应力管桩施工中的工程质量问题主要包括桩顶偏位、桩身倾斜、桩顶碎裂、桩身断裂及沉桩达不到设计控制要求等。各种问题产生的原因及其相应处理措施见表 7-4。

预应力管桩施工中常见问题及处理措施　　　　　　　　　　　　　表 7-4

问题	产生的原因	处理措施
桩顶偏位	先施工的桩因后打桩挤土偏位；两节或多节桩施工时，接桩不直，桩中心线成折线形，桩顶偏位；基坑开挖时，挖土不当或支护不当引起桩身倾斜偏位	先检测桩身是否完好，若桩完好可在桩倾斜的反方向取土扶直；若桩有损伤应在桩身内重新放钢筋笼灌混凝土加固
桩身倾斜	先打桩因后打桩挤土被挤斜；施工时接桩不直；基坑开挖时，或边桩边开挖，或桩旁堆土，或桩周土体不平衡引起桩身倾斜	
桩顶碎裂	桩端持力层很硬，且打桩总锤击数过大，最后停锤标准过严；施打时桩锤偏心锤击；桩顶混凝土有质量问题	将桩顶碎裂段重新凿除并检测桩下部是否完整，最后用钢筋混凝土将桩接高到设计标高
桩身断裂	接桩时接头施工质量差引起接头开裂，脱焊；桩端很硬，总锤击数过大，最后贯入度过小；桩身质量差；挖土不当	检测桩身断裂界面位置；在管桩内芯重新下放钢筋笼（笼长比界面深 3m），重新在管内灌混凝土；重新测试承载力或补桩
桩顶上浮	后打桩对先打桩挤土作用使先打桩上浮；基坑开挖坑底面土隆起使桩上浮	用打入或压入法将上浮桩复位；检测桩身质量和承载力；加强基础刚度

310

7.4 预制混凝土方桩的施工

预制混凝土方桩的施工过程主要包括预制桩的制作、起吊、堆放、运输、接桩及沉桩等方面。

7.4.1 混凝土预制桩的制作

混凝土预制方桩可在工厂或施工现场预制，现场制作的主要流程如下：

场地压实平整→场地地坪硬化→支模→绑扎钢筋骨架、安装吊环→灌注混凝土→养护至30%强度拆模→支间隔端头模板、刷隔离剂、绑钢筋→灌注间隔桩混凝土→同法间隔重叠制作其他各层桩→养护至70%强度起吊→达100%强度后运输、堆放。

混凝土预制桩的制作应符合以下要求：

（1）基本要求

预制桩制作时应根据工程条件（土层分布、持力层埋深）和施工条件（桩架高度和起吊运输能力）确定分节长度，避免桩尖接近持力层或桩尖处于硬持力层中时接桩。每根桩的接头数不应超过两个，尽可能采用两段接桩，不应多于三段，现场预制方桩单节长度一般不应超过25m，节长规格一般以二至三个规格为宜，不宜太多。

（2）场地要求

预制场地必须平整坚实，且具有良好的排水条件。在一些新填土或软土地区，必须填碎石或中粗砂并进行夯实，以避免地坪不均匀沉降而造成桩身弯曲。

（3）模板要求

现场预制桩身的模板应具有足够的强度、刚度和稳定性，立模时必须保证桩身和桩尖部分的形状、尺寸和相对位置正确，尤其应注意桩尖位置与桩身纵轴线对准，避免沉桩时将桩打歪，模板接缝应严密，不得漏浆。

（4）钢筋骨架要求

制作混凝土预制桩钢筋骨架时，钢筋应严格保证位置的正确，桩尖对准纵轴线。钢筋骨架的主筋应尽量采用整条，尽可能减少接头，若接头不可避免，应采用对焊或电弧焊，或采用钢筋连接器，主筋接头配置在同一截面内的数量不得超过50%（受拉筋）；相邻两根主筋接头截面的距离应大于35倍主筋直径，且不小于500mm，桩顶1m范围内不应有接头。对于每一个接头，要严格保证焊接质量，必须符合钢筋焊接及验收规范。

预制桩桩头一定范围的箍筋应加密；在桩顶约250mm范围需增设3～4层钢筋网片，主筋不应与桩头预埋件及横向钢筋焊接。桩身纵向钢筋的混凝土保护层厚度一般为30mm。

（5）桩身混凝土的要求

预制方桩的桩身混凝土强度常采用C35～C40混凝土，坍落度为6～10cm。灌注桩身混凝土时应从桩顶开始向桩尖方向连续灌注，混凝土灌注过程中严禁中断，若发生中断，应在前段混凝土凝结前将余段混凝土灌注完毕。灌注和振捣混凝土时应经常观察模板、支撑、预埋件和预留孔洞的情况，发现有变形、位移和漏浆时，应马上停止灌注，并应在已灌注的混凝土凝结前修整完好后才能继续进行灌注。

为检验混凝土成桩后的质量，应留置与桩身混凝土同一配合比并在相同养护条件下养护的混凝土试块，试块的数量对于每一工作班不得少于一组。

灌注完毕的桩身混凝土一般应在灌注后 12 小时内对露出的桩身表面覆盖草袋或麻袋并浇水养护。普通硅酸盐水泥或矿渣硅酸盐水泥拌制的混凝土浇水养护时间不得少于 7 天；掺用缓凝型外加剂的混凝土，不得少于 14 天。浇水次数应能保护混凝土处于润湿状态，混凝土的养护用水应与拌制用水相同。当气温低于 5℃时，不得浇水。

7.4.2 混凝土预制方桩的起吊、堆放和运输

（1）桩的起吊

当方桩的混凝土达到设计强度的 70% 时方可起吊。起吊时应采取相应措施，保持平稳。

现场密排多层重叠法制作的预制方桩，起吊前应将桩与邻桩分离，因桩与桩之间黏着力较大，分离桩身的工作应仔细，避免桩身受损。

吊点位置和数量应符合设计规定。一般情况下，单节桩长在 17m 以内可采用两点吊，18～30m 长的单节桩可采用三点吊，30m 以上的单节桩应采用四点吊。当吊点少于或等于三个时，其位置应按正负弯矩相等的原则计算确定，当吊点多于三个时，其位置应按反力相等的原则计算确定。常用吊点合理位置如图 7-12 所示。

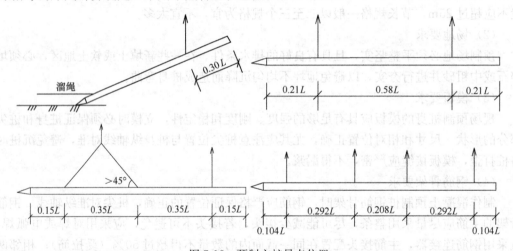

图 7-12　预制方桩吊点位置

（2）桩的堆放和运输

预制桩堆放的场地应平整坚实，排水良好，保证桩堆放后不会因场地沉陷而损伤桩身。桩应按规格、长度、使用顺序分层叠置，堆放层数不应超过四层。桩下垫木宜设置两道，支承点位置可设置在两点吊的吊点处并保持在同一横断面上，同层的两道垫木应保持在同一水平上。

预制桩运输时的强度应达到设计强度的 100%。运输时，桩的支承点应按设计吊钩位置或接近设计吊钩位置叠放平稳并垫实，支撑或绑扎牢固，以防止运输中晃动或滑落；采用单点吊的短桩，运输时应按两点吊的要求设置两个支承。

一般由履带吊机或汽车吊机将现场堆放点或现场制桩点的预制方桩运送至打桩机前。现场预制的桩应尽量采用即打即取的方法，尽可能减少二次搬运。预制点若离打桩点较近且桩长小于 18m 的桩，可用吊机进行中转吊运，运输时桩身应保持水平，应有施工人员

扶住或用溜绳系住桩的一端，防止桩身碰撞打桩架。

7.4.3 混凝土预制方桩的接桩

当桩长度较大时，受运输条件和打（压）桩架高度限制，混凝土预制方桩一般应分成数节制作，分节打（压）入，现场接桩。混凝土预制方桩的连接可采用焊接、法兰连接或机械快速连接（螺纹式、啮合式）。

对于焊接接桩，钢钣宜用低碳钢，焊条宜用 E43，并应符合《建筑钢结构焊接规程》JGJ 81 要求；对于法兰接桩，钢钣和螺栓宜采用低碳钢。

（1）焊接接桩

焊接接桩除应符合《钢结构焊接规范》GB 50661 中有关规定外，尚应符合如下要求：

1）下节桩段的桩头宜高出地面 0.5m；

2）下节桩的桩头处宜设置导向箍以方便上节桩就位。接桩时上下节桩段应保持顺直，错位偏差不宜大于 2mm。接桩就位纠偏时，不得用大锤横向敲打；

3）管桩对接前，上下端板表面应采用铁刷子清刷干净，坡口处应刷至露出金属光泽；

4）焊接宜在桩四周对称进行，待上下桩节固定后拆除导向箍再分层施焊；焊接层数不得少于两层，第一层焊完成后必须把焊渣清理干净，方可进行第二层施焊，焊缝应连续、饱满。管桩第一层焊缝宜使用直径不大于 3.2mm 的焊条；

5）焊好后的桩接头应自然冷却后才可继续锤击，自然冷却时间不宜少于 8min；严禁用水冷却或焊好立即施打；

6）雨天焊接时，应采取可靠防雨措施；

7）焊接接头的质量检查，对于同一工程探伤抽样检验不得少于 3 个接头。

（2）机械快速螺纹接桩

采用机械快速螺纹接桩时应符合如下规定：

1）安装前应检查管桩两端头制作的尺寸偏差及连接件有无受损后方可起吊施工，其下节桩头宜高出地面 0.8m；

2）接桩时，卸下上下节桩两端头的保护装置后，应清理接头残物，涂上润滑脂；

3）采用专用接头锥度对中，对准上下节桩进行旋紧连接；

4）可采用专用链条式扳手进行旋紧（臂长 1m 卡紧后人工旋紧再用铁锤敲击扳臂），锁紧后两端板尚应有 1～2mm 的间隙。

（3）机械啮合接头接桩

采用机械啮合接头接桩时应符合如下规定：

1）将上下接头钣清理干净，用扳手将已涂抹沥青涂料的连接销逐根旋入上节桩端头钣的螺栓孔内，并用钢模板调整好连接销的方位；

2）剔除下节桩端头钣连接槽内泡沫塑料保护块，在连接槽内注入沥青涂料，并在端头钣面周边抹上宽约 20mm，厚约 3mm 的沥青涂料；若地基土、地下水含中等以上腐蚀介质，桩端钣面应涂满沥青涂料；

3）将上节桩吊起，使连接销与下节桩端头钣各连接口对准，随即将连接销插入连接槽内；

4）加压使上下节桩的桩头钣接触，接桩完成。

7.4.4 混凝土预制方桩的沉桩

混凝土预制方桩的打（压）桩方法较多，主要有锤击法沉桩和静力压桩法。锤击法沉桩和静力压桩法的施工方法、施工流程及施工要求已在7.3.3节进行了详细介绍，此处不再赘述。

除锤击法沉桩和静力压桩沉桩外，还有一些特殊的沉桩方法，如振动法沉桩、射水法沉桩、植桩法沉桩、斜桩沉桩法等。

7.4.5 预制混凝土方桩施工中常见问题及注意事项

预制方桩施工过程中常存在桩顶碎裂、桩身断裂、桩顶偏位或上升涌起、桩身倾斜、沉桩达不到设计控制要求及桩急剧下沉等问题。预制方桩施工中常见问题及处理措施见表7-5。

预制方桩施工中常见问题及处理措施　　　　　　　　　　　　　　　　　表 7-5

问题	可能产生原因	处理措施
桩顶碎裂	桩端持力层很硬，且打桩总锤击数过大，最后停锤标准过严；施工时桩锤偏心锤击；桩顶混凝土有质量问题	应按照制作规范要求打桩；上部取土植桩；对桩顶碎裂桩头重新接桩
桩身断裂	接桩时接头施工质量差引起接头开裂，脱焊；桩端很硬，总锤击数过大，最后贯入度过小；桩身质量差；挖土不当	打桩过程中桩要竖直；记录贯入度变化，如突变则可能断桩；浅部断桩挖除后接桩，深部断裂则需补打新桩
桩顶位移	先施工的桩因后打桩挤土偏位；两节或多节桩施工时，接桩不直，桩中心线成折线形，桩顶偏位；基坑开挖时，挖土不当或支护不当引起桩身倾斜偏位	施工前探明处理地下障碍物；打桩时应注意选择正确打桩顺序；软土中密集打桩时应注意控制打桩速率和节奏顺序；控制桩身质量和承载力
桩身倾斜	先打桩因后打桩挤土被挤斜；施工时接桩不直；基坑开挖时，或边打桩边开挖，或桩旁堆土，或桩周土体不平衡引起桩身倾斜	打桩过程中应注意场地平整、导杆垂直；稳桩时，桩应垂直；桩身偏斜反方向取土后扶直；检测桩身质量和承载力
桩身上浮	先施工桩因后打桩挤土上浮	打桩时应注意选择正确打桩顺序；控制打桩速率和节奏顺序；上浮桩复打、复压
桩急剧下沉	桩下沉速度过快，可能是因为遇到软弱土层或落锤过高、桩接不正引起	施工时应控制落锤高度，确保接桩质量。若桩急剧下沉，应拔桩检查，改正后重打，或在原桩旁补桩

7.5 钢桩的施工

常用钢桩主要包括钢管桩、H型钢桩和其他异型钢桩。钢桩具有强度高、施工方便的特点，但钢桩成本高且需做防腐处理。

7.5.1 钢桩的制作

制作钢桩的材料应符合设计要求，钢桩制作的容许偏差应符合表7-6中规定。钢桩用于地下水有侵蚀性或腐蚀性土层的地区时应按设计要求做防腐处理。

序号	项　目		容许偏差（mm）
1	外径或断面尺寸	桩端部	±0.5%外径或边长
		桩身	±0.1%外径或边长
2	长度		＞0
3	矢高		≤1%桩长
4	端部平整度		≤2（H 型桩≤1）
5	端部平面与桩身中心线的倾斜值		≤2

7.5.2　钢桩的焊接

钢桩的焊接应符合下列规定：

（1）必须清除桩端部的浮锈、油污等脏物，保持干燥；

（2）下节桩顶经锤击后的变形部分应割除；

（3）上下节桩焊接时应校正垂直度，对口间隙为 2～3mm；

（4）焊丝（自动焊）或焊条应烘干；

（5）焊接应对称进行；

（6）焊接应采用多层焊，钢管桩各层焊缝的接头应错开，焊渣应清除；

（7）气温低于 0℃或雨雪天，无可靠措施确保焊接质量时，不得焊接；

（8）接头焊接完毕冷却 1min 后方可锤击；

（9）焊接质量应符合国家《钢结构工程施工质量验收标准》GB 50205 和《钢结构焊接规范》GB 50661，接头除应按表 7-7 规定进行外观检查外，还应按接头总数的 5％做超声或按接头总数的 2％做 X 射线检查。对于同一工程，探伤抽样检验不得少于 3 个接头；

（10）H 型钢桩或其他异型薄壁钢桩，接头处应加连接板，其形式若无规定可按等强度设置。

接桩焊缝外观允许偏差　　　　　表 7-7

序号	项　目	允许偏差（mm）
1	上下节桩错口	
	①钢管桩外径≥700mm	3
	②钢管桩外径＜700mm	2
	H 型钢桩	1
2	咬边深度（焊缝）	0.5
3	加强层高度（焊缝）	0～+2
	加强层宽度（焊缝）	0～+3

7.5.3　钢管桩的施工

（1）施工准备

沉桩前应认真处理高空、地上、地下障碍物。钢管桩施工时通常会对周围环境造成较大噪声、振动，施工前应制定出有效降低噪声和防振的措施。

为防止沉桩时特别是大型群桩施工时受桩排挤的土向上或向四周水平移动而对附近建（构）筑物造成的危害，打桩前应对周围建（构）筑物全面检查，若有危房或危险构筑物，必须予以加固，必要时可在打桩场地与建（构）筑物间挖掘沟槽或采用排土量少的开口桩，以减少地基变位的影响。

（2）确定打桩顺序

打桩设备确定后，应依据工程特点、打桩作业部分的面积、桩的形式及位置、地质水文条件、气象条件、周围环境及地貌、施工机械性能和设计条件等综合确定打桩顺序。

确定打桩顺序时应考虑如下原则：

1）根据基础的设计标高，宜先深后浅；

2）根据钢桩的规格，宜先长后短、先大后小；

3）当一侧毗邻建筑物时，由毗邻建筑物处向另一方向施打；

4）当场地中有重要管道、电缆或其他地下公共设施时，应先施打靠近上述设施的桩，并使后打入各桩越来越远离已有设施；

5）打桩顺序应满足业主或设计方的特殊要求，并注意优先打设密集区的桩；

6）为使打桩机回转半径范围内的桩一次流水施工完毕，应先组织好桩的供应，并安排好场地处理、放样桩和复核等配合工作；

7）场地狭小时应特别注意防止分批进场堆放的桩因施工顺序安排不当而导致施工与运输的矛盾。

（3）沉桩方法

钢管桩沉桩方法应结合工程场地具体地质条件、设备情况和环境条件、工期要求等综合选定。目前常用沉桩方法主要为冲击法和振动法，因噪声和振动等方面的限制，目前采用压入法和挖掘法的工程逐渐增多。

钢管桩沉桩过程中应注意如下问题：

1）始终注意观测钢管桩沉入过程中有无异常现象。若出现桩身下沉过快、桩身倾斜、桩锤回弹过高、桩架晃动等情况时，应立即停止锤击，查明原因后再继续施工；

2）钢管桩沉桩过程中应连续，尽量避免长时间停歇中断；

3）桩的分节长度应合适，应结合穿透中间的坚硬土层综合考虑，接桩时桩尖不宜停留在坚硬土层中，否则继续施工时由于阻力过大可能会使桩身难以继续下沉；

4）为防止对周围建（构）筑物振动过大，施工时可在地面开挖防振沟，消除地面振动，并可与其他防振措施结合使用。沉桩过程中，应加强邻近建筑物、地下管线的监测；

5）施打长桩时，可在导杆上装配可以升降的防振装置，桩发生横向振动时可防止桩的弯曲变形。

（4）施工工艺

钢管桩的施工流程为：桩机安装→桩机移动就位→吊桩→插桩→锤击下沉、接桩→锤击至设计标高→内切割桩管→精割、盖帽。

（5）钢管桩施工常见问题及对策

1）桩水平位移、倾斜：若采用闭口钢管桩则其排土量应为桩管体积，挤土效应明显。为减少挤土效应，一般采用开口钢管桩，但当其下沉至一定深度时，挤入管口的土体会将管口封闭，同样会引起挤土效应。一般来说，随着钢管桩直径的增大，挤土量会逐渐减少。当桩位较密时，桩的施工由一边向另一侧或由中间对称向四周推进，土体越挤越密，加之沉桩产生的超静水压力，将会使先打桩上部挠曲变形、桩顶出现位移、倾斜。这种侧向应力的大小与工程地质、桩型、桩群密度、沉桩顺序、沉桩速率有关。

施工时可采取如下措施预防或减轻钢管桩水平位移、倾斜的问题：

① 尽可能采用开口钢管桩，或采取预钻孔打入法，减少挤土效应；

② 采用长桩，提高单桩承载力，减少桩的数量，增大桩距，减少对浅层土体的挤压影响；

③ 选用合理的打桩流水方案，避免在基础混凝土灌注完毕的区域附近打桩；

④ 选择合理的打桩顺序，具体要求参照预制桩的打桩顺序要求；

⑤ 减慢打桩速度，减少单位时间内的挤土量；

⑥ 增加辅助措施，如钻孔设置排水砂井或插入塑料排水板，减少超孔隙水力。

2）打桩造成周围建筑物位移及振动影响：钢管桩在软土中沉桩时会对土体产生挤压，造成附近建筑物地下管线等产生水平和垂直方向的位移，严重时可导致建筑物地下管线等产生裂缝或损坏。同时，采用柴油锤打桩引起的振动会使周围建筑物地基沉陷，还可能会影响周围设备及各种精密机械的工作性能。

为减少挤土效应，施工时除采用开口桩外，还可在靠近建筑物的一侧设浅层防挤沟，减挤砂井或其他排水桩。防挤沟较浅时可采用空沟，防挤沟较深时可填入发泡塑料、砂等松散材料。

3）钢管桩被打坏：采用开口钢管桩时，若钢管桩的桩壁过薄，桩尖穿过坚硬黏土层或粗砂、砾石层时，易使开口桩尖卷曲破坏。沉桩时应在钢管桩底端加焊一道钢套箍，加强桩尖部分的刚度。施工场地若存在较大孤石、旧混凝土基础时，应在沉桩前予以清除，减少沉桩阻力。

此外，若因焊接材料、设备、技术不过关等导致焊接质量下降，沉桩时由于桩锤的反复锤击，会造成钢管桩接头部破坏。因此，要求焊接材料较好且必须严格按焊接规范施工，另外须确保钢桩能垂直沉入，沉桩前应调整好桩架，避免偏心打桩。

4）沉桩困难：沉桩困难有两方面的原因，一是在整个沉桩过程中，中间有硬土层需要穿过，造成沉桩困难；二是桩尖快到持力层时，贯入度过小，难以达到实际标高。

当贯入度过小，难以达到标高时，首先应对所选桩锤进行分析，分析其锤击能量、回跳高度是否足够，桩是否垂直。若设备正常，则应采取上述保证顺利沉桩的措施。

5）桩急剧下沉：可能遇到软土层、土洞，或桩身弯曲。此时应将桩拔起检查改正重打，或在原桩位附近补桩并加强沉桩前的检查。

7.5.4 H型钢桩的施工

（1）施工机械

H型钢桩的施工机械与钢管桩基本相同，可采用柴油锤和液压锤沉桩，但其断面刚度较小，抗锤击能力较差，桩锤重量不应过大，最好不大于4～5t，且锤击过程中，桩架前应有横向约束装置，防止横向失稳。H型钢桩的桩帽应根据桩的尺寸现场用钢板焊接而成。

（2）沉桩施工

H 型钢桩的沉桩工艺流程与钢管桩基本相同，但应注意以下方面：

1）钢桩截面刚度较小，接头处应加连接板，焊接时桩尖不能停在硬土层中；

2）送桩不宜过深，否则容易使 H 型钢桩移位，或因锤击过多而失稳，当持力层较硬时不宜采用送桩方式；

3）场地准备比钢管桩更严格。桩入场前应仔细检查堆放场地，防止变形，沉桩前应清除地面层大石块、混凝土块等回填物，保证沉桩质量；

4）H 型桩有方向性要求，其断面横轴向和纵轴向抗弯能力是有差异的，应根据设计单位的图示方向插桩；

5）锤击时须有横向稳定措施，防止沉桩过程中发生侧向失稳而被迫停锤；

6）H 型钢桩在沉至设计标高并完成基坑开挖后，应在其桩顶加盖桩盖。

（3）常见施工问题及防治措施

1）桩身扭转：沉桩过程中，桩周围土体发生变化，聚集在 H 型钢桩两翼缘间的土存在差异，且随着打桩入土深度的增加而加剧，致使桩朝土体强度较弱的方向转动。若入土深度不大，可拔出桩再次锤击入土。

2）贯入度突然增大：具体表现为沉桩过程中回弹量过大，锤击声音不清脆。导致这种现象的原因很多，如桩未垂直插入土中，锤击过程中发生倾斜且越打越斜，桩架无抱箍，锤击时自由长度较大；若桩断面刚度较小，则横向无约束也会造成倾斜沉入；施工场地用块石或混凝土块填成，桩位没有彻底清理，插桩时如块体夹在桩的一侧，强行沉入后，因两侧阻力不同造成桩身倾斜。对这类事故的防治措施是：彻底清理桩位下的障碍物，垂直插桩，桩架设抱箍以增加横向约束。

7.6 沉管灌注桩的施工

沉管灌注桩属挤土灌注桩，按照沉管工艺的不同，可分为锤击沉管灌注桩、振动沉管灌注桩、振动冲击沉管灌注桩和内夯沉管灌注桩。

7.6.1 锤击沉管灌注桩的施工

锤击沉管灌注桩是利用桩锤的锤击作用，将带活瓣桩尖或钢筋混凝土预制桩尖的钢管锤击沉入土中，然后边灌注混凝土边用卷扬机拔出桩管成桩。

锤击沉管灌注桩适用于黏性土、淤泥质土、稍密的砂土及杂填土层中使用，不宜用于标准贯入击数大于 12 的砂土及击数大于 15 的黏性土及碎石土，同时由于锤击沉管灌注桩在灌注混凝土过程中没有振动，易产生桩身缩颈、混凝土离析等现象，因此锤击式沉管灌注桩不能在厚度较大、含水量和灵敏度高的淤泥土等土层中使用。

（1）施工机械设备

锤击法沉管的主要设备为锤击打桩机，主要由桩架、桩锤、卷扬机、桩管等组成，配套机具有上料斗、1t 机动翻斗车、混凝土搅拌机等。

1）锤击沉管打桩机

施工时应根据具体场地、土质、桩身需要等选用锤击沉管打桩机（见图 7-13）。

2）桩锤

锤击沉管打桩机的桩锤一般采用电动落锤、柴油锤和蒸汽锤等，其中柴油锤应用较广，不同型号的柴油锤，其冲击部分的重量不同，适用于不同类型的锤击沉管打桩机，应根据具体工程情况选用。

3）桩管与桩尖

桩管一般选用无缝钢管，钢管直径一般为273～600mm。桩管与桩尖接触部分宜用环形钢板加厚，加厚部分最大外径应比桩尖外径小10～20mm。桩管外表面应焊有表示长度的数字，以便在施工中观测入土深度。

桩尖（靴）可采用活瓣桩尖、混凝土预制桩尖和封口桩尖等，见图7-14。

一般情况不宜选用活瓣桩尖，若采用时活瓣桩尖应有足够的刚度和强度，且活瓣间应贴合紧密，不得留有较大缝隙。桩尖合拢后，其尖端应在桩管中轴线上，活瓣应张合灵活，否则易产生质量问题。

采用钢筋混凝土预制桩尖时，其混凝土应有足够强度，强度等级一般不应低于C30。桩管下端与桩尖接触处，应设置缓冲材料，以防桩尖打碎而产生质量缺陷。

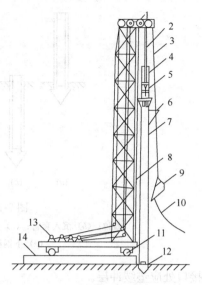

图7-13　锤击沉管打桩机示意图
1—桩管滑轮组；2—桩锤钢丝绳；3—吊斗钢丝绳；4—桩锤；5—桩帽；6—混凝土漏斗；7—桩管；8—桩架；9—混凝土吊斗；10—回绳；11—行驶用钢管；12—预制桩靴；13—卷扬机；14—枕木

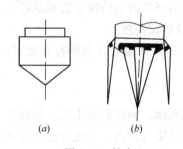

图7-14　桩尖
(a) 钢筋混凝土桩靴；(b) 钢活瓣桩靴

桩尖入土如有损坏，应及时将桩管拔出，用土或砂填实，另换新桩尖重新打入；如采用活瓣桩尖，沉管时为防止水或泥浆进入桩管，沉管前应事先在桩管中灌入一部分混凝土。

（2）施工程序

根据土质情况和荷载要求，锤击沉管灌注桩施工可选用单打法、复打法或反插法。

锤击沉管灌注桩的施工过程可总结为：安放桩靴→桩机就位→校正垂直度→锤击沉管至要求的贯入度或标高→测量孔深并检查桩靴是否卡住桩管→下放钢筋笼→灌注混凝土→边锤击边拔出钢管。锤击沉管灌注桩施工工艺见图7-15。

（3）施工要点

1）安放桩尖

混凝土预制桩尖或钢桩尖的加工质量和埋设位置应符合设计要求，桩管与桩尖的接触应有良好的密封性。

2）桩机就位

将桩管对准预先埋设在桩位上的预制桩尖或将桩管对准桩位中心，将桩尖活瓣合拢，再放松卷扬机钢丝绳，利用桩机及桩本身自重，将桩尖竖直压入土中。在钢管与预制桩尖

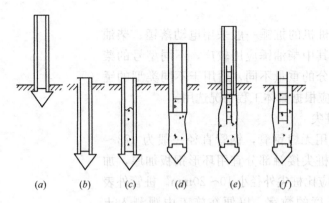

图 7-15　锤击沉管灌注桩施工流程

(a) 就位；(b) 沉入套管；(c) 开始灌注混凝土；(d) 边锤击边拔管，并继续灌注混凝土；

(e) 下钢筋笼，并继续灌注混凝土；(f) 成型

接口处应垫缓冲层。

3）锤击沉管

首先检查桩管与桩锤、桩架等是否在同一垂线上，当桩管垂直度偏差不大于 0.5% 时，即可用桩锤轻击，偏移在允许范围内方可正常施打，直至符合设计深度要求。群桩基础和桩中心距小于 4 倍桩径或小于 2m 的桩基，应采取保证邻桩桩身质量的措施，选择合适的打桩顺序，一般采用跳打法，中间空出的桩应在邻桩混凝土强度达到设计强度的 50% 后方可施打，防止桩管挤土而使新浇的邻桩断桩。若沉管过程中桩尖损坏，应及时拔出桩管，用土和砂填实后另安桩尖重新沉管。

沉管全过程须作好施工记录；每根桩的施工记录均应包括每米沉桩的锤击数和最后一米的锤击数；必须准确测量最后三阵，每阵 10 击的贯入度及落锤高度。

测量沉管的贯入度应在下列条件下进行：桩尖未破坏，锤击无偏心，落距符合规定，桩帽和弹性垫层正常。

4）灌注混凝土

沉管至设计标高后，应立即灌注混凝土，尽量减少时间间隔；灌注混凝土前，须检查桩管内有无吞桩尖或进泥进水，然后用吊斗将混凝土通过漏斗灌入桩内。当桩身配钢筋笼时，第一次混凝土应先灌至笼底标高，然后放置钢筋笼，再灌混凝土至桩顶标高。

一般采用 C20～C25 混凝土，混凝土坍落度为 8～12cm。桩身混凝土的充盈系数不得小于 1.0；对充盈系数小于 1.0 的桩，宜全长复打；对可能出现断桩和缩颈桩的情况，应采用局部复打。成桩后的桩身混凝土顶面标高应不低于设计标高 500mm。

5）拔管

混凝土灌满桩管后便可拔管，一边拔管，一边锤击，拔管的速度要均匀，一般土层以 1m/min 为宜，软弱土层和软硬土层交接处宜控制在 0.5～0.8m/min。采用倒打拔管的打击次数，单动汽锤不得少于 50 次/min，自由落锤轻击（小落距锤击）不得少于 40 次/min，在桩管底未拔至桩顶设计标高前，倒打和轻击不得中断，拔管过程中应向桩管内继续灌入混凝土，以保证灌注质量。前一次拔管高度应控制能容纳第二次所需灌入的混凝土量为限，不宜拔得太高。拔管过程中应采用专用测锤或浮标检查混凝土

面的下降情况。

6）复打法

当单打施工的桩身充盈系数达不到规定值时，或可能产生断桩和缩颈桩时，可采用复打法施工。复打后桩身混凝土灌注量大，单桩承载力会有所提高。

复打法为单打法施工完毕后，拔出桩管，及时清除黏附在管壁和散落在地面上的泥土，在原位上第二次安放桩靴，后续施工过程与单打法相同。全长复打桩的入土深度宜接近原桩长，局部复打应超过断桩或缩颈区 1m 以上。

采用全长复打时，第一次灌注混凝土应达到自然地面；前后两次沉管的轴线应重合；复打施工须在第一次灌注的混凝土初凝前完成；第二次桩身混凝土不得少灌。

当桩身配有钢筋时，混凝土的坍落度宜采用 80～100mm；素混凝土桩宜采用坍落度为 60～80mm 的混凝土。

7.6.2 振动沉管灌注桩的施工

振动沉管灌注桩是利用振动桩锤将桩管沉入土中，然后灌注混凝土成桩。振动沉管灌注桩适用于一般黏性土、淤泥、淤泥质土、粉土、稍密及松散的砂土及填土中使用，但在淤泥和淤泥质黏土中施工时应采取防止缩颈和挤土效应的措施。振动冲击沉管灌注桩也可用于中密碎石土层和强风化岩层。较硬土层中振动沉管灌注桩施工时易损伤桩尖，应慎用并采取相应处理措施。

（1）施工机械设备

振动沉管灌注桩的施工机械设备包括：振动锤、桩架、卷扬机、加压装置、桩管、桩尖或钢筋混凝土预制桩靴等。

（2）施工工艺

振动沉管施工法是在振动锤竖直方向反复振动作用下，桩管以一定的频率和振幅产生竖向往复振动，以减少桩管与周围土体的摩阻力，当强迫振动频率与土体的自振频率相同时（黏土自振频率为 600～700r/min，砂土自振频率为 900～1200r/min），土体结构因其共振而破坏。与此同时，桩管受加压作用而沉入土中，在达到设计要求深度后，边拔管、边振动、边灌注混凝土、边成桩。

振动沉管法的施工流程可总结如下：桩机就位→振动沉管→灌注混凝土→安放钢筋笼→拔管、灌注混凝土→成桩，见图 7-16。

（3）施工要点

1）材料要求和桩径

混凝土强度等级常用 C20 和 C25；粗骨料粒径应不大于 40mm，含泥量小于 3%；砂宜选用中、粗砂，含泥量小于 5%；混凝土坍落为 8～12cm。振动沉管灌注桩常用桩径为 377mm 和 426mm 两种规格。桩长按设

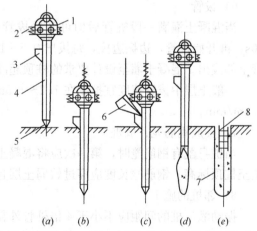

图 7-16　振动沉管灌注桩施工程序
(a) 桩机就位；(b) 沉管；(c) 上料；(d) 拔出桩管；
(e) 在桩顶部混凝土内插入短钢筋并灌满混凝土
1—振动锤；2—加压减振弹簧；3—加料口；
4—桩管；5—活瓣桩尖；6—上料斗；
7—混凝土桩；8—短钢筋骨架

计要求确定。

2）施工方法的选用

根据土质情况和荷载要求，振动沉管灌注桩施工时可选择单打法、复打法或反插法等。单打法适用于含水量较小的土层，反插法和复打法适用于软弱饱和土层。

3）桩机就位

采用单打法沉管时，宜采用混凝土预制桩尖。施工时，将桩管对准埋设在桩位上的预制桩尖，放松卷扬机钢丝绳，利用振动机及桩管自重，把桩尖压入土中，检查桩管垂直度偏差，若不超过规定值，即可开始沉管；采用活瓣桩尖时，应将桩管对准桩位中心，并将桩尖活瓣合拢紧密。

4）振动沉管

开动振动锤，放松钢丝绳，开动加压卷扬机，桩管即在强迫振动下迅速沉入土中。

沉管过程中，应经常探测管内有无水或泥浆，若发现水或泥浆较多，应拔出桩管，用砂回填桩孔后重新安放桩尖沉管；若发现地下水或泥浆进入套管，一般应在桩管沉入前先灌入 1m 高左右的混凝土或砂浆，封住漏水缝隙，然后再继续沉桩。

为适应不同土壤条件，沉管时常用加压方法调整土的自振频率，桩尖压力改变可利用卷扬机把桩架部分重量传到桩管上加压，并根据桩管沉入速度，随时调整离合器，防止桩架抬起发生事故。

施工中应严格控制最后 30s 的电流、电压值，其值按设计要求或根据试桩和当地经验确定。

5）灌注混凝土

桩管沉放到设计标高后，停止振动，用上料斗将混凝土灌入桩管内，然后边振动边拔管。

6）拔管

当混凝土灌满一段桩管后即可开始拔管。开始拔管前，应先起动振动机，振动 5～10s，再开始拔管，边振边拔，每拔出 0.5～1.0m 停拔后振动 5～10s，如此反复，直至桩管全部拔出。混凝土灌至设计要求的桩顶超灌高度为止。

一般土层中拔管速度宜控制在 1.2～1.5m/min，软弱土层中拔管速度宜控制在 0.6～0.8m/min。

7）安放钢筋笼、成桩

当桩身配有钢筋笼时，第一次应将混凝土灌至笼底标高，然后安放钢筋笼，再灌混凝土至桩顶标高。钢筋笼长度应穿过软弱土层且不少于 6m。

8）邻桩的施工

振动灌注桩的间距应不小于 4 倍桩管外径，相邻桩施工时，其间隔时间不得超过水泥的初凝时间，中途停顿时，应在停顿前将桩管沉入土中，以防止因土体挤密而产生断桩（尤其是钢筋笼底部断桩）。桩距小于 3.5 倍桩管外径时，应采用跳打法施工。

9）振动冲击沉管灌注桩

振动冲击沉管灌注桩施工时，拔管速度宜控制在 1.0m/min 内，桩锤上下冲击次数不得少于 70 次/min；淤泥层或淤泥质土层中，其拔管速度不得大于 0.8m/min。

10）复打法和反插法施工

复打法的施工要求与锤击沉管灌注桩相同。反插法是指在拔管时，桩管每拔出 0.5～1.0m，便向下反插约 0.3～0.5m，如此反复进行，并始终保持振动，直至桩管全部拔出地面。

反插法施工应满足以下要求：

① 拔管过程中应分段添加混凝土，保持管内混凝土面始终不低于地表面或高于地下水位 1.0～1.5m 以上，拔管速度应小于 0.5m/min；

② 在桩尖处的 1.5m 范围内，应多次反插以扩大桩的端部断面，增加桩的承载力；

③ 穿过淤泥层时，应放慢拔管速度，并减少拔管高度和反插深度，流动性淤泥中不宜用反插法。

11）其他注意事项

① 拔管过程中，桩管内应至少保持 2m 高的混凝土或不低于地面。混凝土不足时应及时补灌，以防止混凝土中断形成缩颈；

② 每根桩的混凝土灌注量，应保证成桩后平均横截面积与端部横截面积比值不小于 1.1；

③ 混凝土灌注高度应超过桩顶设计标高 0.5m，适时修整桩顶，凿去浮浆后，应保证桩顶设计标高及混凝土质量；

④ 某些密实度大，低压缩性且土质较硬的黏土中一般振动沉拔桩机难以把桩管沉放至设计标高时，可适当配合螺旋钻，先钻去部分较硬土层，以减少桩尖阻力，然后再采用振动沉管灌注桩施工工艺进行施工。该方法所成桩的承载力与全振动沉管灌注桩相近，同时可扩大已有设备的能力，减少挤土和对临近建筑的振动影响。

（4）振动沉管灌注桩的特点及适用范围

振动沉管灌注桩的工艺特点如下：

1）能适应复杂地层，不受持力层起伏和地下水位高低的限制；

2）能用小桩管打出大截面桩（一般单打法的桩截面比桩管大 30%；复打法可扩大 80%；反插法可扩大 50%），提高桩的承载力；

3）砂土中沉桩时可减轻或消除地层的地震液化性能；

4）有套管保护，可防止坍孔、缩孔、断桩等质量问题，且对周围环境的噪声及振动影响较小；

5）施工速度快，效率高，操作规程简便，安全，费用较低。

需要说明的是，因桩管振动而使土体受扰，会降低地基强度。因此，当土层为软弱土时，至少应养护 15 天才能恢复地基强度。

7.6.3 夯扩沉管灌注桩的施工

夯扩沉管灌注桩通过外管与内夯管结合锤击沉管实现桩体的夯压、扩底、扩径。内夯管比外管短 100mm，内夯管底端可采用闭口平底或闭口锥底，见图 7-17。

外管封底可采用干硬性混凝土、无水混凝土配料，经夯击形成阻水、阻泥管塞，其高度一般为 100mm。当内、外管间不发生间隙涌水、涌泥时，亦可不采用上述封底措施。

桩端夯扩头平均直径可按下列公式估算。

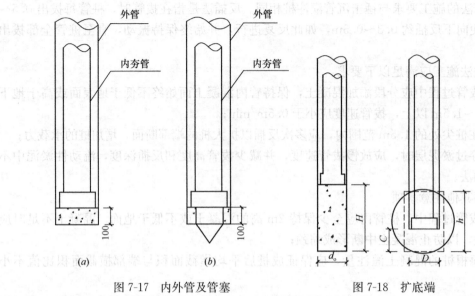

图 7-17　内外管及管塞

(a) 平底内夯管；(b) 锥底内夯管

图 7-18　扩底端

一次夯扩：

$$D_1 = d_0\sqrt{\frac{H_1 + h_1 - C_1}{h_1}} \tag{7-1}$$

二次夯扩：

$$D_2 = \sqrt{\frac{H_1 + H_2 + h_2 - C_1 - C_2}{h_2}} \tag{7-2}$$

式中　D_1、D_2——第一次、二次夯扩扩头平均直径；

　　　　d_0——外管直径；

　　　H_1、H_2——第一次、二次夯扩工序中外管中灌注混凝土面高度（从桩底算起）；

　　　h_1、h_2——第一次、二次夯扩工序中外管上拔高度（从桩底算起），可取 $H_1/2$，$H_2/2$；

　　　C_1、C_2——第一次、二次夯扩工序中内外管同步下沉至离桩底的距离，可取 C_1、C_2 值为 0.2m（见图 7-18）。

桩的长度较大或需要配置钢筋笼时，桩身混凝土宜分段灌注。拔管时内夯管和桩锤应施压于外管中的混凝土顶面，边压边拔。

施工前宜进行试成桩，并应详细记录混凝土的分次灌注量，外管上拔高度，内管夯击次数，双管同步沉入深度，并检查外管的封底情况，有无进水、涌泥等，经核定后作为施工控制依据。需要说明的是，夯扩灌注桩不适用于易液化砂土层，因为液化后桩身混凝土易离析。

7.6.4　沉管灌注桩施工中主要问题及处理措施

沉管灌注桩施工过程中常会出现缩颈、扩颈、断桩、混凝土离析、扩大头不够大及桩偏位等问题。沉管灌注桩施工常见问题及其相应措施见表 7-8。

问题	可能原因	处理对策
缩颈	软土中拔管速度过快，软土结构破坏	进行桩身质量和承载力检测，若发生严重缩颈需补桩
扩颈	砂土层处扩颈	注意扩颈后产生沉渣的处理
断桩	有钢筋笼与无钢筋笼界面处断桩（挤土）；桩上部因桩架移动或挤土或挖土不当断桩	浅部断桩挖开重新接桩；深部断桩则需补打桩
混凝土离析	砂土处打桩液化使水泥浆流失	同上
夯扩头不够大	黏土中夯扩时扩颈不够大，夯扩参数不当	调整夯扩参数和方法
桩偏位	打桩挤土或挖土不当	反向取土扶直，加强基础刚度或补桩

7.7　钻孔灌注桩的施工

钻孔灌注桩是利用钻孔桩机在桩位成孔，然后在桩孔内放入钢筋骨架再灌混凝土而成的就地灌注桩。钻孔灌注桩适用于各种土质条件，具有无振动、对土体无挤压等优点。根据地质条件的不同，钻孔灌注桩常用施工方法主要有干作业成孔灌注桩和泥浆护壁成孔灌注桩。

钻孔灌注桩的施工流程主要为：成孔→第一次清渣→下放钢筋笼→第二次清渣→灌注混凝土成桩。

7.7.1　干作业成孔灌注桩的施工

干作业成孔灌注桩是指不用泥浆或套管护壁情况下，用人工或机械钻具钻出桩孔，然后在桩孔中放入钢筋笼，再灌注混凝土成桩。按照成孔方式可分为螺旋钻成孔灌注桩和柱锤冲击成孔灌注桩。

7.7.1.1　螺旋钻成孔灌注桩的施工

（1）螺旋成孔施工机械设备

螺旋成孔施工设备为螺旋钻机，主要由主机、滑轮组、螺旋钻杆、钻头、滑动支架、出土装置等组成，如图 7-19 所示。施工时电动机带动钻杆转动，使钻头上的螺旋叶片旋转切削土层，削下的土屑靠与土壁的摩擦力沿叶片上升排出孔外。

螺旋钻机成孔方式主要有长杆螺旋成孔（钻杆长度 10m 以上）、短螺旋成孔（钻杆长度 3～8m）、环状螺旋成孔、振动螺旋成孔和跟管螺旋成孔等，实际工程中常采用长杆螺旋成孔和短杆螺旋成孔。前者成孔直径较小，一般不超过 1m，成孔深度受桩架高度限制，主要有 8m、10m、12m 三种。后者成孔效率低，但成孔深度较大，可达 50m，桩孔直径可达 3m，回转阻力相对较小。

根据钻杆上叶片螺旋距不同，叶片可分为密纹叶片和疏纹叶片。前者应用于含水量较大的软塑土层中；后者主要用于含水量较小的砂土或可塑、硬塑的黏土中成孔。

钻头形式多样，常用类型有平底钻头、耙式钻头、筒式钻头和锥底钻头，如图 7-20 所示。施工时应根据土层种类不同分别选用。

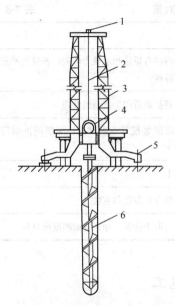

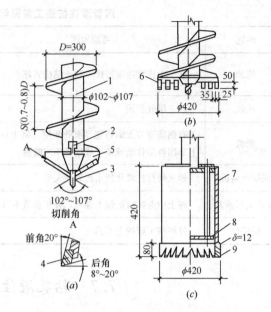

图 7-19　螺旋钻孔机示意图

1—导向滑轮；2—钢丝绳；3—龙门导架；
4—动力箱；5—千斤顶支腿；6—螺旋钻杆

图 7-20　钻头型式示意图（单位：mm）

1—螺旋钻杆；2—钻头接头；3—导向尖；4—合金刀；5—切
削刀；6—耙齿；7—筒体；8—推土盘；9—八角硬质合金刀头

平底钻头用于松散土层；耙式钻头用于杂填土；遇到混凝土块、条石或大卵石等障碍物时，可用筒式钻头将其钻透，被钻出的碎块挤在钻头筒中排出；对于一般的黏土层，常采用锥底钻头施工。

（2）螺旋成孔桩施工流程

螺旋钻孔机成桩的施工程序是：桩机就位→取土成孔→清孔，检查成孔质量→安放钢筋笼或插筋→放置护孔漏斗，灌注混凝土成桩，其施工工序见图 7-21。

由螺旋钻头切削土体，切下的土随钻头旋转并沿螺旋叶片上升而排出孔外。当螺旋钻机钻至设计标高时，原位空转清土，停钻后提出钻杆弃土，钻出的土应及时清除，不可堆放在孔口。钢筋骨架绑好后，一次整体吊入孔内。如过长亦可分段吊装，两段焊接后再缓慢沉放至孔内。钢筋笼吊放完毕后，应及时灌注混凝土，灌注时应分层捣实。

（3）螺旋成孔施工要点

1）合理选择钻头类型。不同土层的成孔难易程度不同，应根据各种钻头对不同土质的适用性有针对性的选取合适钻头类型，以提高成孔效率保证成孔质量。

2）钻孔时，钻杆应垂直稳固、位置正确，防止因钻杆晃动而引起孔径扩大。

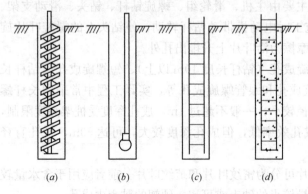

图 7-21　螺旋钻孔机成桩的施工程序

(a) 螺旋钻机钻孔；(b) 空转清土后掏土；
(c) 放入钢筋骨架；(d) 灌注混凝土

3) 钻进速度应根据电流表读数变化及时调整。电流增大，说明孔内阻力增大，应降低钻进速度。

4) 开始钻进或穿过软硬土层交界处时，应缓慢进尺，在含有砖块、卵石土层钻进时，应注意控制钻杆跳动及机架晃动。

5) 钻进过程中应及时清理孔口积土，遇到地下水、塌孔、缩孔等异常情况时，应立即停钻，检查原因，采取必要措施。如果情况不严重时，可调整钻进参数，投入适量砂或黏土，上下活动钻具，保证钻进通畅。

6) 钻进过程中遇憋车、不进尺或钻进缓慢时，应及时查明原因后再钻，防止出现严重倾斜、塌孔甚至卡钻、折断钻具等事故。

7) 短螺旋钻进，每次进尺宜控制在钻头长度的 2/3 左右，砂层、粉土层可控制在 0.8~1.2m，黏土、粉质土层宜控制在 0.6m 以下。

8) 成孔达到设计深度后，应使钻具在孔内空钻数圈清除虚土，然后起钻卸土，并保护孔口，防止杂物落入。若出现严重塌孔，有大量泥土时，应回填砂或黏土重新钻孔，或填入少量石灰；少量泥浆不易清除时，可投入粒径为 25~60mm 的碎石或卵石插实以挤密土壤，防止桩承重后发生过大沉降。

9) 灌注混凝土前，应先放松孔口护孔漏斗，随后放置钢筋笼并再次清孔，最后灌注混凝土。钢筋骨架的主筋不宜少于 6φ12~16mm，长度不小于桩长的 1/3~1/2，箍筋宜用 φ6~8mm@200~300mm，混凝土保护层厚度宜为 40~50mm。骨架应一次绑扎好，用导向钢筋送入孔内，长度较大时应分段吊放，然后逐段焊接。灌注桩顶以下 5m 范围混凝土时，应随浇随振动，每次灌注高度不得大于 1.5m。混凝土应分层灌注。

(4) 螺旋钻成孔灌注桩的特点及适用范围

螺旋钻成孔灌注桩的特点是：成孔不用泥浆或套管护壁；施工无噪声、无振动、对环境影响较小；设备简单，操作方便，施工速度快；由于干作业成孔，混凝土灌注质量易于控制。其缺点是孔底虚土不易清除干净，易降低螺旋钻成孔灌注桩承载力。

由于钻具回转阻力较大，对地层的适应性有一定的条件限制。螺旋钻成孔灌注桩主要适用于黏性土、粉土、砂土、填土和粒径不大的砾砂层，也可适用于非均质含碎砖、混凝土块、条石的杂填土及大卵砾石层。

7.7.1.2 柱锤冲孔混凝土桩的施工

干作业柱锤冲孔混凝土桩利用柱锤冲扩钻机或冲击锤对地基土冲击成孔（一般孔深较浅，不用护壁），然后下放钢筋笼并灌注混凝土成桩。

(1) 施工机械设备

柱锤冲孔施工设备主要由主卷扬机、副卷扬机、齿轮转盘、机架、柱锤、护筒、配电盘、千斤顶支座、夹持器等组成，如图 7-22 所示。施工时卷扬机将柱锤提升至一定高度，柱锤自由脱钩下落冲击土层，反复冲击形成桩孔。

桩锤质量、直径、长度选择时应根据土质软硬、桩径、桩长及桩承载力综合确定。一般常用夯锤直径

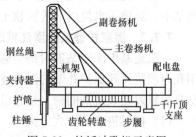

图 7-22 柱锤冲孔机示意图

为 $200\sim600mm$、长度为 $100\sim500cm$、质量为 $1000\sim5000kg$。锤底形状分平底和稍带凹槽两种，用钢材制作或钢板为外壳内部浇筑混凝土或浇铸铁制成。

起重机最大起重通过计算或试验确定（按锤重及成孔时地基对柱锤的吸附力），一般不应小于锤重的 $2\sim4$ 倍。

（2）施工流程

柱锤冲孔成桩的施工流程为：桩机就位→冲击成孔→安放钢筋笼或插筋→放置护孔漏斗，灌注混凝土成桩。具体如下：

1）清理平整施工现场，布置桩位。

2）施工机具就位，将柱锤对准桩位。

3）将柱锤提升一定高度，自由脱钩后下落冲击土层，如此反复冲击成孔。当孔底接近设计成孔深度时，可夯入部分碎砖挤密桩端土。当塌孔严重难以成孔时，可提锤反复冲击至设计孔深，后分次填入碎砖生石灰，待孔内生石灰吸水膨胀且桩间土性质有所改善后，进行二次冲击复打成孔。当采用上述方法仍难以成孔时，可采用套管成孔，即用柱锤边冲孔边将套管压入土中，直至达到桩底设计标高。

4）成孔后，将绑扎好的钢筋骨架一次整体吊放入孔内，调整钢筋笼的垂直度后及时灌注混凝土，灌注时应分层捣实。当采用套管成孔时，应边分层填料边将套管拔出。

5）施工机具移位，重复上述步骤进行下一根桩的施工。

（3）施工要点

1）清除地上及地下障碍物，整平场地，开挖基槽，桩顶预留厚约 $0.5\sim1.0m$ 的土层，用装载机或推土机平整并压实。

2）柱锤成孔。吊起柱锤，吊车缓移，使柱锤中心对准桩位中心，然后提升一定高度，柱锤自动脱钩下落冲击土层。反复进行，在接近设计成孔深度时填入块料挤密桩端土体。当夯送的瞬间锤体沉入量很小（一般每击沉量不超过 $150mm$），可认为孔底已被挤密。为保证桩底密实度，一般送到桩底设计标高后，再空夯两面次。要求成孔后孔壁直立不塌孔，孔深满足设计要求，并对成孔情况进行检查记录。

3）柱锤的质量、锤长、落距、分层填料量、总填料量、充盈系数等应根据试验或按当地经验确定。每个桩孔施工中应做好记录，并对发现的问题及时处理。

（4）柱锤冲孔灌注桩的特点及适用范围

柱锤冲孔灌注桩的特点是：成孔不用泥浆护壁；设备简单，操作方便，施工速度快，噪声小；干作业成孔，混凝土灌注质量易控制。

柱锤冲孔灌注桩主要适用于地下水位以上的杂填土、粉土、黏性土、素填土、黄土等地基中，对地下水位以下的松软土层应根据现场试验确定其适用性。

7.7.2 泥浆护壁钻孔灌注桩的施工

一般地基中深层钻进时都会遇到地下水和孔壁缩扩颈等问题。泥浆护壁钻孔灌注桩采用孔内泥浆循环保护孔壁的湿作业成孔灌注成桩，可解决施工中地下水带来的孔壁塌落、钻具磨损发热及沉渣问题。按钻进成孔方式和清孔方式钻孔灌注桩分类如下。

（1）按钻进成孔方式分类

常见钻孔灌注桩钻进成孔工艺方法及适用范围 表 7-9

作业方式	钻进方式	适用孔径 (mm)	清孔方法	混凝土灌注方式	适用地层	优缺点
泥浆护壁成孔	潜水电钻	600~1000	正循环清孔或气举反循环清孔	导管水下灌注	黏性土、淤泥、砂土	动力小，一般孔径小孔深浅，不常用
	正循环回转钻	500~2000	正循环清孔或气举反循环清孔	导管水下灌注	所有地层	回旋钻施工，硬基岩施工速度慢，最常用
	泵式反循环回转钻	600~4000	泵式反循环	导管水下灌注	所有地层	适合于大口径灌注桩施工，扭矩大但施工效率低，常用
	取土钻	500~2000	正循环清孔或气举反循环清孔	导管水下灌注	适用于各种复杂土层。砂层、砾砂层、强风化基岩	施工速度快但对硬基岩持力层因取土困难，常用
	冲击钻	600~4000	正循环清孔或气举反循环清孔	导管水下灌注	所有地层	特别是坚硬岩层优点最突出，但易扩孔且施工速度慢，常用
	冲抓钻	600~1200	正循环清孔	导管水下灌注	适用于杂填土地层和卵石、漂石层	对卵、漂石层适合但易塌孔，不常用

（2）按清孔方式分类

常见钻孔灌注桩清孔方式及适用范围 表 7-10

作业方式	清孔方式	适用孔径 (mm)	清孔设备及原理	适用桩长	适用地层	优缺点
泥浆护壁成孔	正循环清孔	600~1000	利用泥浆泵向钻杆内或导管内注入泥浆送到孔底，然后该泥浆将孔底沉渣经孔壁循环上来，再流于泥浆池的循环清孔方式	一般孔深在70m以内	所有地层	最常用的清孔方式，清孔成本低，但清孔速度慢，对于桩长较长时沉渣清理较困难，对持力层扰动后沉渣清理更困难
	气举反循环清孔	500~2000	利用空压机将导管内的风管注入压缩空气，从而使导管内变成低压的气水混合物，因孔壁与导管内浆液压力差的作用将孔底沉渣抽上来的循环清孔方式	所有桩长，但要注意空压机风量和风管高度的协调	黏性土和基岩地区适用。粉砂层应注意塌孔，清孔时间一般应控制在10min以内	清孔时间快，效率高，但易塌孔且必须保持孔内泥浆面不下降
	泵式反循环清孔	600~4000	利用深井砂石泵将孔底沉渣抽上来的循环清孔方式	桩长受真空度的制约	所有地层	扭矩大，适用于超长超大钻孔桩施工，但钻进效率较低

（3）施工流程

泥浆护壁成孔时可采用多种型式的钻机钻进成孔。为防止钻进过程中塌孔，应在孔内注入黏土或膨润土和水拌合的泥浆，同时利用钻削下来的黏性土与水混合自造泥浆保护孔壁。护壁泥浆与钻孔的土屑混合，边钻边排出孔内相对密度、稠度均较大的泥浆，同时向孔内补入相对密度、稠度均较小的泥浆。当钻孔达到设计深度后，清除孔底泥渣，然后安放钢筋笼，在泥浆中灌注混凝土成桩。泥浆护壁成孔灌注桩施工流程见图 7-23。

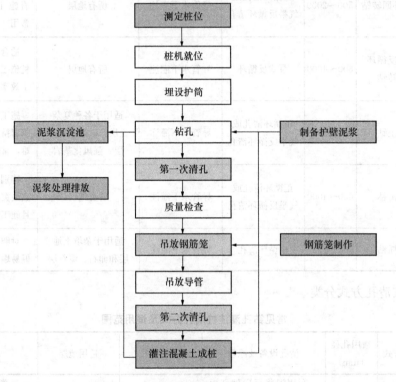

图 7-23　泥浆护壁成孔灌注桩施工流程

（4）桩定位及护筒设置

桩定位前应先确定拟建筑场地红线范围及灰线定位，其次根据设计桩位平面图确定每个桩位的具体位置，并在中心处打好木桩或插上钢筋，完成桩定位。然后，根据测定的桩位埋设护筒。

护筒的作用是固定钻孔位置，保护孔口，提高孔内水位，防止地面水流入，增加孔内静水压力以维护孔壁稳定，并兼作钻进导向。护筒设置方法如下：

1）护筒一般为厚约 4～8mm 的钢钣，水上桩施工时应根据护筒长度增加钢钣的厚度，其内径应大于钻头直径。护筒上部应开设 1～2 个溢浆孔。

2）护筒埋设深度根据土质和地下水位而定，在黏性土中不宜小于 1.0m，在砂土中不宜小于 1.5m，其高度尚应满足孔内泥浆面高度的要求。

3）埋设护筒时，在桩位处打入或挖坑埋入，一般宜高出地面 300～400mm，或高出地下水位 1.5m 以上使孔内泥浆面高于孔外水位或地面，在水上施工时，护筒顶面的标高应满足在施工最高水位时泥浆面高度要求，并使孔内水头经常稳定以利护壁。

4) 护筒埋设应准确、稳定，护筒中心与桩位中心的偏差不得大于 50mm；应保证护筒的垂直度，尤其是水上施工的长护筒尤为重要。

(5) 泥浆的制备与处理

泥浆通常在钻孔前制备好，钻孔时输入孔内；有时也采用向孔内输入清水，一边钻孔，一边使清水与钻削下来的泥土拌和形成泥浆。泥浆的性能指标如相对密度、黏度、含砂量、pH 值、稳定性等应符合规定的要求。泥浆的选料既要考虑护壁效果，又要考虑经济性，尽可能使用当地材料。泥浆循环池制作中必须包含排渣池→沉淀池→过筛池→钻孔循环等过程。泥浆制备应符合如下要求：

1) 除能自行造浆的淤泥质黏土和黏土土层外，其他砂类土层均应制备泥浆。泥浆制备应选用高塑性黏土或膨润土。泥浆应根据施工机械、工艺及穿越的土层进行配比设计。《建筑桩基技术规范》JGJ 94 中膨润土泥浆制备时的性能指标如表 7-11 所示。

制备泥浆的性能指标　　　　　　　　　　　　　　表 7-11

项目	性能指标	检验方法
相对密度	1.1～1.20（正循环取高值）	泥浆比重计
黏度	15～25s	50000/70000 漏斗法
含砂率	<4%～6%（膨润土造浆取低值）	
胶体率	>95%	量杯法
失水量	<30mL/30min	失水量仪
泥皮厚度	1～3mm/30min	失水量仪
静切力	10s，1～4Pa	静切力计
稳定性	<0.03g/cm³	
pH 值	7～9	pH 试纸

注：对于正反循环钻成孔应确保泥浆的护壁和清渣功能；对于旋挖成孔应确保泥浆护壁的功能。

《公路桥涵地基与基础设计规范》JTG D63 中对泥浆性能指标的规定见表 7-12。

泥浆性能指标　　　　　　　　　　　　　　表 7-12

钻孔方法	地层情况	泥浆性能指标							
		相对密度	黏度 (Pa·s)	含砂率 (%)	胶体率 (%)	失水率 (mL/30min)	泥皮厚 (mm/30min)	静切力 (Pa)	酸碱度 (pH)
正循环	一般地层	1.05～1.20	16～22	8～4	≥96	≤25	≤2	1.0～2.5	8～10
	易坍地层	1.20～1.45	19～28	8～4	≥96	≤25	≤2	3～5	8～10
反循环	一般地层	1.02～1.06	16～22	≤4	≥95	≤20	≤3	1～2.5	8～10
	易坍地层	1.06～1.10	18～28	≤4	≥95	≤20	≤3	1～2.5	8～10
	卵石层	1.10～1.15	20～35	≤4	≥95	≤20	≤3	1～2.5	8～10
推钻冲抓	一般地层	1.10～1.20	18～24	≤4	≥95	≤20	≤3	1～2.5	8～11
冲击	易坍地层	1.20～1.40	22～30	≤4	≥95	≤20	≤3	3～5	8～11

2）泥浆性能指标

① 相对密度 γ_r

泥浆的相对密度可采用泥浆比重计测定。将要量测的泥浆装满泥浆杯，加盖并洗净从小孔溢出的泥浆，然后置于支架上，移动游码，使杠杆呈水平状态（即水平泡位于中央），读出游码左侧所示刻度，即为泥浆的相对密度 γ_r。

若工地无泥浆比重计，可用一口杯先称其质量 m_1，再装满清水称其质量 m_2，然后倒去清水，装满泥浆并擦去杯周溢出的泥浆，称其质量 m_3，则泥浆相对密度 γ_r 可计算为：

$$\gamma_r = \frac{m_3 - m_1}{m_2 - m_1} \tag{7-3}$$

② 黏度 η

泥浆的黏度可采用工地标准漏斗黏度计（图 7-24）测定。用两端开口量杯分别量取 200mL 和 500mL 泥浆，通过滤网滤去大砂粒后，将泥浆 700mL 均注入漏斗，然后使泥浆从漏头流出，流满 500mL 量杯所需时间（s）即为所测泥浆的黏度。

校正方法：漏斗中注入 700mL 清水，流出 500mL，所需时间应是 15s，其偏差若超过 ±1s，应对测量泥浆黏度进行校正。

③ 静切力 θ

泥浆的静切力可采用浮筒切力计测定（图 7-25）。泥浆静切力可用式（7-4）计算。

$$\theta = \frac{G - \pi d\delta h\gamma}{2\pi dh + \pi d\delta} \tag{7-4}$$

式中，G 为铝制浮筒质量；d 为浮筒的平均直径；h 为浮筒的沉没深度；γ 为泥浆重度；δ 为浮筒壁厚。

量测时，先将约 500mL 泥浆搅匀后，立即倒入切力计中，将切力筒沿刻度尺垂直向下移至与泥浆接触时，轻轻放下，当它自由下降至静止不动时，即静切力与浮筒重力平衡，读出浮筒上泥浆面所对的刻度，即为泥浆的初切力。取出切力筒，擦净黏着的泥浆，用棒搅动筒内泥浆后，静止 10min，用上述方法量测，所得即为泥浆的终切力（Pa）。

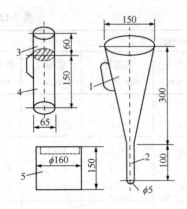

图 7-24　黏度计（尺寸单位：mm）

1—漏斗；2—管子；3—量杯 200mL；

4—量杯 500mL 部分；5—筛网及杯

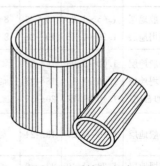

图 7-25　浮筒切力计

④ 含砂率

泥浆的含砂率可采用含砂率计（图7-26）测定。量测时，把调好的泥浆50mL倒进含砂率计，然后再倒进清水，将仪器口塞紧摇动1min，使泥浆与水混合均匀。再将浮筒仪器垂直静放3min，仪器下端沉淀物的体积（由仪器刻度上读出）乘2就是含砂率（有一种大型的含砂率计，内装900mL，刻度读出的数不乘2即为含砂率）。

⑤ 胶体率

胶体率是泥浆中土粒保持悬浮状态的性能。测定方法为：将100mL泥浆倒入100mL的量杯中，用玻璃片盖上，静置24h后，量杯上部泥浆可能澄清为水，测量时其体积如为5mL，则胶体率为$100-5=95$，即95%。

⑥ 失水率

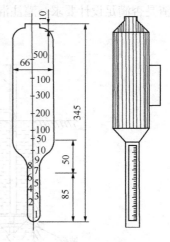

图7-26 含砂率计
（尺寸单位：mm）

用一张12cm×12cm的滤纸，置于水平玻璃板上，中央画一直径3cm的圆，将2mL的泥浆滴入圆圈内，30min后，测量湿圆圈的平均直径减去泥浆摊平的直径（mm），即为失水率（mL/30min）。在滤纸上量出泥浆皮的厚度（mm）即为泥皮厚度。泥皮愈平坦、愈薄则泥浆质量愈高，一般不宜厚于2~3mm。

⑦ 酸碱度

即酸和碱的强度简称。pH值是常用酸碱标度之一。pH值等于溶液中氢离子浓度的负对数值，即$pH=-lg[H^+]=lg(1/[H^+])$。pH值等于7时为中性，大于7时为碱性，小于7时为酸性。pH值测量方法为：取一条pH试纸放在泥浆面上，0.5s后拿出来与标准颜色相比，即可读出pH值；也可用pH酸碱计测量pH值，将其探针插入泥浆，直接读出pH值。

3）施工期间护筒内的泥浆面应高出地下水位1m以上，受水位涨落影响时，泥浆面应高出最高水位1.5m以上。

4）清孔过程中应不断置换泥浆，直至灌注水下混凝土。

5）灌注混凝土前，孔底500mm以内的泥浆比重应小于1.25、含砂率≤8%、黏度≤28s。

6）在容易产生泥浆渗漏的土层中应采取维持孔壁稳定的措施。

7）废弃的泥浆、泥渣应按环境保护的有关规定处理。

7.7.3 正循环钻进正循环清孔施工方法

（1）施工工艺

正循环钻进正循环清孔是回旋钻机通过钻杆携带钻头顺时针旋转向下钻进成孔的一种钻进方式，其沉渣清孔方式采用正循环清孔。

正循环钻进正循环清孔是目前国内工业与民用建筑钻孔灌注桩普遍采用的成孔方法，适宜用于填土、黏性土、砂性土层和一般性基岩等土层。

正循环钻进正循环清孔的施工方式在钻进时第一次清孔通过钻杆采用正循环清孔，进行二次清孔时通过导管采用正循环进行清孔，其施工流程如下：桩机就位→正循环钻进到底→第一次通过钻杆正循环清孔→安放钢筋笼和导管→第二次通过导管正循环清孔→测量沉渣是否满足设计要求→灌注混凝土成桩，如图 7-27 所示。

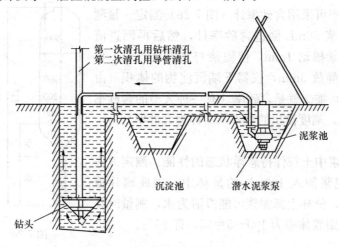

第一次清孔用钻杆清孔
第二次清孔用导管清孔
泥浆池
沉淀池
潜水泥浆泵
钻头

图 7-27　正循环钻进正循环清孔施工

第一次清孔泥浆经钻杆内腔流向孔底，将钻头切削破碎下来的钻渣岩屑，经钻杆与孔壁的环状空间，携带至地面；第二次清孔在下放钢筋笼和导管后进行，第二次清孔泥浆经导管内腔流向孔底，将第一次清孔余留下的和沉淀下的钻渣岩屑，经导管与孔壁的环状空间，携带至地面。

该施工方法设备简单轻便，适应狭小场地作业，操作简易，配套设备、器具较少，工程费用较低，其主要施工要点为：

1) 泥浆比重一般为 1.2 左右，第一次清孔通过泥浆泵向钻杆内注入泥浆并沿孔壁将沉渣携带至地面，边钻进边正循环清孔到底，并清除大部分沉渣；

2) 第二次清孔在下放钢筋笼和导管后进行，利用泥浆泵向导管内注入泥浆并沿孔壁将沉渣携带至地面。由于岩屑的比重约为 1.3 左右，若要清渣干净，一是要将泥浆变稠（泥浆变稠后泥皮会变厚）；二是将泥浆泵的泵压增大；三是清孔时间延长且要多循环；四是清孔干净后须立即灌注混凝土且初灌量要大。

(2) 施工机械

正循环钻进正循环清孔常见施工机械见表 7-13。

正循环钻进施工机械　　　　　　　　　　　　　　表 7-13

作业方式	常用钻机类型	适用孔径(mm)	适用桩长	钻　头
泥浆护壁成孔	地质小钻机	孔径 500mm 以下	25m 以内的灌注桩及树根桩	小钻头
	10 型、15 型、20型、25 型、35 型回旋钻	型号越大扭矩越大，施工钻孔孔径也可越大	钻机型号越大施工桩长越长，但桩径越大，施工桩长越短。一般正循环钻机施工桩长宜在 100m 内	三角形钻头或牙轮钻头

正循环钻进正循环清孔主要设备包括钻机与钻台、钻头、泥浆泵、泥浆池及循环系统：

1) 钻机：目前较普遍使用的钻机为 10 型、15 型、20 型、25 型、35 型回旋钻机、地质小钻机等。不论使用何种钻机，其主要技术性能必须满足施工要求。

2）泥浆泵：一般采用往复式泥浆泵，也可使用离心式砂泵。泥浆泵选型应根据桩深、桩径与钻杆、水龙头的通水口径而定。

3）钻台与钻塔：目前使用较多的为轨道式多向活动钻台、滚筒式钻台和步履式钻台等类型。钻台必须满足整体稳定性好、移动快捷安全、钻进平稳等要求。钻塔形状较多，大体可分为塔式和龙门式两类，要便于施工作业、安全提升载荷不小于10t，有效提升高度应能满足升降钻具的需要。

4）泥浆循环系统：泥浆循环系统由泥浆池、沉淀池、循环槽、废浆池、泥浆输送管道与钻渣分离装置组成，并应有排水、排废浆和外运通道。泥浆一般宜集中搅拌、储藏和向钻孔输送。

5）钻杆：钻杆应具有足够的强度和较大的通水口径，钻杆直径不小于89mm。

6）钻头：三翼钻头、四翼钻头、耙式钻头、筒式钻头，见图7-28。

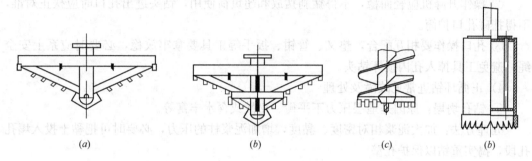

图 7-28　钻头类型

(*a*) 三翼钻头；(*b*) 四翼钻头；(*c*) 耙式钻头；(*d*) 筒式钻头

（3）钻进技术及操作规程

1）钻进技术参数选择

① 冲洗液量：保持足够的冲洗液量是提高钻进效率的关键，冲洗液量应根据孔内上返流速而定，使用泥浆钻进时，上返流速一般应大于 0.25m/s，冲洗液量可按式（7-5）计算。

$$Q = 60 \times 10^3 \cdot F \cdot V \qquad (7\text{-}5)$$

式中，Q 为冲洗液量；F 为桩孔横截面积；V 为钻孔冲洗液上返流速。

② 转速：松散地层中钻进时筒式钻头的外沿线速度不宜超过 2.5m/s，根据钻头直径大小不同，转速约为 30～80r/min；软硬不均或钻至基岩面穿越硬夹层时，钻速应相应降低，慢速钻进。

③ 钻压：应根据钻进地层和设备能力合理选择钻压。松散地层中钻进时应保持冲洗液畅通，钻渣清除及时和孔壁完整，硬质地层中钻进可用钻铤或加重块来提高钻压，但应以钻机不超负荷为准。

2）钻进操作注意事项

① 开钻前设备要试运转，待正常后方能开钻。下钻时钻头不应直接放在筒底，应离筒底 100mm 左右开动泥浆泵，待泵量正常后开动钻机再将钻头慢慢放至孔底，轻压慢转。钻头不得碰撞和挤摩护筒，待钻头通过护筒后才能逐渐增加转速和增大钻压，直至正

常钻进。

② 正常钻进时，应合理掌握钻进技术参数，不得随意提动钻具和盲目加大钻压，以免造成孔斜和人为孔内事故。操作时应掌握升降机钢丝绳的松紧度，减少钻杆与水龙头晃动。

③ 钻进中遇到钻具跳动、蹩车、蹩泵、孔内严重漏水或涌水、钻孔偏斜等现象时，应及时查明原因，调整钻进技术参数，控制钻速。必要时应采取加大泥浆相对密度、黏度，更换钻头或增加导向钻具等措施。

④ 不同地层中钻进时要及时更换相适应的钻头。

⑤ 钻进过程中要注意操作安全，防止施工人员和工具掉入孔内。

3）升降钻具注意事项

① 升降钻具前应认真检查升降机的制动装置、离合器、提引器、天车、游动滑车和拧卸工具等是否正常；准确丈量机上余尺，并按岗位责任各自做好准备工作。

② 操作升降机应轻而稳，不得猛刹猛放和超负荷使用，钻头进出孔口时应扶正对准，不得挂碰孔口护筒。

③ 孔口操作要相互配合，垫叉、管钳、扳手等工具要拿牢放稳，必要时应系上安全绳，避免工具掉入孔内损坏钻头。

4）正循环钻进常见故障及处理

① 钻孔坍塌：原因是地层压力不平衡、松散或含水丰富等。

处理方法：加大泥浆相对密度、黏度，增加泥浆柱的压力，必要时可把黏土投入塌孔孔段，捣实重钻以保护孔壁。

② 黏土层中钻进缓慢、蹩泵：原因是泥浆黏度过大或泵量过小，造成糊钻或泥包钻头。

处理方法：降低泥浆黏度或直接把清水泵入孔内，空转钻具清理孔底泥块，必要时应提钻清理泥包钻头。

③ 钻孔偏斜：原因是施工中钻机产生不均匀沉陷或钻具弯曲、钻进中钻头遇到障碍物或遇到倾斜度较大的软硬地层交界处、基岩面钻进或操作不当。

处理方法：钻进时保证钻机平稳，发现钻机不均匀沉陷时及时调整平稳；发现孔内障碍物应及时处理，障碍过大时可用筒式钻头钻穿处理；倾斜度较大的软硬地层交界处及基岩面钻进中发现孔斜时，应加长粗径导向钻具，把钻头提至倾斜孔段的直孔孔段，吊住钻具在偏斜孔段反复扫孔纠斜。纠斜无效时可先回填偏斜孔段，捣实后再用纠斜钻具缓慢扫孔。

④ 在松散地层钻进钻速缓慢，钻头磨损严重：原因是泥浆性能差，泵量小，泥浆上返流速小，孔底沉渣不能及时排除造成重复破碎，严重磨损钻头。

处理方法：可加大泥浆黏度，加大泵量提高泥浆上返流速，必要时可采用钻进一定孔段，专门进行一次清孔，使孔底清洁后再进行钻进。

⑤ 钻具折断及孔内落物：原因是孔内阻力大、钻具磨损严重或有损伤，操作方法不当所造成。

处理方法：钻杆可用带导向锥、钢丝绳打捞活套打捞；钻头可用公锥或双钩打捞器打捞；工具掉入可用永磁打捞器打捞。

7.7.4 正循环钻进气举反循环清孔施工方法

（1）施工工艺

正循环钻进气举反循环清孔是回旋钻机通过钻杆携带钻头顺时针旋转向下钻进成孔的钻进方式，其沉渣清孔方式采用气举反循环清孔。

正循环钻进气举反循环清孔适宜于钻进黏性土和一般性基岩等土层的二次清孔。

正循环钻进气举反循环清孔施工方式钻进时第一次清孔通过钻杆采用正循环清孔，进行二次清孔时通过导管采用气举反循环进行清孔，其施工流程如下：桩机就位→正循环钻进到底→第一次通过钻杆正循环清孔→安放钢筋笼和导管→第二次通过导管气举反循环清孔→测量沉渣是否满足设计和规范要求→灌注混凝土成桩，如图 7-29 所示。

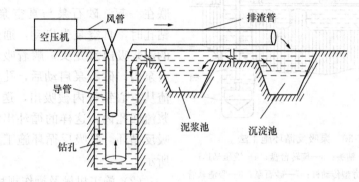

图 7-29　正循环钻进气举反循环二次清孔施工

第一次清孔泥浆经钻杆内腔流向孔底，将钻头切削破碎下来的钻渣岩屑，经钻杆与孔壁的环状空间，携带至地面。第二次清孔在下放钢筋笼和导管后进行，第二次清孔在导管内放置一根风管（长度按计算确定，一般约为导管长度的 1/2 左右），用空压机向导管内腔注入压缩空气形成气水混合物，从而将第一次清孔余留下的和沉淀下的钻渣岩屑，经导管内喷出到沉淀池中。该清孔方法具有以下特点：

1）孔内泥浆相对密度一般 1.2 左右，第一次清孔通过泥浆泵向钻杆内注入泥浆并沿孔壁将沉渣携带至地面，边钻进边正循环清孔到底，并清除大部分沉渣。

2）第二次清孔在导管内放置一根风管，用空压机向导管内腔注入压缩空气形成气水混合物产生导管内外的压力差，从而将第一次清孔余留下的及后来沉淀下的钻渣岩屑，经导管内喷出到沉淀池中。风管长度与导管长度、空压机风量及沉渣的相对密度有关，风管越长一般压力差越大。由于岩屑的相对密度约为 1.3 左右，若要清渣干净，一是风管的长度约放入导管 1/2～1/3 左右；二是导管内气水混合物由于压力差作用冲出后会造成孔壁泥浆面的下降，所以要用泥浆泵向孔壁补给泥浆；三是泥浆补给的速度远不及气水混合物冲出的排渣速度，因此清孔时间要短，一般 3～10min，以防塌孔；四是清孔干净后必须立即灌注混凝土。

3）采用该方法在很厚的粉砂层中清孔时易引起塌孔，必须注意。

（2）正循环钻进气举反循环清孔施工机械及操作规程同正循环清孔。

7.7.5 泵式反循环施工方法

（1）施工工艺

泵式反循环是利用回旋钻机通过钻杆携带钻头旋转向下钻进成孔并用砂石泵清理沉渣

的施工方式。

泵吸反循环钻成孔是利用离心泵的抽吸作用，在钻杆内腔造成负压状态，在大气压力作用下冲洗液经钻杆与孔壁间的环状空间流向孔底，与岩土钻渣组成混合液，被吸入钻杆内腔，排入地面泥浆循环系统。泵吸反循环钻进成孔具有施工效率高、桩孔质量好、成孔费用低、施工安全等优点，在桩孔施工中得到了广泛应用。

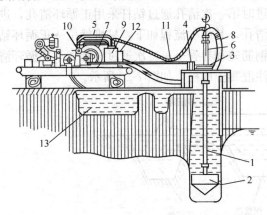

图 7-30　泵吸反循环施工法

1—钻杆；2—钻头；3—旋转台盘；4—液压马达；
5—液压泵；6—方型传动杆；7—砂石泵；8—吸渣软管；
9—真空柜；10—真空泵；11—真空软管；
12—冷却水槽；13—泥浆沉淀池

采用泵吸反循环施工方法时应先在桩位上插入比桩径大 10%～15% 的钢护筒，护筒顶面标高至少应比最高地下水位高 2m。钻机水龙头出口与砂石泵由橡胶软管联在一起，砂石泵与真空泵组装在一起。钻孔时，真空泵先启动，通过软管将孔内的泥浆吸出水龙头，顺着吸渣软管到达砂石泵内，砂石泵启动后，孔内的泥浆与钻渣从空心钻杆内被吸出，送到沉渣池，稀浆流回孔内，这样的循环出渣方式称为泵吸反循环。泵吸反循环施工原理如图 7-30 所示。

（2）施工机械及操作规程

泵式反循环施工机械包括反循环钻机、钻杆、钻头、砂石泵及反循环泥浆循环系统。

泵吸反循环工艺适用于填土层、砂土层、黏土层、淤泥层、砂层、卵砾石层和基岩钻进。填土层中的碎砖、填石和卵砾石层的卵砾石的块度不得大于钻杆内径的 3/4，否则易堵塞钻头水口或管路，影响冲洗液的正常循环。施工的桩孔直径一般在 600mm 以上，桩孔可较深。设备、机具的技术性能应能满足施工要求。

1）泥浆冲洗液循环系统设置应遵循如下规定：

① 规划布置施工现场时应首先考虑冲洗液循环、排水、清渣系统的安设，以保证泵吸反循环作业时，冲洗液循环畅通，污水排放彻底，钻渣清除顺利。

② 地面循环系统一般可分为自流回灌式和泵送回灌式。应根据施工场地、施工地层和设备情况，合理选择循环方式。自流回灌式循环系统设施简单，清渣容易，循环可靠，应优先选用。

③ 循环系统中沉淀池、循环池、循环槽（或回灌管路或回灌泵）等的规格，应根据钻孔容积，砂石泵的型号规格确定：

a. 循环池的容积应不小于桩孔实际容积的 1.2 倍，以保证冲洗液正常循环。

b. 沉淀池的容积一般为 6～20m³，桩孔直径小于 800mm 时，选用 6m³；直径小于 1500mm 时，选用 12m³；直径大于 1500mm 时，选用 20m³。

c. 现场应专设储浆池，其容积不小于桩孔实际容积的 1.2 倍，以确保灌注混凝土时冲洗液不致外溢。

d. 循环槽（或回灌管路）的断面积应是砂石泵出水管断面积的 3～4 倍。若用回灌泵回灌，其泵的排量应大于砂石泵的排量；循环槽（或回灌管路）的坡度不宜小于 1：100。

④ 沉淀池和循环池可采用砖块砌制或采用厚约 4～6mm 的钢板加工制作。

⑤ 沉淀池设置应方便钻渣清除外运。

2）冲洗液净化

① 清水钻进时，在沉淀池内钻渣通过重力沉淀后予以清除。沉淀池应交替使用，并及时清除沉渣。

② 泥浆钻进时，宜使用多级振动筛和旋流除砂器或其他机械除渣装置进行机械除砂清渣。振动筛主要清除较大粒径的钻渣，筛板（网）规格可根据钻渣粒径的大小分级确定。旋流除砂器的有效面积应适应砂石泵的排量，除砂器数量可根据清渣需要确定。

③ 应及时清除循环池沉渣。

3）钻杆的要求

单根钻杆长度不宜大于 3m，且内径应与砂石泵排量相匹配。钻杆可采用插装式或法兰盘式连接，并在连接处安装"O"形密封圈密封。"O"形密封圈应装在专门加工的密封槽内，并高出 2～3mm。连接好的钻杆柱应平直可靠，密封良好。

4）钻头要求

钻头应具有良好的工作性能，其主要要求如下：

① 钻头进水口断面开敞、规整、流阻小，以利于防止砖块、砾石等堆挤堵塞；钻头体中心管口距钻头底端高度不宜大于 250mm；钻头体吸水口直径宜略小于钻杆内径。

② 钻头一般应有单或双腰带导正环；导正环圆度误差不得大于 5mm，与钻头同心度误差不得大于 3mm。

③ 钻头翼片应均布焊接，肩高一致。其底面上的切削具呈梳齿形交错排列，在任一同心圆上不得留有空缺。切削具出刃应一致，并用螺栓连接在翼片上。

④ 钻头翼片、支撑杆架与钻头管体及导正环要焊接牢靠。为防止因电焊造成管体焊接部位的强度下降，支撑杆架的焊接点不宜布置在管体的同一截面上。焊接时应控制焊点温度，保持焊条平稳均匀移动，不得有夹渣、漏点、裂缝等现象。钻头不得有偏重偏心现象。

⑤ 应经常检查切削刃及翼片的磨损情况，并及时修整更换。未经修复的坏旧钻头不准使用。

5）钻进操作要点

① 待砂石泵起动形成正常反循环后方可开动钻机慢速回转，下放钻头至孔底。开始钻进时，应先轻压慢转，至钻头正常工作后，逐渐增大转速，调整钻压，并避免钻头吸水口堵水。

② 钻进时应认真观察进尺情况和砂石泵的排水出渣情况，排量减少或出水含钻渣较多时，应控制给进速度，防止因循环液相对密度太大而中断反循环。

③ 应根据不同的地层情况、桩孔直径、砂石泵的合理排量和经济钻速选择和调整钻进参数。实际施工时推荐的钻进参数和钻速见表 7-14。

④ 砂砾、砂卵、卵砾石地层钻进时，为防止钻渣过多，卵砾石堵塞管路，可采用减少钻压或间断给进的方法来控制钻进速度。

⑤ 加接钻杆时应先停止钻进，将钻具提离孔底 80～100mm，维持冲洗液循环 1～2min，以清洗孔底并将管道内的钻渣携出排净，然后停泵加接钻杆。

泵吸反循环推荐钻进参数和钻速 表 7-14

钻进参数和钻速 \\ 地层	钻压 (kN)	转速 (r/min)	砂石泵排量 (m³/h)	钻速 (m/h)
黏土层、硬土层	10～25	30～40	180	4～6
砂土层	5～15	20～40	160～180	6～10
砂层、砂砾层、砂卵石层	3～10	20～40	160～180	8～12
中硬以下基岩、风化基岩	20～40	10～30	140～160	0.5～1

注：1. 砂石泵组排量要考虑孔径大小和地层灵活选择调整，一般外环间隙冲洗液流速不宜大于10m/min，钻杆内上返速度应大于2.4m/s。

2. 钻孔直径较大时，钻压宜选用上限，转速宜选用下限，获得下限钻速；桩孔直径较小时，钻压宜选用下限，转速宜选用上限，获得上限钻速。

⑥ 钻杆应拧紧上牢。

⑦ 钻进时若孔内出现坍孔、涌砂等异常情况，应立即将钻具提离孔底，控制泵量，保持冲洗液循环，吸除坍塌物和涌砂；同时向孔内输送性能符合要求的泥浆，保持水头压力以抑制涌砂和垮孔；恢复钻进后，控制泵排量不宜过大，避免吸垮孔壁。

⑧ 钻进达到要求孔深停钻时，应维持冲洗液正常循环，清除孔底沉渣至返出冲洗液的钻渣含量符合设计要求。提钻时应注意操作轻稳，防止钻头拖刮孔壁，并向孔内补充适量冲洗液，稳定孔内水头高度。

7.7.6 冲击成孔灌注桩的施工

冲击成孔灌注桩是利用冲击式钻机或卷扬机把带钻刃的、有较大质量的冲击钻头（又称冲锤）提高，靠自由下落的冲击力削切岩层或冲挤土层，部分碎渣和泥浆挤入孔壁中，大部分成为泥渣，并利用专门的捞渣工具掏土成孔，最后灌注混凝土成桩。

（1）施工工艺

冲击成孔灌注桩因施工设备简单、操作方便，所成孔坚实、稳定、塌孔少，不受场地限制，无噪声和振动影响等而得到了广泛应用。在黏土、粉土、填土、淤泥中冲击成孔质量较好，且特别适用于有孤石的砂砾石层、漂石层、坚硬土层、岩层等，其最大优点是可在硬质岩层中冲击成孔。

桩孔直径一般为60～150cm，最大可达250cm；孔深最大可超过100m。冲击单桩成孔时间相对稍长，混凝土充盈系数相对较大，可达1.2～1.5。由于冲击桩架小，一个场地可同时容纳多台冲击桩基施工，所以群桩施工速度一般较快。

冲击成孔灌注桩施工工艺流程为：设置护筒→钻机就位、孔位校正→冲击成孔、泥浆循环→清孔换浆→终孔验收→下放钢筋笼和导管→二次清孔→灌注混凝土成桩。

（2）施工机械与操作规程

1）施工机械

冲击成孔灌注桩设备主要由钻机、钻头、掏渣筒、转向装置和打捞装置等组成，见图7-31。

钻头有一字型、十字型、工字型、圆型等，常用钻头为十字型，其钻头应根据具体施工条件确定。

掏渣筒的主要作用是捞取被冲击钻头破碎后的孔内钻渣，其主要由提梁、管体、阀门和管靴等组成。

阀门有多种形式，常用的有碗形活门、单向活门和双扇活门等。

2）施工要点

冲击成孔灌注桩的施工应符合下列要求：

① 埋设护筒

冲击成孔桩的孔口应设置护筒，其内径应大于钻头直径 200mm，其余规定与正反循环钻孔灌注桩要求相同。

② 泥浆制备和使用参照 7.7.2 节中规定。

③ 安装冲击钻机

钻头锥顶和提升钢丝绳设置保证钻头自动转向装置，以免产生梅花孔。

④ 冲击钻进

a. 开孔时，应低锤密击，若表土为淤泥、细砂等软弱土层，可加黏土块夹小片石反复冲击孔壁，孔内泥浆应保持稳定。

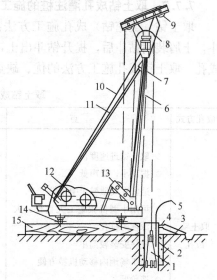

图 7-31　简易冲击式钻机

1—钻头；2—护筒回填土；3—泥浆渡槽；4—溢流口；5—供浆管；6—前拉索；7—主杆；8—主滑轮；9—副滑轮；10—后拉索；11—斜撑；12—双筒卷扬机；13—导向轮；14—钢管；15—垫木

b. 进入基岩后应低锤冲击或间断冲击，若发现偏孔应立即回填片石至偏孔上方 300～500mm 处，然后重新冲击。

c. 遇到孤石时可用高低冲程交替冲击，将其击碎或挤入孔壁。

d. 应采取有效技术措施，防止扰动孔壁造成塌孔、扩孔、卡钻和掉钻及泥浆流失等。

e. 每钻进 4～5m 深度应验孔一次，在更换钻头前或易缩孔处，均应验孔。

f. 进入基岩后，每钻进 100～500mm 应清孔取样一次（非桩端持力层为 300～500mm，桩端持力层为 100～300mm），以备终孔验收。

g. 冲孔中遇到斜孔、弯孔、梅花孔、塌孔、护筒周围冒浆时，应立即停钻，查明原因，采取措施后继续施工。

h. 大直径桩孔可分级成孔，第一级成孔直径为设计桩径的 0.6～0.8 倍。

⑤ 捞渣

开孔钻进，孔深小于 4m 时，不宜捞渣，应尽量使钻渣挤入孔壁。可采用泥浆循环或抽渣筒等方法排渣，如采用抽渣筒排渣，应及时补给泥浆，保证孔内水位高于地下水位 1.5m。

⑥ 清孔

不易坍孔的桩孔，可用空气吸泥清除；稳定性差的孔壁应采用泥浆循环或抽渣筒排渣。清孔后，在灌注混凝土前泥浆的密度及液面高度应符合《建筑桩基技术规范》JGJ 94 中的有关规定，孔底沉渣厚度也应符合规范规定。

⑦ 清孔后应立即放入钢筋笼和导管，并固定在孔口钢护筒上，使其在灌注混凝土中不向上浮和向下沉。钢筋笼下放完毕并检查无误后应立即灌注混凝土，间隔不可超过 4h。

7.7.7 取土钻成孔灌注桩的施工

取土钻（旋挖钻）成孔施工方法：利用钻杆和斗式钻头的旋转及重力使土屑进入钻斗，土屑装满钻斗后，提升钻头出土，通过钻斗的旋转、削土、提升和出土，多次反复而成孔。取土钻成孔施工方法的优、缺点及适用范围见表 7-15。

取土钻成孔施工法特点及使用范围   表 7-15

成孔方式	优　点	缺　点	适用范围
取土钻成孔	◇ 取土钻进速度快 ◇ 振动小，噪声低 ◇ 适宜在硬质黏土中干钻 ◇ 可用小型机械施工大直径、大深度的桩孔 ◇ 机械安装较简单 ◇ 施工场地内移动机械方便 ◇ 造价低 ◇ 工地边界到桩中心距离较小 ◇ 采用稳定液能确保孔壁不坍塌	◇ 在卵石（粒径 10cm 以上）层及硬质基岩等硬层中钻进困难 ◇ 稳定液管理不适当时会产生坍孔 ◇ 土层中有强承压水时，施工困难 ◇ 使用了稳定液，增加了排土困难 ◇ 沉渣处理困难 ◇ 按地质情况不同，钻孔后桩径可能比钻头直径大 10%～20% 左右	适用于填土层、黏土层、粉土层、淤泥层、砂土层及短螺旋不易钻进的含有部分卵石、碎石的地层。采用特殊措施，还可嵌入岩层

（1）施工机械

钻斗取土钻机主要由主机、钻杆和钻头等部分组成，如图 7-32 和图 7-33 所示。

1）主机

主机主要有履带式、步履式、滚管式和车装式底盘。用于短螺旋钻进的钻孔机均可用于取土钻进。

2）钻头

钻头常用种类有锅底式、多刃切削式、锁定式、清底式、螺旋复合式及扩底式等。

3）钻杆

钻杆通常为伸缩式方形和圆管形。

（2）施工工艺

取土钻成孔灌注桩施工工艺流程如下：

安装钻机→钻头着地钻孔→钻头满土后提升，灌水→旋转钻机，将钻头中的土倾卸至翻斗车→关闭钻头活门，将钻头转回钻进点，并将旋转体上部固定→降落钻头→埋置导向护筒，灌入稳定液→将侧面铰刀安装在钻头内侧，钻进取土→钻孔完成后，用清底钻头进行第一次清孔，并测定沉渣厚度→测定孔泥浆相对密度→放入钢筋笼→插入导管→第二次清孔并测量沉渣厚度→水下灌注混凝土，边灌边拔导管，混凝土全部灌注完毕后，拔出导管→拔出导向护筒，成桩。

取土钻成孔法在泥浆稳定液保护下取土钻进。稳定液是在钻孔施工中为防止地基土坍塌、使地基土稳定的一种液体，以水为主体，内中溶解有以膨润土或 CMC（羧甲基纤维素）为主要成分的各种原材料。取土钻头钻进时，每孔要多次上下往复取土作业。若护壁泥浆稳定液管理不善，可能发生塌孔事故。泥浆稳定液的有效管理是取土钻成孔法施工作业中的关键。

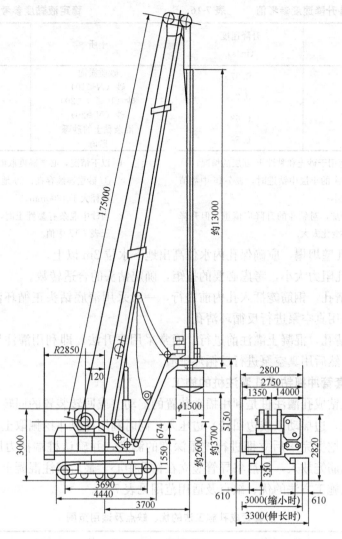

图 7-32 日立建机 TH55 钻斗钻机（尺寸单位：mm）

（3）施工要求

1）为确保稳定液的质量，需采用不纯物含量少的水。

2）设置表层护筒，护筒至少需高出地面 300mm。

3）为防止钻斗内的土料掉落到孔内而使稳定液性质变坏或沉淀至孔底，钻进过程中斗底活门应保持关闭状态。

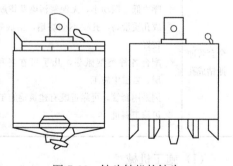

图 7-33 钻斗钻机的钻头

4）必须控制钻斗在孔内的升降速度，应按孔径大小及土质情况调整钻斗升降速度（见表 7-16）。在桩端持力层中钻进时，上提钻斗时应缓慢。

5）为防止孔壁坍塌，所用稳定液的黏度参考值如表 7-17 所示。

钻斗升降速度参考值		表 7-16
桩径 （mm）	升降速度 （m/s）	
700	0.97	
1200	0.75	
1300	0.63	
1500	0.58	

稳定液黏度参考值	表 7-17
土质	必要黏度（s） （500/500CC）
砂质淤泥	20～23
砂（$N<10$）	>45
砂（$10≤N<20$）	25～45
砂（$N≥20$）	23～25
混杂黏土的砂砾	25～35
砂砾	>45

注：1. 表 7-16 适用于砂土和黏性土 互层的情况；
　　2. 以砂土为主的土层中钻进时，表 7-16 中数值应当减小；
　　3. 随深度增加，对钻斗的升降应慎重，但升降速度不必变化太大。

注：1. 以下情况，必要黏度取值应大于表 7-17 中值：① 砂层连续存在；② 地层中地下水较多；③ 桩径大于 1300mm。
　　2. 当砂中混杂有黏性土时，必要黏度取值可小于表 7-17 中值。

6）为防止孔壁坍塌，应确保孔内水位高出地下水位 2m 以上。

7）根据钻孔阻力大小，考虑必要的扭矩，确定钻头的合适转数。

8）第 1 次清孔，钢筋笼插入孔内前进行，一般采用清底钻头正循环清孔。若沉淀时间较长，则应采用真空泵进行反循环清孔。

9）第 2 次清孔，混凝土灌注前进行，通常采用泵升法，即利用灌注导管，在其顶部接上专用接头，然后用真空泵进行反循环排渣。

7.7.8　全套管冲抓钻成孔灌注桩的施工

全套管冲抓钻成孔灌注桩是利用摇动装置的摇动（或回转装置的回转）降低钢套管与土层间的摩阻力，边摇动（或边回转）边压入，同时利用冲抓斗挖掘取土，直至套管下放至桩端持力层。挖掘完毕后立即进行挖掘深度的测定，并确认桩端持力层，然后清除虚土。成孔后将钢筋笼放入，然后将导管竖立在钻孔中心，最后灌注混凝土成桩。

全套管成孔施工方法的优、缺点及适用范围见表 7-18。

全套管成孔施工法的优、缺点及适用范围　　　　表 7-18

成孔方式	优　点	缺　点	适用范围
全套管冲抓钻成孔	◇ 噪声低，振动小，无泥浆污染及排放 ◇ 成孔质量高，孔壁不会坍塌，清底效果较好 ◇ 配合各种类型抓斗，几乎可在各种土层、岩层中施工 ◇ 因采用套管，可靠近既有建筑物施工 ◇ 可施工斜桩	◇ 需较大场地；桩径受限制 ◇ 软土及含地下水的砂层中成孔时，下套管产生的摇动会使周围地基松软 ◇ 地下水位下有厚细砂层时拉拔套管困难 ◇ 用冲抓斗挖掘时扰动桩端持力层 ◇ 当套管外地下水位较高时，孔底易发生隆起、涌砂	适用于砂、卵石地层

（1）施工机械

全套管冲抓钻成孔灌注桩的施工机械主要由主机、锤式抓斗、动力装置和套管等组成，见图 7-34。

（2）施工工艺

全套管冲抓钻成孔灌注桩施工流程如下：

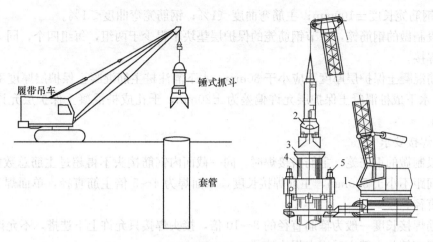

履带吊车

锤式抓斗

套管

2
3
4
5
1

图 7-34　全套管冲抓钻成孔灌注桩施工机械

　　将摇动式全套管钻机放置在桩位上，对准桩心，埋设第一节套管→用锤式抓斗挖掘，同时边摇动套管边把套管压入土中→连接第二节套管，重复前一步操作→依次连接、摇动和压入其他节套管，直至套管下放至桩端持力层→挖掘完毕后立即测定挖掘深度，确认桩端持力层，清除孔底虚土→将钢筋笼放入孔中→插入导管→边灌注混凝土，边拔导管、套管，成桩。

　　（3）施工要求

　　1）埋设套管必须竖直，套管压入过程中应不断校核垂直度。

　　2）卵石层中应采用边挖掘边跟管的方法。

　　3）遇到个别大漂石，用凿槽锥顺着套管小心冲击，把漂石拨到钻孔中间后抓出。

　　4）孔底处理方法如下：

　　①　若孔内无水，可安排施工人员进入孔底进行清底。

　　②　若虚土不多且孔内水位很低时，可放下锤式抓斗掏底。

　　③　若孔内水位高且沉渣多时，用锤式抓斗掏完底后，立即将沉渣筒吊放至孔底，待泥渣充分沉淀后，再将沉渣筒提上来。

　　④　灌注混凝土前，采用真空泵反循环清渣。

7.7.9　钻孔桩钢筋笼的制做与吊放

　　（1）钢筋笼长度、钢筋规格和根数配置按规范及设计要求确定。

　　（2）钢筋笼材质要求

　　1）钢材种类、钢号及尺寸规格应符合设计文件的规定要求。

　　2）钢材进货时，应有质量保证书，并应妥善保管，防止锈蚀。

　　3）对钢筋材质有疑问时，应进行物理和机械性能测试或化学成分分析。

　　4）焊接用的钢材，应做可焊接质量的检测，主筋焊接接头长度、质量应符合《钢筋焊接及验收规程》JGJ 18 中的规定。

　　（3）钢筋笼制作要求

　　1）尺寸允许偏差如下：

　　①　主筋间距±10mm；加强筋间距±10mm；箍筋间距±20mm；钢筋笼直径±10mm。

② 钢筋笼长度±100mm；主筋弯曲度＜1‰；钢筋笼弯曲度≤1‰。

分段制做的钢筋笼，每节钢筋笼的保护层垫块不得少于两组，每组四个，同一截面圆周对称焊接。

主筋混凝土保护层厚度不应小于30mm，水下灌注桩主筋混凝土保护层厚度不应小于50mm。水下成桩混凝土保护层允许偏差为±20mm，干孔成桩混凝土保护层允许偏差为±10mm。

2）焊接要求

分段制做的钢筋笼，主筋搭接焊时，同一截面内钢筋接头不得超过主筋总数的50%，两接头间距不小于500mm，主筋焊接长度，双面焊为4～5倍主筋直径，单面焊为8～10倍主筋直径。

箍筋焊接长度一般为箍筋直径的8～10倍，接头焊接只允许上下迭搭，不允许径向搭接。加强箍筋与主筋宜采用点焊连接。

（4）钢筋笼吊放

1）钢筋笼顶端应设置2～4个起吊点。钢筋笼直径大于1.2m，长度大于6m时，应采取措施加强起吊点，保证钢筋笼起吊时不致变形。

2）吊放钢筋笼入孔时应对准孔位，保持垂直，轻放、慢放入孔。入孔后应慢慢下放，不得左右旋转。若遇阻碍应停止下放，查明原因进行处理。严禁高提猛落和强制下入。

3）钢筋笼吊放入孔位置容许偏差应符合下列规定：

① 钢筋笼中心与桩孔中心：±10mm。

② 钢筋笼定位标高：±50mm。

4）钢筋笼过长时宜分节吊放，孔口焊接。分节长度应按孔深、起吊高度和孔口焊接时间合理选定。孔口焊接时，上下主筋位置应对正，保持钢筋笼上下轴线一致。

5）钢筋笼全部下入孔后，应检查安放位置并做好记录。符合要求后，可将主筋点焊于孔口护筒上或用铁丝牢固绑于孔口，以使钢筋笼定位；当桩顶标高低于孔口时，钢筋笼上端可用悬挂器或螺杆连接加长2～4根主筋，延长至孔口定位，防止钢筋笼因自重下落或灌注混凝土时往上窜动造成错位。

6）桩身混凝土灌注完毕，达到初凝后即可解除钢筋笼的固定，以使钢筋笼随混凝土收缩，避免固结力损失。

7）采用正循环或压风机清孔，钢筋笼入孔宜在清孔前进行，若采用泵吸反循环清孔，钢筋笼入孔一般在清孔后进行。若钢筋笼入孔后未能及时灌注混凝土，停隔时间较长，致使孔内沉渣超过规定要求，应在钢筋笼定位可靠后重新清孔。

7.7.10 水下混凝土的灌注

泥浆护壁成孔灌注桩的桩孔施工完毕后，即可吊装钢筋笼，待隐蔽工程验收合格后应立即灌注混凝土。

水下灌注混凝土的施工流程如下：

安装钢筋笼和安设导管→清孔→设隔水栓使其与导管内水面贴紧并用铁丝悬吊在导管下口→灌注首批混凝土→剪断铁丝使隔水栓下落→连续灌注混凝土，边灌边拔导管，提升导管→拔出护筒。隔水栓或导管法灌注水下混凝土的施工流程如图7-35所示。

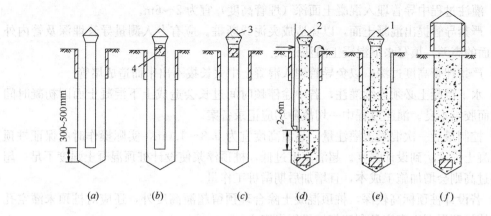

图 7-35　水下混凝土灌注流程

(a) 安设导管（导管底部与孔底间预留 300～500mm 空隙）；(b) 悬挂隔水栓，使其与导管水面
紧贴；(c) 灌入首批混凝土；(d) 剪断铁丝，隔水栓下落孔底；(e) 连续灌注混凝土，边灌边拔
导管，上提导管；(f) 混凝土灌注完毕，拔出护筒

　　水下灌注混凝土是在泥浆中完成的，因此混凝土除满足灌注桩施工的一般规定外，还应满足以下特殊要求。

　　（1）水下混凝土的配合比

　　水下混凝土的配合比应符合如下要求：

　　1）水下混凝土应具备良好的和易性，配合比应通过试验确定；水下混凝土强度等级一般为 C25～C40，根据单桩抗压荷载要求确定；水下混凝土坍落度宜为 180～220mm。

　　2）水下混凝土的含砂率宜为 40%～45%，并宜选用中粗砂；混凝土骨料应采用硬质岩，粗骨料的最大粒径应小于 40mm。

　　3）为提高混凝土质量，有利于钻孔灌注桩混凝土的连续灌注，应优先采用商品混凝土泵送；单桩浇灌混凝土应预留 2 组混凝土试块以便进行抗压试验。

　　（2）导管的构造和使用

　　导管的构造和使用应符合如下规定：

　　1）导管壁厚不宜小于 3mm，直径宜为 200～250mm；直径制作偏差不应超过 2mm，导管分节长度视工艺要求确定，底管长度不宜小于 4m，接头宜采用法兰或双螺纹方扣快速接头。

　　2）导管使用前应试拼装、试压，试水压力为 0.6～1.0MPa。

　　3）每次灌注后应对导管内外进行清洗。

　　（3）隔水栓

　　隔水栓应具有良好的隔水性能，保证顺利排出。一般采用砂袋、球阀或翻盖式阀门。

　　（4）混凝土灌注要求

　　灌注水下混凝土应遵守如下规定：

　　1）为使隔水栓顺利排出，开始灌注混凝土时导管底部至孔底的距离宜为 300～500mm，桩直径小于 600mm 时可适当加大导管底部至孔底距离。

　　2）初灌量应足够大，使导管一次埋入混凝土面以下 0.8m 以上，且第二斗混凝土连续浇灌。

3）灌注过程中导管埋入混凝土面深（埋管高度）宜为 2～6m。

4）严禁导管提出混凝土面，以免造成夹泥或断桩。应有专人测量导管埋深及管内外混凝土面的高差，填写水下混凝土灌注记录。

5）严禁埋管高度过深，以免导管埋入混凝土中太长拔不出来而造成堵管。

6）水下混凝土必须连续灌注，若中途停顿时间过长会造成上下混凝土面因初凝时间不一致而胶结不良。灌注过程中一切故障均应记录备案。

7）控制最后一次混凝土灌注量，超灌高度宜为 0.8～1.0m，实际操作时应保证桩顶面的混凝土强度达到设计强度。超灌高度过低，桩顶浮浆使设计桩顶混凝土强度不足；超灌高度过高则会增加施工成本，且增加后期凿桩工作量。

8）若设计桩顶标高较深，桩顶混凝土除合理预留超灌高度外，还应对桩顶未灌空孔填土以使桩顶混凝土密实且利于打桩机行走安全。

7.7.11 钻孔灌注桩的成桩质量问题及处理对策

（1）允许偏差

钻孔灌注桩的平面施工允许偏差见表 7-19。

灌注桩成孔施工允许偏差 表 7-19

成孔方法		桩径偏差（mm）	垂直度允许偏差（%）	桩位允许偏差（mm）	
				1～3 根桩、条形桩基沿垂直轴线方向和群桩基础中的边桩	条形桩基沿轴线方向和群桩基础中间桩
泥浆护壁和套管护壁钻、挖、冲孔桩	$d \leqslant 1000mm$	$-0.1d$ 且 ± 50	<1	$d/6$ 且不大于 100	$d/4$ 且不大于 150
	$d > 1000mm$	50		$100 + 0.01H$	$150 + 0.01H$
螺旋钻、机动洛阳铲成孔		-20	<1	70	150
人工挖孔桩	现浇混凝土护壁	$+50$	<0.5	50	150
	长钢套管护壁	$+50$	<1	100	200

注：1. 桩径允许偏差的负值是指个别断面；

2. H 为施工现场地面标高与桩顶设计标高的距离；d 为设计桩径。

（2）桩身施工质量问题

钻孔灌注桩施工过程中常会出现桩头混凝土强度不足、桩身缩颈、扩颈、桩身断桩或夹泥、桩端沉渣厚等桩身质量问题。钻孔灌注桩施工常见问题及处理对策见表 7-20。

钻孔灌注桩施工常见问题及处理对策 表 7-20

问 题	可能原因	处理对策
桩头混凝土强度不足	桩顶标高上超灌高度不够，浮浆多	凿到硬混凝土层接桩
桩身缩颈	淤质地层护壁不够，待孔时间长使孔壁收缩	承载力检验，若不满足设计则补桩
桩身扩颈	砂土层塌孔，护壁不好	可以不处理

问 题	可能原因	处理对策
桩身断桩或夹泥	灌注混凝土时导管拔空，泥浆涌入界面	补桩
桩端沉渣厚	清孔工作未做好或待孔时间过长	桩端注浆或桩架复压或补桩

此外，钻孔灌注桩凿桩时容易将桩头凿坏，而引起桩头沉降大，施工中应引起注意。

7.7.12 水上钻孔灌注桩施工

以上所述均为陆地上的钻孔灌注桩施工方法。水上钻孔灌注桩是桥梁码头工程的常用桩型，水上钻孔灌注桩施工步骤如下：

（1）搭建一水上施工平台。

（2）桩位处下放钢护筒（钢护筒长度要大于水深且进入土层一般不少于 5m，见图 7-36）。

（3）在施工平台上架设钻机并将钻杆钻头放入护筒内。

（4）建立泥浆循环系统。

（5）钻机开钻。

（6）钻到设计桩底标高后完成第一次清孔。

（7）下放钢筋笼（及注浆管）完成二次清孔。

（8）灌注防腐蚀的混凝土成桩。

水上施工难度大，施工前需制定详细施工方案。

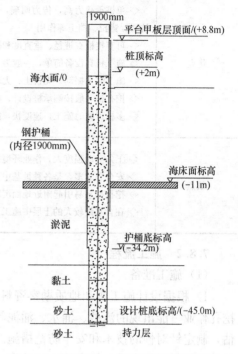

图 7-36 某桥梁水上基桩深度剖面示意图

7.8 人工挖孔灌注桩的施工

人工挖孔灌注桩是用人工挖土成孔，然后安放钢筋笼，灌注混凝土成桩。挖孔扩底灌注桩是在挖孔灌注桩的基础上，扩大桩端尺寸而成。人工挖孔灌注桩因受力性能可靠，不需要大型机具设备，施工工艺简单等优点而在各地得到了广泛应用，可用作高层建筑、公用建筑、水工结构的基础。

7.8.1 人工挖孔灌注桩的特点及适用范围

人工挖孔灌注桩适用于桩径 800mm 以上，无地下水或地下水较少的黏土、粉质黏土、含少量的砂、砂卵石的黏性土层，也可适用于膨胀土、冻土，特别适用于黄土，成孔深度一般在 20m 左右。对有流砂、地下水位较高、涌水量大的冲积地带及近代沉积的含水量较高的淤泥及淤泥质土层中及松砂层、连续的极软弱土层中人工挖孔灌注桩不宜采用。对于孔中氧气缺乏或有毒气产生的土层中人工挖孔灌注桩也应慎用。

人工挖孔扩底灌注桩适用于持力层埋藏较浅、单桩承载力要求较高的工程，一般设计成端承桩，以中风化岩或微风化岩作持力层。当挖孔扩底灌注桩设计成摩擦桩或端承摩擦桩时，桩身强度不能充分发挥，因此有时也设计成空心桩或竹节空心桩。

人工挖孔灌注桩的主要特点见表 7-21。

人工挖孔桩特点	具体表现
优点	◇ 单桩承载力高，传力明确，沉降量小，可一柱一桩，不需承台，不需凿桩头，可起支撑、抗滑、锚拉、挡土等作用 ◇ 可直接检查桩径、垂直度和持力土层情况，桩身质量有保证 ◇ 施工机具设备简单，一般为工地常规机具，占地小，进出场方便，施工工艺简便 ◇ 施工时无振动、无挤土、无环境污染、基本无噪声，对周围建筑物影响较小 ◇ 挖孔桩一般按端承桩设计，桩身强度能充分发挥，桩身配筋率低，节省投资 ◇ 多桩可同时施工，速度快，能根据工期要求灵活掌握工程进度，节省设备费用
缺点	◇ 工人劳动强度大，作业环境差 ◇ 安全事故多，是各种桩基中出现人身伤害事故最高的 ◇ 挖孔抽水易引起附近地面沉降、房屋开裂或倾斜 ◇ 在含水量较大的土层中施工不当时，可能导致挖孔桩施工的失败

7.8.2 施工流程

（1）施工准备

1）根据设计施工图和地质勘察资料，判断挖孔作业的整体可行性。砂层、淤泥层中挖孔作业可能出现的流砂、涌水、涌泥等问题及抽水可能引起的环境影响应进行经验性评估，制定针对性的技术和安全防范措施。若遇溶洞或持力层中有软弱夹层的情况，应按每桩位或每柱位处布设一勘察孔，且孔深一般应达到挖孔桩孔底以下 3 倍桩径，提供勘察数据，以便指导施工。

2）平整场地、设置排水沟、集水井和沉淀池。场地应排水畅通，桩孔抽出的水处理后方可允许外排。

3）调查场地四周环境，对场地四周建筑物，尤其是危房、天然地基上的楼房及地下管线进行详细调查，并采取针对性的防范措施。

4）编制施工组织设计，组织施工图会审。

5）测量放线与开孔挖孔桩工程基线、高程、坐标控制点及桩轴线的测放方法和要求，一般与其他桩型施工相同，但挖孔桩桩径较大，桩数较少，一项工程的桩位放样一般一次性完成，且往往与开孔相结合。

6）检查施工设备，进行安全技术交底。

（2）成孔作业

1）开孔

开孔是指在现场地面上修筑第一节孔圈护壁，或称为护肩。开孔前，应从桩中心位置向桩外引出四个桩中轴线控制点并加以固定。当现场地面灌注混凝土垫层时，应将控制点引到垫层上，复核无误后，在桩径圆圈内开始挖土；安装护壁模板；复核护壁模板直径、中心点位置无误后，灌注护壁混凝土。

第一节孔圈护壁中心点与设计轴线的偏差不得大于 20mm；二者正交直径的差异不大于 50mm；井圈顶面应比场地高出 150～200mm，壁厚比下面井壁厚 100～150mm，以阻挡地面水流入孔内，防止地面上泥土、石块和杂物进入孔内，并增大孔壁抵抗下沉的能力。第一节护壁筑成后，再将桩孔中轴线控制点引回至护壁上，并进一步复核无误后，作为确定地下各节护壁中心的测量基准点。同时采用水准仪把相对水准标高标定在第一节孔圈护壁上，作为确定桩孔深度和桩顶标高的依据。

2）分节挖土和出土

挖土次序是先挖中间部分，后挖周边，允许尺寸误差不超过 30mm。扩底部分采取先挖桩身圆柱体，再按扩底尺寸，从上到下削土修成扩底形。为防止扩底时扩大头处的土方坍塌，宜采取间隔挖土措施，留 4～6 个土肋条作为支撑，待灌注混凝土前再挖除。目前国内挖孔桩多采用外壁为直立式的护壁形式，护壁内侧沿桩长为锯齿形，而护壁外侧的直径上下一样。在土质较好的条件下，一节桩孔的高度通常为 90cm 左右。一节桩孔的土方挖完后，应用长度为桩径加 2 倍护壁厚的竹杆在桩孔上下作水平转动，保证桩孔质量。开挖工作应连续进行，否则孔底及四周土体经水浸泡易发生坍塌。挖孔桩成孔示意见图 7-37。

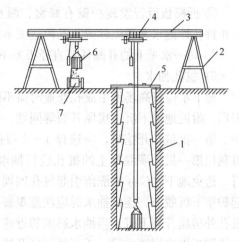

图 7-37　挖孔桩成孔示意图
1—混凝土护壁；2—钢支架；3—钢横梁；
4—电葫芦；5—安全盖板；
6—活底吊桶；7—机动翻斗车或手推车

挖孔时应注意桩位放样准确，在桩外设定位龙门板。当桩净距小于 2 倍桩径且小于 2.5m 时，应间隔开挖。

3）安装护壁钢筋和护壁模板

挖孔桩护壁模板一般做成通用模板，模板用角钢作骨架，钢板作面板，模板间用螺栓联接。模板高度通常为 1.0m。为方便拆模，拼装时最后两块模板的接缝宜放置一木条。护壁厚度一般为 100～150mm，大直径桩的护壁厚度可达 200～300mm。土质较好的小直径桩护壁可不放钢筋，但当设计要求放置钢筋或挖土遇软弱土层时应加设钢筋，然后才能安装护壁模板。护壁中的水平环向钢筋不宜太多，竖向钢筋端部宜弯成发夹式的钩并拧入至设计挖土面内一定深度，以便与下一节护壁中的钢筋相联结。模板安装后应检查其直径是否符合设计要求，并保证任何两者正交直径的误差不大于 50mm，其中心位置可通过孔口设置的轴线标记安放的十字架，在十字架交叉点悬吊锤球的方法确定。桩孔的垂直偏差应不大于桩长的 0.5%。

4）灌注护壁混凝土

外壁为直立式的护壁，其形状是上部厚下部薄，上节护壁下部应嵌在下节护壁上部混凝土中。灌注混凝土前，可在模板顶部放置钢脚手架或半圆形钢平台作为临时性操作平台。灌注混凝土时宜在桩孔内抽干水的情况下进行，并宜使用早强剂。振捣不宜采用振捣器，可用手锤敲击模板和用棍棒反复插捣来捣实混凝土。

5）修筑半圆护壁

修筑半圆护壁应遵循如下规定：

① 护壁的厚度、拉结钢筋、配筋及混凝土强度等级应符合设计要求。

② 上、下节护壁的搭接长度不得小于 50mm。

③ 桩孔开挖后应尽快灌注护壁混凝土，宜连续施工完毕。

④ 护壁混凝土应保证密实，根据土层渗水情况使用速凝剂。

⑤ 护壁模板一般应在 24 小时后拆除，正常情况是在下节桩孔土方挖完后进行。

⑥ 拆模板后若发现护壁有蜂窝、漏水现象，应马上加以堵塞或导流，并及时补强，防止桩孔外侧水夹带泥砂流入孔内造成事故。

⑦ 同一水平上的井圈任意直径极差不得大于 50mm。

6）桩孔抽水

地下水位较高场地中成孔作业时需不断抽水，但应注意大量抽水时可能引起的流砂、坍塌、附近地面下沉、房屋开裂等问题。地下水较丰富时，应分批开挖，且孔位宜均匀分布。第一批桩孔开挖时，应选择 1～2 根挖孔较深的桩当作集水井。第二批桩孔开挖时，可利用第一批未灌混凝土的桩孔进行抽水，以后抽水可依此类推。桩孔内抽水宜连续进行，避免地下水位频繁涨落引起桩孔四周土体颗粒流失加速，造成护壁外面出现空洞，引起护壁下沉脱节。连续抽水时应注意观察孔内和地面上的变化，避免孔内发生流砂和坍孔及孔外房屋开裂下沉。当抽水影响邻近建（构）筑物基础及发生地面下沉时，应立即在建筑物附近设立回灌水管，或利用已经开挖但未完成的桩孔进行灌水，以保持水压平衡与土体稳定。

当大量抽水仍未能顺利挖孔作业时，应采取灌浆、设置止水围护墙等措施，减少地下水的渗透，降低因抽水造成的影响等。

7）验底和扩孔

挖孔至设计标高时应及时对孔底土质进行鉴定。孔底不应积水，终孔后应清理好护壁上的淤泥和孔底残渣、积水，进行隐蔽工程验收，验收合格后，应立即封底和灌注混凝土。

（3）安装钢筋笼

挖孔桩钢筋笼的钢筋直径、长度等由设计计算而定，其制作要求应符合如下规定：

1）钢筋笼外径应比设计孔径小 140mm 左右。

2）钢筋笼在制作、运输和安装过程中应采取措施防止变形。

3）钢筋笼主筋保护层不宜小于 70mm，其允许偏差为 ±2.0mm。

4）吊放钢筋笼入孔时不得碰撞孔壁，灌注混凝土时应采取措施固定钢筋笼位置。

5）钢筋笼需分段连接时，其连接焊缝及接头数量应符合相关规范规定。

直径小于 1.4m 的挖孔桩钢筋笼一般先在施工现场绑扎成形；直径大于 1.4m 的挖孔桩钢筋笼一般是在桩孔内安装绑扎，该工况下钢筋笼箍筋应为圆环形而非螺旋形。非通长钢筋笼，可用角铁将其悬挂在护壁上，桩身混凝土可由孔底一直浇灌到桩顶；也可待桩身混凝土灌注到笼底标高时安装钢筋笼再继续灌注混凝土。

（4）灌注桩身混凝土

桩身混凝土的灌注方法应根据桩孔内渗水量及渗水的分布选定。当孔内无水时可采用干灌法；当孔内渗水量较大时应采用导管法灌注水下混凝土。

1）干灌法

采用干灌法灌注桩身混凝土时，必须通过溜槽；当高度超过 3m 时，应用串桶，串桶末端离孔底高不宜大于 2m。混凝土宜采用插入式振捣，泵送混凝土时可直接将混凝土泵的出料口移入孔内投料。

2）水下灌注法

采用导管进行灌注时，导管直径为 25～30cm，桩孔内水面应略高于桩孔外的地下水位。开灌前，储料斗内的混凝土必须有一定的量，足以将导管底端一次性埋入水下的混凝土达 0.8m 以上的深度。

人工挖孔桩混凝土灌注时应注意：

1）混凝土应垂直灌入桩孔内，并应连续分层灌注，每层厚度不应超过 1.5m。

2）小直径桩孔，6m 以下利用混凝土的大坍落度和下冲力使其密实，6m 以上分层捣实。

3）大直径桩应分层捣实，或用卷扬机吊导管上下插捣。

4）直径小、深度大的桩，人工下井振捣有困难时，可在混凝土中掺入水泥量 0.25% 的减水剂，增加坍落度使之密实，但桩上部钢筋部位仍应用振捣器振捣密实。

5）地下有承压水时灌注过程中应抽干地下水，防止混凝土离析。

桩身混凝土的养护，当桩顶标高比自然场地标高低时，混凝土灌注 12 小时后进行湿水养护；当桩顶标高比场地标高高时，混凝土灌注 12 小时后应覆盖草袋，并湿水养护，养护时间不得少于 7 天。

7.8.3　人工挖孔灌注桩施工中常见问题及处理对策

人工挖孔灌注桩施工过程中常会出现桩头混凝土强度不足、桩身缩颈、扩颈、桩身断桩或夹泥、桩端沉渣厚等问题。人工挖孔灌注桩施工中常见问题及处理对策见表 7-22。

人工挖孔灌注桩施工中常见问题及处理对策　　　　　　　　　表 7-22

问题	可能原因	处理对策
桩身离析	挖孔桩内有水，灌混凝土时遇水混凝土离析	钻孔注浆或补桩
桩端持力层达不到设计要求	◇ 未挖到真正的硬岩层，桩端岩基静载试验后重新再向下挖到硬层 ◇ 成桩后承载力不足，主要由于桩端持力层承载力不足所致 ◇ 桩端下有软下卧层	向下挖或补桩

7.9　挤扩支盘灌注桩的施工

挤扩支盘灌注桩是在原有等截面钻孔灌注桩的基础上发展而来的。成桩专用液压挤扩设备（图 7-38）与现有桩工机械配套使用，形成如图 7-39 所示的挤扩支盘灌注桩。

根据地质情况在适宜土层中挤扩承力盘及分支。承力盘直径较大，需要注意的是，设计挤扩直径不应大于相应设备型号能挤扩的最大直径。常用挤扩设备型号与挤扩直径见表 7-23。

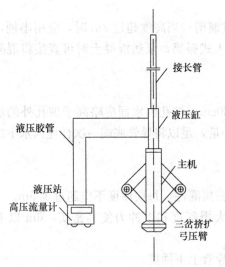

图 7-38 挤扩支盘灌注桩成型机设备　　　图 7-39 挤扩支盘灌注桩构造

挤扩设备型号与挤扩直径 表 7-23

设备型号 参数	98-400 型	98-600 型	2000-800 型
弓压臂长度（mm）	480	752.5	910
桩身直径 d（mm）	450～600	650～800	850～1000
承力盘挤扩最大直径（mm）	1180	1590	1980

挤扩支盘灌注桩由桩身、底盘、中盘、顶盘及数个分支组成。根据土质情况，在硬土层中设置分支或承力盘。分支和承力盘是在普通圆形钻孔中采用专用设备通过液压挤扩形成的。支、盘挤成空腔同时也把周围土体挤密。经过挤密的周围土体与腔内灌注的钢筋混凝土桩身、支盘紧密结合为一体，发挥了桩土共同承力的作用，提高了桩的侧摩阻力和端承力，从而使桩承载力大幅度增加。

7.9.1 挤扩支盘灌注桩的特点

挤扩支盘灌注桩一般具有以下特点：

（1）可利用沿桩身不同部位的硬土层设置承力盘及分支，将摩擦桩改为变截面的多支点摩擦端承桩，改变了桩的受力机理。该种桩基础可使建筑物稳定、抗震性好、沉降变形更小。

（2）经济效益显著。挤扩支盘灌注桩单方混凝土承载力为相应普通灌注桩的 2 倍以上。

（3）对于不同土质的适应性强且不受地下水位高低的限制。内陆冲积和洪积平原及沿海、河口部位的海陆交替层及三角洲平原下的硬塑黏性土、密实粉土、粉细砂层或中粗砂层等均适合作支盘桩的持力层。

（4）成桩工艺适用范围广。可用于泥浆护壁成孔工艺、干作业成孔工艺、水泥注浆护壁成孔工艺和重锤挤扩成孔工艺等。

（5）因单桩承载力较大，相同负荷情况下，其桩长可较普通直孔桩缩短，桩径和桩数均可减少。该桩型施工方便、工期短、造价低。

（6）对环境保护有利，与具有相同承载力的普通泥浆护壁钻孔灌注桩相比，泥浆排放量显著减少。

（7）挤扩支盘灌注桩是在普通钻孔桩成孔完成后再挤扩灌注，缺点是施工时间相对较长、挤扩过程中孔壁泥皮较厚、桩端沉渣较厚，若清渣不干净，将会影响桩承载力的发挥。

7.9.2 施工工艺

（1）挤扩支盘灌注桩施工工艺流程

挤扩支盘灌注桩施工流程包括钻进成孔、挤扩成型、下放钢筋笼、二次清孔、水下混凝土灌注等工序。施工工艺简单，仅在普通灌注桩施工的基础上增加了挤扩支盘及二次清孔过程。具体施工工艺流程见图7-40。

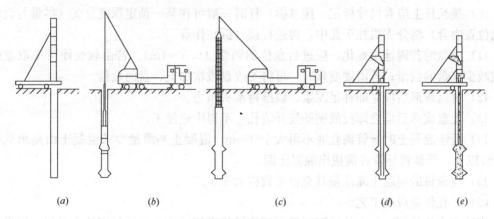

图7-40 挤扩支盘灌注桩施工工艺流程
（a）钻进成孔；（b）挤扩成型；（c）下放钢筋笼；（d）二次清孔；（e）水下混凝土灌注

（2）泥浆护壁成孔工艺

地下水位较高时，通常利用孔内地层中的黏性土原土造浆以泥浆护壁成孔。根据地质情况选择土层设置分支及承力盘，按支盘设计深度，下放全液压支盘成型机，操作液压工作站，将弓压臂（承力板）挤出，收回，反复转角，经多次挤压成盘，再由上至下或由下至上完成多个支盘的作业，然后安放钢筋笼、清孔，灌注混凝土成桩。

挤扩支盘灌注桩施工应注意以下事宜：

1）施工前必须具有地质勘察资料、桩位平面图、各支盘在土层中的剖面图及施工组织设计（或施工方案）。

2）施工前须先打试成孔，以便核对地质资料，钻孔终孔后宜自下而上按每延米每次旋转90°挤扩一次，按挤扩压力值检验各土层的软硬程度，核查施工工艺及技术要求是否适宜。

3）泥浆制备与质量要求：黏土、亚黏土层钻进时可注入清水，以原土造浆护壁；砂夹层较厚或砂土、碎石中钻进时应采用制备泥浆。注入干净泥浆的相对密度，应控制在1.1左右，排出泥浆相对密度宜为1.2～1.4；穿过砂夹卵石层或易塌孔的土层时，排出泥浆的相对密度可增大至1.3～1.5。每钻进8～10m测定泥浆指标一次。泥浆胶体率不小于95%、含砂量<6%、黏度15～25s。

4) 钻进终孔后随即进行清孔，即提钻0.3m快速旋转磨孔10min，沉渣厚度应小于10cm。

5) 钻孔终孔后，检测孔深、泥浆指标和沉渣厚度。

6) 分支机入桩孔前须检查法兰连接、螺栓、油管、液压装置、弓压臂分合情况，一切正常才能投入运行。

7) 宜自下而上形成支盘。将设计支盘标高换算成深度值，挤扩前后均应测量孔深，并应做出详细施工记录。

8) 成盘时，按接长杆上分度顺次转角挤扩，当设备旋转180°后，即完成盘形。

9) 成盘过程中应认真观测压力表的变化，详细记录各支盘首次压力值及分支时间，并测量泥浆液面下降尺寸及变化情况、油箱油面变化尺寸和支盘机上升尺寸。

10) 接长杆上应有尺寸标记，接（拆）杆时一般可在某一预定深度分支（尽量与设计支盘位置吻合）将分支机挂于孔中，再进行接（拆）作业。

11) 成盘时若遇地质变化，应进行盘位的调整（0.5～1m）。若由软变硬可采取盘改支或减少支盘的数量；若由硬变软时，可将支改盘或增加支、盘的数量。

12) 每盘成形后应立即补足泥浆，以维持水头压力。

13) 支盘成形后应立即投放钢筋笼并清孔，不得中途停工。

14) 灌注混凝土时导管离孔底不得大于0.5m，混凝土初灌量要求混凝土面高出底盘顶1m以上，严禁将导管底端拔出混凝土面。

15) 支盘桩的混凝土灌注量其充盈系数应大于1。

(3) 干孔作业成孔工艺

当地下水位较深时，水位以下可采用螺旋钻机进行干作业成孔后下放支盘机，按设计支盘位尺寸进行挤扩作业，处理虚土后下放钢筋笼，然后灌注混凝土成孔。

(4) 水泥注浆护壁成孔工艺

干砂中成桩时孔壁易坍塌，成盘无法进行，此时须采用灌注水泥浆工艺稳定孔壁后，方能挤扩成盘。

(5) 重锤捣扩成孔工艺

浅层软土分布区，上部荷载不大的建筑物，利用浅部可塑黏性土层为依托，插入孔内的外套管加入建筑废料，在管内用重锤冲捣将建筑废料挤入孔壁，到设计厚度后，放入支盘机，按设计盘位尺寸挤扩成盘，下放钢筋笼灌注混凝土成桩。该法可大量节约材料和投资，用于不受噪声和振动限制的场区。

7.9.3 施工要点

为控制挤扩支盘灌注桩质量，挤扩支盘灌注桩施工过程中应注意以下内容：

(1) 支盘成形挤扩的首次压力值

支盘机最初张开需要的最大力预估值应由勘测报告中的土层情况、施工人员的经验和试成孔的数据综合确定。实际挤扩压力值一般不小于0.8倍预估压力值。

(2) 挤扩成盘过程中泥浆的下降体积

一定程度上反映成盘的质量与成盘体积，要求泥浆应有明显下降。

（3）盘体直径

盘体直径是保证成盘质量的重要指标。实际施工中可使用自备孔径盘径检测仪自检，也可使用井径仪检查，要求不小于设计直径1/15。

（4）支盘间距

按施工记录核实是否符合设计规定。

（5）桩身质量

可用取芯、超声波等常规方法检测。

（6）单桩承载力

根据《建筑基桩检测技术规范》JGJ 106 中的相关条款采用静载荷试验确定单桩承载力。

（7）成孔质量

《建筑桩基技术规范》JGJ 94 中规定支盘桩要求成孔垂直度允许偏差≤1%，这也是挤扩设备的要求及保证成桩质量的关键。

（8）挤扩支盘质量

挤扩支盘的质量与桩的承载力密切相关。成盘质量一级检查步骤如下：

1）施工班组通过油压值（油压值即首次挤扩压力值，该指标直接反映承力盘所处土层的压缩特性）、油面下降量（油面下降量是反映支盘机弓压臂状态的直观指标）使用孔径、盘径检测仪对孔径及盘径进行自检，以上指标为一级检查。如果施工中挤扩油压值与预估压力值相差较大（即实际挤扩压力值<0.8×预估压力值），应对盘位进行适当调整。

2）现场质检员进行现场监督检查为二级检查；

3）监理工程师检查认证为三级检查。

（9）二次清孔质量

水下灌注桩沉渣厚度是影响承载力的关键因素，应重点检查二次清孔的质量。

（10）灌注混凝土

混凝土的灌注是能否成桩的关键，灌注混凝土是质量控制的重要工序。挤扩支盘桩混凝土灌注时有如下特殊规定：

1）灌注时导管离孔底不得大于0.5m，混凝土初灌量要求混凝土面高出底盘顶1m以上，严禁把导管底端拔出混凝土面。

2）拆除导管时应计算导管长度。导管底端位于盘位附近时应上下抽拉几次导管，利用混凝土的和易性使盘位附近的混凝土密实。

（11）挤扩支盘灌注桩常见问题及处理对策

1）支盘达不到设计要求，支盘不够或缩颈，可采取重新支盘。

2）若桩端沉渣二次清孔不干净，可重新清孔。

7.10 大直径薄壁筒桩的施工

振动沉模现浇大直径混凝土薄壁筒桩（简称薄壁筒桩）采用振动沉模、现场浇筑混凝土一次性成桩。薄壁筒桩适用于各种结构物的大面积地基处理，如多层及小高层建筑物地基处理，高速公路、市政道路的路基处理，大型油罐及煤气柜地基处理，污水处理厂大型曝气池、沉淀池基础处理，江河堤防的地基加固等。薄壁筒桩的主要优点是造价相对较低、施工速度快、加固处理深度不受限制，适用各种地质条件，可明显增加路基的稳定性、提高桩土地基的抗水平力，但大直径筒桩桩身质量不易保证，竖向承载力相对较低。

7.10.1 施工机具设备

振动套管成模大直径现浇筒桩机具主要包括：底盘（含卷扬机等）、龙门支架、振动头、钢质内外套管空腔结构、环形混凝土桩尖（或活瓣桩尖）、成模造浆器、混凝土分流器等，见图7-41。

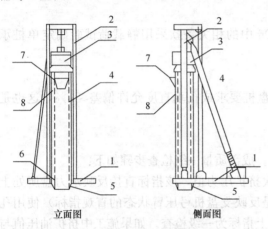

图 7-41　振动沉模现浇薄壁筒桩设备

1—底盘（含卷扬机等）；2—龙门支架；3—振动头；
4—钢质内外套管空腔结构；5—活瓣桩靴结构；
6—成模造浆器；7—进料口；8—混凝土分流器

主要机械构成及作用如下：

（1）底盘：用 I20 工字钢焊接成 5000mm×9000mm 的矩形框架，用于支撑和摆放所有装置。

（2）龙门塔架：与普通沉管桩和深层搅拌桩相比，振动沉模筒桩提升过程中，因环形腔体模板受到管壁内双向摩阻力作用，需要较大的提升力。因此，施工过程中塔架除满足稳定性外，还应满足较大纵向压力的要求。

（3）提升装置：沉管直径大，提升力较普通沉管桩提升力大。

（4）加压措施：桩头满足强度要求的前提下，考虑现场提供动力且在振动力不能满足沉桩要求时，可通过附加压力，即依靠设备自重，使沉管带动桩头边振动边加压下迅速沉桩。

（5）环形沉腔模板：由两种不同直径的钢管组合而成的同心环腔。桩体不要求配置钢筋情况下可将内、外管焊接固定，简化施工工艺。桩尖采用环形混凝土桩尖，见图7-42。

7.10.2 施工工艺及要点

（1）施工流程

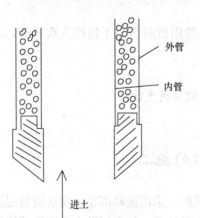

图 7-42　双套管与环形桩尖

薄壁筒桩的施工流程如下：

施工进场→现场装配→桩机就位→振动沉入双套管→灌注混凝土→振动拔管→移机，如图7-43所示。

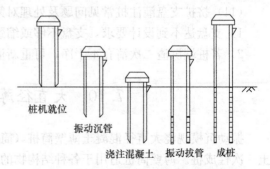

图 7-43　施工流程示意

在设备底盘和龙门支架的支撑下，依靠振动头的振动力将双层钢管组成的空腔结构和焊接成一体的下部活瓣桩靴或环形混凝土桩尖沉入预定的设计深度，形成中空的环形域。腔体内均匀灌注混凝土后，振动拔管，灌注内管中土体与外部土体之间空腔便形成混凝土筒桩。成模造浆器在沉管和拔管过程中，通过压入润滑泥浆保证套管顺利工作。活瓣桩靴在沉管下沉时闭合，拔桩时自动分开。混凝土分流器的作用使得沉管中的混凝土均匀密实。

（2）施工要点

振动沉模现浇薄壁筒桩施工中应注意以下事宜：

1）为保证含地下水地层中现浇筒桩的质量，保证成桩过程中地下水、流砂、淤泥不从桩靴处进入管腔，灌注混凝土时宜采用二步法工艺，即在成桩管下放到地下水位以上即进行第一次灌注，将桩靴完全封闭，然后继续下放到设计深度后再进行第二次灌注成桩。

2）为保证成桩过程中桩与桩之间不互相影响，施工顺序应采用隔孔隔排施工工序。

3）若遇到较硬夹层，可利用专门设计的成模润滑造浆器在沉桩过程中注入泥浆。

4）内外管应锁定后方可起吊装配。

5）混凝土应以细石料为主，可适当掺入减水剂，保证混凝土在腔体中具有较好的流动性。

6）砂性土层中宜放慢上提速度。

7.10.3　现浇薄壁筒桩施工中存在的问题及解决办法

现浇薄壁筒桩施工过程中易出现地下水入渗、闭塞效应、缩颈、混凝土离析和厚薄不均等问题。

（1）地下水入渗问题

地下水入渗问题是指在成桩过程中，由于地下水的入渗作用流砂或淤泥由管靴进入管腔，影响混凝土灌注质量。施工中主要采取以下处理方法：

1）两步法工艺。在成桩管下放地下水位以上即进行第一次灌注，将桩靴完全封闭，然后继续下放到设计深度后进行第二次灌注成桩。

2）成孔器与桩靴应吻合一致，密切咬合，每次沉孔前桩靴与沉孔器间需用胶泥或石膏水泥密封防水，同时严格控制垂直度在2%以内。沉孔速度要均匀，避免突然加力与加速情况。沉孔深度需达到设计桩底标高。

（2）土塞效应

沉桩过程中土芯有时会高于沉桩深度，有时会低于沉桩深度，但变化幅度不大。成桩后土芯一般高于地面（10cm）或持平。黏性土中沉桩过程中不会形成土塞，即管桩沉入深度通常等于土芯上升高度。

（3）缩颈问题

现浇筒桩中配置钢筋较少或根本不配置钢筋，如何解决缩颈问题是现浇混凝土筒桩质量控制中的关键问题。实际施工中主要采取以下措施：

1）合理安排打桩次序。已有实测资料表明，沉桩对地表土体的挤密近于指数趋势衰减。距桩心2.5m处桩周土的位移小于2mm，且在深度3m以下桩周土的位移几乎为零。现浇筒桩施工过程中合理设计打桩次序和桩距是至关重要的。

2）自模板体系的保护作用。在振动力作用下，环形模板的腔体沉入土中并灌注混凝土，当振动模板提拔时，混凝土从环形腔体模板下端注入环形槽内，空腹模板起到了护壁作用，可有效防止缩壁和塌壁现象。

3）通过造浆器造浆，可减少沉模时环形套模内外摩擦阻力，保护桩芯的侧壁土稳定。

（4）断桩

造成断桩大致有以下原因：

1）拔管速度太快，混凝土还没来得及排出管外，周围土径向挤压形成断桩。

2）桩距过小，受邻近桩体施工时荷载挤压形成断桩。

3）套管中进入泥浆，产生夹泥。

断桩预防措施：灌注混凝土时严格控制拔管速度，混凝土接头处适当加密反插振捣。软土地基上施打较密集群桩时，控制打桩速度及设计合理打桩顺序，最大程度减少挤土效应，减少桩的变位。拔管速度应控制在 0.8~1.2m/min，不应超过 1.5m/min，在土层分界面附近应停顿 30s 左右。沉管未提离地面前管模内混凝土保持高于地面 50cm，且锤头不停止振动。

（5）混凝土的离析和厚薄不均问题

1）现浇大直径薄壁筒桩的空腔较窄小，易发生缩颈等现象。目前常用自制的混凝土分流器来避免灌注时的离析和厚薄不均等问题。

2）控制混凝土原料。混凝土以细石料为主，适当加入减水剂，以利于混凝土的流动。通过提升料斗的方法将混凝土送入成孔器壁腔内，成孔器缓慢提升，提升速度为 1m/min。成孔器在提升过程中，应边提升边振动，以保证灌注混凝土有良好的密实度。灌注过程中采用半排土方案，即每次沉孔将有一部分土体沿着内壁向上排出，并排出地面。

（6）桩体歪斜

桩机就位时未调好垂直度或邻桩施工时的挤土效应会导致桩体歪斜。

预防措施：桩机就位时应调整桩机的垂直度和水平度，垂直度以桩塔的垂线控制，垂直偏差应小于 1‰。沉管应自然下垂就位，不得人为强行推动沉管就位。软土地基施打较密集群桩时应控制打桩速度及设计合理打桩顺序，最大限度减少挤土效应。

7.11 静钻根植桩的施工

目前，我国广泛应用的桩型主要有管桩、钻孔灌注桩、方桩、钢管桩等，现有桩施工工艺主要存在如下缺点：

锤击管桩施工工艺缺点主要为：

（1）挤土严重，对周围建（构）筑物存在不利影响。

（2）噪声和空气污染较严重，不少城市已禁止采用。

（3）某些地质条件管桩使用受限。

静压管桩施工工艺缺点主要为：

（1）挤土严重，对周围建（构）筑物存在不利影响。

（2）设备笨重，转场困难。

（3）某些地质条件管桩使用受限。

钻孔灌注桩施工工艺缺点主要为：

（1）泥浆污染严重，易污染城市环境。

（2）成桩质量不稳定。

（3）某些地层中施工速度慢，造价相对较高。

针对锤击管桩、静压管桩和钻孔灌注桩施工工艺存在的上述问题，有针对性得开发了静钻根植桩施工工艺。实际施工中，采用特殊的单轴螺旋钻机，按照设定深度进行钻孔，桩端部按照设定的尺寸（直径与高度）进行扩孔，扩孔完成后，在桩端和桩周注入水泥浆，边注浆边提钻。钻孔完成后，在钻孔内插入下部带有端部扩大和桩身变径的预制高性能混凝土桩、上部为 PHC 管桩的组合桩，插入时依靠桩的自重或使用钻机对桩进行回旋，将桩植入至设计标高。通过桩端及桩周水泥浆液硬化，使高强管桩与桩端和桩周土体形成一体，从而制成由预制桩身、桩端水泥浆和土体共同承载的新型静钻根植桩。该种桩型避免了管桩的挤土效应和钻孔灌注桩的侧阻软化和端阻弱化效应。

静钻根植桩施工工法具有广泛的适用性，可用于黏性土、粉土、砂土、砂砾土、粒径小于 100mm 的卵石及单轴抗压强度 60MPa 以下的岩层等地质条件。施工桩直径可达 1200mm，目前最大成桩深度为 80m。此施工工法具有环保节能、施工速度快、承载力高、桩身质量有保证、技术含量高、安全性能好等优点。

图 7-44　静钻根植桩施工设备

7.11.1　施工机具设备

静钻根植桩施工采用步履式 360°全旋转桩机和大扭矩单轴钻机（图 7-44）。步履式 360°全旋转桩机能够调整桩机导杆的垂直度，并可对垂直度进行检测，保证导杆和钻杆的垂直，使钻孔垂直度控制在允许偏差内。配备的钻机管理控制系统，可随时监控钻杆的深度、钻孔速度、扩孔高度、扩孔阔开程度、喷水量流量、水泥浆液流量并根据工程情况进行调整，保证上述指标在控制范围内。静钻根植桩施工工法设备见表 7-24。

静钻根植桩施工工法设备　　　　　　　　　　　　表 7-24

序号	设备名称		作用
1	单轴钻机		钻孔
2	桩架		挂钻机
3	吊车		植桩
4	挖掘机		挖沟槽及排土
5	净浆系统		泵送水泥浆
6	发电机		发电
7	配套设备	电焊机	接桩焊接
		桩机钢板	保持桩机行走平稳
		接桩用钢管	预接竹节桩

7.11.2 施工工艺及要点

静钻根植桩施工使用的钻杆是搅拌钻杆与螺旋钻杆的组合，能够增加孔内液体搅拌效果，并尽量减少土方排出量。静钻根植桩钻孔过程中，部分泥土通过钻杆的一些特殊构造挤入钻孔周围，部分泥土通过螺旋钻杆排出，其泥浆主要功效是护壁作用，因此泥浆排放量约为钻孔直径的体积，远少于钻孔灌注桩的泥浆排放量，根据地质条件的不同，静钻根植桩施工中的泥浆排放量是钻孔灌注桩施工时泥浆排放量的 $1/3 \sim 1/4$。

（1）施工流程

静钻根植桩施工流程共分为 4 步：钻孔→扩底→喷浆→植桩，如图 7-45 所示。

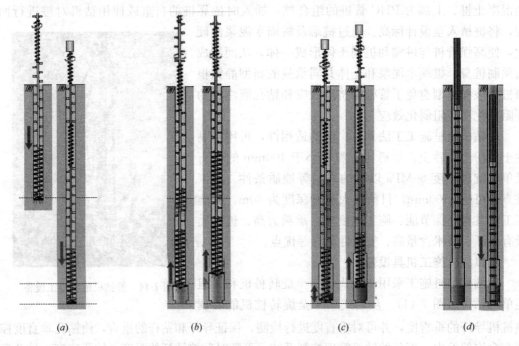

图 7-45　静钻根植桩施工流程示意图
(a) 钻孔；(b) 扩底；(c) 注浆；(d) 植桩成桩

静钻根植桩施工流程详述如下：

1）将钻头定位于桩心位置，用定位尺进行桩平面位置的确认，并确保钻杆垂直度在允许范围内。钻进过程中随时检测钻杆垂直度和平面位置，并根据具体情况及时进行调整。

2）钻头在钻进过程中，根据地质情况进行边喷水（或者是膨润土混合液），边利用带有特殊搅拌翼的钻杆钻孔并对孔体进行修整及护壁。当钻孔深度深于桩机所能悬挂钻杆长度时，必须进行钻杆的接长。接钻杆的长度应根据钻孔深度和桩机、钻机设备性能确定。

3）钻孔至设定深度后，上下反复提升和下降钻杆进行桩孔的修整。钻杆具有螺旋推进翼与搅拌翼相间设置的特点，随着钻掘和搅拌反复进行，保证水泥系强化剂与土充分搅拌。桩孔修整完成后，打开钻头部位扩大翼，按照设定的扩大直径分数次进行扩孔，扩孔的同时注入根固水泥浆并进行反复搅拌。

4）桩端固定水泥浆液喷送完成后，收拢扩大翼并进行提升，同时注入水泥浆。

5）将带有端部扩大和桩身变径的预制高性能混凝土桩插入桩孔内，上接加强型预应力竹节管桩。植桩过程中对桩身垂直度进行调整，利用桩的自重或使用钻机对桩进行回旋，将桩植入设计标高。

（2）施工要点

1）移动桩机到达作业位置，调整桩架垂直度达 0.5%以内。桩机移动前须仔细观察现场情况，发现障碍物应及时清除，桩机移动结束后应认真检查定位情况并及时纠正。

2）桩机应平稳、平整，每次移机后可用水平尺或水准仪检测桩机钢板的平整度，并确保桩机的垂直度，并用经纬仪校核且校核频率为每天至少一次。

3）桩机定位后需复核，偏差值应小于 2cm。

4）将钻头定位于桩心位置，确认平面位置及钻杆垂直度。使用定位检测尺确认平面位置，使用 2 台经纬仪互成 90 度进行垂直度检测并校正，垂直度精度为 1/100，水平位移为 30mm。

5）钻孔过程中根据地质情况边进行钻孔边喷水或膨润土混合液，边钻孔并对孔体修整及护壁。根据孔径、钻孔速度及地质情况调整水或膨润土混合液用量，范围在 50～300L/min。

6）钻孔至设定深度后，上下反复提升和下降钻杆进行桩孔修整。桩孔修整完成后，打开钻头部位扩大翼，按照设定的扩大直径分数次进行扩孔，扩孔的同时注入根固水泥浆并进行反复搅拌。

7）钻头钻至持力层部位附近时，钻孔速度应尽可能保持一致。根据管理装置电流负荷变化情况并与地质勘察报告柱状图进行比较确认。持力层中钻进速度需适当放慢，保证电流负荷在允许范围内，并保证充足的水流量。

8）植桩的植入时间和钻孔时间、水泥浆的喷射时间应保持连续性，植桩过程中必须采用检测尺对桩进行定位。桩下沉过程中随时用检测尺进行检测，若发现偏差超过 20cm，必须进行校正。同时用 2 台经纬仪互成 90 度对桩进行检测，精度控制在 0.5%内。

9）在桩顶距离地面 1～2m 时，采用特殊工具将桩固定，然后进行下一节桩的吊装和就位，桩与桩之间采用 CO_2 气体保护焊焊接，焊接后冷却 8 分钟后沉桩。

10）最后一节桩沉桩过程中，当桩距离地面 2m 时，采用特殊工具将桩固定，完成桩位校正和送桩。

7.11.3 静钻根植桩施工工法特点

静钻根植桩与预制桩相比具有如下优点：

（1）单桩抗压承载力高，桩身混凝土强度得以充分发挥；可减少用桩量，减小承台钢筋混凝土用量。

（2）桩身抗拔性能得以大幅提高。

（3）桩身抗水平承载力大幅提高。

（4）无挤土效应，施工对周围设施（地下构造物、管线）无影响。

（5）噪声和空气污染较小。

（6）可穿过各种夹层，适应桩端持力层变化较大的地质条件。

（7）不会对桩身造成因沉桩而产生的宏观或微观损害。

（8）桩顶标高可控，无需截桩，可避免因截桩而造成桩头破坏或桩身预压应力的变化。

（9）桩身特别是桩身接头部分受桩身内外水泥土的保护，长期耐久性可靠。

（10）桩身完整性更可靠。

静钻根植桩与钻孔灌注桩相比具有如下优点：

（1）工厂化规模生产，混凝土强度可达 C80～C120，桩身质量稳定。

（2）技术先进，成桩过程全自动监控，施工质量可靠。

（3）无需现场浇注混凝土，不会出现缩颈现象。

（4）桩底无沉渣，可确保桩端阻力满足设计要求。

（5）同承载力条件下泥浆排放量可减少 75%，有利于环境保护。

（6）台班施工速度快。

（7）单方混凝土承载力显著提高，资源可得到充分利用。

（8）桩顶标高可控，不会出现开挖后桩顶高度参差不齐现象，便于机械开挖施工。

（9）文明施工，现场整洁，无需现场加工钢筋等。

（10）成桩垂直度控制好，完整性更加可靠。

7.12 水泥搅拌桩的施工

水泥搅拌桩采用水泥或水泥砂浆为固化剂，通过特殊搅拌机械，在地基深处就地将软土和固化剂强制搅拌，产生一系列物理化学反应，使软土硬结成具有整体性、水稳定性和一定强度的完整桩体。水泥搅拌桩按照水泥喷入土中的方式分为水泥浆喷搅拌桩，水泥粉喷搅拌桩和 TRD 工法桩（墙）。水泥搅拌桩可根据地质条件掺入专用的早强剂石膏和减水剂等。

7.12.1 深层水泥搅拌桩的施工

（1）深层水泥搅拌桩的特点与适用范围

搅拌桩具有如下特点：

1）施工中将固化剂和原土就地拌合，最大限度利用了原土的承载力。

2）施工时无振动、无噪声，无挤土效应，对周围既有建筑物的影响较小。

3）渗透性小，能防渗止水，常用作基坑支护中的止水帷幕桩。

4）间距可大可小，布置较灵活。

5）较经济且施工速度快。

水泥搅拌法适用于处理正常固结的淤泥与淤泥质土、粉土、饱和黄土、素填土、黏性土及无流动地下水的饱和松散砂土等地基。无工程经验的地区，必须通过现场试验确定其适用性和处理效果。

（2）施工工艺流程

搅拌桩的施工工艺流程如下：桩机就位→钻进喷浆到底→提升搅拌→重复喷射搅拌→重复提升复搅→成桩完毕，见图 7-46。

7.12.2 高压喷射注浆搅拌桩的施工

（1）高压喷射注浆搅拌桩的特点与适用范围

高压喷射注浆法利用钻机把带有喷嘴的注浆管钻入（或置入）至土层预定深度，以 20～40MPa 的压力把浆液或水从喷嘴喷射出来冲击破坏土层，形成预定形状的空间，土

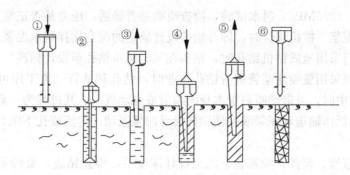

图 7-46　深层搅拌法施工工艺流程
①—定位下沉；②—钻进喷浆搅拌；③—重复搅拌提升；④—重复搅拌下
沉到底部；⑤—重复搅拌提升；⑥—施工完毕

颗粒与浆液搅拌混合，凝结成加固体，从而达到加固土体的目的。水泥掺入量一般为 25%～30% 左右，单重管直径为 700～800mm，双重管直径为 800～900mm，三重管直径为 1000～1200mm。

高压喷射注浆搅拌桩具有增大地基强度、提高地基承载力、止水防渗、减少支挡结构物土压力、防止砂土液化和降低土的含水量等功能，宜用作超深基坑的止水帷幕桩。

高压喷射注浆法可分为旋喷、定喷和摆喷三种（图 7-47）。旋喷法在实际工程中应用最为广泛，可用于既有建筑和新建建筑的地基加固处理、深基坑止水帷幕、边坡挡土或挡水、基坑底部加固、地下大口径管道围封与加固、地铁工程的土层加固或防水、水库大坝、海堤、江河堤防、坝体坝基防渗加固、构筑地下水库截渗坝等工程；定喷和摆喷两种方法通常用于基坑防渗、改善地基土的水流性质和稳定边坡等工程。

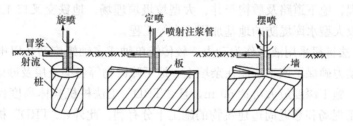

图 7-47　高压喷射注浆的三种形式

（2）高压喷射注浆搅拌桩的施工工艺

喷射注浆法的施工工艺基本是先把钻机插入或打进预定土层，自下而上进行喷射注浆作业、冲洗等，如图 7-48 所示。具体施工工艺如下：

1）钻机定位。移动高压喷射桩机到指定桩位，将钻头对准孔位中心，同时整平钻机，放置平稳、水平，钻杆垂直度偏差不大于 1%～1.5%。就

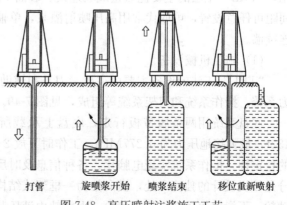

打管　旋喷浆开始　喷浆结束　移位重新喷射
图 7-48　高压喷射注浆施工工艺

位后，进行低压（0.5MPa）射水试验，检查喷嘴是否畅通，压力是否正常。

2）制备水泥浆。桩机移位时，即开始按设计确定的配合比拌制水泥浆。

3）钻孔。当采用地质钻机钻孔时，钻头在预定桩位钻孔至设计标高。

4）插管。当采用旋喷注浆管进行钻孔作业时，钻孔和插管二道工序可合而为一。当第一阶段贯入土中时，可借助喷射管本身的喷射或振动贯入。其过程为：启动钻机，同时开启高压泥浆泵低压输送水泥浆液，使钻杆沿导向架振动、射流成孔下沉，直至桩底设计标高。

5）提升喷浆管、搅拌。喷浆管下沉至设计深度后，停止钻进，旋转不停，高压泥浆泵压力增到施工设计值，坐底喷浆后，边喷浆，边旋转，同时严格按照设计和试桩确定的提升速度提升钻杆。

6）桩头部分处理。当喷头提升接近桩顶时，应从桩顶以下 1m 开始，慢速提升喷浆，喷浆数秒后再向上慢速提升 0.5m，直至桩顶停浆面。

7）若遇砾石地层，为保证桩径，可重复喷浆、搅拌。

8）清洗。向浆液罐中注入适量清水，开启高压泵，清洗全部管路中残存的水泥浆，直至基本干净，并将黏附在喷浆管头上的土清洗干净。

9）移位。移动桩机进行下一根桩的施工。

10）补浆。喷射注浆作业完成后，由于浆液的析水作用，一般均有不同程度的收缩，使固结体顶部出现凹穴，及时采用水灰比为 1.0 的水泥浆补灌。

7.12.3 TRD 工法桩（墙）的施工

"TRD"（Trench cutting re-mixing deep wall，简称"TRD"）工法即渠式切割深层搅拌水泥土地下连续墙施工工法，是一种新型的地下止水帷幕施工方法，该工法主要适用于建筑物基础工程、地下道路及盾构竖井、大型垃圾填埋场、地铁交叉口工作井、挡土墙、止水墙、港湾及大型水库堤防的地基加固止水等工程。

"TRD"工法桩机采用液压作为动力，较传统单轴或多轴螺旋钻孔以电为动力更稳定强劲，其强劲动力确保了该工法能在杂填土、地下障碍物等各类土层及砂砾石层甚至岩层中的成墙施工，施工深度最大可达 60 m，且"TRD"工法桩机整体高度仅为 10m，对于高度受限的施工现场和靠近周边建筑物的施工十分有利。此外，"TRD"桩机亦可进行倾斜式连续墙的施工。与目前常用单轴或多轴螺旋钻孔所形成的柱列式地下连续墙工法相比，"TRD"工法的主要优点是成墙连续、表面平整、厚度一致、墙体均匀性好、H 型钢间距可任意设置，可取代常用高压喷射灌浆，单轴和多轴水泥土搅拌桩组成的柱列式地下连续墙。

（1）施工机械设备

"TRD"工法的设备主要由主机、刀具和辅助设备等部分组成。主机由底盘系统、动力系统、操作系统和刀架系统等组成，见图 7-49。

底盘系统用两条履带板行走，底盘上承载所有设备，整机标准重量（TRD-Ⅲ）为 132t，最大接地压力为 0.277MPa，工作时下放 2 个液压支腿，以平衡地压力和增加整机的稳定性。操作系统实现电脑化，各种信息及时反馈，并随时调整各项操作参数。刀架部分是该机设计的独特之处，横向架为一框架式结构，上下有 2 条滑轨，容纳竖向导杆和驱动轮，下滑轨绞接在主机底盘上，上滑轨由液压装置支撑，平时锁定在垂直位置上，根据

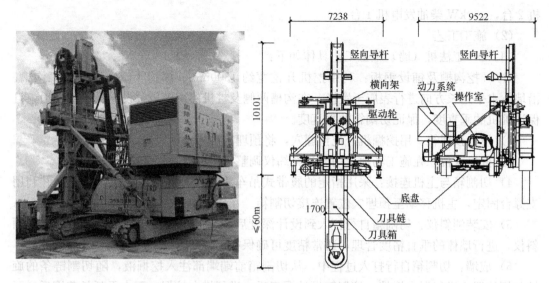

图 7-49　主机结构示意图（尺寸单位：mm）

造墙需要，可在 90°～30°范围内通过液压杆调整，即最大可进行与水平面成 30°的斜墙施工。

竖向导杆和驱动轮可沿横向架滑轨进行水平运动，驱动轮本身可旋转，同时也可沿竖向导杆上下移动，用以提升或下放刀具。驱动轮旋转带动链条产生直线运动，链条上的刀具切割、搅拌、混合原状土，驱动轮在横向架上带动整个刀具作水平运动，同时在刀具适当深度灌入水泥浆液，完成造墙过程。当驱动轮水平走完一个行程后，解除压力呈自由状态，主机向前开动，相对驱动轮又移回到起始位置，开始下一个行程，如此反复运行直至完成全部地下连续墙的施工。

刀具为 TRD 专用设备，为适应各种不同厚度的成墙需要，设计多种规格，成墙厚度为 550～850mm 不等。刀具宽度为 1082mm 和 1700mm 两种，刀具按 3.5m 标准长度做成箱形，以便逐节安装接长，同时对链条起导向和支撑作用（见图 7-50）。链条节间装有刀刃，与刀刃板一起带动土体运动，一直带出地面，并在刀具箱另一侧将其带入地下，形成较均匀的混合土。

其他辅助设备主要为：空气压缩机 1 台（6m³）、25m³/h 全自动水泥浆搅拌及注浆系统 2 套、30 吨水泥仓储罐 2 个、100 吨履带式吊车 1 台、挖掘机 1 台（1m³）、高压清洗

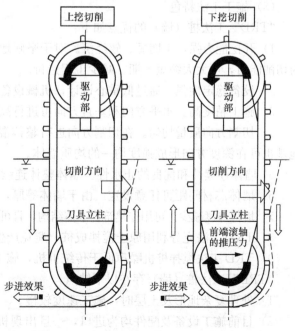

图 7-50　刀具链条转动方向和步进效果示意图

机 2 台，400kW 柴油发电机 1 台。

（2）施工工艺

"TRD"工法桩（墙）施工工艺具体如下：

1）开挖沟槽及铺设钢板：利用挖机开挖宽约 1300mm、深约 1000mm 的施工沟槽。沿墙体水平延长方向进行表层土置换，在沟槽两侧及桩机停留区域铺设钢板分散压力，且保证桩机的垂直度，保证切割箱的垂直度。

2）吊放预埋箱：用挖掘机开挖预埋穴，将预埋箱吊入预埋穴内。

3）桩机就位：在施工场地采用激光经纬仪调整桩机位置，保证桩机垂直度。

4）切割箱与主机连接：采用指定的履带式吊车将切割箱逐段吊放入预埋穴，并利用支撑台固定，主机移动至预埋穴位置连接切割箱。

5）安装测斜仪：切割箱自行打入到设计深度后，通过安装在切割箱内部的多层式测斜仪，进行墙体的垂直精度管理，通常精度可确保在 1/250 内。

6）成墙：切割箱自行打入过程中，从切割箱前端端部注入挖掘液，随切割链条的旋转与原位置土进行混合搅拌，挖掘至设计深度后，进行横向挖掘，至水平延长范围后，开始回撤横移，充分搅拌混合挖掘液泥浆；先行挖掘与回撤横移过程注入挖掘液。回撤横移至切割箱打入位置后，停止注入挖掘液，从切割箱前端端部开始注入固化液进行固化成墙。

7）浆液流动度及相对密度测试：通过测试混合泥浆的流动度与相对密度进行成墙品质的管理。

8）置换土处理：施工过程中产生的废弃泥浆统一堆放，集中处理。

9）切割箱拔出：施工完毕后利用履带式起重机将切割箱分段拔出，并码放整齐，重新组装切割箱进行后绪作业。

（3）施工工法特色

"TRD"工法桩（墙）的优点如下：

1）开挖能力强，工期短、较经济。对于坚硬地基（砂砾、泥岩、软岩等）具有较高的切削能力，可大大缩短工期、减少工程造价。

2）设备稳定性强。通过低重心设计，机械设备的高度大大降低，施工安全性提高。

3）施工精度高。水平方向和垂直方向可进行高精度的施工。

4）切割方向质量均匀。在切割方向进行整体混合与搅拌，即使对于性质差异的成层地基也可在深度方向形成强度均一的均质墙体。

5）墙体连续性和优良的止水性。墙体整体连续性强，止水性能优异。

6）墙体芯材间距可任意设定。由于墙体等厚，芯材可任意间距插入。

7）墙体厚度减少。可用作建筑物本体结构，且可减少墙体厚度，用地面积可大幅度减小。

8）TRD 工法充分利用原土搅拌成桩，避免产生大量泥浆外运。

9）TRD 工法搅拌桩机噪声低于传统桩机，施工中噪声和振动相对较小。

"TRD"工法桩（墙）存在以下缺点：

1）处理复杂地形及土层时，施工速度较慢。

2）目前施工设备及配件均为进口，一旦出现机械故障维修周期长，随着该设备及配件国产化，该情况有望缓解。

7.13 钻孔咬合桩的施工

钻孔咬合桩是指采用全套管钻机钻孔施工形成的排桩间相邻桩相互咬合（桩圆周相嵌）的钢筋混凝土桩墙。钻孔咬合桩与支撑相结合的围护体系可用于中等深度基坑的支护设计，具有防渗能力强、无需泥浆护壁、低配筋率、小扩孔（充盈）系数、止水效果好、工程造价低、施工速度快，施工质量有保证等优点。钻孔咬合桩在地铁、道路下穿线、高层建筑物等城市构筑物的深基坑工程中已广泛推广，特别适用于有淤泥、流砂、地下水富集等不良条件的地层。

钻孔咬合桩的混凝土终凝出现在桩咬合以后，桩的排列方式一般为素混凝土桩 A 和钢筋混凝土桩 B 间隔布置，施工时先施工 A 桩后施工 B 桩，A 桩混凝土采用超缓凝混凝土，要求必须在 A 桩混凝土初凝前完成 B 桩的施工。B 桩施工时采用全套管钻机切割掉相邻 A 桩相交部分的混凝土，实现咬合，咬合桩排桩施工总的原则是先施工 A 桩，后施工 B 桩，其施工顺序（图 7-51）为：A1→A2→B1→A3→B2→A4→B3……An→B（$n-1$）。

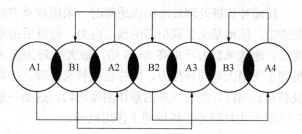

图 7-51　钻孔咬合桩的施工工艺

钻孔咬合桩施工工艺流程如下：

平整场地→测放桩位→施工混凝土导墙→套管钻机就位→吊装安放第一节套管→测控垂直度→压入第一节套管→校对垂直度→抓斗取土→测量孔深→清除虚土→吊放钢筋笼→放入混凝土灌注导管→灌注混凝土逐次拔套→测定混凝土面→桩机移位。

钻孔咬合桩因其应用及施工上的特点，施工过程中可能会出现一些问题，如邻桩混凝土"塌落"，地下障碍物对钻孔咬合桩施工的影响，钢筋笼上浮，钻孔咬合桩施工过程中因 A 桩超缓混凝土质量不稳定出现早凝现象或机械设备故障等原因造成钻孔咬合桩的施工未能按正常要求进行而形成事故桩等。

7.14 碎石桩的施工

软弱地基中采用一定的方式成孔并向孔中填入碎石，在地基中形成碎石桩体，称为碎石桩。碎石桩可分为振冲碎石桩和注水冲击碎石桩等。

7.14.1 振冲碎石桩

（1）振冲碎石桩适用地层

振冲碎石桩一般适用于松散砂土的加固处理，也可适用于黏性土的加固处理。碎石桩为散体材料桩，承受荷载后，其抵抗荷载的能力完全依赖于桩周土体的径向支承力，由于软黏土的天然抗剪强度小，难以提供碎石桩需要的足够径向支承力，因此不能获得满意的加固效果，甚至造成加固处理的完全失败。一般当软黏土地基的天然不排水强度小于 20kPa 时，振冲碎石桩常不能取得满意的加固效果。

（2）振冲碎石桩施工方法

振冲碎石桩施工时，用起重机吊起振冲器，启动潜水电机后带动偏心块，使振冲器产生高频振动，同时开动水泵，使高压水通过喷嘴喷射高压水流，在振动力和高压水流的作用下，在土层中形成孔洞，直至达到设计标高。用循环水带出孔中稠泥浆后完成清孔，向桩孔逐段填入碎石，每段填料均在振冲器振动作用下振挤密实，达到要求的密实度后上提振冲器，重复上述操作步骤直至地面，从而在地基中形成具有相应直径的密实碎石柱体，即碎石桩。振冲碎石桩施工工艺流程见图7-52。

7.14.2 柱锤冲扩桩

柱锤冲扩桩是反复将柱状重锤提到高处使其自由落下冲击成孔，然后分层填入碎石或素混凝土夯实形成扩大桩体。

柱锤冲扩碎石桩技术是通过机具成孔，然后通过孔道在地基处理的深层部位进行填碎石，用具有高动能的特制重力锤进行冲、砸、挤压的高压强、强挤密的夯击作业，从而达到加固地基的目的，使地基承载性状显著改善。

柱锤冲扩桩处理技术加固地基时，采用较重夯锤，孔内加固料单位面积受到高动能、强夯击，使地基土受到很高的预压应力，处理后的地基浸水或加载都不会产生明显的压缩变形，地基承载力可提高3～9倍，最大处理深度可达30m，桩体直径可达0.6～2.5m。桩间土受很大侧向挤压力，同样也被挤密加固。桩周土被挤密形成了强制挤密区、挤密区及挤密影响区，复合地基的整体刚度均匀，这是一般柔性桩加固地基难以取得的效果。图7-53所示为柱锤冲扩桩桩周土作用机理。

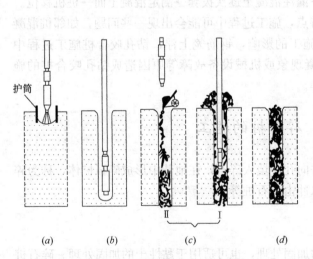

图 7-52　振冲碎石桩施工工艺流程
(a) 振冲器定位；(b) 成孔；(c) 喂料；(d) 终孔、完毕、移位

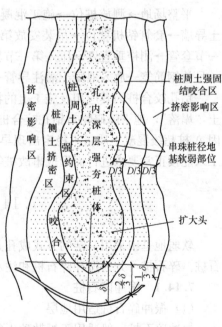

图 7-53　柱锤冲扩桩桩周土作用机理

7.15　静压锚杆桩的施工

锚杆静压桩是将锚杆和静力压桩两项技术巧妙结合而形成的一种新的桩施工工艺，适用于既有建筑和新建建筑地基处理和基础加固，见图7-54。

锚杆静压桩的桩身可采用混凝土强度等级为 C30 混凝土以上，截面为 200mm × 200mm 或 250mm × 250mm 或 300mm × 300mm 的预制钢筋混凝土方桩，也可选用钢管做桩身，每节桩长一般为 2～3m，由静压龙门架施工净空高度确定。桩节接头一般采用角钢焊接或硫磺胶泥等。

静压锚杆桩的施工工艺如下：

在原有基础上凿孔并预埋四颗地锚螺杆→将压桩龙门架固定在地锚螺杆上形成整体→将 2m 长预制短桩放入桩孔中→桩上放置

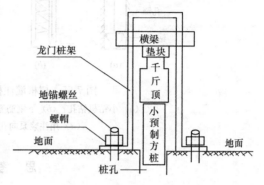

图 7-54　锚杆静压桩施工装置

千斤顶→千斤顶与龙门架间放置横梁→千斤顶向下施力压桩→压至地面后接第二节桩→继续向下压桩→……→直至达到设计桩长和设计压桩力。

当桩达到设计要求后，应在不卸载条件下立即将其与基础锚固，待封桩混凝土达到设计强度后，才能拆除压力架和千斤顶。当不需要对桩施加预应力时，待达到设计深度和压桩力后，即可拆除压桩架，并进行封桩处理。桩与基础锚固前应将桩头进行截短和凿毛处理，对压桩孔的孔壁应预凿毛并清除杂物，再浇筑 C30 微膨胀早强混凝土。

7.16　树根桩的施工

树根灌注桩适用于桩基工程事故加固、低层房屋基础和既有建筑物基础加固及增加边坡稳定性等。根据不同地质情况和工程要求，树根灌注桩施工时可采用不同钻头、桩孔倾斜角和钻进方法。树根灌注桩适用于地基加固，其优点是对不同施工条件都适用，可根据需要设置成直桩或斜桩，可有效处理已打好桩的小型桩基工程事故处理。

树根桩穿过既有建筑物基础时，应凿开基础，将主钢筋与树根桩主筋焊接，并将基础顶面的混凝土凿毛，浇筑一层大于原基础强度的混凝土。采用斜向树根桩时，应采取防止钢筋笼端部插入孔壁土体的措施。

树根桩的施工工艺如下：

小钻机成孔（孔深按设计要求，孔径通常为 300～600mm）→预埋注浆管和钢筋笼→灌注一定级配的碎石→向桩底注入水泥浆或水泥砂浆并使水泥浆上冒至孔口→成桩，如图 7-55 所示。

需要说明的是，注浆宜分两次进行，第一次注浆压力可取 0.3～0.5MPa，第二注浆压力可取 0.5～2.0MPa，并应在第一次注浆浆液达到初凝后终凝前进行第二次注浆。

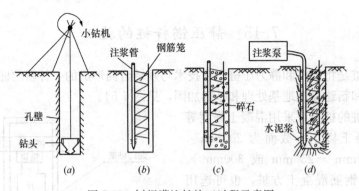

图 7-55　树根灌注桩施工过程示意图
(a) 小钻机钻孔；(b) 下钢筋笼和注浆管；(c) 孔中灌碎石；
(d) 用注浆泵向孔中注水泥浆成桩

思 考 题

7-1　桩基工程施工前的调查与准备工作主要包括哪三部分？桩基施工前的调查内容主要是什么？桩基工程施工组织设计的内容包括哪些？桩基础施工前应做哪些准备工作？

7-2　预应力管桩的特点及适用范围是什么？预应力混凝土管桩的制作方法包括哪些步骤？预应力管桩如何沉桩？预应力管桩施工中常见问题与处理对策是什么？

7-3　预制混凝土方桩的施工过程主要包括哪些方面？预制混凝土方桩的现场制作程序及要求是什么？混凝土预制桩的起吊、运输和堆放方法及要求有哪些？混凝土预制桩的沉桩主要有哪两种方法？具体施工过程是怎样的？施工中有哪些要求？特殊沉桩方法有哪几种？

7-4　钢管桩和 H 型钢桩的特点及适用范围是什么？各自的施工方法及施工中常见的问题有哪些？

7-5　沉管灌注桩按照沉管工艺可分为哪三种？各自的施工设备、施工流程、施工特点及应用范围是什么？

7-6　钻孔灌注桩一般分为哪几种？各自适用条件、施工设备、施工流程是什么？什么是正循环与反循环施工法？分别适用于什么条件？泥浆护壁钻孔灌注桩对泥浆性能有哪些要求？水下灌注混凝土有哪些注意事项？泥浆护壁钻孔灌注桩施工中质量问题有哪些？如何处理？

7-7　人工挖孔桩特点及适用范围是什么？人工挖孔桩施工流程和施工注意要点是什么？

7-8　挤扩支盘灌注桩的特点是什么？挤扩支盘灌注桩工艺流程是什么？挤扩支盘灌注桩施工注意要点有哪些？

7-9　大直径薄壁筒桩的特点有哪些？振动沉模现浇薄壁筒桩施工工艺是什么？施工过程中存在的问题及解决办法有哪些？

7-10　静钻根植桩的施工工艺是什么？与传统的预制桩和钻孔灌注桩相比有哪些优势？

7-11　深层水泥搅拌桩与高压喷射注浆桩各有哪些特点和适用范围？工艺流程有哪些？TRD 工法桩（墙）的施工流程是什么？其优点有哪些？

7-12　咬合桩的施工流程是什么？适用范围和可能存在的问题是什么？

7-13　碎石桩的适用地层与施工工艺流程是什么？

7-14　静压锚杆桩的适用范围是什么？施工工艺流程是什么？

7-15　树根桩的适用范围和优点是什么？施工工艺流程是什么？

第 8 章　桩基工程后注浆技术及其工程应用

8.1　概　述

钻孔灌注桩是一种常见桩型，其优点为桩长和桩径可灵活选取、施工不受季节限制、能广泛适用于各类土质条件且能提供较大单桩承载力等。灌注桩在各种基础工程中应用越来越广泛。目前，最大施工桩长已超150m，最大施工桩径已超3m。实际施工及应用过程中钻孔灌注桩存在桩端沉渣、桩端持力层扰动、桩身质量、桩侧泥皮以及钻孔应力松弛等而导致同一场地钻孔灌注桩承载力离散的问题。为克服钻孔灌注桩存在的上述问题，有针对性待开发了桩基后注浆技术，随着后注浆技术理论、工艺、经验等发展完善，后注浆技术在钻孔灌注桩工程中应用越来越广泛。同时，在对预制桩不产生任何损伤的情况下，为有效提高预制桩与土层间的摩阻力和桩端阻力及预制桩接头处的防腐蚀能力，进一步发挥预制桩自身承载力，近些年有针对性得开发了一系列预制桩后注浆注浆工艺。

本章从钻孔灌注桩施工存在的问题入手，主要介绍了后注浆技术的定义及作用、后注浆技术的分类、后注浆技术理论、后注浆技术设计、后注浆桩承载力计算方法、后注浆桩承载特性计算方法、常见注浆事故及处理措施、后注浆桩工程实例分析等方面的内容。

8.2　钻孔灌注桩施工存在的问题

实际施工及应用过程中钻孔灌注桩出现的问题主要表现在以下几个方面。

8.2.1　桩侧泥皮及应力松弛问题

采用泥浆护壁的钻孔灌注桩成桩过程中护壁泥浆会在桩周形成一泥皮层，一般从几毫米到几厘米不等。同时，钻孔内泥浆液面和地下水位的水头差，会导致水向钻孔外渗透，在渗透过程中，泥浆中的粉粒、黏粒附着在孔壁上会增加泥皮厚度。桩侧泥皮土具有含水率高、孔隙比大、压缩性高、黏聚力小、抗剪强度低等特点，其工程性质明显差于桩间土，形成了桩土间的薄弱层。实际上，只要是采用泥浆护壁的钻孔灌注桩，其桩周就不可避免存在泥皮效应。桩侧泥皮土的存在，改变了桩土相互作用性状，导致桩侧摩阻力降低，从而影响钻孔灌注桩的承载性能。另外，钻孔灌注桩在成孔过程中由于孔壁侧向应力解除，桩侧土体会出现侧向应力松弛效应。孔壁土的松弛效应将导致桩侧土体强度削弱，桩侧阻力随之降低。桩侧阻力的降低幅度与土性、护壁措施、孔径大小等因素有关。

8.2.2　桩端沉渣及持力层扰动问题

采用泥浆护壁的钻孔灌注桩，成桩过程中钻孔机具会对桩端土体产生搅动、切削、挤压等作用，桩端沉渣问题很难避免。现场试验结果表明，桩端沉渣的存在，会使桩端支承在软弱沉渣层上，降低了钻孔灌注桩的桩端承载力，并使桩顶沉降大大增加，从而使钻孔灌注桩的承载能力不能正常发挥。同时,施工过程中钻孔灌注桩的桩端持力层会产生扰动,造成桩端阻力降低,继而引起钻孔桩的沉降过大。

某工程超长嵌岩桩S1(桩长为120m,桩径为1.1m,持力层为中风化基岩)和超长嵌岩桩S3(桩长为88.5m,桩径为1.1m,持力层为强风化基岩)现场试验结果(图8-1)表明,桩端清渣较干净的试桩S1的荷载-沉降曲线为缓降型,且卸载后桩端残余变形较小。桩端沉渣较厚的试桩S3的荷载-沉降曲线为陡降型,最大试验荷载下试桩S3的桩端沉降较大,且卸载后桩端存在较大的残余变形,达18.4mm,桩端沉降主要来自桩端沉渣的压缩。桩端沉渣厚度的不同是造成试桩S1和试桩S3荷载-沉降性状不同的主要原因。桩端沉渣的存在会降低桩端阻力,继而引起钻孔桩的沉降过大。

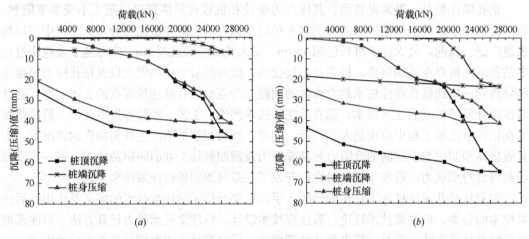

图8-1 桩端沉渣较少试桩S1与桩端沉渣较厚试桩S3的荷载-沉降曲线
(a) 试桩S1;(b) 试桩S3

8.2.3 桩身灌注混凝土质量问题

钻孔桩施工过程中难免存在缩、扩颈现象,混凝土灌注过程中可能会由于施工方法不当造成桩身离析、夹泥、桩顶浮浆等问题。上述问题会导致桩身混凝土出现桩身质量问题,但上述桩身混凝土的质量问题是施工可控因素,只要施工单位认真施工,可最低限度降低桩身质量对桩基承载能力的影响。钻孔灌注桩浇灌混凝土成桩时,由于混凝土的收缩桩与桩侧土间会产生收缩缝,收缩缝的存在会降低桩侧阻力,继而影响桩的承载能力。桩身混凝土收缩缝的问题难以避免。

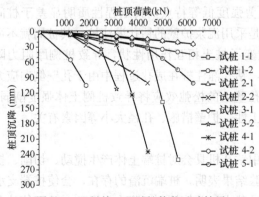

图8-2 温州某工程试桩静载试验结果

8.2.4 同一场地钻孔灌注桩竖向承载力离散性问题

因施工技术水平差异、桩侧泥皮厚度差异、桩端沉渣厚度差异、地质条件局部差异及其他因素的影响,同一工地相同桩型、桩径和持力层的钻孔灌注桩的竖向承载力可能较为离散。温州某工地钻孔灌注桩竖向承载力离散性的问题如图8-2所示。该工程基础采用钻孔灌注桩,试桩1-1、

1-2、2-1、2-2、3-1、3-2、4-1、4-2、6-1 的桩径为 800mm，桩长为 25.5～35m，桩身采用 C25 混凝土，持力层为中风化基岩，单桩竖向设计承载力特征值为 3050kN。该工程采用正循环法钻孔施工，但沉渣清理有问题。

由图 8-2 中 9 根试桩的静载试验结果可知，本工程中相同桩型、桩径和持力层的钻孔灌注桩，由于钻孔桩施工原因，特别是沉渣处理厚度不同等因素的影响，钻孔灌注桩竖向承载力离散性很大。基桩承载力离散将导致群桩基础不均匀沉降。

鉴于钻孔灌注桩施工过程中存在桩端沉渣、桩端持力层扰动、桩身质量、桩侧泥皮以及钻孔应力松弛等而导致同一场地钻孔灌注桩承载力离散的问题，有针对性得开发了灌注桩后注浆技术。灌注桩后注浆技术可成功克服沉渣问题和泥皮问题带来的缺陷。后注浆技术在钻孔灌注桩工程中应用越来越广泛。大量经桩端后注浆处理的建（构）筑物工程最后竣工沉降量均很小且差异沉降较小。

除被应用于钻孔灌注桩外，后注浆技术还被广泛应用于锚杆注浆桩、注浆树根桩、预埋管注浆预应力管桩、钻埋注浆桩、土层注浆、桩基础缺陷注浆加固、碎石注浆桩等。同时，对于桩身有缺陷的桩基础，可通过注浆的方式对桩身进行补强加固。鉴于后注浆技术存在着诸多优点，后注浆技术在实际工程中应用越来越广泛。2008 年 10 月，后注浆技术被写入《建筑桩基技术规范》JGJ 94 中。

8.3 后注浆技术的定义及作用

8.3.1 后注浆技术的定义

后注浆技术包括桩端后注浆、桩侧后注浆及桩端桩侧联合注浆技术，是指成桩后由预埋注浆通道用高压注浆泵将一定压力的水泥浆压入桩端土层和桩侧土层，通过浆液对桩端沉渣和桩端持力层及桩周泥皮的渗透、填充、压密、劈裂、固结等作用来增强桩端土和桩侧土的强度，从而达到提高桩基极限承载力、减少群桩沉降量的目的。

后注浆技术不仅可以提高单桩的桩侧阻力和桩端阻力，还可在桩端人为创造一个较好的持力层，固化整个建筑物下及周围桩端持力层并使其强度提高，从而使得主裙楼一体的建筑物沉降均匀且沉降量较小。大量工程实践表明，该技术具有承载力高、适用范围广、施工方法灵活、效益显著和便于普及的特点。

8.3.2 后注浆技术的作用

后注浆技术的作用主要表现在以下方面：

（1）后注浆技术可实现对桩端持力层和桩端沉渣的加固，从而提高单位桩端阻力。

（2）后注浆技术可实现对桩端沉渣的固化，从而提高桩端阻力的发挥系数。

（3）后注浆技术可固化桩侧泥皮，从而达到提高桩侧阻力的目的。图 8-3 为某高层建筑钻孔灌注桩注浆开挖后的情况，可以看到浆液上返后固化了桩侧泥皮，从而提高了桩侧摩阻力。

（4）浆液可对桩侧土进行渗透、压密、加固，从而可提高桩侧阻力的发挥系数。

（5）浆液扩散连通固化后，相当于人为在桩端创造了一坚硬的持力层，从而减少了群桩基础的总体沉降和差异沉降，确保主裙楼一体地下室相连建筑的沉降均匀性。

（6）后注浆技术通过固化对桩端和桩侧土层来提高桩基础抗各种动荷载（如高速列车

荷载、汽车振动荷载、机器循环荷载）作用的能力。

（7）桩侧后注浆桩对桩侧泥皮及桩侧土进行渗透、压密和加固，从而提高桩基的竖向抗拔力，有利于地下室等基础抗拔桩承载力的发挥。

（8）因对端部和桩侧进行固化，后注浆技术可提高单桩和群桩抗水平荷载的能力。

（9）桩端和桩侧后注浆技术可对工程桩事故处理和原有桩的加固处理等起到很好的效果。

（10）当浆液注入土体时，会在桩端形成一双向压力。该压力可对桩端土体和沉渣产生预压作用，并对桩产生向上托力，造成桩体向上移动，形成"负摩阻力"，如图 8-4 所示。注浆结束后，一部分未能消散的注浆压力锁定在桩端，形成残余压力。

图 8-3　高层建筑钻孔桩后注浆开挖图

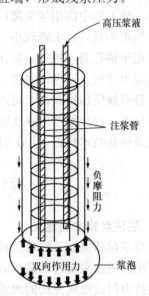

图 8-4　桩端注浆预压作用示意图

8.4　后注浆技术的分类

后注浆技术可按注浆部位、注浆压力扩散方式和注浆目标土层等进行分类。后注浆技术的具体分类见图 8-5。

8.4.1　按注浆部位分类

按注浆部位后注浆技术主要分为桩端后注浆、桩侧后注浆及桩端桩侧联合注浆三大类。

8.4.1.1　桩端后注浆

桩端后注浆是指通过注浆管仅对桩端土层进行后注浆加固。水泥浆液固化后不仅可提高桩端土的承载特性，浆液沿着桩侧向上爬升固化泥皮还可提高桩侧土的性状。

根据注浆管理设方法桩端后注浆技术可分为桩身预埋注浆管注浆法、钻孔埋管注浆法、钻杆注浆法和孔口封闭注浆法等。

（1）桩身预埋注浆管注浆法

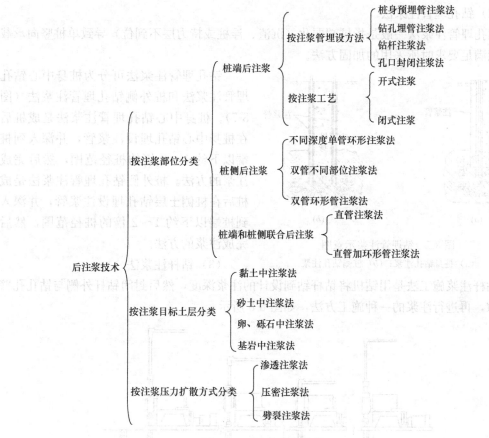

图 8-5　后注浆技术分类

桩身预埋注浆管注浆法是指在灌注桩施工前预先将注浆管放置好，待浇注桩身混凝土时浇注在桩身中，待桩身混凝土达到一定龄期后通过预埋的注浆管完成注浆的方法。

桩身预埋注浆管注浆又分为单向注浆和 U 形管注浆，如图 8-6 所示。

单向注浆是指浆液由注浆泵单方向压入到桩端或桩侧土层中，呈单向性，不能控制注浆次数和注浆间隔。

U 形管注浆又称循环注浆，每一个注浆系统由一根进口管、一根出口管和一个注浆装置组成。注浆时将出浆口封闭，浆液通过桩端注浆器注入土层中。一个循环注完规定的浆液量后，将注浆口打开，通过进浆口以清水对管路进行冲洗，便于下一循环继续使用，从而实现压浆的可

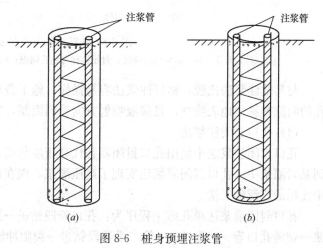

图 8-6　桩身预埋注浆管
(a) 单向注浆；(b) U 形管注浆

控性。

（2）钻孔埋管注浆法

钻孔埋管注浆法一般是指桩端弱化（沉渣、浮桩或持力层不到位）导致单桩竖向承载力不能满足要求时所采用的加固方法。

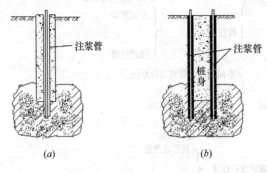

钻孔埋管注浆法可分为桩身中心钻孔埋管注浆法和桩外侧钻孔埋管注浆法（图8-7）。桩身中心钻孔埋管注浆法是成桩后在桩身中心钻孔埋设注浆管，并深入到桩端以下约 $1 \sim 2$ 倍的桩径范围，然后完成注浆的方法。桩外侧钻孔埋管注浆法是成桩后在桩侧土层钻孔埋设注浆管，并深入到桩端以下约 $1 \sim 2$ 倍的桩径范围，然后完成注浆的方法。

图 8-7 钻埋管注浆示意图

（a）桩身钻孔注浆；（b）桩侧钻孔注浆

（3）钻杆注浆法

钻杆注浆施工法是用钻机将钻杆钻到设计的注浆深度，然后封闭钻杆外侧与钻孔孔壁的间隙，再进行注浆的一种施工方法，如图 8-8 所示。

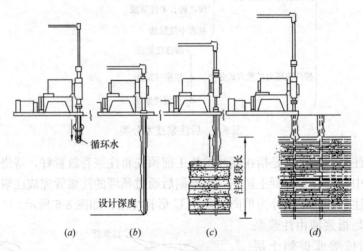

图 8-8 钻杆注浆施工方法

（a）开孔；（b）钻至设计深度，封闭钻杆与钻孔间隙；（c）开始注浆；（d）注浆结束

与其他注浆法比较，钻杆注浆法容易操作，施工费用较低，其缺点是浆液沿钻杆和钻孔的间隙容易往地表喷浆，且浆液喷射方向受到限制，即为垂直单一方向。

（4）孔口封闭注浆法

孔口封闭注浆法中使用孔口封闭器替代高压灌浆塞，将覆盖层循环钻灌法的工艺移植到基岩灌浆中。孔口封闭灌浆法实现了高压灌浆，现在已成为我国水利水电工程灌浆施工中使用最广泛的工法。

孔口封闭灌浆法单孔施工程序为：孔口管段钻进→裂隙冲洗兼简易压水→孔口管段灌浆→镶铸孔口管→待凝 72h→第二灌浆段钻进→裂隙冲洗兼简易压水→灌浆→下一灌浆段钻孔、压水、灌浆→……直至终孔→封孔，见图 8-9。

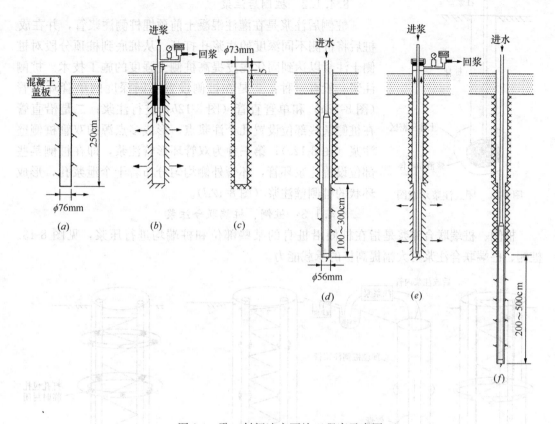

图 8-9　孔口封闭法主要施工程序示意图

(a) 孔口管段钻进；(b) 孔口管段灌浆；(c) 镶铸孔口管；(d) 第二灌浆段钻进；
(e) 第二灌浆段灌浆；(f) 下一灌浆段钻孔……灌浆

同时，根据注浆工艺桩端后注浆又可分为开式注浆和闭式注浆两类。

(1) 开式注浆

开式注浆是指浆液通过预埋的注浆管（单、双或多根）直接注入桩端，浆液与桩端沉渣、桩端周围土体呈混合状态。该方法加固范围大，浆液与周围土体呈渗透、填充、压密、劈裂等交替作用，在桩端及桩侧形成水泥胶结土，使得地基承载力增强，见图 8-10。若地层中存在地下暗沟或空洞，浆液会不断流失，造成耗浆量大，有可能达不到预期目的。

(2) 闭式注浆

闭式注浆就是将浆液注入预制的弹性良好的腔体内，随着注浆压力和注浆量的增大，弹性腔体逐渐膨胀、扩张，在桩端下土层中形成浆泡，如图 8-11 所示。浆泡的产生及其逐渐扩大会对桩端沉渣及桩端土层进行有效压密，可对桩端土层进行局部加固，加固范围小且固定，针对性较强。闭式注浆施工工艺较复杂，成本较高，且注浆压力可能很大，对桩端沉渣加固不利。因此，闭式注浆在软土层中很少使用。

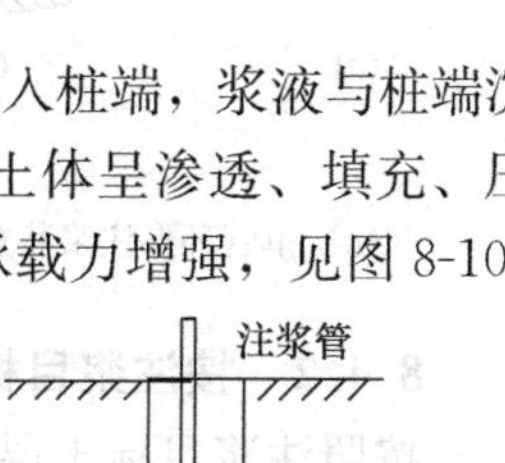

图 8-10　开式注浆示意图

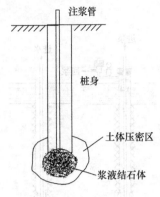

图 8-11 闭式注浆示意图

8.4.1.2 桩侧后注浆

桩侧后注浆是在灌注混凝土前预埋桩侧注浆管，并在成桩后将桩侧不同深度的注浆孔打开，从桩底到桩顶分段对桩侧土注浆以达到固化泥皮提高桩侧土强度的施工技术。桩侧注浆一般有三种：一是在桩侧设置不同深度的单管环形管（图 8-12a）和单管直管（图 8-12b）进行注浆；二是沿直管在桩侧某些部位设置几个注浆点，形成多点源的双管桩侧壁注浆（图 8-12c）；第三种为双管环形管注浆，即在桩侧某些部位设置注浆环管，环管外侧均匀分布若干个泄浆孔，形成环状的桩侧壁注浆（图 8-12d）。

8.4.1.3 桩侧、桩端联合注浆

桩侧、桩端联合注浆是指在桩侧沿桩身的某些部位和桩端均进行压浆，见图 8-13。桩侧、桩端联合注浆可大幅提高桩的承载能力。

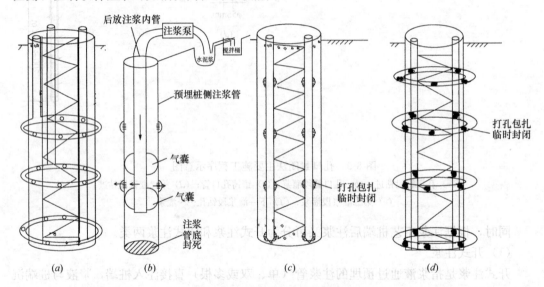

图 8-12 桩侧后注浆装置示意图
(a) 单管环形注浆装置；(b) 单管直管注浆装置；(c) 双管直管注浆装置；(d) 双管环形管注浆装置

8.4.2 按注浆目标土层分类

按照注浆目标土层后注浆技术可分为黏土中注浆、砂土中注浆、卵砾石中注浆、基岩中注浆等。

8.4.2.1 黏土中注浆

黏土的渗透系数较小，黏土中后注浆时浆液流动性差。桩端持力层为黏土层时进行后注浆的目的主要是固化沉渣和泥皮及扰动的黏土。因此，黏土中后注浆时单桩注入水泥量不会很大，一般为几百公斤水泥。

8.4.2.2 砂土中注浆

砂土的渗透系数较大，砂土中后注浆时浆液流动性好。桩端持力层为砂土层时进行后注浆不仅可固化沉渣和泥皮，且可固化胶结砂土颗粒。因此，砂土中后注浆时单桩注入水

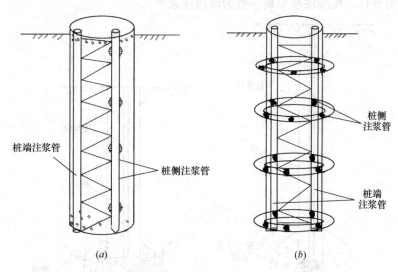

图 8-13　桩端桩侧联合注浆装置示意图

(*a*) 直管；(*b*) 直管加环形管

泥量较大，一般为 1～3t 水泥（视桩径大小而定）。

8.4.2.3　卵砾石中注浆

卵砾石的渗透系数很大，卵砾石中后注浆时浆液流动性很好。桩端持力层为卵砾石层中进行后注浆不仅可固化沉渣和泥皮，且可固化胶结卵砾石颗粒。因此，卵砾石中后注浆时单桩注入水泥量大，一般为 1～6t 水泥（视桩径大小而定）。

8.4.2.4　基岩中注浆

带裂隙的基岩有一定的渗透性，基岩中后注浆时浆液流动性一般。桩端持力层为裂隙较发育的基岩时进行后注浆主要目的是固化沉渣、基岩裂隙和泥皮。因此，基岩中后注浆时单桩注入水泥量不会很大，一般为几百公斤水泥。

不同目标土层注浆对灌注桩单桩极限承载力提高的效果也有很大的不同，一般卵砾石层中注浆效果最好，砂土层次之，基岩及黏土中注浆主要目的是固化沉渣与泥皮。因此，注浆设计时要对不同持力层采取有针对性的设计方法。

8.4.3　按注浆压力扩散方式分类

按注浆压力扩散方式后注浆技术主要分为渗透注浆（图 8-14）、压密注浆（图 8-15）和劈裂注浆（图 8-16）三类。一般情况下，注浆过程中渗透、压密、劈裂是交替进行的。

8.4.3.1　渗透注浆

渗透注浆是在不足以破坏土体结构的压力（即不产生水力劈裂）下，把浆液注入粒状土的孔隙中，从而取代、排除其中的空气和水。渗透性注浆一般均匀地扩散到土颗粒间的孔隙内，将土颗粒胶结起来，增强土体的强度和防

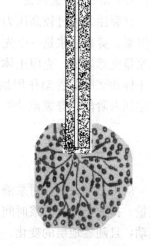

图 8-14　渗透注浆示意图

渗能力，见图 8-14。桩端注浆早期一般为渗透注浆。

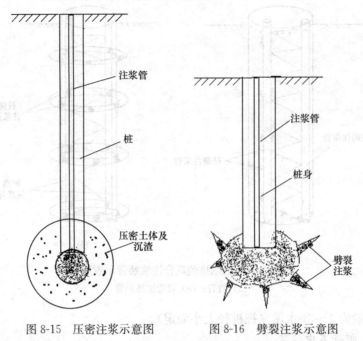

图 8-15　压密注浆示意图　　　　图 8-16　劈裂注浆示意图

8.4.3.2　压密注浆

压密注浆是一种半适应性半强制性注浆，通过注浆对砂土和黏土中孔隙等软弱部位起压密作用。在注浆处形成球形浆泡，压密注浆后浆体的扩散会对周围土体产生压缩，见图8-15。浆体完全取代注浆范围内的土体，注浆邻近区域存在塑性变形带，离浆泡较远的区域土体发生弹性变形，因而土的密度明显增加。由于压密注浆的浆液较浓稠，浆液在土体中运动时挤走周围土体，置换周围土体，而不向土体内渗透。压密注浆的注浆压力会对土体产生挤压作用，使浆体周围土体发生塑性变形，远区土体发生弹性变形，而不使土体发生水力劈裂，这是压密注浆与劈裂注浆的根本区别。

8.4.3.3　劈裂注浆

劈裂注浆通过较高压力使浆体产生扩充，当液体压力超过土体起劈压力时土体产生水力劈裂。劈裂注浆是一个先压密后劈裂的过程。劈裂注浆过程中土体内会出现劈裂裂缝，吃浆量突然增加，克服土体初始应力和抗拉强度，在钻孔附近形成网状浆脉，通过浆脉挤压土体和浆脉的骨架作用加固土体，见图 8-16。浆液在土体中流动一般分为三个阶段：鼓泡压密阶段、劈裂流动阶段、被动土压力阶段。

8.5　后注浆技术理论

应用力学原理，对浆液在岩土介质中的单一流动形式进行分析，可建立注浆压力、注浆量、扩散半径、注浆时间之间的关系。实际上，浆液在岩土介质中往往以多种形式共同运动，且随着地层的变化、浆液的性质和压力变化而相互转化或并存。静压注浆根据地质条件、注浆压力、浆液对土体的作用机理、浆液的运动形式和占位方式，可分为渗透注浆、压密注浆和劈裂注浆等。三种注浆方式可以是单独的，也可以是相互作用的。尽管浆液在地层中运动形式很复杂，但在一定条件下总是以某种流动形式为主，如砾石层中以渗透注浆为主；密实粉砂及沉渣中以压密注浆为主；粉质黏土中以劈裂注浆为主。因此，正确运用注浆理论，针对不同地层中浆液的运动形式采取不同的注浆方法，可达到注浆的目的。

8.5.1 岩土介质可注性理论

岩土介质的可注性是指岩土介质能否让某种浆液渗入其孔隙和裂隙的可能性，它既取决于岩土介质的渗透性，又取决于浆液的粒度和流变性，还与渗径结构（如粒状介质的颗粒有效直径、孔隙直径，裂隙介质的节理组数、宽度、密度等）有关。影响岩土介质渗透规律变化的因素，除渗透水流的流动状态外，还与土孔隙中的液体性质和土颗粒的大小、形状和矿物成分及与水的相互作用有关。岩土渗透性的强弱首先取决于岩土孔隙的大小和连通性，其次是孔隙度的大小。各类岩土介质的渗透系数参考值见表8-1。

岩土介质的渗透系数参考值　　　　　　　　　　表 8-1

岩土名称	渗透系数 k		岩土名称	渗透系数 k	
	m/d	cm/s		m/d	cm/s
黏土	<0.005	$<6\times10^{-6}$	粗砂	20~50	$2\times10^{-2}\sim6\times10^{-2}$
粉质黏土	0.005~0.1	$6\times10^{-6}\sim1\times10^{-4}$	均质粗砂	60~75	$7\times10^{-2}\sim8\times10^{-2}$
粉土	0.1~0.5	$1\times10^{-4}\sim6\times10^{-4}$	圆砾	50~100	$6\times10^{-2}\sim1\times10^{-1}$
黄土	0.25~0.5	$3\times10^{-4}\sim6\times10^{-4}$	卵石	100~500	$1\times10^{-1}\sim6\times10^{-1}$
粉砂	0.5~1.0	$6\times10^{-4}\sim1\times10^{-3}$	无充填物卵石	500~1000	$6\times10^{-1}\sim1\times10^{0}$
细砂	1.0~5.0	$1\times10^{-3}\sim6\times10^{-3}$	有裂隙岩石	20~60	$2\times10^{-2}\sim7\times10^{-5}$
中砂	5.0~20.0	$6\times10^{-3}\sim2\times10^{-2}$	完整致密岩石		$<10^{-7}$
均质中砂	35~50	$4\times10^{-2}\sim6\times10^{-2}$			

被注浆液理论上可进入很小的孔隙。实际上，若被注地层的孔隙很小（如黏土地层），浆液的黏度很大，浆液在孔隙内流动速度将会很慢，扩散范围很小，甚至注不进去，达不到预期注浆效果。

岩土介质可注性理论一般主要研究渗透性注浆的岩土介质渗透几何参数与浆液粒度的比值满足的基本条件。压密注浆是用浆液挤压土体，浆液不渗入土体的孔隙内，因此不考虑浆液粒度与土体孔隙间的关系，能否注浆取决于土体是否具有较大的塑性变形。劈裂注浆的压力较大，在破坏地层的条件下使浆液进入地层，不受浆液粒度的限制，可注性取决于岩土体的可劈裂性和浆液的流动性。

8.5.1.1 粒状介质的可注性

土体是由粗细不同的颗粒组成的。对于粉粒以上的粒状土，粒间没有或仅有微小的联结力，土粒相互堆积在一起，形成散粒状结构，成为粒状介质，该介质中可进行渗透注浆。黏土则具有蜂窝状结构、凝絮结构和分散结构，可进行劈裂注浆。

将土简化为连续均匀介质，土颗粒直径采用有效直径的等体积体代替，等体积体间的孔隙体积采用等量的球体代替，该球体的直径为孔隙直径。孔隙直径应大于注浆材料的颗粒直径。可注性可用介质的颗粒直径定义。对于粒状介质，可注性用可注比 N 表示：

$$N = D_{15}/G_{85} \geqslant 15, \; N = D_{10}/G_{95} \geqslant 8 \tag{8-1}$$

式中，D_{15} 和 D_{10} 分别为土颗粒在粒度分析曲线上占 15% 和 10% 的对应直径；G_{85} 和 G_{95} 分别为注浆材料在粒度分析曲线上占 85% 和 95% 的对应直径。

可注比并不是一项普遍适用的准则，颗粒级配及细粒含量控制注浆效果。实际注浆作业中，可根据表 8-2 和图 8-17 判断浆液的可注性和所注浆液。

粒状介质可注性评判表 表 8-2

有效直径（mm）	细粒含量（%）	渗透系数（cm/s）	注浆评价
>0.5		$>10^{-1}$	可注水泥浆，水泥黏土浆
0.5~0.2	<12	$10^{-2} \sim 10^{-3}$	易注化学浆液
0.2~0.1	12~20	$10^{-3} \sim 10^{-4}$	适度可注化学浆液
<0.1	20~25	$10^{-4} \sim 10^{-5}$	难注化学浆液

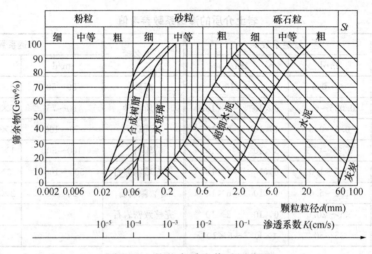

图 8-17 粒状介质注浆适用范围

不同粒径的土体，注浆的浆液浓度也不相同。对于粗颗粒土体可采用浓度较大的粗粒水泥浆液，对于细颗粒土体，则可采用浓度较小的细粒水泥浆液。

8.5.1.2 裂隙介质的可注性

岩体裂隙可注性是裂隙宽度应大于注浆材料最粗颗粒直径的 3 倍以上。我国普通水泥主要成分的颗粒直径约为 $50\mu m$，最粗达 $80\mu m$。注水泥浆液时，岩体裂隙的极限宽度为 0.24mm；用超细水泥注浆时，岩体裂隙的最小宽度为 0.1mm。

8.5.1.3 浆液的流动性

一般情况，浆液在地层中的运动规律和地下水的运动规律相似，不同之处是浆液具有黏度。浆液流变性反映了浆液在外力作用下的流动性，浆液的流动性越好，浆液流动过程中压力损失越小，浆液在岩土中扩散的越远。反之，浆液流动过程中压力损失大，浆液不易扩散。

浆液的黏度是指浆液混合后的静态黏性。注浆所用的浆液可能是单液，也可能是复合浆液，混合可能在孔口，也可能在孔底，混合后浆液不是以一定的黏度向地层渗透。浆液凝胶以前，其黏度随外力和时间变化。一般用浆液的流变方程及曲线描述浆液的流动变形特性，并将其用于渗透性理论公式，考虑对注浆参数的影响。

8.5.2 渗透注浆理论

渗透注浆是在不足以破坏土体结构的压力（即不产生水力劈裂）下，把浆液注入到粒状土的孔隙中，从而取代、排除其中的空气和水。一般渗透注浆的必要条件是满足可注性条件。渗透注浆一般均匀扩散到土颗粒间的孔隙内，将土颗粒胶结起来，增强土体的强度和防渗能力。渗透注浆常用于粗颗粒土地层中，如砾卵石、粗砂、裂隙岩石等，其加固地基的机理在于将松散的岩土体经浆液的胶结作用形成一整体，从而提高岩土体的强度。浆液扩散范围与浆液中固体颗粒的直径和注浆压力有关，其加固范围与土体的密实度、浆材性质等有关。

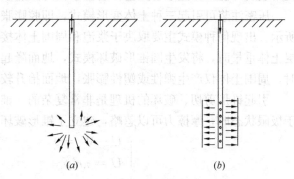

图 8-18　浆液的扩散形状
(a) 球面扩散；(b) 柱面扩散

一般来说，渗透注浆的浆液是牛顿体并符合 Darcy 渗透理论。桩端注浆早期一般为渗透注浆。浆液扩散性状取决于注浆方式。桩端部注浆时，注浆孔较深，相当于点源，浆液呈球面扩散（图 8-18a）。花管式桩侧分段注浆，浆液呈柱面扩散（图 8-18b）。扩散半径的计算方法主要有球面扩散公式和柱面扩散公式。

半无限空间中，若注浆压力超过某一极值 p_u，浆液将由渗透方式转化为劈裂方式。渗透注浆极限压力 p_u 可根据式（8-2）进行计算。即：

$$p_u = \frac{2(1-\upsilon)(\tau_c + 2K_0\gamma H)(\ln r_1 - \ln r)}{2 + (1-2\upsilon)} \tag{8-2}$$

注浆后一般注浆压力迅速增加，注浆孔附近形成不稳定浆液，略去浆液渗透力对土体应力场的影响。式（8-2）可简化为：

$$p_u = \tau_c + 2K_0\gamma H(1-\upsilon) \tag{8-3}$$

式中，τ_c 为砂土的抗剪强度；γ 为土体重度；H 为注浆孔深度；υ 为土体泊松比；r_1 为扩散半径；r_0 为注浆孔半径。

8.5.3 压密注浆理论

压密注浆通过注浆对砂土和黏土中孔隙等软弱部位起压密作用。压密注浆在注浆处形成球形浆泡，浆体的扩散靠对周围土体的压缩。浆体完全取代了注浆范围内的土体，在注浆邻近区存在大范围的塑性变形带，离浆泡较远的区域土体发生弹性变形，因而土的密度明显增加。由于压密注浆的浆液较浓稠，压密注浆的注浆压力对土体产生挤压作用，使浆体周围土体发生塑性变形，远区土体发生弹性变形，而不使土体发生水力劈裂，这是压密注浆与劈裂注浆的根本区别。在一个注浆点注浆量相同的条件下，压密注浆的加固作用强，但影响范围较小。压密注浆适用于加固小范围土体。

压密注浆的初始阶段，浆柱的直径和体积较小，压力主要是径向即水平方向。随着浆柱体积的增加，浆液产生较大的向上压力，压密注浆将会对土体产生挤密作用，对桩产生上抬作用。均匀地基中浆柱体为球形和圆柱形，不均质地基中浆柱大都呈不规则形状，浆液总是挤向地基中的薄弱区域，从而使土体的变形性质均一化。浆柱体的大小受地基土的密度、含水量、力学特性、地表约束条件、注浆压力、注浆速率等因素的影响。

压密注浆的主要控制因素是注浆压力，注浆压力的大小与注浆速率有直接的关系。若注浆压力增加较慢，则注浆速率可缓慢提高。当注浆压力平稳上升时，表明地基土是较均匀的；当注浆压力变化波动较大时，表明地基土具有很大的不均质性；若注浆压力突然增大，表明可能发生注浆管阻塞；若注浆压力突然减小，表明可能遇到空洞。

压密注浆可引起三种土体变形模式，即腔膨胀、土体锥形破坏和水力劈裂，如图8-19所示。出现何种模式主要取决于浆泡和周围土体接触面的空腔压力。当注浆上抬力超过上层土体重量时，将发生圆锥形破坏模式，地面隆起明显。当注浆上抬力小于上层土体重量时，周围土体仅产生弹性或塑性膨胀，地面抬升较小。

引起锥形剪切、破坏的机理是非常复杂的。锥与周围土间的摩擦力很难确定。假设处于极限状态时，摩擦力可以忽略，建立了锥形破坏条件。即：

$$\begin{cases} U - W = 0 \\ U = \pi r^2 p_c \\ W = \dfrac{\pi\gamma}{3k^2}\left[(D + kr^2)^3 - k^3 r^3\right] \end{cases} \tag{8-4}$$

式中，U 为上抬力；W 为锥形土体的重量；r 为浆泡的半径；D 为浆泡的中心深度；p_c 为浆泡空腔压力；γ 为土的重度；k 为锥面的斜率。

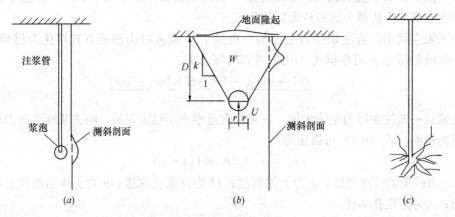

图 8-19　土体变形模式

(a) 腔膨胀；(b) 锥形破坏；(c) 水力劈裂

压密灌浆通过浆泡挤压邻近土体以达到加固土体的目的。紧靠浆泡处的土中应力随距离增大迅速减小。在一个灌浆点中灌浆量相同的条件下，压密灌浆的加固作用较强，但影响范围较小。因此，压密灌浆适用于加固小范围土体，对于单桩桩端灌浆这种灌浆方式是可取的。实质上，在桩端注浆中由于是高压注浆，所以渗透注浆、压密注浆、劈裂注浆是交替进行的。

8.5.4　劈裂注浆理论

劈裂注浆通过较高压力使浆体产生扩充，当液体压力超过土体起劈压力时土体将产生水力劈裂。劈裂注浆过程中土体内会出现劈裂裂缝，吃浆量突然增加，克服土体初始应力和抗拉强度，在钻孔附近形成网状浆脉，通过浆脉挤压土体作用和浆脉的骨架作用加固土体。劈裂注浆时浆脉延伸得较远。劈裂灌浆适合于加固大体积的土层，如筏基下地基的加固和纠偏。

根据试验，劈裂注浆是一个先压密后劈裂的过程。浆液在土体中流动一般分为三个阶段，即鼓泡压密阶段、劈裂流动阶段、被动土压力阶段。饱和软黏土或淤泥内劈裂注浆时，注浆压力会引起孔隙水压力的变化，产生再固结过程。

（1）鼓泡压密阶段

注浆开始时，浆液能量不大，浆液聚集在注浆管孔附近，形成椭球形泡体挤压土体，土体中注浆压力尚未达到土体的启裂压力。鼓泡压密作用可简化为承受内压的厚壁筒模型，可近似采用弹性理论的平面应变问题求解径向位移以估计土体的压密变形。径向位移 u_r 可用式（8-5）计算。即：

$$u_r = \frac{\upsilon - 1}{\upsilon E}\frac{pr_1^2}{r_2^2 - r_1^2} + \frac{m_v - 1}{m_v E}\left(\frac{p_1 r_1^2 r_2^2}{r_2^2 - r_1^2}\right) = \frac{\upsilon - 1}{\upsilon E(r_2^2 - r_1^2)}(pr_1^2 + p_1 r_1^2 r_2^2) \tag{8-5}$$

式中，p 为注浆压力；E 为土体弹性模量；m_v 为土体压缩系数；r_1 为钻孔半径；r_2 为浆液的扩散半径。

（2）劈裂流动阶段

当注浆压力超过土体的启裂压力时，浆液在地层中产生劈裂流动，劈裂面发生在阻力最小的主应力面。当地层存在软弱破裂面时，浆液先沿着软弱面劈裂流动。当地层较均匀时，初始劈裂面是垂直的。劈裂压力与地基中小主应力及抗拉强度成正比，垂直劈裂压力 p_v 可用式（8-6）计算。即：

$$p_v = \gamma h\left[\frac{1 - \upsilon}{(1 - N)\upsilon}\right]\left(2K_0 + \frac{\sigma_r}{\gamma h}\right) \tag{8-6}$$

式中，h 为注浆段深度；N 为综合表示渗透系数 k 和浆液黏度 μ 的参数；σ_r 为土径向应力；K_0 为土体侧压力系数。

劈裂流动阶段的基本特征是，压力值先是迅速降低，维持在一低压值左右，但由于浆液在劈裂面上形成的压力推动裂缝迅速张开，裂缝最前端出现应力集中，此时压力虽低却能使裂缝迅速发展。

（3）被动土压力阶段

当裂缝发展到一定程度，注浆压力又重新上升，地层中水平向主应力转化为被动土压力状态（即水平主应力为最大主应力），此时需更大的注浆压力才能使土中裂缝加宽或产生新的裂缝，出现第二个压力峰值。此时水平向应力大于垂直向应力，地层出现水平向裂缝（即第二次劈裂）。水平劈裂压力 p_h 可用式（8-7）计算。即：

$$p_h = \gamma h\left[\frac{1 - \upsilon}{\upsilon(1 - N)}\left(1 + \frac{\sigma_t}{\gamma h}\right)\right]p \tag{8-7}$$

式中，σ_t 为土的抗拉强度。

被动土压力阶段是劈裂注浆加固地基的关键阶段，垂直劈裂后大量注浆将使小主应力增加，提高土体的稳定性，水平劈裂产生后形成水平方向的浆脉可使基础上抬和纠偏。浆脉网可提高土体的法向应力之和，并可增强土体的刚度。实际注浆过程中地层很浅时，浆液沿水平剪切方向流动会在地表出现冒浆现象，劈裂注浆的极限压力 p_u 需满足式（8-8）。

$$p_u \leqslant \gamma h \tan^2\left(45° + \frac{\varphi}{2}\right) + 2c\tan\left(45° + \frac{\varphi}{2}\right) \qquad (8-8)$$

式中，c 为土的黏聚力；φ 为土的内摩擦角。

劈裂注浆还可采用能量法进行分析。根据能量守恒原理，注浆所耗能量等于存贮在土体中的能量加上劈裂过程所耗能量。

（4）软土劈裂注浆的再固结阶段

淤泥中劈裂注浆过程中，浆脉劈裂土体的同时，还会挤压周围土体。因淤泥渗透性差，可看成不排水挤压过程。不排水条件下，淤泥可认为是不可压缩的。注入的浆液，在注浆孔段附近挤开相当体积的淤泥，使淤泥向外或向上排挤。同时，注浆范围内淤泥受到扰动后强度降低。随着孔隙水压力的消散，浆液固结和土层固结能提高土体强度和刚度。土层固结会引起土体的沉降和位移。劈裂注浆是加固土体效应和扰动土体效应同时存在和发展的过程，结果导致加固土体的效果和某种程度的土体变形。

一般非饱和土体内劈裂注浆，浆脉具有挤密土体的作用。饱和软黏土（淤泥）内劈裂注浆，注浆压力将引起孔隙水压力的变化，发生再固结过程。注入土体的水泥结石总体积 V 可表示为：

$$V = \int_0^{r_2} (p-u)m_v 4\pi r_1 \cdot dr_1 \qquad (8-9)$$

式中，u 为孔隙水压力；m_v 为土体压缩系数。

土体固结度 C_v 可表示为：

$$C_v = \frac{(1-V)(n_0 - n_1)}{1 - n_0} \times 100\% \qquad (8-10)$$

式中，n_0 为注浆前土体孔隙率；n_1 为注浆后土体孔隙率。

软土中采用水泥浆液、水泥黏土浆液劈裂注浆时，不但存在土体受压固结问题，还存在浆液固结问题，浆液中多余的水分在黏土内无法排出，只能靠黏土中劈开的裂隙排出，因此会造成跑浆现象。实际工程中采用水泥水玻璃浆液可克服上述缺点。水泥水玻璃浆液混合后黏度变稠，流动性差，用浓稠的浆脉挤压土体，使周围的土再固结，但水泥水玻璃注浆容易抬高地面。

8.5.5 压滤注浆理论

因土体的孔隙较小浆液不能被注入时，在注浆压力作用下，浆液中的自由水被强制滤过土体，浆液中的水泥颗粒被阻挡在土体之外，这种浆液脱水过程称为浆液的压滤，见图 8-20。

浆液的压滤过程类似于土体的固结过程，都是外力作用下颗粒间的孔隙逐渐减小，自由水逐渐排出的过程。浆液的压滤是注浆过程中普遍存在的现象，压滤能影响注浆的有效性，减小浆液的浓度和流动性。考虑到压滤过程中浆液性质的变化，可将浆液的压滤过程分为两

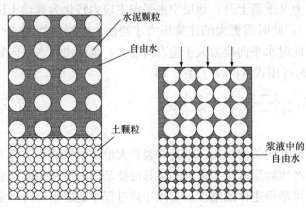

图 8-20　浆液压滤示意图

个阶段，第一阶段为浆液的自由排水阶段，此时浆液可看做悬浊液，浆液中的水在压力作用下可自由排出。当浆液浓度达到一定程度时，浆液中的颗粒已彼此相互接触，浆液已不能看做完全的液体，近似于具有一定孔隙比的土体，此时浆液的排水为非自由排水阶段。浆液中的水在压力作用下逐渐排出，而同时水泥颗粒组成的浆体孔隙逐渐降低，此阶段类似于土体的固结过程，也可称为浆液的固结过程。

考虑到浆液由水泥颗粒分散于水中的悬浊液变为水泥颗粒在重力作用下相互接触的浆体的阶段为泌水阶段，可将泌水分界水灰比作为压滤两阶段的分界点，即浆体中颗粒浓度达到不能出现泌水现象时的水泥浆水灰比作为分界点。

(1) 自由排水阶段泥浆压滤模型

当压滤过程位于第一阶段时，浆液中水的压滤速度由土体的渗透性决定，可根据达西定律求得水的压滤速率。在该压滤过程中，考虑到整个水泥浆中水泥颗粒的平衡，假设浆液体积的改变等于排出水的体积，任意时刻 t 浆液孔隙比 e_i 的计算公式为：

$$e_i = e_g - k_s \frac{pt}{RV_1}(1 + e_g) \tag{8-11}$$

式中，e_g 为压滤前浆液孔隙比；k_s 为土体的渗透系数；p 为注浆压力；

R 为滤出水的扩散系数；V_0 为压滤前总的浆液体积。

根据式 (8-11) 可估算压滤自由排水阶段任意时刻浆液的浓度。

(2) 非自由排水阶段泥浆压滤模型

考虑到浆液非自由排水阶段的排水特性，在如下假设的基础上建立了浆液非自由排水阶段下球孔状态下压滤方程的解，见式 (8-12)。

1) 水泥浆是均匀的，经过自由排水后水泥颗粒间相互接触；

2) 水泥颗粒和水颗粒是不可压缩的；

3) 不考虑压滤过程中水泥浆的水化作用；

4) 浆液中水的流动和土体中水的流动均服从 Darcy 定律；

5) 浆液在压滤过程中体积是恒定的。

$$u(r,t) = \frac{1}{r} \sum_{n=1}^{\infty} \frac{pN_n}{M_n} e^{-\lambda_n^2 c_r t} \sin(\lambda_n r) \tag{8-12}$$

式中，c_r 为土体压滤系数，其值可表示为 $c_r = \frac{k}{k_w} \frac{2G(1-\upsilon)}{1-2\upsilon}$；$k$ 为浆体的渗透系数；k_w 为水的渗透系数；G 为土体的剪切模量；υ 为土体的泊松比；$M_n = \int_0^{r_0} \sin^2(\lambda_n r)dr$；$N_n = \int_0^{r_0} r\sin(\lambda_n r)dr$；$r_0$ 为注浆管半径；λ_n 为方程的特征解。

根据式 (8-12) 可得到浆液在非自由排水阶段内部任意位置处超孔隙水压力的变化情况，进而可以分析其压滤情况。

8.5.6　后注浆的预压作用理论

桩端后注浆过程中，高压浆液对桩端沉渣及桩端持力层进行预加载，桩端持力层在附加压力 p_a 的作用下固结，同时，该压力会对桩产生向上的托力，造成桩的向上移动，形成负摩阻力（见图 8-4，此处负摩阻力是由于桩身下部压缩变形产生的沿桩身向下的摩阻力，而非通常意义上因桩周土的沉降大于桩本身沉降而产生的负摩阻力）。注浆结束后，桩端附加应力逐渐消散至桩端残余附加压力 p_r，桩端持力层发生卸荷进入超固结状态。加载过程中，当荷载引起的单位面积桩端力小于先期固结应力 p_a 时，桩端位移基本为零。即桩端附加应力的消散使持力层进入超固结状态，使相同桩端位移下可发挥的端阻力提高 $\pi d^2 (p_a - p_r) / 4$。

桩端注浆压力对桩基的托力可能占单桩抗拔承载力的很大部分，对桩的荷载传递产生影响。一般来说，根据地质条件不同工程中常用的注浆压力变化范围多在 $1 \sim 6 \mathrm{MPa}$ 间，假设该部分压力均匀作用于桩端，这部分注浆压力高达几百吨。考虑到浆液在管线传输过程中存在的压力损失，桩端实际的注浆压力较地面测得的压力偏小，但桩端实际作用的浆液上托力仍不容忽视。

8.6 后注浆技术设计

对浆液而言桩端及桩周是开放空间，桩端注浆属隐蔽工程。要较好实现后注浆的目的，需进行注浆方案和注浆工艺设计。当桩主要承受竖向抗压荷载时需做桩端后注浆方案设计，当桩作为抗拔桩使用时，则应做桩侧后注浆方案设计。后注浆方案设计主要根据岩土工程勘察报告及周边环境，结合周边已有建筑注浆工程的类比，针对工程上部结构荷载特点、承载力及变形要求，最终确定一套经济合理、施工方便、节约工期的设计方案和注浆工艺。需要说明的是，预制桩后注浆能有效提高预制桩与土层间的摩阻力和桩端阻力、预制桩接头处的防腐蚀能力，进一步发挥预制桩自身承载力，近些年预制桩后注浆技术也逐渐为人们熟知，出现了一系列的预制桩后注浆施工工艺。此处重点介绍钻孔灌注桩后注浆技术。

8.6.1 桩端后注浆技术设计

8.6.1.1 注浆头设计及注浆管埋设

预埋管桩端后注浆的难点在于注浆头的制作和注浆管的埋设。一般来说，很多建筑物设有地下室，桩身上部没有混凝土，注浆管浅部没有混凝土包裹，加之施工过程中桩机移动和挖土机施工，很容易造成浅部注浆管断裂堵塞，深部注浆管埋设时易出现接头不牢固和注浆管弯曲等问题。注浆头的制作方法较多，最初使用的是自行车内胎包扎法、气囊法等。目前广泛使用的是打孔包扎法、单向阀法和 U 型管法等。打孔包扎法制作简单且适用于不同桩

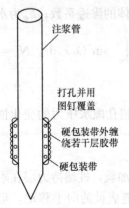

图 8-21　打孔包扎注浆头

径、不同桩长的桩，目前在实际工程中使用范围最广。目前广泛使用的打孔包扎注浆头的制作方法为：用榔头将钢管的底端砸成尖形开口，距钢管底端 40cm 左右打上 4 排每排 4 个直径 8mm 的小孔，然后在每个小孔中安放图钉（单向阀作用），再用绝缘胶布加硬包装带缠绕包裹，以防小孔被浇桩的混凝土堵塞，见图 8-21。

桩端注浆管可采用直径 $30 \sim 50 \mathrm{mm}$ 钢管，壁厚不小于 2.8mm。注浆管与钢筋笼一同埋设，每根桩一般应埋设 2 根注浆管，对于桩径大于 1.5m 的桩宜埋设 3 根注浆管。桩长越长，注浆管直径应越大，注浆管应沿钢筋笼内侧垂直且对称放置，注浆管底端原则上应比通长配筋的钢筋笼长 $50 \sim 100 \mathrm{mm}$。注浆钢管可作为钢筋笼的一根主筋，用丝扣连接或外加短套管电焊，但要注意不能漏浆。

注浆管一直通到桩顶，管顶临时封闭。注浆管在基坑开挖段内不能有接头，以避免漏浆。预埋注浆管时应保护好注浆管，防止其弯曲。

8.6.1.2 注浆量和注浆压力设计

合理的注浆量应根据桩端和桩侧土层类别、土层渗透性能、桩径、桩长、承载力增幅要求、桩端沉渣控制程度、施工工艺和设计要求等因素确定。由于后注浆施工时通常是注入纯水泥浆，水灰比一般为 0.4～0.7，因此注浆量是以注入水泥量来衡量的。具体设计注浆量应根据现场几根桩的试注情况综合确定。浆液配制一般采用 42.5M 水泥。表 8-3 是根据浙江省 30 多个工地实践得出的单桩注入水泥量经验值。

一般地层注浆水泥量的设计经验数据表（单位：水泥量 kg）　　　　表 8-3

桩径 （mm）	渗透性好的砾石 层持力层厚	渗透性好的砾石 层持力层薄	渗透性差的砾石 层持力层厚	渗透性差的砾石 层持力层薄	桩持力层为 基岩	桩持力层为 黏土
800	2000～3000	1000～1500	1000～1500	800～1000	约 400	约 600
1000	3000～4000	1500～2500	1500～2500	1000～2000	约 600	约 800
1200	400～5000	2500～3500	2500～3500	2000～3000	约 800	约 1000
1500	≥5000	≥3500	≥3500	≥3000	约 1000	约 1200

注浆压力是注浆施工效果好坏的关键因素之一。《建筑桩基技术规范》JGJ 94 中规定桩端注浆终止注浆压力应根据土层性质及注浆点深度确定。对于风化岩、非饱和黏性土及粉土，注浆压力宜为 3～10MPa；对于饱和土层注浆压力宜为 1.2～4MPa，软土宜取低值，密实黏性土宜取高值。注浆顺序、注浆节奏、所注土层的渗透性、浆液浓度等决定注浆压力。目前还没有有效的计算公式定量估算不同土层中的注浆压力，只能根据注浆前的注水试验数据和以往的施工经验综合确定。注浆过程中，桩底可灌性的变化直接表现为注浆压力的变化。可灌性好，注浆压力较低，反之，注浆压力势必较高。一般来说，持力层越厚、含泥量越少、渗透性越好，注浆压力越低，反之则注浆压力越高。以往人们在注浆过程中喜欢把注浆压力固定在某一数值，而忽略了注浆压力的相对变化，实际上这种做法是不正确的。现场实测的注浆压力和注浆量与时间关系的典型曲线如图 8-22 所示。

由图 8-22 可知，桩端后注浆过程中，注浆压力时刻都在变化，但是有一个大体动态变化范围（3～5MPa），注浆过程中有注浆压力突跃而后又下降的现象，这是劈裂注浆、渗透注浆和压密注浆方式交替进行的过程。注浆量和时间近似呈线性增长的关系。随着注浆量进一步增大和被注土体下浆液浓度的提高，一定时间后注浆压力会有所提高。因此，桩端后注浆施工中，

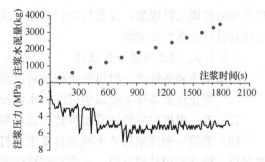

图 8-22　注浆压力和注浆量随时间变化的曲线图

一般采用注浆量为主控因素，注浆压力为辅控因素。进行后注浆时，应按图 8-22 绘制注浆量-时间、注浆压力-时间关系曲线。最终注浆压力的确定应考虑下述 3 个方面：

（1）最终注浆压力要小于桩上抬的摩阻力，即注浆时桩体不能向上产生较大位移。

（2）最终注浆压力要尽可能减轻对桩端和桩身混凝土的破坏。

(3) 最终注浆压力要使注浆量达到设计要求，形成扩大头，使桩端加固明显。

8.6.1.3　注浆浆液浓度设计

《建筑桩基技术规范》JGJ 94 规定：浆液的水灰比应根据土的饱和度、渗透性确定。饱和土中注浆时，浆液水灰比宜为 0.45～0.65；非饱和土中注浆时，浆液水灰比宜为 0.7～0.9（松散碎石土、砂砾宜为 0.5～0.6）；低水灰比浆液宜掺入减水剂。

不同浓度的浆体行为特性有所不同：稀浆（水灰比约为 0.7：1）便于输送，渗透能力强，用于加固预定范围的周边地带；中等浓度浆体（水灰比约为 0.5：1）主要加固预定范围的核心部分，中等浓度浆体起充填、压实、挤密作用；浓浆（水灰比约为 0.4：1）的灌注则对已注入的浆体起脱水作用。水泥浆液应过筛，以去除水泥结块。

在桩底可灌性的不同阶段，调配不同浓度的注浆浆液，并采用相应的注浆压力，才能做到将有限浆液量送达并驻留在桩底有效空间范围内。浆液浓度的控制原则一般为：依据压水试验情况选择初注浓度，通常先用稀浆，随后渐浓，最后注浓浆。在浆液可灌的条件下，尽量多用中等浓度以上的浆液，防止浆液无效扩散。实际工程应用中，施工单位往往多使用水灰比为（0.4～0.6）：1 的浓浆。浆液浓度选择原则是维持注浆压力低时可用浓浆，注浆压力高时可用稀浆，单桩注浆快结束时采用浓浆。通常是注纯水泥浆，但也可视情况添加减水剂、固化膨胀剂和早强剂。

8.6.1.4　注浆顺序和注浆节奏设计

从群桩中心某根单桩开始由内向外注，优点是各桩注浆量均能满足设计要求，但扩散半径大，注浆压力低，群桩范围内周边浆液扩散范围很大，不利于群桩周边边界的围合。从群桩四周先注然后向内注，优点是群桩周边边界可以围合，但中心桩的注浆压力很大，注浆量有可能达不到设计要求。因此，具体工程注浆顺序要针对上部结构的整体性、地质条件和设计要求及施工工艺综合确定。总之，注浆过程中应确保达到设计要求的注浆量。

为使浆液尽可能充填并滞留在桩底有效空间范围内，注浆过程中还需掌握注浆节奏，实行间歇注浆。间歇时间的长短需依据压水试验结果确定，并在注浆过程中依据注浆压力变化，判断桩底可灌性并加以调节。间歇注浆的节奏需掌握得恰到好处，既要使注浆效果明显，又要防止因间歇停注时间过长堵塞通道而影响注浆。对于短桩，桩底注浆时往往出现浆液沿桩周上冒现象，冒浆后应暂时停止注浆，待桩周浆液凝固后，再施行注浆，这样可达到设计要求的注浆量。

8.6.1.5　终止注浆条件设计

当满足下列条件之一时可终止桩端后注浆：

(1) 终止注浆条件主要以单桩注入水泥量达到设计要求为主控因素。

(2) 若一根桩中单管注浆量可达到设计要求，则第二根注浆管可以不注。

(3) 若第一根注浆管达不到设计要求则打开第二根注浆管完成注浆。第二根注浆管注浆量仍不能达到设计要求时，可实行间歇注浆以达到设计注浆量；若实行多次间歇注浆仍不能达到设计要求的单桩注浆量，当注浆压力连续达到 8MPa 且稳定 3min 以上，该桩终止注浆。同时对相邻桩适当加大注浆量。

(4) 若桩顶出现冒浆，可先停注一段时间待桩侧水泥浆凝固后再注，同时采用多次间歇注浆以达到设计注浆量。

终止注浆后，保养至少 28 天以上后再施做静载试验，以取得真实的注浆桩基承载力。

8.6.1.6 桩端后注浆工艺流程设计

桩端后注浆流程包括钻机钻孔、埋设钢筋笼注浆管、浇灌混凝土成桩、一定龄期后对注浆管开塞、配制水泥浆注浆、达到设计注浆量或终止注浆压力要求。桩端后注浆工艺流程见图 8-23。

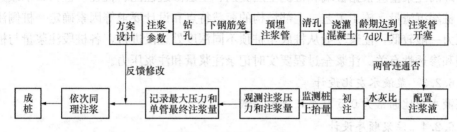

图 8-23 桩端注浆流程

8.6.2 桩侧后注浆技术设计

桩侧压力注浆设计中，按桩侧注浆管埋设方法可分为桩身预埋管注浆法和钻孔埋管注浆法。桩身预埋管注浆法，即在沉放钢筋笼的同时将固定在钢筋笼外侧的桩侧注浆管一起放入桩孔内，然后通过预埋的注浆管完成桩侧注浆的方法。钻孔埋管注浆法，即成桩后在桩身外侧钻孔，成孔后放入注浆管，然后完成桩侧注浆的方法。桩侧压力注浆的设计方法及流程与桩端压力注浆相同。桩侧注浆时要控制好注浆压力、注浆量及注浆速度。

8.6.2.1 注浆头设计及注浆管埋设

进行桩侧注浆时要在所注土层位置处的注浆管设置注浆孔并用塑胶管包扎，注浆时将注浆内管放置到预埋注浆管某深度位置处，并采用上下气囊密封，使注浆管只沿某一深度土层注出。桩侧注浆管一般采用不同深度打孔的钢管，注浆管绑扎在钢筋笼外侧，注浆孔临时封闭以防止灌注混凝土时水泥浆进入花管内造成堵塞。当采用环向桩侧注浆花管时，需将注浆花管环绕在钢筋笼外侧，两端插接于竖向注浆管底端的短接管上，并用钢丝绑扎在钢筋笼上。当采用桩侧压力单向阀时，需将单向阀连接于竖向或环向注浆管上，并固定在钢筋笼上。桩侧后注浆装置示意图见图 8-12，桩侧注浆部位见图 8-24 和图 8-25。

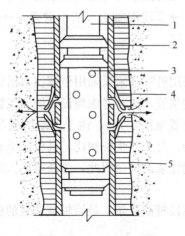

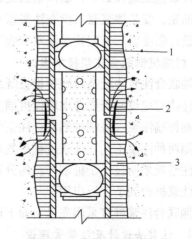

图 8-24 Soletanche 桩侧注浆法   图 8-25 套筒桩侧注浆法
1—内管；2—外管；3—双封套；   1—胶囊；2—套管；3—封填材料
4—套管；5—封填材料

8.6.2.2　注浆时间及注浆量设计

泥浆护壁钻孔灌注桩水下混凝土初凝时间约为 7 天，故注浆时间宜在混凝土初凝后，即 7 天后进行。

合理的注浆量应根据桩端和桩侧土层类别、土层渗透性能、桩径、桩长、承载力增幅要求、桩端沉渣量、施工工艺、上部结构的荷载特点和设计要求等因素确定。桩侧注浆的注浆压力一般较低，注浆一般从桩底至桩顶不同深度处逐段进行，各桩段注浆量与桩侧土的类型和渗透性有关。注浆全过程要实时记录注浆量和注浆压力。

8.6.2.3　浆液水灰比设计

浆液水灰比通常为 0.5 左右，先稀后浓。

8.6.2.4　注浆顺序设计

桩身有若干桩侧注浆段时，桩侧压力注浆顺序一般有以下做法：（1）自上而下；（2）自下而上。桩身有若干桩侧注浆段时一般宜采用自上而下的注浆顺序，即先注最上部桩段，待其有一定的初凝强度后，再依次注下部各桩段，以防止下部浆液沿桩土界面上窜。

8.6.2.5　冒浆与间歇注浆设计

因钻孔桩桩侧有泥皮，桩侧注浆压力较高时易出现冒浆现象，实际工程中桩侧注浆时应采取间歇注浆的方式。

8.6.2.6　终止注浆条件设计

当满足下列条件之一时可终止桩侧后注浆：

（1）终止注浆条件主要以单桩注入水泥量达到设计要求为主控因素。

（2）由于桩侧注浆是在不同深度处进行的，若某一深度注浆量较小且压力较高，需加大其他深度处的注浆量（特别是深部），达到设计注浆量后可终止注浆。

（3）若桩顶冒浆，应先停注一段时间待桩侧水泥浆凝固后再进行注浆。采用多次间歇注浆的方式以达到最终设计注浆量。

8.6.2.7　桩侧后注浆工艺流程设计

桩侧后注浆施工流程如下：制作钢筋笼、设置注浆管（检查注浆管位置及其质量）→起吊沉放钢筋笼、安装注浆器（检查注浆器）→灌注混凝土（清水劈裂）→疏通注浆管、注浆器（达设计强度后）→配置水泥浆实施注浆。

8.6.3　桩端桩侧联合注浆技术设计

桩侧桩端联合注浆法就是对同一根桩既采用桩端注浆又采用桩侧注浆措施提高承载力的方法，即注浆管埋设时既要考虑埋设桩端注浆管，又要考虑埋设桩侧注浆管。注浆时可同时对桩侧和桩端注浆（桩端桩侧联合注浆装置见图 8-13）。由于桩端桩侧联合注浆桩包含桩端和桩侧两种注浆工艺，注浆过程更复杂，与未注浆桩相比，其极限承载力提高幅度更大，即其注浆效果明显优于桩端与桩侧分别注浆的桩。因此，为获得更大的承载力，桩端桩侧联合注浆桩得到了广泛应用。

桩端桩侧联合注浆桩宜采用先自上而下逐段桩侧注浆，最后桩端注浆的注浆顺序。

8.6.3.1　注浆头设计及注浆管埋设

桩端桩侧联合注浆既要考虑不同深度桩侧注浆的需要，又要考虑桩端注浆的需要。桩端桩侧联合注浆装置如图 8-11 所示。

8.6.3.2 注浆时间及注浆量设计

泥浆护壁灌注桩水下混凝土初凝需 7 天左右，故注浆时间宜在混凝土初凝，即 7 天后进行。注浆量可参考桩端后注浆的基础上增加桩侧注浆量。注浆浆液采用纯水泥浆及外添加剂。

8.6.3.3 浆液水灰比设计

浆液水灰比通常为 0.5 左右，先稀后浓。

8.6.3.4 注浆顺序设计

一般应先完成桩侧注浆，待桩侧水泥浆凝固后再实行桩端后注浆。

8.6.3.5 冒浆与间歇注浆设计

因钻孔桩桩侧有泥皮，桩侧注浆压力较高时易出现冒浆现象，实际工程中注浆时应采取间歇注浆的方式，上部土层凝固后再注深部土层。

8.6.3.6 终止注浆条件设计

当满足下列条件之一时可终止桩端桩侧联合注浆：

(1) 终止注浆条件主要以单桩注入水泥量达到设计要求为主控因素。

(2) 桩侧桩端联合注浆一般是先桩侧注浆后桩端注浆，若桩侧注浆某一深度注浆量较小且压力较高，需加大其他深度的注浆量或桩端注浆量已达设计注浆量。

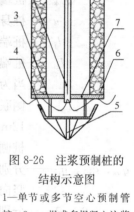

图 8-26 注浆预制桩的
结构示意图

1——单节或多节空心预制管桩；2——根或多根竖立注浆管；3——钢柱；4——盆状翻浆盘；5——钢制桩尖；6——盆状翻浆盘与预制桩的间距；7——下端面端板

8.6.4 预制桩后注浆技术设计

近些年预制桩后注浆技术逐渐得到应用，开发了一系列预制桩后注浆施工工艺。此处选取一种预制桩后注浆工艺进行说明。图 8-26 为一种后注浆预制桩的结构示意图。

预制桩后注浆施工时首先将多节注浆预制桩依次对接施打至特定土层，将多节注浆管依次对接，盆状翻浆盘固定在第一节预制桩下端面。高压混凝土浆料由竖立注浆管下端出口排出至盆状翻浆盘，盆状翻浆盘的设置既可防止桩基孔内的土或砂土堵塞竖立注浆管出浆口，又可迫使竖立注浆管出浆口高压喷出浆料沿盆状翻浆盘翻出上翻，保证第一节预制桩下部地基的夯实与高密度、高强度承载桩头的形成。当预制桩外壁四周上翻的混凝土压力达到设定压力值时，完成高压注浆过程，然后抽出注浆管。

高压混凝土浆液通过竖立注浆管底部端口注入桩基孔底，桩基孔底部的地基土压实后浆液将顺着预制桩壁上返，可极大提高预制桩的承载力。

8.7 后注浆桩承载力计算方法

后注浆桩承载力应通过静载试验确定。符合后注浆技术实施规定条件时，可根据《建筑桩基技术规范》JGJ 94 计算后注浆单桩的极限承载力。此处主要针对竖向受荷后注浆桩承载力计算方法展开讨论。需要说明的是，因土层力学性状和分布差异性，不同地区后注浆桩侧摩阻力增强系数和端阻力增强系数取值差别较大。同时，注浆工艺和注浆孔布设位置对侧摩阻力增强系数和端阻力增强系数取值也会产生很大的影响。因此，需积累不同地区经验来完善侧摩阻力增强系数和端阻力增强系数的取值，以提高后注浆桩承载力估算的准确性。

8.7.1　桩端后注浆竖向抗压桩承载力计算方法

虽然桩端后注浆技术已在工程实践中获得了显著的经济效益，但关于桩端后注浆桩承载力的理论计算仍有待完善。桩端后注浆桩承载力计算的经验性和地区性较强。

8.7.1.1　注浆后桩土体系单桩极限承载力计算方法

（1）非软土地区后注浆单桩竖向承载力计算方法

《建筑桩基技术规范》JGJ 94 规定，桩端后注浆灌注桩的单桩极限承载力应通过静载试验确定。符合后注浆技术实施规定条件情况下的桩端后注浆单桩极限承载力标准值 Q_{uk}可按式（8-13）估算：

$$Q_{uk} = Q_{sk} + Q_{gsk} + Q_{gpk} = u\sum q_{sjk}l_j + u\beta_{si}q_{sik}l_{gi} + \beta_p q_{pk}A_p \qquad (8\text{-}13)$$

式中　　Q_{sk}——桩端后注浆桩非竖向增强段的总极限侧阻力标准值；

　　　　Q_{gsk}——桩端后注浆桩竖向增强段的总极限侧阻力标准值；

　　　　Q_{gpk}——桩端后注浆桩总极限端阻力标准值；

　　　　u——桩身周长；

　　　　l_j——桩端后注浆桩非竖向增强段第 j 层土厚度；

　　　　l_{gi}——桩端后注浆桩竖向增强段内第 i 层土厚度；对于泥浆护壁成孔灌注桩，当为单一桩端后注浆时，竖向增强段为桩端以上 12m；当为桩端、桩侧联合注浆时，竖向增强段为桩端以上 12m 及各桩侧注浆断面以上 12m，重叠部分应扣除；对于干作业灌注桩，竖向增强段为桩端以上、桩侧注浆断面上下各 6m；

q_{sik}、q_{sjk}、q_{pk}——分别为桩端后注浆桩竖向增强段第 i 土层初始极限侧阻力标准值、非竖向增强段第 j 土层初始极限侧阻力标准值、初始极限端阻力标准值；

　　　　β_{si}、β_p——分别为第 i 层土桩端后注浆桩侧阻力和端阻力增强系数。无当地经验时，可按表 8-4 取值。对于桩径大于 800mm 的桩，应按规范进行侧阻和端阻的尺寸效应修正。

桩端后注浆桩侧阻力增强系数 β_s、端阻力增强系数 β_p　　　表 8-4

土层名称	淤泥质土	黏性土、粉土	粉砂、细砂	中砂	粗砂、砾砂	砾石、卵石	基岩
β_s	1.2~1.3	1.4~1.8	1.6~2.0	1.7~2.1	2.0~2.5	2.4~3.0	1.4~1.8
β_p	—	2.2~2.5	2.4~2.8	2.6~3.0	3.0~3.5	3.2~4.0	2.0~2.4

注：干作业钻、挖孔桩，β_p 按表 8-4 所列值乘以小于 1.0 的折减系数。当桩端持力层为黏性土或粉土时，折减系数取 0.6；为砂土或碎石土时，取 0.8。

《公路桥涵地基与基础设计规范》JTGD 63 规定注浆单桩极限承载力标准值 $[R_a]$ 可按式（8-14）估算。即：

$$[R_a] = \frac{1}{2}u\sum_{i=1}^{n}\beta_{si}q_{ik}l_i + \beta_p A_p q_r \qquad (8\text{-}14)$$

式中　　$[R_a]$——桩端后压浆灌注桩的单桩轴向受压承载力容许值，桩身自重与置换土中的差值作为荷载考虑；

β_{si}——第 i 层土的侧阻力增强系数，可按照表 8-5 取值，当在饱和土层中压浆时，仅对桩端以上 8～12m 范围的桩侧阻力进行修正；当在非饱和土层中时，仅对桩端以上 4～5.0m 范围桩侧阻力进行增强修正；对于非增强影响范围，$\beta_{si}=1$；

β_p——端阻力增强系数，其值可参照表 8-5。

后注浆侧阻力增强系数 β_s、端阻力增强系数 β_p　　　　　表 8-5

土层名称	黏性土、粉土	粉砂	细砂	中砂	粗砂	砾砂	碎石土
β_s	1.3～1.4	1.5～1.6	1.5～1.7	1.6～1.8	1.5～1.8	1.6～2.0	1.5～1.6
β_p	1.5～1.8	1.8～2.0	1.8～2.1	2.0～2.3	2.2～2.4	2.2～2.4	2.2～2.5

（2）软土地基后注浆单桩竖向承载力计算公式

单桩竖向抗压极限承载力增幅主要与桩底土层性状和桩底注浆量及注浆工艺有关。

1）按侧阻、端阻分项增强系数计算

$$Q_{uk} = u \sum \beta_{si} q_{ski} l_i + \beta_p q_{pk} A_p \tag{8-15}$$

式中　β_{si}、β_p 分别为第 i 层土桩端后注浆侧阻力和端阻力增强系数，可按表 8-6 取值；q_{ski}、q_{pk} 分别为地质报告中提供的普通钻孔灌注桩的第 i 层土的单位侧阻和单位端阻值。

通过对软土地区 100 多根注浆桩与未注浆桩的静载试验对比可得到供设计使用的后注浆桩侧阻力强系数 β_s 和端阻力增强系数 β_p，如表 8-6 所示。

后注浆侧阻力增强系数 β_s、端阻力增强系数 β_p　　　　　表 8-6

土层名称	淤泥质土	黏性土	粉土	粉砂、细砂	中砂	粗砂、砾砂	砾石、卵石	基岩
β_s	1.1	1.1	1.15	1.2	1.25	1.3	1.3	1.2
β_p	1.1	1.2	1.25	1.3	1.35	1.4	1.5	1.2

由表 8-6 可知，桩端持力层为砂砾石层的桩端后注浆效果最好，设计使用的单桩竖向极限承载力可比按地质资料确定的 q_{ski} 和 q_{pk} 值提高 30%～40%；粉土、粉砂可提高20%～25%；淤泥质土和黏性土及基岩桩端注浆作用主要是固化桩端沉渣，减少变形量，其极限承载力可按提高 10%～20% 进行设计。

2）按总极限承载力增强系数计算

$$Q_{uk} = \beta_u (u \sum q_{ski} l_i + q_{pk} A_p) \tag{8-16}$$

式中，β_u 为桩端后注浆桩承载力增强系数，按表 8-7 取值。

后注浆承载力增强系数 β_u　　　　　表 8-7

土层名称	淤泥质土	黏性土	粉土	粉砂、细砂	中砂	粗砂、砾砂	砾石、卵石	基岩
β_u	1.1	1.25	1.25	1.31	1.3	1.35	≥1.4	1.16

8.7.1.2　根据桩身混凝土强度确定的单桩竖向抗压承载力

（1）桩身混凝土强度应满足桩的承载力设计要求，根据《建筑地基基础设计规范》

GB 50007 和《建筑桩基技术规范》JGJ 94 中规定（不考虑钢筋时），按式（8-17）估算荷载效应基本组合下单桩桩顶轴向压力设计值 N_1。即：

$$N_1 = \psi_c f_c A_p \qquad (8-17)$$

式中　f_c——桩身混凝土轴心抗压强度设计值，其值可参考表 8-8；

　　　A_p——桩身混凝土横截面积；

　　　ψ_c——《建筑地基基础设计规范》GB 50007 称为工作条件系数，预制桩取 $\psi_c =$ 0.75，灌注桩取 $\psi_c = 0.6 \sim 0.7$（水下灌注桩或长桩时用低值）；《建筑桩基技术规范》JGJ 94 称为基桩成桩工艺系数，混凝土预制桩、预应力混凝土空心桩 $\psi_c = 0.85$，干作业非挤土灌注桩（含机钻、挖、冲孔桩、人工挖孔桩）$\psi_c = 0.90$，泥浆护壁和套管护壁非挤土灌注桩、部分挤土灌注桩、挤土灌注桩 $\psi_c = 0.7 \sim 0.8$；软土地区挤土灌注桩 $\psi_c = 0.6$。对于泥浆护壁非挤土灌注桩应视地层土质取 ψ_c 值，对于易塌孔的流塑状软土、松散粉土、粉砂，ψ_c 宜取 0.7。

混凝土轴心抗压强度设计值 f_c 与标准值 f_{ck}（单位：MPa）　　　表 8-8

强度种类	混凝土强度等级													
	C15	C20	C25	C30	C35	C40	C45	C50	C55	C60	C65	C70	C75	C80
f_{ck}	10.0	13.4	16.7	20.1	23.4	26.8	29.6	32.4	35.5	38.5	41.5	44.5	47.4	50.2
f_c	7.2	9.6	11.9	14.3	16.7	19.1	21.1	23.1	25.3	27.5	29.7	31.8	33.8	35.9

（2）考虑桩身混凝土强度和主筋抗压强度，《建筑桩基技术规范》JGJ 94 按照式（8-18）确定荷载效应基本组合下单桩桩顶轴向压力设计值 N_2 为：

$$N_2 = \psi_c f_c A_{ps} + \beta f_y A_s \qquad (8-18)$$

式中　A_{ps}——扣除主筋截面积后桩身混凝土截面积；

　　　A_s——钢筋主筋截面积之和；

　　　β——钢筋发挥系数，$\beta = 0.9$；

　　　f_y——钢筋的抗压强度设计值，见表 8-9。

普通钢筋抗压强度设计值 f_y 与标准值 f_{yk}　　　表 8-9

种类	f_y (MPa)	f_{yk} (MPa)
一级钢	210	235
二级钢	300	335
三级钢	360	400

（3）根据荷载效应基本组合下单桩桩顶轴向压力设计值 N_2 确定桩身受压承载力极限值。

《建筑桩基技术规范》JGJ 94 根据大量试桩统计资料先计算基桩承载力设计值再计算试桩抗压极限承载力 R_u。即：

$$R_u = \frac{2N_2}{1.35} \qquad (8-19)$$

式中，系数 1.35 为单桩承载力特征值与设计值的换算系数（综合荷载分项系数）。

8.7.1.3 桩端后注浆单桩竖向抗压极限承载力最终取值

桩端后注浆桩最终设计时取 Q_{uk} 与 R_u 两者中的较小值作为单桩竖向极限承载力设计值。实际中，最好通过现场注浆前后试打桩的静载试验资料进行工程桩承载力设计。

8.7.2 桩侧后注浆竖向抗压桩承载力计算方法

桩侧后注浆桩竖向抗压承载力计算方法可参照 8.7.1 节中桩端后注浆桩竖向抗压承载力计算方法。桩侧后注浆桩最终设计时取 Q_{uk} 与 R_u 值两者中的较小值作为单桩竖向极限承载力设计值。唯一的区别是公式中侧阻力增强系数 β_s 和端阻力增强系数 β_p 取值的不同。然而，由于桩侧土层力学性状和土层分布的差异，侧阻力增强系数 β_s 和端阻力增强系数 β_p 取值会有很大的不同。同时，桩侧注浆工艺和桩侧注浆孔布设位置对侧阻力增强系数 β_s 和端阻力增强系数 β_p 取值也会产生很大的影响。因此，需要积累不同工地的经验来调整和完善侧阻力增强系数 β_s 和端阻力增强系数 β_p 的取值，以提高桩侧后注浆竖向抗压桩承载力估算的准确性。

8.7.3 后注浆竖向抗拔桩承载力计算方法

后注浆竖向抗拔桩承载力计算时不需考虑桩端承载力（扩底抗拔桩除外），可参考 8.7.1 节和 8.7.2 节中后注浆竖向抗拔桩承载力计算方法。需要说明的是，一般来说后注浆竖向抗拔桩侧阻力增强系数 β_s 和后注浆竖向抗压桩侧阻力增强系数 β_s 是不同的，需要积累不同地区经验完善侧阻力增强系数 β_s 的取值，以提高后注浆竖向抗拔桩承载力估算的准确性。同时，后注浆竖向抗拔桩桩身受拉承载力极限值确定时需根据桩身配筋情况考虑桩身混凝土开裂等情况。

后注浆竖向抗拔桩承载力最终设计时应取根据桩土体系确定的后注浆单桩极限承载力与根据桩身强度确定的极限承载力两者中的较小值。

8.8 后注浆桩承载特性计算方法

目前关于竖向受荷后注浆桩的研究主要集中在桩承载力计算方面。对竖向受荷后注浆桩沉降特性的研究较少，特别是缺乏能有效预测后注浆桩荷载-沉降关系的方法。本节基于荷载传递方法介绍了一种竖向受荷后注浆桩承载特性的分析方法。

8.8.1 竖向抗压后注浆桩承载特性计算方法

荷载传递法中，桩被看做离散的弹性单元体，桩单元与桩侧土体间采用非线性弹簧相连，其应力-应变关系表示桩侧摩阻力与剪切位移间的关系。桩端单元也被看做用弹簧和土体相连，其荷载变形关系表示桩端阻力与桩端位移间的关系。图 8-27 为荷载传递法的计算模型。

竖向抗压桩深度 z 处轴力 $P(z)$ 和桩侧摩阻力 $\tau_s(z)$ 的关系可表示为：

$$\frac{\mathrm{d}P(z)}{\mathrm{d}s} + \frac{UE_p\Lambda_p}{P(z)}\tau_s(z) = 0 \qquad (8-20)$$

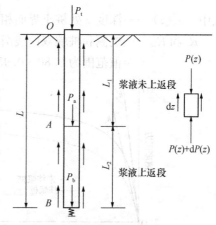

图 8-27 竖向受荷后注浆桩荷载
传递法计算模型

实际工程中可采用双曲线荷载传递函数。相对于未注浆桩而言，注浆桩的桩端阻力和浆液上返段的桩侧摩阻力均有很大程度的提高。由于浆液的加固作用，桩端阻力和桩侧摩阻力的极限值和初始刚度都会有不同程度的增加。

为考虑浆液加固对桩端阻力和桩侧摩阻力的提高，引入桩端阻力和桩侧摩阻力提高因子。桩侧初始刚度提高因子 α_s 可表示为：

$$\alpha_s = \frac{k'_s}{k_s} \tag{8-21}$$

桩侧极限侧摩阻力提高因子 β_s 为：

$$\beta_s = \frac{\tau_f + \Delta\tau}{\tau_f} \tag{8-22}$$

桩端初始刚度提高因子 α_b 可表示为：

$$\alpha_b = \frac{k'_b}{k_b} \tag{8-23}$$

桩端极限阻力提高因子 β_b 为：

$$\beta_b = \frac{q_{bu} + \Delta q_b}{q_{bu}} \tag{8-24}$$

式中　k_s、k_b——未注浆桩的桩侧摩阻力和桩端阻力初始刚度；

$\quad\quad k'_s$、k'_b——注浆桩的桩侧摩阻力和桩端阻力初始刚度；

$\quad\quad \tau_f$、q_{bu}——未注浆桩的极限侧摩阻力和极限端阻力；

$\quad\quad \Delta\tau$、Δq_b——注浆加固带来的极限侧摩阻力和极限端阻的提高值。

将式（8-23）和式（8-24）代入双曲线荷载传递函数，可得到后注浆桩的桩侧摩阻力和桩端阻力的荷载传递函数（见图8-28）。即：

$$\tau_s(z) = \frac{s_s(z)}{\dfrac{1}{k_s\alpha_s} + \dfrac{s_s(z)R_{sf}}{\tau_{sf}\beta_s}} \tag{8-25}$$

$$q_b = \frac{s_b}{\dfrac{1}{k_b\alpha_b} + \dfrac{s_b R_{bf}}{q_{bu}\beta_b}} \tag{8-26}$$

式中　$s_s(z)$——深度 z 处桩土界面相对位移；

$\quad\quad R_{sf}$ 和 R_{bf}——桩侧和桩端双曲线渐进值与极限阻力的比值，根据经验，一般情况下取值范围为 $0.80\sim0.95$。

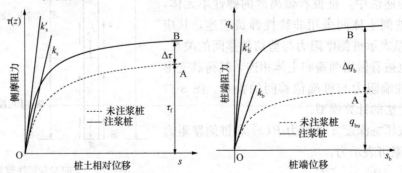

图 8-28　考虑后注浆影响的荷载传递曲线

考虑到后注浆过程中浆液上返高度的限制，浆液上返对桩侧摩阻力的加固范围有限（图 8-27）。AB 段范围内浆液上返导致桩侧摩阻力提高，而 OA 段范围注浆未产生影响。因此，对于式（8-25）和式（8-26），当 $0 \leqslant z \leqslant L_1$ 时，$\alpha_s = 1$，$\beta_s = 1$；当 $L_1 \leqslant z \leqslant L$ 时，$\alpha_s \geqslant 1$，$\beta_s \geqslant 1$。

由式（8-20）式（8-25）可得到：

$$P(z)\mathrm{d}P(z) = UE_{\mathrm{p}}A_{\mathrm{p}} \frac{s_{\mathrm{s}}(z)}{\dfrac{1}{k_{\mathrm{s}}\alpha_{\mathrm{s}}} + \dfrac{s_{\mathrm{s}}(z)R_{\mathrm{sf}}}{\tau_{\mathrm{sf}}\beta_{\mathrm{s}}}} \mathrm{d}s_{\mathrm{s}}(z) \tag{8-27}$$

对式（8-27）积分可得：

$$P(z) = \sqrt{2UE_{\mathrm{p}}A_{\mathrm{p}}\left\{\frac{s_{\mathrm{s}}(z)\tau_{\mathrm{sf}}\beta_{\mathrm{s}}}{R_{\mathrm{sf}}} - \frac{\tau_{\mathrm{sf}}^2\beta_{\mathrm{s}}^2}{k_{\mathrm{s}}\alpha_{\mathrm{s}}R_{\mathrm{sf}}^2}\ln\left[1 + \frac{k_{\mathrm{s}}\alpha_{\mathrm{s}}R_{\mathrm{sf}}}{\tau_{\mathrm{sf}}\beta_{\mathrm{s}}}s_{\mathrm{s}}(z)\right] + C_1\right\}} \tag{8-28}$$

式（8-28）即为竖向抗压桩任意截面处桩身轴力和桩土相对位移的关系公式。

对于浆液上返段 AB 段而言，其桩端边界条件为：

$$s_{\mathrm{s}}(z)\big|_{z=L} = s_{\mathrm{b}}, \quad P(z)\big|_{z=L} = P_{\mathrm{b}} \tag{8-29}$$

根据式（8-28）和式（8-29）可得积分常数 C_1 的取值，即：

$$C_1 = \frac{P_{\mathrm{b}}^2}{2UE_{\mathrm{p}}A_{\mathrm{p}}} + \frac{\tau_{\mathrm{sf}}^2\beta_{\mathrm{s}}^2}{k_{\mathrm{s}}\alpha_{\mathrm{s}}R_{\mathrm{sf}}^2}\ln\left(1 + \frac{k_{\mathrm{s}}\alpha_{\mathrm{s}}R_{\mathrm{sf}}}{\tau_{\mathrm{sf}}\beta_{\mathrm{s}}}s_{\mathrm{b}}\right) - \frac{s_{\mathrm{b}}\tau_{\mathrm{sf}}\beta_{\mathrm{s}}}{R_{\mathrm{sf}}} \tag{8-30}$$

对于浆液未上返段 OA 段而言，根据截面 A 处的荷载位移协调条件，其边界条件为：

$$s_{\mathrm{s}}(z)\big|_{z=L_1} = s_{\mathrm{a}}, \quad P(z)\big|_{z=L_1} = P_{\mathrm{a}} \tag{8-31}$$

根据式（8-28）和式（8-31）可获得积分常数 C_1 的取值，即：

$$C_1 = \frac{P_{\mathrm{a}}^2}{2UE_{\mathrm{p}}A_{\mathrm{p}}} + \frac{\tau_{\mathrm{sf}}^2}{k_{\mathrm{s}}R_{\mathrm{sf}}^2}\ln\left(1 + \frac{k_{\mathrm{s}}R_{\mathrm{sf}}}{\tau_{\mathrm{sf}}}s_{\mathrm{a}}\right) - \frac{s_{\mathrm{a}}\tau_{\mathrm{sf}}}{R_{\mathrm{sf}}} \tag{8-32}$$

式中，P_{a} 和 s_{a} 分别为 A 截面上的轴力和位移，可通过 AB 段求解得到。

为计算成层土中后注浆竖向抗压单桩的荷载-位移关系，将桩身划分为 n 个单元，考虑每个桩单元的内力和位移协调，每个桩单元都应满足式（8-28）中桩身轴力-位移关系，通过假定桩端位移进行迭代计算就可得到后注浆竖向抗压单桩桩顶的荷载-位移关系。具体计算步骤如下：

（1）根据场地土层情况将桩身划分为 n 个桩单元，如图 8-29 所示。

（2）假定桩端位移 s_{b}，根据式（8-26）计算出对应的桩端阻力 P_{b}。

（3）假定桩单元 n 顶面位移 s_{i-1}，若桩单元 n 位于 OA 段，则用式（8-30）计算常数 C_1 值，然后根据式（8-28）计算该截面处桩身轴力 P_{n-1}；若桩单元 n 位于 AB 段，则用式（8-32）计算常数 C_1 值，然后根据式（8-28）计算该截面处桩身轴力 P_{n-1}。

（4）计算桩单元 n 的弹性压缩量 s_{c}，$s_{\mathrm{c}} = \dfrac{1}{2}(P_{\mathrm{b}} +$

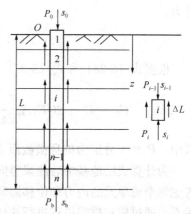

图 8-29　成层地基中单桩计算模型

$P_{n1})\dfrac{\Delta L}{A_\mathrm{p}E_\mathrm{p}}$，若 $\mid s_\mathrm{c}-(s_\mathrm{b}-s_{i+1})\mid\,>1\times10^{-6}\,\mathrm{m}$，则需重新假定 s_{i+1}，重复计算步骤(3)和步骤(4)直至 $\mid s_\mathrm{c}-(s_\mathrm{b}-s_{i+1})\mid\,<1\times10^{-6}\,\mathrm{m}$ 为止。

(5) 按照上述步骤向桩上部单元进行计算，直至获得桩顶单元的荷载-沉降关系。

(6) 假定不同桩端位移 s_b，重复计算步骤（2）至（5），即可获得一系列桩顶荷载-位移关系。

8.8.2 竖向抗拔后注浆桩承载特性计算方法

考虑竖向抗拔桩的桩身自重和后注浆过程中浆液的加固作用，参照竖向抗压后注浆桩承载特性的荷载传递法，任一深度 z 处桩身轴力 $P(z)$ 和桩土相对位移 $s_\mathrm{s}(z)$ 间的关系可表示为：

$$P(z)\mathrm{d}P(z)=E_\mathrm{p}A_\mathrm{p}\left[\dfrac{Us_\mathrm{s}(z)}{\dfrac{1}{k_\mathrm{s}\alpha_\mathrm{s}}+\dfrac{s_\mathrm{s}(z)R_\mathrm{sf}}{\tau_\mathrm{sf}\beta_\mathrm{s}}}+\gamma_\mathrm{p}A_\mathrm{p}\right]\mathrm{d}s_\mathrm{s}(z) \tag{8-33}$$

对式（8-32）积分可得：

$$P(z)=\sqrt{2UE_\mathrm{p}A_\mathrm{p}\left\{\dfrac{s_\mathrm{s}(z)\tau_\mathrm{sf}\beta_\mathrm{s}}{R_\mathrm{sf}}-\dfrac{\tau_\mathrm{sf}^2\beta_\mathrm{s}^2}{k_\mathrm{s}\alpha_\mathrm{s}R_\mathrm{sf}^2}\ln\left[1+\dfrac{k_\mathrm{s}\alpha_\mathrm{s}R_\mathrm{sf}}{\tau_\mathrm{sf}\beta_\mathrm{s}}s_\mathrm{s}(z)\right]\right\}+2E_\mathrm{p}\gamma_\mathrm{p}A_\mathrm{p}^2s_\mathrm{s}(z)+C_2} \tag{8-34}$$

式（8-34）即为竖向抗拔桩任意截面处桩身轴力和桩土相对位移的关系公式。

参照竖向抗压后注浆桩荷载传递法计算模型图 8-27，对于浆液上返段 AB 段而言，其桩端的边界条件为：

$$s_\mathrm{s}(z)\mid_{z=L}=s_\mathrm{b},\ P(z)\mid_{z=L}=0 \tag{8-35}$$

根据式（8-28）和式（8-35）可得积分常数 C_2 的取值，即：

$$C_2=2UE_\mathrm{p}A_\mathrm{p}\left[\dfrac{\tau_\mathrm{sf}^2\beta_\mathrm{s}^2}{k_\mathrm{s}\alpha_\mathrm{s}R_\mathrm{sf}^2}\ln\left(1+\dfrac{k_\mathrm{s}\alpha_\mathrm{s}R_\mathrm{sf}}{\tau_\mathrm{sf}\beta_\mathrm{s}}s_\mathrm{b}\right)-\dfrac{s_\mathrm{b}\tau_\mathrm{sf}\beta_\mathrm{s}}{R_\mathrm{sf}}\right]-2E_\mathrm{p}\gamma_\mathrm{p}A_\mathrm{p}^2s_\mathrm{b} \tag{8-36}$$

式中，γ_d 为桩身钢筋混凝土重度。

对于浆液未上返段 OA 段而言，根据桩身横截面 A 处荷载-位移协调条件，其边界条件为：

$$s_\mathrm{s}(z)\mid_{z=L_1}=s_\mathrm{a},\ P(z)\mid_{z=L_1}=P_\mathrm{a} \tag{8-37}$$

根据式（8-28）和式（8-37）可得积分常数 C_2 的取值，即：

$$C_2=P_\mathrm{a}^2+2UE_\mathrm{p}A_\mathrm{p}\left[\dfrac{\tau_\mathrm{sf}^2\beta_\mathrm{s}^2}{k_\mathrm{s}\alpha_\mathrm{s}R_\mathrm{sf}^2}\ln\left(1+\dfrac{k_\mathrm{s}\alpha_\mathrm{s}R_\mathrm{sf}}{\tau_\mathrm{sf}\beta_\mathrm{s}}s_\mathrm{a}\right)-\dfrac{s_\mathrm{a}\tau_\mathrm{sf}\beta_\mathrm{s}}{R_\mathrm{sf}}\right]-2E_\mathrm{p}\gamma_\mathrm{p}A_\mathrm{p}^2s_\mathrm{a} \tag{8-38}$$

式中，P_a 和 s_a 分别为桩身横截面 A 上的轴力和位移，可通过 AB 段求解得到。

为计算成层地基中后注浆竖向抗拔单桩的荷载-位移关系，将桩身划分为 n 个桩单元。考虑每个桩单元的内力和位移协调，每个桩单元都应满足式（8-34）中桩身轴力与位移的关系，通过假定桩端位移进行迭代计算即可得到后注浆竖向抗拔单桩桩顶的荷载-位移关系。具体计算步骤如下：

（1）根据场地土层情况将桩身划分为 n 个桩单元。

（2）假定桩端位移 s_b，令桩端阻力 $P_b=0$。

（3）假定桩单元 n 的桩顶位移 s_{i1}，若桩单元 n 位于 OA 段，则用式（8-36）计算常数 C_2 值，然后根据式（8-34）计算该截面处桩身轴力 P_{n1}；若桩单元 n 位于 AB 段，则用式（8-38）计算常数 C_2 值，然后根据式（8-34）计算该截面处桩身轴力 P_{n1}。

（4）计算桩单元 n 的弹性拉伸量 s_T，$s_T=\dfrac{1}{2}(P_b+P_{n1})\dfrac{\Delta L}{A_p E_p}$（对于桩单元 n 来说，$P_b=0$），若 $|s_c-(s_b-s_i)|>1\times10^{-6}$ m，则需重新假定 s_i，重复计算步骤（3）和（4）直至满足 $|s_c-(s_b-s_i)|<1\times10^{-6}$ m 为止。

（5）按照上述步骤向桩上部单元进行计算，直至获得桩顶单元的荷载-位移关系。

（6）假定不同桩端位移 s_b，重复计算步骤（2）至（5），即可获得一系列桩顶荷载-位移关系。

8.9 常见注浆事故及处理措施

后注浆技术应用范围较广，注浆质量的评价标准也不相同。为确保注浆工程质量，应采取预防为主、防治结合的方针。注浆事故发生后，应认真调查分析，查清事故原因、明确事故责任、总结经验、吸取教训，做好事后补救措施，防止事故再次发生。

常见注浆事故主要有注浆中断，注浆压力达不到结束标准，桩顶冒浆，注浆管路堵塞，桩体上抬导致地面隆起和浆液流失导致环境污染等。

8.9.1 注浆中断事故及处理措施

注浆施工过程中，注浆作业通常是连续进行直至结束，不宜中断。然而，实际施工中注浆作业可能因为以下原因中断：

（1）被迫中断，如设备故障、停水、停电、材料供应不及时等。

（2）有意中断，如当注浆量不见减小，且注浆延续时间较长，为防止串浆、跑浆等实行间歇注浆。

实际注浆过程中应尽量避免被迫中断。注浆中断后应立即查明原因，采取有效措施排除故障，尽快恢复注浆。恢复注浆时宜采用稀浆。若进浆量与中断前接近，则可尽快恢复到中断前的稠度，否则应逐级增加浆液浓度。若注浆量减少较多，注浆压力上升幅度较大，短时间内即可结束注浆，说明被注介质内的裂隙被堵塞，应重新扫孔和冲洗后再进行注浆；若仍无法改善，则应考虑间歇一段时间后在附近钻孔补注浆。

对于有意中断注浆，其目的是为了尽快堵塞裂隙，一般应清孔至原深度后再进行注浆。若复孔后钻孔进浆量很小或不再进浆，也可视为注浆正常结束。

8.9.2 注浆压力达不到结束标准事故及处理措施

注浆过程中，有时会出现压力不升，吃浆不止的情况。这可能是因为所注地层的特殊结构，造成浆液从某一通道流失，导致注浆压力达不到结束标准。对此可采取如下处理措施：

（1）降低注浆压力，控制浆液流量，以便减小浆液在裂隙中的流动速度，使浆液中的颗粒尽快沉积。

（2）采用水灰比较大的浆液，即提高浆液的浓度。

（3）加入速凝剂，如水玻璃等，控制浆液的凝胶时间。

（4）采用间歇注浆方式，促使浆液在静止状态下沉积，根据地质条件和注浆目的决定材料用量和间歇时间的长短。若有地下水的流动，宜反复间歇注浆。

（5）若为充填注浆，可在浆液中加入砂等粗粒料，采用专门的注浆设备。

在进浆量不止的情况下，不一定非要达到注浆终压才结束注浆，一般增大浆液浓度后达到设计注浆量即可终止。出现上述情况时，应会同设计单位、建设单位、施工单位、监理单位和勘察单位等共同确定该工地桩试注时的注浆量和注浆压力。

8.9.3 桩顶冒浆事故及处理措施

桩端后注浆过程中，桩端高压浆液可能沿着桩土交界面向上爬升，从而提高了爬升高度内泥皮土的桩侧阻力。若高压浆液爬升至桩顶，则会造成桩顶冒浆。桩顶冒浆表现为桩顶周围向上冒气泡、稀浆或浓浆，严重时呈沸腾状。目前，桩端后注浆设计中通常以注浆量作为主控因素，桩顶冒浆将使设计注浆量无法达到设计要求。桩长较短的桩容易出现桩顶冒浆。桩顶冒浆后一般采用间歇注浆的措施方法，如此循环往复数次以达到设计确定的注浆量为止。本节以具体工程案例详细分析了桩顶冒浆的处理措施及其评价效果，可供桩端后注浆桩顶冒浆事故的预防和处理参考。

8.9.3.1 工程概况及试桩概况

杭州市奥体博览中心项目位于钱塘江南岸庆春路过江隧道南侧，西北方紧邻钱塘江，东南方为七甲河。主体育场及附属设施总建筑面积 $220231m^2$，其中地下建筑面积为 $59123m^2$，地上建筑面积为 $159108m^2$。主体育场建筑地上 3 层，高 58.30m，地下 1 层，采用框架结构。基础设计采用钻孔灌注桩，试桩采用泥浆护壁钻孔灌注桩，其中桩径为 700mm 的 18 根，桩端进入持力层⑥₂卵石层，桩长约 40m；桩径为 800mm 的 40 根，桩端进入持力层⑥₂卵石层，桩长约 40m；桩径为 1000mm 的 8 根，桩端进入持力层⑥₃卵石层，桩长约 48m。本工程钻孔灌注桩采用 GP-25 型钻机和大泵量 4PN 泵正循环清孔施工工艺成孔。该场地土层的物理力学指标见表 8-10。表 8-10 中 q_{sk} 为桩侧摩阻力特征值，q_{pk} 为桩端阻力特征值。该场地中 13 根试桩的注浆记录见表 8-11。

地基土的物理力学指标 表 8-10

层号	名称	层底埋深 (m)	重度 (kN·m⁻³)	含水率 (%)	孔隙比	塑性指数	液性指数	压缩模量 (MPa)	q_{sk} (kPa)	q_{pk} (kPa)
⓪₂	素填土	0.7	18.8	26.9	0.789	8.6	0.94			
①₁	黏质粉土	2.0	18.5	28.3	0.834	8.9	1.05	10	14	
①₂	砂质粉土	5.8	18.63	27.99	0.820	9.17	1.09	1.5	22	
②₁	砂质粉土	10.4	18.8	26.8	0.784	10.1	1.11	11	23	
③₁	粉砂夹粉土	17.2	19.1	24.8	0.728	10	1.01	12	25	
③₃	淤泥质黏土	23.4	17.33	41.38	1.185	17.51	1.09	3	10	
④₁	粉质黏土	25.0	18.8	27.3	0.809	14.8	0.45	6	27	
④₂	粉质黏土	30.2	19.29	23.65	0.705	11.98	0.41	7	31	
⑤₁	含砂粉质黏土	31.6	19.5	22.5	0.666	10.3	0.51	7	34	

层号	名称	层底埋深 (m)	重度 (kN·m⁻³)	含水率 (%)	孔隙比	塑性指数	液性指数	压缩模量 (MPa)	q_{sk} (kPa)	q_{pk} (kPa)
⑤₂	粉细砂	36.1	19.71	20.58	0.616			12	35	2000
⑥₂	卵石	47.5						35	55	2500
⑥₃	卵石	53.5						40	60	2700

试桩注浆记录   表 8-11

桩号	桩径 (mm)	一次注浆					二次注浆			
		注浆时龄期	开塞压力 (MPa)	注浆压力 (MPa)	注浆量 (kg)	备注	注浆时龄期	开塞压力 (MPa)	注浆压力 (MPa)	注浆量 (kg)
A16	800	8	0.8	1.2	1400	冒浆	8	0.8	1.1	1100
A17	700	6	0.9	1.2	2500					
S8	800	12	0.8	1.4	4200					
S12	800	8	0.8	1.4	4200					
S4	800	6	1.0	1.2	4200					
A33	700	6	0.9	1.5	2600					
A32	800	6	0.8	1.3	3100					
A37	800	10	09	1.5	3200					
S5	700	12	0.8	0.8	500	冒浆	18	1.2	0.9	2000
S7	1000	7	0.8	0.9	800	冒浆	13	1.2	1.1	800
A8	1000	8	0.8	0.8	600	冒浆	14	0.8	1.2	2500
A6	800	4	0.8	0.8	600	冒浆				
S9	700	10	1.0	1.1	1000	冒浆	15	1.0	1.2	1500

8.9.3.2 注浆设计参数及注浆过程中冒浆情况

由于该项目对差异沉降敏感，考虑到桩底沉渣的影响，必须对桩底进行后注浆，以确保成桩质量。桩底后注浆于成桩 7 天后进行，桩径为 700mm 的桩设计注浆量为 2.5t，桩径为 800mm 的桩设计注浆量为 3t，桩径 1000mm 的桩设计注浆量为 4t，采用水灰比为 0.5 的纯水泥浆。成桩 7 天后采用清水开塞，开塞清水量为 100kg，紧接着进行桩端后注浆。13 根桩中仅有 7 根桩达到设计注浆量，其余 6 根桩均因桩侧冒浆而无法达到设计注浆量，详见表 8-11。部分桩的注浆压力及注浆量随时间的变化曲线如图 8-30 所示。

由图 8-30 中非冒浆桩（试桩 S12）和冒浆桩（试桩 S5，试桩 S7 和试桩 S9）的注浆压力和注浆量随时间变化曲线可知，桩侧冒浆发生时，注浆压力显著下降并维持在较低值（1MPa 以下）。这是由于高压浆液在打开桩侧通道后，沿着桩土交界面向上爬升，在桩侧通道较薄弱的情况下，浆液沿桩土交界面流动所需压力小于浆液在桩底流动所需压力。正常的桩端后注浆，其注浆压力将波动上升。

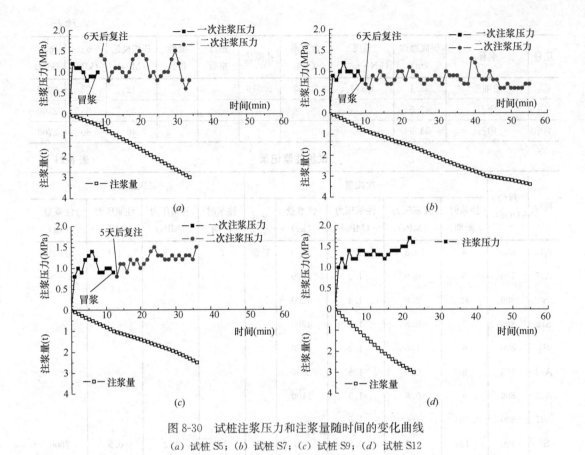

图 8-30　试桩注浆压力和注浆量随时间的变化曲线

(*a*) 试桩 S5；(*b*) 试桩 S7；(*c*) 试桩 S9；(*d*) 试桩 S12

8.9.3.3　桩侧冒浆原因分析

结合现场施工情况和工程地质条件，桩侧冒浆原因分析总结如下：

(1) 桩侧泥皮厚：试桩采用泥浆护壁成孔，7～15m 深度处为砂质粉土层，该层土中施工时易塌孔（图 8-19），为防止塌孔，施工时可将泥浆相对密度提高至 1.35。塌孔和较浓泥浆造成了较厚的桩侧泥皮及桩底沉渣。现场部分桩开挖表明，冒浆桩的桩侧泥皮厚达 5～10cm。桩侧泥皮越厚，浆液上返高度越高，越易发生桩侧冒浆。

(2) 成桩龄期短：大部分试桩于成桩 7 天后进行桩端后注浆，此时桩侧泥皮强度较低，高压浆液易打开桩侧流动通道。

(3) 持力层可注性差：砂砾持力层中细颗粒含量较高（表 8-12）。若开塞清水量不足，细颗粒将浆液堵塞在桩底的流动通道，导致注浆压力提高。浆液压力越大，浆液上返高度越高，越易发生桩侧冒浆。

桩端持力层颗粒级配　　　　　　　　　　　　　　　表 8-12

层号	岩土名称	土粒组成（mm）					
		>20.00	20.0～2.00	2.00～0.50	0.50～0.25	0.25～0.075	0.075～0.005
⑥₂	卵石	64.6%	14.1%	5.4%	5.1%	5.0%	6.7%
⑥₃	卵石	66.7%	13.3%	5.4%	4.9%	4.7%	6.1%

(4) 桩底沉渣厚：7～15m 深度处的砂质粉土层的塌孔，造成桩底沉渣较厚。无法清

除的桩底沉渣在注浆时被水泥浆液冲开并带入孔隙中，可能堵塞桩底浆液的流动通道，并造成注浆压力升高。

8.9.3.4　桩侧冒浆处理措施

由上述分析可知，注浆压力越大、桩侧泥皮及桩底沉渣越厚、桩侧泥皮强度越低，越容易发生桩侧冒浆。针对冒浆桩，可采取下述措施进行预防及处理：

(1) 间歇注浆：采用间歇注浆，每注 500kg 水泥，间歇 20 分钟。

(2) 提高持力层的可注性：将开塞时注入的清水量提高至 600kg，利用清水打通桩底通道，并防止桩底沉渣堵塞桩底通道，从而提高桩底持力层的可注性。

(3) 减小桩侧泥皮和桩底沉渣厚度，提高桩侧泥皮强度：选用优质黏土造浆，保证孔壁的质量。采用换浆清孔法，进行两次清孔：第一次清孔控制孔口返的泥浆相对密度在 1.2 以内及孔底沉渣厚度小于 100mm；第二次清孔在吊放钢筋笼及安装灌注混凝土导管后，控制复测沉渣厚度小于 50mm。清孔完毕后应立即灌注混凝土。除选用优质黏土造浆护壁外，还可在第二次清孔的换浆阶段加入 5% 的水泥进行循环，以提高桩侧泥皮强度。同时，待试桩浇注 15 天后再进行注浆，使桩侧泥皮达到一定强度。

(4) 二次复注浆：对于发生桩侧冒浆的试桩，控制注浆节奏并实行二次复注浆，即停止注浆 4 个小时后，打开另一根注浆管，采用间歇注浆方法，间歇时间为 20 分钟，使其达到设计注浆量。

采用上述措施后对发生桩顶冒浆的 6 根试桩进行了复注，其中 4 根桩达到设计注浆量。对已打好但未注浆的 53 根试桩，于成桩 15 天后进行注浆，采用间歇注浆及提高开塞清水量等措施，降低了桩侧冒浆的概率，53 根试桩中仅有 14 根发生了冒浆，且复注后仅有一根未能达到设计注浆量。

8.9.3.5　桩侧冒浆对桩承载性状的影响分析

3 根桩径为 700mm 的后注浆桩静载试验结果见图 8-31。

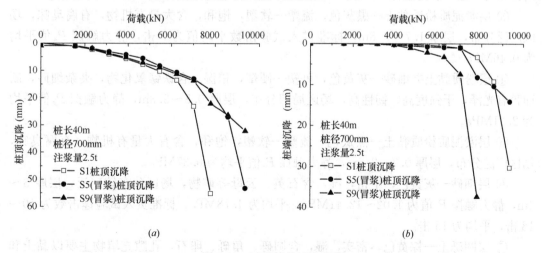

图 8-31　试桩静载试验曲线

(a) 桩顶荷载-桩顶沉降曲线；(b) 桩顶荷载-桩端沉降曲线

由图 8-31 可知，正常注浆桩的单桩竖向极限承载力为 7020kN，发生桩侧冒浆并通过复注达到设计注浆量的桩，其单桩竖向极限承载力分别为 8580kN 和 9360kN，比正常注浆桩分别提高了 22% 和 33%。复注浆可有效提高单桩的承载能力。

8.9.4 注浆管路堵塞事故及处理措施

后注浆过程中，会出现注浆管路堵塞事故，其原因主要有：

(1) 工艺设计方面：如注浆头设计不当，注浆头开塞过早砂粒倒灌进入注浆管内，注浆浆液过于浓稠等。

(2) 施工方面：如注浆头制作不合格，注浆管焊接问题（如漏浆），注浆管弯断，注浆管堵塞造成单根注浆管或大面积注浆管无法打开等。

基坑开挖段注浆管没有混凝土包裹，基坑开挖过程中打桩机移位、搅拌车移动、挖土机移动等容易造成注浆管的破坏，导致注浆管路堵塞。若基坑开挖段上部注浆管破坏堵塞可在基坑开挖至桩顶标高后再注浆；若单根注浆管堵塞则打开另外一根注浆管注浆；若单桩的两根注浆管同时堵塞，则可加大邻近基桩的注浆量来弥补注浆管堵塞桩的注浆量不足；若大面积单桩注浆管均发生堵塞无法完成注浆时，可采用桩身混凝土钻孔补注浆方法及桩侧土钻孔补注浆方法。

本节以具体工程案例详细分析了大面积工程桩由于预埋注浆管无法打开而无法完成注浆的事故，阐述了补注浆方案的具体措施。

8.9.4.1 工程概况和工程地质条件

安徽池州某综合楼位于池州市清溪河南侧，总占地面积约为 $1750m^2$，拟建建筑为一幢 27F＋23F＋5F 高低层办公楼。该工程场地各土层自上而下分别描述如下：

①层杂填土—灰黄色，松散，以人工填土为主，局部夹杂碎石，层厚 1.2～1.9m，静力触探 P_s 值为 0.1～4.78MPa，平均为 1.63MPa。

②层粉质黏土—褐灰色，软塑—可塑，稍湿，含铁锰氧化物，断面稍有光泽，干强度中等，摇震反应不明显，韧性中等，场区广泛分布，层厚 3.2～5.6m，标准贯入试验平均击数为 6 击，静力触探 P_s 值为 0.31～1.75MPa，平均为 0.98MPa。

③层淤泥质粉质黏土—黑灰色，流塑—软塑，饱和，含大量有机物，有腐臭味，场区广泛分布，层厚 1.7～3.8m，标准贯入试验击数平均值为 3 击，静力触探 P_s 值平均为 0.46MPa。

④层粉质黏土夹细砂—灰黄色，可塑—硬塑，稍湿，含铁锰氧化物，夹杂细砂，断面稍有光泽，干强度高，韧性高，场区局部分布，层厚 0.8～3.3m，静力触探 P_s 值平均为 2.61MPa。

⑤层淤泥质粉质黏土—黑灰色，流塑—软塑，饱和，含有大量有机物，有腐臭味，场区广泛分布，层厚 0.7～2.5m，静力触探 P_s 值平均为 0.37MPa。

⑥层细砂—灰黄色，中密，湿，含石英、云母等矿物，场区分布较广泛，层厚 3～4m，静力触探 P_s 值为 1.02～12.41MPa，平均为 4.78MPa，标准贯入试验锤击数为 10～18 击，平均为 15 击。

⑦层圆砾土—棕黄色，密实，湿，含圆砾、角砾、卵石，孔隙充填物主要以黏土和中粗砂为主，揭露厚度 32.5～41.1m，重型动探锤击数大于 50 击。

⑧层中风化石灰岩—青灰色，裂隙发育较少，岩芯呈短柱状，节长 5～20cm，揭露层厚 1.2～6.8m。

场地各土层的物理力学参数指标见表 8-13。

表 8-13

场地各土层的物理力学参数指标

层号	土名	含水量（%）	重度（kN/m³）	黏聚力（kPa）	内摩擦角（°）	压缩模量（MPa）	地基承载力特征值（kPa）	钻孔灌注桩	
								侧阻特征值（kPa）	端阻特征值（kPa）
①	杂填土	18.0	18.4		5.0			20	
②	粉质黏土	19.2	18.1	30	12	4.5	100	45	
③	淤泥质粉质黏土	18.7	19.3	15	7.5	2.5	60	24	
④	粉质黏土夹细砂		18.9			11.0	150	60	
⑤	淤泥质粉质黏土		19.0			2.0	50	21	
⑥	细砂		18.1			压缩性低	280	60	1200
⑦	圆砾土		20.1			压缩性低	400	150	5000
⑧	中风化石灰岩		19.3			压缩性低	500	200	3000

该大楼设计采用冲击灌注桩基础，共 179 根，主楼桩径为 800mm，持力层为⑦层圆砾土，采用桩端后注浆，设计注浆量为 2t 水泥，本工程设计确定的后注浆桩的桩位分布见图 8-32。其中，有效桩长为 16m 的为 103 根，设计注浆单桩竖向抗压承载力特征值为

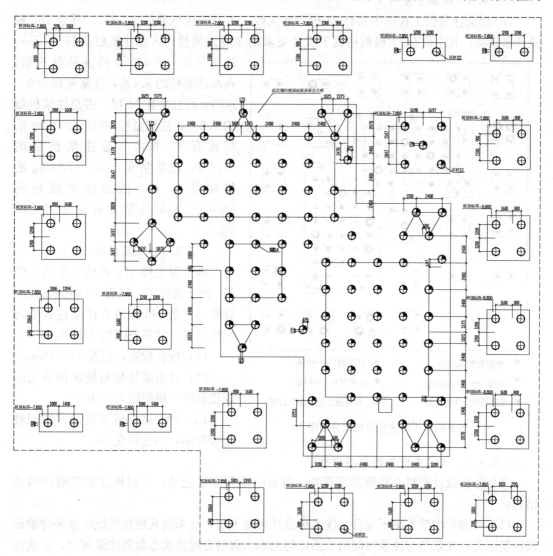

图 8-32　本工程设计确定的后注浆桩的桩位分布图

4500kN；有效桩长为 14m 的为 76 根，设计注浆单桩竖向抗压承载力特征值为 4000kN。裙楼桩径为 600mm（不注浆），共 75 根，有效桩长为 14m，单桩竖向抗压承载力特征值为 1880kN，单桩竖向抗拔承载力特征值为 450kN。实际桩端后注浆过程中，部分桩达到设计注浆量，部分桩未达到设计注浆量，部分桩注浆开塞失败。

8.9.4.2　后注浆桩注浆管开塞龄期分析

主楼 179 根桩的注浆管埋管日期为 2011 年 4 月 21 日至 2011 年 7 月 21 日，注浆日期为 2011 年 6 月 22 日至 2011 年 8 月 4 日，开塞龄期从 12 天到 100 天不等。主楼 179 根注浆桩中有 22 根桩开塞失败，开塞龄期为 14 天到 93 天不等。开塞成功的桩后注浆过程持续时间为 10～125min，注浆压力为 3.25～8MPa，多数桩的注浆压力为 3～5MPa，注浆压力较高，这可能与注浆管埋设及本工程桩采用冲击灌注桩，桩端被夯实，渗透系数低，浆液不容易进入到圆砾土中等有关。

8.9.4.3　注浆量分析

179 根需注浆的工程桩中共有 22 根开塞失败，占总注浆桩数的 12.3%。其余 157 根桩开塞成功，其中仅有 21 根桩达到了设计要求的 2 吨注浆量，占总注浆桩数的 11.7%。

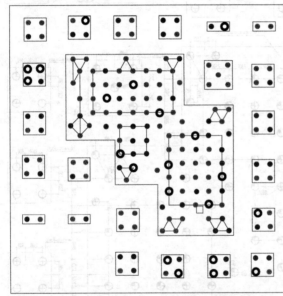

注浆量在 0～400kg 的桩共有 6 根，占总注浆桩的 3.4%，注浆量在 500～900kg 的桩共有 14 根，占总注浆桩数的 7.8%，注浆量在 1000～1400kg 的桩共有 85 根，占总注浆桩数的 47.5%，注浆量在 1500～1900kg 的桩共有 31 根，占总注浆桩数的 10.6%。不同注浆量桩位分布见图 8-33。

8.9.4.4　冒浆分析

本工程主楼 179 根桩开塞成功的 157 根注浆桩中，仅有 12 根桩未发生冒浆，其余 145 根桩在注浆过程中均发生冒浆。冒浆原因估计如下：

（1）桩长较短，只有 14～16m。

（2）冲击灌注桩桩侧淤泥质土层泥皮较厚，桩侧阻力较小。

（3）冲击灌注桩桩端持力层圆砾土被冲实，渗透性变小。

● 开塞失败桩22根　　　● 注浆量0～0.4t6根

● 注浆量0.5～0.9t14根　　　● 注浆量1～1.4t85根

● 注浆量1.5～1.9t31根　　　◎ 达到设计注浆量2t21根

图 8-33　不同注浆量桩位分布图

8.9.4.5　注浆失败桩的原因分析

综合分析设计资料、地质勘察资料、打桩记录和注浆记录，工程桩注浆失败原因总结为：

（1）桩端后注浆方案不完善，注浆头设计可能不当，且未经几根桩的试注浆来详细记录注浆压力、注浆量与注浆时间的关系以得出本工程的合理注浆参数和注浆规律，造成注浆失败。

（2）注浆桩开塞龄期过晚。注浆桩开塞过晚会造成桩端已硬化的混凝土堵塞注浆通道，从而使注浆头打不开。

（3）注浆管过短，注浆头被包裹在桩身混凝土中，易造成注浆开塞失败。

（4）桩端持力层为圆砾土，有一定含泥量，冲击灌注桩冲击过程造成桩端持力层夯实，渗透性变小。浆液不易进入圆砾土中，造成注浆开塞失败。

（5）注浆量过小可能是没有采取有效注浆工艺措施提高桩端持力层的可注性（如开塞后先用清水洗孔打通圆砾层通道）及没有合理采用间歇注浆等措施。

8.9.4.6 补注浆原则

已有研究表明，注浆量与桩的承载力有较好的相关性，在一定范围内注浆量越高桩承载力越大，沉降越小。群桩注浆更利于在桩端形成人工整板硬持力层，减少群桩的差异沉降。考虑到本工程主楼高度较高，基础设计采用的桩长较短，不仅要满足桩基的承载力，也要控制群桩基础的沉降量及差异沉降。因此，必须对注浆失败桩进行补注浆处理。根据设计要求和地质条件及前期注浆的施工情况，工程桩补注浆应遵循以下原则：

（1）对于注浆量小于 1000kg 的桩（包括注浆开塞失败的桩）必须先进行补注浆，注浆量的最后控制标准为承台中各桩的平均注浆量达到 1500kg，角柱的平均注浆量应达到 2000kg（桩号为 1#、2#、3#、4#、13#、14#、15#、16#、42#、43#、44#、45#、176#、177#、178#、179、164#、165#、166#、167#、151#、152#、153#、154#、155#、156#、157#、158#、159#）。

（2）注浆量 1000～1500kg 的桩是否需要补注浆应根据静载试验结果确定。

（3）注浆失败桩补注浆的方法优先采用桩身钻探取芯到底（钻孔到桩底圆砾层下 1m），再下注浆管并用橡胶止浆塞封孔的补注浆方案。对于桩身钻探取芯不成功的桩也可采用桩侧土钻孔补注浆的方案。

（4）同一承台的桩若某一根基桩注浆量偏小且不能继续注浆，则可采用加大承台中相邻基桩的注浆量以达到承台中每桩平均注浆量达到 1.5t 的目标。

（5）一次注浆若达不到每桩平均 1.5t 水泥的要求，则可采用间歇注浆以达到注浆量要求。

（6）大面积补注浆前应选择两根桩进行试注浆。试注浆时要详细记录钻探孔的芯样特征、开塞情况、注浆压力、注浆量与时间的关系，以便掌握补注浆的规律。补注浆桩的桩位布置见图 8-33。

8.9.4.7 桩身混凝土钻探取芯到底补注浆设计方案

优先采用桩身混凝土钻孔补注浆方案。桩身钻探取芯补注浆方案的工艺流程见图 8-34。

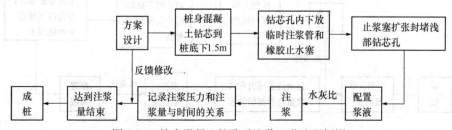

图 8-34 桩身混凝土钻孔后注浆工艺流程框图

桩身混凝土钻孔补注浆方案的关键是保证桩身混凝土钻孔的垂直度，且能沿桩身混凝土钻穿桩底下1.5m深处，具体措施如下：

　　(1) 待基坑开挖至设计桩顶标高且做好垫层后再对基桩钻孔补注浆。

　　(2) 确定补注浆桩的中心位置。

　　(3) 架设钻机，调整好机座位置，确保机座平稳、水平，并使机床杆钻头对准拟补注浆桩的中心位置。

　　(4) 用经纬仪测量钻机机床杆的垂直度。

　　(5) 钻探取芯，在钻芯过程中测量钻杆的垂直度。桩身混凝土钻孔直径为75mm，钻杆直径为42mm，并用2～4m长的岩性管钻探取芯，以保证钻芯孔的垂直度。

　　(6) 桩内钻孔深度为比桩底深1.5m，即有效桩长16m的桩身混凝土中钻孔深度为17.5m（注浆管埋入桩端圆砾土1.5m深处）。

　　(7) 钻穿桩底圆砾土1.5m终孔后，在桩身混凝土钻孔中下放直径33mm壁厚2.8mm的注浆钢管（注浆头采用打孔包扎胶带纸的方法），注浆管要下放到孔底圆砾土1.5m处，并在桩顶以下2.5m钻孔位置内下放橡胶止浆塞。

　　当钻机在桩身混凝土钻孔至桩底下圆砾土1.5m后提钻，并在桩身钻孔中下放注浆管和橡胶止浆塞，注浆管底部打4排每排4个直径8mm的注浆孔。注浆管底部压扁封闭。止浆塞的注浆管与注浆泵的注浆管连接，然后对橡胶止浆塞扩张封堵钻孔后再补注浆，如图8-35所示。

图8-35　橡胶止浆塞

　　桩身混凝土中心钻孔完成后，在钻孔中下放注浆管和橡胶止浆塞，待4块橡胶止浆塞侧向膨胀封堵钻孔后再进行补注浆。在补注浆过程中，要详细记录注浆压力和注浆量，绘出每根补注浆桩注浆压力和注浆量随时间变化的曲线。

　　大面积桩补注浆前要先对两根桩进行试注浆工作以便掌握补注浆的规律，然后开展大面积补注浆工作。

8.9.4.8　桩侧土钻孔补注浆工艺

　　对于部分桩采用桩身混凝土钻孔补注浆方案仍不能满足要求时，可根据实际情况采用桩侧土钻孔补注浆方案，其工艺流程见图8-36。

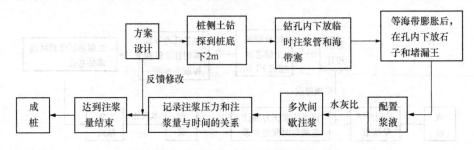

图8-36　桩侧土钻孔后注浆工艺流程

桩侧土钻孔补注浆方案的关键是在桩侧土钻孔中形成有效封堵高压注浆压力。具体措施如下：

（1）用钻机在桩外侧 50cm 处沿桩侧土钻孔至桩端平面以下 2m 圆砾土处。

（2）利用钻机钻杆清孔。

（3）提钻后下放注浆管至桩底圆砾层中 2m 处，注浆管下部 2m 须打孔（打 4 排每排 8 个直径 8mm 的小注浆孔）并用胶带纸临时包扎。

（4）在距桩顶 2m 处，注浆管外用两个水管接头夹设一个 3mm 厚直径 60mm 圆铁片形成一个节头。在圆铁片上部高度约 0.5m 段范围内用干海带包扎注浆管外侧以便封堵注浆管与钻孔间隙，见图 8-37。

图 8-37　注浆管外包扎干海带

（5）待海带膨胀后在注浆管与钻孔间投放石子并倒入堵漏王进行封堵钻孔上部。

（6）待封孔混凝土终凝后开始补注浆，补注浆采用间歇注浆方式。浆液水灰比为 0.5，设计注浆量暂定为 2.0t，具体注浆量根据现场情况确定。

桩侧土钻孔补注浆方案见图 8-38。

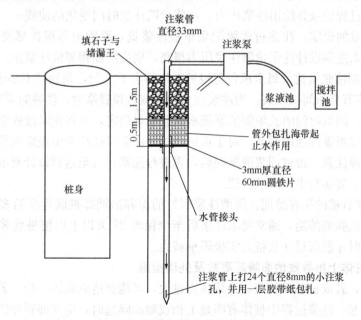

图 8-38　桩侧土钻孔补注浆方案

8.9.4.9　补注浆施工要点

（1）注浆头的制作：打孔包扎注浆头的桩端注浆管采用外径 33mm 壁厚不小于 2.8mm 的钢管。注浆管底部 1.5m（桩身钻孔）或 2m（桩侧钻孔）段打孔包扎。

（2）注浆管的埋设：桩身混凝土钻孔注浆管要埋设到桩端以下 1.5m 处，桩侧土中钻孔注浆管要埋设到桩端以下 2m 处。注浆管采用丝扣连接。桩端注浆管一直通到桩顶，注浆管顶端临时封闭。

（3）注浆泵的选择：要选择排浆量大的注浆泵（每小时流量大于 5m³），最大注浆压力能达到 10MPa 以上，注浆性能稳定，维修方便。

（4）注浆顺序：本工程注浆较困难，建议从内往外注，以保证达到注浆量。

（5）注浆开始时间：桩身钻探取芯补注浆可在安装好注浆管及橡胶止浆塞，待橡胶止水塞扩张后可立即进行补注浆，补注浆完毕，注浆管可回收利用。桩侧土中钻孔注浆需待封孔堵漏王凝固后（一般 2 天）进行，注浆管有可能不可回收。

（6）压水试验（开塞）：压水试验是注浆施工前必不可少的重要工序。成桩后至实施桩底注浆前，通过压水试验来判断桩底的可灌性。压水试验是选择注浆工艺参数的重要依据之一。此外，压水试验还可起到疏通注浆通道，提高桩底可灌性的作用。开塞后先进行压水试验以打通通道，了解可注性，若压水顺利可立即注浆。

（7）浆液浓度：浆液浓度的控制原则一般为：依据压水试验情况选择初注浓度，注浆压力低时用浓浆，注浆压力高时用稀浆，桩端注浆快结束时注浓浆。在可灌的条件下，尽量多用中等浓度以上浆液，以防浆液无效扩散。浆液选用纯水泥浆，可视情况添加减水剂、固化膨胀剂和早强剂。

（8）注浆过程：同一承台或附近的桩，宜同时注浆，同一根桩宜边开塞边注浆。同一根桩的 1 根注浆管注入的水泥浆已达到设计要求的注浆水泥量，另一注浆管可不注浆。注浆过程要有全过程记录并绘出注浆压力、注浆量随注浆时间变化的曲线。

（9）注浆量的确定：注浆过程要记录单桩注浆量，原则上每根桩都要达到设计注浆量。若某根桩未达到设计注浆量但注浆压力很高，则应增加相邻桩注浆量。本工程设计注浆量为 2t，控制注浆量建议每个承台每根桩平均不小于 1.5t，角柱桩不小于 2t。

（10）注浆节奏与间歇注浆：当注浆压力较高或桩顶冒浆时，注浆时需掌握注浆节奏，实行间歇注浆。间歇时间的长短需依据压水试验结果确定，并在注浆过程中依据注浆压力变化，判断桩底可灌性加以调节。对于短桩，桩底注浆时往往会出现浆液沿桩周上冒的现象，此时应暂停注浆，待桩周浆液凝固后，再进行注浆，直至达到设计要求的注浆量。本工程桩长较短，要实行多次间歇注浆。

（11）注浆后桩的保养龄期：所谓注浆后桩的保养龄期即桩底注浆后多长时间后可以进行抗压静载试验的龄期，通常要求注浆后至少保养 25 天以上以便桩底浆液凝固，进行抗压静载试验时才能获得注浆桩真实极限承载力。

8.9.5 桩体上抬导致地面隆起事故及处理措施

后注浆时，若成桩时间较短，注浆压力过大，可能会造成桩体上抬。若桩较短，还可能造成地面隆起。注浆过程中桩体有明显上抬或地面隆起时，应立即暂停注浆，查明导致桩体上抬和地面隆起的原因，采取有效措施。因此，进行桩端后注浆时，应使用百分表等对地面和桩顶进行隆起观测，尤其是对以下情况中的注浆过程更应进行桩顶上抬量监测和地面变形观测。

（1）为确定施工中应采用的注浆压力而进行的现场注浆试验。

（2）在软弱或裂隙发育的地基注浆，尤其是桩较短时，若对其上或临近构筑物造成危害，影响其安全或正常使用时。

（3）附近埋设有地下管线。

（4）有必要控制地面隆起的注浆工程。

8.9.6 浆液流失导致环境污染事故及处理措施

注浆过程中，若注浆压力一直较低，注入较容易，尤其是注浆量很大时注浆压力仍不能达到结束标准时，需查看地质报告，研究是否有地下土层断裂带、溶（孔）洞、地下暗河或地下设施的通道等浆液流失途径。同时，辅以下处理措施：

（1）采用速凝浆液，即在水泥浆液中加入速凝剂。

（2）采用水泥-水玻璃双浆液。

（3）控制水灰比，增加水泥用量。

浆液流失易造成周围环境的污染。注浆施工过程中，应尽量避免对周围环境的污染，环境污染包括噪声污染，振动污染和毒物污染等。注浆施工前，应了解注浆工艺是否会对周围环境产生噪声和振动污染。当采用化学注浆时，应充分了解化学浆材的毒性及工程所在地的水文地质条件。对拟使用的浆液种类、性质、毒害程度等进行评价，防止其污染地下水或对人体健康产生损害。

8.10 后注浆桩工程实例分析

8.10.1 工程实例一

8.10.1.1 工程概况和场地地质条件

温州鹿城广场工程总用地面积为 132528m²，总建筑面积约 410000m²（不包含地下建筑面积），包括一幢 350m 的多功能超高层建筑、5 幢 135～155m 的超高层住宅、3 幢 80m 的高层以及 1 幢 4～5 层的大型商场。场地各土层的物理力学参数见表 8-14。其中 2 幢 135～155m 超高层住宅的基础设计采用钻孔灌注桩，桩径为 800mm，持力层为卵石层，并采用桩底后注浆。设计要求单桩竖向抗压承载力特征值为 4000kN。为评价其实际承载力，选取 5 根试桩（编号为 S1、S2、S3、S4 和 S5）进行静载试验，其中试桩 S5 未采用桩端后注浆。这 5 根试桩施工记录如表 8-15 所示。

场地各土层的物理力学参数指标　　　　　　　　表 8-14

层次	岩土名称	顶板标高 (m)	含水量 (%)	重度 (kN/m³)	I_P	I_L	c (kPa)	φ (°)	E_s (MPa)	q_{sa} (kPa)	q_{pa} (kPa)
②	灰黄色黏土	3.17～1.95	35.8	18.5	18.2	0.61	20	9.1	3.3	9	
③₁	灰色淤泥质黏土	4.42～0.35	46.5	17.4	17.8	1.31	15	8	2.63	5	
③₂	灰色淤泥夹粉砂	−0.57～−4.39	39.5	17.6	14.6	1.33	16	8	2.96	6	
③₂′	灰色粉砂夹淤泥	−0.64～−7.39	28.9	18.9	17	6	10	28.9	7.64	11	
③₃	灰色粉砂夹淤泥	−7.87～−12.29	25.2	19.2	17	7	6	29.2	7.96	13	
④₁	青灰—灰色淤泥	−9.77～−15.57	52.8	16.7	21.4	1.28	15	8	2.77	6	
④₂	灰色淤泥质黏土	−20.3～−23.99	45.4	17.3	17.3	1.34	17	7.8	3.03	10	

415

层次	岩土名称	顶板标高(m)	含水量(%)	重度(kN/m³)	I_P	I_L	c(kPa)	φ(°)	E_s(MPa)	q_{sa}(kPa)	q_{pa}(kPa)
⑤₁	灰色含黏性土粉砂	−28.8～−33.27	24.6	18.5	16	6	6	28.6	7.86	20	400
⑤₂	灰色淤泥质黏土夹粉砂	−30.8～−35.27	41.8	17.3	16	1.27	18	8	3.29	13	
⑥	灰—浅灰色卵石	−38.2～−39.77	73	11	6					45	1400
⑦	灰绿色粉质黏土	−73.0～−74.03	31.4	19	16.2	0.59	31	14.6	5	27	400
⑦	灰黄色卵石	−73.8～−79.49	75	10	6					45	1400
⑧′	灰绿色粉质黏土	−80.01	25.1	18	16.4	0.15	33	18.6	5.75	27	400
⑨₁	灰绿色粉质黏土	−80～−84.59	23.7	19.5	14.7	0.31	36	16.8	6.68	29	480
⑩₁	灰黄色全风化闪长岩	−94～−95.57	33.4	18.5	18.1	0.54	33	15.4	5.3	30	600

试桩基本资料   表 8-15

桩号	桩长(m)	桩径(mm)	打桩日期	试验日期	入卵石层深度(m)	混凝土强度等级	充盈系数	配筋
S1	49.36	800	2007.12.15	2008.1.28	6.00	C45	1.13	12ϕ22mm
S2	48.77	800	2007.12.15	2008.1.3	6.00	C45	1.15	12ϕ22mm
S3	49.01	800	2007.12.1	2008.1.18	6.00	C45	1.14	12ϕ22mm
S4	50.50	800	2007.12.11	2008.1.21	6.00	C45	1.20	12ϕ22mm
S5	49.49	800	2007.9.15	2007.10.14	6.02	C40	1.13	14ϕ18mm

8.10.1.2 注浆压力、注浆量与时间的关系

现场实测的桩端后注浆桩的注浆压力和注浆量与时间的关系曲线如图 8-39 所示（选取该场地中的工程桩 A535 和 A686 进行分析）。

由图 8-39 可知，在试桩进行桩端后注浆的过程中，注浆压力时刻都在变化，但有一

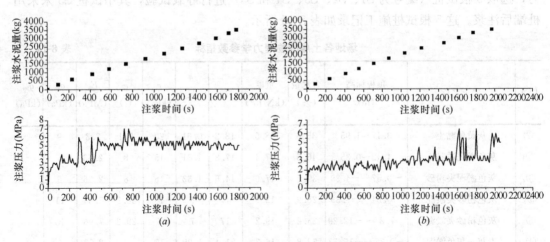

图 8-39 注浆压力和注浆量随时间变化的曲线

(a) A535 号桩；(b) A686 号桩

个大体动态的变化范围（A535 号桩在 3～5MPa，A686 号桩在 2～3MPa，注浆量均为
3.5t），注浆过程中有注浆压力突跃而后又下降的现象，这是劈裂注浆和渗透、压密注浆
方式交替进行的过程。注浆量和时间近似呈线性增长的关系。随着注浆量进一步增大和被
注土体下浆液浓度的提高，一定时间后注浆压力会有所提高。桩端后注浆中，一般采用注
浆量为主控因素，注浆压力为辅控因素。

8.10.1.3 各级荷载下的桩顶和桩端沉降量

试桩静载试验采用堆载-反力架装置，加载方法采用千斤顶反力加载，JCQ 静载自动
记录仪自动记录每级压力。桩顶沉降利用布置在桩顶的位移传感器量测得到。桩端沉降则
是预先在打桩时沿钢筋笼内侧埋设桩径 50mm 的钢管，然后在桩径 50mm 的钢管内下放
直径 20mm 的钢管，再在直径 20mm 的钢管顶端设置测点量测得到。下放钢筋笼时在桩
身 9 个断面预埋了钢筋应力计，每个断面 3 个，安装的位置根据场地土层的分布情况和桩
长确定。4 根采用后注浆试桩 S1、S2、S3 和 S4 的桩顶和桩端荷载-沉降曲线相似，为节
省篇幅，本节只给出试桩 S1 的桩顶、桩端荷载-沉降关系曲线。同时选取一根和其他试桩具有相似条件的未注浆试桩 S5 进行比较。未注浆试桩 S5 在其他试桩灌注前先进行了静载试验，后注浆的试桩是后期完成的（见表 8-15），试桩 S5 和其他试桩的最大加载值不同，其最大加载荷载为 12300kN，试桩 S1 和 S5 的荷载-沉降关系曲线如图 8-40 所示。

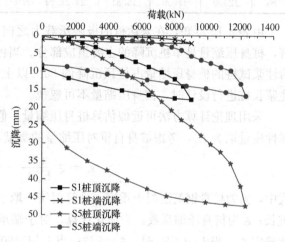

图 8-40　试桩荷载-位移曲线图

由图 8-40 可知，当荷载较小时，荷载-位移曲线表现为线性关系。随着荷载的增大，沉降增速也逐渐增大，荷载一位移曲线逐渐变为非线性。当荷载较小时，桩顶即产生沉降，而此时桩端沉降值为
零。只有当荷载增大到一定值时，桩端沉降才出现。未注浆试桩 S5 加载至荷载 9000kN
时，桩端沉降约为 5.72mm，桩顶沉降约为 25.33mm；而采用桩端后注浆的试桩 S1 在荷
载 9000kN 时的桩端沉降为 2.11mm，桩顶沉降为 17.83mm，说明桩端后注浆试桩的桩端
和桩顶沉降都要比未注浆的沉降值小。桩端后注浆可减少沉降量，固化桩底沉渣及卵
石层。

试桩 S1、S2、S3、S4 按规定荷载级别加载到 4000kN 时，桩端开始出现沉降，但其
值较小，分别为 0.11mm、0.09mm、0.10mm、0.08mm。而未注浆试桩 S5 加载至
3000kN 时，桩端沉降就开始出现，其值约为 0.35mm。说明未后注浆试桩侧摩阻力先于
后注浆试桩充分发挥，即桩端后注浆技术改善了桩侧土的承载性状，提高了桩侧摩阻力。

需要说明的是，尽管未采用后注浆的试桩 S5 满足承载能力特征值 4000kN 以上的要
求，但试桩 S5 在 9000kN 时的桩顶沉降和桩端沉降值都较大，鉴于本工程的重要性和后
注浆技术的优点，工程桩决定采用桩端后注浆技术。

8.10.1.4 桩身压缩量的确定

利用实测桩顶和桩端沉降数据可确定桩身压缩，桩身压缩等于桩顶沉降与桩端沉降的差。试桩 S1、S2、S3、S4 和 S5 的桩身压缩量见表 8-16。

试桩荷载与位移的主要结果   表 8-16

桩号	最大加载 (kN)	桩顶位移 (mm)	桩端位移 (mm)	桩顶残余变形 (mm)	桩端残余变形 (mm)	桩身压缩 (mm)	桩顶回弹率 (%)	桩端回弹率 (%)	桩身压缩占桩顶沉降百分比
S1	9000	17.83	2.11	9.13	1.02	15.72	48.8	51.7	88.2
S2	9000	20.46	2.38	9.59	1.03	18.08	53.1	56.7	88.4
S3	9000	18.33	2.86	9.51	1.27	15.47	48.1	55.6	84.4
S4	9000	19.72	2.26	10.19	0.72	17.46	48.3	68.1	88.5
S5	12300	47.50	16.81	24.26	7.90	30.69	48.9	53.0	64.6

由表 8-16 可知，在未达桩的极限承载力之前，对本工程中持力层是卵石层的长桩而言，桩身压缩量是单桩沉降的主要组成部分。当桩顶荷载低于桩极限承载力时，采用桩端后注浆试桩的桩身压缩量占桩顶沉降的 80% 以上。因此，在对持力层为卵石层的桩端后注浆长桩进行设计时，桩身压缩量不可忽视。

采用理论计算方法可近似估算桩身压缩量。假定桩身为线弹性，桩身截面积取为 A_p，弹性模量取为 E_p，考虑桩身自重对压缩量的贡献，桩身压缩量 s_s 可表示为：

$$s_s = \xi_e \frac{QL}{E_p A_p} + \frac{\gamma_d \cdot L^2}{2E_p} \tag{8-39}$$

式中，γ_d 为桩身钢筋混凝土重度，计算时统一取 $\gamma_d = 25\text{kN/m}^3$；$Q$ 为单桩桩顶荷载；L 为桩长；ξ_e 为桩身压缩系数，为简化计算，对于端承型桩，$\xi_e = 1.0$；对于摩擦型桩可按长径比确定 ξ_e，当 $L/d \leqslant 30$ 时，$\xi_e = 2/3$；当 $L/d \geqslant 80$ 时，$\xi_e = 1/3$；当 $30 < L/d < 80$ 时，ξ_e 可线性内插取值。

采用式（8-39）计算得出的结果和试桩桩身压缩实测值见表 8-17。

桩身压缩实测值与计算值   表 8-17

桩号	桩长 (m)	桩径 (mm)	混凝土强度等级	长径比	桩顶最大荷载 (kN)	桩身压缩实测值 (mm)	桩身压缩计算值 (mm)
S1	49.36	800	C45	61.7	9000	15.72	15.29
S2	48.77	800	C45	61.0	9000	18.08	14.97
S3	49.01	800	C45	61.3	9000	15.47	15.1
S4	50.50	800	C45	63.1	9000	17.46	15.91
S5	49.49	800	C40	61.9	12300	30.69	26.69

8.10.1.5 各级荷载下的桩身轴力

各级荷载作用下，试桩 S1、S2、S3 和 S4 的桩身轴力可通过埋设在桩身 9 个断面处的钢筋应力计采集的数据换算得到。计算得到的各级荷载下的桩身轴力见图 8-41。

由图 8-41 可知，荷载作用下桩身轴力随深度的增加而减少，相邻两级荷载所对应的

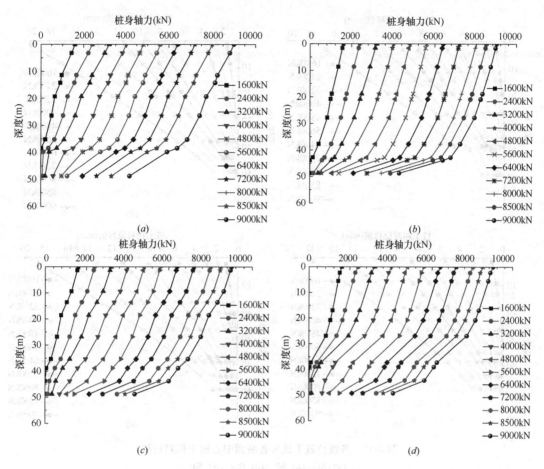

图 8-41　各级荷载下试桩的桩身轴力

(*a*) S1；(*b*) S2；(*c*) S3；(*d*) S4

轴力增量随深度的增加逐渐减小。当荷载较小时，桩身下部轴力为零。随着荷载的增大，桩身下部逐渐产生轴力，端阻也逐渐发挥。桩端阻力占桩顶荷载的比例随荷载增加逐渐增大，当荷载为 9000kN 时，桩端阻力约为桩顶荷载的 50%。

8.10.1.6　各级荷载下的桩土相对位移

桩顶荷载较小时，桩身上部混凝土受力压缩，从而引起桩身上部产生桩土相对位移。随着桩顶上部荷载的增大，桩身压缩量逐渐增加，桩身上部桩土相对位移增大。当桩土界面相对位移值大于桩土截面的极限位移值后，桩身上部土的侧阻已完全发挥，桩土之间出现滑移，此时桩身下部土的侧摩阻力才得以进一步发挥。图 8-42 是各级荷载作用下试桩各断面间中心桩土相对位移值。

由图 8-42 可知，桩土相对位移最大值出现在桩顶位置，且桩土相对位移随深度的增加近似呈线性减少，桩土相对位移值随荷载的增加逐渐增加。荷载水平较低时，桩端处的桩土相对位移值为零。只有当桩顶荷载增大到一定值时，桩端才开始出现桩土相对位移。

8.10.1.7　各级荷载下的侧摩阻力

通过埋设的钢筋计所采集的数据换算成轴力后，进而可得到桩侧平均摩阻力值。桩身

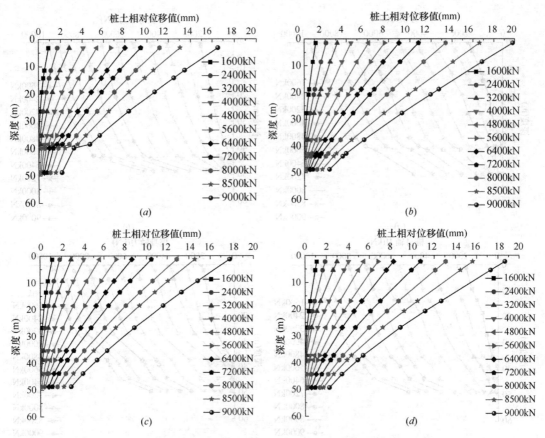

图 8-42 各级荷载下试桩各断面中心桩土相对位移

(a) S1；(b) S2；(c) S3；(d) S4

不同位置处的桩侧平均摩阻力分布如图 8-43 所示。

由图 8-43 可知，上部土层和下部土层的摩阻力是一个异步发挥的过程，上部土层的摩阻力先于下部土层发挥作用。随着荷载增大，上部土层的摩阻力逐渐趋于稳定，而下部土层的摩阻力还未完全发挥。不同土层中，桩侧平均摩阻力有所差别。同一土层中，随着桩顶荷载水平的增加，桩侧平均摩阻力也相应增大，但增加的幅度有所差别。荷载水平较低时，桩端处的平均侧摩阻力为零，随着荷载的增大，桩端处的平均侧摩阻力逐渐发挥，且其值在荷载增加不多时会急剧增大。

8.10.1.8 各级荷载下的桩侧摩阻力与桩土相对位移的关系

同一断面处各级荷载作用下试桩的桩侧平均摩阻力和桩土相对位移的曲线，见图 8-44。

由图 8-44 可知，桩侧摩阻力的发挥程度和桩土相对位移有着较好的对应关系。当桩土相对位移较小时，桩长范围内土层的桩侧摩阻力均随桩土相对位移的增大而增加，随着桩土相对位移的逐渐增大，上部土层的桩侧摩阻力值达到峰值，此后随着荷载的增加桩侧摩阻力逐渐降低，且维持其残余强度，即出现侧阻软化现象。由图 8-44 和表 8-14 可知，该工程灰黄色黏土和灰色淤泥质黏土中钻孔灌注桩极限侧阻值完全发挥所需的相对位移约为 3mm，灰色淤泥质黏土和灰色淤泥夹粉砂中钻孔灌注桩极限侧阻值完全发挥所需的相对位移约为 1~2mm。下部土层侧阻未出现侧阻软化现象，即桩下部土层的侧阻未完全发挥。

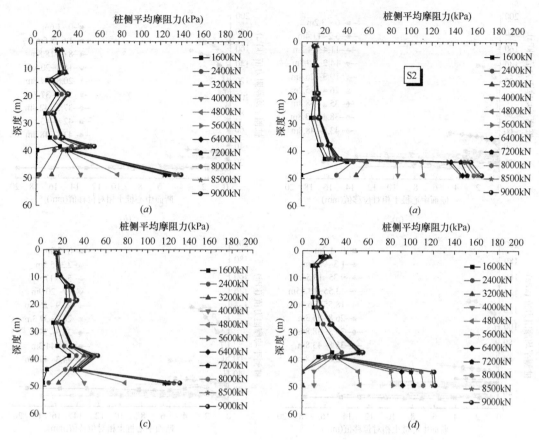

图 8-43　各级荷载下试桩各断面平均桩侧摩阻力值
(a) S1；(b) S2；(c) S3；(d) S4

8.10.2　工程实例二

8.10.2.1　工程概况和场地地质条件

温州某写字楼由一幢 19 层高层建筑和 4 层裙楼组成，工程占地面积为 5690m²，总建筑面积为 25912.4m²。高层建筑为框剪结构，裙楼为框架结构，地下室 1 层。基础采用钻孔灌注桩，桩径为 700mm，桩长为 41m，桩间距为 2.35m，桩身采用 C30 混凝土，持力层为含砂和黏土的卵石层，设计要求单桩竖向承载力极限值为 6500kN，满堂式正方形布桩，共布桩 361 根。成桩 60 天后进行桩底注浆，设计注浆量暂定为 1000kg，要求边开塞边注浆。采用注浆量作为终止注浆的主控因素，终注压力作为辅控因素。主楼桩位布置平面图与地层剖面及各层厚度见图 8-45。

持力层⑤₃卵砾石层颗粒级配较好，骨架颗粒含量在 17.6%～64.3%，波动范围较大，且排列混乱，粒径一般为 2～6cm，少量粒径大于 10cm，不均匀。充填物为砂混黏性土，其中砂粒含量为 16.6%，细粒含量 12.2%，分选性差。

8.10.2.2　注浆开塞压力与成桩龄期的关系

该工程全场布桩数量较多，打桩历时四个多月，本工程大部分桩施工完毕后边开塞边注浆，开塞采用清水开塞。由于桩身混凝土的龄期不同，开塞压力也有所变化，开塞压力与成桩龄期的关系如图 8-46 所示。

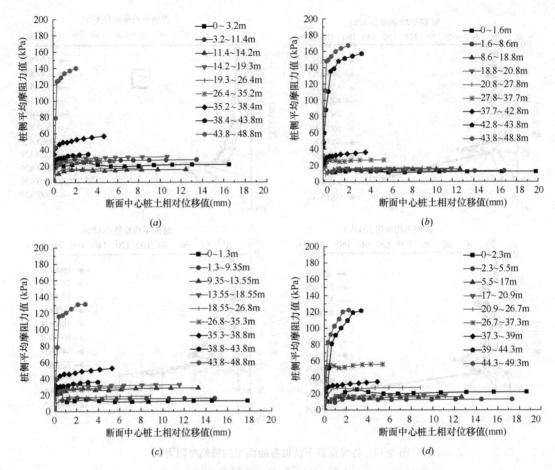

图 8-44　各级荷载下试桩桩侧平均摩阻力-桩土相对位移曲线

(a) S1；(b) S2；(c) S3；(d) S4

层号	岩土名称	地层桩状	层厚
1	杂填土		1.10m
2	黏土		1.50m
③₁	淤泥		12.40m
③₂	淤泥		11.90m
③₃	淤泥质黏土		4.60m
④₁	黏土		1.10m
④₂	粉质黏土		3.40m
⑤₁	圆砾		1.60m
⑤₂	粉质黏土		1.30m
⑤₃	卵石		5.20m
⑤₄	粉质黏土		0.30m

图 8-45　地层综合柱状图

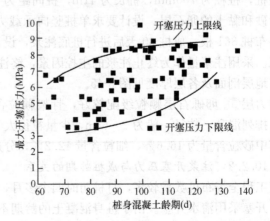

图 8-46　开塞压力与混凝土龄期的关系

图 8-46 中注浆开塞压力最大为 12MPa，最小为 3.5MPa，平均为 6.58MPa。整个工地注浆桩注浆开塞压力具有一定变化趋势，即在含黏性土的卵石层中，开塞压力随灌注桩成桩龄期的增加而增大。灌注桩龄期达到 60～70d 后，开塞压力平均为 6MPa，养护 130～140d 后，平均开塞压力为 9MPa。这主要是由于开塞过程水需冲破封堵注浆孔的混凝土所致，随着龄期的增长，混凝土的强度逐渐提高，开塞压力也随之增大。

由图 8-46 可知，桩身混凝土龄期超过 100d 后，两条曲线越来越近，可以预见在龄期超过一定范围后开塞压力将稳定在 9MPa 左右。

8.10.2.3 注浆压力与注浆持续时间

本工程注浆水灰比采用 0.5，注浆以注浆量为主控因素（设计注浆量为 1t 水泥），注浆压力为辅控因素。对本工程所有注浆桩注浆压力与时间的关系进行汇总，得到了含黏性土卵石层注浆压力随时间的变化规律。根据注浆曲线形状的不同，可以大致分成 5 类：一字型、A 或 V 字型、W 或 M 字型、上升型、下降型，见图 8-47。

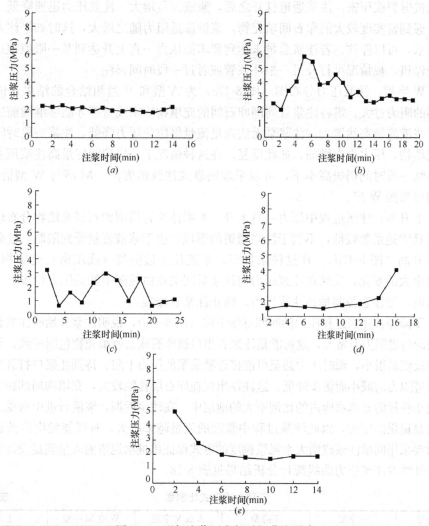

图 8-47 现场注浆压力与时间曲线形式

(a) 一字型；(b) A 字型；(c) W 字型；(d) 上升型；(e) 下降型

(1) 一字型：注浆压力随注浆时间基本不发生变化，说明注浆区周围卵石骨架含量较高，孔隙较大，浆液可灌性好，注浆泵施加的压力与浆液行进过程受到的阻力基本一致（图 8-47a）。注浆过程呈一字型变化时，渗透注浆占主要形式，不会出现大面积劈裂或压密现象，往往采用注浆量作为控制因素结束注浆过程。

(2) A 字型：注浆压力先上升后下降（图 8-47b），说明浆液从开始注入起遇到的阻力逐渐上升，原因可能是注浆孔周围卵石间细粒充填物较多，阻塞了浆液的运行通道。在浆液行进过程中，密实度高、稠度较大的填充物由于强度较大，对水泥浆液的渗透起阻碍作用，待到注浆压力逐渐增大使得这些细粒充填物发生劈裂或者压密，重新打开注浆通道后，吃浆量会激增，注浆压力迅速下降，表现为注浆压力达到峰值后迅速下降，在注浆形式上表现为渗透注浆、压密注浆和劈裂注浆相互交替。

V 字型与 A 型注浆压力分布形式恰恰相反，其注浆压力先降后升，说明浆液起始阻力较大，前期吃浆量较少，在注浆压力图中表现为注浆开始后压力急剧上升至某较大值。当填充物被劈裂或压密，注浆通道打开之后，浆液流量增大，注浆压力迅速降低。之后浆液行进又遇到密实度较大的卵石间填充物，浆液渗透阻力随之增大，这时如果注入浆液总量达到要求，可以停注。若注浆总量未达到要求而压力一直上升达到某一限值超过规定时间，也应停机，视情况可打开另一根注浆管或者过一段时间再注。

(3) W 字型：注浆压力分布图（图 8-47c）为 A 型和 V 型相结合的结果，说明浆液起始受到的阻力过大，需将注浆管周围卵石间的充填物压密或劈裂才能够继续前进，通道打开后，浆液流量突然增大，注浆泵无法满足流量供应，压力降低，注浆一段时间后，再次遇到充填物，压力再次增加，如此反复。在这种情况下，应控制好最高注浆压力，若注浆压力持续一段时间仍居高不下，可以采取间歇式注浆的方法。M 型与 W 型恰恰相反，注浆控制可参照 W 型。

(4) 上升型：注浆过程中压力一直上升，表明注浆管周围卵石层充填物分布较多，密实度较高且渗透系数较低，不利于注浆通道的形成。由于浆液流量受到限制，注浆泵内部压力逐渐升高（图 8-47d）。在这种条件下，浆液往往边劈裂（或压密）充填物边流动，流量不发生大的变化，反映在注浆压力与注浆时间关系曲线图中就是压力稳步上升。产生这种情形时，要注意控制最高注浆压力，防止注浆管爆裂。

(5) 下降型：注浆过程压力随时间逐渐下降（图 8-47e），说明注浆开始时注浆管周围土层对浆液的行进阻力非常大，这可能是注浆管出口被卵石或致密充填物包围所致，导致注浆起始时浆液流量很小，瞬时压力甚至可能接近灌浆泵的压力上限。待到注浆口打开后，注浆压力随行进阻力的减小而缓步降低。这往往出现在卵石层孔隙较大，充填物局部密实但含量较少，或小粒径的充填物所占的比例不大的地层中。在注浆后期，浆液行进中所受的阻力远小于注浆泵提供的压力，因此注浆过程中浆液的流量越来越大，有可能发生浆液逸走的情况，这时要采用间歇注浆或增大水泥浆稠度的方式保证单桩水泥浆灌入量满足设计要求。

5 种典型的注浆压力曲线统计分析结果见表 8-18。

5 种曲线形式比例表 表 8-18

曲线类型	一字型	下降型	A 或 V 字型	W 或 M 字型	上升型
数量	183	62	53	37	25
比例（%）	50.8	17.2	14.8	10.2	7.0

由表 8-18 可知，注浆过程中压力平稳变化（一字型）的比例超过总数的 50％以上，说明在含黏土充填物的卵石层中注浆，注浆形式以渗透为主，压力平稳变化，在填充物含量较多的区域，伴随着浆液对填充物的劈裂或挤密，注浆压力会有较大的波动，主要表现为注浆压力在一段时间内急剧上升或下降。因此，卵石层内填充物的含量、密实度、渗透性对注浆压力曲线的变化形式具有决定性作用。

8.10.2.4 终注压力与桩身成桩龄期的关系

注浆压力是判断注浆施工效果好坏的关键因素之一，工程中常将注浆压力尤其是后期的注浆压力作为重要参数来控制和终止注浆，因此研究终注压力影响的因素具有重要意义。

图 8-48 给出了终注压力与成桩龄期间的关系，点代表实测数据，实线代表变化趋势。在不同的养护时间，终注压力最大为 5MPa，最小为 1.1MPa，平均为 2.69MPa，终注压力之所以很小，是因为桩端卵石层渗透性较好。成桩时间为 60～140d 时，趋势曲线基本与横轴平行，说明终注压力与桩身龄期没有直接联系，亦即成桩时间只对开塞压力有影响，对后期注浆压力影响不大。

8.10.2.5 终注压力与持力层层厚的关系

桩端土层性质、桩端入持力层厚度、持力层的厚度以及桩位分布等会对桩端注浆的终止注浆压力造成影响。桩端土层均为含砂与黏土的卵石层，设计桩端入持力层深度为 2.5m，卵石层厚度（厚度等值线如图 8-49 所示）可能会对注浆压力有一定影响。卵石层厚度为 5～7.6m，东北方向卵石层较薄，向西南方向厚度逐渐增大。

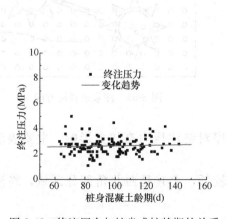

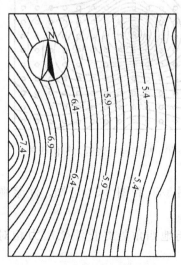

图 8-48 终注压力与桩身成桩龄期的关系　　图 8-49 卵石层厚度等值线图

含黏性土卵石层桩底终止注浆压力等值线如图 8-49 所示。由图 8-49 可知，注浆压力与卵石层厚间有一定的联系。卵石层厚度越大，注浆压力越低。随着层厚自西向东逐渐变小，桩端注浆压力除在布桩的中心区域有异变外，基本上随层厚逐渐增大。原因可能是在层厚较大处，浆液扩散时行进的通道相对较长，遇到与卵石层相邻的上下两层粉质黏土几率较小，而层厚较大处，浆液较容易扩散至土层交界面，行进阻力大，注浆压力也较高。

8.10.2.6 终注压力与桩位分布的关系

将注浆压力等值线和桩位分布图绘制在一起（见图 8-50），可直观分析桩位对注浆压力的影响。在桩位图的周边，注浆压力较低，随桩位逐渐向中心靠近，注浆压力缓慢增大。在桩位图的中心处，注浆压力是最高的，达 3.7～3.8MPa。因为对于一根桩来说，桩底浆液扩散范围往往要比桩径大得多，前一根桩桩底的浆液扩散必然会对邻桩产生影响，角桩受到的影响是最小的，边桩其次，中心桩受到的影响最大。即越靠近中心的桩，桩端孔隙就越少，浆液注入越困难，因而注浆压力也就越大。因此，在桩位分布上，中心桩终注压力最大，边桩次之，角桩最小。

8.10.2.7 终注压力与注浆顺序的关系

注浆顺序是影响场地内注浆压力分布的又一重要因素。由于先注浆桩桩底浆液扩散范围的影响，会使相邻的后注浆桩浆液扩散受到限制，此处着重对较厚卵石层注浆顺序对场地内注浆压力分布的影响进行分析，如图 8-50 和图 8-51 所示。图 8-51 中数字代表泵机集中注浆的区域，区域内部泵机呈 Z 形移动，箭头代表泵机移动和出入场地的顺序。

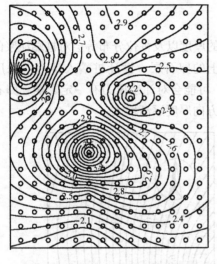

图 8-50　桩位与注浆压力等值线图

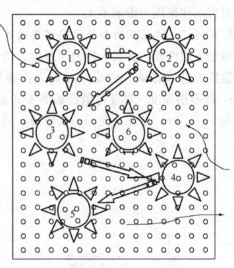

图 8-51　注浆泵移动方向

对比图 8-50 和图 8-51 可知，注浆顺序对终注压力有较大影响，主要表现在以下方面：

（1）场地四角处终止注浆压力相对较低，尤其是西北角部分区域，终注压力不足 2MPa。

（2）各注浆区域交接部分终止注浆压力相对较高，如 1、2 区域交界处，3、5 区域交界处等，其中最为明显的是 5、6 区域交界处，终止注浆压力最高约 4MPa，导致部分桩注浆量略有不足，此时应采取有力措施保障注浆量。

8.10.2.8 注浆量与试打桩静载试验结果的关系

为验证桩底注浆对提高承载力的效果，分别对场地周边 6 根试验桩（非工程桩）进行不同注浆量的注浆试验，待桩身混凝土达到预定值后进行慢速加载静载荷试验，结果见表 8-19。选取 4 根注浆量分别为 400kg、700kg、1000kg、1200kg 时的试打桩极限承载力和桩顶桩底沉降量进行分析，桩顶和桩端沉降曲线如图 8-52 所示。

试桩静载试验结果 表 8-19

桩号	注浆量 (kg)	桩长 (m)	桩径 (mm)	单桩竖向承载力 (kN)	桩顶沉降 (mm)	桩端沉降 (mm)
S1	100	40.0	700	5600	45.26	30.43
S2	400	41.0	700	6000	43.83	—
S3	700	39.6	700	6250	29.88	6.03
S4	1000	40.5	700	6500	21.44	4.38
S5	1000	39.6	700	6250	19.57	—
S6	1200	39.6	700	6500	20.12	4.13

由图 8-52 可知，在设计注浆量（本工程为 1t 水泥浆）范围内，即注浆量在 1000～
1200kg 时，桩 S4～S6 桩顶与桩端沉降曲线相似。注浆量明显小于设计值（如 400kg）
时，沉降曲线与合理曲线偏差较大，表现为沉降量尤其是桩端沉降量明显大于合理曲线值
2～3 倍。可以预见，当注浆量小于 400kg 时，桩顶和桩端沉降量会更大，甚至有可能因
桩土位移过大而发生侧阻软化或桩端刺入。因此，对于含充填物的卵石层，单桩注浆量应
控制在合理范围内。

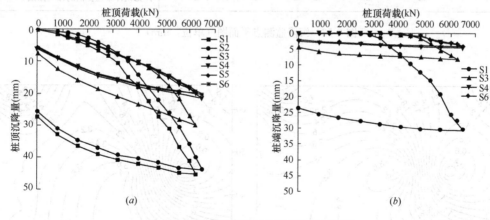

图 8-52　不同注浆量下各试打桩的沉降量
(a) 桩顶沉降量；(b) 桩端沉降量

8.10.2.9　沉降监测结果分析

为了解该大楼施工过程中的沉降情况，在大楼不同位置处布置了沉降监测点，见图
8-53。

图 8-54 为本工程 2008 年 1 月 7 日和 2008 年 5 月 30 日观测得到建筑物各点沉降等值
线图。

由图 8-54 可知，整个建筑物各点的沉降值均较小，16 号测点沉降量最大，仅为
5mm，在 16 个测点中沉降量不超过 3mm 的测点共有 11 个，占 69%。由此可见，建筑物
沉降较均匀，其沉降量主要为桩身压缩量，桩端注浆效果显著。

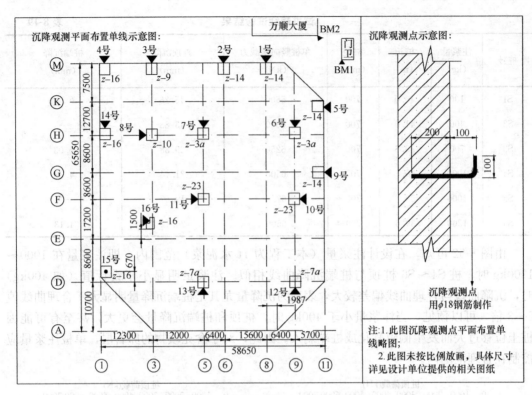

图 8-53 沉降监测点平面图（单位：mm）

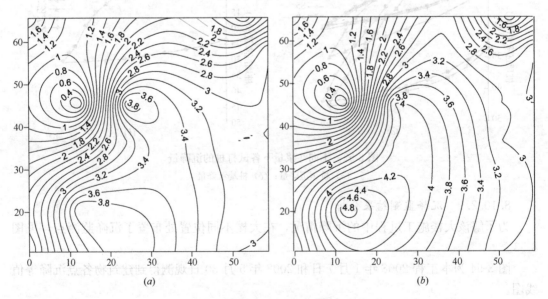

图 8-54 沉降等值线图（单位：mm）

(a) 2008-01-07 沉降等值线图；(b) 2008-05-30 沉降等值线图

8.10.3　工程实例三

8.10.3.1　工程概况和场地地质条件

上海静安（世博）输变电工程为我国首座全地下 500kV 变电站，主体结构地下 4 层为圆筒形结构，直径为 130m，埋深为 34m，地下建筑面积为 53000m²，顶部距离地面 2m 以上，采用逆作法施工。场地各土层分层及主要物理力学指标见表 8-20。

场地土层分层及主要物理力学指标　　　　　　　　表 8-20

层序	底层名称	实测标贯击数 N	静力触探		钻孔灌注桩		地基承载力	
			比贯入阻力 P_s(MPa)	锥尖阻力 q_c(MPa)	极限侧阻标准值(kPa)	极限端阻(kPa)	特征值(kPa)	设计值(kPa)
②	粉质黏土	—	0.72	0.66	15	—	80	100
③	淤泥质粉质黏土	3.4	0.71	0.55	15	—	60	80
④	淤泥质黏土	2.6	0.65	0.53	20	—	60	80
⑤₁₋₁	黏土	4.3	0.94	0.72	30	—	90	100
⑤₁₋₂	粉质黏土	6.5	1.30	0.98	35	—	100	120
⑥₁	粉质黏土	14.6	2.78	1.94	50	—	100	120
⑦₁	砂质粉土	28.1	12.19	9.71	60			
⑦₂	粉砂	50.1	23.23	19.28	70			
⑧₁	粉质黏土	9.7	2.38	1.41	45			
⑧₂	粉质黏土与粉砂互层	15.5	3.45	2.35	60	1600		
⑧₃	粉质黏土与粉砂互层		5.98	6.00	—	1800		
⑨₁	中砂	62.0			90	2500		
⑨₂	粗砂	83.4			95	2800		

此工程场地标高一般为 2.24～3.11m，场地内 30m 以上普遍分布有多个软黏土层，且地下水埋深较浅。场地土为软弱土，不会发生液化，浅层地下水属潜水类型，地下水埋深一般在 0.5m。第一承压水赋存于⑦₁ 砂质粉土和⑦₂ 砂层，第二承压水赋存于⑨层砂性土。

8.10.3.2　桩基础设计施工方案

该变电站基础共布设 886 根超深钻孔灌注桩，桩径为 950mm，埋深达 89.5m，有效桩长为 55.8m，采用桩端后注浆技术，设计极限承载力为 15200kN。由于基础正常使用阶段存在较大的地下水浮力，该变电站基础设置了抗拔桩，桩径为 800mm，桩长为 82.6m，有效桩长为 48.6m。为确定抗拔桩桩型，试桩阶段对 3 根钻孔扩底桩与 3 根钻孔桩侧注浆桩进行了对比试验。桩侧注浆器设置在相对地面标高分别为 -40m、-45.9m、-67.2m、-72.4m 和 -77.6m 处，见图 8-55。

桩侧注浆采用 42.5R 普通硅酸盐水泥，注浆水灰比为 0.6～0.7，桩侧注浆水泥用量为每个断面 500kg，沿桩长设置 5 个注浆断面，每个注浆断面注浆孔数量不少于 4 个，且沿桩周均匀分布，单桩水泥用量设计为 2.5t。成桩灌注完成后 24h 内用少量清水疏通注浆管和注浆器。注浆注力不小于 1MPa，且必须大于注浆深度处土层压力，注浆速度宜为 30～75L/min，不应超过 75L/min。桩侧注浆管若出现堵塞、折断等异常情况，应把损坏侧管设计的水泥浆量按 1.2 倍量补入本桩其他桩侧注浆管中。

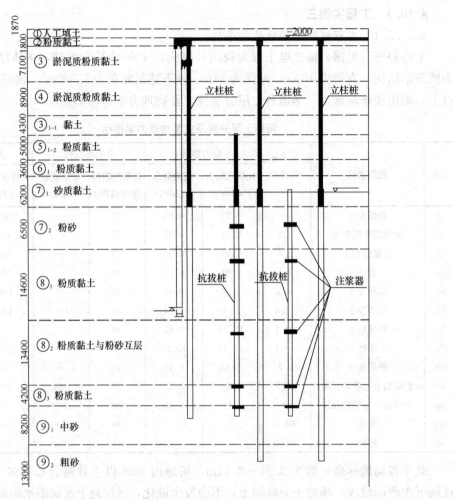

图 8-55　地质概况及注浆器位置（单位：mm）

8.10.3.3　扩底桩与桩侧注浆桩极限抗拔力对比分析

等截面桩侧注浆桩 A 与扩底桩 B 设计参数见表 8-21 和图 8-56。注浆抗拔桩与扩底抗拔桩静载试验结果对比见表 8-22。

两种抗拔桩设计参数 　　　　　　　　　　　　　　　　　表 8-21

桩型	桩径 (mm)	有效桩长 (m)	进入土层	极限承载力 (kN)	扩底直径 (mm)	注浆工艺
A	800	48.6	⑨₁ 中砂	4800	1500	未注浆
B	800	48.6	⑨₁ 中砂	4800	不扩底	桩侧后注浆 2.5t 水泥

注浆抗拔桩与扩底抗拔桩静载试验结果对比 　　　　　　　表 8-22

试桩编号	最大加载量 (kN)	桩顶			桩端			单桩抗拔极限承载力 (kN)
		最大上拔量 (mm)	残余变形 (mm)	回弹率	最大上拔量 (mm)	残余变形 (mm)	回弹率	
T1 扩底桩	8000	68.48	18.56	72.8%	18.92	4.12	78.2%	8000

430

试桩编号	最大加载量 (kN)	桩顶			桩端			单桩抗拔极限承载力 (kN)
		最大上拔量 (mm)	残余变形 (mm)	回弹率	最大上拔量 (mm)	残余变形 (mm)	回弹率	
T2 扩底桩	8000	64.49	13.74	78.6%	19.67	3.92	80.0%	8000
T3 扩底桩	8000	52.36	7.11	86.4%				8000
T4 桩侧注浆	8000	40.16	9.07	77.4%	11.17	0.56	94.9%	8000
T5 桩侧注浆	8000	43.50	10.83	75.1%	7.19	1.89	73.7%	8000
T6 桩侧注浆	8000	47.26	11.21	76.2%	4.54	0.75	83.4%	8000

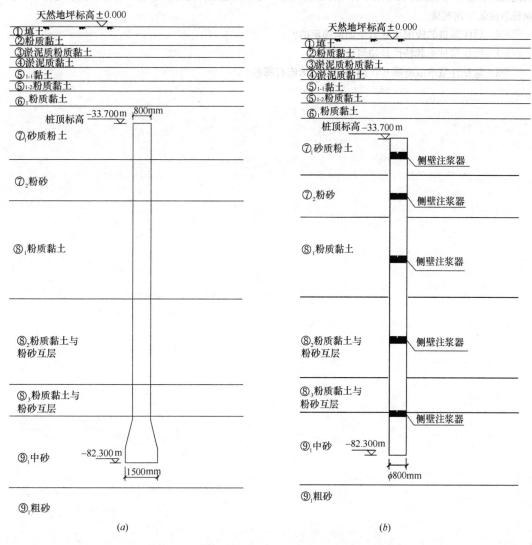

图 8-56 等截面桩侧注浆桩与扩底桩设计参数

(a) 扩底抗拔桩（T1～T3）；(b) 桩侧后注浆抗拔桩（T4～T6）

表 8-22 静载试验结果表明，在最大上拔荷载 8000kN 作用下，桩侧注浆桩的桩顶和桩端上拔量均小于扩底桩的上拔量，说明桩侧注浆桩抗拔性能优于扩底桩的抗拔性能。

思 考 题

8-1　钻孔灌注桩施工存在的主要问题有哪些？

8-2　什么是后注浆技术？后注浆技术的作用是什么？

8-3　后注浆技术是如何分类的？

8-4　岩土介质可注性理论是什么？渗透注浆、压密注浆、劈裂注浆三者关系如何？桩端后注浆的机理是什么？

8-5　后注浆技术中注浆头是如何设计的？注浆管如何埋设？注浆量和注浆压力如何确定？注浆浆液浓度如何确定？注浆顺序和注浆节奏设计如何确定？终止注浆条件是什么？后注浆工艺流程是什么？预制桩后注浆如何实施？

8-6　后注浆桩的极限承载力是如何确定的？

8-7　后注浆桩承载特性是如何计算的？

8-8　常见注浆事故有哪些？相应的处理措施有哪些？

第9章 桩基工程检测

9.1 概　述

桩基工程属于隐蔽工程，钻孔灌注桩施工过程中易出现缩颈、桩身局部夹泥、桩身混凝土离析、桩底沉渣过厚、桩头浮浆、断桩等问题。同时，预应力管桩施工时存在接头焊接不牢、桩身混凝土损伤裂缝、浮桩等问题。因此，有必要对基桩的桩身质量进行检测。

基桩检测工作主要包括成孔质量检测、桩身完整性检测和桩身承载力检测。成孔质量检测是为了检查施工质量是否达到设计要求；桩身完整性检测手段主要有低应变反射波法、超声波透射法和钻芯取样法；桩身承载力检测手段主要有单桩静载试验和高应变法。需要说明的是，基桩钢筋笼长度是按照有关规范，根据荷载、弯矩，桩周土情况，抗震设防烈度等确定的。若基桩钢筋笼长度不能满足设计要求，将会影响整个桩基础的稳定性和抗震性能。因此，基桩的钢筋笼长度检测也是桩基工程检测中的重要手段，可划为桩身完整性检测范畴。

本章主要介绍了基桩现场成孔质量检测、桩身完整性检测方法（低应变反射波法、超声波透射法、钻芯取样法、钢筋笼长度检测法）和基桩承载力检测方法（传统静载试验法、自平衡法、高应变法）等内容。

9.2 基桩主要检测内容和检测方法

施工过程中基桩易出现各种质量问题，因此基桩的试验、检测、验收工作非常重要。基桩主要检测内容和检测方法见表9-1。

基桩主要检测内容和检测方法　　　　　　　　　　　　　　　表 9-1

检测方法	检测目的	优　点	缺　点	检测时间
成孔检测法	孔径、垂直度、沉渣厚度			成孔后立即检测
低应变反射波法	判断桩身缺陷及位置，鉴定桩身的完整性	检测方法简单，成本较低，结果较可靠	对桩头混凝土质量要求较高；受桩长径比限制较大，对较深部位处缺陷反应不灵敏	桩身混凝土强度达到设计强度的70%，且不小于15MPa
超声波透射法	判断桩身缺陷及位置，鉴定桩身的完整性	桩长不受限制，桩径限制也较小，能较准确判定缺陷的竖向位置及大小	需埋设声测管，成本较高；存在一定的盲区，不能准确测出桩身整个断面是否有缺陷；不能定性确定缺陷类型，不能较好判断桩底与持力层结合情况	桩身混凝土强度达到设计强度的70%，且不小于15MPa

检测方法	检测目的	优　点	缺　点	检测时间
钢筋笼长度检测	基桩内部钢筋笼施工长度是否满足设计和使用要求	现场成图，测试效率高；适用性强，不受地下水位影响及检测场地限制	检测时需在桩周钻孔，桩长较长且易塌孔的地层中下放检测仪器较困难	成桩后
钻芯取样法	检验桩身长度、桩底沉渣厚度和混凝土强度；直接判断桩身的完整性，可为承载力验收提供参考；判断或鉴别桩底岩石性状	能直接可靠反映出桩身完整性，并可对混凝土钻探取芯的芯样进行承载力试验	所需设备较庞大，且存在较大盲区，仅适用于对个别有争议的桩进行取芯	28 天以上
单桩静载试验	确定单桩的竖向抗压、竖向抗拔及水平方向的承载能力，判断其承载力是否满足设计和使用要求	能直观真实反映单桩的竖向抗压、竖向抗拔及水平方向的承载特性；可直观获得桩侧阻力和桩端阻力	耗费人力、物力和财力较多；只能对个别基桩进行试验，其结果不能有效反映出全局情况；使用范围有一定局限性，对高承载力桩试验时难度较大	桩身混凝土强度达到设计要求；休止期：砂土，7天；粉土，10天；非饱和黏性土，15天；饱和黏性土，25天
高应变法	检测基桩完整性；测试单桩竖向抗压承载力；能对打桩过程进行有效监控	较静载试验法测试单桩承载特性时简便，成本较低	设备笨重、效率低且成本较高；在判定预制桩接头缺陷时，能够判断是否影响竖向抗压承载力，但波形分析中不确定性因素导致其误差较大	同上

9.3　基桩现场成孔质量检测

灌注桩成孔作业由于是在地下或水下完成的，质量控制难度较大，易产生塌孔、缩颈、桩孔偏斜、沉渣过厚等问题。因此，灌注桩在混凝土浇筑前进行成孔质量检测对于控制成桩质量尤为重要。

9.3.1　成孔质量检验标准

我国国家标准和交通、建筑等行业颁布的有关桩基础施工技术及验收规范中，对混凝土灌注桩成孔质量的检验内容、检验标准、检查方法等提出了具体规定和要求。成孔质量检验内容包括桩孔位置、孔深、孔径、垂直度、沉渣厚度、泥浆指标等。

9.3.1.1　成孔的桩位、孔径、垂直度允许偏差

《建筑地基基础工程施工质量验收规范》GB 50202 中对灌注桩成孔的桩位、孔径、垂直度允许偏差的规定见表 9-2。

灌注桩的平面位置和垂直度的允许偏差　　　　　　　　　表 9-2

序号	成孔方法		桩径允许偏差（mm）	垂直度允许偏差（%）	桩位允许偏差（mm）	
					1～3 根、单排桩基垂直于中心线方向和群桩基础的边桩	条形桩基沿中心线方向和群桩基础的中间桩
1	泥浆护壁钻孔桩	$D \leqslant 1000mm$	±50	<1	$D/6$，且不大于 100	$D/4$，且不大于 150
		$D > 1000mm$			$100 + 0.01H$	$150 + 0.01H$

序号	成孔方法		桩径允许偏差（mm）	垂直度允许偏差（%）	桩位允许偏差（mm）	
					1～3根、单排桩基垂直于中心线方向和群桩基础的边桩	条形桩基沿中心线方向和群桩基础的中间桩
2	套管成孔灌注桩	D≤500mm	−20	<1	70	150
		D>500mm			100	150
3	干成孔灌注桩		−20	−20	<1	70	150
4	人工挖孔桩		+50	+50	<0.5	50	150
			+50	+50	<1	100	200

注：1. 桩径允许偏差的负值是指个别断面；
2. 采用复打、反插法施工的桩，其桩径允许偏差不受表9-2限制；
3. H为施工现场地面标高与桩顶设计标高的距离（m），D为设计桩径（mm）。

9.3.1.2 成孔的孔深、泥浆密度、沉渣厚度指标

《建筑地基基础工程施工质量验收规范》GB 50202中对灌注桩成孔的孔深、泥浆密度、沉渣厚度指标规定如下：

（1）孔深允许偏差为+300mm，只深不浅，嵌岩桩应确保全截面进入设计要求的嵌岩深度；

（2）泥浆密度（黏土或砂性土中）允许值为1.15～1.20g/cm³；

（3）沉渣厚度允许值：端承桩≤50mm，摩擦桩≤150mm。此处的沉渣厚度允许值是指灌注混凝土前孔底沉渣厚度，不是桩端允许沉渣厚度。

灌注混凝土前，孔底500mm以内的泥浆密度应小于1.25g/cm³，含砂率≤8%，黏度≤28s。

9.3.1.3 成孔质量检查方法

灌注桩成孔质量检查方法见表9-3。

成孔质量检查方法 表9-3

项目	桩位	孔深	垂直度	桩径	泥浆密度	沉渣厚度
检查方法	基坑开挖前量护筒，开挖后量桩中心	只深不浅，用重锤测钻杆和套筒长度	测套管或钻杆，或用超声波探测，干法施工时吊垂球	井径仪或超声波检测，干法施工时用钢尺量，人工挖孔桩不包括内衬厚度	用比重计测，清孔后在距孔底50cm处取样	用沉渣仪或重锤测量

9.3.2 桩位偏差检查

桩位偏差，即实际桩位置偏离设计位置的差值。由于上部结构作用在基础上的荷载位置是不能变动的，桩偏位后，桩的受力状态发生了改变，即使采取补桩并加大基础底梁或承台等补救措施，也往往难以达到桩的原设计要求。桩体偏位将导致桩可靠性降低、工程造价增加、工期延长等。

施工中由于各种因素的影响，如测量放线误差、护筒埋设时偏差、钻机对位不正、因为"空孔"段孔斜造成的偏差、钢筋笼下设时偏差等，都会造成桩位偏离设计位置。因此，要保证桩位的正确性，首先应在施工中将每一个环节的偏差控制在最小范围内。

桩位中心位置偏差要求应满足桩的设计规定或相关规范标准。

9.3.3 桩孔径、垂直度及孔底沉渣厚度检测

桩孔径、垂直度及孔底沉渣厚度检测是成孔质量检测中的重要内容。目前用于孔径检测的仪器大多可同时测量桩的垂直度。这里介绍应用比较广泛的伞形孔径仪检测方法。

伞形孔径仪（也称井径仪，见图9-1）是国内目前应用较多的一种孔径测量仪器。它是由孔径仪、孔斜仪、沉渣厚度测定仪等部分组成的一个测试系统，仪器由孔径测头、自动记录仪、电动绞车等组成。仪器通过放入在桩孔中的一专用测头测得孔径的大小，通过测头上安装的电路将孔径值转化为电信号，由电缆将电信号传输到地面被仪器接收、记录，根据接收、记录的电信号值可计算或直接绘制出孔径。

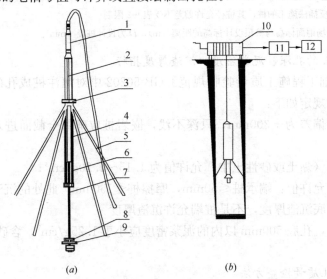

图 9-1 伞形孔径仪

(*a*) 测头；(*b*) 测量原理

1—通用接头；2—密封筒；3—托手；4—压力补偿器；5—测量腿；

6—支柱；7—支撑杆；8—束缚盒；9—开腿盒；10—电缆绞车；

11—放大器；12—记录仪

9.3.3.1 孔径测量

孔径仪测头前端有四条测腿，测腿可在弹簧和外力的作用下自动张开、合拢，如同一把自动伞。测头放入孔中后，弹簧受力使测腿自然张开并以一定的压力与孔壁接触，孔径变大则测腿张开角也变大，孔径缩小则孔壁压迫测腿收拢，测腿的张开角变小，四条测腿成两组正交分别测量两个方向的孔径值，取平均值作为某测点的孔径。将测腿从孔底提升至孔口，随着孔径的变化，测腿可量出孔中各高程的孔径。

9.3.3.2 垂直度测量

采用伞形孔径仪测试系统中配套的专用测斜仪，在孔内不同深度连续多点测量其顶角和方位角（图 9-2*a*），根据所测得的顶角、方位角可计算孔的倾斜度。

测斜仪的顶角测量利用铅垂原理，测量系统由顶角电阻（电阻值已知）、顶角测量杆组成。顶角测量杆上装有一重块并可自由摆动，重块始终垂直于水平面，当钻孔倾斜时，顶角电阻和测量杆间存在一角度，仪器内部机构使得测量杆和顶角电阻接触，短路了一部分电阻，剩下的电阻值即为被测点的顶角。方位角测量依靠磁定向机构系统完成，系统中有定位电阻、接触片等，接触片始终保持指北状态，方位角变化时，接触片短路了一部分电阻，剩下的电阻值即为被测点的方位角。

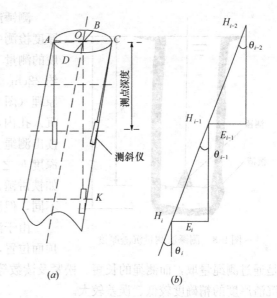

图 9-2　测斜仪测量垂直度
(a) 测斜方法；(b) 测斜计算

桩孔垂直度主要取决于桩孔在垂直方向上的偏移量。实际工程检测中，一般以测量桩孔的顶角参数值为主，通过顶角值计算得到桩孔的垂直度。桩孔的垂直度计算方法如图 9-2 (b) 所示，即：

$$E = \sum_{i=1}^{n} E_i = \sum_{i=1}^{n} (H_i - H_{i-1}) \sin\left(\frac{\theta_i - \theta_{i-1}}{2}\right) \tag{9-1}$$

$$K = \frac{E}{H} \times 100\% \tag{9-2}$$

式中，K 为桩孔垂直度（%）；θ_i 为 i 测点的顶角值（°）；E 为桩孔总偏移量（m）；E_i 为桩孔在读尺深度 H_{i-1} 至 H_i 的偏移量（m）；H 为桩孔深度（m）；H_i 为测头在第 i 点的读尺深度（m）；i 为第 i 个测点；n 为测点总数。

实际工程中桩孔的倾斜并非如图 9-2 (b) 所示的一条平直的倾斜线，而常常是曲线。桩孔倾斜真实值较为复杂，因此式（9-1）采用以相邻测点 i 和 $i-1$ 的顶角值 θ_i 和 θ_{i-1} 的平均值推算偏移量 E_i，这是一种较为简便、实用的方法。

实际测量时测斜仪测头可沿孔壁或孔的中心向下逐点测量，测点深度可等间距也可任意间距。假设测头是沿孔壁（或孔中心）向下测量，若测量至孔底顶值均为零度，则表示桩孔的偏移量小于孔的直径（或半径），反之，则表示桩孔的偏移量大于桩孔的直径（或半径）。若测头沿孔壁向下测量，孔斜仪一开始就发生非零的顶角读数，则表示孔已偏移了某个距离。

9.3.3.3　孔底沉渣厚度检测

钻孔灌注桩成孔过程中会产生孔底沉渣，孔底沉渣的厚薄直接影响桩端阻力的发挥，沉渣太厚将使桩的承载能力大大降低，因此桩孔在灌注混凝土前必须对沉渣厚度进行检测，必要时须进行再次清孔，直到沉渣厚度满足要求。目前，孔底沉渣厚度检测方法主要有测锤法、电阻率法和声波法等。

（1）测锤法

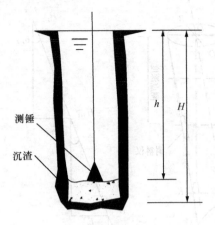

测锤法设备简单、操作容易、成本低，在沉渣厚度检测中得到广泛应用。测锤法检测桩底沉渣厚度的测量工具为一锥形锤，锤底直径约15cm，高度约22cm，质量约5kg。测锤法检测桩底沉渣厚度的原理（图9-3）为：测锤顶端系上测绳，将测锤慢慢沉入孔内，凭人的手感判断桩端沉渣的顶面位置，读出测绳上的深度值 h，则桩孔深度 H 与测锤测量深度 h 之差即为沉渣厚度值。测锤还有其他形式，如铁饼锤、铜锤等，所用的测锤大小、尺寸也有所不同，但测量方法是一样的。

由于测锤法测量需要靠人的手感来判断沉渣的顶面位置，易产生人为误差。同时沉渣位置深度值

图9-3　测锤法测量沉渣厚度

是通过测绳量取，而测绳的长短、松紧及读数等也都会产生误差。总之，测锤法检测桩底沉渣厚度的精确度较低、误差较大。

（2）电阻率法

钻孔灌注桩泥浆多为钻机钻进过程中自然形成，其黏度和含砂量取决于土层的性质及破碎程度、循环处理的工艺。上述因素将会造成桩孔中泥浆的不均匀，尤其是桩孔底部未完全破碎的土块及含砂量大、胶体率差的泥浆大量沉淀。孔底比重较大的泥浆与上部颗粒悬浮较好的泥浆存在着较明显的电性差异。电阻率法在泥浆中提供一不受土层影响的交变电场，均匀泥浆电阻率为一条直线，在沉渣界面上电场会发生畸变，电阻率 ρ_s 会发生变化，利用曲线的拐点可以确定沉渣的厚度，如图9-4所示。

（3）声波法

声波法测定沉渣厚度的原理为：利用声波在传播中遇到不同界面产生反射制成的测定仪

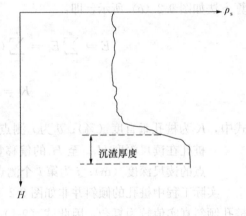

图9-4　ρ_s-H 曲线

测头向桩底发射声波，当声波遇到沉渣表面时，一部分声波反射回来被测头接收，另一部分声波穿过沉渣继续向孔底传播，当遇到孔底持力层原状土后，声波再次被反射回来，根据反射波两次接收的时间间隔和沉渣中声波的传播速度确定沉渣厚度。

测头从发射至接收到第一次反射波的相隔时间为 t_1，测头从发射至接收到第二次反射波的相隔时间为 t_2，沉渣厚度可表示为：

$$H = \frac{(t_2 - t_1)}{2} \cdot c \tag{9-3}$$

式中，H 为沉渣厚度（m）；c 为沉渣声波波速（m/s）。

（4）成孔孔径检测实例分析

某工地试桩孔的成孔质量检测曲线及结果见图9-5。

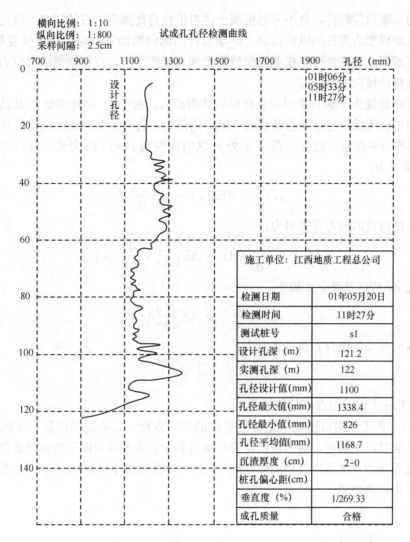

横向比例：1:10
纵向比例：1:800　　试成孔孔径检测曲线
采样间隔：2.5cm

施工单位：江西地质工程总公司	
检测日期	01年05月20日
检测时间	11时27分
测试桩号	s1
设计孔深 (m)	121.2
实测孔深 (m)	122
孔径设计值(mm)	1100
孔径最大值(mm)	1338.4
孔径最小值(mm)	826
孔径平均值(mm)	1168.7
沉渣厚度(cm)	2-0
桩孔偏心距(cm)	
垂直度 (%)	1/269.33
成孔质量	合格

图 9-5　试成孔孔径检测曲线

9.4　桩身完整性检测

桩身完整性可通过低应变反射波法、孔中超声波透射法、桩身混凝土钻芯取样法等进行检测。钢筋笼长度检测可划为桩身完整性检测范畴。

9.4.1　低应变反射波法检测基桩完整性

基桩低应变反射波法通过对桩顶施加激振能量，引起桩身及周围土体的微幅振动，采用仪表记录桩顶的速度与加速度，根据波动理论对记录结果加以分析，判断桩身完整性。反射波法能有效弥补静载荷试验的不足，是目前桩身完整性检测中应用最广泛的一种方法，具有方便、快速、经济等优点。

9.4.1.1　基本计算模型

基桩低应变反射波法以应力波在桩身中的传播反射特征为理论基础。该方法假定桩为连续弹性的一维均质杆件，且不考虑桩周土体对沿桩身传播应力波的影响。因此，桩的典型弹性体振动模型为直杆的纵向振动。推导直杆的纵向振动方程时，假设桩身材料均匀，桩为直杆等截面，直杆变形中横截面保持为平面且彼此平行，直杆横截面上应力均匀分布同时忽略直杆的横向惯性效应。

假定直杆轴线为 x 轴，变形前直杆原始截面积 A、密度 ρ、弹性模量 E 及其他材料性能参数均与坐标无关，各运动参数仅为 x 和 t 的函数，直杆各截面纵向振动位移可表示为 $u(x, t)$，如图9-6所示。设任一截面 x 处的纵向应变为 $\varepsilon(x)$，内力为 $p(x)$，则 $p(x)$ 与 $\varepsilon(x)$ 间的关系为：

$$p(x) = AE\varepsilon(x) = AE\frac{\partial u}{\partial x} \tag{9-4}$$

$x+\mathrm{d}x$ 截面处的内力可表示为：

$$p(x) + \frac{\partial p(x)}{\partial x}\mathrm{d}x = AE\left(\frac{\partial u}{\partial x} + \frac{\partial^2 u}{\partial x^2}\mathrm{d}x\right) \tag{9-5}$$

杆单元 $\mathrm{d}x$ 的运动微分方程为：

$$\rho A\mathrm{d}x\frac{\partial^2 u}{\partial t^2} = AE\frac{\partial^2 u}{\partial x^2}\mathrm{d}x \tag{9-6}$$

直杆纵向振动的微分方程可表示为：

$$\frac{\partial^2 u}{\partial x^2} = \frac{1}{c^2}\frac{\partial^2 u}{\partial t^2} \tag{9-7}$$

式中，$c^2 = E/\rho$ 为纵波沿直杆的传播速度。

式（9-7）即为反射波法测试基桩完整性的波动方程。需要说明的是，实际工程中的桩仅能近似满足以上假定，应力波沿桩身传播过程中会出现畸变即所谓弥散现象（例如桩身截面变化引起的三维效应及横向惯性效应等），计算结果不可避免存在一定误差，但一般可满足工程检测要求。

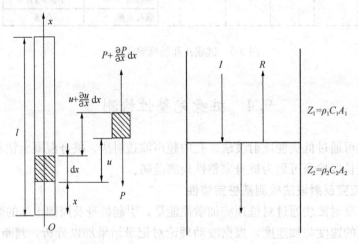

图9-6　直杆的纵向振动　　　图9-7　应力波的反射与透射

9.4.1.2　反射波法的基本原理

反射波法的基本原理为：桩顶受竖向激振作用后，弹性波沿桩身向下传播，当桩身存在明显波阻抗差异的界面（如桩底、断桩和严重离析等）或桩身横截面积发生变化（如缩颈或扩颈）时，将产生反射波，经接收、放大、滤波和数据处理后，可判识不同部位的反射信息。通过对反射信息的分析计算，可判定桩身混凝土的缺陷程度及其位置。

桩身某段分析单元的广义波阻抗 Z 为：

$$Z = \rho A = \frac{EA}{c} \tag{9-8}$$

式中，ρ 为桩身混凝土密度；c 为纵波在桩身混凝土中的传播速度；A 为桩身横截面积；E 为桩身混凝土弹性模量。

当桩身几何尺寸或材料物理性质发生变化时，桩身混凝土密度 ρ，纵波在桩身混凝土中的传播速度 c，桩身横截面积 A 和桩身混凝土弹性模量 E 均会发生变化，其变化发生处称为波阻抗界面。波阻抗界面的波阻抗比 n 可表示为：

$$n = \frac{Z_2}{Z_1} = \frac{\rho_2 c_2 A_2}{\rho_1 c_1 A_1} \tag{9-9}$$

桩顶受竖向激振作用后，将产生压缩波，压缩波以波速 c 沿桩身向下传播。当压缩波遇到波阻抗界面时，将产生反射波和透射波，如图 9-7 所示。根据应力波传播理论，只要两种介质在界面处始终保持接触（既能承压又能承拉而不分离），根据连续条件和牛顿第三定律可知，界面上两侧质点速度、应力均应相等。即：

$$\begin{cases} V_I + V_R = V_T \\ A_1(\sigma_I + \sigma_R) = A_2\sigma_T \end{cases} \tag{9-10}$$

由波阵面动量守恒条件可得：

$$\begin{cases} \dfrac{\sigma_I}{\rho_1 c_1} - \dfrac{\sigma_R}{\rho_1 c_1} = \dfrac{\sigma_T}{\rho_2 c_2} \\ Z_1(V_I - V_R) = Z_2 V_T \end{cases} \tag{9-11}$$

联立式（9-10）和式（9-10）求解可得：

$$\begin{cases} \sigma_R = \sigma_I \left(\dfrac{Z_2 - Z_1}{Z_2 + Z_1} \right) = R\sigma_I \\ \sigma_T = \sigma_I \left(\dfrac{2Z_2}{Z_2 + Z_1} \right) = T\sigma_I \end{cases} \tag{9-12}$$

$$\begin{cases} V_R = -V_I \left(\dfrac{Z_2 - Z_1}{Z_2 + Z_1} \right) = -RV_I \\ V_T = V_I \left(\dfrac{2Z_2}{Z_2 + Z_1} \right) = nTV_I \end{cases} \tag{9-13}$$

其中，

$$\begin{cases} R = \dfrac{V_R}{V_I} = -\dfrac{n-1}{n+1} \\ T = \dfrac{V_T}{V_I} = \dfrac{2}{n+1} \end{cases} \tag{9-14}$$

式中，R 为反射系数；T 为透射系数。

式（9-12）～式（9-14）是反射波法判断桩身完整性的依据，桩身各种性状及桩底不同的支承条件均可归纳为以下三种波阻抗变化类型：

（1）当 $n=1$ 时，$Z_2=Z_1$，$R=0$，说明界面不存在阻抗不同或截面不同的材料，无反射波存在。

（2）当 $n<1$ 时，$Z_1>Z_2$，$R>0$，反射波和入射波同号，说明界面是由高阻抗材料进入低阻抗材料或大截面进入小截面。

（3）当 $n>1$ 时，$Z_1<Z_2$，$R<0$，反射波和入射波反号，说明界面是由低阻抗材料进入高阻抗材料或小截面进入大截面。

以上三种情况分析表明，根据反射波相位与入射波相位的关系，可判别界面波阻抗的性质，这是低应变反射波法判别桩身质量的依据。

9.4.1.3 反射波法典型的波形特征

（1）完整桩

完整桩低应变曲线图9-8表明，当桩为完整桩时，则 $n=1$，$Z_2=Z_1$，桩顶全部应力波均通过桩身混凝土传到桩底。当桩底土阻抗大于桩身阻抗时，则 $Z_1<Z_2$，桩底界面反射波与桩顶初始入射波反相位。当桩底土阻抗小于桩身阻抗时，则 $Z_1>Z_2$，桩底界面反射波与桩顶初始入射波同相位。

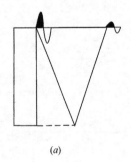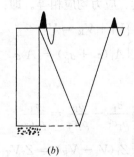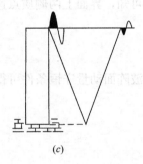

(a)   *(b)*   *(c)*

图9-8 完整桩低应变曲线

(a) 完整桩波形；*(b)* 摩擦桩波形；*(c)* 嵌岩桩（清渣干净）

（2）缩颈桩

对于缩颈桩，桩身波阻抗 $Z_1>Z_2$，$Z_2<Z_3$，缩颈上界面表现为反射波相位与初始入射波同向，缩颈下界面表现为后续反射波相位与初始入射波相反。由于缩颈引起的反射波界面波阻抗差异大，故反射波形清晰、完整且直观。图9-9为缩颈桩典型低应变曲线。

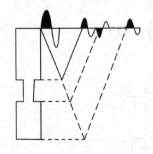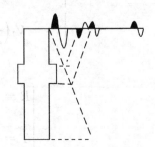

图9-9 缩颈桩低应变曲线   图9-10 扩颈桩低应变曲线

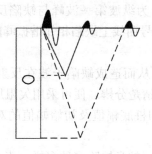
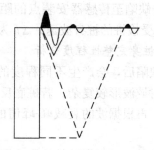

图 9-11 空洞桩低应变曲线　　　　图 9-12 离析桩低应变曲线

（3）扩颈桩

对于扩颈桩，桩身波阻抗 $Z_1 < Z_2$，$Z_2 > Z_3$，扩颈的上界面表现为反射波相位与初始入射波反向，扩颈的下界面表现为后续反射波的相位与初始入射波同相。由于扩颈的形态不同，其反射波的表现也有差异，界面波阻抗差异大。图 9-10 为扩颈桩典型低应变曲线。

（4）离析和夹泥等缺陷桩

离析和夹泥等缺陷桩缺陷处的密度 ρ、桩身横截面积 A_p、纵波波速 c 均减小，导致缺陷处波阻抗 Z_2 变小，即有 $Z_1 > Z_2$，$n < 1$，则离析和夹泥缺陷桩的时域曲线第一反射子波与入射波同相位，幅值与缺陷程度相关，但频率明显降低。图 9-11 为空洞桩典型低应变曲线，图 9-12 为离析桩典型低应变曲线。

（5）断桩

断桩时可假定 $A_{p1} = A_{p2}$，$\rho_2 c_2 \ll \rho_1 c_1$，由于空气中纵波波速 c_2 约为混凝土中纵波波速 c_1 的 $1/10$，即断桩界面的波阻抗比 $n = 0.1$，$R = -\dfrac{n-1}{n+1} = \dfrac{9}{11}$，说明断桩界面第一反射波与桩顶初始入射波同相，但每次反射波峰值为前一次入射波的 $9/11$。这是断桩与离析和夹泥等缺陷桩的主要区别。图 9-13 为不同位置断桩的低应变曲线。

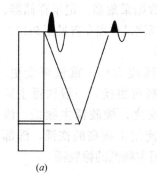
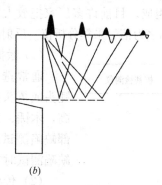
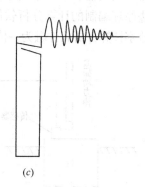

图 9-13　不同位置断桩的低应变曲线
（a）深部断桩；（b）中部断桩；（c）浅部断桩

9.4.1.4　桩长及缺陷位置的确定

桩身缺陷至传感器安装点的距离 x 可由式（9-15）进行计算。

$$x = \frac{1}{2000} \cdot \Delta t \cdot c = \frac{1}{2} \cdot \frac{c}{\Delta f} \tag{9-15}$$

式中，x 为桩身缺陷至传感器安装点的距离；Δt 为纵波第一波峰与缺陷反射波峰的时间差；c 为受检桩的桩身波速；Δf 为频谱信号曲线上缺陷相邻谐振峰间的频差。

9.4.1.5 桩身完整性程度分析

当桩出现缺陷后，会产生不同程度的反射，从而造成缺陷子波在反射波曲线中的叠加，使得桩的时域波形较复杂。若桩底反射可较清楚分辨，便可采用欠阻尼检波器采集应力波反射信号，再根据波的衰减峰-峰值的比较和桩底幅值及初始幅值的对比估算缺陷的范围和大小。

需要指出的是，桩身完整性的影响因素众多，桩身缺陷多种多样，表 9-4 为结合规范和实际工程基桩质量判别标准。由于实际工程情况较复杂，具体工程中应结合工程地质条件、打桩情况和挖土施工等情况，对所测得的曲线认真分析研究，综合判断。

桩身质量及波形特征　　　　　　　　　　　　　　　　表 9-4

基桩类别	桩质量评价	时域信号特征
Ⅰ类桩	完整桩，无缺陷，桩身混凝土波速值正常	$2L/c$ 时刻前无缺陷反射波，波形正常
Ⅱ类桩	基本完整桩，有轻微缺陷，但基本不影响正常使用，桩身混凝土波速值正常	$2L/c$ 时刻前出现轻微缺陷反射波，有扩颈或轻微缩颈现象
Ⅲ类桩	有明显缺陷，影响正常使用或桩身混凝土波速值明显偏低	有明显缺陷反射波，有重度缩颈、离析或损伤现象
Ⅳ类桩	有严重缺陷，桩身混凝土波速值很低，已无法正常使用	$2L/c$ 时刻前出现严重缺陷反射波或周期性多次反射波，有严重夹泥、严重离析或断桩现象

9.4.1.6 反射波法测试仪器

基桩低应变动测仪通常由测量和分析两大系统组成。测量系统包括激振设备、传感器、放大器、数据采集器和记录指示器；分析系统由动态信号分析仪和根据各动力试桩方法原理编制的计算分析软件包组成。目前许多厂家把放大器、数据采集器、记录存储器、数字计算分析软件融为一体，称之为信号采集分析仪。反射波现场测试仪器布置见图 9-14。

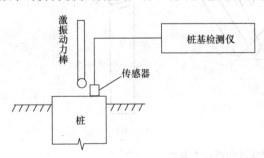

图 9-14　反射波现场测试仪器布置

（1）激振设备

通常选用手锤或力棒，重量可变更，锤头或棒头的材料可更换。一般铁锤主频高，木锤、力棒次之，橡胶锤主频低。浅部缺陷测试时可使用主频高的铁锤，深部缺陷测试时宜使用主频低的橡胶锤。

（2）传感器

可采用速度或加速度传感器，常用加速度传感器。采用加速度传感器需在放大器、采集系统或传感器本身中另加积分线路。传感器主要技术指标有：

频带宽度：越宽越好，速度传感器频率宜为 $10\sim1000\mathrm{Hz}$，加速度传感器频率至少 $2000\mathrm{Hz}$。

灵敏度：低应变传感器灵敏度是指输出电压与感受的振量（速度、加速度）之比，即稳态时系统输出和输入的比值。速度型传感器灵敏度应大于 300mv/(cm·s)，加速度应大于 100mv/g。

量程：加速度传感器的量程应大于 20g。

传感器与桩头的连接必须良好。

（3）放大器

要求放大器的增益高、噪声低、频带宽。速度传感器采用电压放大器；加速度传感器则采用电荷放大器。放大器的增益应大于 60dB，折合到输入端的噪声则应低于 3dB，频率为 10～5000Hz，滤波频率应可调。

（4）多道信号采集分析仪

要求仪器体积小、重量轻、性能稳定，便于野外使用，同时具备数据采集、记录贮存、数字计算和信号分析的功能；模/数转换器（A/D）位数不得低于 12bit；采样间隔宜为 10～500μs，且分档可调；采样长度每个通道不小于 1024 个采样点；各通道的性能应具有良好的一致性，其振幅偏差应小于 3%，相位偏差小于 0.05ms；应具有实时时域显示及信号分析功能。

9.4.2 声波透射法检测基桩完整性

基桩声波透射法检测基桩完整性的原理为：混凝土灌注桩成桩前将两根或两根以上的声测管固定于桩身钢筋笼上，通过清水耦合，超声波从一根声测管发射，另一根声测管接收，利用声波的透射原理，根据声时、波幅及主频等特征参数的变化，对桩身混凝土介质状况进行检测，确定基桩混凝土的完整性。声波透射法是目前基桩完整性检测中较常用的方法，能准确判定桩身缺陷的位置及大小，通过声波声学参数特征情况能较准确判定缺陷的类型，为桩身混凝土质量等级的判定和处理提供了重要的理论依据。声波透射法因对外部环境要求较低，不受桩长的限制而在实际工程中得到了广泛应用。

9.4.2.1 基桩声波透射法检测基本原理

当混凝土无缺陷时，混凝土是连续体，声波在其中正常传播。当存在缺陷时，混凝土连续性中断，缺陷区与混凝土间存在界面（空气与混凝土）。在缺陷区与混凝土界面上，声波传播情况发生变化，发生反射、散射与绕射。声波经过缺陷后接收波声学参数将发生变化。

（1）声时（波速）变化

因钻孔桩的混凝土缺陷主要是由于灌注时混入泥浆或混入自孔壁坍落的泥、砂所造成的。缺陷区的夹杂物声速较低，声阻抗明显低于混凝土的声阻抗。因此，超声脉冲穿过缺陷或绕过缺陷时，声时值增大。增大的数值与缺陷尺度大小有关，因此声时值是判断缺陷有无和计算缺陷大小的基本物理量。

（2）声波振幅变化

当波束穿过缺陷区时，部分声能被缺陷内含物吸收，部分声能被缺陷的不规则表面反射和散射，到达接收探头的声能明显减少，反映为波幅降低。实践证明，波幅对缺陷的存在非常敏感，是桩内判断缺陷有无的重要参数。

（3）接收波主频率（简称频率）变化

对接收波信号频谱分析表明，不同质量的混凝土对超声脉冲波中高频分量的吸收、衰减不同。因此，当超声波通过不同质量混凝土后，接收波频谱（即各频率分量的幅度）也不同。质量差或有内部缺陷、裂缝的混凝土，其接收波中高频分量相对减少而低频分量相对增大，接收波的主频率值下降，从而可判定出桩身混凝土缺陷和裂缝的存在。

（4）接收波波形的变化

当声波通过混凝土内部缺陷时，由于混凝土的连续性已被破坏，使声波的传播路径复杂化，直达波、绕射波等各类波相继到达接收换能器，它们各有不同的频率和相位。这些波的叠加有时会造成波形的畸变。

9.4.2.2 声波检测仪与声测管

（1）声波检测仪

声波透射法检测基桩完整性时所用仪器为超声波仪，其作用是产生重复的电脉冲并激励发射换能器，发射换能器发射的超声波经清水耦合进入混凝土，在混凝土中传播后被接收换能器接收并转换为电信号，电信号传输至超声波仪，经放大后显示在示波屏上。为提高现场检测及室内数据处理的工作效率，保证检测结果的准确性和科学性，声波测试仪器必须具有实时显示和记录接收信号的时程曲线及频率测量或波谱分析功能。超声检测系统包括径向振动换能器，接收信号放大器，数据采集及处理存储器。

（2）声测管

声测管是进行超声脉冲法检测时换能器进入桩体的通道，是灌注桩超声检测系统的重要组成部分。

1）声测管的选择

声测管的选择，以透声率较大、便于安装及费用较低为原则。由于混凝土的水化热作用及钢筋笼安放和混凝土浇筑过程中存在较大的作用力，容易造成检测管变形、断裂，从而影响检测工作的顺利进行，因此声测管最好采用强度较高的金属管，也可采用 PVC 管。

声测管的常用内径为 50～60mm。为便于换能器在管中上下移动，声测管的内径通常比径向换能器的外径大 10mm；当对换能器加设定位器时，声测管内径应比换能器外径大 20mm。

2）声测管的数量与布置

声波透射法只能检测到收、发检测管间连线两边窄带区域的混凝土质量，即图 9-15 中阴影区为检测的控制面积。当钻孔灌注桩的直径增大时，每组声测管检测的控制面积占桩横截面积比例减小，不能反映桩身截面混凝土的整体质量。

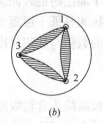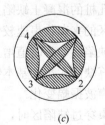

(a)   *(b)*   *(c)*

图 9-15 声测管布置方式

(a) $D \leqslant 800mm$；*(b)* $800mm < D \leqslant 1600mm$；*(c)* $D > 1600mm$

《建筑基桩检测技术规范》JGJ 106 规定：桩径小于等于 800mm 时，不得少于 2 根声测管；桩径为 800～1600mm 时，不得少于 3 根声测管；桩径大于 1600mm 时，不得少于

4根声测管；桩径大于2500mm时，宜增加预埋声测管数量。2根声测管沿直径布置，构成一个声测剖面；3根声测管按等边三角形均匀布置，构成三个声测剖面；4根声测管按正方形均匀布置，构成六个声测剖面。同一根桩中有三根以上声测管时，以每两个管为一个测试剖面分别测试。图9-15为声测管的布置方式及数量要求。

9.4.2.3 声波透射法检测方式

根据声波换能器在桩体中的位置分为桩内单孔透射法、桩外孔透射法和桩内跨孔透射法。

（1）桩内单孔透射法

在钻芯取样后或只有一个孔道可供检测使用的特殊情况下，为进一步判定周围混凝土质量，可将桩内单孔透射法作为钻芯检测的补充手段。此时，换能器放置于一个孔中，采用专用的一发双收换能器或将换能器间用隔声材料隔离。需要注意的是，若孔内含金属声测管，金属管会影响超声波的传播路径，不能应用桩内单孔透射法进行桩身混凝土质量检测。

（2）桩外孔透射法

桩上部结构已施工或桩内没有预埋声测管不能将换能器放入桩内部进行检测时，可在紧靠桩身外侧土层中钻一孔道，将一发射功率较大的平面换能器放在桩顶，另一换能器放在土层孔道中，缓慢提升此换能器，根据测试数据变化情况，大致判断桩身质量，因超声波在土中衰减较快，所以桩外孔透射法只适用于桩长较短的桩，且只能判定桩身是否存在严重缺陷，如断桩，夹层等。

（3）桩内跨孔透射法

桩内跨孔透射法测试前应在被测桩内均匀预埋若干根竖向平行的声测管，管内注满清水，将接收换能器置于声测管内并下放至桩底，发射换能器发出超声波经桩身混凝土传播后，接收换能器接收超声波再将声波信号转换成电信号传送到超声仪，经超声仪处理后在显示器上显示不同的波形信号，根据不同的声学参数变化，对桩身混凝土质量做出判断。桩内跨孔透射法是目前应用最多也是较成熟可靠的方法。

9.4.2.4 桩内跨孔透射法现场测试

（1）检测准备工作

1）收集有关资料，了解场地地质条件、桩型、桩设计参数、成桩工艺、成桩质量检验等资料。根据调查结果和检测目的，制定相应的检测方案。

2）检测开始时间：混凝土是一种与龄期相关的材料，随时间的延长其强度会不断增加，并受周围环境、气候条件影响较大，为做到信息化施工，尽早发现问题而又不能因强度过低影响测试结果导致误判。一般规定混凝土检测时强度应达到设计值的70%，且不低于15MPa，因此超声波检测时的混凝土龄期不应早于14天。

3）用直径明显大于换能器的圆钢疏通声测管，以保证换能器在全程范围内升降顺畅。

4）清水冲洗声测管，清水为耦合剂，浑浊水将明显甚至严重加大声波衰减和延长传播时间，造成声波检测结果较大误差。若利用取芯孔进行单孔超声波混凝土质量检测，检测前应进行孔内清洗，取芯孔的垂直度误差不应大于0.5%。

5）准确测量声测管的内、外径和两相邻声测管外壁间的距离，量测精度为±1mm。

6）根据检测桩的技术参数，选择测试系统各部分应匹配良好的仪器配备。

7）采用标定法确定仪器系统延迟时间，并计算声测管及耦合水层声时修正。标定从发射至接收仪器系统产生的系统延迟时间 t_0 的方法为：将发、收换能器平行置于清水中的同一高度，其中心间距从 400mm 左右开始逐次加大两换能器间的距离，同时定幅测量与之相应的声时，再分别以纵、横轴表示间距和声时作图，在声时横轴上的截距即为 t_0。为保证测试精度，两换能器间距的测量误差不应大于 0.5%，测量点不应少于 5 个点。

（2）现场检测

1）将发射与接收声波换能器通过深度标志分别置于两根声测管中的测点处。

2）测试方式选择：桩内跨孔透射法根据换能器相对高度的变化可分为水平同步平测（发射与接收声波换能器以相同标高同步升降）、等差同步斜测（保持固定高差同步升降）和扇形扫测（保持一个换能器高度位置固定、另一个换能器以一定的高差上下移动），检测时视实际需要灵活运用。各种扫描测试方法如图 9-16 所示。

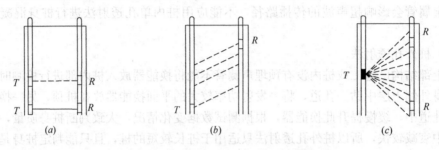

图 9-16　平测、斜测和扇形扫测示意图
(a) 水平同步平测；(b) 等差同步斜测；(c) 扇形扫测

通常情况下，声波透射法检测时先采用水平同步平测法。测试时径向换能器在水平方向上具有一定的指向性，为保证测点间声场对桩身混凝土的覆盖，防止漏检缺陷，上、下相邻两测点的间距不宜大于 250mm。测试时，发射与接收换能器同步升降，对收、发换能器所在的深度随时校准，其累计相对高程误差控制在 20mm 以内，避免由于过大的相对高程误差而产生较大的测试误差。在桩身质量可疑的测点周围，应采用水平加密、等差同步或扇形扫测等方法进行复测，结合波形分析确定桩身混凝土缺陷的位置和范围。在同一根桩的各检测剖面的检测过程中，声波发射电压和仪器设置参数应保持不变。

3）实时显示和记录接收信号的时程曲线，读取声时、首波峰值和周期值，宜同时显示频谱曲线及主频值。

4）同一根桩中有三根以上声测管时，以每两个声测管为一个测试剖面分别测试。

5）在同一根桩的各检测剖面检测过程中，声波发射电压和仪器设置参数应保持不变。其原因是，声时和波幅是声波透射法的两个重要指标，声时是根据波形的起跳点来确定的，波幅是一个相对量，波幅对混凝土内部缺陷的反应往往比声时更具敏感性。在实际检测中，为使不同位置处的检测数据具有可比性和应用价值，在同一根桩的检测过程中，声波发射电压和放大器增益等参数应保持不变，并进行等幅测试。

6）对声时值和波幅值的可疑点应进行复测。对异常的部位，应采用水平加密、等差同步或扇形扫测等方法进行复测，结合波形分析确定桩身混凝土缺陷的位置及其严重程度。其中水平加密细测是基本方法，而等差同步和扇形扫测主要用于确定缺陷位置和大小，其发、收换能器连线的水平夹角一般为 $30° \sim 40°$。

448

9.4.2.5 桩内跨孔透射法室内资料处理

声速、波幅和主频都是反映桩身质量的声学参数测量值。实测经验表明，声速的变化一定程度上反映了桩身混凝土的均匀性。对某根基桩（完整桩或缺陷桩）的测量值样本数据处理时，首先应识别并剔除缺陷部分的异常测量点，以得到完整性部分所具有的正态分布统计特征，然后将此统计特征作为基桩完整性的判定依据。采用声幅平均值作为完整性的判定依据，主频则通过主频－深度曲线上的明显异常作为判定依据。

（1）桩身混凝土缺陷声速判定依据

各测点的声时 t_c，声速 v，波幅 A 及主频 f 根据现场检测数据和式（9-16）～式（9-19）进行计算，从而绘制声速-深度曲线，波幅-深度曲线及主频-深度曲线，由此对桩身质量进行判定。

$$t_{ci} = t_i - t_0 - t_m \tag{9-16}$$

$$v_i = \frac{l'}{t_{ci}} \tag{9-17}$$

$$A_i = 20\lg \frac{a_i}{a_0} \tag{9-18}$$

$$f_i = \frac{1000}{T_i} \tag{9-19}$$

式中，t_{ci} 为第 i 测点声时（μs）；t_i 为第 i 测点声时测量值（μs）；t_0 为仪器系统延迟时间（μs）；t_m 为声测管及耦合水声时修正值（μs）；l' 为每检测剖面相应两声测管外壁间净距离（mm）；v_i 为第 i 测点声速（km/s）；A_i 为第 i 测点波幅值（dB）；a_i 为第 i 测点信号首波波峰值；a_0 为零分贝信号幅值；f_i 为第 i 测点信号主频值（kHz），可由信号频谱的主频求得；T_i 为第 i 测点信号周期（μs）。

声速临界值应按下列步骤确定：

1）将同一检测剖面各测点的声速值 v_i 由大到小依次排序，即：

$$v_1 \geqslant v_2 \geqslant \cdots \geqslant v_i \geqslant \cdots \geqslant v_{n-k} \geqslant \cdots \geqslant v_{n-1} \geqslant v_n (k = 0, 1, 2, \cdots) \tag{9-20}$$

式中，v_i 为按序排列后的第 i 个声速测量值；n 为检测剖面测点数；k 为从零开始逐一去掉式（9-20）序列尾部最小数值的数据个数。

2）对从零开始逐一去掉 v_i 序列中最小数值后余下的数据进行统计计算。当去掉最小数值的数据为 k 时，对包括 v_{n-k} 在内的余下数据 $v_1 \sim v_{n-k}$ 按下列公式进行统计计算：

$$v_0 = v_m - \lambda S_x \tag{9-21}$$

$$v_m = \frac{1}{n-k} \sum_{i=1}^{n-k} v_i \tag{9-22}$$

$$S_x = \sqrt{\frac{1}{n-k-1} \sum_{i=1}^{n-k} (v_i - v_m)^2} \tag{9-23}$$

式中，v_0 为异常判断值；v_m 为（$n-k$）个数据的平均值；S_x 为（$n-k$）个数据的标准差；λ 为由表 9-5 查得的与（$n-k$）相对应的系数。

$(n-k)$	20	22	24	26	28	30	32	34	36	38
λ	1.64	1.69	1.73	1.77	1.80	1.83	1.86	1.89	1.91	1.94
$(n-k)$	40	42	44	46	48	50	52	54	56	58
λ	1.96	1.98	2.00	2.02	2.04	2.05	2.07	2.09	2.10	2.11
$(n-k)$	60	62	64	66	68	70	72	74	76	78
λ	2.13	2.14	2.15	2.17	2.18	2.19	2.20	2.21	2.22	2.23
$(n-k)$	80	82	84	86	88	90	92	94	96	98
λ	2.24	2.25	2.26	2.27	2.28	2.29	2.29	2.30	2.31	2.32
$(n-k)$	100	105	110	115	120	125	130	135	140	145
λ	2.33	2.34	2.36	2.38	2.39	2.41	2.42	2.43	2.45	2.46
$(n-k)$	150	160	170	180	190	200	220	240	260	280
λ	2.47	2.50	2.52	2.54	2.56	2.58	2.61	2.64	2.67	2.69

3）将 v_{n-k} 与异常判断值 v_0 进行比较，当 $v_{n-k} \leqslant v_0$ 时，v_{n-k} 及其以后的数据均为异常，去掉 v_{n-k} 及其以后的异常数据，再用数据 $v_1 \sim v_{n-k}$，并重复式（9-21）～式（9-23）的计算步骤，直至 v_i 序列中余下的全部数据满足式（9-24）：

$$v_i > v_0 \tag{9-24}$$

此时，v_0 为声速的异常判断临界值 v_c。

4）声速异常时的临界值判定依据为：

$$v_i \leqslant v_0 \tag{9-25}$$

当式（9-25）成立时，声速可判定为异常。

当检测剖面各测点的声速值普遍偏低且离散性较小时，宜采用声速低限值判定依据，当式（9-26）成立时，可直接判定为声速低于限值异常。

$$v_i < v_L \tag{9-26}$$

式中，v_L 为声速低限值（km/s），由同条件混凝土试件强度和速度对比试验，结合地区经验确定。当实测混凝土声速值低于声速临界值时应将其作为可疑缺陷区。

波速与混凝土物理指标及弹性模量间存在一定关系，可根据弹性模量推定混凝土的强度。因此，根据波速推定混凝土的强度是可行的。表 9-6 为混凝土强度与声速间的关系。当声速小于 3500m/s 时，说明桩身混凝土质量可能存在问题。

混凝土强度与声速关系　　　　　　　　　　表 9-6

声速（m/s）	＞4500	4500～3500	3500～3000	3000～2000	＜2000
性质评价	好	较好	可疑	差	非常差

某工程 4 根钻孔灌注桩，桩长约为 99～110m，桩径为 1.1m，桩身采用 C50 混凝土。

下放钢筋笼前，将 3 根声测管固定于桩身钢筋笼上，采用声波透射法桩身混凝土质量进行检测。4 根试桩声测管的布置位置见图 9-17。

S1 号声测管间距（1-2: 700mm; 1-3: 800mm; 2-3: 650mm）
S2 号声测管间距（1-2: 650mm; 1-3: 700mm; 2-3: 720mm）
S3 号声测管间距（1-2: 600mm; 1-3: 700mm; 2-3: 650mm）
S4 号声测管间距（1-2: 750mm; 1-3: 700mm; 2-3: 700mm）

4 根试桩 3 个测面的声速-深度曲线见图 9-18。

图 9-17 4 根试桩声测管的布置方式

由图 9-18 可知，4 根试桩 3 个测面的声速均在 4000m/s 以上，无异常值出现，试桩桩身完整，无缺陷。除试桩 S1 中 3 个测面的声速-深度曲线离散性较大外，其余 3 根试桩 3 个测面的声速-深度曲线离散性较小，成桩质量较均匀。

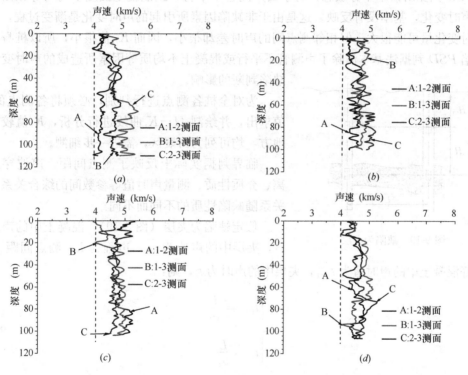

图 9-18 某工程 4 根试桩超声波透射法桩身完整性检测曲线
(a) 试桩 S1；(b) 试桩 S2；(c) 试桩 S3；(d) 试桩 S4

（2）桩身混凝土缺陷波幅判定依据

波幅异常时的临界判据应按式（9-27）和式（9-28）进行计算：

$$A_m = \frac{1}{n} \sum_{i=1}^{n} A_{pi}$$ (9-27)

$$A_i < A_m - 6$$ (9-28)

式中，A_m 为波幅平均值（dB）；n 为检测剖面测点数。

当式（9-28）成立时，波幅可判定为异常。

（3）桩身混凝土缺陷 PSD 判据法

相邻测点间声时的斜率和差值乘积判据简称 PSD 判据。当采用斜率法的 PSD 值作为辅助异常点判据时，PSD 值应按式（9-29）计算：

$$PSD = K_i \Delta t = \frac{(t_i - t_{i-1})^2}{H_i - H_{i-1}} \tag{9-29}$$

式中，K_i 为相邻测点的声时差值与测点间距离比；t_i 和 t_{i-1} 为相邻两测点的声时值；H_i 和
$\quad\quad H_{i-1}$ 为第 i 和 $i-1$ 测点深度。

由式（9-29）可知，当 i 处相邻两测点的声时值没有变化时，$K_i = 0$；当 i 处相邻两测点的声时值存在变化时，由于 K_i 与 $(t_i - t_{i-1})^2$ 成正比，K_i 将大幅度变化。

1）临界判据值和缺陷大小与 PSD 判据的关系

PSD 判据对缺陷十分敏感，对于因声测管不平行，或混凝土强度不均匀等原因所引起的声时变化，基本没有反映。这是由于非缺陷因素所引起的声时变化是渐变过程，虽然总声时变化量可能很大，但相邻测点间的声时差却很小，因而 K_i 值很小，所以桩身混凝土缺陷 PSD 判据法基本消除了声测管不平行或混凝土不均质等因素所造成的声时变化对缺陷判断的影响。

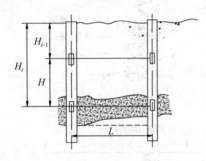

图 9-19　缺陷为夹层

为对全桩各测点进行判别，必须将各测点的 K_i 值求出，并绘制 $H-K_i$ 曲线进行分析，K_i 值较大的地方，均可列为可疑区，需进一步细测。

临界判据实际上反映了测点间距、声波穿透距离、介质性质、测量声时值等参数间的综合关系，该关系随缺陷性质的不同而不同。

假定缺陷为夹层（图 9-19），混凝土中的声速为 v_1，夹层中的声速为 v_2，声程为 L，测点间距 ΔH。

若完好混凝土中的声时值为 t_{i-1}，夹层中的声时为 t_i，则：

$$\begin{cases} t_{i-1} = \dfrac{L}{v_1} \\[3mm] t_i = \dfrac{L}{v_2} \end{cases} \tag{9-30}$$

即：

$$K_i = \frac{t_i - t_{i-1}}{H_i - H_{i-1}} = \frac{L^2 (v_1 - v_2)^2}{v_1^2 v_2^2 \Delta H} \tag{9-31}$$

若缺陷为半径 R 的空洞（图 9-20），声波在完好混凝土中直线传播时的声时值为 t_{i-1}，声波遇到空洞成折线传播时的声时值为 t_i，则：

$$\begin{cases} t_{i-1} = \dfrac{L}{v_1} \\[4mm] t_i = \dfrac{2\sqrt{R^2 + \left(\dfrac{L}{2}\right)^2}}{v_1} \end{cases} \tag{9-32}$$

即：

$$K_i = \frac{4R^2 + 2L^2 - 2L\sqrt{4R^2 + L^2}}{v_1^2 \Delta H}$$ (9-33)

若缺陷为"蜂窝"或被其他介质填塞的孔洞（见图9-21），此时超声脉冲在缺陷区的传播有两条途径。一部分声波穿过缺陷介质到达接收探头，另一部分沿缺陷绕行。当绕行声时小于穿行声时时，可按空洞处理。缺陷半径 R 与 PSD 判据的关系可按相同方法求出。即：

$$K_i = \frac{4R^2 (v_1 - v_3)^2}{\Delta H v_1^2 v_3^2}$$ (9-34)

式中，v_3 为缺陷内夹杂物声速。

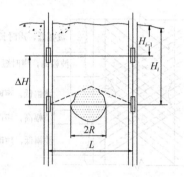
图 9-20　缺陷为孔洞

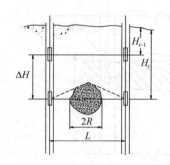
图 9-21　缺陷为疏松或被泥沙填塞的孔洞

根据试验结果可知，蜂窝状态疏松区的声速约为密实混凝土声速的 $80\%\sim90\%$。

由于声通路有两个途径，只有当穿行声时小于绕行声时时，才可用式（9-34）计算。

通过上述临界判据值与各点测量判据值的比较，即可确定缺陷的性质和大小。由于缺陷中夹杂物的声速（v_2，v_3）只能根据桩周围土层情况予以估计，因此，所得出的缺陷大小仅仅是粗略估计值，尚需进一步通过细测确定。

此外，经统计处理后，全桩各点的声时值还可作为桩身混凝土均匀性指标，对施工质量进行分析。采用 PSD 判据法判断桩身混凝土缺陷时需计算出各测点的 PSD 判据值，并需进行一系列临界判据的运算，计算工作量大，需采用计算机分析。

2）缺陷性质和大小的细测判断

所谓细测判断，就是在运用 PSD 判据确定有缺陷存在的区段内，综合运用声时、波幅、接收频率、波形（或频谱）等物理量，找出缺陷所造成的声阴影范围，从而准确判定缺陷的位置、性质和大小。

双管对测时，各种缺陷的细测判断法如图9-22～图9-25所示。双管对测的基本方法是将一个探头固定，另一探头上下移动，找出声阴影所在边界位置。在混凝土中，由于各种不均匀界面的漫射和低频波的绕射等原因，使阴影边界十分模糊，但通过上述物理量的综合运用仍可定出其范围。

运用上述分析判断方法时，应注意排除声测管和耦合水声时值、管内混响、箍筋等因素的影响，且检测龄期应在 7 天以上。

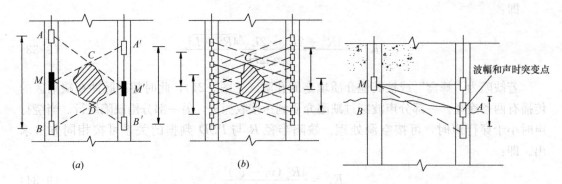

图 9-22　孔洞大小及位置的细测判断　　　　图 9-23　断层位置的细测判断
(a) 扇形扫射；(b) 加密测点平移扫射

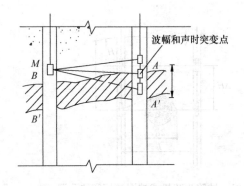

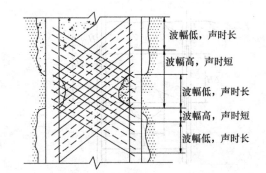

图 9-24　厚夹层上下界面的细测判断　　　　图 9-25　缩颈现象的细测判断

显然，PSD 判据也可应用于其他结构物大面积扫测时的缺陷判别，即将扫测网络中每条测线上的数据，用 PSD 判据处理，然后把各测线处理结果综合在一起，同样可定出缺陷的性质、大小及位置。

9.4.2.6　声波透射法桩身完整性判定

声波透射法桩身完整性判定时应结合桩身混凝土各声学参数临界值、PSD 判据以及混凝土声速低限值，根据表 9-7 和表 9-8 综合判定。

桩身完整性分类表　　　　　　　　　　　　　　　　　　表 9-7

桩身完整性类别	分类原则
Ⅰ类桩	桩身完整
Ⅱ类桩	桩身有轻微缺陷，不会影响桩身结构承载力的正常发挥
Ⅲ类桩	桩身有明显缺陷，对桩身结构承载力有影响
Ⅳ类桩	桩身存在严重缺陷

桩身完整性判定　　　　　　　　　　　　　　　　　　表 9-8

类别	特　征
Ⅰ	各检测剖面的声学参数均无异常，无声速低于低限值异常
Ⅱ	某一检测剖面个别测点的声学参数出现异常，无声速低于低限值异常

类别	特 征
Ⅲ	某一检测剖面连续多个测点的声学参数出现异常；两个或两个以上检测剖面在同一深度测点的声学参数出现异常；局部混凝土声速出现低于低限值异常
Ⅳ	某一检测剖面连续多个测点的声学参数出现明显异常；两个或两个以上检测剖面在同一深度测点的声学参数出现明显异常；桩身混凝土声速出现普遍低于低限值异常或无法检测首波或声波接收信号严重畸变

9.4.2.7 声波透射法桩身完整性判定的工程实例

图 9-26 为某钻孔灌注桩声波检测曲线图。该桩桩长为 71.4m，桩径为 2m，桩身混凝土设计强度等级为 C25，1-2、2-3、1-3 剖面的测管距离分别为 1.37m、1.37m、1.4m，超声波检测的声速平均值 $\overline{V}_m$、声速临界值 V_D、波幅平均值 $\overline{A}_m$、波幅临界值 A_D 如表 9-9 所示。

超声波各检测剖面的测试值 表 9-9

声测剖面编号	声速平均值 $\overline{V}_m$ (m/s)	声速临界值 V_D (m/s)	波幅平均值 $\overline{A}_m$ (dB)	波幅临界值 A_D (dB)
AB	3989	3712	63	57
BC	3865	3665	62	56
AC	3954	3646	61	55

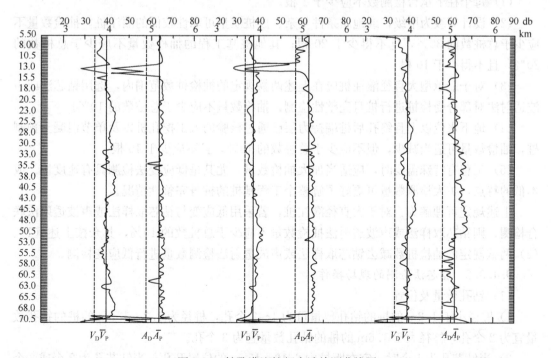

图 9-26 钻孔灌注桩超声波检测曲线图

由图 9-26 和表 9-9 的测试结果可知，桩身 13～13.5m 处声速值和波幅值均小于临界值，表明该处桩身存在缩颈或离析；桩底 70.5～71.4m 处声速值和波幅值明显小于临界值，表明桩底处有沉渣。

9.4.3　桩身混凝土钻芯取样法检测基桩完整性

沿桩身长度方向钻取混凝土芯样及桩端岩土芯样，通过对芯样的观察和测试来评价成桩质量的检测方法称为桩身混凝土钻芯取样法。该方法是检测钻（冲）孔、人工挖孔等现浇混凝土灌注桩成桩质量的有效手段。该检测手段不受场地条件的限制，适用于检测混凝土灌注桩的桩长、桩身混凝土强度、桩底沉渣厚度和桩身完整性，判定或鉴别桩端持力层岩土性状。钻芯法不仅可直观测试灌注桩的完整性，且能够检测桩长、桩底沉渣厚度及桩底岩土层性状。在多种桩身完整性检测方法中，钻芯法最为直观可靠。然而，桩身混凝土钻芯取样法只能反映钻孔范围内的小部分混凝土质量，存在较大的检测盲区，容易造成误判或漏判。钻芯法可有效查明大面积的混凝土疏松、离析、夹泥、孔洞等，而对局部缺陷和水平裂缝等判断不是十分准确。对于长桩，深部芯样钻取时易偏出桩外，无法判断桩身深部混凝土的质量。因此，受检桩桩径不宜小于 800mm、长径比不宜大于 30。由于桩身混凝土钻芯取样设备庞大、费工费时、价格昂贵，桩身混凝土钻芯取样法不宜用于大批量工程桩检测，而只能用于部分工程桩的抽样检查。采用桩身混凝土钻芯取样法与超声波透射法联合检测，综合评定大直径灌注桩的质量是十分有效的。

9.4.3.1　钻芯法抽检数量

《建筑基桩检测技术规范》JGJ 106 中规定了低应变法、超声波透射法、钻芯取样法等检测桩身完整性抽检数量。

（1）每个柱下承台检测数不应少于 1 根。

（2）设计等级为甲级，或地质条件复杂、成桩质量可靠性较低的灌注桩，抽检数量不应少于总桩数的 30%，且不得少于 20 根；其他桩基工程的抽检数量不应少于总桩数的 20%，且不得少于 10 根。

（3）对于端承型大直径灌注桩应在上述两款规定的抽检桩数范围内，选用钻芯法或声波透射法对部分受检桩进行桩身完整性检测，抽检数量不应少于总桩数的 10%。

（4）地下水位以上且终孔后桩端持力层已通过核验的人工挖孔桩以及单节混凝土预制桩，抽检数量可适当减少，但不应少于总桩数的 10%，且不应少于 10 根。

（5）工程有特殊需要时，应适当加大抽检数量，尤其是低应变法检测具有速度快、成本低的特点，扩大检测数量可更好了解整个工程基桩的桩身完整性情况。

上述规定可理解为：对于大直径灌注桩，若采用低应变与钻芯取样法或声波透射法联合检测，则钻芯取样法或声波透射法抽检数量不应少于总桩数的 10%，其余按上述（1）、（2）两款规定的抽检桩数减去钻芯取样法或声波透射法检测数量进行低应变检测。

9.4.3.2　钻芯法检测的现场操作

（1）钻孔数量及位置

1）桩径小于 1.2m 的桩的钻孔数量可为 1～2 个孔，桩径为 1.2～1.6m 的桩的钻孔数量宜为 2 个孔，桩径大于 1.6m 的桩的钻孔数量宜为 3 个孔。

2）当钻芯孔为 1 个时，宜在距桩中心 10～15cm 的位置开孔；当钻芯孔为 2 个或 2 个以上时，开孔位置宜在距桩中心 0.15～0.25 倍桩径范围内均匀对称布置。

3）对桩底持力层的钻探，每根受检桩不应少于 1 个钻孔，且钻探深度应满足设计要求。

（2）取芯

1）钻机设备安装必须周正、稳固、底座水平。钻机立轴中心、天轮中心与孔口中心必须在同一铅垂线上。应确保钻芯过程中钻机不发生倾斜、移位，钻芯孔垂直度偏差≤0.5%。

2）当桩顶面与钻机底座的距离较大时，应安装孔口管，孔口管应垂直且牢固。

3）钻进过程中，钻孔内循环水流不得中断，应根据回水含砂量及颜色调整钻进速度。

4）提钻卸取芯样时，应拧卸钻头和扩孔器，严禁敲打卸芯。

5）每回次进尺宜控制在1.5m内；钻至桩底时，应采取适宜的钻芯方法和工艺钻取沉渣并测定沉渣厚度。

6）钻取的芯样应由上而下按回次顺序放进芯样箱中，芯样侧面上应清晰标明回次数、块号、本回次总块数，并应按要求及时记录钻进情况和钻进异常情况，对芯样质量做初步描述。

7）钻芯过程中，按要求对芯样混凝土、桩底沉渣以及桩端持力层详细编录。

8）钻芯结束后，对芯样和标有工程名称、桩号、钻芯孔号、芯样试件采取位置、桩长、孔深、检测单位名称的标示牌全貌进行拍照。

9）当单桩质量评价满足设计要求时，应采用0.5～1.0MPa压力，从钻芯孔孔底往上用水泥浆回灌封闭，否则应封存钻芯孔，留待处理。

9.4.3.3　芯样试件截取与加工

截取混凝土抗压芯样试件应符合下列规定：

（1）当桩长为10～30m时，每孔截取3组芯样；当桩长小于10m时，每孔可取2组，当桩长大于30m时，每孔截取芯样不少于4组。

（2）上部芯样位置距桩顶设计标高不宜大于1倍桩径或超过2m，下部芯样位置距桩底不宜大于1倍桩径或超过2m，中间芯样宜等间距截取。

（3）缺陷位置可取样时，应截取一组芯样进行混凝土抗压试验。

（4）若同一基桩的钻芯孔数大于一个，其中一孔在某深度存在缺陷时，应在其他孔的该深度处截取芯样进行混凝土抗压试验。

（5）当桩底持力层为中、微风化岩层且岩芯可制成试件时，应在接近桩底部位截取一组岩石芯样；若遇分层岩性时宜在各层取样。

（6）每组应制作三个芯样抗压试件。抗压试验混凝土芯样高径比为1：1（常用高度10cm，直径10cm的芯样）。

加工混凝土抗压芯样试件应符合下列规定：

（1）应采用双面锯切机加工芯样试件。加工时应将芯样固定，锯切平面垂直于芯样轴线。锯切过程中应淋水冷却金刚石圆锯片。

（2）锯切后的芯样试件，当试件不能满足平整度及垂直度要求时，应选用以下方法进行端面加工：

1）采用磨平机磨平。

2）用水泥砂浆（或水泥净浆）或硫磺胶泥（或硫磺）等材料在专用补平装置上补平。水泥砂浆（或水泥净浆）补平厚度不宜大于5mm，硫磺胶泥（或硫磺）补平厚度不宜大于1.5mm。

3）补平层应与芯样结合牢固，受压时补平层与芯样的结合面不得提前破坏。

4）试验前，应对芯样试件的几何尺寸做下列测量：

① 平均直径：用游标卡尺测量芯样中部，在相互垂直的两个位置上，取其两次测量的算术平均值，精确至0.5mm。

② 芯样高度：用钢卷尺或钢板尺进行测量，精确至1mm。

③ 垂直度：用游标量角器测量两个端面与母线的夹角，精确至0.1。

④ 平整度：用钢板尺或角尺紧靠在芯样端面上，一面转动钢板尺，一面用塞尺测量与芯样端面间的缝隙。

⑤ 采用高径比为1∶1（常用芯样的高度为10cm，直径为10cm）或高径比为2∶1（交通规范，常用芯样的高度为20cm，直径为10cm）的混凝土芯样做抗压试验。

5）试件有裂缝或有其他较大缺陷、芯样试件内含有钢筋及试件尺寸偏差超过下列数值时，不得用作抗压强度试验：

① 芯样试件高度小于0.95d或大于1.05d时（d为芯样试件平均直径）。

② 沿试件高度任一直径与平均直径相差达2mm以上时。

③ 试件端面的不平整度在100mm长度内超过0.1mm时。

④ 试件端面与轴线的不垂直度超过2时。

⑤ 芯样试件平均直径小于2倍表观混凝土粗骨料最大粒径时。

9.4.3.4 芯样试件抗压强度试验

芯样试件制作完毕可立即进行抗压强度试验（干法）试验。芯样试件抗压强度试验时应保证试件的几何对中，球座最好放在试件顶面并顶面朝上。加荷速率应满足以下条件：强度等级小于C30的混凝土取0.3～0.5MPa/s，强度等级不低于C30的混凝土取0.5～0.8MPa/s。当试件接近破坏而开始迅速变形时，应停止调整试验机油门，直至试件破坏，记下最大荷载。

混凝土芯样试件抗压强度应按式（9-35）计算：

$$f_{cu} = \xi \cdot \frac{4P}{\pi d^2} \tag{9-35}$$

式中，f_{cu}为混凝土芯样的抗压强度；d为芯样的平均直径；P为芯样抗压试验测得的破坏荷载；ξ为混凝土芯样抗压强度折算系数，应考虑芯样尺寸效应、钻芯机械对芯样扰动和混凝土成型条件的影响，通过试验统计确定，当无试验统计资料时，宜取$\xi=1.0$。

9.4.3.5 检测数据的分析与判定

（1）取一组三块芯样强度值的平均值作为该组混凝土芯样试件抗压强度代表值。同一受检桩同一深度部位有两组或两组以上混凝土芯样试件抗压强度代表值时，取其平均值为该桩该深度处混凝土芯样试件抗压强度代表值。

（2）受检桩中不同深度位置处混凝土芯样抗压强度代表值中的最小值为该桩混凝土芯样的抗压强度代表值。

（3）桩身完整性类别应结合钻芯孔数、现场混凝土芯样特征、芯样单轴抗压强度试验结果，按表9-10进行综合判定。

桩身完整性判定   表 9-10

类别	特 征	分类原则
I	混凝土芯样连续、完整、表面光滑、胶结好、骨料分布均匀，呈长柱状、断口吻合、芯样侧面仅见少量气孔	桩身完整
II	混凝土芯样连续、完整、胶结较好、骨料分布基本均匀，呈柱状、断口基本吻合、芯样侧面局部见蜂窝麻面、沟槽	桩身有轻微缺陷，不会影响桩身结构承载力的正常发挥
III	大部分混凝土芯样胶结较好，无松散、夹泥或分层现象，但有下列情况之一：芯样局部破碎且破碎长度不大于 10cm；芯样骨料分布不均匀；芯样多呈短柱状或块状	桩身有明显缺陷，对桩身结构承载力有影响
IV	芯样侧面蜂窝麻面、沟槽连续钻进很困难；芯样任一段松散、夹泥或分层；芯样局部破碎且破碎长度大于 10cm。	桩身存在严重缺陷

成桩质量评价应按单桩进行。当出现下列情况之一时，应判定该受检桩不满足设计要求：

(1) 桩身完整性类别为 IV 类。

(2) 受检桩混凝土芯样试件抗压强度代表值小于混凝土设计强度等级。

(3) 桩长、桩底沉渣厚度不满足设计或规范要求。

(4) 桩端持力层岩土性状（强度）或厚度未达到设计或规范要求。

(5) 钻芯孔偏出桩外时，仅对钻取芯样部分进行评价。

9.4.3.6 桩身混凝土钻芯取样法桩身完整性判定的工程实例

表 9-11 为钻孔灌注桩桩身混凝土芯样编录分析结果，表 9-12 为灌注桩桩身混凝土芯样干法抗压试验结果表，图 9-27 为钻探取芯桩的芯样。

图 9-27 钻探取芯桩的芯样

钻孔灌注桩桩身混凝土芯样编录分析表   表 9-11

工程名称	—	桩号	33 号	设计强度	C35
设计桩径 (mm)	600	设计桩长 (m)	54m	相对垫层桩顶标高 (m)	−1.4m
检测依据	建筑基桩检测技术规范 (JGJ 106)	检测设备	XY-100 高速岩芯钻机		
龄期 (d)	＞28	取芯日期	2011.7.13	报告日期	2011.7.15

钻孔取芯成果表

回次	进尺 (m)	累计孔深 (m)	芯样长度 (m)	采取率 (%)	芯样描述	桩身分段完整性类别判定
1	1.0	1.0	0.92	92%	芯样呈柱状，上部 20cm 范围表面稍粗糙，局部有麻面现象，其余部分表面较光滑，骨料分布基本均匀，胶结一般	II类

回次	进尺 (m)	累计孔深 (m)	芯样长度 (m)	采取率 (%)	芯样描述	桩身分段完整性类别判定
2	2.0	3.0	1.92	96%	芯样呈柱状，表面较光滑，骨料分布基本均匀，胶结一般	Ⅱ类
3	1.3	4.3	1.18	91%	芯样呈短柱状，表面粗糙，骨料分布均匀，胶结良好，局部位置有沟槽	Ⅱ类
4	1.1	5.4	1.05	95%	芯样呈长短柱状，上部骨料分布较均匀，胶结良好，下部25cm范围内表面稍粗糙，骨料分布基本均匀，局部见蜂窝麻面现象	Ⅱ类
5	2.0	7.4	1.92	96%	芯样呈长短柱状，表面稍粗糙，骨料分布基本均匀，胶结一般，局部见有沟槽	Ⅱ类
6	2.0	9.4	1.91	96%	芯样呈短柱状，表面光滑，骨料大部分分布均匀，中间15cm范围骨料分布基本均匀，胶结良好	Ⅱ类
7	2.0	11.4	1.96	98%	芯样呈长短柱状，表面光滑，骨料分布均匀，胶结良好，中间位置局部有沟槽	Ⅱ类
8	0.9	12.3	0.68	76%	芯样呈短柱状，表面光滑，骨料分布均匀，胶结良好。由于钻到钢筋，部分芯样无法钻取，所有采取率低	Ⅱ类

检测结论：该桩桩身完整性类别为Ⅱ类桩

灌注桩桩身混凝土芯样干法抗压试验结果表 表 9-12

工程名称			—		试验日期	2011.7.16	报告日期	2011.7.20
桩号	芯样组别	芯样编号	取样深度 (m)	芯样直径 (cm)	芯样高度 (cm)	破坏荷载 (kN)	单个轴心抗压强度 (MPa)	每组强度平均值 (MPa)	整桩混凝土强度代表值 (MPa)
33	1	1上	1.08	89.5	90	280	44.5	42.1	32.6
		2中	1.38	89.0	90	249	40.1		
		3下	1.68	89.5	90	262	41.6		
	2	1上	4.37	89.5	92	336	53.4	52.6	
		2中	4.57	89.5	89	299	47.5		
		3下	4.77	89.5	90	358	56.9		
	3	1上	8.76	89.5	89	147	23.4	34.0	
		2中	8.91	89.5	91	254	40.4		
		3下	9.06	89.5	89	240	38.2		
	4	1上	11.80	89.5	89	193	30.7	32.6	
		2中	11.95	89.5	90	208	33.1		
		3下	12.10	89.5	90	214	34		

试验依据：《建筑基桩检测技术规范》JGJ 106 和《普通混凝土力学性能试验方法》GB/T 50081

试验方法：无侧限干法抗压试验　试验设备：NYL-2000 型压力试验机

检测结论：该桩混凝土强度为 32.6MPa

9.4.4 基桩钢筋笼长度检测

灌注桩钢筋笼长度是根据荷载特征（如竖向荷载的大小和偏心距、水平荷载的大小及其变化特征、拔荷载的大小等）、桩周土物理力学性质、建筑物抗震设防烈度及侧阻、端阻承载性状等因素综合确定的。钢筋笼可对灌注桩抗拉、抗弯、土层差异较大时承受地震波速差异引起的水平荷载、桩身裂缝控制等起到关键性的作用。特别对于抗拔桩和一、二级裂缝控制等级的桩，钢筋笼的作用尤为重要。若钢筋笼长度不能满足设计要求，将导致桩身在承受荷载作用过程中产生破坏，从而严重影响桩基稳定性和抗震性能，使建筑物安全性降低，不能满足其承受设计荷载的要求。因此，基桩钢筋笼长度检测也是桩基工程检测中的重要手段。

目前基桩钢筋笼长度检测方法主要有电法和磁法两种。

电法探测通过测量探测孔中不同深度处电场强度评判基桩钢筋笼长度。基桩中的钢筋笼是良好的导电体，而包围在钢筋笼周边的混凝土及岩土则是高电阻介质。当钢筋笼上连接一直流电源时，钢筋笼便成为一近似等电位的带电体，在钢筋笼周围形成一稳定的电场。距离钢筋笼越近，电位越高，反之亦然。检测时在检测桩近旁或桩中、平行于桩体进行钻孔，设置探测孔进行电法探测，依据电场强度来判断基桩钢筋笼的长度。

磁法探测利用物质的磁性差异进行探测。钢筋属于铁磁性物质，钢筋笼在地磁场中受磁化而形成附加磁场。附加磁场与地磁场叠加，使灌注桩附近的磁场强度发生变化。因此，在桩中或桩旁钻孔，设置探测孔，测量孔中不同深度的磁场强度即可评判基桩钢筋笼长度。

基桩钢筋笼长度两种检测方法都需在桩中或桩边钻孔，设置探测孔。孔深需超过钢筋笼底一深度。不同的是电法测量的是电场强度（电位），检测仪器为电位计及测量电极。磁法测量的是磁场强度（磁通量），检测仪器为磁强仪及磁通量传感器。由于钢筋笼与混凝土、桩周岩土间存在明显的磁性差异，磁力梯度测试在基桩钢筋笼长度测试中得到了广泛应用。

9.4.4.1 磁梯度法基桩钢筋笼长度检测的基本原理

磁梯度测试的物探方法为：紧临钻孔桩壁打一钻孔，直达桩底以下 5m 左右，用直径略小于钻孔直径的 PVC 管护壁，在 PVC 管内直接测试桩身轴线方向的磁场梯度，通过梯度的变化，反映被测物体磁性的增加或减弱，从而揭示磁性物体的出现或消失。

钢筋笼是由数根粗的主筋和在其上按一定间距缠绕绑扎的箍筋构成。在地磁场作用下钢筋笼会产生感应磁场。钢筋笼上的感应磁场可分别按主筋和箍筋计算和叠加，其大小与测试距离和钢筋笼铁磁性物质的量有关。假设钢筋笼主筋为无限长线状体，在与钢筋笼主筋平行方向上，可推导出一根主筋的磁感应强度 Z_c 为：

$$Z_c = \frac{B_\perp kS}{2\pi h^2} \tag{9-36}$$

式中，$B_\perp$ 为垂直方向地磁场强度；k 为主筋的磁化率；S 为主筋横截面积；h 为测点与主筋的垂直距离。

由式（9-36）可知，主筋磁感应强度大小与主筋间距的平方成反比，与主筋面积成正比。在钢筋笼主筋平行方向上，磁感应强度为定值，其梯度值为零。对于有限长钢筋笼中的主筋，可用有限元积分近似计算其磁感应强度大小。在钢筋笼端部，随着与钢筋笼的远

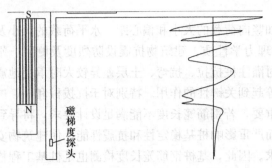

图 9-28　磁梯度探测桩基钢筋笼长度原理示意圈

离，磁感应强度迅速衰减，直到减至背景地磁场大小。对于箍筋同样也可用有限元法近似计算其磁感应强度大小。在与螺线轴线近距离平行方向上，感应磁场大小呈周期变化。根据式（9-36）可计算基桩钢筋笼旁侧磁梯度随深度的理论变化曲线（图 9-28）。

在钻孔灌注桩的一侧一定距离布设一钻孔，由于桩内钢筋笼具有铁磁性，磁梯度探测钢筋笼长度就是利用磁梯度探头在桩侧附近的钻孔中测出磁梯度值随深度变化的曲线，依据曲线特征判定钢筋笼顶底深度，由此确定钢筋笼长度。

9.4.4.2　磁梯度法基桩钢筋笼长度的实例

采用磁梯度法对管桩的钢筋笼长度进行了检测，如图 9-29 所示。采用磁梯度法对管桩的钢筋笼长度进行检测时，直接将探头放至孔底，由于没有钻孔至桩底以下 5m，故桩底部位数据不足，但管桩接头反映明显。由图 9-29 可知，管桩 11.5m，22.5m 处均有非常明显的磁场突变，强度曲线、梯度曲线反映均强烈，可判断此处为管桩接头所在位置。现场检测结果与桩的实际情况几乎完全一致。

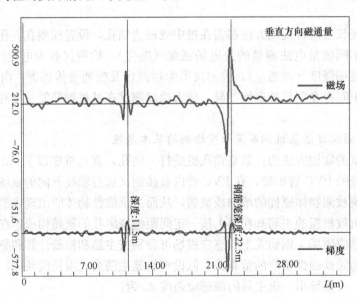

图 9-29　管桩钢筋笼磁梯度法检测结果

采用磁梯度法对钻孔灌注桩的钢筋笼长度进行了检测（见图 9-30）。此钻孔灌注桩的设计桩长为 56m。采用磁梯度法对钻孔灌注桩的钢筋笼长度进行检测时钻孔深度为 60m。由图 9-30 可知，该钻孔灌注桩每截钢筋笼接头处反映明显。在 8.7m，17.5m，26.7m，35.2m，43.2m 和 51.5m 处均有非常明显的磁场突变，强度曲线、梯度曲线反映均强烈。而在 52~60m 深度处数据平滑，磁场强度均匀。检测结果表明，每截钢筋笼长度大约

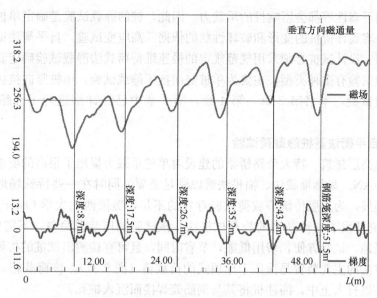

图 9-30　钻孔灌注桩钢筋笼磁梯度法检测结果

8.0~8.5m，与设计长度相符。钢筋笼底部位置在 51.5m 处，比设计钢筋笼长度短 4.5m 左右。

由此可见，实际工程中可利用磁梯度法有效的检测钢筋笼长度是否合格，管桩组装是否规范，管桩深度是否达到要求。

9.5　基桩承载力检测

现有确定基桩承载力的检测方法主要有静荷载试验和高应变动力测试。静荷载试验是确定基桩承载力最可靠的方法，结合桩身或桩端预埋测试元件还可测定桩侧摩阻力分布情况、桩端阻力和桩身轴力等。高应变动力测桩法一般是在桩顶作用一动荷载，使桩产生显著的加速度和土阻尼效应，通过安装在桩侧的传感器测量桩土系统的振动响应，并用波动理论分析和研究应力波沿桩土系统的传递和反射，从而判断桩身阻抗变化和确定单桩承载力。高应变动力测试只能为基桩承载力的确定提供参考。

9.5.1　传统基桩静载荷试验

基桩现场静载试验是国际上公认获得单桩竖向抗压、抗拔及抗水平向承载力最为可靠的方法。基桩现场静载试验可获取桩基设计所必需的计算参数，为设计试桩提供合理的单桩承载力。单桩静载试验有多种类型，主要为单桩竖向抗压静载试验，单桩竖向抗拔静载试验和单桩水平静载试验。单桩竖向抗压与抗拔试验，可预先埋设测试元件，测定桩侧摩阻力和桩端阻力，研究桩的荷载传递机理。桩的水平向荷载试验还可确定地基土水平抗力系数，当桩中埋设测试元件时，可测定桩身弯矩分布和桩侧土压力分布，研究土抗力与水平位移关系，为探索更合理的分析计算方法提供依据。

虽有许多公式可以用来确定桩的承载力，但由于种种因素的约束，难以有两个计算公式获得相同的计算结果。地基土的类别和性质，桩的几何特性，荷载性质，桩的材料，施工工艺质量和可靠性等都会影响桩的承载力。因此，桩的静载试验是确定单桩承载力的可靠依据，也是客观评价桩的变形和破坏性状的依据。高应变试验，自平衡法试验只能提供参考承载力值。设计试桩必须采用规范规定的慢速维持荷载法静载试验确定其承载性能。

单桩静载试验有多种类型，主要为单桩竖向抗压静载试验，单桩竖向抗拔静载试验和单桩水平静载试验，本书第 3 章，第 4 章，第 5 章中已经详细进行了介绍，此处不再赘述。

9.5.2　自平衡法基桩静载荷试验

目前大量高层建筑、特大公路桥梁的建设对单桩承载力提出了很高的要求，单桩承载力超过 100000kN。显然堆载法、锚桩法难以满足需要，同时在一些特殊场地堆载法、锚桩法也无法施展，为克服传统静载荷试验存在的不足，美国西北大学 Osterberg 于 20 世纪 80 年代研究开发了一种新型的静载试桩法。该试验加压装置简单，不需要压重平台，不占用试验场地，试验方便，费用低廉，节省时间，且可直接测出试桩的桩侧摩阻力和桩端阻力。该方法的主要装置是液压千斤顶式的荷载箱（图 9-31）。该荷载箱一般被安设于桩身端部，随桩打入土中，灌注桩将其与钢筋笼焊接而沉入桩孔。

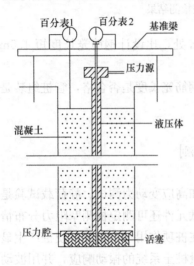

图 9-31　Osterberg 试桩法试验装置示意图

该荷载箱由特别设计的液压千斤顶式的装置组成，高内压下该装置能施加非常大的荷载。荷载箱中心的顶部，焊接一根延伸至地表的导管，加荷前预先标定荷载箱。导管内有一根与管底相连的小管子，延伸至地表，且通过密封圈从大管里露出，该小管作为测量管可以测量荷载增加时荷载箱底下向下的位移（图 9-31）。桩身混凝土的强度达到设计要求后，对荷载箱内腔施压（可以用油或者水产生压力），将在桩端产生一个向上的力，在桩端土层产生一个等值反向的力。随着压力的增加，测量管向下移动，桩身向上移动，从而使桩端土层荷载增加和桩侧摩阻力逐步发挥。此时，荷载箱向上桩侧总摩阻力等于向下桩端土阻力。桩端土层向下的位移由百分表 2 测量，桩顶向上的位移由百分表 1 测量。另有一根从荷载箱顶延伸到地表上的管子，管中放测量杆，用来测量荷载顶向上的位移。因此，测量杆和百分表 1 的读数给出桩身混凝土的压缩量。随着压力增加，可得到向上的力与位移的关系图和向下的力与位移的关系图，从而可以得到荷载箱上部的极限侧阻力值，亦即得到 $Q\text{-}s$ 曲线的弹塑性段，但由于荷载箱上部桩侧土的破坏从而得不到整根桩的 $Q\text{-}s$ 全曲线。即自平衡法确定的单桩极限承载力是依靠荷载箱上部土层侧阻的 $Q\text{-}s$ 曲线经过理论推算整根桩 $Q\text{-}s$ 曲线的后续发展情况而得到的，所以与常规的破坏性静载试验还有一定的误差。自平衡测试完毕，试桩作为工程桩，要用水泥浆灌注荷载箱的腔体以保证桩身完整。

Osterberg 法与传统静载试验法的差异在于（图 9-32）：传统静载试验法加载作用于桩顶，桩侧土阻力自上而下发挥，桩侧作用力方向上桩身自重起到压力作用，在高荷载水平下，桩侧阻力与桩端阻力同时发挥，可通过试验发现桩顶下桩身浅部混凝土质量缺陷，可直接测定单桩竖向极限承载力值供设计使用或作为评价工程桩性能；而 Osterberg 法将

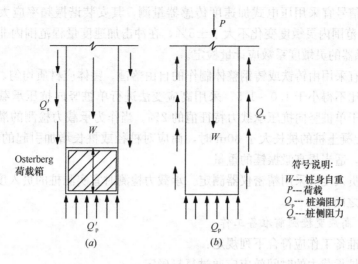

图 9-32 Osterberg 试桩法与传统试桩法力学机理比较

(a) Oster-berg 试桩法；(b) 传统试桩法

荷载箱设置在靠近桩端的桩身混凝土中，千斤顶作用力向上（桩端亦受到反作用力），桩侧阻力是自上而下逐渐发挥且方向向下，桩身自重起到阻力作用，桩端阻力对桩侧阻力没有影响，不能通过试验发现桩顶下桩身浅部混凝土的质量缺陷，最大只能加载至荷载箱上段桩的桩侧极限摩阻力，而不能直接测定单桩竖向极限承载力，只能通过推算求得极限承载力值。

自平衡法优点是只需要单桩就可进行承载力测试，缺点是最大加载量为荷载箱上部土层的桩侧摩阻力值，而不能直接测定整根单桩的极限荷载。对于设计试桩和重要工程试桩还是应采用规范规定的慢速维持荷载法进行试验。

9.5.3 基桩的高应变检测

高应变动测法是以铸铁或铸钢重锤敲击桩顶，使桩产生一定的贯入度，然后通过测量力和位移来确定桩身质量和极限承载力的一种间接测试方法。高应变法适用于检测基桩的竖向抗压承载力和桩身完整性，监测预制桩打入时的桩身应力和锤击能量传递比，为沉桩工艺参数及桩长选择提供依据。采用高应变动测法进行灌注桩的竖向抗压承载力检测时，应具有现场实测经验和本地区相近条件下的可靠对比验证资料。对于大直径扩底桩和荷载一沉降曲线具有缓变型特征的大直径灌注桩，不宜采用高应变动测法进行竖向抗压承载力检测。目前高应变检测常用的方法有 CASE 法和 CAPWAP 法两种。

9.5.3.1 高应变检测装置

检测系统包括信号采集及分析仪、传感器、激振设备和贯入度测量仪等。检测系统应满足如下要求：

（1）信号采样点数不应少于 1024 点，采样间隔宜取 $50 \sim 200~\mu s$。当用曲线拟合法推算被检桩的极限承载力时，信号记录长度应确保桩端反射后不小于 20ms 或达到 $5L/c$。

（2）力信号宜采用工具式应变传感器测量，其安装谐振频率应大于 2kHz。

（3）自由落锤安装加速度传感器测力时，力的设定值由加速度传感器设定值与重锤质量的乘积确定。

（4）速度信号宜采用压电式加速度传感器量测，其安装谐振频率应大于10kHz，且在1～3000Hz范围内灵敏度变化不大于±5%，在冲击加速度量程范围内非线性误差不大于±5%，传感器的灵敏度系数应计量检定。

（5）激振宜采用由铸铁或铸钢整体制作的自由落锤。锤体应材质均匀、形状对称、底面平整，高径比不得小于1.0～1.5。采用高应变法进行单桩竖向抗压承载力时，激振锤的重量不得小于单桩竖向抗压承载力特征值的2%。当作为承载力检测的灌注桩的桩径大于600mm或混凝土桩的桩长大于30m时，尚应对桩径或桩长增加引起的桩-锤匹配能力下降进行补偿，适当提高激振锤的重量。

（6）桩的贯入度应采用精密仪器测定。承载力检测时宜实测桩的贯入度，单击贯入度宜在2～6mm之间。

9.5.3.2 高应变检测前准备工作

检测前的准备工作应符合下列规定：

（1）预制桩承载力的时间效应应通过复打确定。

（2）桩顶面应平整，桩顶高度应满足锤击装置的要求，桩锤重心应与桩顶对中，锤击装置架立应垂直。

（3）对不能承受锤击的桩头应做加固处理，混凝土桩应先凿掉桩顶部的破碎层和软弱混凝土。桩头顶面应平整，桩头中轴线与桩身上部的中轴线应重合。桩头主筋应全部直通至桩顶混凝土保护层之下，各主筋应在同一高度上。距桩顶1倍桩径范围内，宜用厚度为3～5m的钢板围裹或距桩顶1.5倍桩径范围内设置箍筋，间距不宜大于100mm。桩顶应设置钢筋网片2～3层，间距60～100mm。桩头混凝土强度等级宜比桩身混凝土提高1～2级，且不得低于C30。高应变法检测的桩头测点处截面尺寸应与原桩身截面尺寸相同。

（4）桩头顶部应设置桩垫，桩垫可采用10～30mm厚的木板或胶合板等材料。

（5）采用自由落锤为锤击设备时，应重锤低击，最大锤击落距不宜大于2.5m。

（6）桩身材料质量密度的取值：钢桩取7.85t/m³；混凝土预制桩取2.45～2.50t/m³；离心管桩取2.55～2.60t/m³；混凝土灌注桩取2.40t/m³。

传感器的安装方法见图9-33。

9.5.3.3 高应变检测常用方法简介-CASE法

CASE法是由美国凯司大学在20世纪60年代中期到70年代中期提出的一种桩基动力检测方法，主要适用于打入桩的施工监控，在一定的经验基础上，特别在动、静对比基础上，可间接作为检测各种类型工程桩的验收方法。

（1）CASE法的假定条件

应用CASE法时假定如下：

1）桩的基本特性在测试所涉及的时间内可看作是固定不变的。

2）桩是一个线性系统，所有的输入和输出都可简单叠加。桩身的局部环节上可采用某些办法来考虑其非弹性性状。

3）桩是一个一维杆件，即桩身每个截面上的应力、应变都是均匀的。

4）破坏发生在桩土界面，桩周土的影响都以作用于桩侧和桩端的力来取代而参加计算。若破坏发生在桩周土的土体内部，则可把部分土体看作是桩身的附加质量。

5）桩身是等阻抗的。

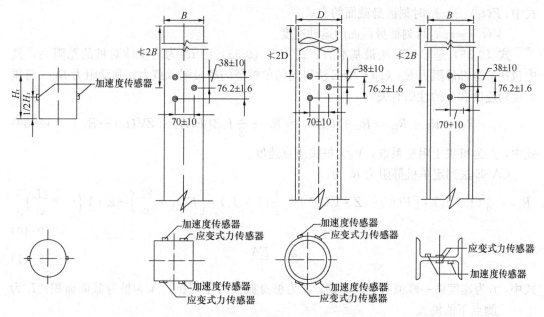

图 9-33　高应变传感器的安装（单位：mm）

6）在计算所涉及的时段内，桩侧没有任何动阻力，且静阻力始终保持恒定。

7）应力波在传播过程中的能量损耗，包括桩身中的内阻尼损耗和向桩周土的逸散，均忽略不计。

由上述假定可知，CASE 法较适合应用于确定打桩阻力。需要说明的是，上述假定可能导致相当严重的误差，如桩身阻抗没有完全保持恒定、桩侧动阻力有时较大、桩端的土阻力不会在应力波到达桩端时立即全部激发出来、能量的扩散和损耗有时相当显著、桩身反弹还会产生反向的阻力等问题。使用 CASE 法时，必须针对具体场合确定该方法的适用性并采取相应的、必要的修正措施。

（2）CASE 法的基本原理

锤击桩顶，当应力波沿桩身向下传递时，将产生下行波和上行波。按照一维应力波理论由于下行波的行进方向和规定的正向运动方向一致，在下行波的作用下，正的作用力（即压力）将产生正向的运动，而负的作用力则产生负向的运动。即下行波所产生的力和速度符号永远保持一致。上行的压力波（其力的符号为正）将使桩身产生负向的运动，而上行的拉力波（力的符号为负）则产生正向的运动，即上行波所产生的力和速度的符号永远相反。

对桩顶施加锤击力时，由于桩侧摩阻力 $R_i(t)$ 的作用，引起向上的压力波和向下的拉力波，其幅值都等于 $1/2R_i(t)$。下行波 $P\!\downarrow(t_1)$ 和上行波 $P\!\uparrow(t_1)$ 可表示为：

$$\begin{cases} P\!\downarrow(t_1) = \dfrac{1}{2}\big[F(t_1) + ZV(t_1)\big] \\ P\!\uparrow(t_1) = \dfrac{1}{2}\big[F(t_1) - ZV(t_1)\big] \end{cases} \tag{9-37}$$

根据力和速度曲线，经行波理论推导，可求得土阻力 R_T。即：

$$R_T = \frac{1}{2}\big[F(t_1) + F(t_2)\big] + \frac{Z}{2}\big[V(t_1) - V(t_2)\big] \tag{9-38}$$

式中，$F(t_1)$ —— t_1 时刻桩身截面的力；

$V(t_1)$ —— t_1 时刻桩身截面的运动速度。

式（9-38）是 CASE 法最基本的公式。式（9-38）中 R_T 为岩土体对桩的总阻力，其中包括了全部静阻力 R_C（即 CASE 法得到的单桩竖向静极限承载力）和动阻力 R_D（与质点运动速度和土的性质有关）。

$$R_T = R_C + R_D = R_C + J_c Z V_b = R_C + \frac{1}{2} J_c Z [F(t_1) + Z V(t_1) - R_T] \qquad (9\text{-}39)$$

式中，J_c 为桩尖土阻尼系数；V_b 为桩尖质点速度。

CASE 法判定单桩静阻力 R_C 为：

$$R_C = \frac{1}{2}(1 - J_c) \cdot [F(t_1) + Z \cdot V(t_1)] + \frac{1}{2}(1 + J_c) \cdot \left[F\left(t_1 + \frac{2L}{c}\right) - Z \cdot V\left(t_1 + \frac{2L}{c}\right) \right]$$
$$(9\text{-}40)$$

$$Z = \frac{EA}{c} \qquad (9\text{-}41)$$

式中，t_1 为速度第一峰值对应的时刻；Z 为桩身截面力学阻抗；A 为桩身截面面积；L 为测点下的桩长。

式（9-40）适用于 $t_1 + 2L/c$ 时刻桩侧和桩端土阻力均已充分发挥的摩擦型桩。

CASE 法判定单桩极限承载力的关键是选取合理的阻尼系数值 J_c。J_c 不仅和土的性质有关，还和桩的阻抗 Z 有关。J_c 值可通过静、动试桩对比得到。美国 PID 公司对 CASE 阻尼系数建议值如下：砂：$0\sim0.15$；砂质粉土：$0.15\sim0.25$；粉质黏土：$0.45\sim0.70$；黏土：$0.9\sim1.20$。

影响 CASE 法确定单桩承载力准确性因素有：J_c 的取值、桩长、桩径、地质条件和试桩情况是否满足 CASE 法的假定，锤击能量是否得当，锤击落高是否得当，是否偏心锤击，桩长较长时是否考虑动力打击后由于波反射反向作用在桩身上的负摩阻力情况（拉力波），是否考虑桩入土时间效应等。

（3）CASE 法判断桩身完整性

采用实测曲线拟合法判定单桩承载力，应符合下列规定：

1）所采用的力学模型应明确合理，桩和土的力学模型应能分别反映桩和土的实际力学性状，模型参数的取值范围应能限定。

2）只限于中、小直径桩，桩身材质、桩身截面应基本均匀。

3）曲线拟合时间段长度在 $t_1 + 2L/c$ 时刻后延续时间不应小于 20ms；对于柴油锤打桩信号，在 $t_1 + 2L/c$ 时刻后延续时间不应小于 30ms。

4）各单元所选用的土的最大弹性位移值不应超过相应桩单元的最大计算位移值。

5）拟合时土阻力响应区段的计算曲线与实测曲线应吻合，其他区段的曲线应基本吻合。

6）在同一场地、地质条件相近和桩型及其桩身截面积相同情况下，J_c 值的极差不宜大于平均值的 30%。

7）阻尼系数 J_c 宜根据同条件下静载试验结果校核，或应在已取得相近条件下可靠对比资料后，采用实测曲线拟合法确定 J_c 值，拟合计算的桩数应不少于检测总桩数的 30%，且不少于 3 根。

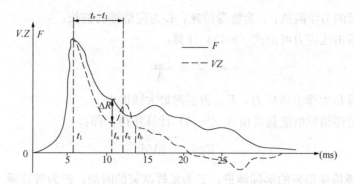

图 9-34 桩身结构完整性系数计算

对于等截面桩，可参照表 9-13 并结合经验判定。桩身完整性系数 β 和桩身缺陷位置 x 应分别按式（9-42）和式（9-43）计算：

$$\beta = \frac{[F(t_1) + Z \cdot V(t_1)] - 2\Delta R + [F(t_x) - Z \cdot V(t_x)]}{[F(t_1) + Z \cdot V(t_1)] - [F(t_x) - Z \cdot V(t_x)]} \tag{9-42}$$

$$x = \frac{c \cdot (t_x - t_1)}{2000} \tag{9-43}$$

式中，β 为桩身完整性系数；x 为桩身缺陷至传感器安装点的距离；t_x 为缺陷反射峰对应的时刻；ΔR 为缺陷以上部位土阻力的估算值，等于缺陷反射波起始点的力与速度乘以桩身截面力学阻抗的差值，取值方法见图 9-34。

桩身完整性判定   表 9-13

类别	β 值
I	$\beta = 1.0$
II	$0.8 \leqslant \beta < 1.0$
III	$0.6 \leqslant \beta < 0.8$
IV	$\beta < 0.6$

实际工程中出现下列情况之一时应按工程地质和施工工艺条件，采用实测曲线拟合法或其他检测方法综合判定桩身完整性：

1）桩身有扩颈、截面渐变或多变的混凝土灌注桩。

2）桩身存在多处缺陷的桩。

3）力和速度曲线在上升段或峰值附近出现异常，桩身浅部存在缺陷或波阻抗变化复杂的桩。

（4）CASE 法桩身锤击应力监测

试打桩分析时，桩端持力层的判定应综合考虑岩土工程勘察资料，并应对推算的单桩极限承载力进行复打校核。

桩身最大锤击拉应力可由式（9-44）求得：

$$\sigma_t = \frac{1}{2A} \max\left[Z \cdot V\left(t_1 + \frac{2L}{c}\right) - F\left(t_1 + \frac{2L}{c}\right) - Z \cdot V\left(t_1 + \frac{2L - 2x}{c}\right) - F\left(t_1 + \frac{2L - 2x}{c}\right) \right]$$

$$\tag{9-44}$$

式中，σ_t 为桩身最大锤击拉应力；x 为测点至计算点间的距离；A 为桩身截面面积；Z 为桩身截面的力学阻抗；c 为桩身波速；L 为完整桩的桩长。

桩身最大锤击压应力可由式（9-45）计算：

$$\sigma_p = \frac{F_{max}}{A} \qquad (9\text{-}45)$$

式中，σ_p 为桩身最大锤击压应力；F_{max} 为实测最大锤击力。

桩锤实际传递给桩的能量可由式（9-46）计算获得，即：

$$E_n = \int_0^T FV \mathrm{d}t \qquad (9\text{-}46)$$

式中，E_n 为桩锤传递给桩的实际能量；T 为采样结束的时刻；F 为桩顶锤击力信号；V 为桩顶实测振动速度信号。

（5）CASE 法典型现场记录波形

CASE 法典型现场记录波形如图 9-35 所示。

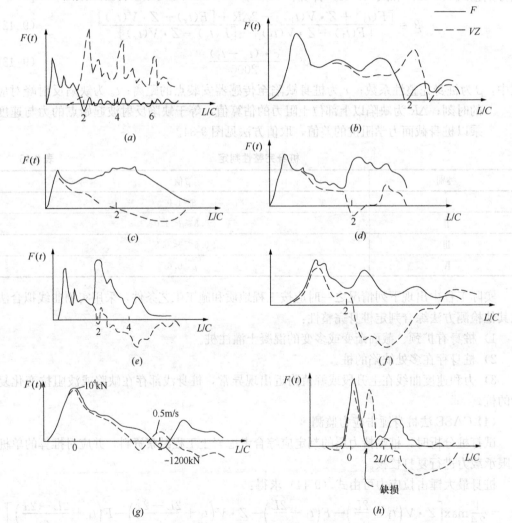

图 9-35　CASE 法典型现场记录波形

（a）刚开始打桩几乎无侧阻端阻；（b）侧阻很小，几乎无端阻；（c）侧阻很大；（d）侧阻小，端阻大；
（e）仅有端阻，无侧阻；（f）侧阻较大，端阻很大；（g）桩身无缺陷；（h）桩身有严重缺陷

9.5.3.4　高应变检测常用方法简介-CAPWAP法

CAPWAP法的现场测试和数据采集与CASE法相同，得到的两条实测力与加速度时程曲线中包含了桩身阻抗变化与土阻力（桩承载力）的信息。采用CAPWAP法进行单桩承载力确定时首先把桩划分为若干分段单元，各分段单元的桩土参数为桩身阻抗、土的阻力及其沿桩身的分布、最大弹限 Q_k、桩侧阻尼系数 J_2、桩底阻尼系数 J_c、卸载水平 U_n、卸载弹性位移 Q_{km} 和土塞效应系数等。CAPWAP法用实测的波形速度、力或下行波作为已知边界条件进行波动程序计算，求得理论模型的力、速度波形，并推算极限承载力。

（1）桩身模型

CAPWAP法将桩分成若干个杆件单元，单元长度约1m左右，见图9-36和图9-37。

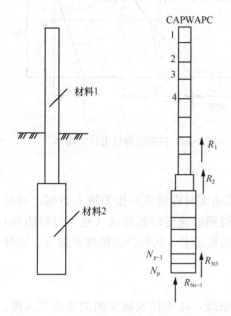

图9-36　CAPWAP C程序中桩身单元划分
成土的摩阻力

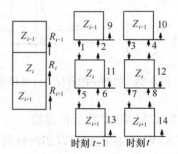

$1—P_d(i-1,j-1);$　　$2—P_u(i-1,j);$　　$3—P_d(i-1,j);$
$4—P_u(i-1,j);$　　$5—P_d(i,j-1);$
$6—P_u(i,j-1);$　　$7—P_d(i,j);$　　$8—P_u(i,j);$　　$9—R(i-1,j-1);$
$10—R(i-1,j);$　　$11—R(i,j-1);$　　$12—R(i,j);$
$13—R(i+1,j-1);$　　$14—R(i+1,j);$

图9-37　各单元受力示意图

假设：

1）桩身是连续不变的一维弹性杆件；

2）单元体的截面积和弹性模量与桩的相同；

3）阻抗的变化仅发生在桩单元的界面处，单元内部无畸变；

4）桩单元长度可以不等，但应力波通过单元的时间相等；

5）对于每一杆件单元，土阻力都作用在单元底部。

（2）土的计算模型

CAPWAP法中土模型有6个参数：最大静阻力 R_u、最大弹性变形 Q_{max}、阻尼系数 J、土的最大负阻力 R_N、土的重新加荷水平 R_L 和土卸载时的最大弹性变形 Q_s（见图9-38）。CAPWAP法中的土模型，卸载时的最大弹性变形值 Q_s 可与加载时不同，一般取 $Q_s \leqslant Q_{max}$，土完全卸载后将有残余变形 $Q_{max} - Q_s$。土体与桩体间可能产生的最大负摩擦力 R_N 可能小于最大正向摩擦力值。桩尖处土不能承受拉应力，可令 $R_N = 0$。重新加载水平

R_L 值，使土在重新加载时相对于不同阶段取不同的土刚度。当土反力 $R_s < R_L$（图 9-38 中 CB 或 FE 段）时，取较大土刚度作为卸载和重复加载时的刚度；当 $R_s \geqslant R_L$ 或初次加载（即图 9-38 中 BD 或 HK 段）时，取较小土刚度作为加载的刚度。AC、EF 和 GH 为卸载线段。

支承在很硬持力层上的桩，在桩尖和土之间可能会存在一个间隙。CAPWAP 法中可人为确定间隙值，在这个间隙范围内土的静反土保持为零（见图 9-39）。

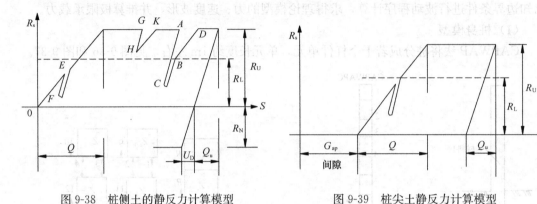

图 9-38 桩侧土的静反力计算模型   图 9-39 桩尖土静反力计算模型

（3）CAPWAP 法分析过程

CAPWAP 法的程序以实测桩顶力时程曲线（或速度时程曲线）作为输入数据，通过不断修改桩土模型参数，求解波动方程，直至计算得到的速度时程曲线（或力时程曲线）和实测速度时程曲线（或力时程曲线）的吻合程度满足要求，从而得到单桩承载力、桩身应力等结果。程序计算流程如下：

1）输入实测数据及试桩设计参数

实测数据不仅包括实测力时程曲线、速度时程曲线，还包括现场实测的每击贯入度、采样频率、桩长、波速、弹性模量、桩身横截面积等试桩设计参数。在条件许可的情况下，每根桩上应多采集几组数据，供分析时比较。

2）选择和校准实测时程曲线

使用 CAPWAP 程序分析前，应从诸多实测曲线中选择一组最符合实际情况的数据输入。一般来说，一组准确的数据应满足以下条件：速度曲线开始段不应为负值；在到达第一个峰值前，速度和力应当成比例；速度时程曲线尾部应归零；位移时程曲线末端值应与实测贯入度一致；对复打试验，应选取第一阵锤击下采得的数据，且保证每击贯入度不小于 2.5mm。

3）桩-土模型设定

桩-土模型的设定是 CAPWAP 程序的最重要环节。程序一般会根据输入的试桩设计参数自动建立一个桩的模型，程序自动划分的桩单元，一般长约 1m。桩-土模型的建立须经过反复调试，才有可能获得合理的桩-土模型。例如，可根据反射波出现的位置调整波速，根据力和速度曲线的特征为每个桩土单元设定不同的桩身阻抗、阻尼系数、弹性限度等。当桩身接头有明显的反射波出现时，应在相应位置设置缝隙或减小接头部位单元阻抗。

4）拟合类型

CAPWAP 程序中有三种拟合类型：根据实测桩顶速度时程曲线计算桩顶力时程曲线；根据实测桩顶力时程曲线，计算桩顶速度时程曲线；根据桩顶实测下行力波时程曲线计算桩顶上行力波时程曲线。可在分析数据可靠程度的基础上选择拟合类型，一般将可靠程度高的一组数据作为计算初始值，另一组数据作为对比值。CAPWAP 法中，根据下列四个时间区段内的实测值与计算值之差来调整有关土参数，并计算拟合质量数 E_{rk} 值（$k=$ 1，2，3，4），见图 9-40。

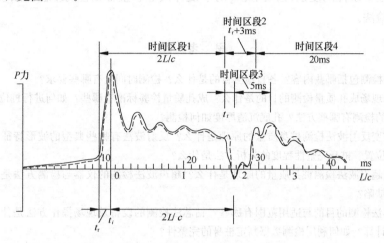

图 9-40　CAPWAP 法中评估计算曲线匹配程序的四个时间区段

E_{rk} 值可由式（9-47）计算求得：

$$E_{rk} = \sum \left| \frac{P_c(j) - P_m(j)}{P_j} \right|, (k = 1,2,3,4) \tag{9-47}$$

式中，$P_c(j)$，$P_m(j)$ 分别为计算和实测的 t 时刻的桩顶力波值。

第一个时间区段是从冲击开始时起，区段长为 $2L/c$。该时间的波主要用于修正侧摩阻力的分布情况。

第二个时间区段是以第一时间区段的终点为起始点，区段长为 t_r+3ms（t_r 是从冲击波开始到速度峰值的时间）。该时间区段的波主要用于修正桩尖的承载力和总承载力的值。

第三个时间区段的起点同第二时间区段，但区段长度为 t_r+5ms。这一段时间的波主要用于修正阻尼系数。

第四个时间区段以第二时间区段的终点为起始点，区段长度为 20ms。这一段时间内的波形主要用于修正土的卸载性质 Q_u 和 R_N 等。

5）计算结果的输出

在获取一满意拟合结果后，可得到桩侧阻力随深度变化曲线、桩端阻力占极限承载力的比例、单桩的拟合荷载-沉降曲线及 CAPWAP 法得到的单桩极限承载力。

（4）CAPWAP 法曲线拟合结果讨论

CAPWAP 法无论模型、原理还是计算精度均较 CASE 法先进，但对测试信号的要求远比 CASE 法严格，分析难度也较复杂。利用实测曲线拟合理论模型从而得到单桩理论极限承载力，是模型理论计算的一种手段，因大量参数需人为给定，所以不同的人可能会得出不同的拟合结果，即测试结果不是唯一的。实测曲线的好坏是影响拟合精度的因素之一，因此测试时必须安装好传感器，控制好锤重、落锤高度、锤击能量并不使锤击偏心，同时要保证合理的锤击贯入度，以保证桩侧阻力被充分激发，这样才能获得理想真实的曲线。

无论是 CASE 法还是 CAPWAP 法对桩承载力的分析结果都不是直接测试的结果，而是通过力波和速度波曲线间接分析的结果，其测试精度有待提高。由于土体具有各向异性和非线性及施工条件的复杂性，因此，对于设计试桩和重要工程的单桩极限承载力确定应采用静载试验法。

思 考 题

9-1　桩基检测包括哪些内容？各自检测目的是什么？检测时间上有哪些要求？

9-2　桩基现场成孔质量检测的目的是什么？成孔质量检验标准有哪些？如何进行桩位偏差检查？桩孔径、垂直度的检测有哪些方法？孔底沉渣厚度如何检测？

9-3　低应变反射波法检测桩身质量的原理是什么？反射波法有哪些典型的波形特征？如何确定桩长及桩身缺陷位置？桩身完整性程度的分析方法是什么？

9-4　孔中超声波法检测桩身质量的原理是什么？超声波法检测的仪器与检测方法是什么？如何判定桩身混凝土缺陷？

9-5　钻芯法检测的目的与适用范围有哪些？钻芯法检测的设备及现场操作方法是什么？芯样试件抗压强度如何计算？如何利用检测数据判定桩身的完整性？

9-6　基桩钢筋笼长度的检测方法是什么？磁梯度法基桩钢筋笼长度检测的原理是什么？

9-7　什么是自平衡法检测？自平衡法适用于哪些桩基？自平衡法检测原理是什么？有哪些优缺点？

9-8　高应变动测的原理是什么？高应变动测法如何进行桩身质量的检验及承载力的计算？

第 10 章　桩基工程事故实例分析

10.1　概　　述

桩基工程是一项隐蔽工程,影响因素众多。由于设计和施工等方面的原因,加之施工场地条件的复杂性,桩基事故时有发生。本章以常见的预应力管桩偏位事故为例,分析了预应力管桩产生偏位的原因,介绍了偏位预应力管桩的处理方法,并对偏位桩处理后的效果进行了评价。针对钻孔灌注桩应用过程中因桩端和桩侧土扰动导致端阻和侧摩阻力降低的问题,施工导致桩身混凝土质量参差不齐和施工桩长不到位等原因导致基桩承载力不足的问题,本章介绍了某高层建筑基桩承载力不足工程事故的加固处理措施。选取同一建筑采用刚柔不同桩基础引起两种不同桩型沉降差过大的典型案例,本章详细分析了单层粮库刚柔两种桩沉降不协调的原因,并提出了具体处理措施。同时,以某工地大面积工程桩由于预埋注浆管无法打开而无法完成桩端后注浆的事故为例,本章阐述了预埋注浆管注浆方案和桩身混凝土钻孔补注浆方案及桩侧土钻孔补注浆方案工艺,并通过补注浆桩的静载试验结果验证了补注浆的处理效果。

10.2　预应力管桩偏位事故实例分析

预应力管桩具有单桩承载力高,设计选用范围广,工厂化生产成桩桩身质量有保证,打桩施工速度快等优点,得到了广泛的推广和应用。然而,预应力管桩在应用过程中存在如下问题:(1)预应力管桩在动力打桩或压桩过程中易产生挤土效应,引起先打管桩产生上浮,接桩部分脱焊,桩顶或桩身存在打桩损伤等问题;(2)由于桩径较小,抗剪能力较差,抗弯强度较低,挖土过程中受到外界水平推挤或挖土机碰撞时预应力管桩易产生裂隙、桩位偏移、桩身损伤断裂、斜桩等问题,单桩承载力不能满足设计要求。本节结合浙江省某 18 层高层建筑中预应力管桩偏位的工程实例,对预应力管桩偏位、桩身损伤断裂的原因进行了分析,并提出了针对性的处理措施。

10.2.1　工程概况

浙江某高层建筑主楼为 18 层,裙楼为 1 层,地下室为 1 层。该高层建筑所处场地的工程地质情况见表 10-1,表 10-1 中 w 为天然含水量,γ 为重度,I_p 为塑性指数,I_L 为液性指数,c 为黏聚力,φ 为内摩擦角,E_s 为压缩模量,q_{sk} 为桩侧摩阻力特征值,q_{pk} 为桩端阻力特征值。该高层建筑基础采用预应力管桩,总桩数为 198 根,其中 19 根预应力抗拔管桩为 PHC 500 (100),其余 179 根预应力管桩为 PHC 600 (110)。采用焊接的方法接桩,桩身采用 C80 混凝土,持力层为强风化凝灰岩,入持力层深度约为 0.6m,设计要求单桩竖向抗压承载力特征值为 2000kN。工程桩施工前打了 3 根预应力管桩作为试桩(桩号分别为 623 号、565 号和 582 号），试桩桩径为 0.6m，桩长为 (12＋12＋12＋6)m。对 3 根试打预应力管桩进行了静载荷试验，静载试验结果见表 10-2 和图 10-1。

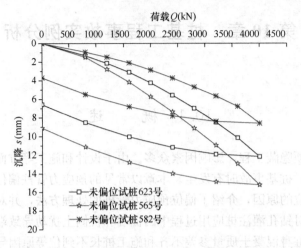

图 10-1　未偏位前的预应力管桩荷载-沉降曲线

场地各土层的物理力学参数　　　　　　　　　　　　　　　　表 10-1

层次	土层名称	厚度 (m)	w (%)	γ (kN·m^{-3})	I_P	I_L	c (kPa)	φ (°)	E_s (MPa)	q_{sk} (kPa)	q_{pk} (kPa)
②₁	粉质黏土	0.5~1.8	30.0	18.7	15	0.89	26.9	26.0	3.35	13	
②₂	粉质黏土	0.8~1.4	36.6	18.1	15.0	0.91	27.0	10.9	3.77	11	
③	淤泥质粉质黏土	11.2~17.5	40.3	17.7	14.5	1.23	18.6	12.1	3.25	7	
④₁	粉质黏土	3.0~6.3	28.9	19.0	13.6	0.56	33.3	14.4	5.99	18	
④₂	粉质黏土	0.5~1.5	33.3	18.3	11.8	1.05	22.8	16.3	5.12	16	
④₃	粉质黏土	3.2~5.5	28.1	19.2	14.5	0.43	50.7	16.5	4.51	23	
⑤₁	淤泥质粉质黏土	5.0~7.0	37.8	18.1	11.1	1.14	20.8	13.5	3.66	9	
⑤₂	粉质黏土	0~1.5	25.3	19.2	9.5	0.68	36.0	24.2	7.49	25	
⑤₃	粉质黏土	0~3.5	25.6	19.4	16.5	0.16	55.0	16.0	7.35	28	
⑤₄	粉质黏土与粉土粉砂互层	2.4~3.0	25.2	19.3	10.1	0.75	30.5	22.5	7.23	24	
⑤₅	粉质黏土	2.5~3.5	30.6	18.7	13.4	0.8	32.9	15.4	5.18	18	
⑥₁	粉质黏土	3.0~5.5	28.5	19.1	13.9	0.52	44.7	16.0	6.32	25	1200
⑥₂	粉质黏土	0~1.5	22.0	19.7	14.5	0.17	54.2	17.5	7.68	32	1500
⑦ₐ	粉砂	0~1.2					38.8	0		35	
⑦	粉质黏土混粉土	1.5~5.5	22.3	19.8	10.8	0.62	36.4	18.4	6.88	24	
⑩₁ₐ	强风化泥质砂岩	1.0~2.0								45	2000
⑩₁ᵦ	强风化凝灰岩	1.0~3.0								50	2500
⑩₂ₐ	中风化泥质砂岩	未揭穿									

桩号	桩长 (m)	桩径 (mm)	混凝土强度等级	龄期 (天)	极限承载力 (kN)	最大试验荷载下沉降量 (mm)	桩顶残余变形 (mm)	回弹率 (%)
623 号	42	600	C80	14	≥4000	12.17	6.57	46.01
565 号	42	600	C80	11	≥4000	15.22	9.11	40.14
582 号	42	600	C80	12	≥4000	8.60	3.70	56.98

表格上方标题：**未偏位预应力管桩静载试验成果**   表 10-2

由图 10-1 和表 10-2 可知，3 根试桩 623 号、565 号和 582 号的单桩竖向极限承载力不小于 4000kN，最大试验荷载下的沉降量分别为 8.60mm，12.17mm 和 15.22mm，说明试桩竖向抗压承载力特征值满足设计要求。

10.2.2 预应力管桩偏位情况分析

试桩静载试验表明预应力管桩承载力满足设计要求，此后施工单位按楼号开展了大面积工程桩（共 198 根）的施工。预应力管桩采用压入式施工方法。工程桩施工完毕后，采用挖土机挖土（挖土时东南面边坡出现失稳），挖至 -1 层地下室底板垫层底后，发现近 100 根工程桩出现了桩顶偏位。低应变动测发现偏位桩桩身有不同程度的损伤，部分预应力管桩桩身出现断裂。部分预应力管桩偏位及低应变动测显示的桩身损伤深度见表 10-3。对一根偏位未处理的预应力管桩 634 号进行了静载荷试验，试验结果见图 10-2。

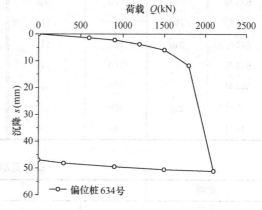

图 10-2 偏位未处理管桩荷载-沉降曲线

由图 10-2 可知，偏位未处理预应力管桩 634 号桩顶荷载由 1800kN 增加到 2000kN 时，桩顶位移由 11.77mm 急剧增加到 51.10mm，卸载后桩顶残余变形较大，达 46.94mm，桩顶回弹率仅为 8.1%，低应变动测显示距离桩顶约 10m 处发生了断裂（见表 10-3）。从图 10-2 中可以判定偏位未处理预应力管桩 634 号单桩极限承载力约为 1800kN，为原设计极限承载力（4000kN）的 45%。工程桩偏位造成了预应力管桩承载力的显著降低，必须采取纠偏加固措施。对偏位很大且承载力严重不足的废桩要进行补桩处理。

由表 10-3 可知，预应力管桩大多向西、北方向偏移，且偏位较大。经设计、施工、监理和业主等单位会商决定对桩顶偏移值超过 0.5 倍桩径（300mm）的预应力管桩进行处理。低应变动测显示偏位桩桩身缺损部位大多在距离桩顶 7～12m 处。

表格上方标题：**部分预应力管桩偏位及桩身断裂情况**   表 10-3

桩号	桩顶偏位 (mm)		桩身裂隙深度 (m)	桩号	桩顶偏位 (mm)		桩身裂隙深度 (m)
	西	北			西	北	
614 号	470		10	617 号	450		9
615 号	480		11	618 号	550		9

桩号	桩顶偏位（mm）		桩身裂隙深度（m）	桩号	桩顶偏位（mm）		桩身裂隙深度（m）
	西	北			西	北	
619 号	680		7	652 号	830	850	10
620 号	700		6	653 号	900	1750	8
621 号	550		8	654 号	800	1600	5
622 号	560		9	656 号	900	1600	9
623 号	550		7	657 号	850	2050	5
624 号	620	420	10	658 号	700	1200	7
628 号		300	11	671 号		1410	14
631 号		530	11	672 号		740	10
632 号		450	11	678 号		540	10
633 号	600	570	9	679 号		350	5
634 号	530		10	680 号		770	9
635 号	710	270	7	681 号		540	9
641 号	750	700	11	682 号		620	12
642 号	640	720	11	683 号		740	11
643 号		580	11	696 号	570	550	10
644 号		370	14	697 号		1090	10
645 号	230	470	10	698 号		480	7
649 号		460	10	686 号		100	12

低应变动测结果   表 10-4

类别	根数	百分比（%）	备注
Ⅰ类	33	16.7	
Ⅱ类	86	43.4	
Ⅲ类	79	39.9	9 根确定为废桩

由表 10-4 低应变动测结果可知，本工程中共有 33 根工程桩桩身基本完整，为Ⅰ类桩，占总桩数的 16.7%；有 79 根桩桩身存在裂缝，桩身已有明显缺陷，为Ⅲ类桩，占总桩数的 39.9%；废桩为 9 根，占总桩数的 4.55%；其余为Ⅱ类桩，占总桩数的 43.4%。对偏位较大的Ⅱ类桩及桩身有损伤裂隙的Ⅲ类桩需采取纠偏和补强等处理措施；对其中 9 根严重偏位断裂的预应力管桩，因单桩竖向承载力严重不足确定为废桩的，需进行补桩处理。

10.2.3 预应力管桩桩顶偏位损伤原因分析

针对现场桩顶偏位情况及低应变动测情况，事故发生的原因主要有以下方面：

（1）由表 10-1 可知，本场地距离地表约 3.0m 以下有一层厚约 11.0～17.0m 的淤泥质粉质黏土，该层土体强度低，含水量高，稳定性较差。预应力管桩施工过程中，引起基坑周围土体一定程度的扰动。由于淤泥质粉质黏土层灵敏度较高，受扰动后强度明显下降；同时由于淤泥质粉质黏土本身的流动性较大，加之土体中积聚的打桩挤压力，造成淤泥质粉质黏土向基坑区域滑动产生巨大的推挤作用；预应力管桩的壁较薄，抵抗水平荷载的能力较差，在较大的侧向主动土压力和挤土效应产生的侧向推力的作用下，预应力管桩极易产生侧向位移，引起预应力混凝土管桩的偏位。预应力管桩低应变动测发现大部分偏斜基桩的裂缝均在距离桩顶以下 7～12m 左右，此处恰为淤泥质粉质黏土处（见图 10-3），此处也是基坑土体侧向力作用下桩身产生最大弯矩的相对位置，这是桩位偏移的一个重要原因。

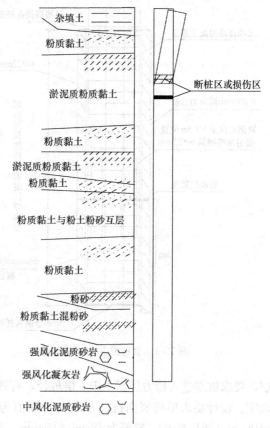

图 10-3　地质剖面图及预应力管桩损伤位置

（2）本工程施工时使用的静压桩机自身重量大于表层地基土的承载力，静压桩机移动过程中，由于压桩机长腿（对地的压力较小）和短腿（对地的压力较大）对地压力差引起的土体挤压也是导致已打桩产生偏位的原因。同时由于打桩挤土效应，后打桩也会引起先打桩产生上浮或者偏位。

（3）基坑开挖时，没有严格遵循"分层开挖，先支护后开挖"的原则，在上层土钉没有足够养护时间的情况下就施工下层土钉。基坑东南面靠近道路，来往车辆的振动加剧了土层的结构破坏，对基坑的稳定产生了负面影响，造成基坑东南面发生失稳。由表 10-3 可知，预应力管桩大部分向西面和北面偏移，未向东面偏移，这说明基坑东面失稳是造成基桩偏位的另一个重要原因。

（4）基坑开挖过程中，因挖土机操作人员的施工不当，造成挖土机械对预应力管桩的碰撞，也会造成预应力混凝土管桩偏位。

10.2.4　偏位、损伤预应力管桩处理及补桩方案

预应力管桩桩顶偏位、桩身损伤、断桩处理方案一般包括以下步骤：

第一步：挖至垫层底以后，先量测每根管桩的桩顶偏位情况，绘制管桩偏位的等值线图。

第二步：对所有管桩进行低应变动测，判断桩身损伤情况及缺陷部位。

第三步：根据偏位和损伤情况采取有针对性的处理措施。严重偏位且断裂的桩进行补桩处理；偏位超过规范值但桩身质量完好的桩进行纠偏处理；偏位较大且桩身有损伤的桩先进行纠偏扶正，并在管桩内芯放钢筋笼灌混凝土芯加固处理；大面积偏位损伤群桩区域处理后承载力达不到设计要求需采用补钻孔桩处理（开挖至地下室垫层底时补打预应力管桩施工困难）。

偏位损伤桩的具体纠偏及补强处理方法如下：

（1）首先用地质钻机在管桩偏位的反方向一侧钻孔，纠偏扶正。

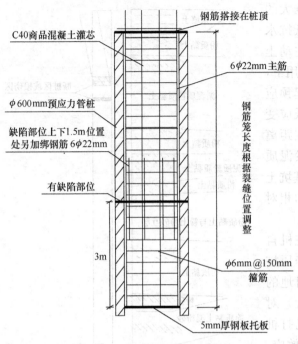

图中标注：

- C40商品混凝土灌芯
- φ600mm预应力管桩
- 缺陷部位上下1.5m位置处另加绑钢筋6φ22mm
- 有缺陷部位
- 3m
- 钢筋搭接在桩顶
- 6φ22mm主筋
- 钢筋笼长度根据裂缝位置调整
- φ6mm@150mm箍筋
- 5mm厚钢板托板

图 10-4　管桩灌芯加固施工图

（2）清理倾斜损伤管桩内的杂土及污水至缺陷界面以下 4m 处，然后在桩管内芯放置钢筋笼至缺陷界面以下 3m 处，钢筋笼配主筋 6φ22mm，并应将断裂位置上下 1.5m 的范围内箍筋加密，钢筋笼下放至断裂位置以下约 3m 处。钢筋笼底端焊上 5mm 厚的铁板，钢筋笼顶端用加长筋固定在桩顶。

（3）在桩管内芯中灌注 C40 商品混凝土，使灌芯与原混凝土管壁紧密结合。管桩灌芯加固施工如图 10-4 所示。

对于断桩和偏位桩处理后不能满足承载力的，采用钻孔灌注桩补桩处理。本工程采用直径为 0.5m 的钻孔灌注桩进行补桩，共补桩 15 根，桩端以⑩₂ₐ层中风化泥质砂岩为持力层，要求桩端进入持力层不小于 1 倍桩径，有效桩长为 43~44m，具体桩长可根据地质资料确定。设计要求单桩竖向抗压承载力特征值为 2000kN，桩身采用 C25 混凝土，纵筋采用 8φ16mm（通长布置），箍筋为 φ8mm@150mm，混凝土充盈系数控制在 1.10~1.30。桩底混凝土中加入掺量在 12%~15% 的 PEA 灌注桩膨胀剂，主要作用是扩大桩端，挤压桩底沉渣，提高承载力。图 10-5 为补桩和偏位桩桩位图，图 10-5 中黑点为偏位桩，BJ-1 桩为补桩。

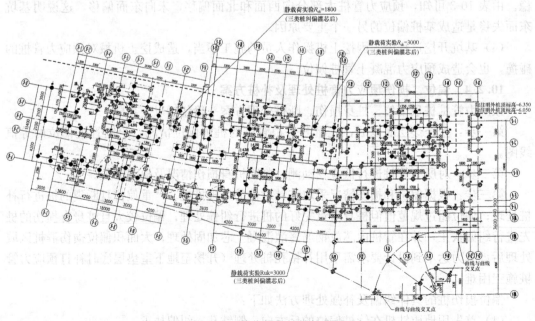

图 10-5　偏位桩及补桩桩位图

10.2.5 偏位预应力管桩处理后静载试验分析

对 2 根偏位处理后的桩 565 号和 573 号进行了第二次静载试验，静载试验结果如图 10-6 和表 10-5 所示。

由图 10-6 和表 10-5 可知，对偏位较大且桩身有损伤的桩进行纠偏扶正且在管桩内芯放钢筋笼灌混凝土芯加固处理后极限承载力约为 3000kN，为原设计极限承载力（4000kN）的 75%。Ⅲ类偏位桩经加固处理后变为Ⅱ类桩，达到了加固处理目的。

偏位桩处理完毕后，对加固后的Ⅲ类桩（其中有 6 根加固后的Ⅲ类桩暂时未做动测）进行了低应变动力复测。检测结果显示，67 根Ⅲ类桩经加固处理后变成Ⅱ类桩。最终偏位处理桩的平均承载力取原设

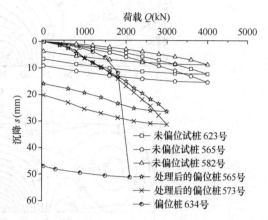

图 10-6 处理后的偏位预应力管桩荷载-沉降曲线

计单桩承载力的 60%进行补桩设计。补桩进行了高应变动测，证实钻孔灌注桩补桩承载力达到设计要求。

偏位处理桩静载试验成果   表 10-5

桩号	桩长 （m）	桩径 （mm）	混凝土强度 等级	龄期 （天）	极限承载力 （kN）	极限荷载下沉 降量（mm）	桩顶残余变形 （mm）	回弹率 （%）
565 号	42	600	C80	184	3000	26.30	15.88	39.62
573 号	42	600	C80	195	3000	31.13	20.20	35.11

10.2.6 偏位预应力管桩处理后实测沉降分析

本工程偏位、损伤桩按上述方法处理后，大楼进行了整体施工。为了解该建筑物施工过程中的沉降情况，在建筑物四周布置了若干沉降观测点，并从 2007 年 12 月大楼第 1 层建造开始监测，每层监测，到 2008 年 10 月第 18 层建造完成为止，取得了大量的沉降监测数据。选取该建筑物 6 层、12 层和 18 层完成时所有测点沉降数据，并将这些数据绘制成沉降等值线图，见图 10-7。

由沉降等值线图 10-7 可知，该大楼第 6 层完成时最大沉降为 3.5mm，最小沉降为 2mm，最大差异沉降为 1.5mm；第 12 层完成时，最大沉降为 9mm，最小沉降为 6mm，最大差异沉降为 3mm；第 18 层完成时最大沉降为 13mm，最小沉降为 9mm，最大差异沉降为 4mm。实测沉降结果显示该大楼沉降较小，且沉降较为均匀，满足使用要求，说明该建筑物管桩偏位、损伤经过纠偏扶正、灌芯补强及补桩处理后的效果达到了预期目的。

目前该高层建筑已经竣工并交付使用，最大沉降量仅为 13mm 且沉降均匀，满足使用要求。本工程是软土地区高层建筑预应力管桩偏位处理的成功范例。

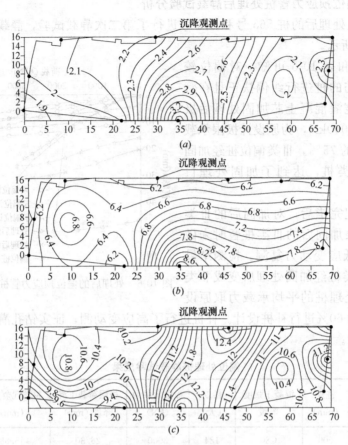

图 10-7　大楼沉降等值线图（沉降单位：mm；基础尺寸单位：m）
(*a*) 6 层完成时沉降等值线图；(*b*) 12 层完成时沉降等值线图；
(*c*) 18 层完成时沉降等值线图

10.3　基桩承载力不足事故实例分析

钻孔灌注桩是一种常见的基础形式，因其具有选取灵活，施工不受季节限制，施工过程中无挤土效应，能广泛适用于各类土质条件并能提供较大的单桩承载力等优点而得到了广泛应用。然而，钻孔灌注桩应用过程中仍存在很多问题：钻孔过程中对桩端持力层和桩侧土的扰动导致端阻和侧摩阻力的降低，护壁泥浆产生的桩侧泥皮会削弱桩侧摩阻力，水下浇灌混凝土时由于地层的复杂性使得混凝土桩身质量得不到很好的保证等。因此，钻孔灌注桩使用过程中如果把关不严将可能导致严重的工程事故。本节详细介绍了浙江省某高层建筑基桩承载力不足的事故，分析了该高层建筑基桩承载力不足的原因，并提出了相应的加固处理方案。

10.3.1　工程概况

浙江省某工程拟建 18 层板式框剪结构高层住宅楼，占地面积 8884.36m²，地下室一层，地上高度为 57.7m，基础埋深 4.8m，主楼裙楼地下基础平面尺寸约为 100m×39m，其中主楼基础平面尺寸约为80m×18m。设计基础选用的桩型为钻孔灌注桩，共布桩323根，桩身混凝土为C30混凝土，设计桩端持力层为中风化含角砾晶玻屑凝灰岩。本工程设计有效桩长27～47m，单桩竖向抗压承载力特征值为1850kN至2200kN不等。本场地土层的物理力学指标如表10-6所示，典型的地质剖面见图10-8。图10-8表明该场地持力层中风化岩呈一定坡度，最大高差达14m左右。

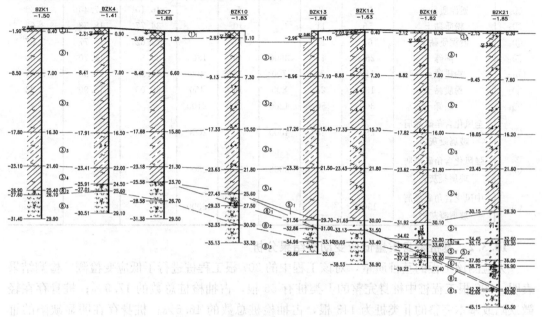

图 10-8 典型的地质剖面（单位：m）

图 10-9 基坑开挖后现状

　　本工程前期进行了设计试桩的抗压静载试验，试验结果表明试桩满足设计要求（加载至4400kN时桩顶累计沉降为14mm）。基坑开挖后（见图10-9）进行的基桩低应变检测结果表明35.5%的工程桩桩身质量存在明显缺陷，不满足设计和使用要求，工程被迫停工3个月。

层号	土层名称	地基承载力特征值 (kPa)	预制桩		钻孔灌注桩		w (%)	γ (kN/m³)	E_s (MPa)
			q_{sk} (kPa)	q_{pk} (kPa)	q_{sk} (kPa)	q_{pk} (kPa)			
③₁	淤泥质黏土	45	7		6		48.60	17.30	2.40
③₂	淤泥质黏土	50	8		7		46.10	17.40	2.39
③₃	粉质黏土	55	11		10		34.77	18.58	3.63
③₄	淤泥质黏土	65	12		11		42.62	17.77	2.87
⑤₁	圆砾	250	45	3600	40	1800	33.30	18.70	5.80
⑤₁夹	粉质黏土	110	20	700	18	400	29.98	18.90	3.69
⑤₂	粉质黏土	130	21	800	19	450	30.00	18.90	4.93
⑥₁	圆砾	300	50	4200	45	2100			
⑧₁	全风化含角砾晶屑玻屑凝灰岩	280	45	4000	40	2000			
⑧₂	强风化含角砾晶屑玻屑凝灰岩	400	60	5000	50	2500			
⑧₃	中风化含角砾晶屑玻屑凝灰岩	1500			70	6000			

10.3.2 基桩桩身质量低应变动测结果分析

为检测该工程的基桩质量,对该工程中的 307 根工程桩进行了低应变检测。检测结果表明,307 根工程桩中桩身完整的 I 类桩有 55 根,占抽检桩总数的 17.9%;桩身存在轻微缺陷或基本完整的 II 类桩为 143 根,占抽检桩总数的 46.6%;桩身存在明显缺陷的 III 类桩为 109 根,占抽检桩总数的 35.5%。低应变实测得到的各类桩的分布情况见图 10-10,各类桩动测获得的桩端持力层分布情况见图 10-11,III 类桩典型的低应变曲线如图 10-12 所示。

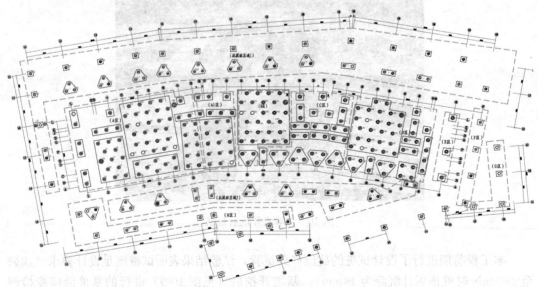

⊘—I 类桩; ⊜—II 类桩; ●—III 类桩; ○—低应变未测桩

图 10-10 低应变检测桩身质量结果

由图 10-10 可知，桩身质量较差的桩主要位于建筑物基础左侧部分，后期处理过程中应加强对该部分的补强作用。

根据低应变检测结果估算获得了各基桩的桩长，根据桩端位置可将桩分为桩端位于淤泥质黏土层，桩端位于圆砾层，桩端位于强风化层和桩端位于中风化层的四类桩。各类桩的分布情况见图 10-11。

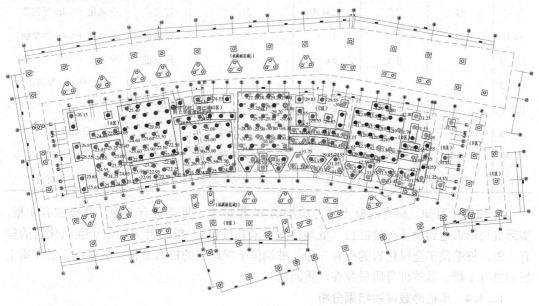

●—实测桩长至③₄淤泥质黏土层； ●—实测桩长已至⑤₁层圆砾层； ●—实测桩长已至⑧₂层强风化凝灰岩；●—实测桩长已至⑧₃层中风化凝灰岩；⊗—实测得到的Ⅲ类桩，未测得具体桩长。

图 10-11　各类桩低应变动测得到的桩端持力层分布情况（桩长单位：m）

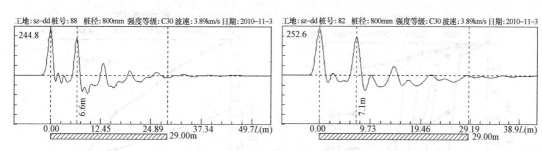

图 10-12　Ⅲ类桩典型的低应变动测曲线

10.3.3　桩身混凝土钻探取芯结果分析

为探明钻孔灌注桩桩端持力层情况和实际桩长，随机选取了 10 根桩进行了桩身钻芯检测，检测结果见表 10-7。

桩身混凝土钻芯结果　　　　　　　　　　　　　　　　　　表 10-7

桩号	设计要求有效桩长（m）	低应变动测基桩类别	低应变实测参考桩长（m）	钻芯得到的实际有效桩长（m）	桩身完整性	桩端土层的描述
9 号	27	Ⅲ类	20.6	21.44	较完整	强风化（1.0m 厚沉渣）

桩号	设计要求有效桩长 (m)	低应变动测基桩类别	低应变实测参考桩长 (m)	钻芯得到的实际有效桩长 (m)	桩身完整性	桩端土层的描述
19 号	27	Ⅲ类	21.5	22.60	较完整	全风化
70 号	27	Ⅲ类	未测到	22.0	较完整	全风化（0.2m 厚沉渣）
80 号	27	Ⅲ类	19.3	19.7	较完整	强风化（0.8m 厚空洞）
123 号	32	Ⅱ类	24.0	25	较完整	全风化（0.2m 厚沉渣）
153 号	36	Ⅲ类	26.9	28.6	较完整	圆砾（0.6m 厚沉渣）
167 号	36	Ⅱ类	27.2	28.9	较完整	圆砾
205 号	30	Ⅱ类	27.5	30.1	完整性差	淤泥质黏土
56 号	27	Ⅲ类	20.4	8m 处钻穿桩身	完整	未测得桩端持力层
166 号	36	Ⅱ类	28.4	12.5m 处钻穿桩身	完整	未测得桩端持力层

由表 10-7 可知，桩身混凝土钻芯检测的 10 根桩中，Ⅲ类桩有 6 根，Ⅱ类桩有 4 根，实际桩长均未达到设计有效桩长（桩端持力层未到桩位）。桩端持力层位于强风化岩的桩有 2 根，桩端位于全风化岩的桩有 3 根，桩端位于圆砾层的桩有 2 根，桩端位于淤泥质土层的桩有 1 根。基桩桩身质量存在严重问题。

10.3.4 单桩静载试验结果分析

为检测基桩的实际承载力，分别选择 3 根桩端位于淤泥质土，1 根桩端位于圆砾，3 根Ⅲ类桩共 7 根进行了单桩静载试验，其静载试验结果见图 10-13。为对比分析，图 10-14 给出了桩端位于中风化岩石的基桩静载试验结果。

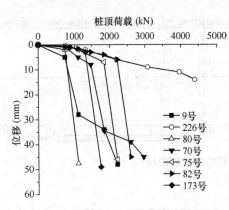

图 10-13　选取检验桩的荷载-位移曲线

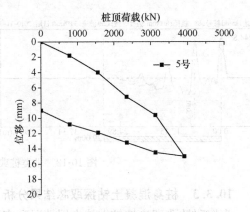

图 10-14　嵌岩桩的荷载-位移曲线

由图 10-13 和图 10-14 可知，只有桩端位于圆砾层的 226 号桩承载力满足设计要求，桩端位于淤泥质土的 9 号、80 号、173 号桩及Ⅲ类桩（70 号、75 号、82 号桩）沉降过大，不满足设计和使用要求。

桩端位于淤泥质土的 9 号、80 号、173 号桩及Ⅲ类桩（70 号、75 号、82 号桩）的静载试验结果见表 10-8。

选取的 7 根桩静载试验静载结果 表 10-8

桩号	设计桩长 (m)	缺陷性质 (根据低应变结果)	基桩类别	设计要求承载力特征值 (kN)	静载所得极限承载力 (kN)	最大试验荷载 (kN)	极限荷载对应沉降 (mm)	破坏荷载对应沉降量 (mm)	实测极限承载力与设计极限承载力的比值 (%)
9 号	27	桩长为 20.6m,桩端为淤泥质土	Ⅲ类	1850	1850	2220	33.69	48.20	50
226 号	40.0	桩长为 28.0m,桩端为圆砾	Ⅱ类	2200	4400	4400	14.07	未破坏	100
80 号	36.0	桩长为 19.3m,桩端为淤泥质土	Ⅲ类	1850	740	1110	1.85	47.51	20
70 号	40.0	桩顶以下约 8.9m 处严重缺陷	Ⅲ类	1850	1480	2960	38.50	46.08	40
75 号	27.0	桩顶以下约 6.9m 处严重缺陷	Ⅲ类	1850	1850	2220	6.31	46.39	50
82 号	29.0	桩顶以下约 7.1m 处严重缺陷	Ⅲ类	1850	2220	2590	5.77	44.91	60
173 号	36.0	桩长为 27.5m,桩端为淤泥质土	Ⅱ类	2200	1320	1760	2.93	49.06	30

根据低应变检测结果,结合表 10-8 中静载试验确定的桩端位于不同土层位置时基桩承载力的特征值,给出了基桩承载力不足的补强措施,如表 10-9 所示。

由静载试验确定的各类桩实际抗压承载力特征值取值 表 10-9

桩端持力层	单桩竖向抗压承载力特征值取值 (kN)	相应的补救措施
淤泥层	600	桩端注浆并补桩,同时采用厚筏板基础且板底浅层地基土注浆加固以协调内力与变形
桩身基本完整的Ⅰ、Ⅱ类桩且桩端为圆砾层	1850	桩端圆砾层注浆,同时采用厚筏板基础且板底浅层地基土注浆加固以协调内力与变形
桩身基本完整的Ⅰ、Ⅱ类桩且桩端为基岩	达到原设计要求 1850～2200	不补桩,采用厚筏板基础且板底浅层地基土注浆加固以协调内力与变形
桩身有严重缺陷或桩端有厚沉渣的Ⅲ类桩	900	桩端注浆并补桩,同时采用厚筏板基础且板底浅层地基土注浆加固以协调内力与变形

10.3.5 基桩承载力不足事故综合分析

通过对基桩承载力和桩身质量的检测对比分析可知该场地基桩主要存在以下问题:

(1) 设计要求钻孔桩桩端进入⑧₃ 层中风化凝灰岩且桩端进入持力层不小于 1 倍桩径。然而,低应变检测结果表明桩身质量有严重缺陷的Ⅲ类桩比例高达 35.5%,且桩长施工不到位的比例高达 69.4%。

(2) 桩身混凝土钻芯结果验证了低应变检测结果,说明部分桩长未达到设计桩长,部分工程桩桩端甚至位于③₄层淤泥质黏土。

（3）试桩静载试验结果表明，桩端进入中风化凝灰岩且桩身质量较好的竖向抗压单桩承载力满足设计要求。事故桩的静载试验结果表明，事故桩承载力参差不齐，相当比例的基桩承载力不能满足设计和使用要求，个别基桩的极限承载力甚至不到原设计值的 20%，基桩承载力离散性较大。

（4）桩端位于⑤₁层圆砾层中的基桩和桩端位于⑧₃层中风化凝灰岩中的基桩与桩端位于③₄层淤泥质黏土中基桩的差异沉降较大（见表 10-10）。表 10-10 表明，桩端位于淤泥层中的群桩基础及Ⅲ类桩群桩基础的沉降远大于使用和设计要求。需要说明的是，表10-10 中的结果是根据《建筑桩基技术规范》JGJ 94 计算得到的理论值，未考虑施工因素（桩底沉渣、桩侧泥皮、桩身混凝土施工质量等）导致的桩身缺陷问题及桩身压缩量对桩基沉降的影响，理论计算值与实际沉降可能存在一定的误差。

群桩沉降理论计算值   表 10-10

基础型式	桩端持力层	承台下附加应力（kPa）	按桩基规范计算的理论沉降值（mm）	备注
25 桩承台	③₄层淤泥质黏土	254	100.21	未考虑桩身压缩及桩身缺陷对沉降的影响
27 桩承台	⑤₁层圆砾层	226	21.92	
25 桩承台	⑧₃层中风化含角砾晶屑玻屑凝灰岩	254	5.81	

综上，本工程基桩存在严重质量问题，必须进行补桩加固处理。

10.3.6 基桩承载力不足事故加固处理方案

基桩承载力不足事故桩加固设计需考虑以下问题：

（1）目前本工程基坑已开挖完成且垫层已施工完毕，补桩加固方案设计选择时需考虑围护支撑对补桩施工的影响。

（2）低应变动测结果表明，69.4% 的工程桩的桩端位于圆砾层甚至淤泥层中，桩端未按设计要求进入⑧₃层中风化凝灰岩，竖向抗压单桩极限承载力离散性较大，最低承载力不足原设计承载力的 20%，补桩时应考虑基桩承载力参差不齐的问题。

（3）钻芯结果和低应变动测结果表明，本工程中部分基桩的桩端位于圆砾层，部分基桩的桩端位于基岩，少数基桩的桩端进入淤泥层，且桩端存在较厚的沉渣。因此，补桩时需对桩端进入圆砾和淤泥层的基桩采取桩端后注浆技术进行补强加固，以减少因桩端持力层不同带来的差异沉降。

（4）由于桩长、持力层、单桩承载力参差不齐，要适当增加底板基础整体刚度来协调变形。

10.3.6.1 基桩承载力不足事故补钻孔灌注桩方案

综合考虑补桩的施工方便和补桩的成孔质量，钻孔灌注桩补桩桩径为 500mm，桩端位于基岩或圆砾层并采用桩端后注浆措施。经计算补打的钻孔灌注单桩竖向抗压承载力特征值可取 1250kN。补钻孔灌注桩加固实施方案见图 10-15。钻孔灌注桩补桩方案施工步骤如下：

第一步，根据静载试验实测得到的桩端为基岩、圆砾、淤泥层的单桩承载力取值及Ⅲ

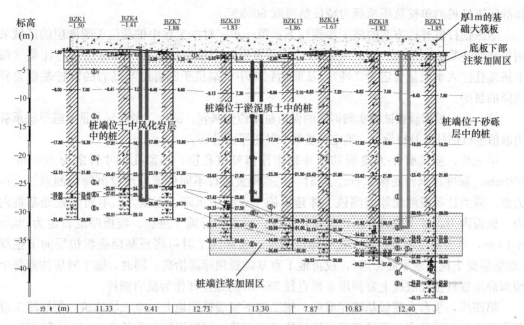

图 10-15　补钻孔灌注桩加固实施方案

类桩单桩承载力取值进行钻孔桩补桩设计，确定补桩数和补桩平面分布。

第二步，参照原桩位布置设计图和基坑开挖围护设计图，施工时应避开原桩位位置，同时在原设计基坑开挖围护图中未设置支撑的地方补打钻孔灌注桩，且应满足施工方便的要求。钻孔桩直径为 500mm，补桩桩端进入基岩层不少于 1 倍桩径，补桩桩端进入圆砾层不少于 2 倍桩径。不管桩端进入基岩还是圆砾层，其补打钻孔灌注桩均采用桩端后注浆措施，保证补桩质量并加固原工程桩。钻孔灌注桩补桩时应严格控制桩底沉渣厚度，要求清孔后灌注混凝土前的孔底沉渣厚度小于 50mm。在原基坑开挖围护设计图中布设支撑的地方必须保证安全换撑拆除原支撑后再补钻孔灌注桩，同时要注意避开原桩位位置，且保证施工方便。补打钻孔桩过程中要密切观测基坑位移与沉降情况，桩端持力层位于基岩或圆砾层的基桩均采用桩端后注浆措施。

第三步，钻孔桩补打完毕后进行承台大筏板基础的施工。主楼部分筏板厚 1m，裙楼部分筏板厚 0.7m，承台高度不变。因筏板加厚，要将现基础底板垫层向下挖深（至原梁底标高处）。

第四步，补打钻孔桩施工过程中会扰动大底板基础下的土层，造成应力松弛破坏。大筏板基础下的浅层地基土可采用土层注浆来增强筏板下地基土的强度。注浆孔间距为 4m ×4m，筏板下浅层土注浆管事先在筏板上预埋直径为 50mm 的钢管，注浆管顶端高出基础大筏板顶面 200mm 且临时封闭，注浆管底端打孔包扎好且深度达到承台底下 1m 或筏板下 1.5m 即可，单孔注浆量暂定 300kg 水泥。

第五步，施工地下室墙板、地上 1 层直至地上 18 层。每层施工过程中每个柱和边角点都要详细记录房屋基础沉降，以反馈设计施工。

10.3.6.2　基桩承载力不足事故补静压锚杆方桩方案

静压锚杆桩的尺寸初步选为 300mm×300mm，桩端持力层为基岩或圆砾，经计算可知静压锚杆桩的单桩抗压承载力特征值可取 600kN。

静压锚杆桩补桩方案的施工步骤如下：第一步，对本工程中桩端位于圆砾层的区域采用桩端后注浆加固措施。该区域每 4m×4m 布设一个桩端注浆孔对圆砾层进行注浆（每个桩端孔注入水泥量暂定为 2 吨），从而达到减小桩端位于圆砾层与基岩的群桩基础差异沉降的目的。

第二步，根据静载试验实测得到的保留桩端位于基岩、圆砾、淤泥层及Ⅲ类桩单桩承载力取值进行锚杆桩补桩设计，确定补桩数和补桩平面分布。

第三步，浇筑承台-大筏板基础并制作预留补桩孔位，预留孔尺寸暂定为 400mm×400mm，深度比承台底深 20cm。同时，在基础大底板不同位置处埋设沉降观测点、土压力盒、应力计等观测仪器监测该主体建筑施工过程中沉降、土压力、不同位置处基桩内力、底板内力、桩土荷载分担比等变化情况，反馈指导施工进程。筏板厚度暂定为 90cm＋10cm，承台高度不变。由于筏板厚度增加，实际施工时可将现基础底板垫层向下挖深（现垫层要下挖至现梁底标高），或将地下室基础板顶标高抬高。同时，施工时应注意每个预留静压锚杆桩孔底板上要预埋 8 根直径 28mm 的螺丝杆作为反力锚杆。

第四步，承台大筏板基础完成后，施工地下室墙板和地上一至三层建筑。每层施工过程中每个柱和边角点都要详细记录建筑物基础沉降。同时浇制每节长 2m，截面为 300mm×300mm 并焊有接桩角钢的预制方桩。

第五步，补打静压锚杆方桩。补打的静压锚杆方桩控制标准为终止压桩力达到 130 吨，桩端持力层与桩长为辅控因素。静压锚杆方桩的桩端持力层为注浆后的砾石层或基岩层（桩顶标高为大底板垫层底）。补桩数量及桩位由计算确定，全部补桩完毕后，封闭大筏板基础上桩位孔洞。

第六步，补打静压锚杆方桩时可能会对大底板基础下的土层造成挤土破坏，实际施工时需对大筏板基础下的浅层地基土实行土层注浆，平面布注浆孔的间距为 4m×4m，筏板下浅层土注浆管应事先在筏板上预埋直径为 50mm 的钢管，钢管顶端高出大筏板顶面 20cm 且临时封闭，注浆管底端打孔包扎好且深度达到承台底下 1m 或筏板下 1.5m，单孔注浆量暂定为 300kg 水泥。

第七步，继续施工 3 层以上的上部结构，观测沉降、土压力、桩顶应力、筏板内力等以反馈指导施工。待 18 层结顶时在大底板上浇 10cm 厚的抗渗商品混凝土以补强大筏板，并继续外墙和室内装修施工。

10.3.6.3 事故桩基础最终处理方案

桩基设计的指导思想是在确保建筑物长久安全的前提下，充分发挥桩土体系的力学性能，做到设计的桩基础既经济合理又施工方便、快速、环保。最终，经与建设单位、设计单位、监理单位、施工单位一起会商最终采用补钻孔灌注桩基础加固方案（补钻孔灌注桩桩位见图 10-16）。该方案不仅可满足桩基承载力要求，且可减小群桩基础的差异沉降。

10.3.6.4 补打钻孔灌注桩静载试验结果分析

钻孔灌注桩补打完成后，选取 3 根代表性区域的钻孔灌注桩进行静载试验，其中 BZ-12 号桩的桩径为 0.5m，施工桩长为 26.7m（桩端持力层为圆砾层），BZ-31 号桩的桩径为 0.5m，施工桩长为 28.5m（桩端持力层为圆砾层），BZ-49 号桩的桩径为 0.5m，施工桩长为 33.6m（桩端持力层为基岩）。静载试验采用砂包堆载法（见图 10-17）。3 根补打钻孔灌注桩的静载试验结果见图 10-18。

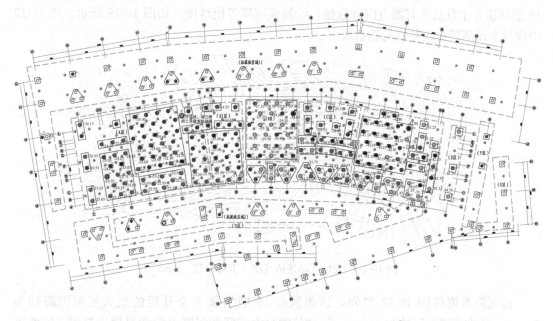

● —实测桩长至 ③₄ 淤泥质黏土层； ● —实测桩长已至 ⑤₁ 层圆砾层； ● —实测桩长已至 ⑧₂ 层强风化凝灰岩； ● —实测桩长已至 ⑧₃ 层中风化凝灰岩； ⊗ —实测得到的 III 类桩，未测得具体桩长； ⁄⁄ —补钻孔灌注桩

图 10-16 补钻孔灌注桩桩位（桩长单位：m）

图 10-17 静载试验现场布置图

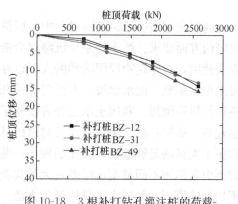

图 10-18 3 根补打钻孔灌注桩的荷载-
沉降曲线

由图 10-18 可知，BZ-12 号，BZ-31 号和 BZ-49 号钻孔灌注桩的荷载-沉降曲线均为缓变型。最大试验荷载 2590kN 时，BZ-12 号，BZ-31 号和 BZ-49 号桩的沉降分别约为 14.2mm，13.3mm 和 15.6mm，3 根补打钻孔灌注桩的极限承载力不低于 2590kN。桩端位于圆砾层和基岩的补打钻孔灌注桩的极限承载力和沉降均满足补桩设计要求。

10.3.6.5 群桩基础实测沉降分析

本工程钻孔桩补打完成后，大楼进行了整体施工。为了解该建筑物在施工过程中的沉降情况，在建筑物四周布置了若干沉降观测点，取得了大量沉降监测数据。选取该建筑物18层结顶8个月后所有测点沉降数据，绘制成沉降等值线图，如图10-19所示。图10-19中虚线为该高层建筑基础的轮廓线。

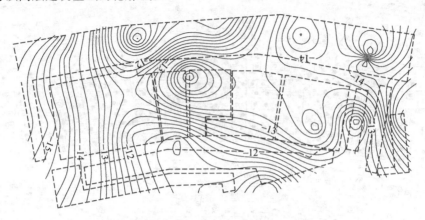

图10-19 大楼沉降等值线图（沉降单位：mm）

由沉降等值线图10-19可知，该建筑物18层结顶8个月后的最大实测沉降约为15mm，最小实测沉降约为10mm。该建筑物最大沉降和沉降差均满足使用要求。实测资料表明，补打钻孔灌注桩加基础厚底板的加固处理方案是可行的，不仅可满足基桩承载力要求，且可减小群桩基础的差异沉降。

10.4 同一建筑刚性桩与柔性桩沉降差过大事故实例分析

高层和超高层建筑使用过程中，群桩基础的沉降控制包括平均沉降控制和不均匀沉降控制两方面要求。严重的差异沉降将会造成基础和上部建筑结构墙体开裂，影响建筑物的安全使用，对建筑物周围活动的人群也存在较大的潜在危害。建筑物的不均匀沉降还可能带来雨水积聚、散水倒坡、天然气管线和上下水管线破裂等问题，严重时还可导致建筑物整体倾斜和倒塌。我国土木工作者积累了高层和超高层设计和建设的成功经验。然而，低层建筑、单层厂房、粮食仓库等建筑因其上部荷载较小，建筑结构简单往往不能引起设计和施工人员的足够重视，反而引发了一些工程事故。本节选取同一建筑采用刚柔不同桩基础而引起两种不同桩型沉降差过大的典型案例，详细分析了单层粮库刚性桩和柔性桩沉降不协调的原因，并提出了具体处理方法。

10.4.1 工程概况

浙江省某粮食收储有限公司的6幢粮库总建筑面积为3060m²，单幢粮食仓库含主体部分的建筑面积约为510m²，屋面采用人字梁结构，屋架部分的有效高度为6.8m，设计储粮高度为6.5m，实际储粮部分的地面面积为12.26m×30.52m，单幢仓储粮库的建筑外观如图10-20所示。

粮库主体结构部分的基础为预应力管桩的双桩承台梁式基础，预应力管桩有效桩长为26m，设计管桩桩径为400mm，壁厚为60mm，单幢粮库主体结构部分共布置预应力管桩60根，桩端进入砾砂层不少于1倍桩径，设计要求管桩单桩竖向抗压承载力特征值为

400kN，预应力管桩的设计桩顶标高为
−1.25m。设计要求先进行粮库主体部分
的预应力管桩施工，然后进行粮食仓库
地面的搅拌桩复合地基的施工。粮库室
内堆粮地面设计采用水泥搅拌桩进行加
固，水泥搅拌桩设计桩径为 0.5m，设计
有效桩长不小于 10m，水泥掺入量为
15%。设计要求水泥搅拌桩 90 天龄期的
无侧限抗压强度为 1.5MPa，复合地基承
载力特征值为 100kPa。开挖结果显示，
实际施工过程中，水泥搅拌桩顶上覆盖

图 10-20　单幢仓储粮库的建筑外观

厚约 1.65m 的杂填土，杂填土上为厚约 0.1m 的素混凝土层。粮库中的粮食直接堆放在素
混凝土垫层面上（原设计先分级堆载预压，待沉降稳定后再做永久性粮库地面）。本工程
设计粮库室内地面堆粮荷载为 35.75kPa，单幢粮库设计总仓储为 1665t。单桩粮库的布桩
形式如图 10-21 所示，场地土层物理力学参数如表 10-11 所示。

场地各土层的物理力学参数　　　　　　　　　　　　　　表 10-11

土层名称	厚度 (m)	含水量 (%)	重度 (kN/m³)	压缩模量 (MPa)	地基承载力特征值 (kPa)	钻孔灌注桩	
						侧阻特征值 (kPa)	端阻特征值 (kPa)
粉质黏土	1.6～2.5	28.3	18.8	5	90	18	
淤泥	未打穿，最大勘探厚度为 12.5～9.4	68	15.2	1.24	50	5.5	
黏土夹粉砂		43.5 *	17.3 *	2.74 *	80 *	13 *	
砾砂					350 *	42 *	1500 *

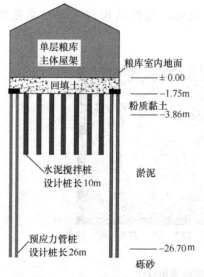

图 10-21　单幢粮库的桩基础

（图中标注：单层粮库主体屋架；回填土；粮库室内地面 ±0.00；−1.75m；粉质黏土 −3.86m；水泥搅拌桩设计桩长 10m；淤泥；预应力管桩设计桩长 26m；−26.70m；砾砂）

需要说明的是，勘探单位提供的工程地质资料
表明 6 个粮食储备仓库场地上勘探深度均不足（勘
探孔深约为 15.0～20.2m），没有一个勘探孔打穿
淤泥层。图 10-21 中淤泥的厚度是参照相邻工地的
数据得到的，表 10-11 中带 * 的参数也是参照相邻
工地土层获得。

10.4.2　粮库仓储室内地面实测沉降结果分析

粮库共新建 6 幢储粮仓库，6 号粮食仓库为空
仓库，1～5 号粮库均储有粮食。现场观测表明，
2010 年 1 月份发现粮库仓储地面（水泥搅拌桩基
础）储粮后出现了过大沉降（图 10-22），最大约为
40cm 且沉降还有不断增大的趋势，已严重影响粮
库的正常使用。然而，采用预应力管桩的粮库主体
结构部分基础沉降很小，粮库的外立面基本完好，

采用刚性预应力管桩基础的主体结构与采用柔性水泥桩基础的室内地面沉降差过大。同时，对未储粮的6号仓库现场观测发现，6号空粮库室内地面出现了不同程度的沉降裂缝，粮库地面混凝土横梁被拉裂，见图10-23。

图 10-22　仓储粮库地面过大沉降示意图

图 10-23　未储粮粮库的地面沉降

因堆粮室内地面沉降没有稳定的迹象，2010年5月初建设单位对4号粮库的粮食进行了腾空。2010年5月13日，笔者利用水准仪对腾空后的4号粮食仓库地面进行了室内地面沉降观测（粮食卸载后）。4号粮食仓库地面设置54个沉降观测点，沉降观测以东面门口地梁作为基准点来测试各个沉降观测点的相对沉降，测得的相对沉降结果见图10-24。

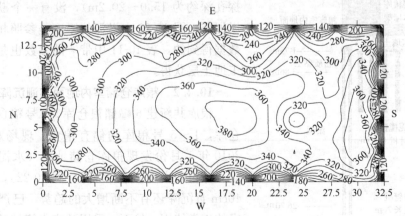

图 10-24　4号粮库粮食卸载后地面沉降等值线图
（平面基础尺寸单位：m；沉降数据单位：mm）

494

由图 10-24 可知，4 号粮库粮食卸载后地面沉降最大值出现在粮库的中心位置，南面至室内地面中心点的沉降差约为 350mm，其倾斜率约为 2.15‰；东面至室内地面中心点的沉降差约为 360mm，其倾斜率约为 5.05‰；西面进门处局部倾斜的沉降差约为 230mm。测试结果表明 4 号粮库的累计中心沉降量和倾斜值均超过了设计和使用要求。需要说明的是，上述沉降值是粮食卸载后的实测数据，粮食堆满时室内地面实际沉降值应大于图 10-24 中的实测值。1～5 号粮库储粮后室内地面沉降情况与 4 号粮库类似。6 号空粮库室内地面也发现了自重固结引起的沉降裂缝，这说明 6 幢粮库均属于建筑桩基事故，且这 6 幢粮食仓库均不能正常使用。若不采取处理措施继续使用有可能会出现储粮地面整体滑移破坏而导致整幢粮库倾覆的风险，必须采取有效措施进行加固处理。

10.4.3 室内地面水泥搅拌桩的钻探取芯结果分析

粮库室内地面的过大沉降已严重影响了粮库的正常使用，为此对 6 号空粮库地面下的 7 根水泥搅拌桩进行了钻芯检验和复合地基静载试验。水泥搅拌桩取芯结果见表 10-12。

6 号粮库水泥搅拌桩取芯检测试验成果表 表 10-12

桩号	抗压试验的芯样取样深度 (m)	芯样无侧限抗压强度 (MPa)	钻探取芯得到的实际有效桩长 (m)
1 号	2.0～2.2	0.92	3.6
2 号	1.9～2.1	0.51	3.3
3 号	2.75～2.9	4.72	4.7
4 号	2.5～2.7	2.31	4.2
5 号	1.8～1.96	1.59	4.1
6 号	1.32～1.5	7.63	4.3
7 号	1.7～1.85	1.77	3.2

钻芯检测结果表明，7 根水泥搅拌桩实际桩长只有 3.2～4.7m，均未达到设计要求的 10m 有效桩长。水泥土芯样的抗压强度为 0.51～7.63MPa，实测水泥土芯样抗压强度差异很大，且有两根桩芯样的无侧限抗压强度未达到 1.5MPa。桩长的严重不足和水泥土强度的参差不齐，严重加大了粮库储粮地面的沉降。

10.4.4 粮库室内地面沉降理论分析

根据该粮库设计图和《浙江省建筑地基基础设计规范》DB 33/1001，笔者对粮库地面沉降进行了理论验算。计算中取设计地面堆粮荷载为 35.75kPa，搅拌桩上的回填土和素混凝土垫层厚度按照 6 号粮库的开挖结果取为 1.75m，即回填土的荷载约为 35.0kPa，回填土考虑了设计地面堆粮荷载引起的压缩沉降但未考虑回填土对水泥搅拌桩的负摩阻力和回填土自重作用下的固结沉降。沉降计算分设计 10m 长水泥搅拌桩和实际 4m 长水泥搅拌桩两种工况，并按照总桩数多少和是否考虑回填土荷载分为 8 种工况进行计算，计算结果见表 10-13。

需要说明的是，由于 6 幢粮库场地勘探孔勘探深度不足（最大勘探深度约 20m），没有 20m 以下土层的物理力学参数，故表 10-13 中粮库室内地面桩端下沉降理论计算时只考虑了现有勘探深度范围内桩端下淤泥层的压缩量。按照《浙江省建筑地基基础设计规范》DB 33/1001 估算的粮库桩端下卧淤泥层压缩量要大于表 10-13 中的计算数值，即粮库室内地面的实际累计沉降量应大于表 10-13 中的计算值。

不同工况下的粮库室内地面理论沉降计算值　　　　　　　　表 10-13

基础形式	荷载 (kPa)	工况	总桩数 (根)	理论最大沉降值（mm）			
				地面回填土沉降	搅拌桩复合土层沉降	桩端下下卧层沉降	累计沉降
10m 长水泥搅拌桩复合地基	设计地面堆载 35.75 kPa，不考虑填土荷载	工况 1	226	0	22.6	120.0	144.6
		工况 2	244	0	21.1	120.0	141.1
	设计地面堆载＋回填土荷载 (35.75＋35) kPa	工况 3	226	19.7	44.7	237.5	301.9
		工况 4	244	19.7	41.8	237.5	299.0
4m 长水泥搅拌桩复合地基	设计地面堆载 35.75kPa，不考虑填土荷载	工况 5	226	0	8.6	171.1	179.7
		工况 6	244	0	8.1	171.1	179.2
	设计地面堆载＋回填土荷载 (35.75＋35) kPa	工况 7	226	19.7	17.0	338.7	375.4
		工况 8	244	19.7	16.0	338.7	374.4

由表 10-13 可知：

（1）因水泥搅拌桩的下卧层为淤泥，其桩端压缩量较大。考虑回填土荷载情况下设计 10m 长水泥搅拌桩室内地面理论沉降计算值为 299mm（244 根水泥搅拌桩）和 301.9mm（226 根水泥搅拌桩），均超过了设计和使用要求。

（2）考虑回填土荷载时 4m 长水泥搅拌桩室内地面理论沉降计算值达 374.4mm（244 根水泥搅拌桩）和 375.4mm（226 根水泥搅拌桩），这说明桩长缩短后严重加大了室内地面的累计沉降量。同时，由于实际水泥搅拌桩桩长为 3.2～4.7m 不等，且桩身强度参差不齐，桩身强度为 0.51～7.63MPa，桩身强度的参差不齐加剧了粮库室内地面的不均匀沉降。

（3）表 10-13 中计算结果只是按《浙江省建筑地基基础设计规范》DB 33/1001 得到的理论沉降值，且粮库桩端下土的压缩变形计算时只考虑勘探深度内淤泥层的压缩量。表 10-13 中的计算值与实际沉降会有一定的误差，粮库室内地面理论沉降计算值只作为参考。

10.4.5　粮库室内地面沉降过大原因分析

粮库室内地面沉降过大的原因如下：

（1）施工单位偷工减料，水泥搅拌桩实际桩长远小于设计有效桩长且强度参差不齐，这是造成粮库室内地面沉降过大的主要原因。

（2）回填土不仅加大了地面荷载，且回填土不密实带来了自身的固结沉降，同时也给水泥搅拌桩带来了负摩阻力，这都会加大粮库室内地面的整体沉降，2009 年 8 月洪水浸泡也进一步加快了粮库室内地面沉降。

（3）由于本工程粮库所在地淤泥土层厚度近 20m，设计粮库室内地面下水泥搅拌桩的有效桩长只有 10m，柔性搅拌桩桩长不足（且其上还有回填土）会导致下卧淤泥层的压缩过大。粮库主体结构采用 26m 的刚性预应力管桩桩基础沉降很小，导致同一粮库主体结构刚性基础与室内仓储地面柔性基础的差异沉降过大。该设计方法欠合理。

（4）设计单位在图纸中明确要求地面仓储粮食堆载要分级堆载预压，而实际中粮食采用一次性堆载，导致地面沉降速率加快。

10.4.6 粮库仓储室内地面过大沉降的初步加固方案

本工程加固方案设计中需考虑以下方面：

（1）主体结构的室内净高为 6.8m，加固方案设计中应考虑施工机械的操作高度。

（2）粮库场地地层中有近 20m 厚的淤泥土，室内地面（有 1.65m 厚回填土）采用了水泥搅拌桩复合地基加固（桩间距约为 1.65m，设计有效桩长为 10m，取芯实际桩长仅为 4m 左右）。

（3）粮库现室内仓储地面约有 0.1m 厚的素混凝土层和 1.65m 厚的回填土，回填土中有大小不等的石块和泥土，应考虑施工机械的施工可行性。

（4）加固设计中应考虑粮库仓储地面加固后的垢沉降应与已建粮库主体结构基础的沉降相协调。观测结果表明，采用长 26m 预应力管桩的主体结构基础沉降很小且外立面基本完好，粮库主体结构部分是安全的，不需要加固（只需要局部内墙裂缝修补）。因此，主要加固室内仓储地面的过大沉降，为协调变形，室内地面也需采用刚性桩进行加固。

（5）因粮食仓库勘探孔深度不够，加固设计前须进行补充勘探，勘探孔的深度应达到 30m。

粮库室内储粮地面加固方案采用桩基础，具体有以下方案可供选择：

（1）补打旋喷桩的加固方案。该方案的优点是成本略低，缺点是回填土要挖除或部分挖除。本场地有 20m 厚的淤泥土层，若施工桩长不够还会造成仓储地面的过大沉降。由于旋喷桩属柔性桩，采用该加固方案，仓储地面沉降与主体结构基础的沉降协调仍无法保证。

（2）树根桩的加固方案。在本场地 20m 厚的淤泥土层施工树根桩时施工质量无法保证，若桩身质量存在问题仍会造成室内仓储地面的过大沉降。

（3）采用直径 0.5m 的钻孔灌注桩（桩长约为 27m，桩顶标高约为 -0.70m）加梁板基础的加固方案。该方案施工时可采用地质勘探的小钻机成孔或简易取土钻成孔，该方案可保证桩穿越回填土层和深厚淤泥土层且成桩质量有保证。钻孔灌注桩和预应力管桩同是刚性桩且打到同一持力层，这样储粮仓库地面基础与粮库主体结构部分的基础的差异沉降较小，是较合理的加固设计方案。

根据 4 号粮库的沉降观测资料可知，仓储地面沉降中间大四周小。因此，布桩时粮库地面中间桩应稍密，外围桩应略稀。初步加固方案采用钻孔灌注桩加梁板的基础形式，初步加固设计时单幢粮库室内地面堆粮的设计荷载为 35.75kPa，堆粮总荷载为 1665t，加固梁板自重荷载约为 398t，即总荷载约为 2061t。因架空梁板位于回填土之上，所以不需要考虑回填土荷载。加固设计钻孔桩单桩抗压承载力特征值取为 400kN（桩顶标高约为 -0.70m）。考虑到室内粮库储粮过程中人员和运输机械等荷载作用及堆粮局部偏载作用，单幢粮食仓库室内地面加固需要布置的平面总桩数取为 65 根（考虑偏心荷载作用时，桩的数量约增加 20%）。

图 10-25 为单幢粮库原设计室内地面水泥搅拌桩复合地基处理平面图，图 10-26 为原设计单幢粮库主体结构预应力管桩双桩承台平面图，图 10-27 为新设计加固方案单幢粮库室内钻孔灌注桩及承台平面布置图，图 10-28 为新设计加固方案单幢粮库室内架空层平面图，图 10-29 为新设计加固方案单幢粮库承台梁板剖面布置图（1-1 剖面）。

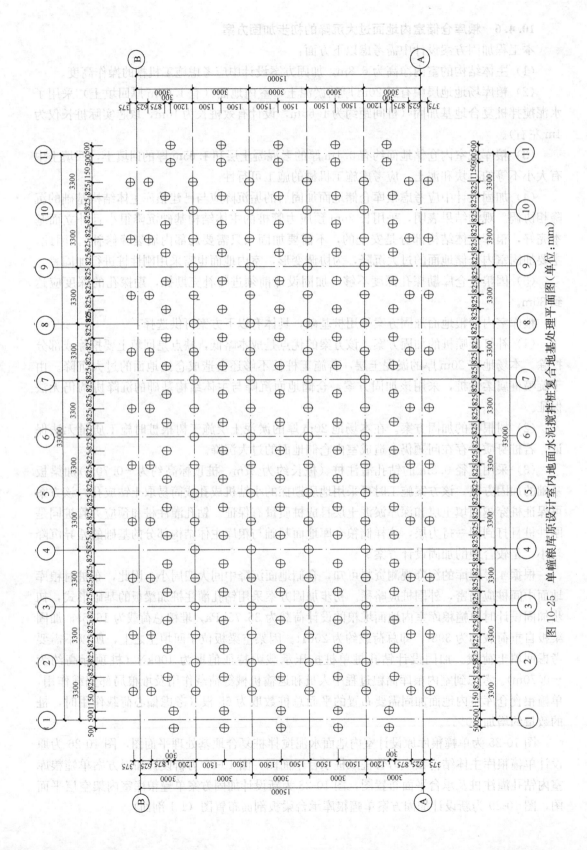

图 10-25 单幢粮库原设计室内地面水泥搅拌桩复合地基处理平面图（单位：mm）

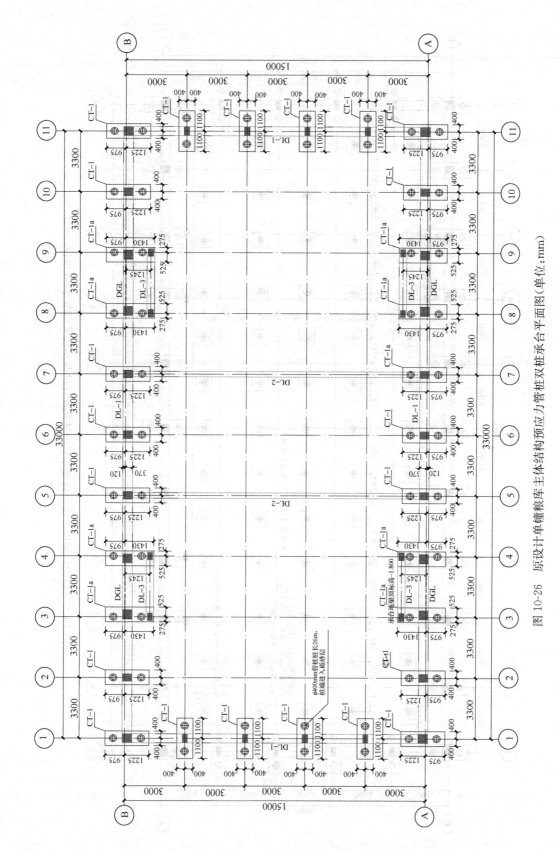

图 10-26 原设计单幢粮库主体结构顶应力管桩双桩承台平面图(单位:mm)

499

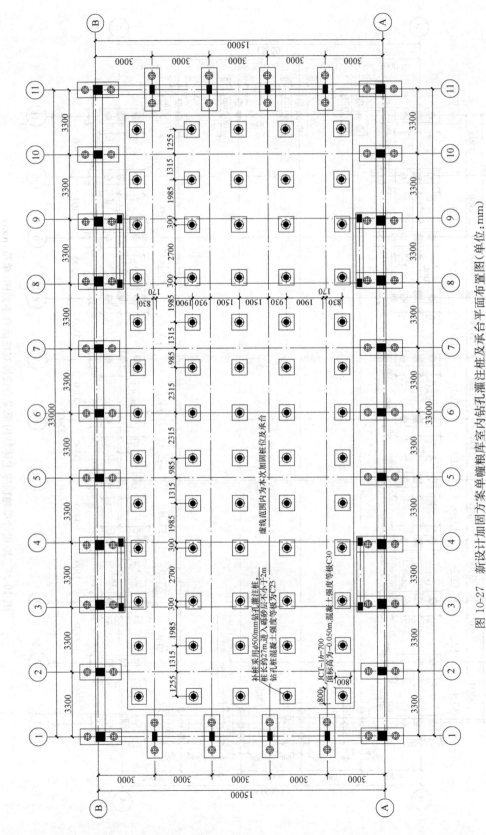

图 10-27　新设计加固方案单幢粮库室内钻孔灌注桩及承台承台平面布置图（单位：mm）

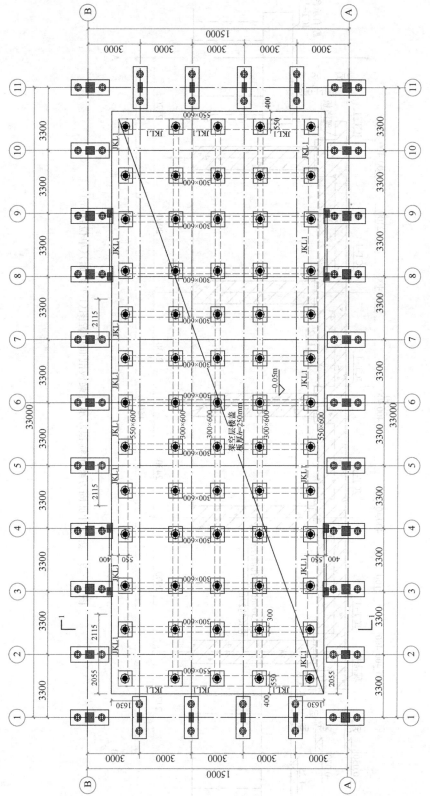

图 10-28　新设计加固方案单幢粮库室内架空层平面图（单位：mm）

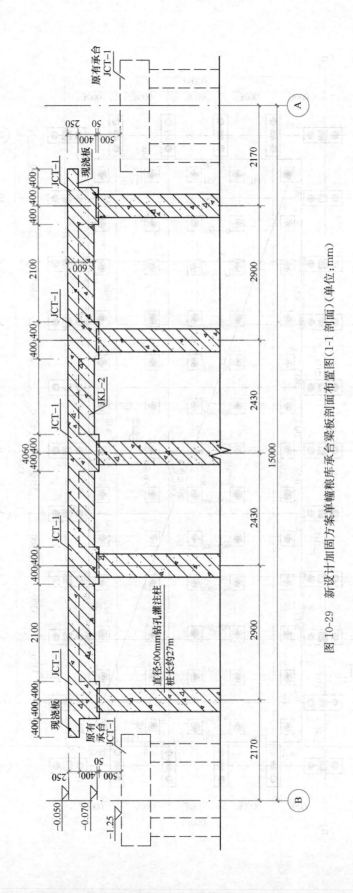

图 10-29　新设计加固方案单幢粮库承台梁板剖面布置图（1-1 剖面）（单位：mm）

需要说明的是：

（1）正式加固方案设计前应对粮食仓库场地补打若干勘探孔且勘探孔的勘探深度应穿越深厚淤泥层达到30m。

（2）钻孔灌注桩布桩时应避开粮库原主体结构承台的预应力管桩。

（3）粮库室内平面布桩时，中间桩间距要稍密，四周略疏，以保证沉降均匀。

（4）钻孔灌注桩桩身采用C25混凝土，梁板基础采用C30混凝土。

10.5 钻孔灌注桩预埋注浆管无法打开事故实例分析

如前所述，钻孔灌注桩应用过程中存在如下问题：（1）桩侧存在泥皮影响侧摩阻力发挥的问题；（2）桩端存在沉渣和持力层扰动影响端阻发挥的问题；（3）因施工水平差异，沉渣厚度不同和地质条件局部差异等因素导致同一工地大面积工程桩竖向承载力离散的问题。工程桩承载力离散问题可能会导致群桩基础的不均匀沉降；（4）桩身混凝土凝固以后会发生体积收缩，桩身混凝土与钻孔孔壁间产生间隙而导致桩侧摩阻力减小的问题。针对钻孔灌注桩存在的上述问题，有针对性得开发了桩端后注浆技术。鉴于桩端后注浆技术的诸多优点，桩端后注浆技术在钻孔灌注桩中应用越来越广泛。随着桩端后注浆技术的发展，注浆过程中的问题随之出现。桩端后注浆过程中常见问题主要有注浆中断，冒浆，注浆管堵塞，浆液流失，桩体上抬和地面隆起和单根或所有注浆管无法打开等。本节选取某工地大面积工程桩因预埋注浆管无法打开而无法完成注浆的事故，阐述了预埋注浆管注浆方案和桩身混凝土钻孔补注浆方案及桩侧土钻孔补注浆方案，获得了不同方案中注浆压力和注浆量随时间的变化规律，同时给出了补注浆桩的静载试验结果来验证补注浆的处理效果。

10.5.1 工程概况和场地地质情况

浙江某高层建筑为26层，建筑物高度约为98.3m，建筑面积约为18791m²。该高层建筑基础采用钻孔灌注桩，桩身采用C40混凝土，有效桩长约为75m，桩径为1.0m，桩端持力层为⑩₂强风化砂岩，桩端入持力层深度约为0.5~1.0m，设计要求单桩竖向抗压承载力极限值为16500kN。因该工程对沉降控制要求高，且桩端位于强风化砂岩，桩端注浆对于其承载力和沉降控制应有较好的效果，故设计中考虑对抗压桩进行桩底后注浆。该场地工程地质情况如表10-14所示。

场地各土层的物理力学参数 表 10-14

层次	岩土名称	土层顶标高（m）	含水量（%）	重度（kN/m³）	黏聚力（固快）（kPa）	内摩擦角（固快）（°）	压缩模量（MPa）	侧摩阻力特征值（kPa）	桩端阻力特征值（kPa）
①	杂填土	0							
②	粉质黏土	1.8~2.9	33.2	18.4	11.3	15.1	6.0	8.0	
③	淤泥质粉质黏土	3.3~5.6	34.1	18.1	9.1	9.7	5.3	7.0	
④₁	粉土	9.3~10.5	26.1	19.3	18.3	18.6	14.7	22.0	1050
④₂	粉土	16.3~18.2	26.5	18.9	16.3	19.0	12.9	20.0	750

层次	岩土名称	土层顶标高 (m)	含水量 (%)	重度 (kN/m³)	黏聚力 (固快) (kPa)	内摩擦角 (固快) (°)	压缩模量 (MPa)	侧摩阻力特征值 (kPa)	桩端阻力特征值 (kPa)
④₃	粉土	21.1～24.3	26.4	19.0	18.7	18.9	14.2	25.0	1250
⑤	粉质黏土	25.4～27.4	33.9	18.1	9.7	3.5	4.0	12.0	
⑥	粉细砂夹粉土	34.5～39.3	21.1	20.1			5.9	30.0	1650
⑦	黏土	42.3～46.4	24.0	19.3	42.8	11.9	8.7	35.0	1250
⑧	粉砂	51.4～55.9	21.6	19.3	2.5	11.4	8.0	32.0	
⑨	粉质黏土夹碎石	63.3～68.2	13.9				18.0	37.0	
⑩₁	全风华砂岩	70.3～73.4	9.3					30.0	
⑩₂	强风化砂岩	74.1～83.7	11.9					40.0	
⑩₃	中风化砂岩							50.0	

10.5.2 桩端预埋管后注浆方案

10.5.2.1 桩端预埋管后注浆施工工艺流程

桩端注浆属隐蔽工程，目前的监测手段十分有限，要实现桩端注浆的目的主要依赖于合理的注浆工艺。科学的注浆工艺建立在对桩端注浆机制的正确认识上，要求因地制宜，严密设计，优质施工，适时调控。桩端后注浆工艺流程如图 10-30 所示。

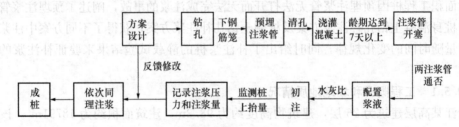

图 10-30 桩端预埋管后注浆工艺流程

10.5.2.2 注浆头的制作及注浆管的埋设

桩端预埋管后注浆的难点在于注浆头的制作和注浆管的埋设。因本工程中有地下室，工程桩中两根注浆管浅部没有混凝土包裹，加之施工过程中桩机移动和挖土机施工，很容易造成浅部注浆管断裂堵塞，埋设时注浆管深部易出现的主要问题是接头不牢固和注浆管弯曲等。

桩端注浆管采用直径 30～50mm 钢管，壁厚不小于 2.8mm，见图 10-31。注浆头制作方法为：用铁锤将钢管的底端砸成尖形开口，距钢管底端 40cm 左右处布设 4 排每排 4 个直径 8mm 的小孔，然后在每个小孔中安放图钉（起到单向阀作用），再用胶布加硬包装带缠绕包裹，防止小孔被浇筑的混凝土堵塞。

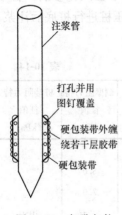

图 10-31 打孔包扎注浆头

注浆管与钢筋笼应一同埋设。注浆钢管可作为钢筋笼的一根主筋，用丝扣连接或外加短套管电焊连接，保证施工过程中不漏浆。

每根桩埋设两根注浆管，两注浆管应沿钢筋笼内侧垂直且对称下放，注浆管下端比钢筋笼长约50～100mm。桩端注浆管一直通到桩顶，注浆管顶临时封闭。注浆管在基坑开挖段内不能有接头，避免漏浆。预埋注浆管时，还应保护好注浆管，防止其弯曲。

10.5.2.3　预埋管后注浆注浆压力随时间的变化规律

6根试桩顺利完成了预埋管后注浆工作，注浆量达到了设计要求。试桩 A15 注浆压力、注浆量随注浆时间的变化曲线见图 10-32。

由图 10-32 可知，第一根预埋管注浆开始时为渗透注浆，注浆压力曲线为上升段，注浆一段时间后为渗透注浆和压密注浆交替的过程。第二根注浆管后期注浆是压密注浆和劈裂注浆交替的过程。桩身预埋注浆管后注浆过程中，注浆压力时刻都在变化，但有一个大体动态变化范围（第一根注浆管注浆过程中约为 3MPa，第二根注浆管注浆过程中约为 3～7MPa），注浆过程中有注浆压力突跃而后又下降的现象，这是劈裂注浆和渗透、压密注浆方式交替进行

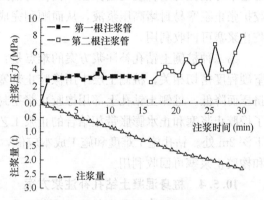

图 10-32　注浆压力和注浆量随时间的变化曲线

的过程。随注浆量的增大和被注土体中浆液浓度的提高，一定时间后注浆压力会有所提高（第二根注浆管注浆结束时注浆压力约为 8MPa）。在桩身预埋管整个注浆过程中，注浆量随时间近似呈线性增长，注浆结束时试桩 A15 注浆量约为 2.5t。桩端后注浆过程中，注浆量一般为主控因素，注浆压力为辅控因素，现场必须记录注浆量和注浆压力随时间的变化情况。

10.5.2.4　桩端预埋管后注浆桩的静载试验结果

桩端预埋注浆管注浆完成 31 天后对 3 根试桩进行了静载试验。3 根试桩的静载试验结果相似，为节省篇幅，仅选取了试桩 A15 的静载试验数据进行分析。试桩 A15 的桩顶荷载-沉降曲线见图 10-33。

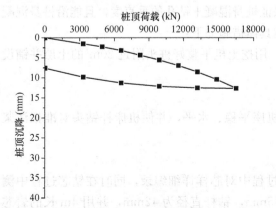

图 10-33　试桩 A15 荷载-沉降曲线

图 10-33 中静载试验结果显示，桩径为 1m 的试桩经桩身预埋管注浆后，其抗压极限承载力大于 16500kN。当最大试验荷载 16500kN 时，试桩 A15 的桩顶沉降约为 12.6mm，卸载后桩顶残余沉降约为 7.6mm，桩顶回弹量约为 5.0mm，桩顶回弹率约为 39.8%。

10.5.3　桩端预埋管后注浆事故及处理方案

试桩静载试验表明，桩身预埋注浆管后注浆试桩受力情况正常，随后开展了大面积工程桩施工。笔者成功完成了 6 根桩的注浆工作后，剩余大面积工程桩普通预埋管注浆工作由施工单位开展。然而，预埋注浆管开塞时发现 31 根工程桩由于注浆管无法打开

而未能完成注浆工作。

因本工程中 31 根事故桩的预埋注浆管无法打开，故必须采取其他措施完成补注浆工作。根据事故的具体情况，可有针对性的采用两种补注浆方案。第一种为工程桩桩身混凝土中心钻孔补注浆方案，第二种为桩侧土钻孔补注浆方案。

第一种桩身混凝土钻芯补注浆方案的难点是：因本工程中有效桩长为 75m，在桩身混凝土中心钻孔时垂直度无法保证，钻孔易偏出桩身从而无法钻至桩底。其优点是：利用橡胶扩张止浆塞易封堵高压浆液，从而顺利完成注浆过程。该方案中注浆完成后注浆管和橡胶止浆塞可回收利用。

第二种桩侧土钻孔补注浆方案的难点是：因橡胶止浆塞的止浆效果与钻孔周边介质的坚硬程度密切相关，桩侧土层中用橡胶止浆塞进行止浆时，其止浆效果会因钻孔周围土的挤压而降低。桩侧土钻孔上部用橡胶止浆塞封堵高压注浆压力存在困难。因此，最终采用了橡胶止浆塞和止水膨胀带相结合的止浆工艺。其优点是：能沿桩侧土顺利打孔至桩底以下深 2m 处。钻孔施工难度和施工成本较低，施工时间较短。该方案补注浆完成后注浆管和橡胶止浆塞可回收利用。

10.5.4 桩身混凝土钻孔补注浆方案

10.5.4.1 桩身混凝土钻孔补注浆工艺

桩身混凝土钻孔补注浆方案的工艺流程见图 10-34。

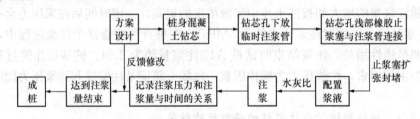

图 10-34 桩身混凝土钻孔后注浆工艺流程

10.5.4.2 桩身混凝土钻孔补注浆方案的具体措施

（1）钻探措施

桩身混凝土钻孔补注浆方案的关键是保证桩身混凝土钻孔的垂直度，且能沿桩身混凝土钻穿至桩底。桩身混凝土钻孔补注浆方案具体措施如下：

1）凿平补注浆桩的桩头并用砂浆找平，用挖土机平整好桩头附近 $20m^2$ 的土层并铺设瓜子片和素混凝土，使其与桩顶标高齐平。

2）确定补注浆桩的中心位置。

3）架设钻机，调整好机座位置，确保机座平稳、水平，并使机床杆钻头对准拟注浆桩的中心位置。

4）测量钻机机床杆的垂直度。

5）对桩身混凝土进行钻探取芯，取芯过程中对芯样详细编录，同时在钻芯过程中测量钻杆的垂直度。桩身混凝土钻孔直径为 75mm，钻杆直径为 42mm，并用 4m 长的岩芯管钻探取芯，以保证钻进的垂直度。

6）若钻孔在深度 50m 以上偏出桩外，则应将钻杆纠正位置后重新钻探取芯，直至钻探孔深度比桩底深 2m 止；若钻孔在深度 50m 以后偏出桩外，继续沿土层往下钻至桩底下

2m 为止。

7）钻穿桩底终孔后在桩身混凝土中心钻孔中下放注浆管和橡胶止浆塞（见图 10-35），注浆头采用图钉打孔包扎的方法（见图 10-31），注浆管下放至钻孔底。

8）开始注浆。浆液的水灰比为 0.5，设计注浆量暂定为 2.0~2.5t，具体注浆量根据现场情况确定。

桩身混凝土中心钻孔补注浆方案实施过程中，桩身中心注浆孔的钻探工作是一项关键工序。本工程中需要补注浆的工程桩有效桩长约为 75m，保证钻孔不偏出桩身而钻至孔底的施工难度较大。桩身混凝土中心钻孔过程中，钻探至 45m 时，从钻探取出的混凝土芯可以判断，钻杆钻穿了桩中原先预埋的部分注浆管，但并未偏出桩外，估计是 45m 处的注浆管发生了弯曲；在钻探至 60m 时，钻杆钻穿了桩中原先预埋的长约 7cm 的一段注浆管，并偏出桩外，如图 10-36 所示。此后，按照原定方案继续向下钻至 77m。

图 10-35　橡胶止浆塞

图 10-36　钻穿的预埋注浆管

由于 4m 长的岩芯管直径 73mm 与钻孔直径 75mm 接近，所以在清孔提钻至 45m 时，原钻穿的部分注浆管弹入孔中卡住了岩芯管。为保证钻杆能从钻孔中顺利拔出，决定采用穿心千斤顶对钻杆进行上拔处理，见图 10-37。最终，卡孔的钻杆被成功拔出。

（2）桩身混凝土钻芯补注浆方案的具体措施

图 10-37　千斤顶上拔处理钻杆卡孔

提钻后，在桩身混凝土钻孔中下放注浆管，并在桩身浅部将注浆管和橡胶止浆塞注浆管连接，然后对橡胶止浆塞扩张封堵钻孔后再补注浆，如图 10-38 所示。橡胶止浆塞的工作原理为：利用上部螺丝旋钮向下挤压螺杆，从而使得 4 块橡胶止浆塞侧向膨胀封堵钻孔。

10.5.4.3　桩身混凝土钻芯补注浆注浆压力与时间关系

桩身混凝土中心钻孔完成后，在钻孔中下放注浆管和橡胶止浆塞，完成了补注浆工作。补注浆过程中详细记录了 A12 桩的注浆压力和注浆量，绘出了注浆压力和注浆量随时间变化的曲线，见图 10-39。A12 桩的桩身混凝土中心钻孔中注浆量

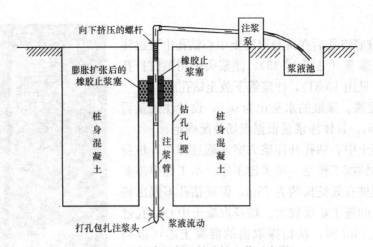

图 10-38　桩身混凝土钻孔补注浆示意图

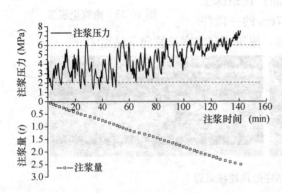

图 10-39　桩身混凝土钻孔注浆压力（A12桩）

为 2.5t，清水开塞压力为 4.6MPa，水灰比为 0.5。

由图 10-39 可知，桩身混凝土钻孔补注浆过程中，注浆压力约为 2～6MPa，注浆量随时间变化基本呈线性增长。注浆过程中有注浆压力突跃而后又下降的现象，这是劈裂注浆和渗透注浆及压密注浆方式交替进行的过程。

10.5.5　桩侧土钻孔补注浆方案

10.5.5.1　桩侧土钻孔补注浆工艺

桩侧土钻孔补注浆方案的工艺流程见图 10-40。

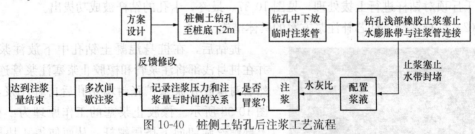

图 10-40　桩侧土钻孔后注浆工艺流程

10.5.5.2　桩侧土钻孔补注浆方案的具体措施

桩侧土钻孔补注浆方案见图 10-41。

桩侧土钻孔补注浆方案的关键是在桩侧土钻孔中有效封堵形成高压注浆压力。桩侧土钻孔补注浆方案的具体措施如下：

（1）用钻机沿桩侧土钻至桩端平面以下 2m 处。

（2）利用钻机钻杆清孔。

（3）提钻后下放注浆管至钻孔底部。

（4）在桩侧土钻孔浅部下放止水膨胀带和橡胶止浆塞并将两者与注浆管连接，同时确

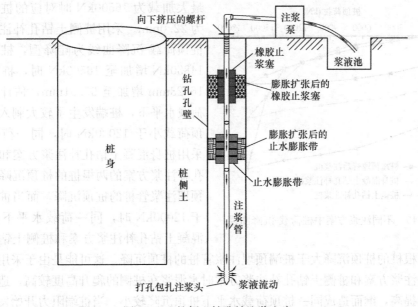

図10-41 桩侧土钻孔补注浆方案

保止水效果。

(5) 开始补注浆，补注浆采用间歇注浆方式。浆液水灰比为 0.5，设计注浆量暂定为
2.0~2.5t，具体注浆量根据现场情况确定。

10.5.6 桩侧土钻孔注浆时注浆压力随时间的变化规律

桩侧土钻孔补注浆过程中详细记录了注浆压力和注浆量，见图10-42。桩身中心钻孔
中注浆量为 2.0t，清水开塞压力为
3.2MPa，水灰比为 0.5。补注浆采用间
歇注浆方式。

由图10-42可知，在桩侧土钻孔补注
浆过程中，注浆压力约为 2.5~3.5MPa，
注浆量随时间变化基本呈线性增长。注浆
过程中同样有注浆压力突跃而后又下降的
现象。每一次注浆间歇后注浆压力较注浆
终止前有较大幅度的增加，终止注浆前注
浆压力约为 3.5MPa。当桩顶出现冒浆现
象时终止注浆，此时注浆压力急剧下跌，
注浆压力从 3.5MPa 跌落为 1.1MPa。

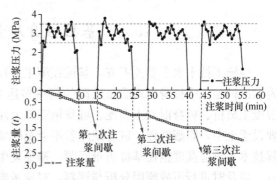

图10-42 桩侧土钻孔注浆压力及注浆量
随时间变化曲线

10.5.7 补注浆工程桩静载试验结果分析

为评价不同补注浆方案的加固处理效果，对采用桩身混凝土钻孔补注浆方案和桩侧土
钻孔补注浆方案的两根桩进行了静载试验。静载试验采用慢速维持荷载法，采用水泥块堆
载—反力架加载装置。荷载加卸载方法依照《建筑基桩检测技术规范》JGJ 106。不同注
浆方案中桩的静载试验结果见图10-43。

由图10-43可知，采用桩身混凝土钻孔补注浆方案的桩顶荷载-沉降曲线为缓变型，

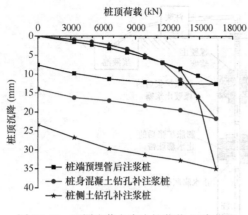

图 10-43　不同注浆方案中桩荷载-沉降曲线

最大加载为 16500kN 时对应的桩顶沉降约为 22.0mm。采用桩侧土钻孔补注浆方案的桩顶荷载-沉降曲线为陡降型，桩顶荷载由 14850kN 增加至 16500kN 时，桩顶沉降从 16.23mm 增加至 35.01mm，估计是在较大荷载水平下，桩端发生了较大刺入变形。桩顶荷载小于 12000kN 时，同一荷载水平下采用桩身混凝土钻孔补注浆方案和桩侧土钻孔补注浆方案的两根桩的桩顶沉降小于桩端预埋注浆管桩的桩顶沉降，而当桩顶荷载大于 12000kN 时，同一荷载水平下采用桩身混凝土钻孔补注浆方案和桩侧土钻孔补注浆方案的两根桩的桩顶沉降大于桩端预埋注浆管桩的桩顶沉降。这可能是由于采用桩身混凝土钻孔补注浆方案和桩侧土钻孔补注浆方案时水泥浆在桩侧的爬升高度较高，造成了桩侧摩阻力的提高，继而造成同一桩顶荷载水平下桩顶沉降较小。当桩端阻力开始发挥后，桩端预埋注浆管桩因其桩端持力层得到了固化，同一桩顶荷载水平下该类桩的桩顶沉降较小。而对于采用桩身混凝土钻孔补注浆方案和桩侧土钻孔补注浆方案的两根桩的桩端持力层未得到有效加固，桩顶沉降较大。需要说明的是，本工程中没有进行未注浆桩的静载试验，但根据补注浆方案桩的静载试验结果可预见最大加载时未注浆桩的桩顶沉降较大。因此，为保证注浆效果，最终决定采用桩身混凝土中心钻孔补注浆方案和桩侧土钻孔补注浆方案联合对该工程中 31 根事故桩进行补注浆处理。

10.6　基桩桩身质量事故实例分析

因施工技术水平参差不齐，基桩在施工过程中极易出现质量缺陷。据不完全统计，国内灌注桩施工中桩身出现质量缺陷的概率多达 20%。常见的桩身质量问题有缩颈、桩身混凝土离析、桩身混凝土夹泥、桩身钢筋笼上浮、桩端沉渣和桩头疏松等。基桩成型后多埋设于土中，隐蔽性强，桩身缺陷若不能及时发现和整治，极易危害整体工程的安全。工程技术人员应高度重视基桩质量问题，避免发生基桩工程质量事故。一旦发生基桩质量事故，应及时进行事故原因分析与评判，对质量事故进行处理，确保建筑物的正常使用，并尽量减少经济损失。本节介绍了浙江省某高层建筑基桩桩身质量存在问题的事故，分析了该高层建筑基桩桩身质量问题的原因，并给出了相应的处理措施。

10.6.1　工程概况和工程地质情况

浙江省某高层建筑地上 19 层，建筑高度 92.6m，建筑面积 19600m²，采用现浇框架结构，地下室 1 层，建筑面积 1000m²。基础采用钻孔灌注桩，总布桩数为 146 根，桩身采用 C35 混凝土强度，桩径为 0.6m，设计有效桩长为 54m，通长配筋 8φ16mm，桩端持力层为中风化砂砾岩，设计单桩竖向抗压承载力特征值为 2700kN。基础采用承台-筏板基础，共布设 25 个承台，承台高度为 1.4～1.7m，电梯井承台高度为 3.2m，基础大筏板厚度设计为 40cm。

拟建场地属冲海积平原地貌，地形较平坦。经工程勘察可知，场地 62m 勘探深度范围内地基土可分为 6 个工程地质层 11 个亚层，无地裂、溶洞、滑坡等不良地质作用，未发现暗河、暗塘等不利于工程建设的不良地质现象，场地稳定性好。其中⑥₃ 中风化砂砾岩由于压缩性低，工程性质好被选为该高层建筑钻孔灌注桩持力层。取芯岩样（最深钻到 60m）表明，桩端持力层为红色粉砂岩，砾含量很少，但持力层深度位置与原地质报告基本相同。该场地各土层的物理力学指标如表 10-15 所示，该场地典型地质剖面如图 10-44 所示。

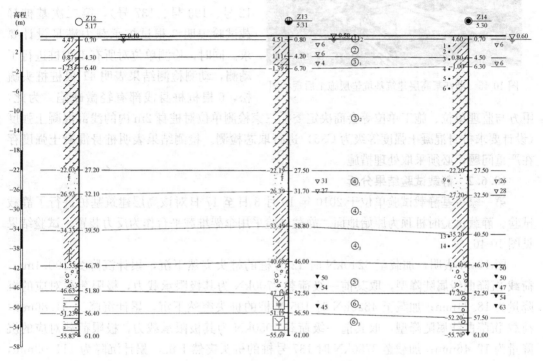

图 10-44　场地典型地质剖面

场地各土层物理力学参数　　　　　　　　　　　　　　　表 10-15

层号	土层名称	天然重度 (kN/m³)	含水量 (%)	压缩模量 (MPa)	天然地基土承载力特征值 (kPa)	钻孔灌注桩	
						侧摩阻力特征值 (kPa)	桩端阻力特征值 (kPa)
①₁	杂填土						
①₂	耕土						
②	粉质黏土	18.6	29.1	5.0	160	14	
③₁	淤泥质粉质黏土	17.9	36.4	4.0	100	7	
③₂	淤泥质黏土	16.9	45.3	3.0	80	6	
④₁	粉砂			15.0	180	27	
④₂	粉质黏土	17.5	34.4	3.8	110	16	
④₃	粉质黏土夹粉砂	19.7	21.2	6.0	150	25	
⑤	圆砾			20.0	280	35	3200
⑥₂	强风化砂砾岩			25.0	500	40	
⑥₃	中风化砂砾岩				1200	45	3400

图 10-45 浙江某高层建筑基坑垫层施工后现状图

第一家静载试验单位在原地面进行了第一次试桩静载试验（桩号 12 号、105 号、137 号），第一次 3 根试桩抗压试验结果表明，3 根试桩的桩顶沉降过大（超过 90mm）。基坑开挖至设计桩顶标高后（见图 10-45），第一家静载试验单位在基坑底进行了第二次试桩静载试验（桩号 12 号、103 号、137 号），第二次基桩静载试验表明 3 根试桩承载力满足设计要求。同时，检测单位对所有工程桩进行了动测，动测检测结果表明 41 根桩桩头疏松，6 根桩桩身浅部有轻微缺陷。为此，甲方与监理单位、施工单位等会商决定委托三家检测单位对桩身 2m 内的浅部混凝土强度（设计要求桩身混凝土强度等级为 C35）进行取芯检测。检测结果表明桩身混凝土强度存在严重问题，必须采取处理措施。

10.6.2 静载试验结果分析

第一家桩基静载试验单位于 2010 年 10 月 3 日至 17 日对该高层建筑基桩进行了静载试验。静载试验时桩顶为原始地面。静载试验采用伞架堆载平台作为反力装置。试验结果见图 10-46。

图 10-46 表明，加载至 3240kN 时 12 号桩的桩头突然下沉，累计沉降为 100.4mm，荷载-沉降曲线属陡降型，取其前一级荷载 2700kN 为其极限承载力，极限荷载对应的沉降量为 18.24mm；加载至 4320kN 时 105 号桩的桩头突然下沉，累计沉降达 91.86mm，荷载-沉降曲线属陡降型，取其前一级荷载 4050kN 为其极限承载力，极限荷载对应的沉降量为 12.46mm；加载至 3780kN 时 137 号桩的桩头突然下沉，累计沉降为 111.03mm，荷载-沉降曲线属陡降型，取其前一级荷载 3240kN 为其极限承载力，极限荷载对应的沉降量为 8.03mm。3 根试桩的单桩竖向抗压极限承载力均不满足设计要求。根据 3 根试桩荷载-沉降曲线可知，3 根试桩均为桩身浅部混凝土压碎破坏（试桩抗压试验均在原地面进行抗压静载试验），表明该高层建筑基桩桩身浅部混凝土质量较差。

当该高层建筑基坑开挖至设计标高后，第一家基桩静载试验单位于 2010 年 10 月 30 日至 11 月 5 日对该高层建筑基桩进行了进行第二次静载试验。静载试验时的桩顶标高为设计桩顶标高，试验采用伞架堆载平台作为反力装置，静载试验结果见图 10-47。

由图 10-47 可知，3 根试桩的最大试验荷载为 5400kN，其中 12 号桩的荷载-沉降曲线为缓变型，极限承载力为 5400kN，5400kN 荷载下对应的桩顶沉降量为 17.54mm，卸载后桩顶回弹量为 7.78mm。103 号桩的荷载-沉降曲线为缓变型，极限承载力为 5400kN，5400kN 荷载下对应的桩顶沉降量为 12.00mm，卸载后桩顶回弹量为 4.96mm。137 号桩的荷载-沉降曲线为缓变型，极限承载力为 5400kN，5400kN 荷载下对应的桩顶沉降量为 9.79mm，卸载后桩顶回弹量为 4.49mm。3 根单桩的竖向抗压极限承载力均满足设计要求。由图 10-46 和图 10-47 可知，同一家静载试验单位第一次跟第二次静载试验结果相差很大。

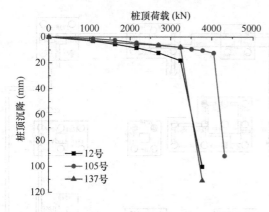

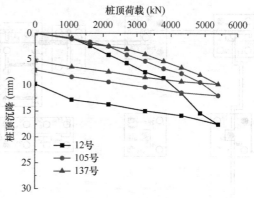

图 10-46　第一次静载试验荷载-沉降曲线　　　　图 10-47　第二次静载试验荷载-沉降曲线

鉴于第一家静载试验单位第一次和第二次静载试验结果的差异性，为进一步确定桩基承载力，特委托第二家静载试验单位对本工程中的 4 根桩（31 号桩、67 号桩、131 号桩和 139 号桩）重新进行抗压静载试验。静载试验从 2011 年 7 月 8 日开始至 8 月 7 日结束。4 根桩的静载试验结果见图 10-48。

由图 10-48 可知，在试验荷载作用下，31 号桩的荷载-沉降曲线不平顺不规则，桩顶稳定时间偏长，存在桩身混凝土压密现象，在最大试验荷载 5400kN 时尚能稳定。在试验荷载作用下，67 号桩的荷载-沉降曲线不平顺不规则，桩顶稳定时间偏长，存在桩身混凝土压密现象，在最大试验荷载 5400kN 时尚能稳定。在试验荷载作用下，131 号桩的荷载-沉降曲线不平顺不规则，桩顶稳定时间偏长，存在桩身混凝土压密现象，在最大试验荷载 5400kN 时尚能稳定。

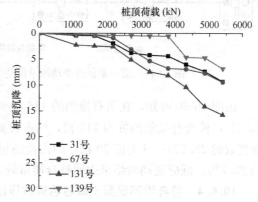

图 10-48　第三次静载试验荷载-沉降曲线

在试验荷载作用下，139 号桩的荷载-沉降曲线不平顺不规则，桩顶稳定时间偏长，存在桩身混凝土压密现象，在最大试验荷载 5400kN 时尚能稳定。需要考虑长期荷载作用下的桩身混凝土长久安全问题。

10.6.3　低应变动测结果分析

第一家低应变动测单位于 2010 年 12 月 10 日至 23 日对该高层建筑的 146 根基桩进行了低应变动测。动测简报显示所测 146 根桩中有 41 根桩的桩头疏松，6 根桩的桩身有缺陷。然而，检测单位出具的正式报告中动测结果有变动，所测 146 根桩中Ⅰ类桩为 140 根，Ⅱ类桩为 6 根。简报和正式报告中基桩低应变动测结果存在较大差异。第一家低应变动测单位动测简报中确定的桩身质量较差桩分布见图 10-49。

鉴于第一家低应变动测单位动测简报和正式报告中基桩低应变动测结果存在较大差异，建设方委托第二家低应变动测单位对该工程全部基桩进行了低应变测试。对于同一根桩，分别采用高频激振锤和低频激振锤进行信号采集。第二家低应变动测单位动测确定的桩身质量桩位分布见图 10-50。

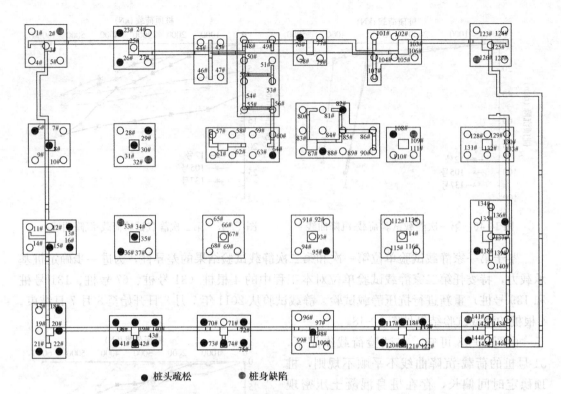

图 10-49　第一家低应变动测单位动测简报中确定的桩身质量较差桩分布

● 桩头疏松　　　● 桩身缺陷

由图 10-50 可知，在所有检测的 146 根桩中，桩身完整的有 34 根，约占检测桩数的 23.3%，桩身有缺陷的桩为 112 根，约占检测桩数的 76.7%。其中 I 类桩 34 根，约占检测桩数的 23.2%；II 类桩 79 根，约占检测桩数的 54.1%；III 类桩 33 根，约占检测桩数的 22.7%。低应变动测结果表明桩身质量较差。

10.6.4　桩身浅部混凝土取芯芯样抗压试验结果分析

鉴于低应变动测结果显示多根桩的桩头疏松，桩身混凝土浅部存在质量问题。为此，建设单位分别委托四家检测单位进行桩头浅部混凝土取芯检测。

第一家检测单位于 2010 年 10 月 26 日对 4 根工程桩进行了桩顶 2m 段混凝土的钻芯法检测，芯样抗压试验为干法试验，检测依据为《钻芯法检测混凝土强度技术规程》CECS 03。桩身浅部混凝土取芯芯样抗压试验结果见表 10-16。

第一家检测单位钻芯法芯样检测得到的桩身混凝土强度　　　表 10-16

桩号	设计等级	试件干湿状态	芯样强度（MPa）	是否满足设计强度
12 号	C35	自然干燥后	42.3	满足
14 号	C35	自然干燥后	40.7	满足
136 号	C35	自然干燥后	35.0	满足
137 号	C35	自然干燥后	34.9	不满足

第一家检测单位采用自然干燥后的试样做抗压试验，按照《钻芯法检测混凝土强度技

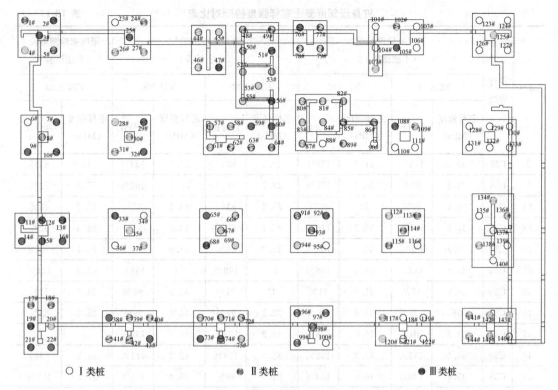

图 10-50　第二家低应变动测单位低应变动测确定桩身质量桩位分布

术规程》CECS 03 对混凝土强度进行检测，合格率为 75％。

　　2011 年 1 月 28 甲方委托第二家检测单位和第三家检测单位分别对 30 根工程桩进行了桩顶下 3m 内桩身混凝土的钻芯法检测。桩身浅部混凝土钻孔取芯桩位分布见图 10-51。取样芯样抗压试验为干法试验，芯样无侧限抗压试验结果（芯样的高径比为 1∶1）见表 10-17。

　　《钻芯法检测混凝土强度技术规程》CECS 03 规定：单个构件的混凝土强度推定值应按有效芯样试件混凝土强度值中的最小值确定。《建筑基桩检测技术规范》JGJ 106 规定：混凝土芯样试件抗压强度代表值应按一组三块试件强度值的平均值确定。受检桩不同深度位置的混凝土芯样试件抗压强度代表值中的最小值为该桩混凝土芯样试件抗压强度代表值。

　　按照《钻芯法检测混凝土强度技术规程》CECS 03 对混凝土强度的规定，第二家检测单位和第三家检测单位得到的桩身浅部混凝土强度合格率分别为 60.0％和 30.0％；按照《建筑基桩检测技术规范》JGJ 106 对混凝土强度的规定，两检测单位得到的桩身浅部混凝土强度合格率分别为 73.3％和 58.6％。第四家检测单位对上述 30 根桩中的 27 根工程桩进行了钻芯取样，芯样抗压试验为湿法无侧限抗压试验。按照《钻芯法检测混凝土强度技术规程》CECS 03 对混凝土强度的规定得到的桩身混凝土强度合格率仅为 18.5％。

　　芯样钻芯试验应采用《建筑基桩检测技术规范》JGJ 106 中钻芯法的要求且为干法无侧限抗压强度试验，其他方法只能作为参考。

桩号	设计等级	第二家检测单位（干法试验）				第三家检测单位（干法试验）				第四家检测单位（湿法试验）	
		CECS 03		JGJ 106		CECS 03		JGJ 106		CECS 03	
		芯样强度(MPa)	百分比	芯样强度(MPa)	百分比	芯样强度(MPa)	百分比	芯样强度(MPa)	百分比	芯样强度(MPa)	百分比
5	C35	39.9	114%	41.6	119%	32.4	93%	36.2	103%	22	63%
7	C35	31.2	89%	36.7	105%	33.7	96%	35.7	102%	25.3	72%
13	C35	20.8	59%	30	86%	28.2	81%	33.1	95%	15.2	43%
18	C35	37.4	107%	40.2	115%	32.1	92%	33.5	96%	32.3	92%
26	C35	34.9	100%	36.2	103%	31.3	89%	33.6	96%	25.4	73%
31	C35	49.9	143%	54.6	156%	51	146%	54	154%	42.3	121%
40	C35	30.6	87%	31.8	91%	32	91%	32.3	92%	24.8	71%
46	C35	36	103%	37.3	107%	32.1	92%	34.8	99%	28.4	81%
47	C35	36.3	104%	44.8	128%	43.8	125%	46.2	132%		
48	C35	50.1	143%	53.3	152%	38.2	109%	42.2	121%	34.2	98%
54	C35	45.4	130%	46.9	134%	34.5	99%	36.8	105%	37.3	107%
57	C35	66.1	189%	67.2	192%	43	123%	49.1	140%	45	129%
59	C35	33.6	96%	37.5	107%	35.4	101%	38.6	110%	33.9	97%
60	C35	34.3	98%	35.4	101%	31.3	89%	33	94%	28.1	80%
67	C35	27.4	78%	31.1	89%	27.2	78%			22	63%
70	C35	46.7	133%	49.2	141%	39.5	113%	41	117%	24.9	71%
79	C35	45.4	130%	56.3	161%	49.3	141%	53.2	152%	42.8	122%
84	C35	39.8	114%	41.2	118%	35	100%	36.8	105%	33.3	95%
85	C35	26.8	77%	30.1	86%	28.8	82%	30.1	86%	24.9	71%
93	C35	42	120%	43.4	124%	37.3	107%	38.8	111%	34.9	100%
98	C35	14.9	43%	18.9	54%	17.3	49%	20.6	59%	11	31%
107	C35	35.4	101%	37.9	108%	33	94%	34	97%	30.9	88%
111	C35	35.7	102%	44.9	128%	34.5	99%	37.9	108%	29.3	84%
116	C35	34.2	98%	36.5	104%	33.4	95%	35.1	100%	29.4	84%
118	C35	38.3	109%	42.3	121%	32.8	94%	36.9	105%	23.8	68%
126	C35	36.6	105%	40.9	117%	33.7	96%	36.7	105%		
131	C35	27.8	79%	29.3	84%	22.3	64%	31.6	90%		
136	C35	35.3	101%	38.2	109%	33.9	97%	36.9	105%	31.3	89%
139	C35	28.6	82%	32	91%	27.3	78%	34.7	99%	22.1	63%
141	C35	30.3	87%	32.2	92%	30	86%	31.4	90%	23	66%
合格率		60.0%		73.3%		30.0%		58.6%		18.5%	

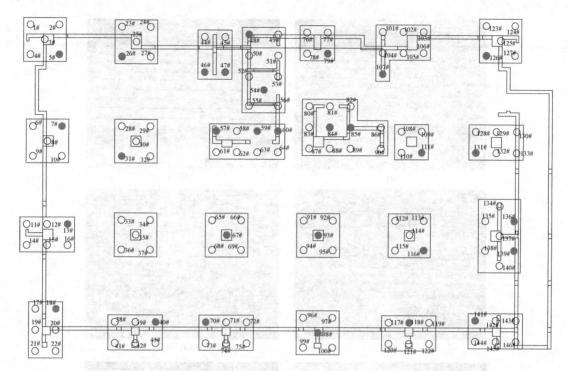

图 10-51　桩身浅部混凝土钻孔取芯桩位分布图

建设方委托第一家检测单位于 2011 年 7 月 1 日至 10 日对该高层建筑基桩进行了钻芯取样，抽检桩号分别为 33 号、54 号、84 号、98 号和 114 号。各钻芯芯样和典型缺陷芯样见图 10-52。

由现场钻探芯样编录结果图 10-52 可知，33 号桩的桩身完整性为Ⅱ类，该桩桩身有缺陷，但不会影响桩身承载力的正常发挥。54 号桩的桩身完整性为Ⅲ类，桩身有明显缺陷，对桩承载力有影响。84 号桩的桩身有轻微缺陷，但不会影响桩承载力的发挥。98 号桩的桩身完整性类别为Ⅳ类，桩身存在严重缺陷，严重影响桩承载力。114 号桩的桩身完整性类别为Ⅲ类，桩身有明显缺陷，该桩对桩身结构承载力有影响。该高层建筑基桩桩身浅部混凝土质量较差，存在桩身混凝土破碎、离析、有沟槽和蜂窝等现象。

2011 年 7 月 16 日第一家检测单位对 5 根桩（33 号桩、54 号桩、84 号桩、98 号桩和 114 号桩）取芯得到的完整芯样按照《建筑基桩检测技术规范》JGJ 106 的要求进行了干法无侧限抗压强度试验，每组芯样应制作三个芯样抗压试件，芯样试件按照规范要求进行加工和测量。芯样试件制作完毕可立即进行抗压强度试验。混凝土芯样试件的抗压强度试验应按现行国家标准《普通混凝土力学性能试验方法》GB/T 50081 的有关规定执行。混凝土芯样试件抗压强度代表值应按一组三块试件抗压强度值的平均值确定。受检桩中不同深度位置混凝土芯样试件抗压强度代表值中的最小值为该桩身混凝土芯样试件抗压强度代表值。5 根桩桩身混凝土芯样干法抗压试验结果见表 10-18。

由表 10-18 完整芯样的干法抗压强度试验可知，33 号桩的桩身混凝土强度为32.6MPa，不满足设计要求；54 号桩的桩身混凝土强度为 40MPa，满足设计要求；84 号桩的桩身混凝土强度为 37.6MPa，满足设计要求；98 号桩的桩身混凝土强度为

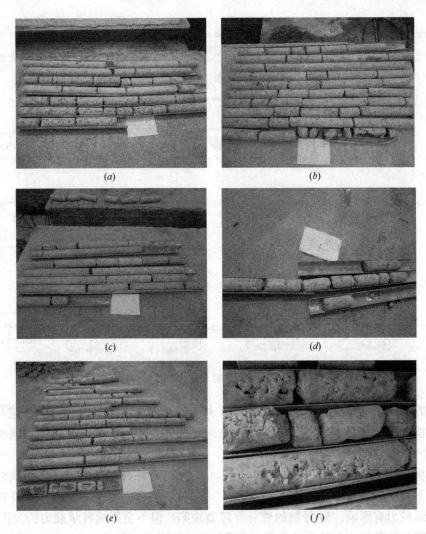

图 10-52　各钻芯桩的芯样和典型的有缺陷芯样

(a) 33 号桩混凝土芯样；(b) 54 号桩混凝土芯样；(c) 84 号桩混凝土芯样；(d) 98 号桩
混凝土芯样 (e) 114 桩号混凝土芯样；(f) 典型离析，少骨料，蜂窝状芯样

23.8MPa，不满足设计要求；114 号桩的桩身混凝土强度为 34.9MPa，不满足设计要求。

第一家检测单位钻芯法芯样检测得到的桩身混凝土强度　　　　　　　　　　表 10-18

桩号	设计等级	试件干湿状态	芯样强度（MPa）	是否满足设计强度
33 号	C35	自然干燥后	32.6	不满足
54 号	C35	自然干燥后	40.0	满足
84 号	C35	自然干燥后	37.6	满足
98 号	C35	自然干燥后	23.8	不满足
114 号	C35	自然干燥后	34.9	不满足

10.6.5　基桩钢筋笼长度检测结果分析

第一家检测单位于 2011 年 7 月 19 日采用钢筋笼长度检测仪对该高层建筑的基桩钢筋

笼长度进行了检测。根据现场实测曲线（每个孔均重复检测两次），经综合分析得出所测各桩钢筋笼长度见表10-19。表10-19中"—"表示实测钢筋笼长度小于设计要求钢筋笼长度。4根桩（4号桩、116号桩、160号桩和塔基桩）的磁梯度法检测成果见图10-53。

实测钢筋笼长度 表 10-19

序号	桩号	设计钢筋笼深度 （m）	实测钢筋笼深度 （m）	偏差 （m）	检测日期	备注
1	4 号	54.0	49.5	−4.5	2011.7.19	$8\phi16mm$ 通长配筋
2	116 号	54.0	51.7	−2.3	2011.7.19	$8\phi16mm$ 通长配筋
3	140 号	54.0	40.7	−13.3	2011.7.19	$8\phi16mm$ 通长配筋
4	塔基桩		30.0		2011.7.19	

由图10-53基桩钢筋笼磁梯度法检测结果可知：

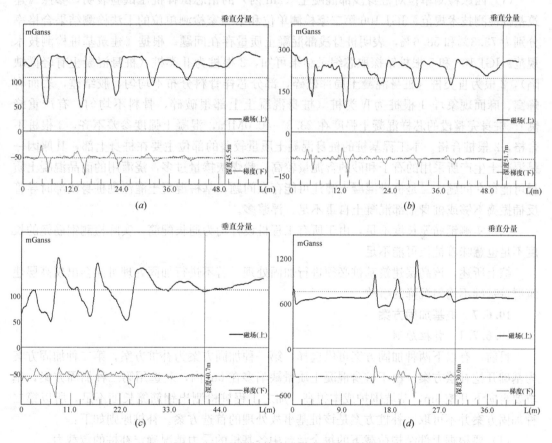

图 10-53　基桩钢筋笼磁梯度法检测结果
（a）4号桩检测成果图；（b）116号桩检测成果图；（c）140号桩检测成果图；（d）塔吊桩检测成果图

（1）4号钻孔桩：该桩自桩顶混凝土算起下放钢筋笼实际深度约为49.5m。钢筋笼实测长度比设计长度少4.5m。

（2）116号钻孔桩：该桩自桩顶混凝土算起下放钢筋笼实际深度约为51.7m。钢筋笼实测长度比设计长度少2.3m。

（3）140号钻孔桩：该桩自桩顶混凝土算起下放钢筋笼实际深度约为40.7m。钢筋笼实测长度比设计长度少 13.3m。

从三根钻孔桩钢筋笼长度检测结果可知，三根桩的实际钢筋笼长度比设计要求的 54m 通长配筋（$8\phi16mm$）短 2.3m 至 13.3m。因所有工程桩设计均为通长配筋，检测钢筋笼的长度不足也意味着桩长可能不足。

值得说明的是，由于工地现场各种复杂环境对测试磁场强度都有一定影响，综合各因素本次测试结论误差约在 1.0m 左右。

10.6.6　基桩质量综合分析

高层建筑基桩施工存在桩身混凝土强度不足、胶结不良等现象，特别是桩身浅部质量较差，存在缺陷。另外，基桩钢筋笼长度不足。检测表明高层建筑基桩质量存在严重问题，其原因可能有：

（1）四家检测单位对桩身浅部混凝土（2m 内）的钻芯试样抗压试验表明，参照《建筑基桩检测技术规范》JGJ 106 第二家检测单位和第三家检测单位的干法检测结果合格率分别为 73.3% 和 58.6%，表明桩身浅部混凝土质量存在问题。根据《建筑基桩检测技术规范》JGJ 106 和 5 根桩钻探取芯编录结果可知，2 根桩为 Ⅱ 类桩（桩身混凝土有轻微缺陷），2 根为 Ⅲ 类桩（桩身混凝土局部破碎，部分芯样骨料分布不均匀，胶结差，表面有蜂窝、麻面现象），1 根桩为 Ⅳ 类桩（桩身混凝土上部很破碎，骨料不均匀，有严重蜂窝）。桩身完整段的芯样混凝土强度在 23.8～40.0MPa，混凝土强度参差不齐，3 根桩不合格，2 根桩合格。本工程基桩的桩身混凝土质量较差的部位主要在桩身上部，其原因一是混凝土生产所采用的石子和砂的含泥量较高，粉煤灰掺量过多，浇灌用的商品混凝土质量可能存在问题；二是桩身混凝土灌注可能存在问题，基桩混凝土灌注到桩身浅部时导管反插振捣不够或桩身上部混凝土自重不足、浮浆多。

（2）实测钢筋笼长度不足，由于所有工程桩设计均为通长配筋，实际检测钢筋笼的长度不足也意味着桩长可能不足。

综上所述，该高层建筑基桩必须进行加固处理。若不进行加固处理可能会出现高层建筑群桩基础不均匀沉降的事故。

10.6.7　桩基加固方案

10.6.7.1　补桩原则

目前，有以下两种加固方案可供选择：第一种加固方案为补桩方案，第二种加固方案为基础开挖补偿方案。由于桩身混凝土质量缺陷多在 6m 内，若选用第二种加固方案，基坑要再向下开挖 6m，基坑围护成本很高，加之工程桩检测出钢筋笼长度不足，所以第二种加固方案并不可取。补桩方案是该桩基事故处理的首选方案。补桩原则如下：

（1）要根据上部结构荷载下的每个承台中各基桩的受力情况确定补桩的承载力。

（2）补桩时要考虑对称性，原则上对每个柱下承台对称均匀布置两个桩，布桩位置沿柱轴线进行；对电梯井位置处承台进行均匀布桩，使其成为一个整体；对桩身质量较差桩及上部荷载较大的柱承台要增加补桩数量。

（3）由于群桩质量参差不齐，基础大底板不仅要起到防水作用，还要起到协调群桩变形作用。因此，基础大底板的刚度要适当加强，即基础大底板的厚度应适当加大。

（4）鉴于基坑已开挖完毕，补桩布置时应考虑补桩施工的方便性和工作面要求（补桩的位置离基坑边至少 1.5m），并在保证长久安全前提下做到既经济合理又施工方便快速。

10.6.7.2 原设计各承台荷载要求

根据设计院提供的传至承台底面的荷载效应标准组合值，按承台计算每个桩需要承担的荷载，如图10-54所示。

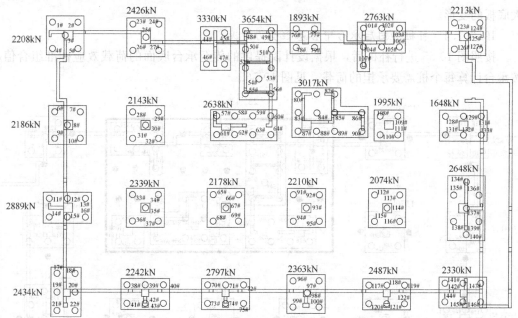

图10-54 根据设计院提供的上部结构荷载标准值计算得到的每根基桩对应的承载力特征值

10.6.7.3 初步补桩加固处理方案

按照上述原则和检测结果及设计要求，进行了补桩布置，其平面图见图10-55。

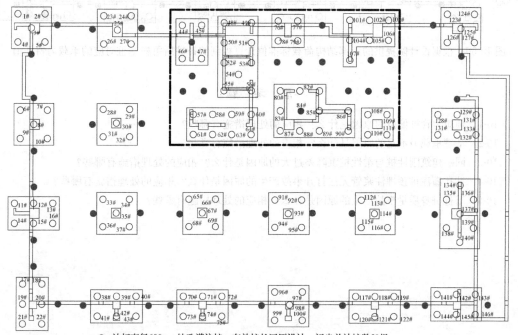

● 补打直径600mm钻孔灌注桩，有效桩长同原设计，初步总补桩数50根

图10-55 高层建筑初步补桩加固桩位分布

本工程高层建筑共需补设50根钻孔灌注桩,桩径为0.6m,有效桩长为54m,桩身采用C35混凝土,桩身通长配主筋8φ16mm。同时,承台厚度不变(除电梯井大承台底统一到−3.2m的相对标高),基础大底板的厚度由原设计的40cm增加至70cm,以协调群桩大底板的变形。

10.6.7.4 补桩加固后承台中各基桩受力情况

按照图10-55进行补桩后,根据设计院提供的传至承台底面的荷载效应标准组合值,按承台计算每个桩需要承担的荷载,见图10-56。

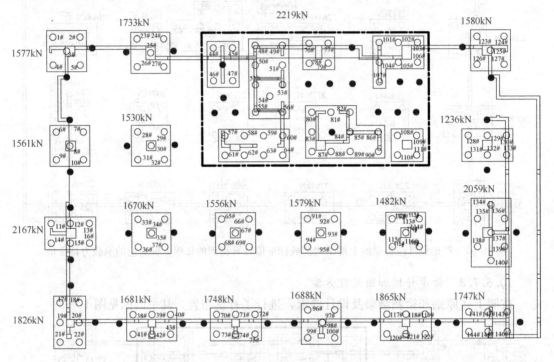

图10-56 根据设计院提供的上部结构荷载标准值计算得到的补桩后每根基桩对应的承载力特征值

思 考 题

10-1 预应力管桩偏位的原因是什么?相应的处理措施有哪些?

10-2 基桩承载力不足的原因是什么?相应的处理措施有哪些?

10-3 同一建筑刚性桩与柔性桩沉降差过大的原因是什么?相应的处理措施有哪些?

10-4 钻孔灌注桩预埋注浆管无法打开事故产生的原因是什么?相应的处理措施有哪些?

10-5 基桩桩身质量事故产生的原因是什么?相应的处理措施有哪些?

参 考 文 献

[1] Briaud J L, Tucker L M, NG E. Axially loaded 5 pile group and single pile in sand. Proc. 12th Int Conf on SMFE, Rio de Janeiro, 1989, 2: 1121-1124.

[2] Castelli F, Maugeri M. Simplified nonlinear analysis for settlement prediction of pile groups [J]. Journal of Geotechnical and Geoenvironmental Engineering, 2002, 128 (1): 76-84.

[3] Chow Y K. Analysis of vertically loaded pile groups [J]. International Journal of Numerical and Analytical Methods in Geomechanics, 1986, 10 (1): 59-72.

[4] Clough W, Duncan J M. Finite element analysis of retaining wall behavior [J]. Journal of the Soil Mechanics and Foundations Division, 1971, 97 (SM12): 1657-1673.

[5] Goel S, Patra N R. Prediction of load displacement response of single piles under uplift load [J]. Geotechnical and Geological Engineering, 2007, 25 (1): 57-64.

[6] Kraft L M, Ray R P, Kagawa T. Theoretical t-z curves [J]. Journal of the Geotechnical Engineering Division, 1981, 107 (11): 1543-1561.

[7] Lee C Y. Discrete layer analysis of axially loaded piles and pile groups [J]. Computers and Geotechnics, 1991, 11 (4): 295-313.

[8] Mccabe B A, Lehane B M. Behavior of axially loaded pile groups driven in clayey silt [J]. Journal of Geotechnical and Geoenvironmental Engineering, 2006, 132 (3): 401-410.

[9] Mylonakis G, Gazetas G. Settlement and additional internal forces of grouped piles in layered soil [J]. Geotechnique, 1998, 48 (1): 55-72.

[10] O' Neill M W, Hawkins R A, Mahar L J. Load transfer mechanisms in piles and pile groups [J]. Journal of Geotechnical Engineering, 1982, 108 (12): 1605-1623.

[11] Poulos H G, Davis E H. Pile foundation analysis and design [M]. New York: John Wiley and Sons, 1980.

[12] Randolph M F, Wroth C P. An analysis of the vertical deformation of pile groups [J]. Geotechnique, 1979, 29 (4): 423-439.

[13] Seed H B, Reese L G. The action of soft clay along friction piles [J]. Transaction, ASCE, 1957, 731-754.

[14] Sowa V A. Pulling capacity of concrete cast in-situ bored piles [J]. Canadian Geotechnical Journal, 1970, 7 (4): 482-493.

[15] Zhang Q Q and Zhang Z M. A simplified nonlinear approach for single pile settlement analysis. Canadian Geotechnical Journal, 2012, 49 (11): 1256-1266.

[16] Zhang Q Q and Zhang Z M. Simplified calculation approach for settlement of single pile and pile groups. Journal of Computing in Civil Engineering, 2012, 26 (6): 750-758.

[17] Zhang Q Q, Li L P and Chen Y J. Analysis of compression pile response using a softening model, a hyperbolic model of skin friction, and a bilinear model of end resistance. Journal of Engineering Mechanics, ASCE, 2014, 140 (1), 102-111.

[18] Zhang Q Q, Zhang Z M and He J Y. A simplified approach for settlement analysis of single pile and pile groups considering interaction between identical piles in multilayered soils. Computers and Geotechnics, 2010, 37 (7-8): 969-976.

[19] Zhang Q Q, Zhang Z M and Li S C. Investigation into skin friction of bored pile including influence

of soil strength at pile base. Marine Georesources & Geotechnology, 2013, 31 (1): 1-16.

[20] Zhang Q Q, Zhang Z M, Yu F, et al. Field performance of long bored piles within piled rafts. Proceedings of the Institution of Civil Engineers: Geotechnical Engineering, 2010, 163 (6): 293-305.

[21] 陈凡, 徐天平, 陈久照, 关立军. 基桩质量检测技术 [M]. 北京: 中国建筑工业出版社, 2003.

[22] 陈晓平. 基础工程设计与分析 [M]. 北京: 中国建筑工业出版社, 2005.

[23] 陈跃庆. 地基与基础工程施工技术 [M]. 北京: 机械工业出版社, 2004.

[24] 陈仲颐, 叶书麟. 基础工程学 [M]. 北京: 中国建筑工业出版社, 1990.

[25] 段尔焕. 桩基试验与检测技术 [M]. 北京: 人民交通出版社, 2001.

[26] 董建国, 赵锡宏. 高层建筑桩筏和桩箱基础沉降计算的简易理论法 [M]. 上海: 同济大学出版社, 1989.

[27] 高大钊, 赵春风, 徐斌. 桩基础的设计方法与施工技术 [M]. 北京: 机械工业出版社, 2002.

[28] 龚维明, 戴国亮. 桩承载力自平衡测试技术及工程应用 [M]. 北京: 中国建筑工业出版社, 2006.

[29] 龚晓南. 土力学 [M]. 北京: 中国建筑工业出版社, 2002.

[30] 黄强. 桩基工程若干热点技术问题 [M]. 北京: 中国建材工业出版社, 1996.

[31] 黄绍铭, 高大钊. 软土地基与地下工程 [M]. 北京: 中国建筑工业出版社, 2005.

[32] 胡人礼. 桥梁桩基础分析和设计 [M]. 北京: 中国铁道出版社, 1987.

[33] 蒋国澄. 基础工程 400 例 [M]. 北京: 中国科学技术出版社, 1995.

[34] 蒋建平. 大直径灌注桩竖向承载性状 [M]. 上海: 上海交通大学出版社, 2007.

[35] 李粮纲, 陈惟明, 李小青. 基础工程施工技术 [M]. 武汉: 中国地质大学出版社, 2001

[36] 李寅, 薛文碧. 建筑桩基础工程 [M]. 北京: 机械工业出版社, 2003.

[37] 林天健, 熊厚金, 王利群. 桩基础设计指南 [M]. 北京: 中国建筑工业出版社, 1999.

[38] 刘利民, 舒翔, 熊巨华. 桩基工程的理论进展与工程实践 [M]. 北京: 中国建材工业出版社, 2002.

[39] 刘兴录. 桩基工程与动测技术 200 问 [M]. 北京: 中国建筑工业出版社, 2000.

[40] 刘金砺. 高层建筑桩基工程技术 [M]. 北京: 中国建筑工业出版社, 2003.

[41] 刘金砺. 桩基工程技术进展 [M]. 北京: 知识产权出版社, 2005.

[42] 刘金砺. 桩基设计施工与检测 [M]. 北京: 中国建材工业出版社, 2001.

[43] 刘金砺. 桩基础设计与计算 [M]. 北京: 中国建筑工业出版社, 1990.

[44] 刘屠梅, 赵竹占, 吴慧明. 基桩检测技术与实例 [M]. 北京: 中国建筑工业出版社, 2006.

[45] 罗骐先, 王五平. 桩基工程检测手册 [M]. 北京: 人民交通出版社, 2010.

[46] 穆保岗. 桩基工程 [M]. 南京: 东南大学出版社, 2009.

[47] 钱力航. 高层建筑箱形与筏形基础的设计计算 [M]. 北京: 中国建筑工业出版社, 2003.

[48] 饶为国. 桩-网复合地基原理及实践 [M]. 北京: 中国水利水电出版社, 2004.

[49] 沈保汉. 桩基与深基坑支护技术进展 [M]. 北京: 知识产权出版社, 2006.

[50] 史佩栋, 高大钊, 桂业琨. 高层建筑基础工程手册 [M]. 北京: 中国建筑工业出版社, 2000.

[51] 史佩栋. 实用桩基工程手册 [M]. 北京: 中国建筑工业出版社, 1999.

[52] 唐业清. 简明地基基础设计施工手册 [M]. 北京: 中国建筑工业出版社, 2003.

[53] 唐有职, 鲍延辉, 吴仲伦. 单桩完整性及承载力的无破损试验 [M]. 北京: 地震出版社, 1993.

[54] 王靖涛, 丁美英, 李国成. 桩基础设计与检测 [M]. 武汉: 华中科技大学出版社, 2005.

[55] 武熙, 武维承, 孙和. 挤扩支盘桩及其成形设备技术与应用 [M]. 北京: 机械工业出版社, 2004.

[56] 徐攸在. 桩的动测新技术 [M]. 北京: 中国建筑工业出版社, 2002.

[57] 徐至钧. 柱锤冲扩桩法加固地基 [M]. 北京：机械工业出版社，2004.

[58] 徐至钧，张国栋. 新型桩挤扩支盘灌注桩设计与工程应用 [M]. 北京：机械工业出版社，2003.

[59] 闫明礼，张东刚. CFG桩复合地基技术及工程实践 [M]. 北京：中国水利水电出版社，2006.

[60] 杨克己等编著. 实用桩基工程 [M]. 北京：人民交通出版社，2004.

[61] 袁聚云，汤永净. 基础工程复习与习题全解 [M]. 上海：同济大学出版社，2005.

[62] 袁聚云，李镜培，楼晓明. 基础工程设计原理 [M]. 上海：同济大学出版社，2001.

[63] 叶观宝. 地基加固新技术 [M]. 北京：机械工业出版社，2002.

[64] 宰金珉. 复合桩基理论与应用 [M]. 北京：中国水利水电出版社，2004.

[65] 赵明华. 基础工程 [M]. 北京：高等教育出版社，2003.

[66] 张宏. 灌注桩检测与处理 [M]. 北京：人民交通出版社，2001.

[67] 张乾青. 竖向受荷桩承载特性理论与工程应用 [M]. 北京：中国建筑工业出版社，2016.

[68] 张雁等. 桩基手册 [M]. 北京：中国建筑工业出版社，2009.

[69] 张忠苗. 灌注桩后注浆技术及工程应用 [M]. 北京：中国建筑工业出版社，2009.

[70] 张忠苗. 软土地基大直径桩受力性状与桩端注浆新技术 [M]. 杭州：浙江大学出版社，1997.

[71] 张忠苗. 桩基工程 [M]. 北京：中国建筑工业出版社，2007.

[72] 张忠亭，丁小学. 钻孔灌注桩设计与施工 [M]. 北京：中国建筑工业出版社，2007.

[73] 注册岩土工程师专业考试复习教程 [M]. 北京：中国建筑工业出版社，2004.

[74] 构筑物抗震设计规范 GB 50191 [S]. 北京：中国建筑工业出版社，2012.

[75] 挤扩支盘混凝土灌注桩技术规程 DB 33/T1012 [S]. 杭州：浙江省标准设计站，2003.

[76] 混凝土结构设计规范 GB 50010 [S]. 北京：中国建筑工业出版社，2010.

[77] 港口工程桩基动力检测规程 JTJ 249 [S]. 北京：人民交通出版社，2001.

[78] 港口工程桩基规范 JTS 167-4 [S]. 北京：人民交通出版社，2012.

[79] 钢结构工程施工质量验收规范 GB 50205 北京：中国标准出版社出版，2002.

[80] 公路桥涵地基与基础设计规范 JTJD 637 [S]. 北京：人民交通出版社，2007.

[81] 建筑地基处理技术规范 JGJ 79 [S]. 北京：中国建筑工业出版社，2012.

[82] 建筑地基基础设计规范 GB 50007 [S]. 北京：中国建筑工业出版社，2011.

[83] 钢结构焊接规范 GB 50661 [S]. 北京：中国建筑工业出版社，2012.

[84] 建筑基桩检测技术规范 JGJ 106 [S]. 北京：中国建筑工业出版社，2014.

[85] 建筑设计抗震规范 GB 50011 [S]. 北京：中国建筑工业出版社，2010.

[86] 建筑桩基技术规范 JGJ 94 [S]. 北京：中国建筑工业出版社，2008.

[87] 普通混凝土力学性能试验方法 GB/T 50081 [S]. 北京：中国建筑工业出版社，2002.

[88] 岩土工程勘察规范 GB 50021 [S]. 北京：中国建筑工业出版社，2012.

[89] 浙江省建筑地基基础设计规范 DB 33-1001 [S]. 杭州：浙江大学出版社，2003.

[90] 钻芯法检测混凝土强度技术规程 CECS 03 [S]. 北京：中国计划出版社，2007.

[91] 房凯. 桩端后注浆过程中浆土相互作用及其对桩基性状影响研究 [D]. 杭州：浙江大学博士论文，2013.

[92] 邹健. 桩端后注浆浆液扩散机理及残余应力研究 [D]. 杭州：浙江大学博士学位论文，2010.

[93] 注浆预制桩及注浆方法 [发明专利]、专利号：201310527345.8，2017年1月授权.

[94] 陈祥，孙进忠，蔡新滨. 基桩水平静载试验及内力和变形分析 [J]. 岩土力学，2010，31（3）：753-759.

[95] 靳洪晓，李耀刚，陈树平，等. 利用磁梯度法检测成桩后钢筋笼长度 [J]. 工程勘察，2006，5：67-70.

[96] 林春金，张乾青，梁发云，等. 考虑桩土体系渐进破坏的单桩承载特性分析 [J]. 岩土力学，

2014，35（4）：

[97]　林鹏，李术才，张乾青，等. 基于荷载传递法的单桩非线性受力性状分析软件开发及其应用 [J].
岩土力学，2013，34（S2）：375-382.

[98]　卢建平，曹国宁，张志强，等. 新型桩基技术-现浇薄壁筒桩技术 [J]. 岩石力学与工程学报，
2004，23（4）：704-707.

[99]　孙晓立，杨敏，莫海鸿. 利用等效墩法估算抗拔群桩基础的变形 [J]. 岩土力学，2009，30（8）：
2392-2396.

[100]　王卫东，吴江斌，王向军，等. 桩侧后注浆抗拔桩技术的研究与应用 [J]. 岩土工程学报，
2011，33（S2）：437-445.

[101]　张日红，吴磊磊，孔清华. 静钻根植桩基础研究与实践 [J]. 岩土工程学报，2013，35（S2）：
1200-1203.

[102]　张乾青，李连祥，李术才，等. 成层土中单桩受力性状简化算法 [J]. 岩石力学与工程学报，
2012，31（S1）：3390-3394.

[103]　张乾青，李术才，李利平，等. 考虑侧阻软化和端阻硬化的群桩沉降简化算法 [J]. 岩石力学与
工程学报，2013，32（3）：615-624.

[104]　张乾青，张忠苗. 抗拔单桩受力性状的解析算法 [J]. 岩土工程学报，2011，33（S2）：308-313.

[105]　张乾青，张忠苗. 群桩沉降简化计算方法 [J]. 岩土力学，2012，33（2）：382-288，432.

[106]　张乾青，张忠苗. 同一建筑刚性桩与柔性桩基础沉降差过大事故处理 [J]. 岩土工程学报，
2011，33（S2）：373-378.

[107]　张乾青，张忠苗. 预埋注浆管堵塞事故及其处理方法的研究 [J]. 岩石力学与工程学报，2011，
30（S2）：3657-3664.

[108]　张忠苗，贺静漪，张乾青，等. 温州323m超高层超长单桩与群桩基础实测沉降分析 [J]. 岩土
工程学报，2010，32（3）：330-337.

[109]　张忠苗，王华强，邹健. 含部分黏性土的卵石层桩底注浆现场试验与分析 [J]. 岩土工程学报，
2010，32（2）：308-314.

[110]　张忠苗，张乾青，贺静漪，等. 俞峰浙江某高层预应力管桩偏位和上浮处理实例分析 [J]. 岩土
力学，2010，31（9）：2919-2924.

[111]　张忠苗，张乾青. 后注浆抗压桩受力性状的试验研究 [J]. 岩石力学与工程学报，2009，28（3）：
475-482.

[112]　张忠苗，张乾青，李建华. 采用桩土共同作用的浙江省第一医院医技楼现场实测分析 [J]. 岩石
力学与工程学报，2010，29（4）：833-841.

[113]　张忠苗，张乾青，刘俊伟，等. 软土地区预应力管桩偏位处理实例分析 [J]. 岩土工程学报，
2010，32（6）：975-980.

[114]　张忠苗，张乾青，骆嘉成，等. 穿越巨厚卵石层超长嵌岩桩施工技术与成桩质量分析 [J]. 岩石
力学与工程学报，2010，29（S2）：4016-4026.

[115]　张忠苗，张乾青. 破坏性和非破坏性抗压试桩受力性状现场试验研究 [J]. 岩土工程学报，
2011，33（10）：1601-1608.

[116]　张忠苗，张乾青，王华强. 浙江某工业园区强夯法处理地基的事故分析 [J]. 岩石力学与工程学
报，2011，30（S1）：3217-3223.

[117]　张忠苗，张乾青，张广兴，等. 软土地区大吨位超长试桩试验设计与分析 [J]. 岩土工程学报，
2011，33（4）：535-543.

[118]　张忠苗，张乾青，张广兴. 软土地区抗拔桩受力性状的试验研究 [J]. 浙江大学学报（工学版），
2009，43（11）：2114-2119.